Josef Hoffmann

Multiraten Signalverarbeitung, Filterbänke und Wavelets

Weitere empfehlenswerte Titel

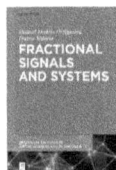

Josef Hoffmann

Multiraten Signalverarbeitung, Filterbänke und Wavelets

verständlich erläutert mit MATLAB/Simulink

DE GRUYTER OLDENBOURG

Autor
Prof. Dr.-Ing. Josef Hoffmann
josef.hoffmann@hs-karlsruhe.de

MATLAB und Simulink sind eingetragene Warenzeichen von
The MathWorks, Inc.
3 Apple Hill Drive
Natick, MA 01760-2098
Phone: (508) 647-7000

ISBN 978-3-11-067885-7
e-ISBN (PDF) 978-3-11-067887-1
e-ISBN (EPUB) 978-3-11-067901-4

Library of Congress Control Number: 2020931092

Bibliografische Information der Deutschen Nationalbibliothek
Die Deutsche Nationalbibliothek verzeichnet diese Publikation in der Deutschen
Nationalbibliografie; detaillierte bibliografische Daten sind im Internet über
http://dnb.dnb.de abrufbar.

© 2020 Walter de Gruyter GmbH, Berlin/Boston
Coverabbildung: monsitj / iStock / Getty Images Plus
Satz: VTeX UAB, Lithuania
Druck und Bindung: CPI books GmbH, Leck

www.degruyter.com

Vorwort

Das vorliegende Buch stellt einige grundlegende Themen der Multiraten Signalverarbeitung, der Filterbänke und der Wavelets mit Hilfe der MATLAB/Simulink Software nach dem Motto „*Mit Logik wird bewiesen, mit Intuition wird erfunden*„ (Henri Poincarè) dar. Dieser Gedanke wurde auch in den vorherigen Büchern „*Signalverarbeitung mit MATLAB und Simulink*" und „*Einführung in Signale und Systeme*" der Autoren J. Hoffmann und F. Quint verfolgt.

Die Themen sind so gegliedert, dass sie zuerst intuitiv mit Bildern eingeführt werden, danach werden mathematische Behandlungen gezeigt und schließlich mit anschaulichen Simulationen in MATLAB/Simulink verständlich ergänzt. Die Simulationen ermöglichen anspruchsvolle mathematische Beweisführungen zu umgehen.

Die praktischen Simulationsbeispiele, die zur Wiederholung, Reflexion und Weiterentwicklung der behandelten Themen dienen, sollen die Leser anregen, kreativ eigene Simulationen zu entwickeln und untersuchen. Gleichwohl ist es nicht Ziel des Buches, Lehrbuch für die Theorie der gezeigten Themen zu sein. Hierfür wird auf die zahlreichen Standardwerke, die auch in der Literaturliste angegeben sind, verwiesen.

Das vorliegende Buch soll den Studierenden die Möglichkeit geben, die Theorie der Lehrveranstaltungen dieser Themen mit MATLAB/Simulink Beispielen zu untersuchen, die praktisch relevant sind und über die einfachen, analytisch lösbaren Fälle hinausgehen. Dazu kommt noch die Tatsache, dass die MATLAB-Produktfamilie sich in der Industrie, Forschung und Entwicklung zu einem Standardwerkzeug durchgesetzt hat. Sie wird von den wissenschaftlichen Voruntersuchungen über die Algorithmen-Entwicklung bis hin zur Implementierung auf einer dedizierten Hardware eingesetzt. Oftmals wird aus den Simulationen der Verfahren automatisch das in der Hardware zu implementierende Programm generiert. Diese durchgängige Entwicklungskette bietet den Vorteil effizienter Produkt-Entwicklungszyklen, weil Abweichungen zwischen Simulation und auf der Hardware implementiertem Programm vermieden werden. Nachträglich erforderliche Änderungen können schneller implementiert und untersucht werden.

Damit ist die Verwendung der MATLAB-Produktfamilie in der Lehre nicht nur dem Verständnis der Theorie förderlich, sondern sie ermöglicht den Absolventen von Ingenieurstudiengängen auch einen raschen Zugang zur industriellen Praxis.

Das vorliegende Buch richtet sich vorwiegend an Ingenieurstudenten der Universitäten und Hochschulen für Technik, die eine Vorlesung im Bereich der Signalverarbeitung mit den gezeigten Themen hören. Das Buch richtet sich auch an Fachkräfte aus Forschung und Industrie, die im Bereich der Signalverarbeitung tätig sind und die MATLAB-Produktfamilie einsetzen oder einzusetzen beabsichtigen.

Die MATLAB-Produktfamilie besteht aus der MATLAB-Grundsoftware, aus verschiedenen „Toolboxen" und aus dem graphischen Simulationswerkzeug Simulink. Die MATLAB-Grundsoftware ist eine leistungsfähige Hochsprache, die Funktionen

https://doi.org/10.1515/9783110678871-201

zur Manipulation von Daten, die in mehrdimensionalen Feldern gespeichert sind, enthält. Der Name MATLAB ist ein Akronym für „MATrix LABoratory" und bezieht sich auf die ursprünglich vorgesehene Anwendung, nämlich das Rechnen mit großen Datenmengen in Form von Matrizen und Datenfeldern.

Für verschiedene Fachgebiete gibt es Erweiterungen der MATLAB-Grundsoftware in Form sogenannter „Toolboxen". Diese sind Sammlungen von Funktionen, die zur Lösung spezifischer Aufgaben des entsprechenden Fachgebietes dienen und in MAT-LAB entwickelt wurden. In diesem Buch werden neben den Grundfunktionen von MATLAB und Simulink Funktionen aus der *Signal Processing Toolbox*, *DSP System Toolbox* und *Wavelet Toolbox* eingesetzt.

Die Besonderheit dieses Buches im Vergleich zu anderen Büchern die MATLAB einsetzen, besteht darin, wie bei den vorherigen oben erwähnten Bücher, dass die Simulink Erweiterung von MATLAB intensiv verwendet wird. In Simulink werden mit relativ kleinem Programmieraufwand Systemmodelle mit Hilfe von Blockdiagrammen, wie sie im Lehrbetrieb und in der Entwicklung üblich sind, erstellt. Das Simulink-Modell ist eine graphische Abbildung des Systems, die leicht zu verstehen, zu ändern und zu untersuchen ist. Aus Simulink-Modellen können automatisch C- oder VHDL[1]-Programme generiert werden, die nach dem Übersetzen auf dedizierter Hardware lauffähig sind.

Im ersten Kapitel werden die Grundelemente der zeitdiskreten Signale und Systeme eingeführt und als Referenzmaterial für die Begriffe und Bezeichnungen dieses Buches dienen. Am Ende dieses Kapitels wird in Form eines Anhanges die diskrete Fourier-Transformation (kurz DFT) und ihre effiziente Berechnung mit Hilfe der FFT (*Fast-Fourier-Transfomation*) in der Signalverarbeitung zusammen mit den entsprechenden Werkzeugen aus MATLAB/Simulink näher erläutert.

Die Multiraten Signalverarbeitung ist im zweiten Kapitel beschrieben. Hier werden die Dezimierung und Interpolierung zeitdiskreter Signale als Grundthemen dargestellt. Der Einsatz der Polyphasen-Zerlegung für die Dezimierung und Interpolierung als effiziente Implementierung wird weiter mit einigen Experimenten untersucht. Die Dezimierung und Interpolierung mit *Interpolated*-FIR Filtern wird ebenfalls mit anschaulichen Experimenten dargestellt. Am Ende dieses Kapitels wird die Abtastung und Dezimierung bzw. Interpolierung von Bandpasssignalen beschrieben.

Im dritten Kapitel werden Multiraten-Filterbänke beschrieben und mit Experimenten verständlich ergänzt. Es beginnt mit den cosinusmodulierten Filterbänken die leicht zu verstehen sind. Danach wird die komplexe äquidistante modulierte Filterbank und ihre Implementierung mit Polyphasenfiltern dargestellt, die für reelle Signale Aufwandersparnis ergibt. Zuletzt werden die Zweikanal-Filterbänke ausführlich beschrieben, weil sie eine große Rolle für das nächste Kapitel spielen.

---

1 *Very High Speed Integrated Circuit Hardware Description Language*

Das vierte Kapitel beginnt mit einer Einführung in die Entwicklung diskreter Signale mit orthogonalen Funktionen. Weiter werden die Basisfunktionen für stetige Signale besprochen. Schließlich wird dann die Wavelet-Transformation eingeführt. Zuerst die sogenannte Wavelet-Transformation der ersten Generation mit dem Hauptthema die Mehrfachanalyse. Es folgt die Lifting Wavelet-Transformation als zweite Generation dieser Transformation. Schließlich wird die Wavelet-Transformation für Bilder und zur Rauschunterdrückung bzw. Kompression dargestellt.

Der Leser wird ermutigt, bei der Arbeit mit diesem Buch die vorgestellten Simulationen selbst in MATLAB oder Simulink durchzuführen, sie zu erweitern oder für seine Zwecke zu verändern. Hierfür kann er die Quellen aller für das Buch entwickelten MATLAB-Programme und Simulink-Modelle von der Internet-Seite des De Gruyter-Verlages beziehen: www.degruyter.com.

Die Simulationen sind mit der MATLAB-Version 2019a getestet. Wenn die Simulink-Modelle mit einer neueren Version aufgerufen werden, dann werden diese der neuen Version angepasst und beim Abspeichern wird eine Datei kreiert, die die alte Version weiter beinhaltet. Sie wird mit einer zusätzlichen Erweiterung gekennzeichnet, welche die alte Version zeigt, wie z. B. hier dargestellt: `bandpass_abtast2.slx` wird `bandpass_abtast2.slx.r2017a`

Die Simulationen, die als Experimente die Kapitel begleiten, sind durch Änderung der Parameter und Erweiterung der Modelle als Aufgaben sehr geeignet. Das ist ein Grund weshalb hier keine zusätzliche Aufgaben vorgesehen sind.

Der Index des Buches ist praktisch ein Themenindex alphabetisch geordnet und weniger ein Schlüsselwort-Index. Man kommt so einfacher und rascher zu den wichtigen Themen, die im Buch behandelt werden.

Josef Hoffmann
josef@codemanic.com (privat)

November 2019

Danksagung

Dank gebührt der Firma The MathWorks USA, die die Autoren von MATLAB-Büchern sehr gut betreut und mit neuen Versionen und Vorankündigungen der Software versorgt. Ebenfalls bedanke ich mich beim Support-Team von „The MathWorks Deutschland" in München, die den Kontakt mit den Entwicklern der Software aus USA bei Bedarf vermittelt hat. Nicht zuletzt bedanke ich mich bei meiner Familie, die viel Verständnis während der Arbeit am Buch aufgebracht hat.

https://doi.org/10.1515/9783110678871-202

Inhalt

1 Grundelemente der zeitdiskreten Systeme

1.1 Einführung

In diesem Kapitel werden die Grundelemente der zeitdiskreten Systemen kurz dargestellt. Es soll als rasches Referenzmaterial für die Begriffe dieses Textes dienen und die
Leser mit den Bezeichnungen vertraut machen. Es werden die grundlegenden Sachverhalte und Ergebnisse vielmals ohne eine detaillierte Begründung präsentiert. Die
Details und Beweise findet man in der umfangreichen Literatur der Signalverarbeitung [1–8].

1.2 Zeitdiskrete Signale

Zeitdiskrete Signale werden mit $x[n]$, $u[n]$ und so weiter bezeichnet, wobei n eine ganze Zahl ist, die den Zeitindex darstellt. Durch $x[n]$ wird oft eine Sequenz die sich von
$-\infty \leq n \leq +\infty$ ausdehnt verstanden aber auch einfach den Abtastwert $x[n]$. Die Werte
der zeitkontinuierlichen Signale werden zum Unterschied durch $x(t)$, $u(t)$ bezeichnet.
Die Sequenzen können aus reellen oder komplexen Werten bestehen. In Abb. 1.1 sind
einige typische Sequenzen nach [9] dargestellt.

(1) Der *Einheitspuls*, bezeichnet mit $\delta[n]$, ist durch

$$\delta[n] = \begin{cases} 1, & n = 0 \\ 0, & \text{sonst} \end{cases} \tag{1.1}$$

definiert. Er soll nicht mit der *Impulsfunktion* $\delta_a(t)$ verwechselt werden, die häufig
auch als *Dirac-Deltafunktion* bezeichnet wird. Mit a wird diese Funktion als zeitkontinuierlich oder analog gekennzeichnet. Sie ist keine Funktion im allgemeinen
Sinn, sondern eine Distribution [10]. Ingenieurmäßig betrachtet man sie als eine
Funktion, die für alle Werte der Variablen null ist, mit Ausnahme für $t = 0$, so dass

$$\int_{t_1}^{t_2} \delta_a(t)dt = 1, \tag{1.2}$$

wenn $t_1 < 0 < t_2$ sind.

(2) Der *Einheitssprung* ist durch

$$u[n] = \begin{cases} 1, & n \geq 0 \\ 0, & \text{sonst} \end{cases} \tag{1.3}$$

definiert.

https://doi.org/10.1515/9783110678871-001

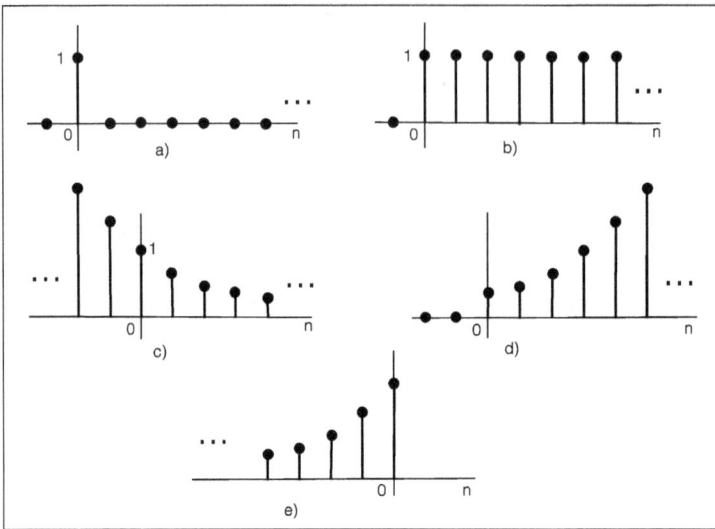

Abb. 1.1: (a) Einheitspuls, (b) Einheitssprung, (c) Exponential ($0 < a < 1$), (d) Rechts-Exponential ($a > 1$), (e) Links-Exponential ($a > 1$).

(3) *Exponentiale.* Eine Sequenz der Form ca^n wird als Exponentialfunktion bezeichnet. Die Konstanten c, a können auch komplex sein. Die Sequenz $ca^n u[n]$ ist ein *Rechts-Exponential* und die Sequenz $ca^n u[-n]$ ist ein *Links-Exponential* (Abb. 1.1(d), (e)).

(4) *Sequenz mit einer Frequenz.* Die Sequenz $ce^{j\Omega_0 n}$ hat als Parameter den Wert $a = e^{j\Omega_0}$ mit Ω_0 reell, eventuell auch negativ. Sie wird als Sinusoidal-Sequenz der Frequenz Ω_0 angesehen. Sie ist periodisch, wenn Ω_0 ein rationales Vielfach von 2π ist. Das bedeutet $\Omega_0 = 2\pi k/L$ für ganze Zahlen k, L.

(5) Die Sequenz $A\cos(\Omega_0 n + \theta)$ ist eine echte Cosinus-Sequenz. Da man die reelle Sequenz als

$$A\cos(\Omega_0 n + \theta) = 0{,}5A\big(e^{j(\Omega_0 n + \theta)} + e^{-j(\Omega_0 n + \theta)}\big)$$

schreiben kann, enthält sie zwei Frequenzen Ω_0 und $-\Omega_0$. Laut obige Definition ist sie keine Sequenz mit einer Frequenz.

(6) Eine Sequenz z. B. $x[n]$ ist als begrenzt angesehen, wenn $|x[n]| \leq B$ ist mit B eine finite Zahl. Als Beispiel $a^n u[n]$, $a < 1$ ist begrenzt.

Die zeitdiskreten Signale werden durch gleichmäßige Abtastung der zeitkontinuierlichen Signale mit der Abtastperiode T_s erhalten. Die entsprechende Abtastfrequenz ist dann $f_s = 1/T_s$ in Hz. Die Frequenz als Variable wird mit f bezeichnet und die Kreisfrequenz ist dann $\omega = 2\pi f$. In vielen Abhandlungen ist es vorteilhaft mit der relativen

Frequenz Ω zu arbeiten, die durch

$$\Omega = \omega T_s = 2\pi f T_s = 2\pi f / f_s \qquad (1.4)$$

definiert ist. Für einen Bereich der Frequenz gleich $0 \le f \le f_s$ erhält man einen Bereich für Ω von 0 bis 2π. Zusammenfassend:

$$\Omega = \omega T_s = \omega / f_s, \quad \text{mit} \quad \omega = 2\pi f, \quad \text{wird} \quad \Omega = 2\pi f / f_s. \qquad (1.5)$$

Wenn die Abtastperiode explizit wichtig ist, werden die zeitdiskreten Sequenzen durch $x[nT_s]$ bezeichnet.

1.2.1 Transformationen der zeitdiskreten Signale

Die z-Transformation und die Fourier-Transformation der zeitdiskreten Signale eröffnen weitere Einblicke in die Eigenschaften dieser Signale und sind vielmals vorteilhafter in der Analyse und Synthese der zeitdiskreten Signale.

Die z-Transformation
Die z-Transformation einer Sequenz $x[n]$ ist durch

$$X(z) = \sum_{n=-\infty}^{\infty} x[n]z^{-n} \qquad (1.6)$$

definiert. Die Summe konvergiert in einem Annulus (Ring) $R_1 < |z| < R_2$ in der komplexen Ebene von z bezeichnet als Konvergenz-Region, englisch *Region of Convergence*, oder kurz ROC. Für in der Länge begrenzten Sequenzen, die zusätzlich auch begrenzte Werte enthalten, ist die Konvergenz gesichert, eventuell mit Ausnahme für $z = 0$ oder/und $z = \infty$. In der Literatur ist die z-Transformation ausführlich beschrieben [3, 7].

Die Fourier-Transformation (FT)
Wenn die ROC von $X(z)$ den Einheitskreis in der komplexen Ebene von z enthält, oder anders ausgedrückt den Kreis $z = e^{j\Omega}$ mit Ω reell enthält, wird $X(e^{j\Omega})$ als Fourier-Transformation (FT) von $x[n]$ betrachtet:

$$X(e^{j\Omega}) = \sum_{n=-\infty}^{\infty} x[n]e^{-j\Omega n}. \qquad (1.7)$$

Die inverse Transformation ist:

$$x[n] = \frac{1}{2\pi} \int_0^{2\pi} X(e^{j\Omega})e^{j\Omega n} d\Omega. \qquad (1.8)$$

Mit der Abtastperiode T_s oder Abtastfrequenz f_s in diesen Beziehungen einge-bracht, erhält man:

$$X(e^{j\omega T_s}) = \sum_{n=-\infty}^{\infty} x[nT_s]e^{-j\omega n T_s}$$

$$X(e^{j2\pi f/f_s}) = \sum_{n=-\infty}^{\infty} x[nT_s]e^{-j2\pi(f/f_s)n} . \tag{1.9}$$

Ähnlich ergibt sich für die inverse Transformation:

$$x[nT_s] = \int_0^{f_s} X(e^{j2\pi f/f_s})e^{j2\pi(f/f_s)n} df . \tag{1.10}$$

Die FT $X(e^{j\Omega})$ ist periodisch in Ω mit einer Periode gleich 2π. Entsprechend ist die Fourier-Transformation $X(e^{j2\pi f/f_s})$ periodisch, jetzt mit der Periode gleich f_s. Man kann die Periode zwischen $0 \leq f \leq f_s$ oder zwischen $-f_s/2 \leq f \leq f_s/2$ wählen.

Für eine reelle, nicht komplexe Sequenz, hat die FT folgende Eigenschaft. Aus

$$X(e^{j(2\pi-\Omega)}) = \sum_{n=-\infty}^{\infty} x[n]e^{-j(2\pi-\Omega)n} = \sum_{n=-\infty}^{\infty} x[n]e^{j\Omega n}e^{-j2\pi n} = X^*(e^{j\Omega}) \tag{1.11}$$

sieht man, dass in der Periode von 2π die erste Hälfte der FT von 0 bis π und die zweite Hälfte der FT von π bis 2π konjugiert komplex sind. Wenn die Periode zwischen $-\pi$ bis π angenommen wird, dann ist die FT für die negativen Frequenzen Ω konjugiert kom-plex zu der FT für positiven Frequenzen Ω. Im Experiment 1.2.2 ist diese Eigenschaft exemplarisch gezeigt.

Mit bestimmten, komplexen Sequenzen kann man diese Symmetrie unterdrü-cken, wie das Beispiel der komplexen Modulation aus dem Experiment 1.2.3 zeigt.

Weil die z-Transformation von a^n nicht konvergiert (mit Ausnahme für $a = 0$), exis-tiert die FT von $e^{j\Omega_0 n}$ nicht im üblichen Sinne. Durch Verwendung der Dirac Deltafunk-tion $\delta_a(\Omega)$, kann man die FT der Sequenz durch $2\pi\delta_a(\Omega - \Omega_0)$ im Bereich $0 \leq \Omega < 2\pi$ periodisch wiederholt ausdrücken.

Die Eigenschaften der FT sind in der Literatur ausführlich beschrieben und oft in Tabellen zusammengefasst [3, 7]. Die Fourier-Transformation der zeitdiskreten Se-quenzen wird oft auch als DTFT *Discrete Time Fourier Transformation* bezeichnet. Hier wird weiter die einfache FT Bezeichnung benutzt.

Parseval Beziehung
Angenommen $U(e^{j\Omega})$ und $V(e^{j\Omega})$ sind die FT der Sequenzen $u[n]$ und $v[n]$. Die Parseval Beziehung zeigt, dass

$$\sum_{n=-\infty}^{\infty} u[n]v^*[n] = \frac{1}{2\pi} \int_0^{2\pi} U(e^{j\Omega})V^*(e^{j\Omega})d\Omega . \tag{1.12}$$

Hier stellt ()* die konjugiert Komplexe dar. Wenn $u[n] = v[n]$ ist, dann erhält man:

$$\sum_{n=-\infty}^{\infty} |u[n]|^2 = \frac{1}{2\pi} \int_0^{2\pi} |U(e^{j\Omega})|^2 d\Omega. \tag{1.13}$$

Die Beziehung für die anderen Arten von Frequenzen, wie z. B. f sind einfach abzuleiten. Aus

$$d\Omega = 2\pi \frac{df}{f_s} \tag{1.14}$$

erhält man:

$$\sum_{n=-\infty}^{\infty} u[nT_s]v^*[nT_s] = T_s \int_0^{f_s} U(e^{j2\pi f/f_s})V^*(e^{j2\pi f/f_s})df$$

$$\sum_{n=-\infty}^{\infty} |u[nT_s]|^2 = T_s \int_0^{f_s} |U(e^{j2\pi f/f_s})|^2 df. \tag{1.15}$$

Die Energie einer Sequenz $u[n]$ ist durch

$$E_u = \sum_{n=-\infty}^{\infty} |u[n]|^2 = \sum_{n=-\infty}^{\infty} |u[nT_s]|^2 \tag{1.16}$$

definiert. Wenn diese Summe nicht konvergiert, wird die Energie als unendlich angenommen. Diese Definition der Energie entspricht einer Sequenz mit Abtastperiode gleich eins.

Die Parseval Beziehung (auch Parseval Theorem genannt) zeigt, dass man die Energie aus der zeitdiskreten Sequenz und aus der FT der Sequenz berechnen kann.

1.2.2 Experiment: Die Ermittlung der Fourier-Transformation einer Sequenz

Es werden die Sachverhalte, die oben dargestellt wurden, in diesem Experiment mit einem MATLAB-Skript erläutert. Es wird die FT einer Exponentialsequenz ermittelt und dargestellt. Ebenfalls wird die Parseval Beziehung überprüft und einige Eigenschaften der FT gezeigt.

Das Skript (FT_seq_1.m) beginnt mit der Definition der Sequenz:

```
n1 = 0;              n2 = 30;
n = [n1:1:n2];       % Indizes der Abtastwerte
ln = length(n);
a = 0.8;             % Parameter der Exponentialfunktion
x = a.^(0:ln-1);     % Die Sequenz
...
```

Es folgt die Darstellung der Sequenz, wie in Abb. 1.2 gezeigt.

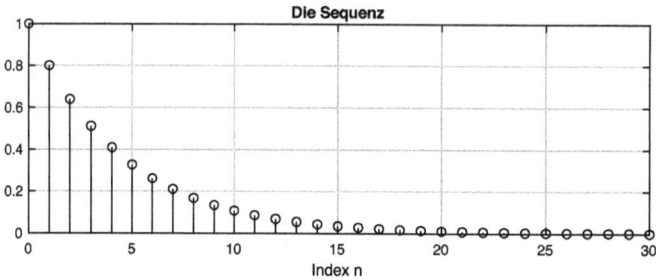

Abb. 1.2: Die Exponentialsequenz mit $n_1 = 0$ und $n_2 = 30$ (FT_seq_1.m).

Die Sequenz beginnt bei Index $n_1 = 0$ und endet bei Index $n_2 = 30$. Mit diesen Parametern kann man die Sequenz verspäten oder voreilen und so weitere Experimente durchführen. Für die numerische Berechnung der FT $X(e^{j\Omega})$ wird die Frequenz Ω zwischen $0 \leq \Omega < 2\pi$ mit einer Anzahl von Werten, die eine ganze Potenz von zwei ist (im Skript 128), diskretisiert:

```
dOmega = 2*pi/128;      Omega = 0:dOmega:2*pi-dOmega;
lO = length(Omega);
```

Diese Anzahl von Werten ist vorteilhaft, für die Darstellung der FT im Bereich $-\pi \leq \Omega \leq \pi$ oder $-f_s/2 \leq f \leq f_s/2$. Die Berechnung der FT gemäß Gl. (1.7) für die diskreten Werte der Frequenz geschieht weiter in einer **for** Schleife:

```
XO = zeros(1,lO);
for k = 1:lO;
    XO(k) = sum(x.*exp(-j*Omega(k)*n));
end;
```

Im Skript werden weiter verschiedene Darstellungen der FT erzeugt. Zuerst die Darstellung der FT als Betrag und Winkel mit der Variablen Ω zwischen 0 und 2π, wie in Abb. 1.3 dargestellt. Die gezeigte Symmetrie der FT in der ersten und zweiten Hälfte der Periode ist über den Winkel festzustellen. Auch in den anderen Darstellungen der Periode der FT ist die Symmetrie über den Winkel oder über die Phase zu sehen.

Mit Hilfe der MATLAB-Funktion **fftshift** wird der Betrag und Winkel der FT im Bereich zwischen $-\pi$ bis π dargestellt, wie in Abb. 1.4 gezeigt. Die Zeilen im Skript, die diese Darstellung erzeugen, sind:

```
subplot(211), plot(-pi:dOmega:pi-dOmega, fftshift(abs(XO)));
xlabel('\Omega in Rad');   title('Betrag der FT');
grid on;   axis tight;
subplot(212), plot(-pi:dOmega:pi-dOmega,
unwrap(fftshift(angle(XO))));
xlabel('\Omega in Rad');   title('Winkel der FT');
grid on;   ylabel('Rad');   axis tight;
```

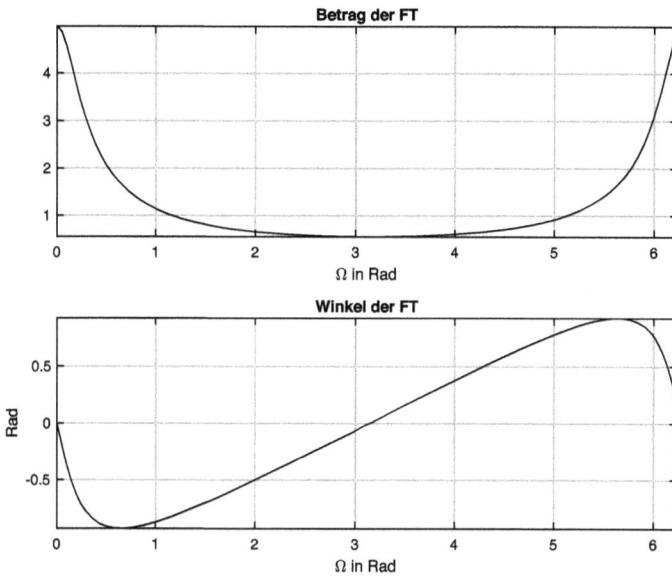

Abb. 1.3: FT mit der Variablen Ω zwischen 0 und 2π (FT_seq_1.m).

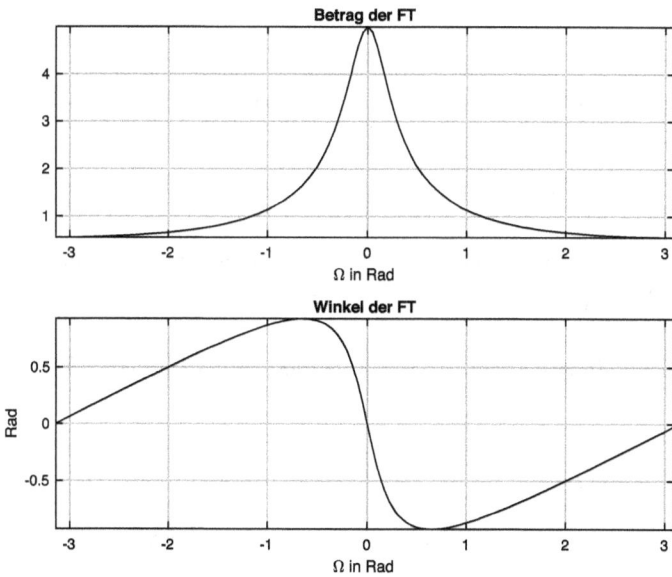

Abb. 1.4: FT mit der Variablen Ω zwischen $-\pi$ und π (FT_seq_1.m).

Betrag der FT

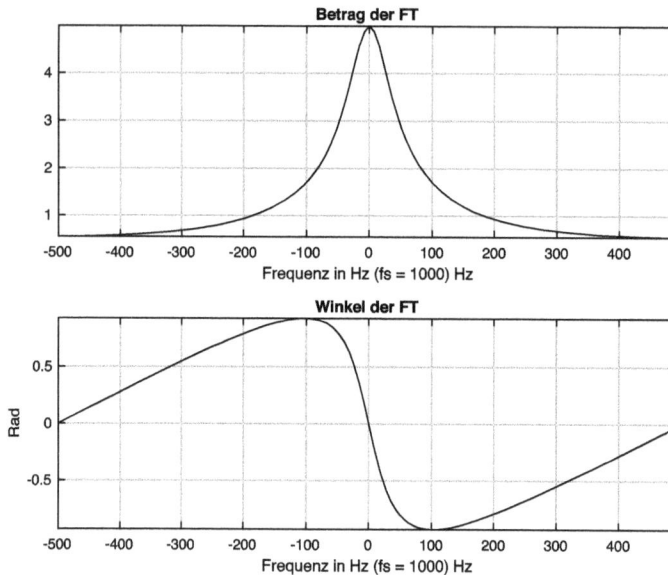

Abb. 1.5: FT mit der Variablen f in Hz zwischen $-f_s/2$ und $f_s/2$ (FT_seq_1.m).

Zuletzt wird die FT mit Frequenzen in Hz dargestellt, wie in Abb. 1.5 gezeigt. Die Transformation der Frequenz Ω in Rad in Frequenzen f in Hz, geschieht mit:

$$f = f_s \frac{\Omega}{2\pi} . \tag{1.17}$$

Wenn man die Zeitsequenz versetzt, dann ändert sich der Winkel (oder Phase) der FT gemäß:

$$\mathcal{F}\{x[n]\} = X(\Omega) \quad \mathcal{F}\{x[n+a]\} = e^{-ja\Omega}X(\Omega) . \tag{1.18}$$

Der Betrag bleibt derselbe. Diese Eigenschaft der FT [3] kann man mit dem Skript nachvollziehen. Als Beispiel für $n_1 = -5$ und $n_2 = 30$ ist die Sequenz in Abb. 1.6 dargestellt und die entsprechende FT ist in Abb. 1.7 gezeigt.

Wenn die zusätzliche Phase $e^{-ja\Omega}$ durch Multiplikation der FT für diesen Versatz mit $e^{ja\Omega}$ gemäß

```
a = n1;
X0_komp = exp(j*a*Omega).*(X0);
```

kompensiert, erhält man den gleichen Winkel, wie für die FT der Sequenz ohne Versatz.

Zuletzt wird im Skript die Parseval Beziehung gemäß Gl. (1.15) eingesetzt, um die Berechnung der FT zu überprüfen. Das Integral wird mit einer Summe über die Anzahl der Frequenzen der FT angenähert:

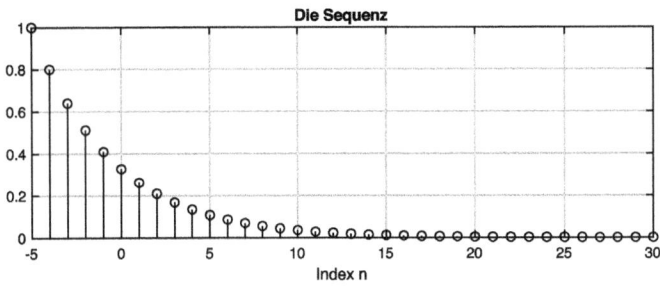

Abb. 1.6: Die Exponentialsequenz mit $n_1 = -5$ und $n_2 = 30$ (FT_seq_1.m).

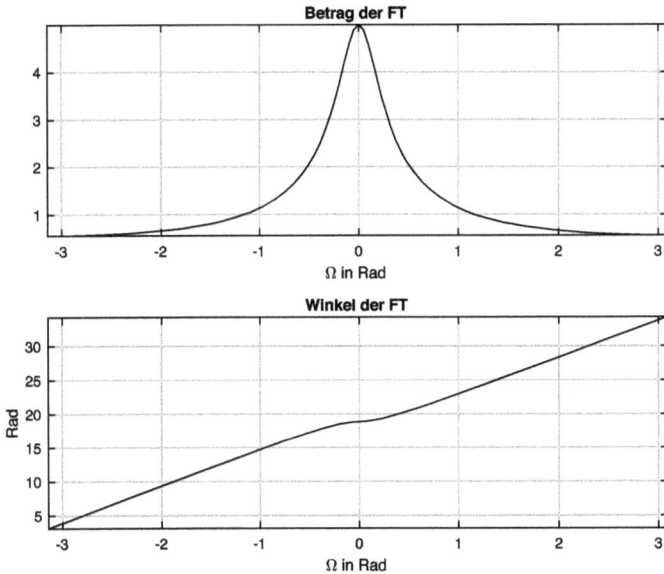

Abb. 1.7: Die FT für $n_1 = -5$ und $n_2 = 30$ (FT_seq_1.m).

```
% -------- Parseval Beziehung
E_seq = sum(x.^2),              % Energie über die Sequenz
E_FT  = Ts*sum(X0.*conj(X0))*fs/128, % Energie aus der FT
```

Die Ergebnisse sind gleich:

```
E_seq =    2.7778        E_FT  =    2.7778
```

1.2.3 Experiment: Fourier-Transformation einer modulierten Sequenz

In diesem Experiment wird folgende Eigenschaft der FT simuliert:

$$\mathcal{F}\{x[n]\} = X(\Omega) \quad \mathcal{F}\{x[n]e^{j\Omega_0 n}\} = X(\Omega - \Omega_0). \tag{1.19}$$

Die Multiplikation der Sequenz $x[n]$ mit der komplexen Schwingung $e^{j\Omega_0 n}$ der Frequenz Ω_0 ergibt eine komplexe Sequenz, deren FT gleich mit der FT der ursprünglichen Sequenz $x[n]$ verschoben mit Ω_0 ist.

Im Skript FT_seq_2.m ist dieses Experiment programmiert. Es wird zuerst eine Exponentialsequenz (wie im Skript FT_seq_1.m) erzeugt. Danach wir die komplexe Modulationssequenz ym und die modulierte Sequenz xm gebildet:

```
Omega_0 = 1;        % Modulationsfrequenz in Rad
ym = exp(j*Omega_0*n);  % Komplexe Modulation-Sequenz
%ym = cos(Omega_0*n);   % Reale Modulation-Sequenz
xm = x.*ym;         % Modulierte Sequenz
```

In Abb. 1.8 ist ganz oben die Sequenz $x[n]$ dargestellt und darunter ist der Real- und Imaginärteil der modulierten Sequenz gezeigt.

Die FT der modulierten Sequenz wird ähnlich wie im Skript FT_seq_1.m berechnet und dargestellt.

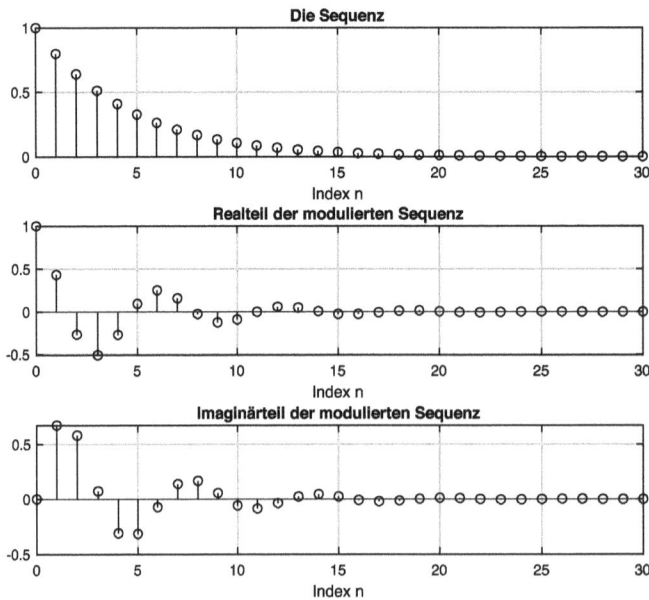

Abb. 1.8: Sequenz und Real- und Imaginärteil der modulierten Sequenz (FT_seq_2.m).

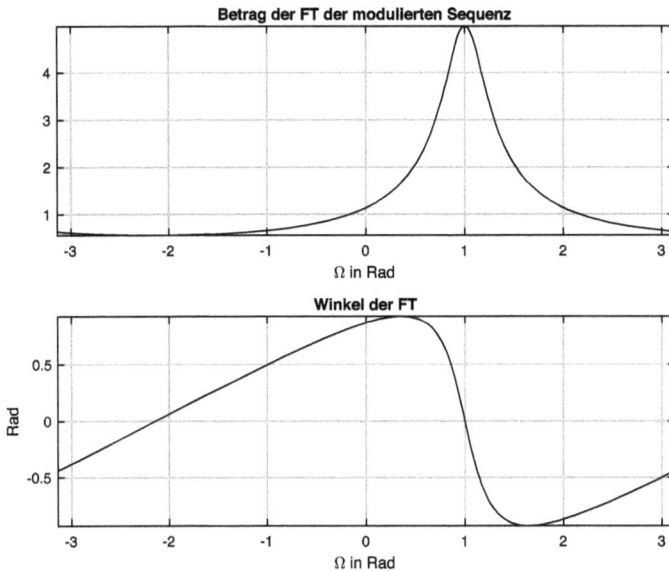

Abb. 1.9: FT der mit komplexer Schwingung modulierten Sequenz (FT_seq_2.m).

In Abb. 1.9 ist die FT mit der Frequenz Ω zwischen $-\pi$ und π dargestellt. Man erkennt die Verschiebung der FT der Exponentialsequenz bis zu $\Omega_0 = 1$. Die in Gl. (1.11) gezeigte Symmetrie der FT von reellen, nicht komplexen Sequenzen, ist hier nicht vorhanden.

Wenn man $\Omega_0 = -1$ nimmt, wird die FT in die andere Richtung versetzt, was einfach mit dem Skript zu simulieren ist. Mit demselben Skript kann die Sequenz mit einer reellen Schwingung

```
ym = cos(Omega_0*n);  % Reelle Modulationsequenz
```

moduliert werden. Über die Euler-Formel wird die Cosinusfunktion in zwei komplexe Schwingungen zerlegt:

$$\cos(\Omega_0 n) = \frac{1}{2}(e^{j\Omega_0 n} + e^{-j\Omega_0 n}). \tag{1.20}$$

Die reelle Modulation führt dann zu einem Versatz zu Ω_0 und zu $-\Omega_0$. Abb. 1.10 zeigt die FT für diesen Fall mit der Frequenz f zwischen $-f_s/2$ und $f_s/2$. Die Symmetrie der FT der reellen, nicht komplexen Sequenzen ist hier wieder vorhanden. Der Höchstwert des Betrages der FT ist halb so groß wie der aus Abb. 1.9. Die Maximalwerte des Betrags sind nicht genau bei $-f_0$ und f_0, weil die nach links und rechts versetzten FTs der ursprünglichen Sequenz sich beeinflussen.

Dem Leser wird empfohlen weitere Experimente mit ähnlichen Skripten durchzuführen. So z. B. kann man eine einfache Sequenz bestehend aus Werten von eins als ursprüngliche Sequenz benutzen und diese ohne und mit Modulation untersuchen.

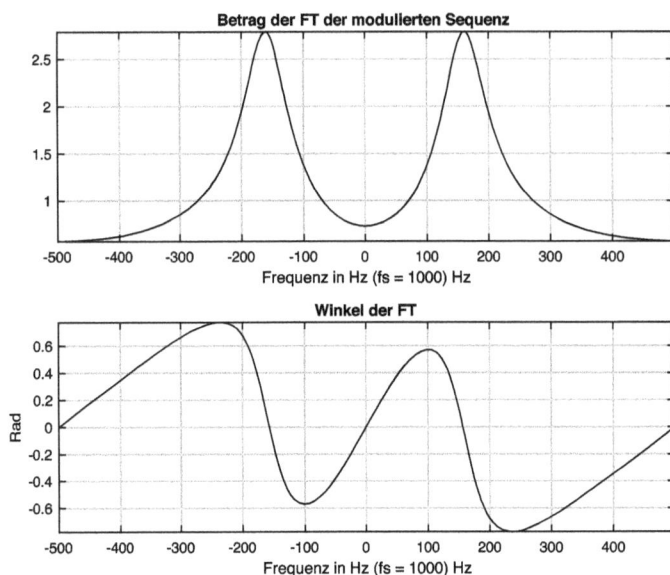

Abb. 1.10: FT der mit realer Schwingung modulierten Sequenz (FT_seq_2.m).

Das kann mit Aktivierung einiger Zeilen die jetzt als Kommentare im Skript enthalten sind realisiert werden. So z. B. mit

```
xm = x;
```

wird die Analyse der Sequenz ohne Modulation erhalten.

1.3 Zeitdiskrete Systeme

Ein zeitdiskretes System erzeugt aus einer Eingangssequenz $x[n]$ eine Ausgangssequenz $y[n]$ mit $-\infty \leq n \leq \infty$. Für das vorliegende Buch sind die linearen zeitinvarianten Systeme, die man mit Hilfe von Übertragungsfunktionen beschreiben kann, wichtig.

Die Eigenschaft linear bedeutet: wenn im erzwungenen (forcierten) Zustand die Eigangssequenz $x_0[n]$ die Ausgangssequenz $y_0[n]$ erzeugt und die Eigensequenz $x_1[n]$ die Ausgangssequenz $y_1[n]$ erzeugt, dann führt die Eingangssequenz $a_0x_0[n] + a_1x_1[n]$ ebenfalls im forcierten Zustand auf die Ausgangssequenz $a_0y_0[n] + a_1y_1[n]$ für jedes Paar von Konstanten a_0, a_1. Der forcierte Zustand entsteht nachdem die homogene Lösung der Differenzengleichung, die das System Beschreibt, null wird [9]. Der Ausgang ist nur von dem Eingang erzwungen.

Die zeitinvarianten Systeme haben zusätzlich folgende Eigenschaft: wenn die Eingangssequenz $x[n]$ die Antwort $y[n]$ im forcierten Zustand ergibt, führt eine Eingangssequenz $x[n-N]$ ebenfalls im forcierten Zustand auf eine Antwort $y[n-N]$.

Ein System das linear und zeitinvariant (englisch *Time-Invariant*) ist, wird in der Literatur als LTI-System (*Linear and Time-Invariant*) bezeichnet. So ein System kann mit Hilfe der Impulsantwort oder Einheitspulsantwort $h[n]$ beschrieben werden. Sie ist die Antwort des Systems auf einen Puls $\delta[n]$ ausgehend von Anfangsbedingungen gleich null. Die Bezeichnung Impulsantwort ist gewöhnlich für die zeitkontinuierlichen Systeme, als Antwort auf einen Delta-Impuls $\delta_a(t)$ benutzt.

Für einem LTI-System ist die Antwort $y[n]$ auf eine Anregung $x[n]$, ausgehend von Anfangsbedingungen gleich null, mit Hilfe der Einheitspulsantwort $h[n]$ durch

$$y[n] = \sum_{m=-\infty}^{\infty} h[m]x[n-m] \tag{1.21}$$

gegeben. Diese Summe stellt die Faltungssumme kurz die Faltung dar [11]. In MATLAB gibt es die Funktion **conv** für diese Operation. Die Faltung zweier Sequenzen der Länge L und M ergibt eine Sequenz der Länge $L + M - 1$.

Im Bildbereich der z-Transformation führt die Faltung auf ein Produkt:

$$Y(z) = H(z)X(z). \tag{1.22}$$

Hier ist $H(z)$ die z Transformierte der Einheitspulsantwort

$$H(z) = \sum_{n=-\infty}^{\infty} h[n]z^{-n} \tag{1.23}$$

und stellt die Übertragungsfunktion des Systems dar.

Ein LTI-System ist kausal, wenn der Ausgang $y[n]$ nicht von den zukünftigen Werten der Anregung $x[m]$, $m > n$ abhängig ist. Bezogen auf die Einheitspulsantwort bedeutet dies:

$$h[n] = 0, \quad \text{für} \quad n < 0. \tag{1.24}$$

Allgemein wird eine Sequenz $x[n]$ als kausal betrachtet, wenn sie null für $n < 0$ ist. Die antikausale Sequenz ist null für $n > 0$.

Alle Übertragungsfunktionen, die relevant für diesen Text sind, können als rationale Funktionen dargestellt werden:

$$H(z) = \frac{A(z)}{B(z)} \quad \text{mit}$$

$$A(z) = \sum_{n=0}^{N} a_n z^{-n} \quad \text{und} \quad B(z) = \sum_{m=0}^{M} b_m z^{-m}. \tag{1.25}$$

Hier sind a_n und b_m begrenzte, eventuell auch komplexe Zahlen. Wenn kein gemeinsamer Faktor der Form $(\beta - \alpha z^{-1})$, $\alpha \neq 0$ zwischen dem Zähler- und Nenner-Polynom existiert, ist die Übertragungsfunktion nicht reduzierbar.

Wenn $A(z)/B(z)$ nicht reduzierbar ist, dann sind die Wurzeln (Nullstellen) des Zählers die Nullstellen der Übertragungsfunktion und die Wurzeln des Nenners sind die Pole der Übertragungsfunktion. Als Beispiel besitzt die Übertragungsfunktion

$$H(z) = \frac{0{,}0246 + 0{,}2344z^{-1} + 0{,}4821z^{-2} + 0{,}0246z^{-3}}{1}$$
$$= \frac{0{,}0246z^3 + 0{,}2344z^2 + 0{,}4821z^1 + 0{,}0246}{z^3} \tag{1.26}$$

drei Nullstellen und drei Pole, die alle null sind, ($z^3 = 0$). Ähnlich hat die Übertragungsfunktion

$$H(z) = \frac{0{,}0264 - 0{,}0012z^{-1} + 0{,}0381z^{-2} - 0{,}0012z^{-3} + 0{,}0264z^{-4}}{1 - 2{,}6923z^{-1} + 3{,}2301z^{-2} - 1{,}9189z^{-3} + 0{,}4802z^{-4}}$$
$$= \frac{0{,}0264z^4 - 0{,}0012z^3 + 0{,}0381z^2 - 0{,}0012z^1 + 0{,}0264}{z^4 - 2{,}6923z^3 + 3{,}2301z^2 - 1{,}9189z^1 + 0{,}4802} \tag{1.27}$$

vier Nullstellen und vier Polstellen ($M = N$). Für Übertragungsfunktionen mit reellen Koeffizienten a_n, b_n erscheinen die komplexen Null- und Polstellen in konjugiert komplexen Paare. Als Beispiel sind die Pole der letzten gezeigten Übertragungsfunktion:

```
0.6584 + 0.6541i
0.6584 - 0.6541i
0.6877 + 0.2907i
0.6877 - 0.2907i
```

Die Ordnung einer Übertragungsfunktion ist durch die Anzahl der Pole gegeben.

1.3.1 FIR- und IIR-Systeme oder -Filter

Ein *Finite Impuls Response*-System (kurz FIR-System) ist ein System mit einer Übertragungsfunktion bei der $B(z) = b_0$, wobei oft $b_0 = 1$ ist. Als Beispiel kann die Übertragungsfunktion gemäß Gl. (1.26) dienen. Diese Systeme werden auch als nichtrekursive Systeme genannt. Ein kausales FIR-System oder FIR-Filter ist durch

$$H(z) = \sum_{n=0}^{N-1} h[n]z^{-n}, \quad h[N-1] \neq 0 \tag{1.28}$$

beschrieben, oder $A(z) = H(z)$ und $B(z) = 1$. Die Anzahl der Koeffizienten $h[n]$ des Filters ist N und stellt die Länge des Filters dar. Die Eingang/Ausgangbeziehung ist somit

$$y[n] = h[0]x[n] + h[1]x[n-1] + h[2]x[n-2] + \cdots + h[N-1]x[n-(N-1)]. \tag{1.29}$$

Ein System oder Filter das nicht FIR ist wird als IIR (*Infinite Impulse Response*) System oder Filter betrachtet. Als Beispiel kann das System mit der Übertragungsfunktion gemäß Gl. (1.27) dienen. Für ein kausales IIR-Filter ist die Eingang/Ausgangbeziehung gleich:

$$
\begin{aligned}
y[n] = {}& b[0]x[n] + b[1]x[n-1] + \cdots + b[M-1]x[n-(M-1)] \\
& - a[1]y[n-1] - a[2]y[n-2] - \cdots - a[N-1]y[n-(N-1)] \\
& \text{mit} \quad a[0] = 1.
\end{aligned} \tag{1.30}
$$

Das FIR-System oder Filter wird auch als *All-Zero*-System genannt, weil die Pole bei $z = 0$ und/oder ∞ platziert sind. Dagegen ist ein IIR-System oder IIR-Filter mit einer Übertragungsfunktion gleich

$$
H(z) = \frac{cz^{-k}}{B(z)} \tag{1.31}
$$

ein *All-Pole*-System. Die Nullstellen solcher Systeme sind $z = 0$ und/oder ∞.

Wenn ein zeitdiskretes System für einen begrenzten Eingang auch einen begrenzten Ausgang erzeugt, dann ist es BIBO stabil (*Bounded Input Bounded Output*). Für LTI-Systeme ist die BIBO-Stabilität äquivalent mit folgender Bedingung:

$$
\sum_{n=-\infty}^{\infty} |h[n]| < \infty. \tag{1.32}
$$

Kausale FIR-Filter oder Systeme beschrieben durch eine Eingang/Ausgangbeziehung gemäß Gl. (1.29) mit begrenzten Koeffizienten (oder begrenzte Einheitspulsantwort) sind immer BIBO stabil.

Wenn $H(z)$ rational ist und $h[n]$ kausal ist, dann ist die Bedingung (1.32) äquivalent mit der Bedingung, dass die Pole p_k von $H(z)$ im Einheitskreis in der komplexen Ebene liegen $|p_k| < 1$. Ein FIR-Filter oder System hat alle Pole gleich null und somit ist diese Bedingung erfüllt. Die Nullstellen können im oder außerhalb des Einheitskreises liegen.

Das Stabilitätsproblem ist hauptsächlich für IIR-Systeme relevant. Die Werkzeuge zur Entwicklung solcher Filter ergeben stabile Filter, die Instabilität kann durch die Implementierung der Koeffizienten im Festkommaformat mit begrenzter Auflösung entstehen, die zu Pole außerhalb des Einheitskreises führt.

Ein digitales Filter ist ein LTI-System mit einer rationalen Übertragungsfunktion gemäß Gl. (1.25). Es kann ein FIR- oder IIR-Filter sein. Die Funktion $H(e^{j\Omega})$ bzw. $H(e^{j\omega T_s}) = H(e^{j2\pi f/f_s})$ bildet den Frequenzgang und aus Gl. (1.22) mit $z = e^{j\Omega}$ erhält man:

$$
Y(e^{j\Omega}) = H(e^{j\Omega})X(e^{j\Omega}). \tag{1.33}
$$

Wenn angenommen wird, dass bei einem Eingang $x[n] = \hat{x}e^{j\Omega_0 n}$ in Form einer komplexen Schwingung der Frequenz Ω_0 und Amplitude $\hat{x}$, der Ausgang im stationären Zustand auch eine komplexe Schwingung derselben Frequenz und einer Amplitude $\hat{y}$ bzw. einer Phasenverschiebung φ_y relativ zum Eingang hat, dann ist dieser Ausgang durch

$$y[n] = \hat{y}e^{j(\Omega_0 n + \varphi_y)} = \hat{x}e^{j\Omega_0 n}H(e^{j\Omega_0}) \tag{1.34}$$

gegeben. Daraus resultiert:

$$\hat{y} = |H(e^{j\Omega_0})|\hat{x} \quad \text{und} \quad \varphi_y = \text{Winkel}\{H(e^{j\Omega_0})\}. \tag{1.35}$$

Die Funktion, die die Abhängigkeit der Amplitude von der Frequenz der Anregung darstellt, bildet den Amplitudengang des Filters

$$A(\Omega) = \frac{\hat{y}}{\hat{x}} = |H(e^{j\Omega})| \tag{1.36}$$

und die Funktion, die die Abhängigkeit der Phasenverschiebung von der Frequenz beschreibt, stellt den Phasengang dar:

$$\varphi(\Omega) = \text{Winkel}\{H(e^{j\Omega})\}. \tag{1.37}$$

Diese Funktionen bilden den Frequenzgang des Filters und $H(e^{j\Omega})$ wird oft als komplexer Frequenzgang bezeichnet:

$$H(e^{j\Omega}) = A(\Omega)e^{j\varphi(\Omega)}. \tag{1.38}$$

Bei Filtern mit reellen, nicht komplexen Einheitspulsantworten $h[n] = \mathcal{F}^{-1}\{H(e^{j\Omega})\}$ ist der Amplitudengang $A(\Omega)$ eine gerade Funktion und der Phasengang ist eine ungerade Funktion.

In Abb. 1.11 ist die Schwingung der höchsten Frequenz gezeigt, die man zeitdiskret darstellen kann. Die Periode dieser Schwingung ist somit die kleinste Periode T_{min} und wie man sieht, ist sie gleich mit zwei Abtastperioden T_s:

$$T_{min} = 2T_s. \tag{1.39}$$

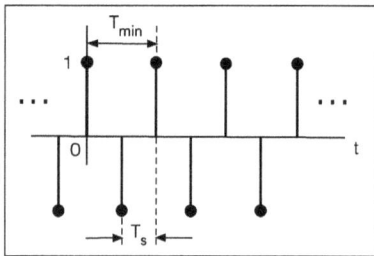

Abb. 1.11: Die Schwingung der höchsten Frequenz, die man zeitdiskret darstellen kann.

Die entsprechende Frequenz als maximale Frequenz $f_{max} = 1/T_{min}$ wird:

$$f_{max} = \frac{1}{2}f_s .$$ (1.40)

Aus dieser Beziehung folgt, dass man ein zeitkontinuierliches Signal mit Anteilen verschiedener Frequenzen mit einer Abtastfrequenz f_s abtasten muss, die mindestens zweimal größer als die Frequenz des Anteils mit höchster Frequenz ist:

$$f_s \geq 2f_{max} .$$ (1.41)

Das ist auch die Bedingung des Abtasttheorems von Shannon [12], die später ausführlicher erläutert wird.

Als Schlussfolgerung bedeutet dies, dass die charakteristischen Frequenzen der digitalen Filter (Durchlassfrequenz, Sperrfrequenz, etc.) im Frequenzbereich von 0 bis $f_s/2$ zu definieren sind, Bereich der auch als erster Nyquist Bereich bekannt ist [13].

In Abb. 1.12 sind die idealen Amplitudengänge der sogenannten standard digitalen Filter mit reellen Koeffizienten dargestellt. Es ist immer die Periode von der Frequenz 0 bis zur Frequenz f_s gezeigt. In relativen Frequenzen f/f_s dehnt sich diese Pe-

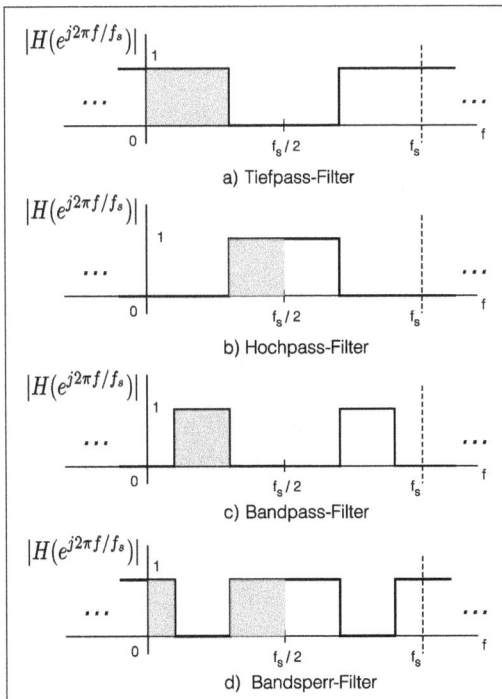

Abb. 1.12: Amplitudengänge der standard digitalen Filter, (a) Tiefpass-Filter, (b) Hochpass-Filter, (c) Bandpass-Filter, (d) Bandsperr-Filter.

riode von 0 bis 1 und in relativen Frequenzen $\Omega = 2\pi f/f_s = \omega T_s$ liegt die Periode zwischen 0 und 2π. Die Eckpunkte definieren die charakteristischen Frequenzen der Filter (Durchlass- und Sperrfrequenzen).

Der ideale Phasengang ist eine lineare Phase $\varphi(\Omega) = m\Omega$, die dann zu einer Verzögerung ohne zusätzliche Verzerrungen im stationären Zustand führt. Wenn

$$\mathcal{F}^{-1}\{H(e^{j\Omega})\} = h[n] \tag{1.42}$$

dann ist

$$\mathcal{F}^{-1}\{H(e^{j\Omega})e^{-jm\Omega}\} = h[n-m]. \tag{1.43}$$

Man definiert die Gruppenlaufzeit als die Ableitung der Phasenfunktion (Phasengangs) mit Minusvorzeichen:

$$\tau_g = -\frac{d\varphi(\Omega)}{d\Omega} = -\frac{d\varphi(\omega)}{d\omega}. \tag{1.44}$$

Für ein Filter mit linearem Phasengang ist die Gruppenlaufzeit im Bereich 0 bis π oder 0 bis $\omega_s/2 = 2\pi f_s/2$ konstant.

Für eine cosinusförmige Anregung

$$x[n] = \hat{x}\cos(\Omega n) \tag{1.45}$$

ist die Antwort eines Filters im stationären Zustand:

$$y[n] = |H(e^{j\Omega})|\hat{x}\,\cos(\Omega n + \varphi(\Omega)) = |H(e^{j\Omega})|\hat{x}\,\cos\left(\Omega\left(n + \frac{\varphi(\Omega)}{\Omega}\right)\right). \tag{1.46}$$

Die Verzögerung $\varphi(\Omega)/\Omega$ die entstanden ist, wird als Phasenlaufzeit bezeichnet:

$$\tau_p = -\frac{\varphi(\Omega)}{\Omega} = -\frac{\varphi(\omega)}{\omega}. \tag{1.47}$$

Da der Phasengang gewöhnlich negative Phasen enthält, ergibt das Minusvorzeichen positive Werte.

Mit FIR-Filtern kann man einen linearen Phasenverlauf erhalten. Die IIR-Filter haben generell nichtlinearen Phasenverlauf und dadurch erhält man immer zusätzliche Verzerrungen wegen der Phase.

Bei Filtern mit reellwertigen nicht komplexen Koeffizienten ist die Phasenverschiebung gemäß Gl. (1.11) so, dass der Frequenzgang $H(e^{j2\pi f/f_s})$ in der ersten Hälfte der Periode zwischen 0 und $f_s/2$ und in der zweiten Hälfte zwischen $f_s/2$ und f_s konjugiert komplex ist.

In der Praxis werden meist relative Frequenzen f/f_s benutzt und in der Literatur der Signalverarbeitung werden die theoretischen Abhandlungen mit der relativen Frequenz Ω präsentiert. Man versucht in diesem Text immer wieder die Verbindung dieser Frequenzen zu betonen.

In den nächsten zwei Experimenten werden die eingeführten Sachverhalte und Begriffe exemplarisch für ein IIR- und ein FIR-Filter erläutert. Die Verfahren zur Entwicklung von digitalen Filtern werden in einem nächsten Kapitel kurz dargestellt. Für diese Experimente werden zwei Funktionen von MATLAB zur Berechnung der Filter benutzt.

1.3.2 Experiment: Frequenzgang eines IIR-Tiefpassfilters

Es wird der Frequenzgang eines IIR-Tiefpassfilters mit reellen, nicht komplexen Koeffizienten untersucht. Im Skript IIR_TP_1.m wird das Experiment programmiert. Zuerst wird das IIR-Filter vom Typ elliptisch (*elliptic*) [1] mit folgenden Zeilen in MATLAB ermittelt:

```
nord = 6;        % Ordnung des Filters
fd = 0.5;        % Durchlassfrequenz relativ zu fs/2
Rp = 1;          % Welligkeit im Durchlassbereich in dB
Rs = 40;         % Dämpfung im Sperrbereich
[b,a] = ellip(nord, Rp, Rs, fd, 'low');    % IIR-Filter
```

Es ist ein elliptisches IIR-Filter der Ordnung sechs mit sechs Pole- und sechs Nullstellen. Die relative Durchlassfrequenz fd = 0.5 in der MATLAB Konvention bezieht sich auf die halbe Abtastfrequenz. Das bedeutet eine zur Abtastfrequenz relative Durchlassfrequenz von fd/fs = 0.5/2=0.25. Mit Rp wird die gewünschte Welligkeit im Durchlassbereich in dB angegeben und mit Rs ist die minimale Dämpfung im Sperrbereich ebenfalls in dB festgelegt.

Die Koeffizienten des Polynoms im Zähler und Nenner der Übertragungsfunktion werden in den zwei Vektoren a und b geliefert. Mit der Funktion **freqz** wird dann der Frequenzgang ermittelt:

```
[H,w] = freqz(b,a);
```

In H ist der komplexe Frequenzgang für die Frequenzen enthalten, die im Vektor w angegeben sind. Diese entsprechen den Frequenzen Ω in Rad zwischen 0 und π als erste Hälfte des periodischen Frequenzgangs. In Abb. 1.13 ist der Amplituden- und Phasengang mit linearen Koordinaten und Abszissen mit relativen Frequenzen f/f_s dargestellt. Man erhält diese Abszissen durch Teilen der Frequenzen w durch 2π.

Die Welligkeit im Durchlassbereich von ca. 0,12 entspricht der Welligkeit von 1 dB ($20 * \log_{10}(1+0,12)$) aus der Spezifikation und die Dämpfung von 40 dB (Faktor 100) in der verwendeten linearen Koordinate kann nicht überprüft werden. Gewöhnlich wird der Amplitudengang in logarithmischen Koordinaten mit $20 \ \log_{10}(A(f/f_s))$ in dB [14] dargestellt, wie in Abb. 1.14 gezeigt. Hier kann man die minimale Dämpfung von 40 dB feststellen.

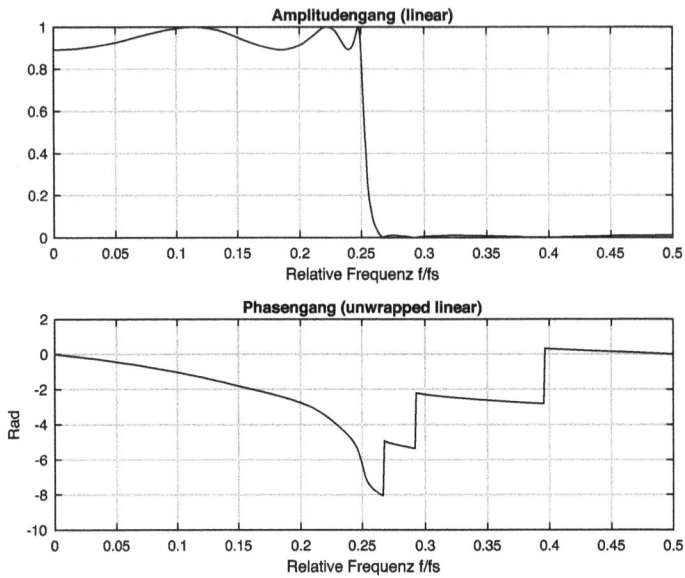

Abb. 1.13: Amplituden- und Phasengang des IIR-Tiefpassfilters mit linearen Koordinaten dargestellt (IIR_TP_1.m).

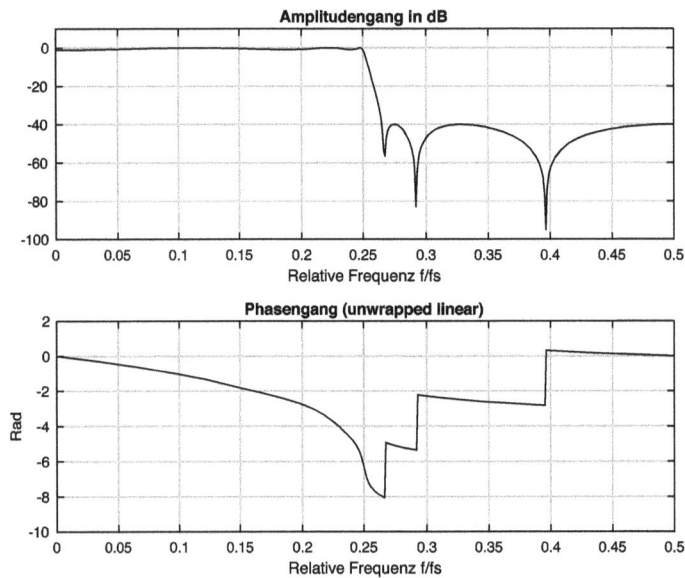

Abb. 1.14: Amplitudengang in dB und Phasengang des IIR-Tiefpassfilters (IIR_TP_1.m).

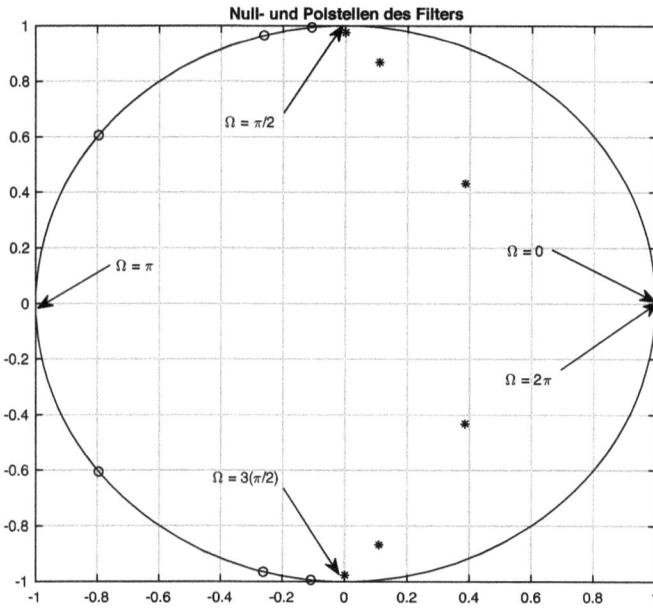

Abb. 1.15: Lage der Null- und Polstellen der Übertragungsfunktion des IIR-Tiefpassfilters (IIR_TP_1.m).

Die Wurzeln des Polynoms des Zählers mit den Koeffizienten aus dem Vektor b bilden die Nullstellen der Übertragungsfunktion und liegen alle auf dem Einheitskreis in der komplexen Ebene. Die Pole der Übertragungsfunktion sind die Nullstellen des Polynoms des Nenners mit den Koeffizienten aus dem Vektor a. Die Lage der Null- und Polstellen ist in Abb. 1.15 dargestellt, wobei die Nullstellen mit o und die Polstellen mit x gekennzeichnet sind.

Die Übertragungsfunktion kann in folgender Form geschrieben werden:

$$H(z) = \frac{b_0 + b_1 z^{-1} + b_2 z^{-2} + \cdots + b_N z^{-N}}{a_0 + a_1 z^{-1} + a_2 z^{-2} + \cdots + a_N z^{-N}}$$
$$= \frac{b_0}{a_0} \frac{(z - z_1)(z - z_2)(z - z_3) \ldots (z - z_N)}{(z - p_1)(z - p_2)(z - p_3) \ldots (z - p_N)}. \tag{1.48}$$

Hier sind $z_1, z_2, \ldots, z_N$ die Nullstellen und $p_1, p_2, \ldots, p_N$ die Polstellen der Übertragungsfunktion. In dieser Form sieht man, dass die komplexe Funktion $H(z)$ für die komplexe Variable z gleich den Nullstellen null wird. Dagegen wird die Übertragungsfunktion unendlich groß wenn die komplexe Variable z gleich den Polstellen ist. Mit der Lage der Null- und Polstellen kann man eine Gebirgslandschaft für $|H(z)|$ gestalten, so dass diese entlang des Einheitskreises $z = e^{j\Omega}$ den Frequenzgang mit der gewünschten Eigenschaft (Tiefpass, Hochpass, etc.) ergibt.

Weil die Koeffizienten der Polynome im Zähler und Nenner der Übertragungsfunktion reell, nicht komplex sind, müssen die Wurzeln dieser Polynome immer als konjugiert komplexe Paare auftreten, wie aus Abb 1.15 zu sehen ist. Der obere Halbkreis dieser Darstellung entspricht der Frequenz Ω zwischen 0 und π. Die drei Nullstellen auf diesem Halbkreis führen auf die drei Stellen mit Nullwerten im Amplitudengang (im Sperrbereich), die den drei Minimalwerten von ca. $-60\,\mathrm{dB}$, $-80\,\mathrm{dB}$ und $-100\,\mathrm{dB}$ entsprechen. Mit einer besseren Auflösung der Frequenzen würden diese Werte gegen $-\infty\,\mathrm{dB}$ gehen.

Die Null- und Polstellen können mit der Funktion **roots**

```
z = roots(b);
p = roots(a);
```

berechnet werden. Durch einen erneuten Aufruf der Funktion **ellip** können die Ergebnisse auch in Form der Null- und Polstellen bzw. einen Verstärkungsfaktor ($k = b_0/a_0$) geliefert werden:

```
[z,p,k] = ellip(nord, Rp, Rs, fd, 'low');
                    % Null- und Polstellen der
                    % Übertragungsfunktion
```

Die Darstellung der Lagen der Null- und Polstellen der Übertragungsfunktion aus Abb. 1.15 wurde mit der Funktion **zplane** erhalten:

```
zplane(z,p);
title('Null- und Polstellen des Filters');
grid on;        hold on;
phi = 0:0.01:2*pi; n_phi = length(phi);  plot(exp(j*phi));
```

Mit der letzten Zeile wurde der Einheitskreis kontinuierlich dargestellt, weil die Funktion **zplane** den Kreis gestrichelt darstellt.

Die Einheitspulsantwort wird im Skript durch

```
u = [1, zeros(1,50)];    % Einheitspuls
nu = length(u);
h = filter(b,a,u);       % Einheitspulsantwort
```

ermittelt und danach dargestellt. Hier ist im Vektor u der Einheitspuls gebildet. Mit der Funktion **filter** wird die Antwort $h[n] = y[n]$ auf den Einheitspuls gemäß Gl. (1.30) berechnet. Es wird von Anfangsbedingungen $y[-1], y[-2], \ldots, y[-6]$ gleich null ausgegangen (laut der Definition der Einheitspulsantwort). Die Funktion **filter** kann auch mit Anfangsbedingungen verschieden von null eingesetzt werden. In Abb. 1.16 ist der Einheitspuls und die Antwort als Einheitspulsantwort dargestellt. Diese ist unendlich lang, was der IIR-Name auch besagt.

Im Skript wird auch die Gruppen- und Phasenlaufzeit ermittelt und dargestellt. Für die Gruppenlaufzeit wird die Funktion **grpdelay** eingesetzt:

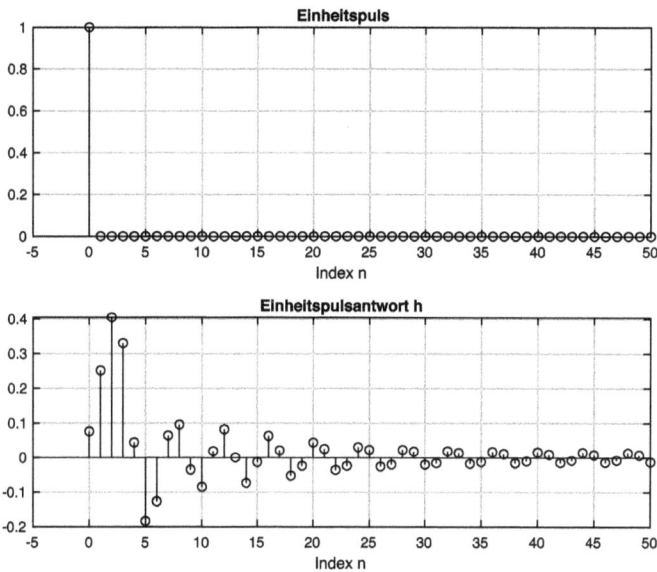

Abb. 1.16: Einheitspuls und die Einheitspulsantwort des IIR-Tiefpassfilters (IIR_TP_1.m).

```matlab
[Gd,wg] = grpdelay(b,a,512);
figure(5);   clf;
subplot(211), plot(wg/(2*pi), Gd);
....
Ph = -(unwrap(angle(H))./w);
subplot(212), plot(w/(2*pi), Ph);
....
```

In Abb. 1.17 sind diese Funktionen dargestellt.

Die Gruppen- und Phasenlaufzeit in Anzahl von Abtastperioden sind wegen der kontinuierlichen Funktion $\varphi(\Omega)$ reelle Werte.

Im letzten Teil des Skriptes wird die Antwort des IIR-Filters auf zwei cosinusförmige Sequenzen untersucht. Eine der Sequenzen hat eine Frequenz die im Durchlassbereich des Filters liegt und die zweite hat eine Frequenz die im Sperrbereich liegt. Es ist zu erwarten das letztere unterdrückt wird mit einer Dämpfung, die Minimum −40 dB (Faktor 1/100) ist.

Zuerst werden die Sequenzen gebildet:

```matlab
n = 0:100;
fr1 = 0.05;                 % Frequenz relativ zu fs
u1 = 2*cos(2*pi*fr1*n);     % Sequenz im Durchlassbereich
fr2 = 0.3;                  % Frequenz relativ zu fs
u2 = cos(2*pi*fr2*n+pi/3);  % Sequenz im Sperrbereich
u = u1+u2;
```

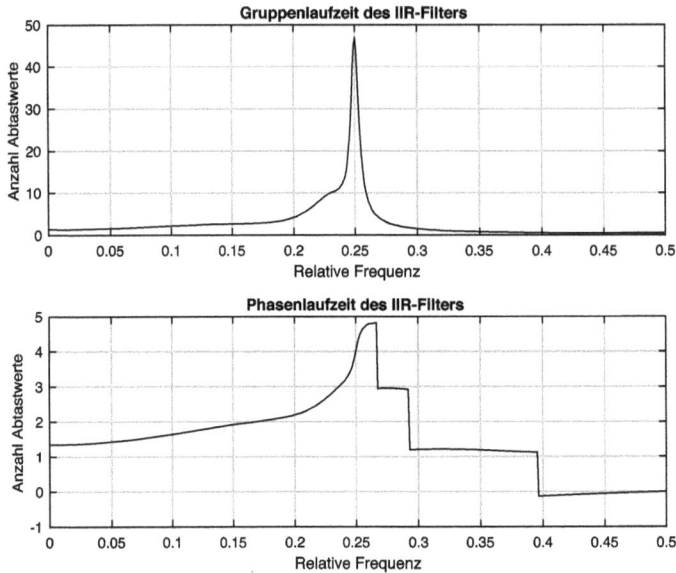

Abb. 1.17: Gruppen- und Phasenlaufzeit des IIR-Tiefpassfilters (IIR_TP_1.m).

```
y = filter(b,a,u);
```

Danach wird mit der Funktion **filter** die Antwort berechnet. Die Sequenzen werden basierend auf folgende Beziehungen generiert:

$$u_1[n] = 2\cos(2\pi f_1 nT_s) = 2\cos(2\pi(f_1/f_s)n)$$
$$u_2[n] = \cos(2\pi f_2 nT_s + \pi/3) = \cos(2\pi(f_2/f_s)n + \pi/3). \tag{1.49}$$

Im Skript wurde $f_1/f_s = f_{r1} = 0,05$ und $f_2/f_s = f_{r2} = 0,3$ gewählt.

In Abb. 1.18 sind die Ergebnissequenzen gezeigt. Die Sequenz der höheren Frequenz ist auch mit stückweisen linearen Segmenten dargestellt, um die Abtastwerte besser zuzuordnen und zu verstehen.

Aus Abb. 1.17 ist für die Sequenz mit der Frequenz $f_{r1} = 0,05$ im Durchlassbereich mit Hilfe der Zoom-Funktion die Gruppenlaufzeit von $\tau_d = 1,57$ Abtastperioden und die Phasenlaufzeit von $\tau_p = 1,425$ Abtastperioden zu schätzen. Die Verspätung der Ausgangssequenz aus Abb. 1.18 relativ zur Eingangssequenz $u_1[n]$ kann mit der Zoom-Funktion ebenfalls geschätzt werden und sie entspricht der Phasenlaufzeit τ_p.

In den Darstellungen des Phasengangs wurde immer die *unwrapped* Phase benutzt. Gewöhnlich wird die Phase $\varphi(\Omega) mod\ 2\pi$ dargestellt, die den Frequenzgang nicht ändert, aber die Auflösung der Darstellung erhöht. Der Leser kann statt der Zeile

```
subplot(212), plot(w/(2*pi), unwrap(angle(H)),'lineWidth',1);
```

die Phase mit

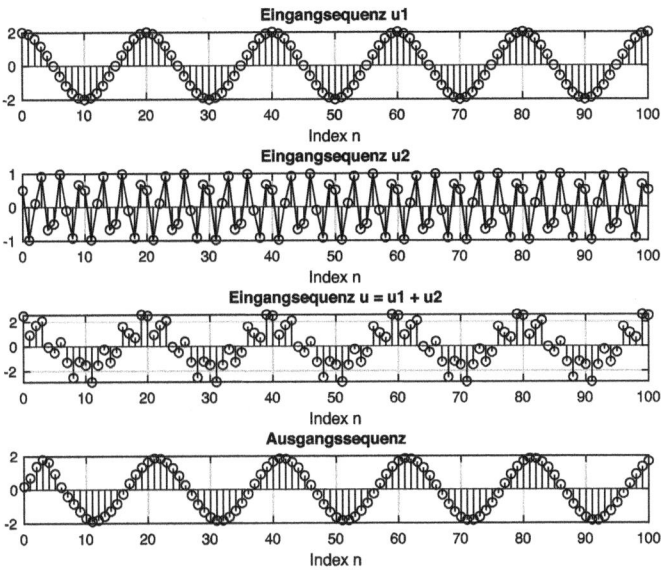

Abb. 1.18: Ergebnisse der Filterung von zwei cosinusförmigen Sequenzen (IIR_TP_1.m).

```
subplot(212), plot(w/(2*pi), angle(H),'lineWidth',1);
```

darstellen, um den Unterschied zu sichten.

Zu bemerken sei, dass in diesem Skript beim IIR-Filter die Spezifikationen so gewählt wurden, dass man einige Eigenschaften besser hervorheben kann. Eine Welligkeit im Durchlassbereich von 1 dB ist zu groß, wie man dies in der linearen Darstellung des Amplitudengangs aus Abb. 1.13 sieht. Auch die Dämpfung im Sperrbereich von 40 dB könnte besser sein (z. B. 60 dB). Die Ordnung von sechs sollte auch z. B. bis zehn erhöht werden. Als Eingangssignale könnte man auch andere z. B. aperiodische Sequenzen wählen und den Einfluss des Filters beobachten.

Zu beachten sei, dass die Antwort auf den zwei cosinusförmigen Signalen am Anfang immer ein Einschwingen enthält. Das Einschwingen entspricht der homogenen Lösung der Differenzengleichung des Filters [9]. Für stabile Systeme klingt diese Lösung zu null und dann beginnt der stationäre Zustand, für den der Frequenzgang, Gruppenlaufzeit etc. gilt.

1.3.3 FIR-Filter mit linearer Phase

Man kann die FIR-Filter so entwickeln, dass man einen linearen Phasengang erhält. Sie haben den zusätzlichen Vorteil, dass sie immer stabil sind, weil ihre Pole im Ursprung der komplexen Ebene liegen. Durch die rasante Entwicklung der gegenwärtigen Hardware, sowohl was die Geschwindigkeit als auch die Komplexität anbelangt, sind diese Filter im Vergleich zu den IIR-Filtern im Vormarsch.

Ein FIR-Filter wird im Zeitbereich durch folgende Differenzengleichung beschrieben:

$$y[n] = h[0]\, x[n] + h[1]\, x[(n-1)] + \cdots + h[N-1]\, x[(n-(N-1))]$$
$$= \sum_{k=0}^{N-1} h[k]\, x[(n-k)]\,. \tag{1.50}$$

Die Koeffizienten $h[0], h[1], \ldots, h[N-1]$ sind gleichzeitig die Werte der Einheitspulsantwort und die Koeffizienten des Zählerpolynoms der Übertragungsfunktion. Das Nennerpolynom eines FIR-Filters in der MATLAB-Konvention der Signalverarbeitung ist eins, so dass in den MATLAB-Funktionen, die auch für die IIR-Filter verwendet werden, kann als Nennerpolynom die Zahl eins angegeben werden, wie z. B. in dem Aufruf der Funktion **freqz** zur Ermittlung oder Darstellung des komplexen Frequenzgangs:

```
[H,w] = freqz{h, 1, 'whole');
```

Die Frequenz w entspricht der Frequenz Ω. Mit der Option 'whole' wird angegeben, dass der Frequenzgang im Bereich $\Omega = 0$ bis $\Omega = 2\pi$ und nicht nur im ersten Nyquist-Intervall von $\Omega = 0$ bis $\Omega = \pi$ ermittelt und eventuell dargestellt werden soll.

Ein FIR-Filter hat einen linearen Phasengang, wenn die Koeffizienten des Filters symmetrisch

$$h[n] = h[N-n] \quad \text{für} \quad n = 0, 1, 2, \ldots, N \tag{1.51}$$

oder antisymmetrisch sind:

$$h[n] = -h[N-n] \quad \text{für} \quad n = 0, 1, 2, \ldots, N\,. \tag{1.52}$$

Weil die Länge der Einheitspulsantwort oder die Anzahl der Koeffizienten gerade oder ungerade sein kann, gibt es vier Typen von FIR-Übertragungsfunktionen mit linearer Phase. In Abb. 1.19 sind die Einheitspulsantworten dieser vier Typen skizziert [1]. Typ I erhält man mit einer geraden Filterordnung $N-1$, was eine ungerade Anzahl der Koeffizienten bedeutet, die symmetrisch sind. Für ungerade Ordnung $N-1$ und N symmetrische Koeffizienten ergibt sich Typ II. Der Typ III hat $N-1$ gerade und antisymmetrische Koeffizienten. Hier ist immer $b[(N-1)/2] = 0$. Schließlich erhält man den Typ IV, wenn $N-1$ ungerade ist und die Koeffizienten antisymmetrisch sind.

Die Koeffizientensymmetrien führen dazu, dass die Filtertypen Einschränkungen für den Frequenzgang bei den beiden besonderen Frequenzen $\Omega = 0$ und $\Omega = \pi$ oder $f = 0$ und $f = f_s/2$ haben.

Zusammenfassend kann man Tiefpassfilter nur mit Typ I und Typ II realisieren. Hochpassfilter nur mit Typ I und IV, während Bandpassfilter mit jedem Typ möglich sind. Tabelle 1.1 fasst die Einschränkungen der vier FIR-Filtertypen zusammen.

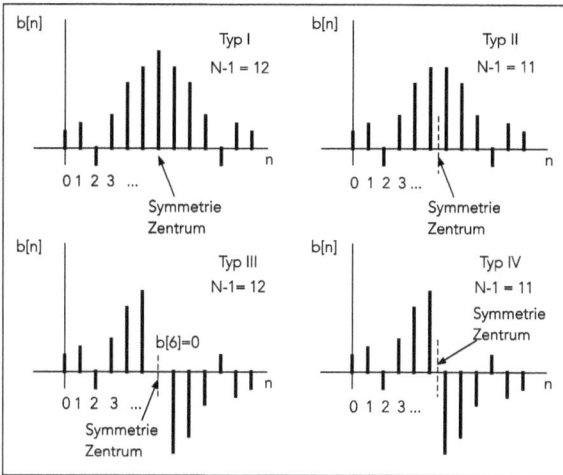

Abb. 1.19: Die vier Typen von FIR-Filtern mit linearem Phasengang.

Tab. 1.1: Einschränkungen des Frequenzgangs von FIR-Filtern mit linearer Phase.

Filter-Typ	Filter-Ordnung	Symmetrie der Koeffizienten	$H(0)$	$H(f_s/2)$
Typ I	$N-1$ gerade	$h[k] = h[(N-1)-k]$, $k = 0,\ldots,(N-1)/2+1$	Keine Einschränkung	Keine Einschränkung
Typ II	$N-1$ ungerade	$h[k] = h[(N-1)-k]$, $k = 0,\ldots,N/2$	Keine Einschränkung	$H(f_s/2) = 0$
Typ III	$N-1$ gerade	$h[k] = -b[(N-1)-k]$, $k = 1,\ldots,(N-1)/2-1$	$H(0) = 0$	$H(f_s/2) = 0$
Typ IV	$N-1$ ungerade	$h[k] = -h[(N-1)-k]$, $k = 1,\ldots,N/2$	$H(0) = 0$	Keine Einschränkung

Die MATLAB-Funktionen berücksichtigen diese Einschränkungen und umgehen sie. Mit Warnungen und durch eine Erhöhung der Ordnung wird der passende FIR-Filtertyp berechnet.

Es wird jetzt gezeigt, wie die lineare Phase für symmetrische Koeffizienten der FIR-Filter Typ I entsteht [6]. Mit einer kleineren Ordnung $N-1 = 8$ soll das exemplarisch erläutert werden. Die Übertragungsfunktion als z-Transformierte ist:

$$H(z) = h[0] + h[1]z^{-1} + h[2]z^{-2} + h[3]z^{-3} + h[4]z^{-4} + h[5]z^{-5}$$
$$+ h[6]z^{-6} + h[7]z^{-7} + h[8]z^{-8} . \tag{1.53}$$

Wegen der Symmetrie der Koeffizienten

$$h[0] = h[8], \; h[1] = h[7], \; h[2] = h[6] \quad \text{und} \quad h[3] = h[5] \tag{1.54}$$

kann die Übertragungsfunktion wie folgt geschrieben werden:

$$
\begin{aligned}
H(z) &= h[0](1 + z^{-8}) + h[1](z^{-1} + z^{-7}) + h[2](z^{-2} + z^{-6}) \\
&\quad + h[3](z^{-3} + z^{-5}) + h[4]z^{-4} \\
&= z^{-4}\{h[0](z^4 + z^{-4}) + h[1](z^3 + z^{-3}) \\
&\quad + h[2](z^2 + z^{-2}) + h[3](z + z^{-1}) + h[4]\}.
\end{aligned}
\tag{1.55}
$$

Man erhält den komplexen Frequenzgang durch $z = e^{j\Omega}$ und mit der Euler-Formel wird:

$$
\begin{aligned}
H(e^{j\Omega}) &= e^{-j4\Omega}\{2h[0]\cos(4\Omega) + 2h[1]\cos(3\Omega) + 2h[2]\cos(2\Omega) \\
&\quad + 2h[3]\cos(\Omega) + h[4]\} \\
&= e^{-j((N-1)/2)\Omega}\tilde{H}(\Omega).
\end{aligned}
\tag{1.56}
$$

Die reelle Funktion $\tilde{H}(\Omega)$ kann positive und negative Werte annehmen und bildet die sogenannte Nullphasen-Antwort (*Zero-Phase Response*) des Filters. Ihr Betrag ergibt den Amplitudengang. Der Phasengang $\varphi(\Omega)$, durch den Exponent $-((N-1)/2)\Omega$ gegeben, ist eine lineare Funktion von Ω. Die Gruppenlaufzeit als Ableitung dieser Phase mit Minusvorzeichen wird:

$$
\tau_d = -\frac{d\varphi(\Omega)}{d\Omega} = \frac{N-1}{2} = \text{Konstante}.
\tag{1.57}
$$

Die Gruppenlaufzeit ist eine Konstante gleich mit $(N-1)/2$ Abtastperioden. Multipliziert mit T_s erhält man die Gruppenlaufzeit in Sekunden.

In derselben Art kann man die lineare Phase für die anderen Typen von Filtern begründen und ermitteln [6].

Die Antwort des Filters auf irgend einem beliebigen Signal enthält auch hier immer am Anfang das Einschwingen wegen der Lösung der homogenen Differenzengleichung des Filters. Aus dem gleichen Grund gibt es am Ende, nachdem die Anregung aufhört, ein Ausschwingen. Gewöhnlich verfolgt man den Ausgang nur so lange die Anregung vorhanden ist und so ist das Ausschwingen nur in seltenen Fällen wichtig.

1.3.4 Experiment: Frequenzgang von FIR-Filtern

Es wird der Frequenzgang eines FIR-Tiefpassfilters mit reellen, nicht komplexen Koeffizienten untersucht. Im Skript FIR_TP_1.m wird das Experiment programmiert. Zuerst wird das FIR-Filter mit folgenden Zeilen ermittelt:

```
nord = 128;      % Ordnung des Filters
fd = 0.4;        % Durchlassfrequenz relativ zu fs/2
h = fir1(nord, fd);    % FIR-Filter mit fir1
```

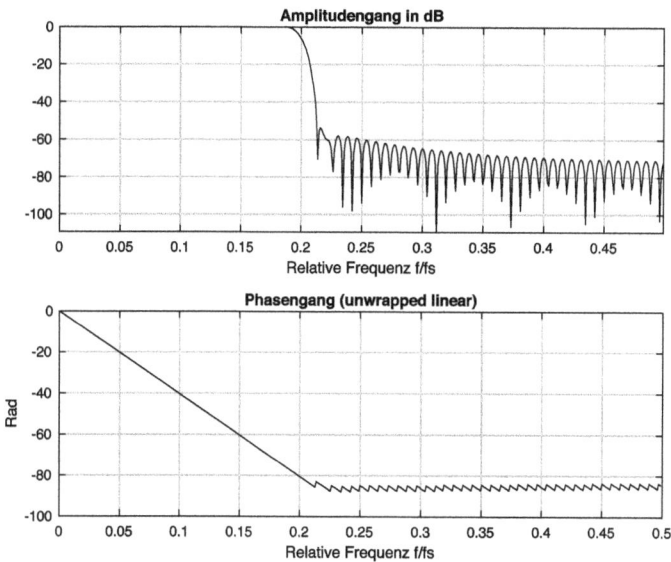

Abb. 1.20: Amplitudengang logarithmisch in dB und Phasengang (*unwrapped*) linear (FIR_TP_1.m).

Danach wird der Frequenzgang mit der Funktion **freqz** berechnet

```
[H,w] = freqz(h,1);
```

und weiter dargestellt. Beim FIR-Filter erhält man ähnliche Eigenschaften wie die des IIR-Filters aber mit einer viel größeren Ordnung, hier $N-1 = 128$. Die Einheitspulsantwort hat somit 129 Koeffizienten.

In Abb. 1.20 ist der Amplitudengang und Phasengang dargestellt, wobei der Amplitudengang mit logarithmischer Skalierung in dB gezeigt ist und die Abszissen sind in relativen Frequenzen f/f_s gewählt. Das FIR-Filter, entwickelt mit der Funktion **fir1**, ist ein Filter mit linearer Phase. Die Gruppenlaufzeit stellt auch die Verspätung dar, die das Filter im stationären Zustand erzeugt. Für nord = 128 ist die Verspätung gleich nord/2=64 Abtastperioden.

Das Filter hat 128 Pole im Ursprung und dieselbe Menge Nullstellen, wobei einige am Einheitskreis liegen, um den Sperrbereich zu bilden. In Abb. 1.21 sind die Null- und Polstellen des Filters dargestellt.

Mit dem Skript wird auch die Einheitspulsantwort h dargestellt, wie in Abb. 1.22 gezeigt. Die Werte der Einheitspulsantwort sind auch die Koeffizienten des Filters, die folgende Symmetrie besitzen $h[N - n] = h[n]$, $n = 0, 1, \ldots, (N - 1)/2$ mit $N - 1 = n_{ord}$. Diese Symmetrie führt zu der linearen Phase.

Im Skript ist zuletzt die Antwort auf zwei cosinusförmige Sequenzen untersucht, wobei die eine mit einer Frequenz im Durchlassbereich ist und die zweite mit einer Frequenz im Sperrbereich des Filters ist. Wie erwartet wird die zweite Sequenz mit mehr

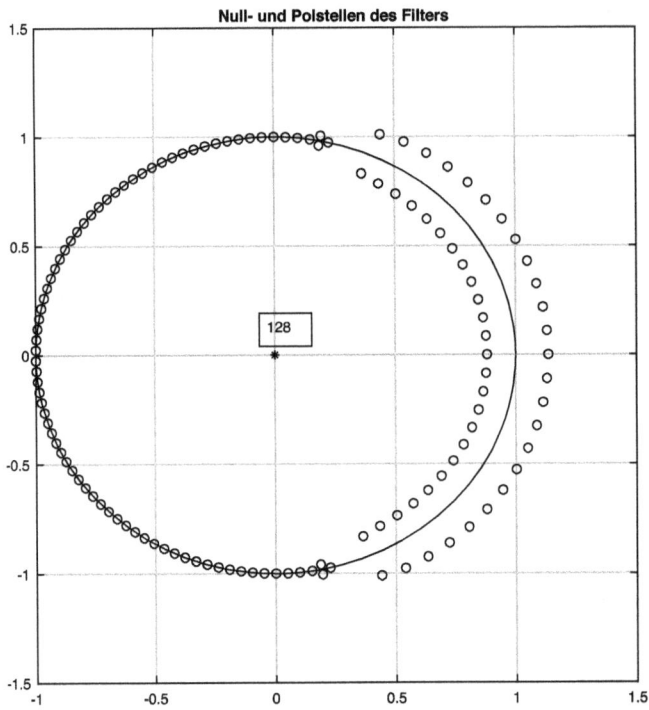

Abb. 1.21: Null- Polstellen Lage des FIR-Tiefpassfilters mit linearem Phasengang (FIR_TP_1.m).

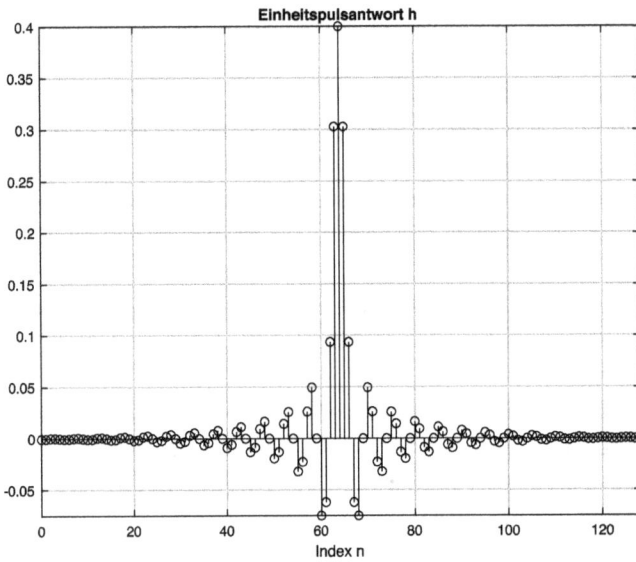

Abb. 1.22: Einheitspulsantwort des FIR-Tiefpassfilters für $N - 1 = 128$ (FIR_TP_1.m).

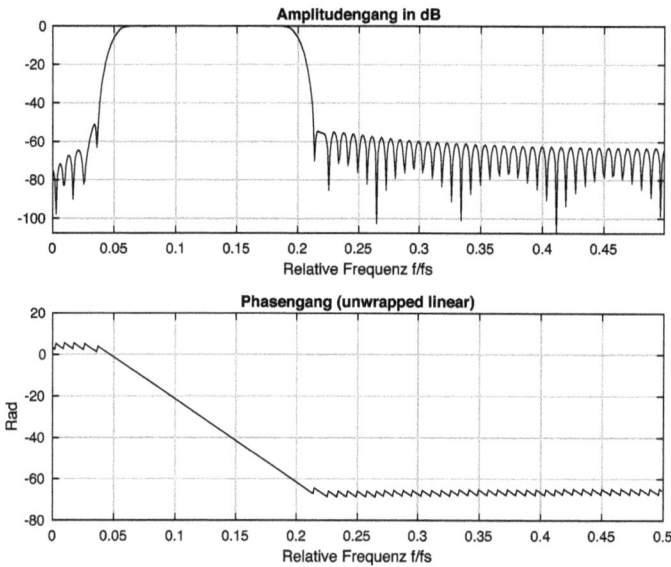

Abb. 1.23: Frequenzgang des FIR-Bandpassfilters für $N = 128$ (FIR_BP_1.m).

als 60 dB unterdrückt. Das Einschwingen des Filters dauert hier viel länger, ca. 64 Abtastperioden, die auch die Verspätung bis zu dem stationären Zustand ist. Weil die Sequenzen periodisch sind kann man diese Verspätung nicht aus einem Vergleich Eingang/Ausgang feststellen.

Die Untersuchung eines FIR-Bandpassfilters derselben Ordnung $N-1 = 128$ ist im Skript FIR_BP_1.m programmiert. Der Frequenzgang ist in Abb. 1.23 dargestellt und die Einheitspulsantwort ist in Abb. 1.24 gezeigt.

1.4 Zeitkontinuierliche Systeme und der Abtastprozess

Zeitkontinuierliche Signale werden durch $x_a(t)$, $y_a(t)$, $u_a(t)$ bezeichnet. Der Index a soll Analogsignal bedeuten und wird weggelassen, wenn aus dem Kontext die zeitkontinuierliche Natur klar hervorgeht. Die Fourier-Transformation von z. B. $x_a(t)$, wenn sie existiert, ist:

$$X_a(j\omega) = \int_{-\infty}^{\infty} x_a(t)e^{-j\omega t}\,dt \quad \text{mit} \quad \omega = 2\pi f . \tag{1.58}$$

Die entsprechende inverse Transformation ist:

$$x_a(t) = \frac{1}{2\pi} \int_{-\infty}^{\infty} X_a(j\omega)e^{j\omega t}\,d\omega . \tag{1.59}$$

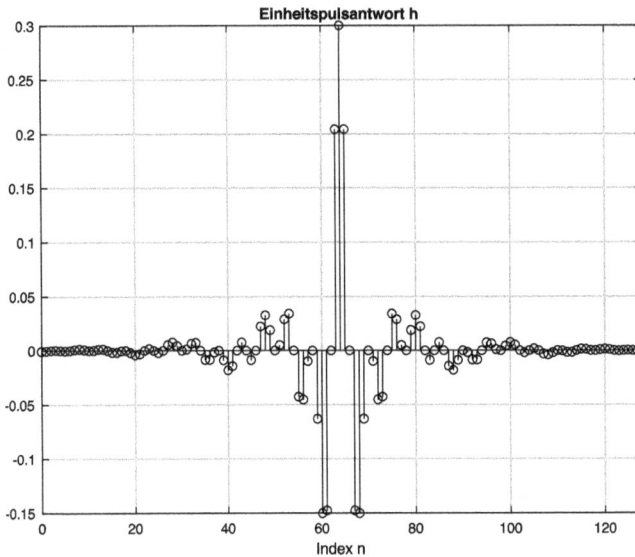

Abb. 1.24: Einheitspulsantwort des FIR-Bandpassfilters für $N - 1 = 128$ (FIR_BP_1.m).

Die Frequenzvariable ω hat hier die Dimension Radian/Sekunde (rad/s) und f ist die Frequenz in Hz.

In der Kommunikationstechnik und vielen anderen Bereichen spielen die sinus- oder cosinusförmigen Signale eine wichtige Rolle. Sie erfüllen nicht die Bedingungen für die Existenz der FT im üblichen Sinn. Mit Hilfe der Delta-Funktion erhält man auch für diese Signale eine FT [9]. Man kann sich vorstellen, dass bei einem z. B. cosinusförmigem Signal $x(t) = \hat{x} \cos(\omega_0 t + \varphi)$ für $-\infty < t < \infty$ die Leistung im Frequenzbereich bei ω_0 konzentriert ist. Man kann zeigen [15], dass für $x(t)$ die erweiterte Fourier-Transformation durch

$$x(t) = \hat{x}\ \cos(\omega_0 t + \varphi)$$
$$X(j\omega) = \pi\big(e^{j\varphi}\delta(\omega - \omega_0) + e^{-j\varphi}\delta(\omega + \omega_0)\big) \tag{1.60}$$

gegeben ist. Für ein sinusförmiges Signal $x(t)$ erhält man:

$$x(t) = \hat{x}\ \sin(\omega_0 t + \varphi)$$
$$X(j\omega) = \pi\big(e^{j(\varphi-\pi/2)}\delta(\omega - \omega_0) + e^{-j(\varphi-\pi/2)}\delta(\omega + \omega_0)\big). \tag{1.61}$$

Wenn man statt der Kreisfrequenz ω die Frequenz $f = \omega/(2\pi)$ annimmt, dann sind die Fourier-Transformierten durch

$$x(t) = \hat{x}\ \cos(2\pi f_0 t + \varphi)$$
$$X(jf) = \hat{x}\frac{1}{2}\big(e^{j\varphi}\delta(f - f_0) + e^{-j\varphi}\delta(f + f_0)\big) \tag{1.62}$$

$$x(t) = \hat{x}\,\sin(2\pi f_0 t + \varphi)$$

$$X(jf) = \hat{x}\frac{1}{2}(e^{j(\varphi-\pi/2)}\delta(f - f_0) + e^{-j(\varphi-\pi/2)}\delta(f + f_0))$$

gegeben.

Auch ein konstantes Signal $x(t) = a$, der Frequenz $\omega = 0$, erfüllt nicht die Bedingungen für eine FT. Mit Hilfe der Delta-Funktion wird eine erweiterte FT durch $X(j\omega) = a\delta(\omega)$ definiert.

Viele der Begriffe von den zeitdiskreten Sequenzen sind auch im zeitkontinuierlichem Bereich übertragbar. Ein zeitkontinuierliches LTI-System ist durch die Impulsantwort $h_a(t)$, als Antwort auf eine Delta-Funktion $\delta(t)$ mit Anfangsbedingungen gleich null, beschrieben. Die Laplace-Transformation der Impulsantwort stellt die Übertragungsfunktion $H_a(s)$ des Systems dar [3]:

$$H_a(s) = \int_{-\infty}^{\infty} h_a(t)e^{-jst}dt. \tag{1.63}$$

Man muss auch für diese Transformation eine Konvergenzregion in der komplexen Ebene der Variable s definieren. Wenn diese auch die imaginäre Achse enthält, dann ist $H_a(j\omega)$ die Fourier-Transformation der Übertragungsfunktion und stellt den Frequenzgang dar.

Wenn $h_a(t) = 0$ für $t < 0$ ist, spricht man von einem kausalen System. Dieses System ist stabil (BIBO) wenn alle Pole der Übertragungsfunktion als rationale Funktion von s in der linken komplexen Halbebene liegen [3].

Die FT wird numerisch mit Hilfe der *Discrete Fourier Transform* kurz DFT angenähert. Angenommen das analoge Signal $x_a(t)$ ist zeitbegrenzt zwischen 0 und T_x. In diesem Intervall wird das Signal mit einer Abtastperiode T_s zeitdiskretisiert und es entstehen N Abtastwerte. Das FT-Integral gemäß Gl. (1.58) wird mit einer Summe angenähert:

$$X_a(j\omega) = \int_{0}^{T_x} x_a(t)e^{-j\omega t}dt \cong T_s \sum_{n=0}^{N-1} x_a(nT_s)e^{-j\omega nT_s}. \tag{1.64}$$

Das Ergebnis der Diskretisierung ist eine kontinuierliche Funktion $X_a(j\omega)$ von ω, periodisch mit einer Periode $\omega_s = 2\pi/T_s$. Für die numerische Berechnung muss man auch die Frequenz ω einer Periode diskretisieren. Es werden genau N diskrete Frequenzwerte benutzt:

$$\omega_k = k\omega_s/N = k\frac{2\pi}{NT_s} \quad k = 0, 1, 2, \ldots, N - 1. \tag{1.65}$$

Die Annäherung der FT wird:

$$X_a(j\omega)\big|_{\omega=k\omega_s/N} \cong T_s \sum_{n=0}^{N-1} x_a(nT_s)e^{-j2\pi kn/N} = T_s\,\mathrm{DFT}\{x_a(nT_s)\}. \tag{1.66}$$

Die Summe aus diesem Ergebnis, die T_s explizit nicht mehr enthält, bildet die DFT der Sequenz $x_a(nT_s)$, $n = 0, 1, 2, \ldots, N - 1$. Die Eigenschaften der DFT sind ausführlich in der Literatur beschrieben [9, 16].

Für eine zeitdiskrete Sequenz, wie z. B. jene die man aus der Zeitdiskretisierung des Signals $x_a(t)$ mit $t = nT_s$, $n = 0, 1, 2, \ldots, N - 1$ erhält, ist gemäß Gl. (1.7) die FT durch

$$X(e^{j\Omega}) = \sum_{n=-\infty}^{\infty} x_a[nT_s]e^{-j\Omega n} = \sum_{n=0}^{N-1} x_a[nT_s]e^{-j\Omega n} \quad \text{mit} \quad \Omega = \omega T_s \tag{1.67}$$

definiert.

Es ist eine periodische kontinuierliche Funktion von Ω oder ω mit der Periode 2π oder $2\pi/T_s$. Für die numerische Berechnung dieser FT muss man auch die Frequenz der Periode diskretisieren. Wenn man N Werte für die diskrete Frequenz wählt, wie in Gl. (1.65) gezeigt, erhält man:

$$X(e^{j\Omega})|_{\Omega=k2\pi T_s/N} = \sum_{n=0}^{N-1} x_a[nT_s]e^{-j2\pi kn/N} = \text{DFT}\{x_a[nT_s]\}. \tag{1.68}$$

Somit stellen die Werte der DFT Abtastwerte der FT (oder DTFT *Discret Time Fourier Transform*) dar.

1.4.1 Experiment: Untersuchung eines Analogfilters

Es wird ein elliptisches analoges Filter [11] mit dem Skript `ellip_an_1.m` untersucht. Am Anfang wird das Filter entwickelt:

```
% -------- Entwicklung des Filters mit ellip
fd = 100;                  % Durchlassfrequenz in Hz
nord = 6;                  % Ordnung des Filters
Rp = 1;                    % Welligkeit im Durchlassbereich
Rs = 40;                   % Dämpfung im Sperrbereich
[b,a] = ellip(nord, Rp, Rs, 2*pi*fd,'s');
          % Koeffizienten der
          % Übertragungsfunktion
tf(b,a);
```

Durch den 's' in der Funktion **ellip** wird ein analoges Filter berechnet und die Funktion **tf** zeigt dann die zwei Polynome in der Variable s des Zählers und Nenners der Übertragungsfunktion:

```
Polynom im Zähler:
0.01 s^6 + 4.629e04 s^4 + 4.364e10 s^2 + 1.144e16
Polynom im Nenner:
```

```
s^6 + 575.2 s^5 + 8.835e05 s^4 + 3.671e08 s^3 +
              2.231e11 s^2 + 5.535e13 s + 1.284e16
```

Weiter wird der Frequenzgang mit der Funktion **freqs** ermittelt und anschließend dargestellt:

```
fb = logspace(1,3,512);
     % Frequenzen für den Frequenzbereich
[H,w] = freqs(b,a, fb*2*pi);
```

Mit **logspace** werden 512 Frequenzen im Bereich 10^1 bis 10^3 Hz, der auch die Durchlassfrequenz von 100 Hz enthält, berechnet. Sie sind logarithmisch skaliert. Für diese Frequenzen wird dann der Frequenzgang ermittelt. In Abb. 1.25 ist der Frequenzgang dargestellt. Mit **semilogx** werden die Frequenzen in den Abszissen logarithmisch skaliert. Der Amplitudengang wird auch logarithmisch in dB gezeigt. Die gewünschte minimale Dämpfung im Sperrbereich von Rs = 40 dB ist erfüllt. Die Welligkeit im Durchlassbereich kann man mit der Zoom-Funktion auch überprüfen. Exemplarisch werden die Zeilen für die Darstellung des Frequenzgangs gezeigt:

```
subplot(211), semilogx(w/(2*pi),...
20*log10(abs(H)),'LineWidth',1);
title('Amplitudengang des analogen elliptischen Filters');
La = axis;    axis([La(1:2),-80, 10]);
xlabel('Frequenz in Hz');    ylabel('dB');    grid on;
subplot(212), semilogx(w/(2*pi),...
```

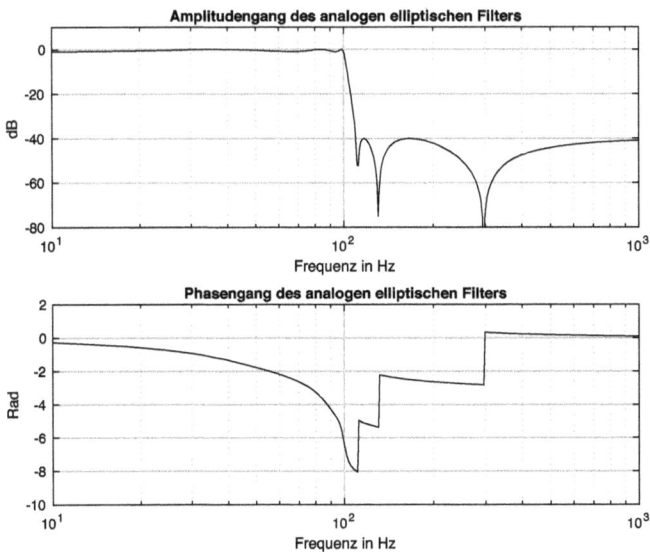

Abb. 1.25: Frequenzgang des analogen elliptischen Filters (ellip_an_1.m).

```
unwrap(angle(H)),'LineWidth',1);
title('Phasengang des analogen elliptischen Filters');
xlabel('Frequenz in Hz');      ylabel('Rad');      grid on;
```

Die Impulsantwort wird mit folgenden Funktionen berechnet:

```
sys = tf(b,a);          ti = linspace(0,0.15,200);
h = impulse(sys, ti);
```

Mit der Funktion linspace werden 200 Zeitwerte von 0 bis 0,15 s linear skaliert berechnet und für die Ermittlung der Impulsantwort verwendet. In Abb. 1.26 ist die Impulsantwort dargestellt.

Die Lage der Null- und Polstellen dieses Filters ist in Abb. 1.27 gezeigt. Wie man sieht, sind die Pole in der linken Halbebene und somit ist das Filter stabil. Die Null-

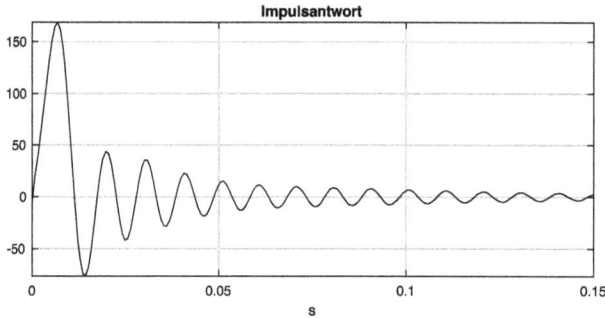

Abb. 1.26: Impulsantwort des analogen elliptischen Filters (ellip_an_1.m).

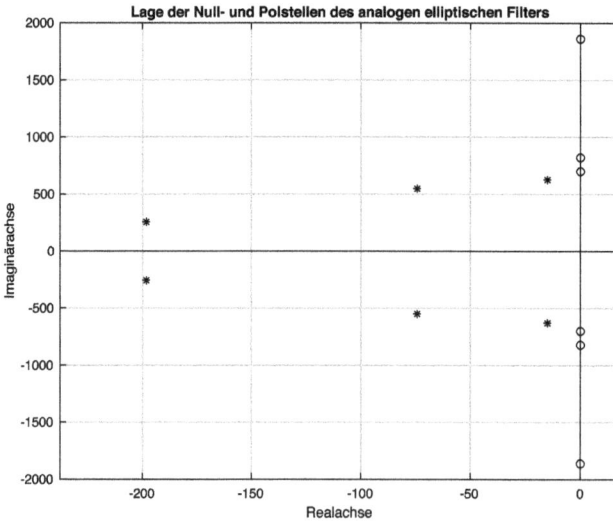

Abb. 1.27: Lage der Null- und Polstellen des analogen elliptischen Filters (ellip_an_1.m).

stellen liegen auf der imaginären Achse und wenn $s = j\omega$ gleich mit so einer Nullstelle ist, wird der Frequenzgang $H(j\omega) = 0$. Die drei Nullstellen mit positivem Imaginärteil ergeben die drei 'Einbrüche' im Amplitudengang für $\omega \geq 0$. Die Nullstellen auf der negativen Imaginärachse bilden gleiche Einbrüche im Betrag der Übertragungsfunktion für $\omega < 0$.

Wenn die komplexe Variable s der Laplace-Transformation gleich mit einem Pol ist, dann ist der Betrag der Funktion $H(s)$ sehr groß und formt so die Funktion $H(j\omega)$ entlang der Imaginärachse zu dem gewünschten Frequenzgang. Die 'Höcker' in der Funktion $H(s)$ wegen der Pole führen im Amplitudengang zu der Welligkeit im Durchlassbereich.

1.4.2 Der Abtastprozess

Die Zeitdiskretisierung des analogen Signals $x_a(t)$ ergibt die Abtastwerte $x[nT_s] = x_a(nT_s)$ mit $T_s > 0$ als Abtastperiode. Der Kehrwert $1/T_s$ stellt die Abtastfrequenz f_s dar. Die gleichmäßige Abtastung eines zeitkontinuierlichen Signals führt zu einer Mehrdeutigkeit der Abtastwerte. Bis nicht bekannt ist, dass die Abtastwerte mit einer Abtastfrequenz erzeugt wurden, die zweimal größer als die höchste Frequenz im Signal ist $f_s \geq 2f_{max}$, können keine Rückschlüsse über das zeitkontinuierliche Ursprungssignal gezogen werden. Es gibt unendlich viele zeitkontinuierliche Signale, die durch Abtastung zu gleichen Abtastwerten führen. Dieses Phänomen ist als *Aliasing* bezeichnet.

Um das zu verstehen, wird ein einfaches cosinusförmiges Signal zeitdiskretisiert:

$$
\begin{aligned}
x[nT_s] &= \hat{x}\, \cos(2\pi f_0 t)|_{t=nT_s} = \hat{x}\, \cos(2\pi f_0 nT_s) \\
&= \hat{x}\, \cos(2\pi f_0 nT_s + 2\pi k) = \hat{x}\, \cos\left(2\pi\left(f_0 + \frac{k}{nT_s}\right)nT_s\right); \quad k, n \in \mathbb{Z}.
\end{aligned}
\tag{1.69}
$$

Eine cosinusförmige Funktion ist periodisch in 2π und erlaubt die Schreibweise mit dem Argument $2\pi f_0 nT_s + 2\pi k$. Durch einfache Umwandlung erhält man die letzte Form. Da für jeden n ein Wert k gewählt werden kann, so dass $k/n = m$ mit $m \in \mathbb{Z}$ eine ganze Zahl ist, kann die letzte Form auch wie folgt geschrieben werden:

$$
x[nT_s] = \cos\left(2\pi\left(f_0 + \frac{k}{nT_s}\right)nT_s\right) = \cos(2\pi(f_0 + mf_s)nT_s).
\tag{1.70}
$$

Diese Gleichung zeigt, dass alle zeitkontinuierliche Signale der Frequenz $f_m = f_0 + mf_s$ dieselben Abtastwerte für eine Abtastung mit Abtastfrequenz f_s ergeben. Man kann nicht sagen welche zeitkontinuierliche Signale zu den Abtastwerten geführt haben, es sei denn, dass das Abtasttheorem [7] mit $f_s \geq 2f_{max}$ erfüllt war.

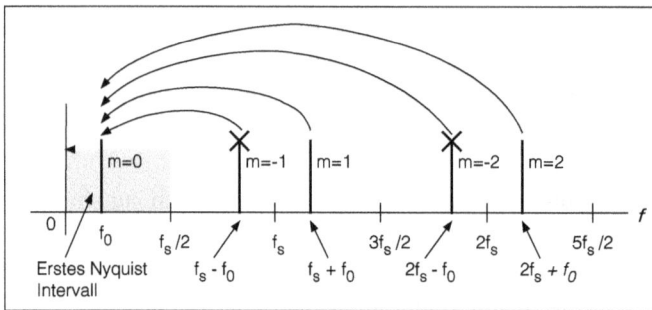

Abb. 1.28: Signale der Frequenzen $f_0 + m f_s$, die Verschoben werden im ersten Nyquist-Intervall.

In Abb. 1.28 sind die Signale der Frequenzen $f_0 + m f_s$ skizziert, die zu gleichen Abtastwerten der Frequenz f_0 im ersten Nyquist-Intervall zwischen $f = 0$ bis $f = f_s/2$ führen. Es findet eine Verschiebung (*Aliasing*) statt. Die negativen Frequenzen für $m = -1, -2, \ldots$ können in positive Frequenzen umgewandelt werden:

$$\cos(-\alpha) = \cos(\alpha) \quad \text{und} \quad \sin(-\alpha) = \sin(\alpha \pm \pi). \tag{1.71}$$

Im Skript `abtast_0.m` ist ein Beispiel programmiert, um anschaulich die Mehrdeutigkeit zu verstehen. Es werden zwei zeitkontinuierliche Signale der Frequenz f_0 und der Frequenz $f_0 + m f_s$ abgetastet, um zu zeigen, dass sie gleiche Abtastwerte besitzen. Mit einer sehr kleinen Zeitschrittweite `dt` wird ein zeitkontinuierliches Signal `x1` generiert, das weiter mit einer Abtastfrequenz `fs` zeitdiskretisiert wird:

```
f0 = 100;      ampl1 = 2;
dt = 1/10000;   t = 0:dt:0.1;
x1 = ampl1*cos(2*pi*f0*t);     % Zeitkontinuierliches Signal
% -------- Zeitdiskretisierung des Signals der Frequenz f0
fs = 1000;     Ts = 1/fs;
td =0:Ts:0.1;
x1d = ampl1*cos(2*pi*f0*td);   % Diskretisierung mit fs > 2f0
```

In Abb. 1.29 oben sind das zeitkontinuierliche Signal und die resultierten Abtastwerte dargestellt. Diese Abtastwerte kann man dem ursprünglichen Signal zuordnen und daraus rekonstruieren. Im Skript wird dann ähnlich ein zeitkontinuierliches Signal der Frequenz $f_m = f_0 + m f_s$ generiert und diskretisiert. Abb. 1.29 zeigt unten das zeitkontinuierliche Signal für $m = 1$ und die Abtastwerte, die gleich den Abtastwerten aus der oberen Darstellung sind. Aus diesen Abtastwerten kann man das ursprüngliche Signal der Frequenz f_m nicht rekonstruieren. Es wurde mit einer Abtastfrequenz f_s diskretisiert, die nicht das Abtasttheorem erfüllt $f_s/2 < f_m$.

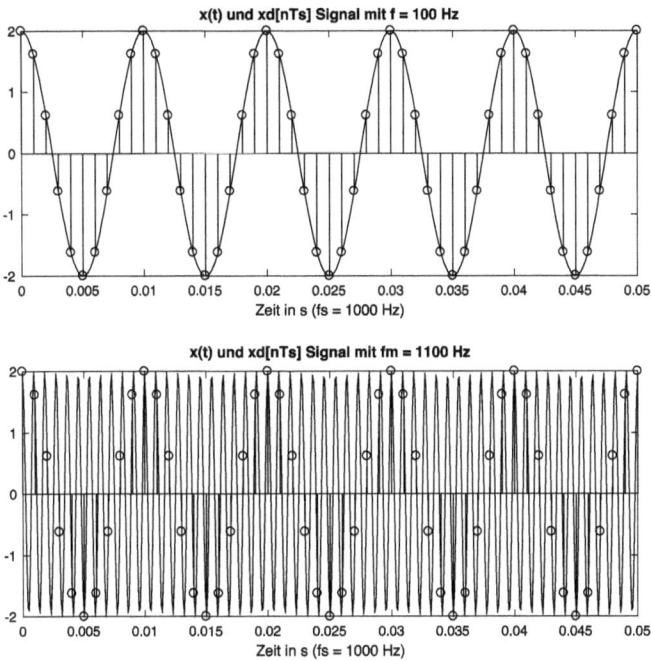

Abb. 1.29: (a) Diskretisierung des Signals der Frequenz f_0, (b) Diskretisierung des Signals der Frequenz $fm = f_0 + mf_s$ (abtast_0.m).

Für beliebige Signale wird der Effekt der Abtastung im Frequenzbereich über die Fourier-Transformation analysiert. Wenn $X(e^{j\Omega})$ und $X_a(j\omega)$ die FT des zeitdiskreten Signals $x[n]$ bzw. zeitkontinuierlichen Signals $x_a(t)$ sind, kann man zeigen [9], dass sie durch folgende Beziehung

$$X(e^{j\Omega}) = X(e^{j\omega T_s}) = \frac{1}{T_s} \sum_{k=-\infty}^{\infty} X_a\left(j\left(\omega - \frac{2\pi k}{T_s}\right)\right)$$

$$= \frac{1}{T_s} \sum_{k=-\infty}^{\infty} X_a(j(\omega - k\omega_s)) \quad \text{mit} \quad \omega_s = \frac{2\pi}{T_s} = 2\pi f_s \tag{1.72}$$

verbunden sind. In Abb. 1.30 ist oben der Betrag der FT eines zeitkontinuierlichen Signals dargestellt und darunter ist der Betrag der FT des durch Abtastung zeitdiskretisierten Signals gezeigt. Es wurde angenommen, dass die maximale Frequenz im Signal die Bedingung $\omega_m < \omega_s/2$ erfüllt.

Wenn diese Bedingung nicht erfüllt ist (Abb. 1.31), dann entsteht eine Verschiebung (*Aliasing*) der Anteile im Spektrum oberhalb von $f_s/2$. Die Spektren schneiden sich und das zeitkontinuierliche Signal kann nicht mehr aus dem zeitdiskreten Signal ohne Fehler rekonstruiert werden.

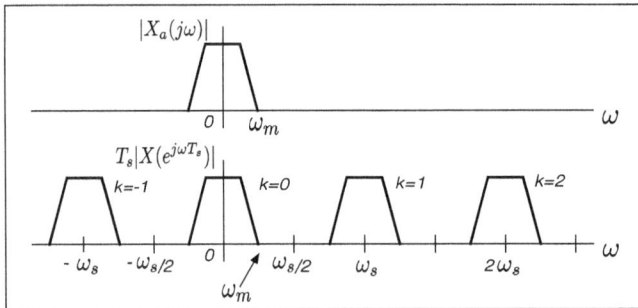

Abb. 1.30: Fourier-Transformation des zeitkontinuierlichen und des zeitdiskreten Signals (abtast_0.m).

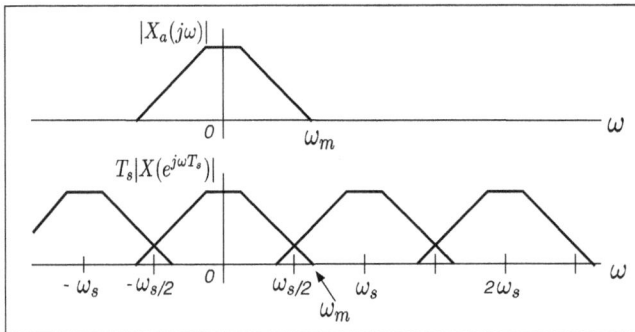

Abb. 1.31: Fourier-Transformation des zeitkontinuierlichen und des zeitdiskreten Signals für den Fall $\omega_m > \omega_s/2$ (abtast_0.m).

1.4.3 Experiment: Abtastung zweier cosinusförmigen Signale

Es wird zuerst mit dem Skript abtast_1.m die Abtastung eines Signals bestehend aus zwei cosinusförmigen Signalen untersucht. Am Anfang werden die zeitkontinuierliche Signale mit einer sehr kleinen Schrittweite erzeugt:

```
f1 = 100;      % Frequenz des Signals 1
f2 = 200;      % Frequenz des Signals 2
ampl1 = 1;     ampl2 = 2;    % Amplituden
dt = 1/5000;   % Schrittweite für die kontinuierliche Signale
t = 0:dt:2;
x1 = ampl1*cos(2*pi*f1*t);     % Signale
x2 = ampl2*cos(2*pi*f2*t + pi/3);
```

In Abb. 1.32 sind oben die zwei Signale dargestellt und darunter deren Summe als Signal, das abgetastet wird. Es folgt die Abtastung mit einer Abtastfrequenz fs = 1000 Hz, die das Abtasttheorem erfüllt:

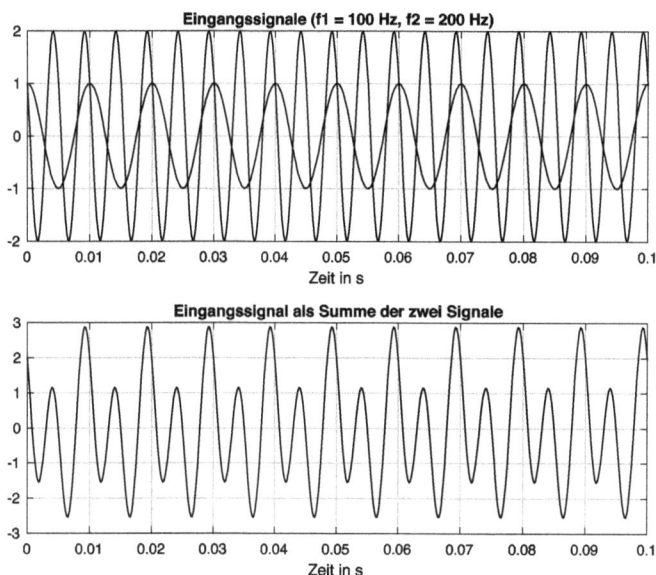

Abb. 1.32: Die zwei cosinusförmigen Signale und deren Summe (abtast_1.m).

```
fs = 1000;    Ts = 1/fs;
nt = 2000;    n = 0:nt-1;
x1d = ampl1*cos(2*pi*f1*n*Ts);
x2d = ampl2*cos(2*pi*f2*n*Ts+pi/3);
```

In Abb. 1.33 sind die Abtastwerte dargestellt. Um diese besser den Signalen zuzuordnen wird der Abtastprozess in Form von Treppen dargestellt (Abb. 1.34), so als hätte man mit einem Halteglied-Nullter-Ordnung die Abtastwerte in einem zeitkontinuierlichen Signal umgewandelt. So eine Umwandlung wird in der Praxis mit D/A-Wandler (Digital-Analog-Wandler) erhalten.

Die FT des abgetasteten Signals wird mit Hilfe der DFT gemäß Gl. (1.68) berechnet:

```
nfft = 1000;
xd = x1d(1:nfft) + x2d(1:nfft);
Xd = fft(xd, nfft);       % Die DFT des zeitdiskreten Signals
```

In MATLAB wird die DFT mit Hilfe der Funktion **fft** ermittelt. Wenn die Anzahl der Werte die transformiert werden, hier `nfft`, eine ganze Potenz von zwei ist, wird die DFT sehr effizient über ein Algorithmus genannt *Fast Fourier Transform* [16] berechnet.

Die DFT berechnet die FT für diskrete Werte der Frequenz $\omega_k = k\omega_s/N$, wobei N = nfft ist. Die Auflösung der DFT ist gleich $\Delta\omega = \omega_s/N$ und im Skript gleich `fs/nfft` = 1 Hz. Die Signale mit Frequenzen als ganze Zahlen (wie z. B. 100 Hz und 200 Hz) sind gleich mit einem diskretisierten Frequenzwert der DFT und die FT ist

Diskrete Eingangssignale (f1 = 100 Hz, f2 = 200 Hz)

Zeit in s (fs = 1000 Hz)

Diskretes Eingangssignal als Summe der zwei Signale

Zeit in s (fs = 1000 Hz)

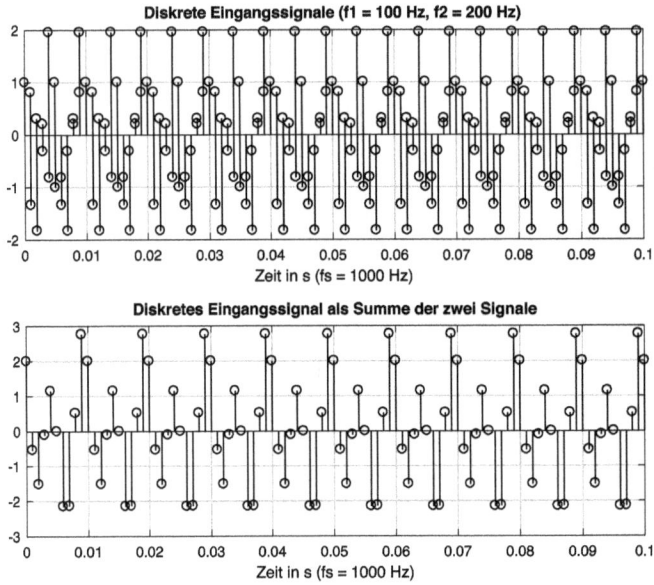

Abb. 1.33: Die Abtastwerte der cosinusförmigen Signale und deren Summe (abtast_1.m).

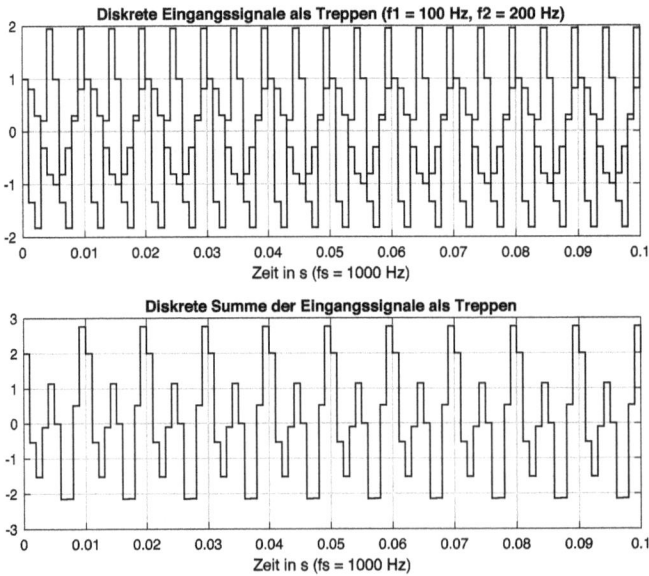

Diskrete Eingangssignale als Treppen (f1 = 100 Hz, f2 = 200 Hz)

Zeit in s (fs = 1000 Hz)

Diskrete Summe der Eingangssignale als Treppen

Zeit in s (fs = 1000 Hz)

Abb. 1.34: Die abgetasteten und mit Halteglied-Nullter-Ordnung umgewandelten Signale (abtast_1.m).

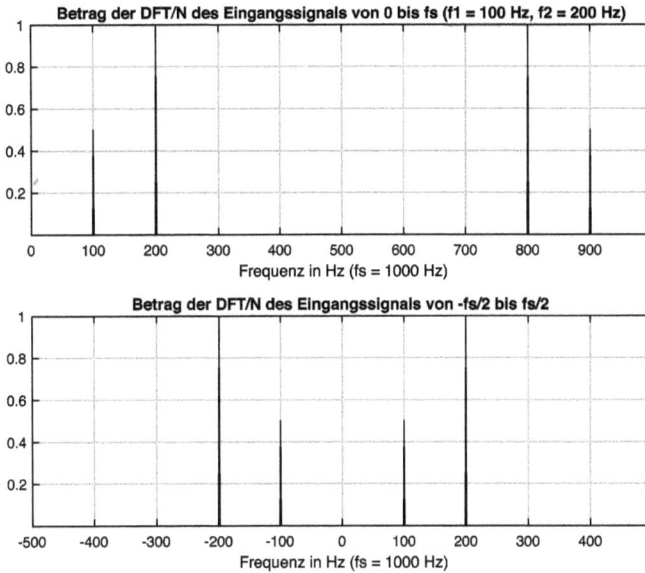

Abb. 1.35: Betrag der DFT/N (abtast_1.m).

korrekt. Für eine Frequenz, die keine ganze Zahl ist, wie z. B. 100,5 Hz gibt es in der DFT kein diskreten Wert und es entsteht ein Schmiereffekt (englisch *Leakage*) [9].

Man kann zeigen, dass der Betrag der DFT eines cosinusförmigen Signals, wenn kein Schmiereffekt vorhanden ist, gleich der Amplitude geteilt durch zweimal N ist [15]. Im Betrag der DFT erscheinen zwei Linien bei der Frequenz des Signals f und bei der Spiegelung mit einer Frequenz $f_s - f$. Abb. 1.35 zeigt oben den Betrag der DFT geteilt durch nfft in der Periode von 0 bis f_s und darunter in der Periode von $-f_s/2$ bis $f_s/2$.

Die erste Linie oben entspricht dem Signal der Frequenz 100 Hz und Amplitude eins und die zweite Linie stellt die Hälfte der Amplitude des zweiten Signals dar. Die Linien bei 800 Hz und 900 Hz erscheinen wegen der Exponentialfunktion in der Definition der DFT und werden als Spiegelungen betrachtet. Dieselben Linien für die Periode des Betrags der DFT/N von $-f_s/2$ bis $f_s/2$ sind darunter dargestellt.

Durch die Wahl der Frequenz eines Signals, so dass sie nicht einem diskreten Frequenzwert der DFT entspricht, z. B. f1 = 100.5 erhält man den Schmiereffekt (*Leakage*), wie in Abb. 1.36 dargestellt. Es gibt keine klare Linie und der Wert ist nicht mehr korrekt gleich der Hälfte der Amplitude. Statt 0,5 erhält man 0,32.

Wenn man die Frequenz des zweiten Signals 800 Hz (statt 200 Hz) wählt, dann erhält man dieselben Abtastwerte wegen der gezeigten Mehrdeutigkeit der zeitdiskreten Signale. Dadurch ist auch der Betrag der FT derselbe und nur die Phase für diesen Anteil ändert sich.

Im Skript abtast_11.m werden zwei Signale mit Frequenzen von 200 Hz und 800 Hz und gleichen Amplituden verwendet, so dass die ursprünglichen Abtastwerte

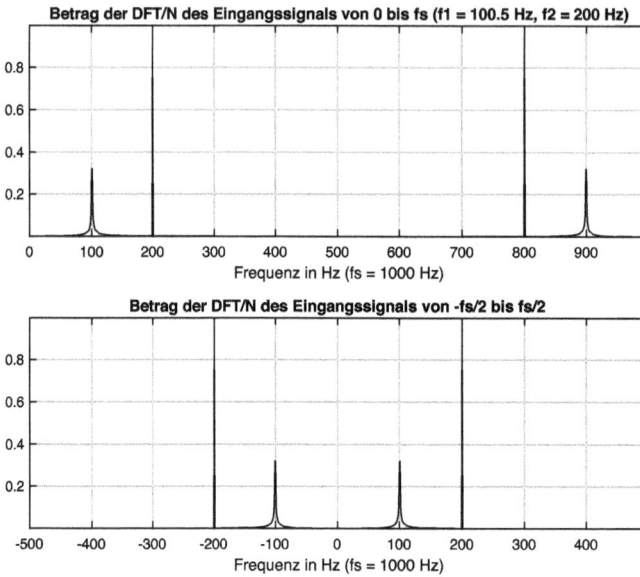

Abb. 1.36: Betrag der DFT/N mit Leakage weil $f_1 = 100{,}5$ Hz gewählt wurde (abtast_1.m).

und die von 800 Hz auf 200 Hz verschobene Abtastwerte sich aufheben. Die Phase der verschobenen Abtastwerte muss $\varphi \pm \pi$ sein, wobei φ die Phase des Signals von $f_1 = 200$ Hz ist. Daraus folgt, dass die Phase der Komponente die zu *Aliasing* führt, gleich $-\varphi \pm \pi$ sein muss.

```
x1d = ampl1*cos(2*pi*f1*n*Ts + phi);
x2d = ampl2*cos(2*pi*f2*n*Ts - phi - pi);
```

Die Summe der Abtastwerte des Signals mit $f_1 < f_s/2$ und die des Signals mit $f_2 > f_s/2$ und mit geeigneter Phase ist kleiner als $1e-12$ und nicht null wegen den numerischen Fehlern.

Um in der DFT den effizienten FFT-Algorithmus zu verwenden muss man z. B. die Anzahl der Werte der Sequenz nfft = 1024 wählen. Das man weiter dieselbe Auflösung der DFT erhält, muss man für die Abtastfrequenz den Wert fs = 1024 Hz nehmen. Mit diesen Werten ist $\Delta f = f_s/N = 1$ Hz, wie mit den vorherigen Werten.

1.4.4 Experiment: Abtastung eines bandbegrenzten Zufallssignals

Es wird ein stationärer, ergodischer Zufallsprozess angenommen [15]. Dieser ist durch Signale dargestellt, die eine mittlere begrenzte Leistung besitzen und im Frequenzbereich durch eine spektrale Leistungsdichte (englisch *Power Spectral Density* kurz PSD) charakterisiert sind [7].

Wenn $x(t)$ ein stationärer Zufallsprozess ist, dann ist seine Autokorrelationsfunktion $R_{xx}(\tau)$ durch

$$R_{xx}(\tau) = E\{x^*(t)x(t+\tau)\} \tag{1.73}$$

gegeben [7]. Durch $E\{\}$ wurde der statistische Erwartungswert bezeichnet. Die Autokorrelationsfunktion ist eine deterministische Funktion für die man sich eine FT vorstellen kann. Die spektrale Leistungsdichte ist, über das Wiener–Khintchine-Theorem, die FT dieser Autokorrelationsfunktion [7]:

$$S_{xx}(f) = \int_{-\infty}^{\infty} R_{xx}(\tau)e^{-j2\pi f\tau}\,d\tau. \tag{1.74}$$

In der Praxis besitzt man gewöhnlich nur eine Realisierung des Prozesses, aus der man die spektrale Leistungsdichte schätzen will. Es kann gezeigt werden [7], dass eine Schätzung der spektralen Leistungsdichte für zeitdiskrete Signale mit der DFT durch

$$S_{xx}(f) \cong \hat{S}_{xx}(f) = \frac{1}{(f_s/N)}\frac{\overline{|\,\mathrm{DFT}\{x[kT_s]\}|^2}}{N^2} \tag{1.75}$$

$$f = nf_s/N \quad k, n = 0, 1, 2, \ldots, N-1$$

gegeben ist. Das zeitkontinuierliche Signal wird mit einer Abtastfrequenz f_s zeitdiskretisiert und in Datenblöcke der Größe N Abtastwerte zerlegt. Die Beträge der DFTs dieser Blöcke werden dann gemittelt, was in der Gleichung durch die Überlinie dargestellt ist und noch durch N^2 und der Auflösung der DFT f_s/N normiert.

Der zweite Bruch in der Gl. (1.75) stellt eigentlich die mittlere Leistung des Anteils im Signal der Frequenz kf_s/N, $k = 0, 1, 2, \ldots, N-1$ dar. Die Teilung durch $\Delta f = f_s/N$ ergibt dann die spektrale Leistungsdichte.

Das Experiment ist im Skript `abtast_2.m` programmiert. Es benutzt das Simulink-Modell `abtast2.slx`, das in Abb. 1.37 dargestellt ist.

Mit dem Block *Band-Limited White Noise* wird ein Zufallssignal mit unabhängigen Werten und einer mittleren Leistung gleich eins (1 Watt) generiert. Das Zufallssignal wird mit einer Abtastfrequenz von 10000 Hz, die viel größer als die restlichen Frequenzen der Simulation ist, erzeugt. Seine spektrale Leistungsdichte bezogen auf die Abtastfrequenz ist somit 1/10000 Watt/Hz oder in dBWatt/Hz gleich $10 \log_{10}(10^{-4}) = -40$ dBWatt/Hz. Der Effektivwert (englisch *Root-Mean-Square*) dieses Signals wird mit dem Block *RMS* ermittelt und mit dem Block *Display* angezeigt. Der Effektivwert hoch zwei ergibt die mittlere Leistung in Watt/Hz.

Mit dem Block *Transfer Fcn*, der ein analoges elliptisches Filter simuliert, wird die Bandbreite des Eingangssignals begrenzt. Mit folgenden Zeilen des Skripts wird das Filter entwickelt:

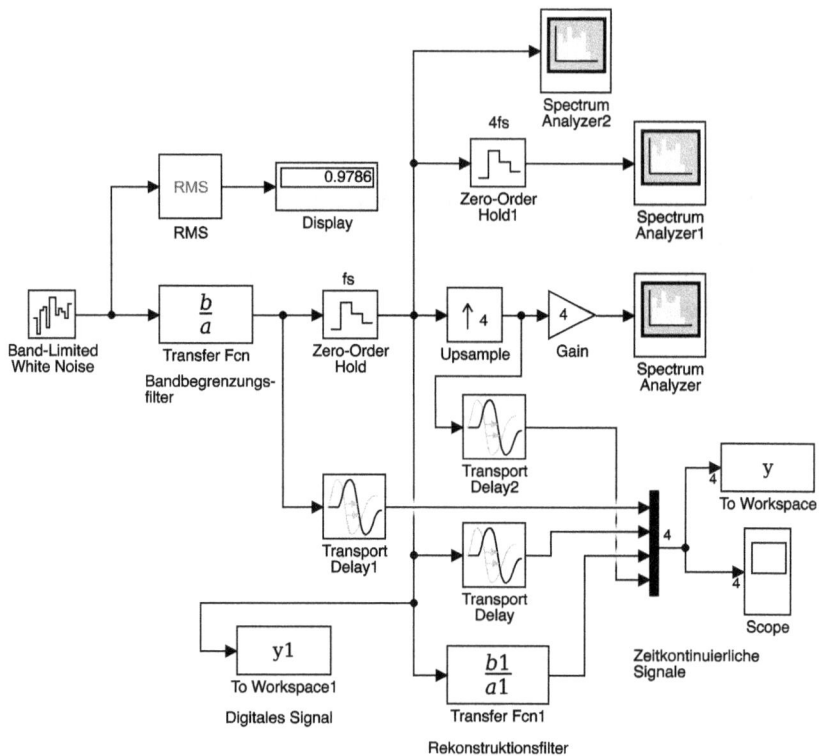

Abb. 1.37: Simulink-Modell des Experiments (abtast_2.m, abtast2.slx).

```
% --------- Elliptisches Analogfilter für das Eingangssignal
fd = 200;                  % Durchlassfrequenz in Hz
nord = 8;                  % Ordnung des Filters
Rp = 1;                    % Welligkeit im Durchlassbereich
Rs = 60;                   % Dämpfung im Sperrbereich
[b,a] = ellip(nord, Rp, Rs, 2*pi*fd,'s');
   % Koeffizienten der
   % Übertragungsfunktion des Filters
```

In Simulink wird als Abtaster der Block *Zero-Order Hold* benutzt. Er simuliert ein Halteglied-Nullter-Ordnung, das zwischen den Abtastwerten das Signal konstant hält. Ein zeitdiskreter Block erhält korrekt die Abtastwerte ohne die Zwischenwerte, die für zeitkontinuierliche Blöcke wichtig sind. Die spektrale Leistungsdichte am Ausgang des Abtasters wird mit dem Block *Spectrum Analyser2* ermittelt und dargestellt.

In Abb 1.38 ist diese spektrale Leistungsdichte dargestellt. Sie unterscheidet sich von der spektralen Leistungsdichte des kontinuierlichen Signals am Ausgang des Bandbegrenzungsfilters nur durch ihre Periodizität mit Periode f_s. Gezeigt ist die

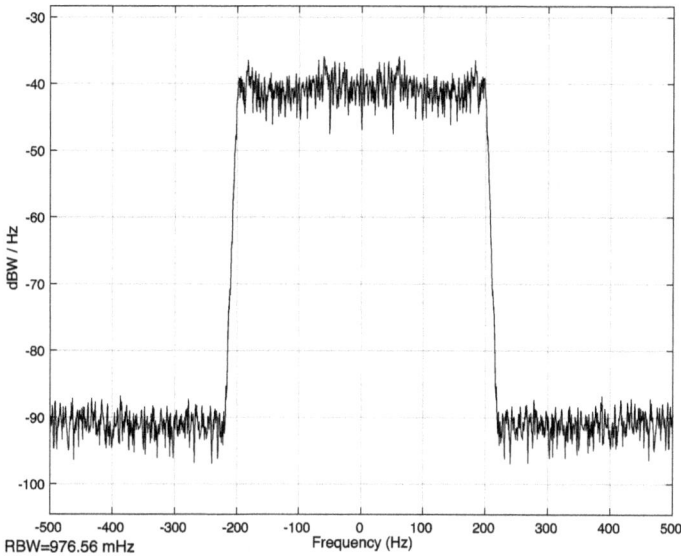

Abb. 1.38: Spektrale Leistungsdichte des abgetasteten Signals (abtast_2.m, abtast2.slx).

spektrale Leistungsdichte von $-f_s/2$ bis $f_s/2$. Im Durchlassbereich des Filters bleibt die spektrale Leistungsdichte gleich mit -40 dBWatt/Hz, wie die der Quelle.

Aus den Abtastwerten kann das zeitkontinuierliche Signal, bei dem das Abtasttheorem eingehalten wurde, rekonstruiert werden. Mit einem analogen Filter muss man die periodischen, spektralen Anteile des abgetasteten Signals unterdrücken mit Ausnahme der Anteile im ersten Nyquist-Interval zwischen $-f_s/2$ und $f_s/2$. Das geschieht in der Simulation mit dem Filter aus Block *Transfer Fcn1*, das im Skript berechnet wird:

```
% ----- Butterworthfilter für die Rekonstruktion des Signals
fd1 = 400;              % Durchlassfrequenz in Hz
[b1,a1]= butter(10,2*pi*fd1,'s'); % Koeffizienten der
   % Übertragungsfunktion des Filters
```

Es wird ein Butterworth-Filter benutzt [1, 6] weil dieses einen annähernd linearen Phasengang besitzt und somit keine zusätzliche Verzerrungen ergibt. Das Filter fügt eine Verspätung zwischen Eingang und Ausgang hinzu, die gleich der Gruppenlaufzeit aus dem linearen Bereich des Phasengangs ist. Um diese Signale überlappt darzustellen, wird mit dem Block *Transport Delay* der Eingang auch verspätet. Die anderen zwei Blöcke dieser Art dienen ebenfalls zur Ausrichtung der Signale.

In Abb. 1.39 sind oben das kontinuierliche und abgetastete Signal dargestellt und darunter ist das kontinuierliche und das rekonstruierte Signal gezeigt. Die Übereinstimmung des kontinuierlichen und rekonstruierten Signals ist sehr gut, wie man auch mit der Zoom-Funktion feststellen kann.

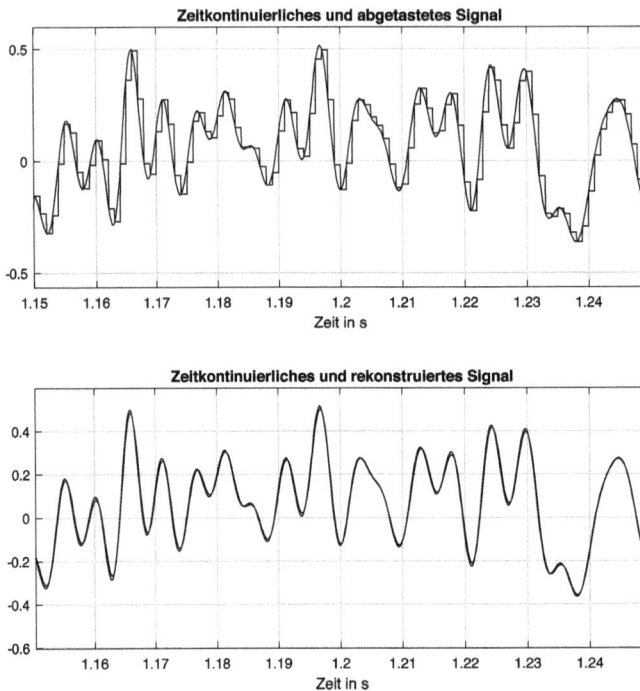

Abb. 1.39: Signale der Simulation (abtast_2.m, abtast2.slx).

Weil alle Signale am Eingang des Mux-Blockes von zeitkontinuierlichen Blöcken (Rekonstruktionsfilter und *Transport Delay*) hervorgehen ist auch die Variable y als *Timeseries* zeitkontinuierlich. Es wurde eine Simulation mit fixer Schrittweite gewählt und Simulink hat sie auf $\Delta t = 0{,}5 10^{-4}$ festgelegt. Somit sind die zeitkontinuierliche Signale mit dieser Schrittweite simuliert. Das Verhältnis $T_s/\Delta t = 10^{-3}/(0{,}5 10^{-4}) = 20$. In einer Abtastperiode $T_s = 1/f_s$ sind dann 20 Zwischenwerte der Simulation enthalten. Das kann auch aus der Größe dieser Signale festgestellt werden:

```
>> size(yd)
ans =    200001          1
>> size(y1.Data)
ans =    10001          1
```

Im Skript wird zusätzlich die spektrale Leistungsdichte mit Hilfe der Funktion **pwelch**, die das Welch Verfahren [9] einsetzt, ermittelt. Dafür wird das zeitdiskrete Signal y1 benutzt, das in der Senke To Workspace1 zwischengespeichert ist. Dieser Block, in dem ebenfalls die Daten als *Timeseries* initialisiert sind, erbt die Abtastfrequenz f_s vom Block *Zero-Order Hold*. Das Signal y.Data(:,2) dezimiert mit Faktor 20 (yd(1:20:end)), kann an Stelle des Signals y1.Data benutzt werden, um die spektrale Leistungsdichte des abgetasteten Signals zu ermitteln:

```
%[PSD,w] = pwelch(yd(1:20:end),hamming(1024),256,1024,fs,...
                         'twosided','psd');
[PSD,w] = pwelch(y1.Data,hamming(1024),...
         256,1024,fs,'twosided','psd');
```

Die Darstellung dieser berechneten spektralen Leistungsdichte ist, wie erwartet, gleich der die am *Spectrum Analyser2* angezeigt ist. Sie wird auch benutzt, um die Ergebnisse mit dem Parseval-Theorem zu überprüfen:

```
npsd = length(PSD),
Pfreq = sum(PSD)*fs/npsd, % Leistung aus der PSD
%Psig = std(yd)^2,       % Leistung aus Zeitsignal
Psig = std(y1.Data)^2,    % Leistung aus Zeitsignal
```

Man erhält:

```
Pfreq =  0.0364
Psig =   0.0359
```

Um mehrere Perioden der spektralen Leistungsdichte des abgetasteten Signals darzustellen, werden die Blöcke *Upsample* und *Gain* benutzt. Mit Faktor 4 für den Aufwärtstaster und für den Verstärker werden 4 Perioden der spektralen Leistungsdichte am *Spectrum Analyzer*-Block dargestellt, wie in Abb. 1.40 gezeigt. Der Aufwärtstaster fügt zwischen den Abtastwerten der Frequenz f_s drei Nullwerte und ergibt eine neue Abtastfrequenz von $4f_s$. Um den Verlust in der Leistung wegen der drei Nullwerten auszugleichen, muss man die Verstärkung mit vier hinzufügen.

Der Versuch mehrere Perioden durch einen neuen Abtaster mit Block *Zero-Order Hold1* und Abtastfrequenz $4f_s$ darzustellen, zeigt am Block *Spectrum Analyser1* vier Perioden der spektralen Leistungsdichte aber mit dem Einfluss des Abtasters mit

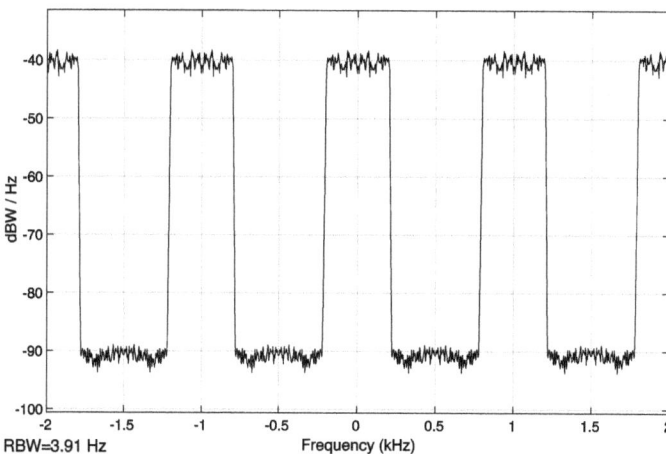

Abb. 1.40: Spektrale Leistungsdichte über 4 Perioden (abtast_2.m, abtast2.slx).

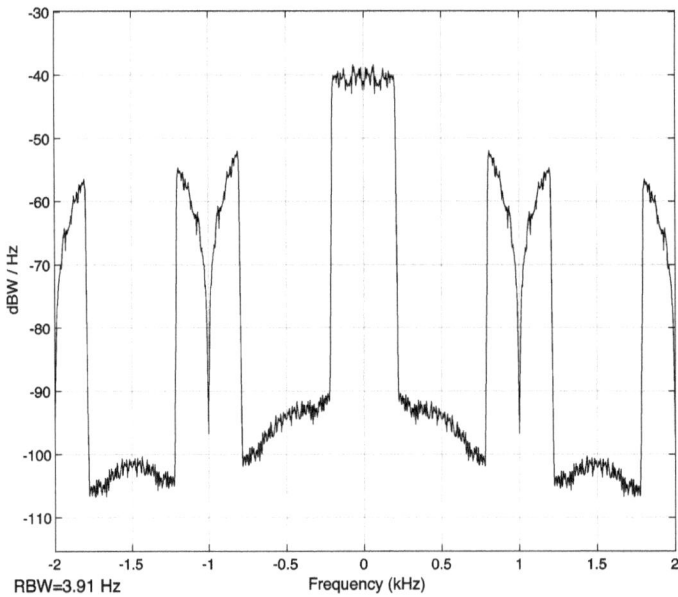

Abb. 1.41: Spektrale Leistungsdichte über 4 Perioden mit dem Einfluss des Halteglieds-Nullter-Ordnung (abtast_2.m, abtast2.slx).

Halteglied-Nullter-Ordnung aus Block *Zero-Order Hold*. Es werden auch die vier zeit-diskrete Zwischenwerte dieses Blockes einbezogen. Das Halteglied-Nullter-Ordnung hat einen Frequenzgang proportional zu einer Sinc-Funktion [3], mit Nullwerte bei Vielfachen der Frequenz f_s und ergibt die Einbrüche in der spektralen Leistungsdich-te, wie in Abb. 1.41 dargestellt.

Durch aktivieren der Zeile

```
[b,a] = ellip(nord, Rp, Rs, 2*pi*[800, 900],'s');
    % Koeffizienten der
    % Übertragungsfunktion des Filters
```

wird ein bandbegrenztes Signal mit Leistungsanteile im Bereich von 800 Hz bis 900 Hz erzeugt. Abgetastet mit f_s = 1000 Hz, ist das Abtasttheorem nicht erfüllt und es ent-steht *Aliasing* oder Verschiebung im ersten Nyquist-Intervall zwischen 0 und $f_s/2$ mit Leistungsanteile zwischen f_s – 900 = 100 Hz und f_s – 800 = 200 Hz.

In Abb. 1.42 ist oben das zeitkontinuierliche bandbegrenzte Signal (zwischen 800 Hz und 900 Hz) zusammen mit den Abtastwerten dargestellt, die ein Signal mit viel niedrigeren Frequenzen (zwischen 100 Hz und 200 Hz) suggerieren. Das zeitkon-tinuierliche Signal, das aus diesen Abtastwerten rekonstruiert ist, zusammen mit dem zeitkontinuierlichen bandbegrenzten Signal, sind darunter dargestellt.

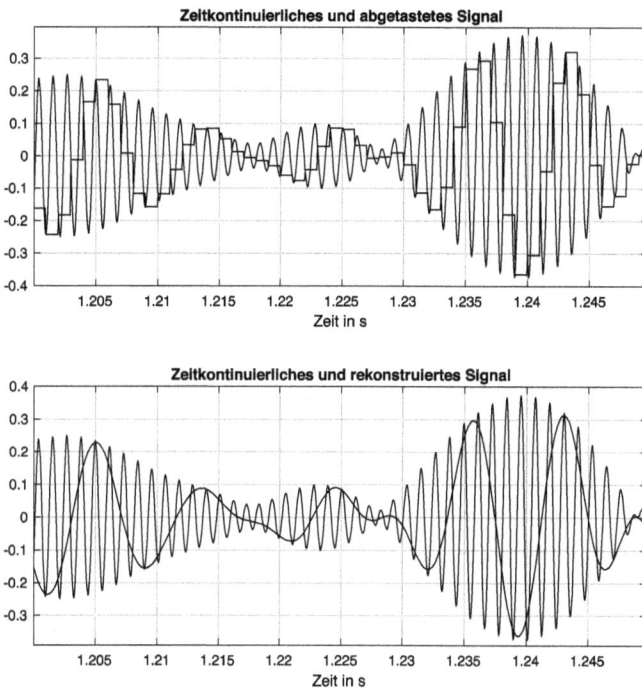

Abb. 1.42: Signale der Simulation, wenn das Abtasttheorem nicht erfüllt ist (abtast_2.m, abtast2.slx).

1.5 Überblick über digitale Filter

In diesem Abschnitt werden einige Grundelemente der digitalen Filter mit reellen Koeffizienten inklusive deren Entwicklung dargestellt. Die Spezifizierung des Betrags des Frequenzgangs ist immer mit einigen Toleranzen gegeben, wie z. B. die Toleranzen für ein Tiefpassfilter, die in Abb. 1.43 dargestellt sind.

Folgende Terminologie ist üblich:

- δ_1 = Maximaler Wert der Welligkeit im Durchlassbereich
- δ_2 = Minimaler Wert der Dämpfung im Sperrbereich
- $A_{stop} = -20 \log_{10} \delta_2$ = Minimale Dämpfung in dB
- $A_{pass} = -20 \log_{10}(1 - \delta_1)$ = Maximaler Wert der Welligkeit in dB
- ω_{pass} = Grenze des Durchlassbereichs
- ω_{stop} = Anfang des Sperrbereichs
- $\Delta\omega = \omega_{stop} - \omega_{pass}$ = Übergangsbereich

Für die anderen standard Filter oder allgemeine Filter kann man sich ähnliche Toleranzen vorstellen.

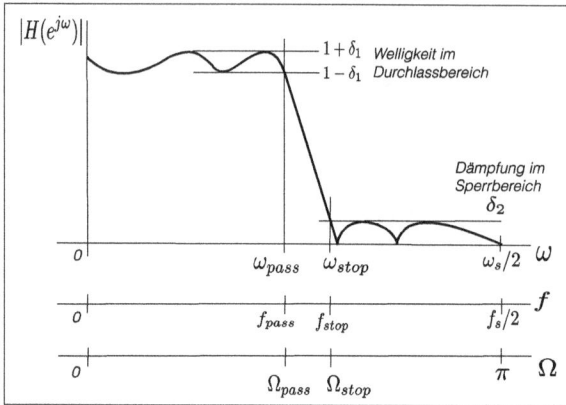

Abb. 1.43: Spezifizierung des Betrags eines Tiefpassfilters mit reellen Koeffizienten.

1.5.1 Entwerfen der FIR-Filter mit Fensterverfahren

Der Frequenzgang eines zeitdiskreten Filters ist periodisch mit der Abtastfrequenz f_s (oder $\omega_s = 2\pi f_s$) als Periode [1, 11]. Es wird zuerst der Entwurf mit Fensterfunktion für ein Tiefpassfilter dargestellt.

Der Amplitudengang eines idealen Tiefpassfilters mit der Durchlassfrequenz $f_{pass} = f_p$ ist durch

$$|H(f)| = |H(e^{j2\pi f T_s})| = \begin{cases} 1 & \text{für} \quad -f_p \leq f \leq f_p \\ 0 & \text{für} \quad f_p < |f| \leq f_s/2 \end{cases} \tag{1.76}$$

gegeben und in Abb. 1.44(a) dargestellt. Der ideale Phasengang ist mit einer Phase gleich null für alle Frequenzen gegeben. Der Frequenzgang des Filters kann, wie jede periodische Funktion mit Hilfe einer komplexwertigen Fourier-Reihe ausgedrückt werden:

$$H(f) = H(e^{j2\pi f T_s}) = \sum_{k=-\infty}^{\infty} h[k]e^{-j2\pi f k T_s}. \tag{1.77}$$

Die Fourier-Koeffizienten $h[k]$, $k = 0, \pm 1, \pm 2, \pm 3, \ldots, \pm\infty$ sind die Werte der Einheitspulsantwort des Filters und können aus der inversen Fourier-Reihe berechnet werden [11]:

$$h[kT_s] = h[k] = \frac{1}{f_s} \int_{-f_s/2}^{f_s/2} H(e^{j2\pi f T_s})e^{j2\pi f k T_s} df. \tag{1.78}$$

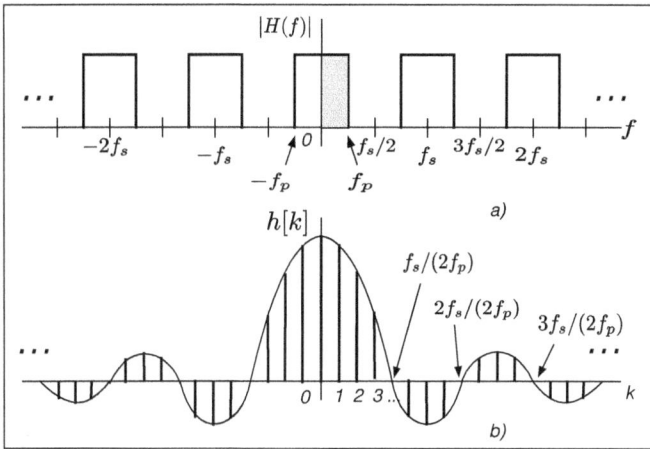

Abb. 1.44: Amplitudengang eines idealen Tiefpassfilters und die entsprechende Einheitspulsantwort.

Für das ideale Tiefpassfilter gemäß Gl. (1.76) erhält man nach der Auswertung des Integrals folgende Einheitspulsantwort:

$$h[kT_s] = h[k] = \left(\frac{2f_p}{f_s}\right)\frac{\sin(2\pi k f_p/f_s)}{2\pi k f_p/f_s} \tag{1.79}$$

$$k = -\infty, \ldots, -2, -1, 0, 1, 2, \ldots, \infty.$$

Die Hülle der Einheitspulsantwort ist eine $\sin(x)/x$-Funktion (kurz sinc-Funktion) mit Nullstellen bei $k = n f_s/(2f_p)$, $n = \pm 1, \pm, 2, \ldots, \pm\infty$ (Abb. 1.44(b)).

Diese Einheitspulsantwort ist aus zwei Gründen nicht realisierbar: Sie ist nichtkausal und hat eine unendliche Ausdehnung im Zeitbereich. In der Praxis wird man sie annähernd realisieren, indem man ihre zeitliche Ausdehnung symmetrisch von $-N/2$ bis $N/2$ begrenzt und durch Verschiebung mit $N/2$ zu positiven Zeitindizes kausal macht (Abb. 1.45).

Mathematisch formuliert man die Begrenzung auf ein endliches Zeitintervall durch Multiplikation der idealen Einheitspulsantwort $h[k]$ mit einer Fensterfunktion $w[k]$ deren Werte außerhalb des gewählten Zeitintervalls null sind:

$$h[k]_{\text{neu}} = \sum_{k=-N/2}^{k=N/2} h[k]w[k]. \tag{1.80}$$

Man erhält somit $N + 1$ Werte für die Einheitspulsantwort oder für die Koeffizienten des Filters.

In Abb. 1.45 wurde beispielhaft ein rechteckiges Fenster benutzt. Neben des rechteckigen Fensters gibt es viele andere Fensterfunktionen [7], die für die zeitliche Begrenzung der Einheitspulsantwort besser geeignet sind.

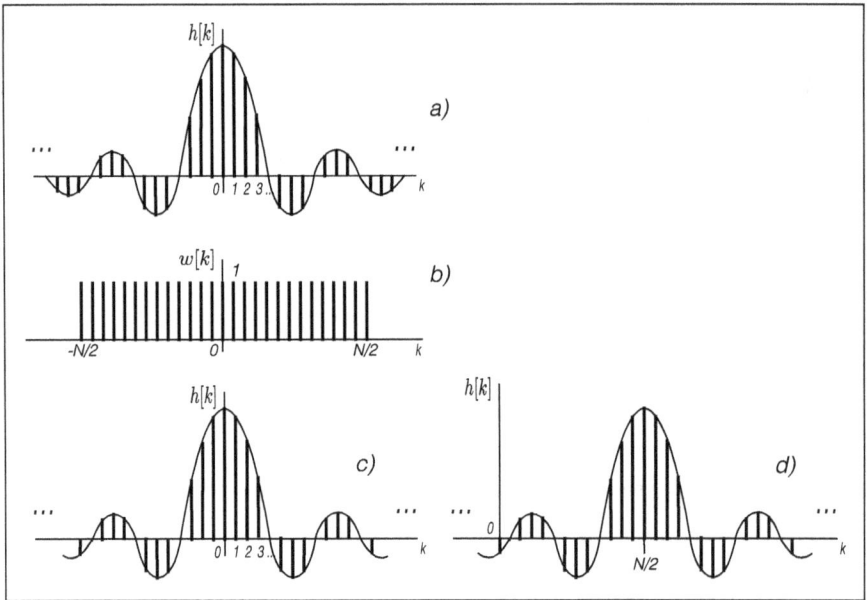

Abb. 1.45: Erzeugung einer kausalen Einheitspulsantwort mit einer Fensterfunktion.

Die Verschiebung mit $N/2$ Abtastwerte im Zeitbereich führt im Frequenzbereich zu einer linearen Phase:

$$\varphi(\omega) = -(N/2)\omega T_s \quad \text{mit Gruppenlaufzeit} \quad -\frac{d\varphi(\omega)}{d\omega} = \frac{N}{2}T_s. \tag{1.81}$$

Der Abbruch der $\sin(x)/x$-Einheitspulsantwort bei Verwendung eines rechteckigen Fensters führt zu Überschwingungen an den Flanken des Amplitudengangs, die als Gibbs-Phenomen bekannt sind [7]. Mit anderen Fensterfunktionen, wie z. B. das Hanning-Fenster, können diese Überschwingungen vermieden werden.

In MATLAB in der *Signal Processing Toolbox* kann man mit der Bedienoberfläche **windowdesigner** eine Menge Fensterfunktionen und deren Frequenzgang sichten. Die Multiplikation im Zeitbereich der Einheitspulsantwort des idealen Filters mit der Fensterfunktion entspricht einer Faltung der Spektren dieser Funktionen. Um den Frequenzgang des idealen Filters anzunähern muss das Spektrum der Fensterfunktion eine Dirac-Funktion annähern. Sie soll also möglichst schmal sein und keine störenden Seitenkeulen besitzen.

In Abb. 1.46 ist die Bedienoberfläche für das Hamming-Fenster dargestellt. Das Fenster gewichtet den Anfang und das Ende des Ausschnittes, das es realisiert, mit viel kleineren Werten ($\ll 1$). Die Nebenkeulen im Amplitudengang des Fensters (rechts gezeigt) sind mit mehr als 40 dB gedämpft.

Um ein Gefühl zu erhalten, wie groß die Ordnung eines derartigen Filters in Abhängigkeit von dem relativen Durchlassbereich f_p/f_s sein muss, kann man sich vor-

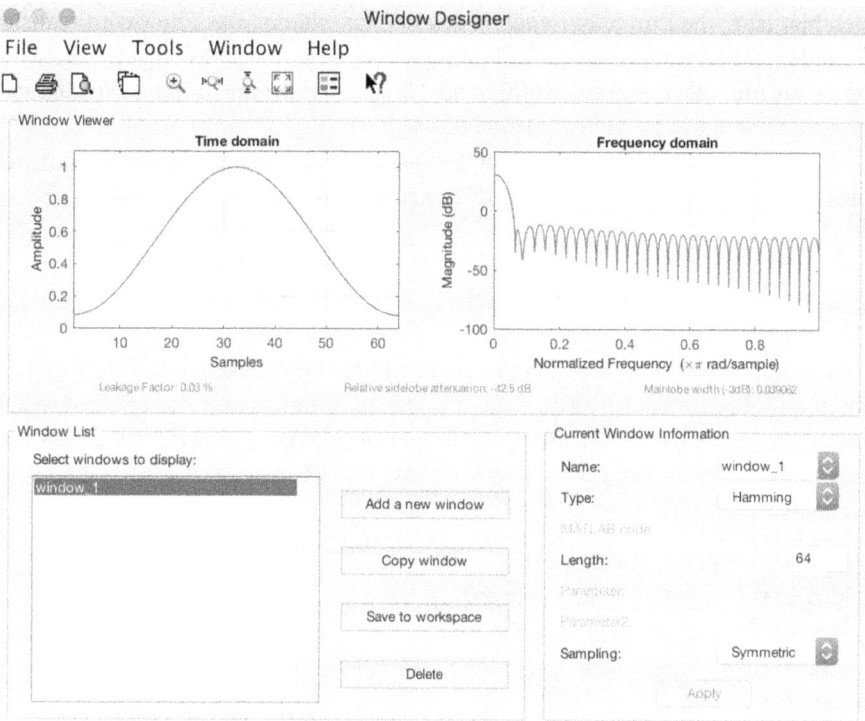

Abb. 1.46: Das Hanning-Fenster mit *windowdesigner* dargestellt.

stellen, dass eine gute Annäherung der $\sin(x)/x$-Funktion aus Abb. 1.44 durch eine symmetrische Begrenzung z. B. von $-5f_s/(2f_p)$ bis $5f_s/(2f_p)$ erhalten wird. Daraus resultiert:

$$N + 1 \cong 10f_s/(2f_p) = 5/(f_p/f_s)\,. \tag{1.82}$$

Für ein Tiefpassfilter mit $f_p/f_s = 0{,}1$ erhält man eine Schätzung $N + 1 = 50$. Sicher wird man hier mit $N = 64$ als Schätzwert beginnen und dann den Frequenzgang beurteilen. Was diese Schätzung auch hervorhebt ist die Tatsache, dass FIR-Filter große Ordnungen benötigen. Für $f_p/f_s = 0{,}01$ erhält man gleich $N = 500$.

Über ähnliche Schritte können alle andere standard FIR-Filter mit dem Fensterverfahren entwickelt werden. So erhält man durch inverse Fourier-Reihenentwicklung des periodischen Frequenzganges eines idealen, nichtkausalen Hochpassfilters folgende ideale Einheitspulsantwort [11]:

$$h[kT_s] = h[k] = \begin{cases} -\left(\dfrac{2f_p}{f_s}\right)\dfrac{\sin(2\pi kf_p/f_s)}{2\pi kf_p/f_s} & \text{wenn} \quad |k| > 0 \\ 1 - 2f_p/f_s & \text{wenn} \quad k = 0\,. \end{cases} \tag{1.83}$$

Auch hier ist f_p die Durchlassfrequenz des Hochpassfilters. Das Filter wird realisierbar, indem mittels einer Fensterfunktion mit ungerader Anzahl von symmetrischen Werten die unendliche Sequenz $h[k]$ in der Länge begrenzt und durch anschließende Verschiebung in den Bereich $k \geq 0$ kausal wird.

Es wird dem Leser überlassen, mit demselben Verfahren die Einheitspulsantwort eines Bandpass- und eines Bandsperrfilters zu bestimmen.

1.5.2 Experiment: FIR-Filter entwickelt mit Fensterverfahren

Es werden zwei FIR-Tiefpassfilter mit dem Befehl `fir1` entwickelt, der das Fensterverfahren einsetzt, untersucht. Ohne das Fenster zu spezifizieren wird in dieser Funktion das Hamming-Fenster benutzt. Im Skript `FIR_fenster_1.m` wird das Experiment programmiert. Es werden für die zwei Filter das Hann-Fenster bzw. Kaiser-Fenster benutzt:

```
% --------- Filter Parameter
fd = 0.2;      % Relative Frequenz fp/fs
nord = 64;     % Ordnung des Filters
h = fir1(nord, fd*2, hann(nord+1));   % Einheitspulsantwort
kaiser_par = 10;
     % Parameter für das Kaiser-Fenster
h1 = fir1(nord, fd*2, kaiser(nord+1,kaiser_par));
     % Einheitspulsantwort
     % mit Kaiser-Fenster
```

Das Kaiser-Fenster benötigt noch einen zusätzlichen Parameter `kaiser_par` mit dem man die Fensterform steuern kann. Danach werden die Frequenzgänge der zwei Filter mit `freqz` ermittelt und dargestellt, wie in Abb. 1.47 gezeigt. Aus der linearen Phase im Durchlassbereich kann man die Gruppenlaufzeit schätzen:

$$-\tau_g = \frac{40}{2\pi 0{,}2 f_s} = 31{,}8310 T_s .$$ (1.84)

Der korrekte Wert wäre $T_s N/2 = 32 T_s$ mit $N = 64$ als Ordnung des Filters.

Im Skript werden weitere Eigenschaften der Filter dargestellt, so z. B. die Einheitspulsantworten, die in Abb. 1.48 links gezeigt sind und die Fensterfunktionen die rechts dargestellt sind. Mit dem zusätzlichen Parameter, der das Kaiser-Fenster steuert, sollte man experimentieren und den Einfluss auf den Frequenzgang beurteilen, sowohl was die Dämpfung im Sperrbereich als auch was die Steilheit des Übergangs aus dem Durchlass- in den Sperrbereich betrifft. In vielen Fällen ist ein Wert von vier für diesen Parameter empfohlen.

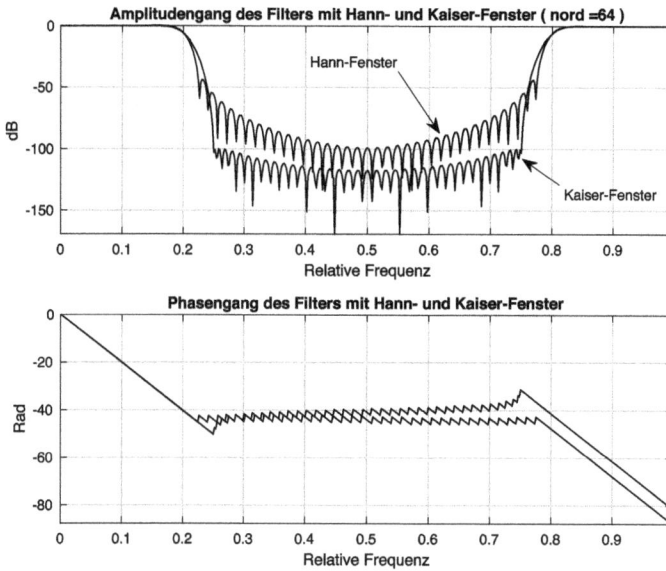

Abb. 1.47: Frequenzgänge der FIR-Tiefpassfilter mit Hann- und Kaiser-Fenster (FIR_fenster_1.m).

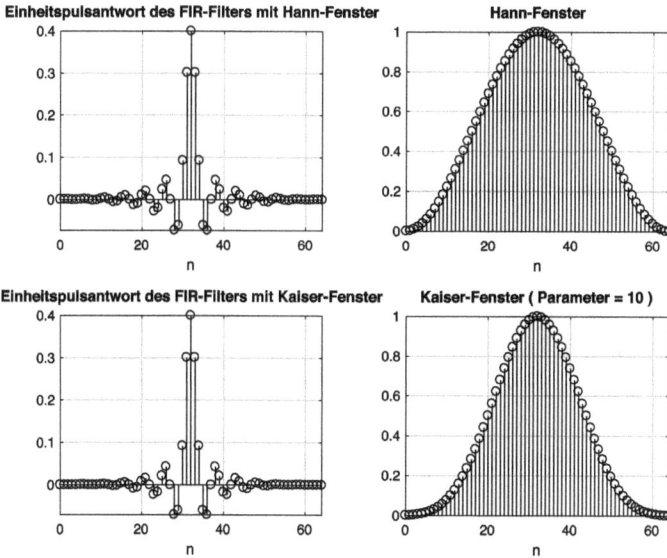

Abb. 1.48: Einheitspulsantworten der FIR-Tiefpassfilter mit Hann- und Kaiser-Fenster (FIR_fenster_1.m).

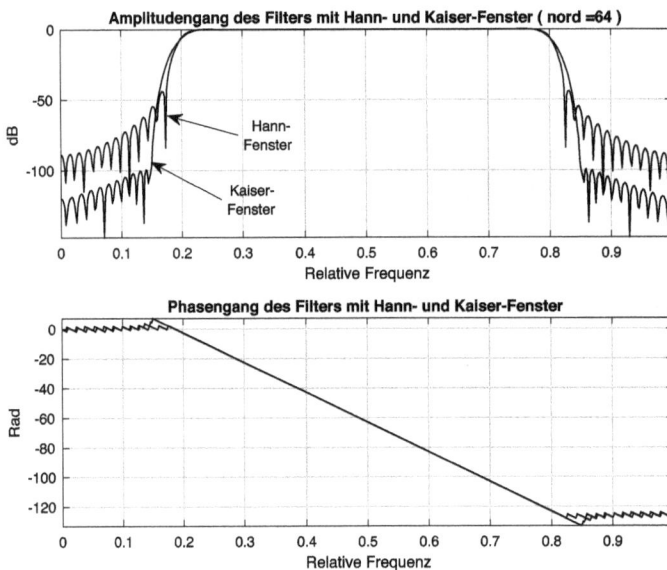

Abb. 1.49: Frequenzgänge der FIR-Hochpassfilter mit Hann- und Kaiser-Fenster (FIR_fenster_2.m).

Im Skript `FIR_fenster_2.m` werden zwei FIR-Hochpassfilter, die mit Fensterverfahren entwickelt sind, untersucht. In Abb. 1.49 sind die Frequenzgänge der Filter dargestellt und in Abb. 1.50 sind die Einheitspulsantworten bzw. die zwei Fensterfunktionen gezeigt.

In der *Signal Processing Toolbox* gibt es die objektorientierte Funktion **design-filt** mit der man viele digitale Filter inklusive IIR-Filter basierend auf verschiedene Verfahren entwickeln kann. Mit

```
hstr = designfilt('lowpassfir','PassbandFrequency',0.25,...
'StopbandFrequency',0.35,'PassbandRipple',0.5,...
'StopbandAttenuation',65,'DesignMethod','kaiserwin');
```

wird ein FIR-Filter mit der Kaiser-Fensterfunktion entwickelt. In der MATLAB-Konvention werden die relativen Frequenzen auf $f_s/2$ bezogen, so dass man die Werte 0,25 und 0,35 durch zwei teilen muss, um relative Frequenzen bezogen auf f_s zu erhalten.

Die Funktion liefert eine Struktur, die alle relevanten Daten enthält:

```
>> hstr
hstr =
 digitalFilter with properties:
   Coefficients: [1x83 double]
   Specifications:
      FrequencyResponse: 'lowpass'
```

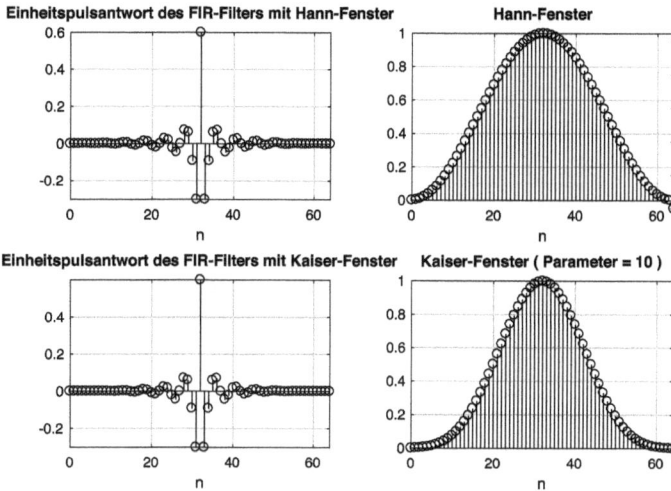

Abb. 1.50: Einheitspulsantworten der FIR-Hochpassfilter mit Hann- und Kaiser-Fenster (FIR_fenster_2.m).

```
        ImpulseResponse: 'fir'
             SampleRate: 2
         PassbandRipple: 0.5000
      StopbandFrequency: 0.3500
     StopbandAttenuation: 65
      PassbandFrequency: 0.2500
           DesignMethod: 'kaiserwin'
```

Die Koeffizienten oder die Einheitspulsantwort des Filters erhält man mit:

```
h = hstr.Coefficients;
```

Mit der Bedienoberfläche **fvtool** kann man die Eigenschaften des Filters visualisieren. In Abb. 1.51 ist als Beispiel der Frequenzgang im Bereich bis $f_s/2$ dargestellt. Über das Menü dieser Bedienoberfläche kann man die Einheitspulsantwort, die Pol- und Nullstellenlage etc. ebenfalls sichten.

In der *DSP Toolbox* (*Digital Signal Processing*) gibt es auch objektorientierte Funktionen zur Entwicklung von digitalen Filtern. Als Beispiel wird mit

```
d = fdesign.highpass('Fst,Fp,Ast,Ap',0.15,0.25,60,1);
```

ein Hochpassfilter mit bestimmten Parametern definiert. Mit der Funktion

designmethods(d)

werden die möglichen Typen von Filtern angegeben. Die ersten vier sind IIR-Filter und die letzten drei sind FIR-Filter. Dabei ist auch das FIR-Filter basierend auf dem Kaiser-Fenster enthalten.

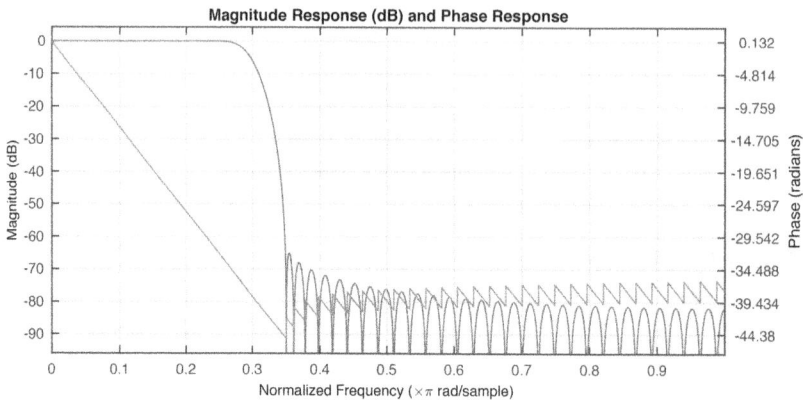

Abb. 1.51: Frequenzgang des FIR-Filters entwickelt mit **designfilt** (FIR_fenster_2.m).

| **butter** | **cheby1** | **cheby2** | **ellip** | **equiripple** | **ifir** | **kaiserwin** |

Schließlich wird mit

```
Hd = design(d,'kaiserwin');
fvtool(Hd)
```

die Struktur Hd ermittelt, die alle Daten des Filters beinhaltet. Mit **fvtool** werden die Eigenschaften wie Frequenzgang, Einheitspulsantwort etc. visualisiert.

1.5.3 Entwerfen der FIR-Filter mit Optimierungsverfahren

Das Fensterverfahren ist relativ einfach aber in keiner Hinsicht optimal. Die in dieser Art entwickelten Filter sind den Filtern, die auf Optimierungsverfahren basieren, was die Ordnung, die Übergangsbereiche im Frequenzbereich und die Welligkeiten im Durchlass- und Sperrbereich anbelangt, unterlegen.

In den Optimierungsverfahren wird die Größe der Abweichung zwischen dem entwickelten Filter und dem idealen Filter minimiert. Die meisten Algorithmen zur Entwicklung von FIR-Filtern basieren auf einer Fixierung des Übergangsbereichs und der Ordnung des Filters. Die Abweichung von der idealen Antwort ist nur durch die Welligkeit im Durchlass- und Sperrbereich betrachtet. Mathematisch kann man den Abweichungsfehler durch

$$E(\Omega) = W(\Omega)(|H(e^{j\Omega})| - D(\Omega)) \quad \text{mit} \quad 0 \leq \Omega \leq \pi \tag{1.85}$$

ausdrücken. Hier ist $D(\Omega)$ der nullphase Frequenzgang des entwickelten Filters und $|H(e^{j\Omega})|$ ist der Betrag des idealen Frequenzgangs. Mit der Gewichtungsfunktion $W(\Omega)$ kann man die Wichtigkeit bestimmter Bereiche im Frequenzgang hervorheben.

Die Beurteilung des Fehlers $E(\Omega)$ wird mit verschiedenen Normen durchgeführt. Die Minimierung der Normen führt zu den Algorithmen der Optimierungsverfahren. Die üblichen Normen sind die L_∞-Norm, die zu den Minimax-Verfahren führt und die L_2-Norm, die zu dem Verfahren des kleinsten quadratischen Fehlers führt [6, 7].

In dem sogenannten *Equiripple-Design* wird ein Algorithmus eingesetzt, der FIR-Filter mit linearer Phase basierend auf der L_∞-Norm entwickelt. Es wird die Minimierung des maximalen Fehlers benutzt und man erhält Filter mit gleichen Höchstwerten der Abweichungen (*equiripple*). Der Algorithmus ist als *Parks McClellan*-Algorithmus bekannt, [7].

In der *Signal Processing Toolbox* gibt es die Funktion **firpm** und in der *DSP System Toolbox* gibt es die Funktion **firgr** für die Entwicklung solcher Filter. Zusätzlich gibt es in der *DSP System Toolbox* objektorientierte Funktionen, mit deren Hilfe man auch *equiripple*-Filter entwickeln kann [17].

Mit der Funktion **firls** aus der *Signal Processing Toolbox* werden FIR-Filter mit linearer Phase basierend auf dem kleinsten quadratischen Fehler (L_2-Norm) entwickelt. Es wird das Filter gesucht, welches die Energie des Fehlers minimiert.

In den klassischen Büchern der Signalverarbeitung gibt es noch das Verfahren der Abtastung des gewünschten Betrags des Frequenzgangs zur Entwicklung der FIR-Filter [6], das hier nicht mehr kommentiert wird.

1.5.4 Experiment: FIR-Filter entwickelt mit Parks McClellan und *Least-Square*-Verfahren

Zuerst werden einige FIR-Filter basierend auf der Minimierung der L_∞-Norm mit dem *Parks McCleallan*-Algorithmus entwickelt und untersucht. Im Skript FIR_pm_1.m ist diese Untersuchung programmiert. Anfänglich wird ein FIR-Filter mit zwei Bänder mit Hilfe der Funktion **firpm** ermittelt:

```
% ------- Multibandfilter entwickelt mit firpm
nord = 128;
F = [0  0.15 0.2 0.3 0.35 0.55 0.6 0.7 0.75 1];
      % Frequenz Eckpunkte
A = [0   0   1   1   0   0   1   1   0   0];
      % Eckpunkte Amplitudengang
h = firpm(nord, F, A);     % Parks McClellan Verfahren
[H,w] = freqz(h,1);
```

Im Vektor F sind die Eckpunkte der Frequenzen des gewünschten Amplitudengangs und im Vektor A sind die entsprechende Eckpunkte des Amplitudengangs hinterlegt. In Abb. 1.52 ist der Frequenzgang des Filters dargestellt. Die gleichen Welligkeiten im Durchlass- und Sperrbereich können über die Darstellung mit linearen Koor-

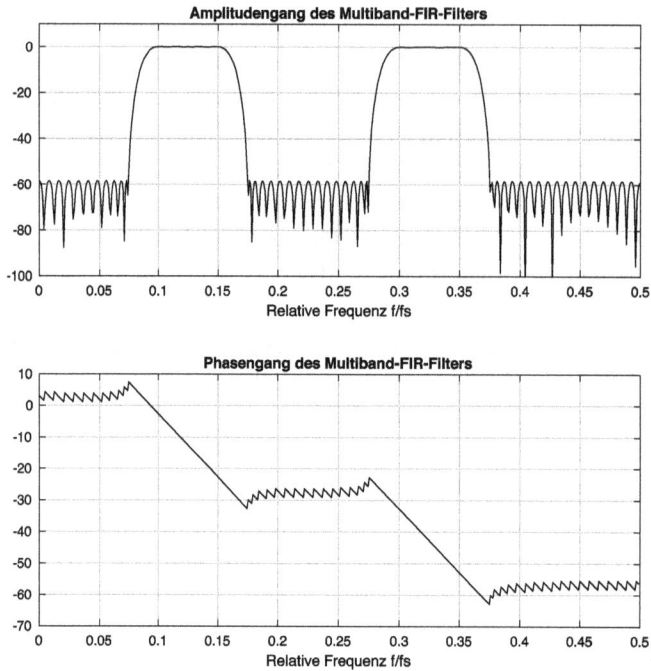

Abb. 1.52: Frequenzgang des FIR-Filters entwickelt mit `firpm` (FIR_pm_1.m).

dinaten und der Zoom-Funktion der Darstellung gesichtet werden. Dafür müssen die Zeilen

```
%subplot(211), plot(w/(2*pi), abs(H),'k-','LineWidth',1);  % Linear
.....
%La = axis;    axis([La(1:2), 0, 1.1]);
```

aktiviert werden, um eine lineare Darstellung des Amplitudengangs zu erhalten.

Im selben Skript wird weiter ein FIR-Tiefpassfilter mit den Funktionen der *DSP System Tollbox* entwickelt:

```
% -------- Tiefpassfilter mit fdesign
fp = 0.3 - 0.06/2;      % Durchlassfrequenz;
fst = 0.3 + 0.06/2;     % Sperrfrequenz
nord = 128;
Hf = fdesign.lowpass('N,Fp,Fst',nord, fp, fst);
        % Spezifikationen
Heq = design(Hf,'equiripple');   % Ergebnis als Struktur
heq = Heq.numerator;    % Koeffizienten des Filters
[Hfeq,w] = freqz(heq,1);
```

Amplitudengang des FIR-Tiefpassfilters

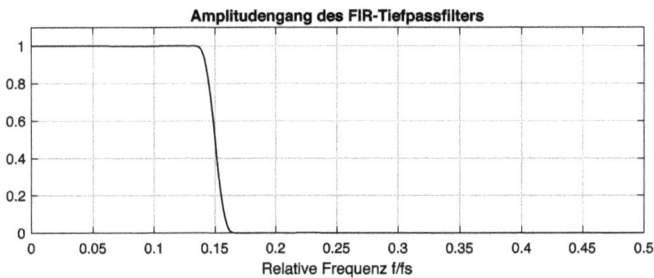

Abb. 1.53: Amplitudengang (linear) des FIR-Filters entwickelt mit **fdesign.lowpass** (FIR_pm_1.m).

Amplitudengang nach Gewichtung des Durchlass- und Sperrbereichs

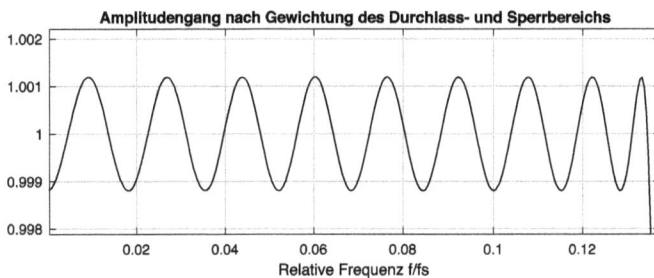

Abb. 1.54: Welligkeit im Durchlassbereich des FIR-Filters mit Gewichtung der Wichtigkeit (FIR_pm_1.m).

Mit **fdesign.lowpass** werden die gewünschten Spezifikationen übernommen um danach mit **design** das Filter mit der Option *equiripple* zu berechnen. Auch in diesem Fall kann man den Amplitudengang mit linearer Skalierung darstellen (Abb. 1.53), um danach die gleichen Welligkeiten im Durchlass- und Sperrbereich mit der Zoom-Funktion zu sichten.

Zuletzt wird im Skript das gleiche Filter mit Gewichtung der Wichtigkeit des Durchlass- und des Sperrbereichs entwickelt:

```
Heq1 = design(Hf,'equiripple','Wpass',1,'Wstop',10);
    % Struktur
heq1 = Heq1.numerator;    % Koeffizienten des Filters
[Hfeq1,w] = freqz(heq1,1);
```

Hier wurde der Sperrbereich zehnmal wichtiger angenommen und als Ergebnis ist die Welligkeit im Sperrbereich ca. zehnmal kleiner als die im Durchlassbereich.

In Abb. 1.54 ist die Welligkeit im Durchlassbereich und in Abb. 1.55 ist die Welligkeit im Sperrbereich dargestellt. Mit den Gewichtungen kann man verschiedene Welligkeiten in dem Durchlass- und Sperrbereich erhalten.

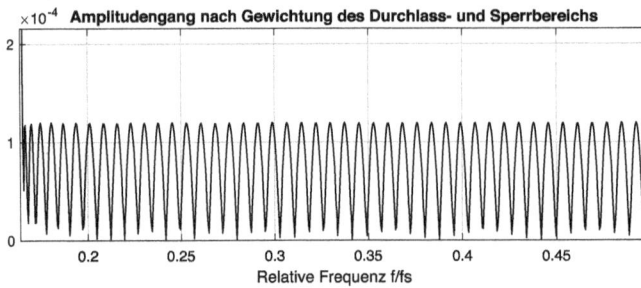

Abb. 1.55: Welligkeit im Sperrbereich des FIR-Filters mit Gewichtung der Wichtigkeit (FIR_pm_1.m).

Im Skript `FIR_ls_1.m` werden FIR-Filter untersucht, die basierend auf dem Verfahren der kleinsten quadratischen Fehler entwickelt sind. Zuerst wird die Funktion **firls** eingesetzt:

```
nord = 128;
F = [0  0.15 0.2 0.3 0.35 0.55 0.6 0.7 0.75 1];
    % Frequenz Eckpunkte
A = [0  0   1   1   0   0   1   1   0   0];
    % Eckpunkte Amplitudengang
h = firls(nord, F, A);      % Least-square Verfahren
[H,w] = freqz(h,1);
```

Die Vektoren `F`,`A` definieren, wie bei der Funktion **firpm** die Eckpunkte des gewünschten Amplitudengangs. Danach wird ein Tiefpassfilter mit **fdesign** und **design** berechnet und untersucht:

```
fp = 0.3 - 0.06/2;      % Durchlassfrequenz;
fst = 0.3 + 0.06/2;     % Sperrfrequenz
nord = 128;
Hf = fdesign.lowpass('N,Fp,Fst',nord, fp, fst);
Heq = design(Hf,'firls');   % Struktur
```

Zuletzt werden auch hier Gewichtungen hinzugefügt, um die Wichtigkeit des Sperrbereichs relativ zum Durchlassbereich hervorzuheben:

```
Heq1 = design(Hf,'firls','Wpass',1,'Wstop',10);   % Struktur
```

Die Ergebnisse der Berechnungen dieser Filter können ähnlich wie im vorherigen Skript bewertet werden.

1.5.5 Nyquist FIR-Filter

Nyquist Filter sind eine spezielle Klasse von Filter, die bei der Implementierung der multiraten Signalverarbeitung eine wichtige Rolle spielen. Sie sind auch als M-Band Filter bekannt, weil die Durchlassfrequenz im Amplitudengang praktisch $1/M$ des Nyquist-Intervalls (zwischen 0 und $f_s/2$) ist. Der spezielle Fall $M = 2$ ist sehr verbreitet und ist als Halbband-Filter (*Halfband*-Filter) bezeichnet [1]. Dieses Filter ist sehr effizient für die Dezimierung oder Interpolierung mit Faktor 2 einzusetzen.

Die Nyquist Filter sind im Kontext dieses Textes spezielle Fälle von Tiefpassfilter. Die Einheitspulsantwort eines idealen Tiefpassfilters ist in Abb. 1.44 dargestellt. Sie hat eine Hülle in Form einer Sinc-Funktion mit Nulldurchgänge als Vielfache des Wertes $m = f_s/(2f_p)$. Dieser Wert kann auch mit Hilfe der relativen Durchlassfrequenz f_p/f_s ausgedrückt werden:

$$m = \frac{1}{2f_p/f_s} = \frac{1}{f_p/(f_s/2)} . \tag{1.86}$$

Der Nenner ist die relative Frequenz bezogen auf $f_s/2$ oder auf das erste Nyquist-Intervall von 0 bis $f_s/2$. Diese Art relative Frequenz entspricht der Konvention von MATLAB.

Für ein M-Band Filter ist M eine ganze Zahl, und $1/M$ ist die relative Frequenz, die das Nyquist-Intervall in M gleiche Teile zerlegt. Die relative Frequenz des entsprechenden Tiefpassfilters in der MATLAB-Konvention ist dann $1/M$. Gemäß Abb. 1.44 ist in der Einheitspulsantwort jeder M-ter Wert gleich null mit Ausnahme des Wertes für $k = 0$ (für das nichtkausale Filter).

1.5.6 Experiment: Untersuchung von Nyquist FIR-Filtern

Im Skript nyquist_FIR_1.m werden einige Nyquist FIR-Tiefpassfilter ermittelt und untersucht. Anfänglich wird die Funktion **fir1** mit default Hamming-Fenster benutzt:

```
M = 5;
fr = 1/M;     % Relative Frequenz in der MATLAB-Konvention
nord = 64;
h = fir1(nord, fr);     % FIR-Tiefpassfilter
[H,w] = freqz(h,1);
```

In Abb. 1.56 ist die Einheitspulsantwort des Filters dargestellt. Jeder M-ter Wert ist null ($M = 5$) mit Ausnahme des Höchstwertes gleich $1/M = 0{,}2$, welcher für die nichtkausale Einheitspulsantwort (Abb. 1.44) dem Index $k = 0$ entspricht.

Die Bandbreite bei $1/(2M) = 0{,}1$ ergibt einen Amplitudengang gleich -6 dB (Absolutwert 0,5).

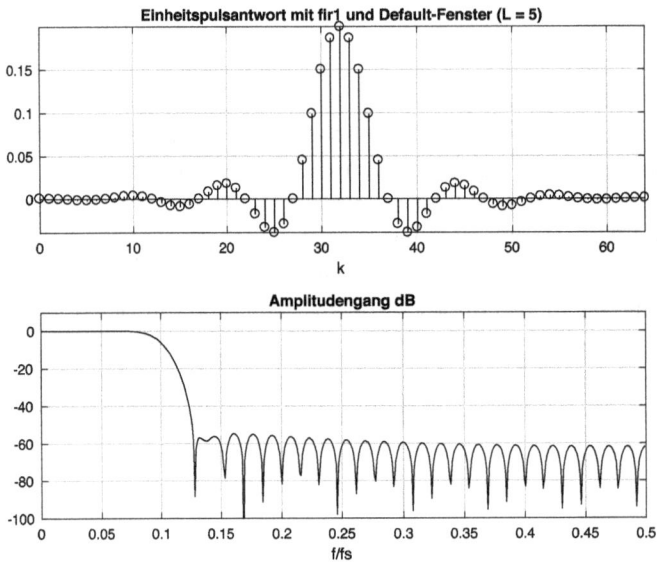

Abb. 1.56: Einheitspulsantwort des Nyquist Filters (nyquist_FIR_1.m).

Diese Filter kann man auch mit der Funktion **fdesign.nyquist** und Kaiser-Fenster entwickeln:

```
Astopp = 60;                      % Dämpfung im Sperrbereich
f = fdesign.nyquist(M, 'N,Ast', nord, Astopp);
designmethods(f),
hd = design(f, 'kaiserwin');      % Struktur
h1 = hd.numerator;                % Koeffizienten des Filters
[H1,w1] = freqz(h1,1);
```

Mit anderen Spezifikationen ist es möglich ein Nyquist Filter auch als *equiripple*-Filter zu berechnen:

```
f1 = fdesign.nyquist(M, 'N,Tw', nord, 0.1);
                                  % TW = Transition width
designmethods(f1),
hd1 = design(f1, 'equiripple');
h2 = hd1.numerator;               % Koeffizienten des Filters
[H2,w2] = freqz(h2,1);
```

Es wird die Ordnung N und der Übergangsbereich Tw angegeben. Dieselben Eigenschaften wie in Abb. 1.56 werden im Skript auch für diese Filterentwicklungen dargestellt, sind aber hier nicht mehr gezeigt.

1.5.7 Ausblick

Es wurden die grundlegenden Verfahren zur Entwicklung von FIR-Filtern gezeigt. Mit den vielen Optionen der MATLAB-Funktionen können verschiedene weitere Typen von FIR-Filtern entwickelt und untersucht werden. Wichtig für bestimmte Anwendungen sind die Differenzier- und Hilbert-Filter, *Maximally-Flat*-Filter usw. [6, 18].

Der Leser soll mit ähnlichen Skripten diese FIR-Filter mit den entsprechenden MATLAB-Funktionen berechnen und bewerten. Eine gute Literaturquelle stellt der Text *„Digital Filters with MATLAB"* von Ricardo A. Losada dar, Text der im Internet vorhanden ist.

1.5.8 Einführung in IIR-Filter

Ein Nachteil der FIR-Filter besteht darin, dass die Ordnung sehr groß sein muss, um die gewünschten Spezifikationen zu erfüllen. Wenn man die Welligkeit konstant hält, dann steigt die Ordnung des Filters invers proportional zur Größe des Übergangsbereichs. Mit den IIR-Filtern können einige Spezifikationen mit einer viel kleineren Ordnung erhalten werden. Diese Filter beinhalten eine Rückkopplung vom Ausgang und haben eine Einheitspulsantwort die unendlich dauert. Daher die Bezeichnung *Infinite Impuls Response*.

Der klassische Entwurf, der zuerst besprochen wird, besteht aus dem Entwurf von analog Filtern, für die analytische Lösungen vorhanden sind, gefolgt von der Umwandlung der analogen Filter in digitale Filter. Für folgende analoge Filter gibt es analytische Lösungen die ausführlich in der Literatur [19, 20] beschrieben sind:

- Bessel-Filter: Es sind Filter mit sehr flachen Übergängen aber mit Phasenverläufe, die sich am besten den linearen Verläufen nähern.
- Elliptische-Filter: Diese Filter haben steile Übergangsbereiche aber sehr nichtlineare Phasengänge. Sie besitzen auch Welligkeiten im Durchlass- und Sperrbereich.
- Butterworth-Filter: Sie stellen einen Kompromiss zwischen den Bessel- und Elliptischen-Filter dar. Sie haben einen Phasenverlauf der sich dem linearen nähert und die Übergangsbereiche sind ebenfalls besser.
- Tschebyschev I Filter: sind Filter mit Welligkeit im Durchlassbereich und mit steilen Übergangsbereichen. Die Phasengänge sind nichtlinear.
- Tschebyschev II Filter: Sind Filter mit Welligkeit im Sperrbereich und mit nichtlinearen Phasengängen.

In MATLAB kann man diese analoge Filter direkt mit `besself`, `ellip`, `butter`, `cheby1`, `cheby2` berechnen oder man entwirft zuerst Prototyp Tiefpassfilter `besselap`, `ellipap`, `butterap`, `cheby1ap` `cheby2ap` die anschließend in den entsprechenden

Typen Tiefpass, Bandpass, Hochpass, Bandsperre mit **lp2lp**, **lp2bp**, **lp2hp**, **lp2bs** umgewandelt werden. Die digitalen Bessel-Filter in MATLAB sind nur Tiefpassfilter.

1.5.9 Experiment: IIR-Filter Untersuchung

Im Skript IIR_filter_1.m werden einige IIR-Filter mit MATLAB-Funktionen ermittelt und untersucht. Als erstes wird ein Bessel-IIR-Tiefpassfilter über den klassischen Weg aus einem Analogfilter ermittelt. Die Entwicklung des Analogfilters geschieht mit folgenden Anweisungen:

```
fp = 100;                      % Durchlassfrequenz
[z,p,k] = besself(5, 2*pi*fp)  % Bessel Analogfilter
[b,a] = zp2tf(z,p,k);          % Übertragungsfunktion
[H,w] = freqs(b,a);            % Frequenzgang
```

Danach wird mit der Bilinearen-Transformation [7] aus dem Analogfilter ein digitales IIR-Filter berechnet:

```
Fs = 500;
[z1,p1,k1] = bilinear(z,p,k,Fs,fp);
                          % Umwandlung Analog zu Digital
[b1,a1] = zp2tf(z1,p1,k1);        % Übertragungsfunktion
[H1,w1] = freqz(b1,a1);           % Frequenzgang
```

In der Transformation wurde das *Prewraped Mode* benutzt, so dass die Durchlassfrequenz des Analogfilters f_p auf die relative Frequenz f_p/f_s umgesetzt wird. Im Frequenzgang des analogen und digitalen Filters, die hier nicht gezeigt sind, kann man die Ergebnisse beobachten.

Weiter wird ein elliptisches IIR-Tiefpassfilter mit der Funktion **ellip** berechnet, ohne das man den Zwischenweg über Analogfilter wählt:

```
nord = 6;      % Ordnung des Filters
Rp = 0.5;      % Welligkeit im Durchlassbereich in dB
Rs = 60;       % Dämpfung im Sperrbereich
fp = 2*100/500;  % Relative Durchlassfrequenz (MATLAB Konv.)
[b2,a2] = ellip(nord,Rp,Rs,fp);
               % Elliptisches IIR-Filter (direkt)
[H2,w2] = freqz(b2,a2);   % Frequenzgang
```

Ähnlich wird auch das sehr wichtige Butterworth-Filter mit der Funktion **butter** ermittelt:

```
nord = 6;
fp = 2*100/500;  % Relative Durchlassfrequenz (MATLAB Konv.)
```

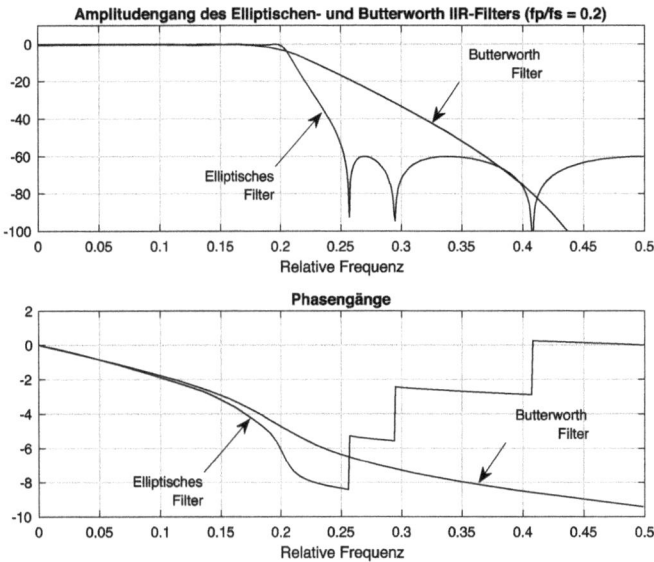

Abb. 1.57: Frequenzgänge des Elliptischen- und Butterworth-Filters (IIR_filter_1.m).

```
[b3,a3] = butter(nord,fp);
[H3,w3] = freqz(b3,a3);     % Frequenzgang
```

Die Frequenzgänge des Elliptischen- und Butterworth-Filters sind im Skript auch zusammen dargestellt, wie in Abb. 1.57 gezeigt.

Mit der Zoom-Funktion der Darstellung kann man die Welligkeit des Elliptischen-Filters sichten. Das Butterworth-Filter nähert eine lineare Phase in einem größeren Durchlassbereich. Der Übergang des Elliptischen-Filters ist viel steiler als die des Butterworth-Filters. Wenn man das *Filter Visualisation Tool* mit fvtool(b2,a2) und fvtool(b3,a3) oder zusammen fvtool(b2,a3,b3,a3) aufruft, kann man alle andere Eigenschaften wie Null-Polstellen, Einheitspulsantwort, etc. sichten.

Die zwei Tschebyschev-Tiefpassfilter 1 und 2 werden ähnlich mit **cheby1** und **cheby2** ermittelt. Die Frequenzangabe für das Tschebyschev 1 stellt die Durchlassfrequenz dar und für das Tschebyschev 2 ist diese die Frequenz, bei welcher der Sperrbereich beginnt. In Abb. 1.58 sind die Frequenzgänge von zwei Tiefpassfilter Typ 1 und Typ 2 mit derselben relativen Frequenz $f_p/f_s = 0,2$ dargestellt.

Am Ende des Skripts ist ein IIR-Hochpassfilter gezeigt, das mit **design** und **fdesign.highpass** berechnet wurde:

```
nord = 6;
fstopp = 2*0.2;
            % Frequenz am Ende des Sperrbereichs (MATLAB-Konv)
fp = 2*0.25;      % Frequenz am Anfang des Durchlassbereichs
Rp = 0.5;      % Welligkeit im Durchlassbereich
```

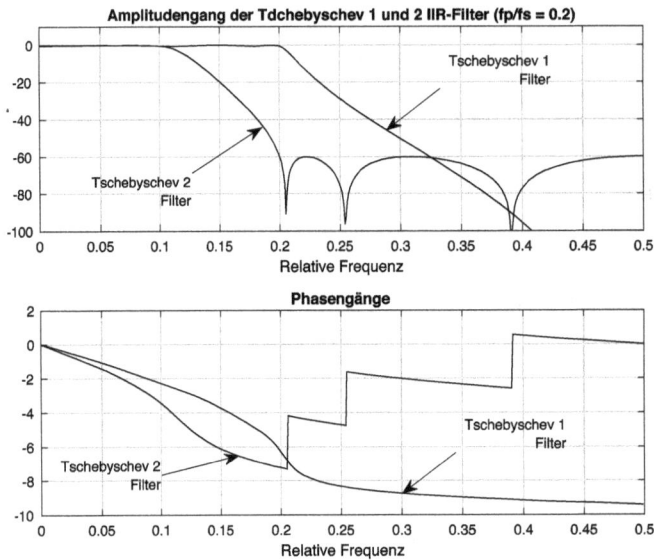

Abb. 1.58: Frequenzgänge des Tschebyschev 1 und Tschebyschev 2 Filters (IIR_filter_1.m).

```
hoch = fdesign.highpass('N,Fst,Fp,Ap',nord, fstopp, fp, Rp);
designmethods(hoch), % Zeigt die möglichen Typen von Filtern
hh = design(hoch, 'ellip');
[H,w] = freqz(hh);
```

Mit 'N,Fst,Fp,Ap' ist nur eine von vielen möglichen Spezifikationen gewählt. Über **designmethods** erfährt man welche Typen von Filtern für diese Spezifikation in Frage kommen. Hier wurde ein elliptisches IIR-Filter gewählt, dessen Frequenzgang in Abb. 1.59 dargestellt ist. Für die Sichtung der restlichen Eigenschaften dieses Filters kann man die Bedienoberfläche **fvtoll**(hh) aufrufen.

1.5.10 Zusammenfassung und Ausblick

Die Freiheitsgrade und Kompromisse bei der Entwicklung der IIR-Filter sind praktisch dieselben, wie bei den FIR-Filtern. Besonders ist das der Fall, wenn Welligkeit im Durchlass- oder Sperrbereich erlaubt ist. Die elliptischen Filter sind IIR optimale gleicher Welligkeit Filter, die die kleinste Ordnung benutzen, um die Spezifikationen bezüglich der Welligkeit und der Übergangsbereiche zu erfüllen.

Die Butterworth und Tschebyschev Filter sind spezielle Fälle der elliptischen Filter mit null Welligkeit im Durchlassbereich bzw. null Welligkeit im Sperrbereich. Viele Anwendungen erlauben einen gewissen Grad von Welligkeit und somit sind die ellip-

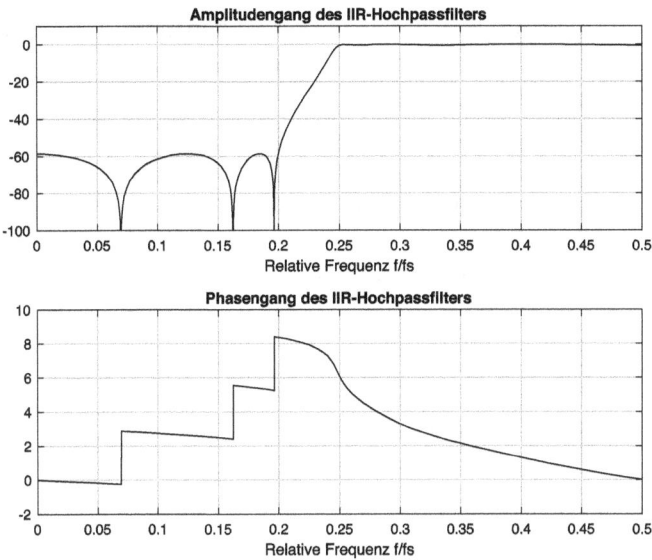

Abb. 1.59: Frequenzgang des elliptischen Hochpassfilters (IIR_filter_1.m).

tischen Filter für diese Fälle geeignet. Eine zusätzliche Flexibilität ist durch die Wahl der Ordnung des Zählers und Nenners gegeben.

Die IIR-Filter können einen Satz von Spezifikationen mit weniger Multiplikationen als die FIR-Filter erfüllen. Die Verzerrungen wegen des Phasengangs, die Schwierigkeiten bei der Implementierung im Zusammenhang mit der Stabilität, wenn das Festkoma-Format benutzt wird, sind der Preis der dafür bezahlt werden muss.

Es gibt multirate Entwicklungen von FIR-Filter, die ähnlich effizient sind, ohne die Nachteile der IIR-Filter. Sie haben aber sehr große Einschwingverspätungen. Die Wahl der Filter und der Aufwand bei der Implementierung ist zuletzt von den Anwendungen bestimmt.

In diesem Einführungskapitel sind nur einige grundlegende Elemente der zeitdiskreten Systeme insbesondere der digitalen Filter präsentiert. Es wurde in vielen Fällen auf Beweisführung zugunsten der Simulation mit MATLAB-Werkzeugen verzichtet.

1.6 Anhang: Die DFT und FFT in der Signalverarbeitung

Die numerische Annäherung der Fourier-Reihe und Fourier-Transformation führt zur diskreten Fourier-Transformation kurz DFT (*Discrete Fourier Transformation*). In diesem Kapitel wird die DFT und ihre effiziente Berechnung mit Hilfe der *Fast Fourier-Transformation* kurz FFT eingeführt. Zuerst wird die DFT als Annäherung der Fourier-Reihe behandelt und später die Annäherung der Fourier-Transformation mit Hilfe der DFT untersucht.

Da einige Begriffe, die in diesem Kapitel erläutert werden schon in den vorherigen Abschnitten eingesetzt wurden, kann man dieses Kapitel als Anhang betrachten, um den Umgang mit der DFT zu vermitteln.

1.6.1 Annäherung der Fourier-Reihe mit Hilfe der DFT

Es wird von der komplexen Form der Fourier-Reihe [11]

$$x(t) = \sum_{n=-\infty}^{\infty} c_n e^{jn\omega_0 t} \tag{1.87}$$

ausgegangen. Hier ist $x(t)$ das periodische Signal der Frequenz $\omega_0 = 2\pi f_0$ und Periode $T_0 = 1/f_0$. Die komplexen Koeffizienten c_n, die für reelle Signale die Bedingung $c_{-n} = c_n^*$ erfüllen, können mit den Koeffizienten der mathematischen Form der Fourier-Reihe

$$x(t) = \frac{a_0}{2} + \sum_{n=1}^{\infty} a_n \cos(n\omega_0 t) + \sum_{n=1}^{\infty} b_n \sin(n\omega_0 t) \tag{1.88}$$

bzw. der technischen Form

$$x(t) = \frac{A_0}{2} + \sum_{n=1}^{\infty} A_n \cos(n\omega_0 t + \varphi_n) \tag{1.89}$$

verbunden werden [11]:

$$\begin{aligned}
a_n &= 2c_n \cos(\varphi_n), \quad b_n = 2c_n \sin(\varphi_n) \\
\varphi_n &= \text{Winkel}(c_n) \\
A_0 &= a_0 = 2c_0 \\
A_n &= 2|c_n| \\
&\quad \text{für} \quad n = 0, 1, 2, 3, \ldots, \infty.
\end{aligned} \tag{1.90}$$

Hier sind A_n Amplituden, immer positiv, nur A_0 kann auch negativ sein. Die komplexen Koeffizienten c_n sind durch folgendes Integral zu bestimmen:

$$c_n = \frac{1}{T_0} \int_0^{T_0} x(t) e^{-jn\omega_0 t} dt \quad \text{mit} \quad n = -\infty, \ldots, -2, -1, 0, 1, 2, \ldots, \infty. \tag{1.91}$$

Diese komplexen Koeffizienten sind leichter zu bestimmen, weil der Umgang mit Exponentialfunktionen einfacher als der Umgang mit trigonometrischen Funktionen ist und ein Existenzbereich von $-\infty$ bis ∞ für mathematische Abhandlungen vorteilhafter ist.

Für die numerische Auswertung des Integrals wird angenommen, dass in einer Periode T_0 des periodischen Signals, die bei $t = 0$ beginnt, N Abtastwerte mit gleichmäßigen Abständen $T_s = 1/f_s$ zur Verfügung stehen (z. B. als Messwerte). Anders ausgedrückt, das Signal einer Periode wird mit der Abtastfrequenz f_s abgetastet und die Abtastwerte sind $x[kT_s]$, $k = 0, 1, 2, \ldots, N - 1$ bzw. $T_0 = NT_s$.

Das Integral für c_n wird numerisch mit folgender Summe angenähert:

$$c_n \cong \hat{c}_n$$

$$\hat{c}_n = \frac{1}{T_0} \sum_{k=0}^{N-1} x[kT_s] e^{-j2\pi nkT_s/T_0} T_s = \frac{1}{N} \sum_{k=0}^{N-1} x[kT] e^{-j2\pi nk/N} \qquad (1.92)$$

$$n = -\infty, \ldots, -2, -1, 0, 1, 2, \ldots, \infty.$$

Der Bereich für den Index n wurde hier noch laut Definition von $-\infty$ bis ∞ angenommen. Es ist sehr leicht zu beweisen, dass sich die angenäherten Koeffizienten $\hat{c}_n$, wegen der periodischen Exponentialfunktion, periodisch mit der Periode N wiederholen. Es reicht somit die Koeffizienten für die Indizes $n = 0, 1, 2, \ldots, N - 1$ zu berechnen. Für diese Werte der Indizes n bildet die Summe

$$X_n = \sum_{k=0}^{N-1} x[kT_s] e^{-j2\pi nk/N} \quad \text{mit} \quad n = 0, 1, 2, \ldots, N - 1 \qquad (1.93)$$

die DFT [6, 11]. Für eine ganze Potenz von zwei $N = 2^p$, $p \in \mathbb{Z}$, gibt es effiziente Algorithmen zur Berechnung dieser Transformation mit der Bezeichnung FFT [16].

Die Koeffizienten der komplexen Fourier-Reihe werden somit durch

$$c_n \cong \hat{c}_n = \frac{1}{N} X_n \quad \text{mit} \quad n = 0, 1, 2, \ldots, N - 1 \qquad (1.94)$$

geschätzt.

Zu bemerken sei, dass der explizite Zeitbezug in den letzten Beziehungen, durch Kürzen von T_s, verloren gegangen ist. Das bedeutet, dass aus einer Sequenz von N Werten, der zeitdiskreten Periode des Signals $x[kT_s]$, $k = 0, 1, 2, \ldots, N-1$, eine Sequenz von N komplexen Werten X_n oder $\hat{c}_n = X_n/N$ mit $n = 0, 1, 2, \ldots, N - 1$ erhalten werden. Wegen

$$e^{-j2\pi(N-n)k/N} = e^{j2\pi nk/N} \qquad (1.95)$$

ist für N gerade

$$X_n = X_{N-n}^* \quad n = 1, 2, \ldots, N/2 - 1$$

$$\text{mit} \quad X_{N/2} = \text{Reell und nicht komplex} \qquad (1.96)$$

und für N ungerade

$$X_n = X_{N-n}^* \quad n = 1, 2, \ldots, (N - 1)/2. \qquad (1.97)$$

Daraus folgt, dass nur die Hälfte der Werte der Transformierten X_n für reelle Signale unabhängig ist. Die zweite Hälfte mit konjugiert komplexen Werten der ersten Hälfte kann immer aus dieser berechnet werden.

Die DFT oder FFT ist umkehrbar und aus der komplexen Sequenz der Transformierten X_n, $n = 0, 1, 2, \ldots, N - 1$ wird die ursprüngliche Sequenz $x[kT_s]$, $k = 0, 1, 2, \ldots, N - 1$ durch

$$x[kT_s] = \frac{1}{N} \sum_{n=0}^{N-1} X_n e^{j2\pi mk/N} \quad k = 0, 1, 2, \ldots, N - 1 \tag{1.98}$$

rekonstruiert.

In MATLAB gibt es für die direkte DFT (oder FFT) die Funktion `fft` und für die Inverse ist die Funktion `ifft` vorgesehen. Wenn N eine ganze Potenz von zwei ist wird ein effizienter Algorithmus eingesetzt.

Wegen der gezeigten Eigenschaften der Werte X_n der DFT für reelle Signale sind die Koeffizienten $c_n \cong \hat{c}_n$ nur für harmonische Komponenten bis $N/2$ ($N/2$ für gerade N und $(N - 1)/2$ für ungerade N) unabhängig.

Um mehr Harmonische mit dieser Annäherung zu erfassen, muss man N erhöhen, was eine dichtere Abtastung der kontinuierlichen Periode bedeutet. Wenn das Signal signifikante Harmonische bis zur Ordnung M besitzt, dann ergibt die DFT-Annäherung all diese Harmonischen wenn $N/2 \geq M$ oder $N \geq 2M$ ist.

Ein periodisches Signal aus Pulse der Größe eins und Dauer τ in der Periode T_0 besitzt sehr viele Harmonische und ist prädestiniert für die Untersuchung der DFT zur Annäherung der Fourier-Reihe. Diese Untersuchung wird im nächsten Abschnitt durchgeführt. Für den Vergleich werden hier die korrekten komplexen Koeffizienten gemäß Gl. (1.91) ermittelt. Es wird ein Puls in der Periode angenommen, der bei $t = 0$ beginnt und bis $t = \tau$ dauert:

$$c_n = \frac{1}{T_0} \int_0^\tau e^{-jn\omega_0 t} dt = \frac{1}{T_0} \frac{|e^{-jn\omega_0 t}|_0^\tau}{-jn\omega_0} = \frac{\tau}{2T_0} e^{-jn\omega_0 \tau/2} \frac{\sin(n\pi\tau/T_0)}{n\pi\tau/T_0}. \tag{1.99}$$

Die Amplituden der Harmonischen A_n sind dann:

$$A_n = 2|c_n| = \frac{\tau}{T_0} \left| \frac{\sin(n\pi\tau/T_0)}{n\pi\tau/T_0} \right| = \frac{\tau}{T_0} |\text{sinc}(n\pi\tau/T_0)| \tag{1.100}$$

$$n = 1, 2, \ldots, \infty.$$

Der Mittelwert des periodischen Pulssignals $A_0/2 = \tau/T_0$ ist gleich mit c_0.

1.6.2 Experiment: Untersuchung der DFT eines periodischen Pulssignals

Im Skript `dft_1.m` wird die Untersuchung durchgeführt. Es werden zuerst einige Parameter gewählt und die DFT der Abtastwerte einer Periode berechnet:

```
% ------- Parameter der Untersuchung
N = 64;
n = 0:N-1;    k = n;
Ts = 1/1000;   fs = 1/Ts;    T0 = N*Ts;
n1 = N/8;   n2 = N-n1;
x = [ones(1,n1), zeros(1,n2)];
X = fft(x)/N;   % Geschaetzte Koeffizienten der Fourier-Reihe
```

Für den Vergleich wird gemäß Gl. (1.100) die Hülle der korrekten Amplituden der Harmonischen berechnet. Dafür wird mit nh eine dichtere Einteilung der Abszisse gewählt und dann die Sinc-Funktion berechnet:

```
% ------- Hülle der korekten Koeffizienten
tau = n1/N;      % Relative Dauer des Pulses
nh = 0:0.1:N-1;  % Abszisse-Variable für die Hülle
huelle = abs(tau*sinc(nh*tau)); % die Hülle der
                 % korrekten Koeffizienten
```

In Abb. 1.60 ist ganz oben die Periode des Signals dargestellt mit einer relativen Dauer des Pulses tau = 1/8. Darunter sind die Beträge der DFT als geschätzte Amplituden der Harmonischen zusammen mit der Hülle der korrekten Amplituden gezeigt. In der Abszisse dieser Darstellung ist der Index n angegeben, der bis zu $N/2 = 32$ die Ordnung der Harmonischen ist.

Wenn man die Linien der Darstellung der Amplituden über die DFT mit der Hülle der korrekten Amplituden vergleicht, sieht man, dass der Unterschied in der Umgebung von $N/2$ bemerkbar ist und über diesen Wert sehr groß, wie erwartet, wird. Wegen der Periodizität der DFT sind die Differenzen oberhalb von $N/2$ immer größer. Die Nullstelle der Hülle der korrekten Amplituden ist gemäß Gl. (1.100) bei

$$\text{sinc}(n\pi\tau/T_0) = 0, \quad \text{oder} \quad n = lT_0/\tau \quad l = 1, 2, \dots . \tag{1.101}$$

Die erste Nullstelle für $l = 1$ ist bei T_0/τ oder mit der Variable tau aus dem Skript bei 1/tau = 8, was leicht aus der Abbildung zu überprüfen ist.

Die letzte Darstellung aus Abb. 1.60 zeigt dieselben Verläufe mit dem Unterschied, dass in der Abszisse jetzt Frequenzen in Hz angegeben sind. Es wurde angenommen, dass die Abtastwerte der Periode T_0 mit einer Abtastfrequenz von $f_s = 1000\,\text{Hz}$ vorhanden sind. Daraus resultiert eine Periode $T_0 = N/f_s$ und entsprechend eine Grundfrequenz $\omega_0 = 2\pi/T_0$ oder in Hz $f_0 = 1/T_0 = f_s/N$. Diese Grundfrequenz entspricht dem Index $n = 1$ aus der mittleren Darstellung. Für einen beliebigen Index n ist dann die entsprechende Frequenz:

$$f_n = n\frac{f_s}{N} \quad n = 1, 2, \dots . \tag{1.102}$$

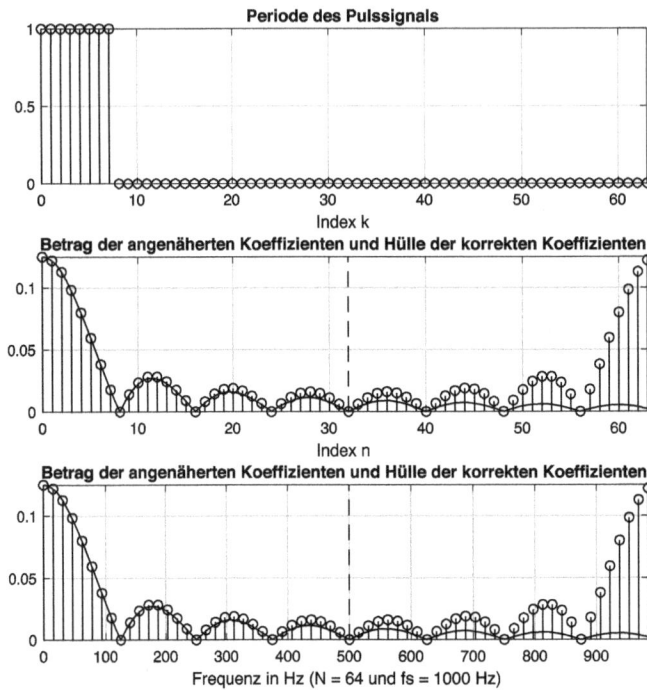

Abb. 1.60: (a) Periode des periodischen Pulssignals. (b) Beträge der DFT als geschätzte Amplituden der Harmonischen und die Hülle der korrekten Amplituden. (c) Dieselbe Darstellung wie (b) mit der Abszisse in Frequenzen in Hz (dft_1.m).

In dieser Form ist die Grundfrequenz f_0 gleich der Frequenz der ersten Harmonischen für $n = 1$. Dem Leser wird empfohlen mit den Parametern dieses Experiments, wie z. B. N, tau etc. zu experimentieren.

1.6.3 Experiment: DFT eines Untersuchungintervalls in dem eine cosinusförmige Komponente enthalten ist

In der Praxis weiß man oft, dass das gemessene Signal periodisch ist, man kann aber nicht genau eine Periode extrahieren. In solchen Fällen wählt man ein Intervall der Dauer T_0 größer als die vermutete Periode und berechnet die DFT dieses „Untersuchungintervalls". Um zu verstehen was in solchen Fällen geschieht, wird im Intervall eine cosinusförmige Komponente mit einer Periode angenommen, die exakt m mal kleiner als T_0 ist:

$$x(t) = \hat{x} \cos\left(m\frac{2\pi}{T_0}t + \varphi_m\right) \quad \text{mit} \quad m \in \mathbb{Z}. \tag{1.103}$$

Durch Diskretisierung mit N Abtastwerten im Intervall $T_0 = NT_s$ erhält man die diskrete Sequenz:

$$
\begin{aligned}
x[kT_s] = x[k] &= \hat{x}\,\cos\!\left(m\frac{2\pi}{NT_s}kT_s + \varphi_m\right) = \hat{x}\,\cos\!\left(m\frac{2\pi}{N}k + \varphi_m\right) \\
&= \frac{\hat{x}}{2}\big[e^{j(m\frac{2\pi}{N}k+\varphi_m)} + e^{-j(m\frac{2\pi}{N}k+\varphi_m)}\big] \quad k = 0,1,2,\ldots,N-1.
\end{aligned}
\tag{1.104}
$$

Sie wurde mit Hilfe der Eulerschen-Formel als Summe zweier Exponentialfunktionen ausgedrückt. Zur Vereinfachung der Schreibweise wird statt $x[kT_s]$ die Bezeichnung $x[k]$ verwendet.

Die DFT dieser Sequenz ist:

$$
\begin{aligned}
X_n &= \sum_{k=0}^{N-1} x[k]\, e^{-j\frac{2\pi}{N}n\,k} \\
&= \frac{\hat{x}}{2}\, e^{j\varphi_m} \sum_{k=0}^{N-1} e^{j\frac{2\pi}{N}(m-n)k} + \frac{\hat{x}}{2}\, e^{-j\varphi_m} \sum_{k=0}^{N-1} e^{-j\frac{2\pi}{N}(m+n)k}.
\end{aligned}
\tag{1.105}
$$

Weil

$$
\sum_{k=0}^{N-1} e^{\pm j\frac{2\pi}{N}p\,k} = \begin{cases} 0 & \text{für} \quad p \neq 0 \\ N & \text{für} \quad p = 0 \end{cases}
\tag{1.106}
$$

erhält man für die obige DFT:

$$
X_n = \begin{cases} 0 & \text{für} \quad n \neq m \quad n \neq N-m \\ \frac{\hat{x}}{2}N\, e^{j\varphi_m} & \text{für} \quad n = m \\ \frac{\hat{x}}{2}N\, e^{-j\varphi_m} & \text{für} \quad n = N-m. \end{cases}
\tag{1.107}
$$

Wenn m eine ganze Zahl ist, ergibt die DFT/N zwei Linien für den Betrag und zwei Linien für die Phase bei Index m und $N - m$. Die Linien für den Betrag haben die Größe $\hat{x}/2$. Die Linie bei $N - m$ wird als Spiegelung betrachtet und erscheint wegen der Periodizität der DFT.

Die Bedingung dass m eine ganze Zahl ist, bedeutet, dass im Untersuchungsintervall der Dauer $T_0 = NT_s$ genau m Perioden des reellen cosinusförmigen Signals enthalten sind. Wenn m nicht eine ganze Zahl ist, dann ist eine Periode des Signals abgehackt und es entsteht *Leakage* oder ein Schmiereffekt [11]. Statt einer Linie erhält man mehrere Linien in der Umgebung von m bzw. $N - m$.

Auch in diesem Fall kann man die Indizes der DFT mit Frequenzen verbinden, wenn man die Abtastfrequenz f_s und Anzahl der Abtastwerte im Untersuchungsintervall der Dauer $T_0 = NT_s$ kennt. Bei Index $n = 1$ hätte man die Frequenz der Grundschwingung der Periode T_0. Für einen beliebigen Index n ist dann die Frequenz

$$
f_n = n\frac{1}{T_0} = n\frac{1}{NT_s} = n\frac{f_s}{N} = n\Delta_f.
\tag{1.108}
$$

Diese Beziehung dient der Umwandlung der Abszisse der DFT mit Indizes in einer Abszisse in Hz. Der Wert f_s/N stellt die Frequenzauflösung der DFT. Wenn ein Signal der Frequenz f_{sig} mit der DFT untersucht wird und das Verhältnis $f_{sig}/(f_s/N) = N(f_{sig}/f_s)$ eine ganze Zahl m ist, dann erhält man die gezeigten Linien ohne Schmiereffekt.

Als Beispiel mit $N = 1000$ und $f_s = 1000$ Hz ist die Auflösung $\Delta_f = 1$ Hz/Bin. Mit *Bins* werden in der Literatur die Indizes oder Stützstellen der DFT bezeichnet. Alle Signale mit Frequenzen, die ganze Zahlen sind, wie z. B. $f_{sig1} = 100$ Hz und $f_{sig2} = 225$ Hz haben ganze Zahlen als Stützstellen und ergeben die entsprechenden Linien in der DFT bei $m_1 = f_{sig1}/\Delta_f$, $m_2 = f_{sig2}/\Delta_f$ bzw. die Spiegelungen bei $N - m_1$ und $N - m_2$. Für $f_{sig1} = 100{,}4$ Hz erhält man $m_1 = 100{,}4$ keine ganze Zahl und es entsteht ein Schmiereffekt.

Im Skript dft_2.m wird die DFT eines cosinusförmigen Signals untersucht, das genau $m = 4$ Perioden im Untersuchungsintervall besitzt. Wenn das Untersuchungsintervall als Periode der Grundwelle angesehen wird, dann ist dieses Signal eine Harmonische der Ordnung m. Im Skript werden zuerst die Parameter der Simulation initialisiert:

```
% ------- Signal und DFT
T0 = 0.1;          % Angenommene Periode der Grundwelle
                   % oder das Untersuchungsintervall
N = 64;       % Anzahl der Abtastwerte in T0
Ts = T0/N;    % Abtastperiode
fs = 1/Ts;    % Abtastfrequenz
ampl = 10;    % Amplitude
phi  = pi/3;  % Phase bezogen auf das Untersuchungsintervall
m = 4;        % Ordnung der Harmonischen
k = 0:N-1;    % Indizes der Abtastwerte
n = k;        % Indizes der DFT (Bins der FFT)
xk = ampl*cos(2*pi*m*k/N + phi);   % Signal
Xn = fft(xk);   % FFT des Signals
betrag_Xn = abs(Xn)/N;        phase_Xn = angle(Xn);
p = find(abs(real(Xn))<1e-8 & abs(imag(Xn))<1e-8);
phase_Xn(p) = 0;
                % Entfernung der Fehler in der Phasenberechnung
....
```

Nachdem das Signal gebildet wird, kann die DFT berechnet werden. Weil die Phase der DFT wahrscheinlich über den Arkustangens des Verhältnisses des Imaginärteils zu dem des Realteils berechnet wird, können numerische Fehler auftreten, wenn die Imaginär- und Realteile der DFT sehr klein sind. Diese werden mit den letzten oben gezeigten Zeilen abgefangen.

In Abb. 1.61 sind ganz oben die Abtastwerte des Signals dargestellt. Danach ist der Betrag der DFT geteilt durch N dargestellt mit Linien der Größe 5 (Halbe Amplitude)

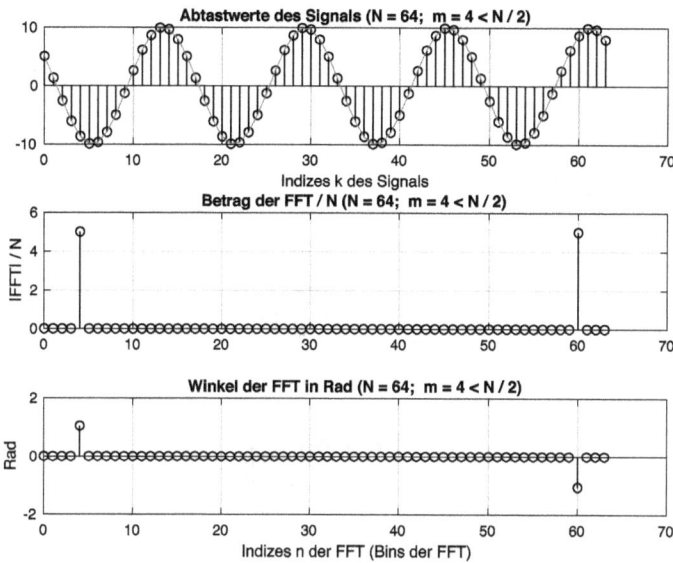

Abb. 1.61: (a) Abtastwerte des Signals im Untersuchungsintervall. (b) Betrag der DFT/N als geschätzte halbe Amplitude des Signals. (c) Phase des Signals im Untersuchungsintervall (dft_2.m).

bei Indizes der DFT gleich $m = 4$ und die Spiegelung bei $N - m = 64 - 4$. Ganz unten ist die Phase der DFT als Phase des Signals im Untersuchungsintervall (hier phi = pi/3) gezeigt.

In den Abszissen dieser Darstellungen sind die Indizes der Abtastwerte bzw. die Indizes der DFT (*Bins*) gezeigt:

```
subplot(312), stem(n, betrag_Xn,'k-','LineWidth', 1);
```

Mit Abszissen in Hz für die DFT wird die Darstellung z. B. mit:

```
subplot(312), stem(n*fs/N, betrag_Xn,'k-','LineWidth', 1);
```

realisiert. Die Darstellung mit der Abszisse in Hz wird im Skript erzeugt, aber hier nicht mehr gezeigt.

Im Skript dft_3.m wird ein ähnliches Experiment programmiert, mit dem Unterschied, dass hier $m = 10{,}6$ gewählt wird. Im Untersuchungsintervall ist keine ganze Anzahl von Perioden des Signals enthalten und es entsteht Schmiereffekt (*Leakage*). In Abb. 1.62 sind die Ergebnisse dieser Simulation dargestellt. Hier sind die Abszissen für die DFT in Hz angegeben.

Es entstehen mehrere Linien in der Umgebung des Indizes $m = 10$ und man erhält auch keinen guten Schätzwert für die Amplitude bzw. Phase. Man kann den Schmiereffekt mit Hilfe von Fensterfunktionen mindern. In [15] ist der Schmiereffekt ausführlich beschrieben und auch die Fensterfunktionen dargestellt. Die Fensterfunktion ge-

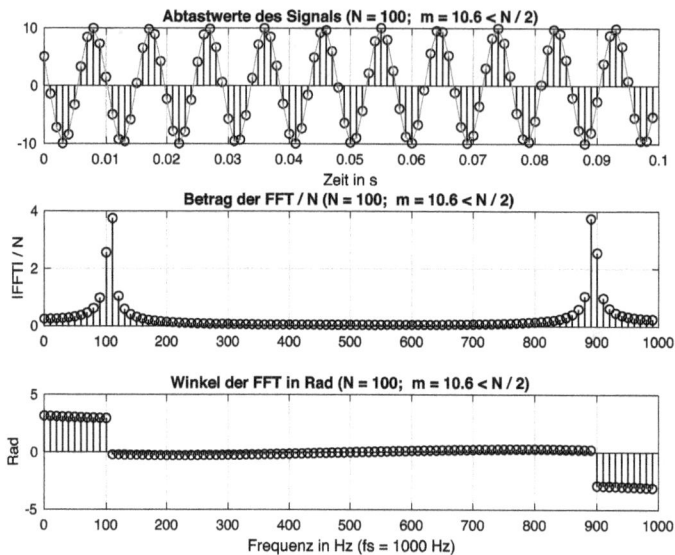

Abb. 1.62: (a) Abtastwerte des Signals im Untersuchungsintervall die zu dem Schmiereffekt führen. (b) Betrag der DFT/N als geschätzte halbe Amplitude des Signals. (c) Phase des Signals im Untersuchungsintervall (dft_3.m).

wichtet das Signal am Anfang- und Ende mit Null- oder mit sehr kleinen Werten und so wird das Signal nicht mehr „abgehackt".

Im Skript wird mit

```
%wk = hanning(N);      % Fensterfunktion
wk = hamming(N);
xkw = xk.*wk';          % Gewichtung des Signals
Xnw = fft(xkw);     % FFT des Signals
```

das Signal mit dem Hamming-Fenster gewichtet und weiter ähnlich mit der DFT untersucht. In Abb. 1.63 sind die Ergebnisse dargestellt.

Ganz oben ist das gewichtete Signal zusammen mit der Fensterfunktion (mal Amplitude) dargestellt. Darunter, wie gehabt, sind der Betrag und die Phase der DFT gezeigt. Die Anzahl der Nebenlinien ist kleiner und die Amplitude ist näher an dem korrekten Wert. Allerdings wird hier der Betrag nicht durch N geteilt sondern durch die Summe der Werte der Fensterfunktion:

```
Xnw = fft(xkw);    % FFT des Signals
betrag_Xnw = abs(Xnw)/(sum(wk));       phase_Xnw = angle(Xnw);
```

Um die Darstellungen verständlich zu erhalten, wurde die Anzahl der Abtastwerte nicht sehr groß genommen. Üblich sind die DFT Untersuchungen mit viel größeren Werten für N durchzuführen, um einen viel besseren Effekt der Fensterfunktion zu erzielen.

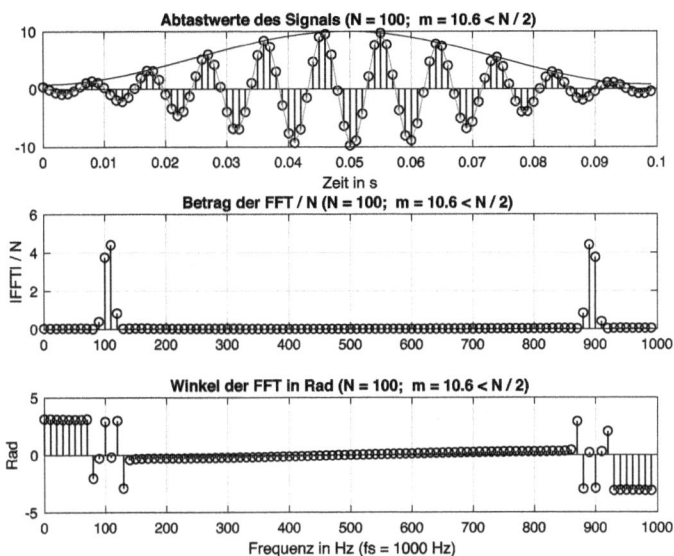

Abb. 1.63: (a) Mit Hamming-Fenster gewichtete Abtastwerte des Signals im Untersuchungsintervall. (b) Betrag der DFT/$\sum(wk)$ als geschätzte halbe Amplitude des Signals. (c) Phase des Signals im Untersuchungsintervall (dft_3.m).

1.6.4 Annäherung der Fourier-Transformation mit Hilfe der DFT

Es wird ein aperiodisches Signal mit begrenzter Dauer im Bereich $t = 0$ bis $t = T_0$ angenommen, das weiter die Bedingungen für die Existenz der Fourier-Transformation [15] erfüllt. Ausgehend von der Definition der Fourier-Transformation für ein Signal dieser Art

$$X(j\omega) = \int_{t=0}^{T_0} x(t)e^{-j\omega t}\,dt, \tag{1.109}$$

wird das Integral mit einer Summe angenähert. Dafür wird das Intervall T_0 zeitdiskretisiert, indem man hier N gleichmäßige Abtastintervalle der Dauer T_s wählt, so dass $T_0 = NT_s$. Die Annäherung des Integrals führt dann auf:

$$X(j\omega) \cong \hat{X}(j\omega) = T_s \sum_{k=0}^{N-1} x[kT_s]e^{-j\omega kT_s}. \tag{1.110}$$

Es ist eine nach ω kontinuierliche periodische Funktion. Die Periode dieser Funktion ist gleich $\omega_s = 2\pi/T_s$. Für eine numerische Berechnung dieser Funktion muss man die kontinuierliche Variable ω auch diskretisieren. Man wählt in der Periode von 0 bis ω_s ebenfalls N Werte:

$$\omega_n = n\frac{\omega_s}{N} = n\frac{2\pi/T_s}{N} \quad \text{mit} \quad n = 0, 1, 2, \dots, N-1. \tag{1.111}$$

Die Annäherung wird dann:

$$\hat{X}(j\omega_n) = T_s \sum_{k=0}^{N-1} x[kT_s]e^{-j2\pi nk/N} = T_s X_n .\tag{1.112}$$

Hier ist X_n die DFT der N Abtastwerte $x[kT_s]$, $k = 0, 1, 2, \ldots, N - 1$.

1.6.5 Annäherung der spektralen Leistungsdichte mit Hilfe der DFT

Für die Beschreibung der Zufallssignale im Frequenzbereich wird die spektrale Leistungsdichte benutzt, wie schon im Kapitel 1.4.4 gezeigt wurde. Mit einer Simulation wird in diesem Abschnitt diese Thematik vertieft.

Ein Zufallsprozess wird als streng stationär bezeichnet (*Strict Sense Stationary* kurz SSS), wenn alle seine statistische Momente invariant über die Zeit sind. Ähnlich wird ein Zufallsprozess als schwach stationär bezeichnet (*Wide Sense Stationary* kurz WSS), wenn seine zwei erste Momente, also der Mittelwert und die Autokorrelationsfunktion invariant über die Zeit sind [7, 15]:

$$m_x(t) = \text{Konstant}$$
$$R_{xx}(t_1, t_2) = f(t_2 - t_1) = R_{xx}(\tau); \quad \tau = t_2 - t_1 .\tag{1.113}$$

Diese Unterscheidung bezieht sich auf die Bestimmung der statistischen Momente aus einer Schar von Realisierungen des Zufallsprozesses. In der Praxis besitzt man vielmals nur eine Realisierung und somit werden noch die ergodische Prozesse wichtig. Ein Zufallsprozess wird als ergodisch relativ zum ersten und zweiten Moment bezeichnet, wenn man diese Momente aus einer Realisierung des Prozesses bestimmen kann [15].

Die Beschreibung im Frequenzbereich wird über die spektrale Leistungsdichte erhalten. Es werden stationäre, ergodische Zufallsprozesse $X(t)$ mit Mittelwert m_x und Autokorrelationsfunktion $R_{xx}(\tau)$, die deterministische Größen sind, vorausgesetzt. Die spektrale Leistungsdichte, laut Theorem von Wiener–Khintchine [7], ist die Fourier-Transformation der Autokorrelationsfunktion:

$$S_{xx}(f) = \int_{-\infty}^{\infty} R_{xx}(\tau)e^{-j2\pi f\tau}d\tau .\tag{1.114}$$

Diese Transformation ist auch umkehrbar:

$$R_{xx}(\tau) = \int_{-\infty}^{\infty} S_{xx}(f)e^{j2\pi f\tau}df .\tag{1.115}$$

Für $\tau = 0$ erhält man:

$$R_{xx}(0) = E\{X(t)^2\} = \int_{-\infty}^{\infty} S_{xx}(f)df .\tag{1.116}$$

Diese Beziehung besagt, dass die Leistung eines Zufallsprozesses $E\{X(t)^2\}$, die auch dem Wert der Autokorrelationsfunktion für Verschiebung $\tau = 0$ entspricht, im Frequenzbereich über ein Integral der spektralen Leistungsdichte berechnet werden kann.

Die spektrale Leistungsdichte beschreibt die Verteilung der Leistung über die Frequenz und ihr Integral liefert somit die Leistung des Prozesses. Wenn der Mittelwert des Zufallsprozesses null ist, dann ist die mittlere Leistung gleich der Varianz des Signals. In MATLAB für zeitdiskrete Signale kann man mit der Funktion **std** die Standardabweichung berechnen und deren Quadrat ergibt dann die Varianz.

Die spektrale Leistungsdichte $S_{xx}(f)$ hat die Einheit $V^2 s = V^2/\text{Hz}$ oder Watt/Hz unter der Annahme dass der Zufallsprozess eine elektrische Spannung darstellt und die Autokorrelationsfunktion die Einheit V^2 oder Watt hat.

Für zeitdiskrete Zufallsprozesse $X[n]$ ist die spektrale Leistungsdichte in der Literatur [7] gewöhnlich mit Hilfe der normierten Kreisfrequenz $\Omega = \omega T_s = 2\pi f/f_s$ ausgedrückt:

$$S_{xx}(\Omega) = \sum_{k=-\infty}^{\infty} R_{xx}[k]e^{-j\Omega k}$$

$$R_{xx}[k] = \frac{1}{2\pi} \int_{-\pi}^{\pi} S_{xx}(\Omega)e^{j\Omega k}d\Omega. \tag{1.117}$$

Hier ist die Autokorrelationsfunktion $R_{xx}[k]$ der Erwartungswert:

$$R_{xx}[k] = E\{X[n]X[n+k]\}. \tag{1.118}$$

In MATLAB kann man diese Autokorrelationsfunktion und eventuell auch die Kreuzkorrelationsfunktion für ergodische Prozesse mit der Funktion **xcorr** schätzen. Mit **xcorr**(X, Y), wobei X und Y zwei Vektoren der Größe M sind, wird die Kreuzkorrelationsfunktion über folgende Summe angenähert:

$$\textbf{xcorr}(X, Y) = \begin{cases} \frac{1}{N_{\text{corr}}} \sum_{n=1}^{M-k} X[n]Y[n+k] & \text{für} \quad k \geq 0 \\ \frac{1}{N_{\text{corr}}} \sum_{n=1}^{M-|k|} X[n]Y[n+k] & \text{für} \quad k < 0. \end{cases} \tag{1.119}$$

Die Normierung N_{corr} für die Bildung des Zeitmittelwertes wird in der Funktion **xcorr** mit einer Option gewählt:

```
'biased'   - scales the raw cross-correlation by 1/M.
'unbiased' - scales the raw correlation by 1/(M-abs(lags)).
'coeff'    - normalizes the sequence so
                 that the auto-correlations
                 at zero lag are identically 1.0.
'none'     - no scaling (this is the default).
```

Als Beispiel wird bei der Normierung unbiased die Kreuz- und Autokorrelationsfunktion wie folgt berechnet:

$$
\mathbf{xcorr}(X, Y) = \begin{cases} \frac{1}{M-k} \sum_{n=1}^{M-k} X[n]Y[n+k] & \text{für} \quad k \geq 0 \\ \frac{1}{M-|k|} \sum_{n=1}^{M-|k|} X[n]Y[n+k] & \text{für} \quad k < 0 . \end{cases} \tag{1.120}
$$

Wenn die Verspätung k größer wird, ist die Anzahl der Werte, die summiert werden kleiner und somit ist diese Mittelwertbildung in dieser Form sinnvoll.

Nachdem die Autokorrelationsfunktion des ergodischen Zufallsprozesses geschätzt wurde, kann man die Fourier-Transformation gemäß erster Gleichung (1.117) mit Hilfe der DFT annähern:

$$
S_{xx}(f)|_{f=nf_s/N} \cong T_s \sum_{k=0}^{N-1} R_{xx}[k]e^{-j2\pi mk/N} = T_s \, \mathrm{DFT}\{R_{xx}[k]\} . \tag{1.121}
$$

Hier ist $R_{xx}[k]$ die Autokorrelationsfunktion so verschoben, dass $k = 0,\ldots,N-1$ ist. Es werden dann N Werte der spektralen Leistungsdichte für Frequenzen $f = nf_s/N$, $n = 0,\ldots,N-1$ berechnet.

Es gibt auch eine zweite Möglichkeit, die spektrale Leistungsdichte direkt zu schätzen [9]:

$$
S_{xx}(f) \cong T_s \frac{1}{N} |X[k]e^{-j2\pi fkT_s}|^2 \quad f = nf_s/N \quad n,k = 0,\ldots,N-1 . \tag{1.122}
$$

Man erkennt hier die DFT der Sequenz $X[k]$, $k = 0,\ldots,N-1$ für Frequenzen $f = nf_s/N$, $n = 0,\ldots,N-1$. Diese Schätzung ist als Periodogramm (englisch *Periodogram*) in der Literatur bekannt.

Die Schätzung der spektralen Leistungsdichte mit Hilfe des Periodogramms wurde, um die Streuung zu verringern, erweitert. Die Barlett-Methode [7] reduziert die Streuung indem die Daten in nicht überlappende Segmente unterteilt werden und für jedes Segment wird das Periodogramm ermittelt. Danach werden die Periodogramme gemittelt (siehe auch Gl. (1.75)). Die Varianz der Schätzung wird mit Faktor K reduziert, wenn K Segmente gemittelt werden und man annehmen kann, dass die Autokorrelationsfunktion an den Enden eines Segments abgeklungen ist.

In Abb. 1.64 ist ein Simulink-Modell dargestellt (spektr_leistung_1.slx), mit dessen Hilfe die gezeigten Sachverhalte anschaulich verstanden werden können.

Das Eingangssignal ist aus einer unabhängigen Sequenz aus Block *Band-Limited White Noise* durch Bandpassfilterung im Block *Discrete FIR-Filter* erzeugt. Die Abtastfrequenz ist $f_s = 1000\,\mathrm{Hz}$ und der Durchlassbereich des Filters ist von 200 Hz bis 300 Hz. Die Parameter des Blocks *Band-Limited White Noise* sind so gewählt, dass die Leistung gleich eins (1 Watt) ist. Das kann man feststellen, indem man den *RMS*-Block zur Messung des Effektivwertes am Ausgang dieser Quelle anschließt. Am *Display* Block wird dann 0,9877 $\cong$ 1 angezeigt.

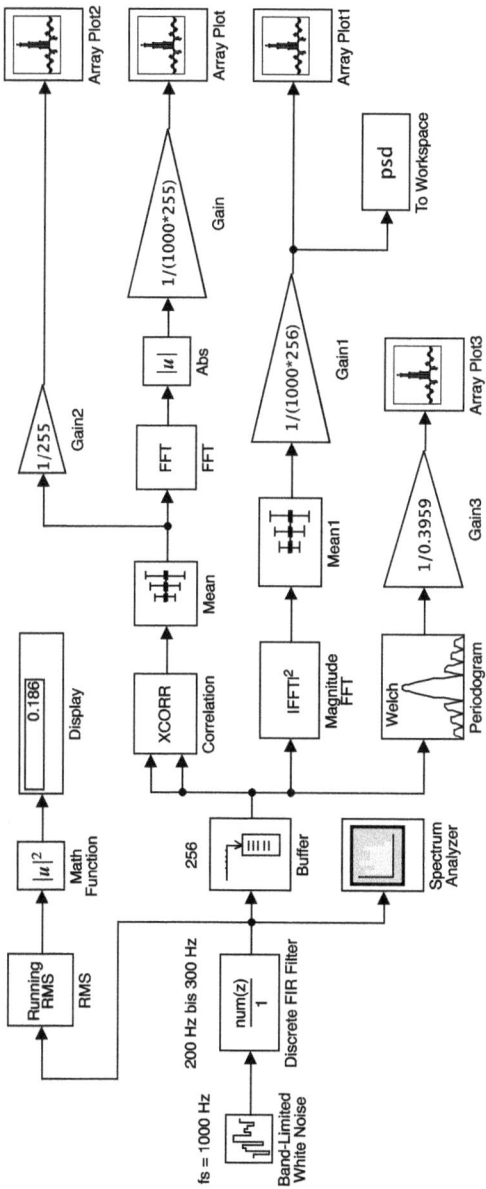

Abb. 1.64: Simulink-Modell zur Untersuchung der Ermittlung der spektralen Leistungsdichte (spektr_leistung_1.slx).

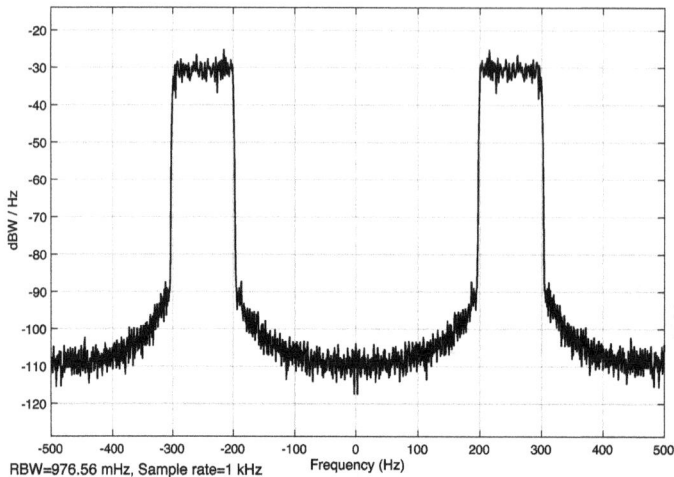

Abb. 1.65: Spektrale Leistungsdichte nach der Filterung (spektr_leistung_1.slx).

Die spektrale Leistungsdichte der Quelle ist somit $1/f_s$ = 1/1000 Watt/Hz. In dBWatt/Hz = dBW/Hz = $10 \log_{10}(1/1000)$ = -30 dBW/Hz. Nach der Filterung besitzt das Zufallssignal Anteile zwischen 200 Hz und 300 Hz bzw. zwischen 700 Hz und 800 Hz (oder -200 Hz bis -300 Hz) als Spiegelung. Die spektrale Leistungsdichte in diesen Bereichen bleibt 1/1000 Watt/Hz (oder -30 dBW/Hz), wie auch die Darstellung am *Spectrum Analyzer* Block zeigt (Abb. 1.65). Es ist eine Darstellung der spektralen Leistungsdichte im Bereich $-f_s/2$ bis $f_s/2$ statt im Bereich 0 bis f_s.

Mit dem Block *Correlation* wird die Autokorrelationsfunktion ohne Normierung für Datensätze, die mit dem Block *Buffer* gebildet werden, berechnet. Die Datensätze der Größe 256 mit Überlappung von 64 Werten ergeben eine symmetrische Autokorrelationsfunktion mit Verspätungen von $\tau = -255$ bis $\tau = 255$ Abtastwerten. Mit dem Block *Mean*, initialisiert als *Running mean*, werden die Autokorrelationsfunktionen der Datensätze gemittelt. Diese normiert mit $\tau_{max} = 255$ im Block *Gain2* kann man mit Hilfe des Blocks *Array Plot2* sichten (hier nicht gezeigt).

Die gemittelte Autokorrelationsfunktion (noch nicht normiert) wird weiter mit dem Block *FFT* transformiert und daraus der Betrag gebildet. Die Normierung mit $T_s/N = 1/(1000 * 255)$ ergibt dann die geschätzte spektrale Leistungsdichte gemäß Gl. (1.121). Die Teilung mit N ist die Normierung der Autokorrelationsfunktion.

Die direkte Methode gemäß Gl. (1.122) ist mit den Blöcken *Magnitude FFT, Mean1, Gain1* simuliert. Das Ergebnis, das am Block *Array Plot1* dargestellt wird, ist dem aus Abb. 1.66 gleich, allerdings mit weniger Werten (256 statt 511).

In der Senke *To Workspace* werden die Werte der spektralen Leistungsdichte in der Struktur

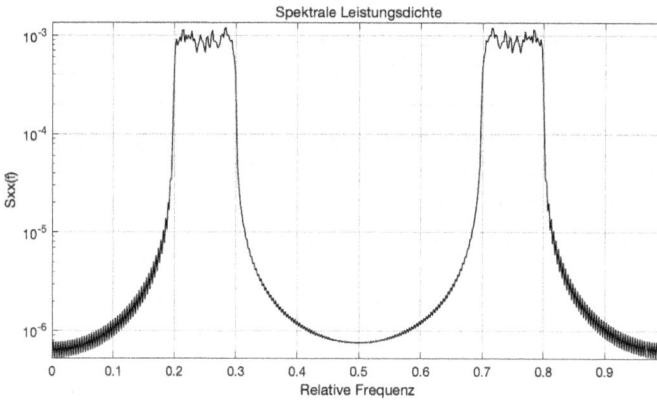

Abb. 1.66: Die spektrale Leistungsdichte, die am Block „Array Plot" angezeigt ist (spektr_leistung_1.slx).

```
>> psd
  timeseries
  Common Properties:
            Name: ''
            Time: [53x1 double]
        TimeInfo: [1x1 tsdata.timemetadata]
            Data: [256x1x53 double]
        DataInfo: [1x1 tsdata.datametadata]
  More properties, Methods
```

zwischengespeichert. Mit

```
spektr_leistung_dichte = psd.Data(:,1,end);
leistung = sum(spektr_leistung_dichte)*1000/256,
```

wird die Leistung des Signals nach der Filterung entsprechend dem Parseval-Theorem ermittelt. Man erhält eine Leistung von 0,1815 Watt, die auch auf dem Block *Display* angezeigt ist. Der ideale Wert 0,2 Watt ergibt sich aus der Bandbreite von 100 Hz des Signals mal zwei und mal der spektralen Leistungsdichte von $1/f_s = 1/1000$ W/Hz. Weil man die spektrale Leistungsdichte auf f_s bezogen hat, muss man in der Berechnung der Leistung auch den Bereich der Spiegelung einbeziehen. Daher die Multiplikation der Bandbreite mit zwei.

Wenn man die spektrale Leistungsdichte nur auf den Bereich von 0 bis $f_s/2 = 500$ Hz bezieht, dann kann man die Leistung mit dem Durchlassbereich von 200 Hz bis 300 Hz berechnen; 100 Hz $*$ 1/500 W/Hz = 0,2 W. Wie erwartet erhält man das gleiche Ergebnis.

Mit dem Welch-Verfahren [7, 9] wird die Streuung der Schätzung mit dem Periodogramm weiter verringert. Um mehr Segmente für die Mittelung zu haben und so die

Varianz der Schätzwerte zu reduzieren, schlägt Welch vor, mit teilweise überlappenden Segmenten zu arbeiten. Im gezeigten Modell `spektr_leistung_1.slx` wurde das schon im *Buffer* Block implementiert. Es werden Segmente von $N = 256$ Werten mit 64 überlappenden Werten generiert.

Weiterhin werden zur Reduzierung des *Leakage*-Effektes der DFT die Segmente mit Fensterfunktionen gewichtet. Das Ergebnis ist dann ein modifiziertes Periodogramm:

$$S_{xx}(f) \cong T_s \frac{1}{NU_w} \left| \sum_{k=0}^{N-1} w[k]X[k]e^{-j2\pi fkT_s} \right|^2 \qquad (1.123)$$

$$f = nf_s/N \quad n,k = 0,\ldots,N-1.$$

Hier ist N die Länge eines Segments und U_w ist ein Normierungsfaktor, welcher der Leistung der Fensterfunktion $w[k]$ entspricht:

$$U_w = \frac{1}{N} \sum_{k=0}^{N-1} w[k]^2. \qquad (1.124)$$

Im Modell wird das Welch-Verfahren mit dem Block *Periodogram* (Welch) implementiert. Mit dem Faktor aus dem Block *Gain3* wird die Normierung mit $1/U_w$ hinzugefügt. Dieser Faktor wurde mit folgenden Zeilen für das Hamming-Fenster, das gewählt wurde, berechnet:

```
>> Uw = sum(hamming(256).^2)/256
Uw = 0.3959
```

Die spektrale Leistungsdichte die resultiert und mit Block *Array Plot3* gezeigt wird, ist in Abb. 1.67 dargestellt. In einem MATLAB-Skript kann man das Welch-Verfahren mit der Funktion `pwelch` verwenden, exemplarisch mit den Zeilen aus Skript `beispiel_welch_1.m` dokumentiert:

```
% ------ Bandpass-Signal
fs = 1000;    Ts = 1/fs;
M = 2000;     % Länge der Zufallssequenz
N = 256;      % Länge der Segmente
nu = 64;      % Anzahl der überlappungswerte
x = randn(1,M); % Unabhängige Zufallssequenz (Varianz = 1);
h = fir1(256, [200, 300]*2/fs);    % FIR-Filter zur
  % Generierung des Bandpass-Signals mit Anteile zwischen 200
  % und 300 Hz
y = filter(h,1,x);    % Bandpass-Signal
% ------ Spektrale Leistungsdichte
[Sxx,w] = pwelch(y,hamming(N),nu,N,fs,'psd','twosided');
figure(1);    clf;
```

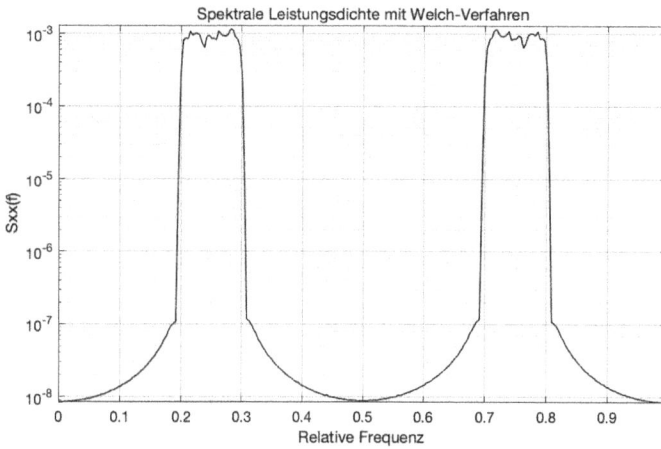

Abb. 1.67: Die spektrale Leistungsdichte, die am Block „Array Plot" angezeigt ist (spektr_leistung_1.slx).

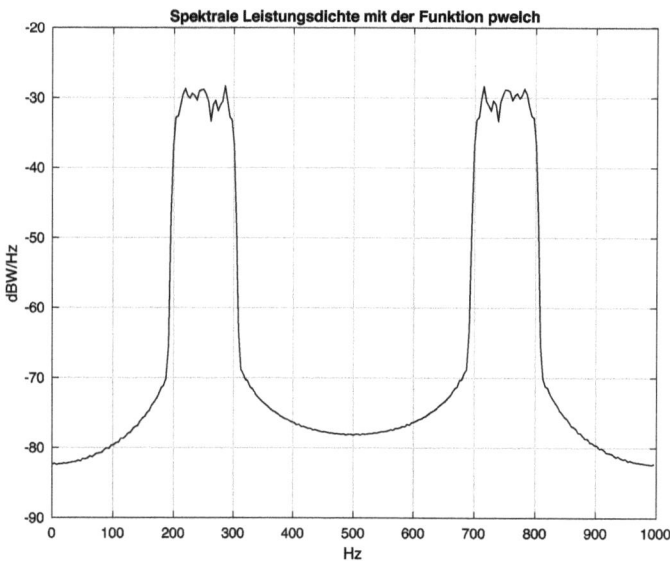

Abb. 1.68: Die spektrale Leistungsdichte ermittelt mit der Funktion "pwelch" (beispiel_welch_1.m).

```
plot(w,10*log10(Sxx),'k-','LineWidth',1);
title('Spektrale Leistungsdichte mit der Funktion pwelch');
ylabel('dBW/Hz');    xlabel('Hz');    grid on;
```

Die spektrale Leistungsdichte, die so erhalten wurde, ist in Abb. 1.68 dargestellt. Das Ergebnis ist den vorherigen Ergebnissen gleich, weil man im Skript das gleiche Signal generiert hat.

2 Grundlagen der Multiratensysteme

2.1 Einführung

In diesem Kapitel werden die Grundlagen für die Untersuchung der Multiratensysteme und Filterbänke eingeführt. Diese beinhalten die Dezimierung und Interpolierung und den Einsatz der polyphasen Zerlegung. Weiter wird die Dezimierung und Interpolierung in mehreren Stufen dargestellt. Schließlich wird die Dezimierung und Interpolierung von Bandpasssignalen besprochen. Alle diese Themen sind theoretisch ausführlich in der Literatur diskutiert [7, 21, 22]. Der Einsatz der MATLAB-Werkzeuge ermöglicht, dass man die theoretischen Aspekte mit verständlichen Experimenten begleiten kann.

2.2 Dezimierung der zeitdiskreten Signale

Der Prozess der Dezimierung ist in Abb. 2.1 dargestellt. Durch Dezimierung wird die Abtastfrequenz mit einem Faktor M ($M \in \mathbb{Z}$) reduziert. Das Eingangssignal $u[n]$ wird mit dem Tiefpassfilter der Einheitspulsantwort $h[n]$ bandbegrenzt und dann mit einem Abwärtsabtaster dezimiert, wie in Abb. 2.1(a) dargestellt.

Es wird nur jeder M-ter Abtastwert des Signals $x[n]$ im Signal $y[n]$ beibehalten und der Index neu zugeordnet, wie in Abb. 2.1(e) gezeigt. In Abb. 2.1(d) ist ein Zwischensignal dargestellt, aus dem dann das Signal $y[n]$ durch Abwärtsabtastung erhalten wird:

$$x'[n] = \begin{cases} x[n] & \text{für} \quad n = 0, \pm M, \pm 2M, \ldots \\ 0 & \text{sonst} \end{cases} \tag{2.1}$$

$$y[n] = x'[Mn] = x[nM] . \tag{2.2}$$

Das Zwischensignal $x'[n]$ mit derselben Abtastfrequenz $f_{sx} = f_s$ wie das Eingangssignal kann als Produkt zwischen dem Signal $x[n]$ und der periodischen Sequenz $i[n]$ (Abb. 2.1(c)) betrachtet werden:

$$x'[n] = i[n]x[n] = \left[\sum_{r=-\infty}^{\infty} \delta[n - rM] \right] x[n] . \tag{2.3}$$

Die periodische Sequenz $i[n]$ wird mit einer diskreten Fourier-Reihe dargestellt [21]:

$$i[n] = \sum_{r} \delta[n - rM] = \frac{1}{M} \sum_{k=0}^{M-1} e^{j\frac{2\pi}{M}nk} . \tag{2.4}$$

Diese Gleichung entspricht einer inversen DFT für eine Sequenz bestehend aus M Werten gleich eins:

$$i[n] = \text{invDFT}\{e[n]\} \quad \text{mit} \quad e[n] = 1 \quad \text{für} \quad n = 0, 1, 2, \ldots, M - 1 . \tag{2.5}$$

https://doi.org/10.1515/9783110678871-002

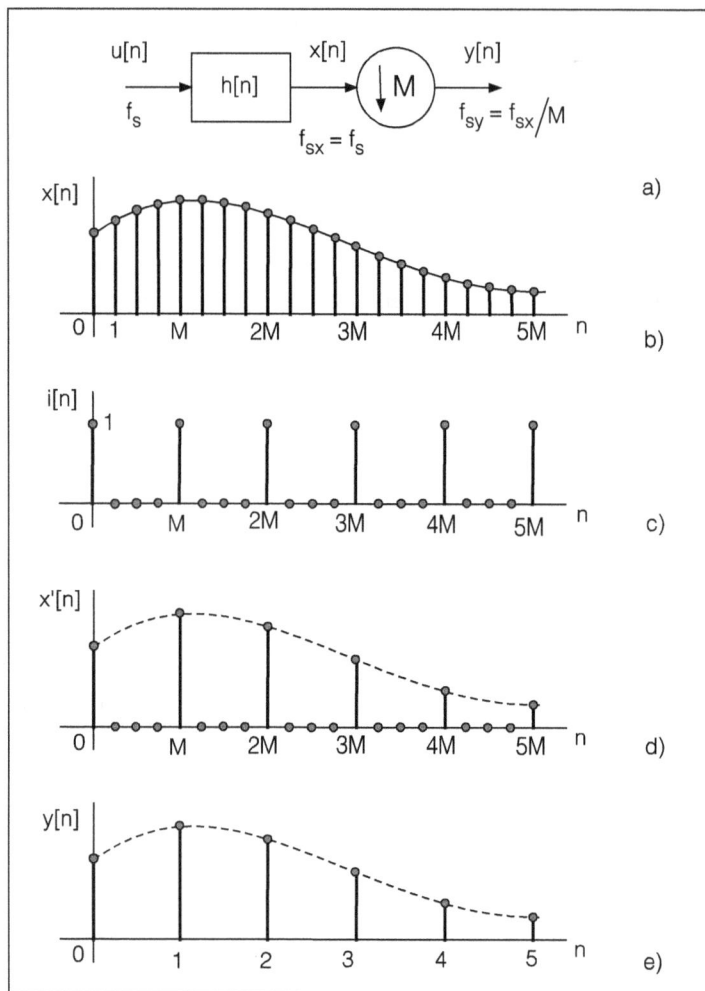

Abb. 2.1: Dezimierung mit Faktor $M = 4$.

In MATLAB kann man das direkt z. B. für $M = 4$ nachvollziehen:

```
>> e = [1 1 1 1];
>> i = ifft(e),              % Inverse DFT
i =     1    0    0    0     % Die Periode für i
```

Die Sequenz $i[n]$ gemäß Gl. (2.4) in Gl. (2.3) eingesetzt ergibt:

$$x'[n] = \frac{1}{M} \sum_{k=0}^{M-1} x[k] e^{j\frac{2\pi}{M}nk} .$$

(2.6)

Die Werte $x[n]$ wurden in der Summe mit Index k eingebracht. Die z-Transformation der Sequenz $x'[n]$ wird dann:

$$X'(z) = \frac{1}{M} \sum_{k} Z\{x[k](e^{j\frac{2\pi}{M}k})^n\} = \frac{1}{M} \sum_{k=0}^{M-1} X(ze^{-j\frac{2\pi}{M}k}). \tag{2.7}$$

Die Frequenzantwort (oder Fourier-Transformation) für die $x'[n]$ Sequenz erhält man mit $z = e^{j\Omega_x}$:

$$X'(e^{j\Omega_x}) = \frac{1}{M} \sum_{k=0}^{M-1} X(e^{j(\Omega_x - \frac{2\pi k}{M})}) \quad \text{mit} \quad \Omega_x = \omega T_{sx} = 2\pi \frac{f}{f_{sx}}. \tag{2.8}$$

Hier ist $T_{sx} = 1/f_{sx}$ die Abtastperiode bzw. Abtastfrequenz der Sequenz $x'[n]$. Mit Frequenzen f in Hz wird die Frequenzantwort:

$$X'(e^{j2\pi f/f_{sx}}) = \frac{1}{M} \sum_{k=0}^{M-1} X(e^{j2\pi(f/f_{sx} - \frac{k}{M})}). \tag{2.9}$$

Die Gl. (2.8) zeigt, dass die diskrete Fourier-Transformation des Signals $x'[n]$ gleich mit einer Summe von M Repliken der diskreten Fourier-Transformation des ursprünglichen Signals $x[n]$ ist. Im Frequenzbereich sind die Repliken mit $2\pi k/M$, $k = 0, 1, 2, \ldots, M-1$ versetzt.

Dieselbe Gl. (2.9) mit Frequenzen in Hz ist für die Simulation und Interpretation der Ergebnisse besser geeignet. In Abb. 2.2 sind die Spektren der Signale mit Frequenzen in Hz und relativen Frequenzen zu den jeweiligen Abtastfrequenzen dargestellt. Ganz oben ist die Fourier-Transformation des analogen Signals gewichtet mit $1/T_s$ gezeigt. Gemäß Gl. (1.72) ist daraus die diskrete Fourier-Transformation des mit T_s als Periode des Abtastprozesses abgeleitet und in Abb. 2.2(b) dargestellt. Die Abszisse für diese Darstellung ist die absolute Frequenz f.

Dasselbe Spektrum mit relativen Frequenzen zur Abtastfrequenz f_{sx} des Signals $x[n]$ ist in Abb. 2.2(c) dargestellt. Es wurde angenommen, dass die maximale Frequenz des Spektrums gleich f_{max} ist und das $f_{max}/f_{sx} = 0{,}1$ ist. Die Gewichtung mit f_{sx} ist notwendig, damit die Leistung des abgetasteten Signals, mit dieser Variable in der Abszisse dieselbe bleibt. In Abb. 2.2(d) sind die Spektren gemäß der Gl. (2.9) mit derselben Variable in der Abszisse dargestellt.

Mit Hilfe der Beziehung aus Gl. (2.2) wird jetzt die z-Transformation des Ausgangssignals $y[n]$ des Abwärtstasters ermittelt:

$$Y(z) = \sum_{n=-\infty}^{\infty} x'[Mn]z^{-n} = \sum_{k=\infty}^{\infty} x'[k](z^{\frac{1}{M}})^{-k}. \tag{2.10}$$

Gemäß der Definition der z-Transformation erhält man:

$$Y(z) = X'(z^{\frac{1}{M}}). \tag{2.11}$$

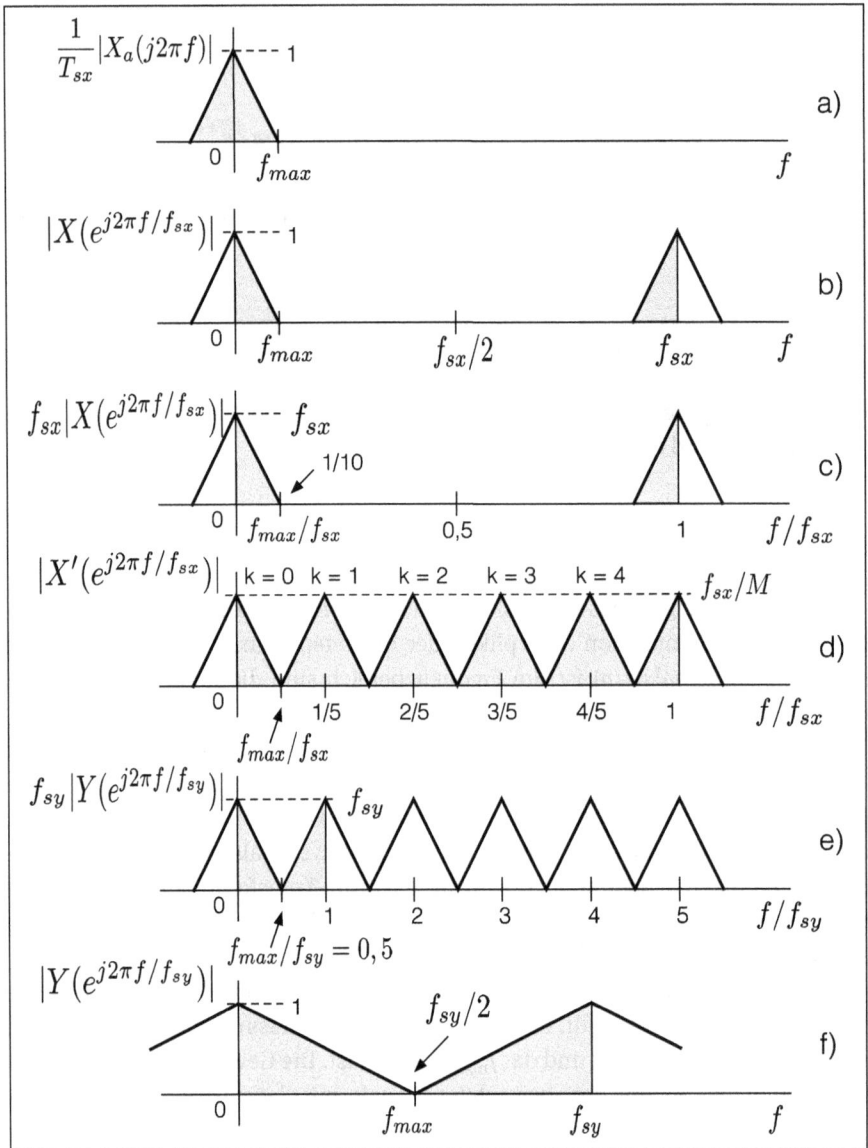

Abb. 2.2: Dezimierung mit Faktor $M = 5$.

Im Frequenzbereich entlang des Einheitskreises mit $z = e^{j\Omega_y} = e^{j\omega T_{sy}} = e^{j2\pi f/f_{sy}}$ ergibt sich:

$$Y(e^{j\Omega_y}) = \frac{1}{M}X'(e^{j\frac{\Omega_y}{M}}) = \frac{1}{M}X'(e^{j\Omega_x}) \quad \text{weil} \quad \Omega_x = \frac{\Omega_y}{M}. \tag{2.12}$$

Mit Hilfe der Gl. (2.7), (2.8), (2.9) erhält man für die z-Transformation des Signals $y[n]$ schließlich die Form:

$$Y(z) = \frac{1}{M} \sum_{k=0}^{M-1} X(z^{1/M} e^{-j2\pi k/M}) . \tag{2.13}$$

Für $M = 2$, ein Fall der später öfter vorkommt, ergibt sich folgende z-Transformation:

$$Y(z) = \frac{1}{2}(X(z^{1/2}) + X(-z^{1/2})) . \tag{2.14}$$

Wenn man die z-Transformation $X(z)$ als

$$X(z) = x_0 + x_1 z^{-1} + x_2 z^{-2} + x_3 z^{-3} + x_4 z^{-4} + \cdots \tag{2.15}$$

annimmt, dann ist $X(z^{1/2})$ und $X(-z^{1/2})$ bzw. $(X(z^{1/2}) + X(-z^{1/2})/2$ durch

$$X(z^{1/2}) = x_0 + x_1 z^{-1/2} + x_2 z^{-1} + x_3 z^{-3/2} + x_4 z^{-2} + \cdots$$
$$X(-z^{1/2}) = x_0 - x_1 z^{-1/2} + x_2 z^{-1} - x_3 z^{-3/2} + x_4 z^{-2} - \cdots \tag{2.16}$$
$$\frac{1}{2}(X(z^{1/2}) + X(-z^{1/2})) = x_0 + x_2 z^{-1} + x_4 z^{-2} + \cdots$$

gegeben. Die letzte Gleichung zeigt, wie erwartet, dass jeder zweiter Wert die neue Ausgangssequenz bildet.

Aus der Gl. (2.13) ergibt sich im Frequenzbereich folgende zeitdiskrete Fourier-Transformation:

$$Y(e^{j\Omega_y}) = \frac{1}{M} \sum_{k=0}^{M-1} X(e^{j(\frac{\Omega_y - 2\pi k}{M})}) = \frac{1}{M} \sum_{k=0}^{M-1} X(e^{j(\Omega_x - \frac{2\pi k}{M})}) . \tag{2.17}$$

Mit $\Omega_y = \omega T_{sy} = 2\pi f / f_{sy}$ wurde die Frequenz bezogen auf die Abtastperiode T_{sy} der Ausgangssequenz $y[n]$ bezeichnet und ähnlich ist mit $\Omega_x = \omega T_{sx} = 2\pi f / f_{sx}$ die Frequenz bezogen auf die Eingangssequenz $x[n]$ mit der Abtastperiode T_{sx} notiert.

Gl. (2.17) mit Frequenzen in Hz wird:

$$Y(e^{j2\pi f / f_{sy}}) = \frac{1}{M} \sum_{k=0}^{M-1} X(e^{j2\pi(\frac{f}{f_{sx}} - \frac{k}{M})}) . \tag{2.18}$$

Das entsprechende Spektrum mit der Abszisse in relativen Frequenzen f/f_{sy} ist in Abb. 2.2(e) dargestellt. Daraus resultiert schließlich die Darstellung dieses Spektrums abhängig von absoluten Frequenzen f wie in Abb. 2.2(f) gezeigt. Wenn die Spektren

sich nicht schneiden, so dass

$$f_{\max} \leq \frac{f_{sy}}{2} = \frac{f_{sx}}{2M} \tag{2.19}$$

erfüllt ist, dann bleibt die Leistung der Signale, die aus den Spektren berechnet ist, immer dieselbe.

Diese Bedingung wurde benutzt, um die Normierungen die in Abb. 2.2 enthalten sind zu bestimmen. Die Gl. (2.19) wird verwendet, um den möglichen Dezimierungsfaktor M zu berechnen:

$$M \leq \frac{f_{sx}}{2f_{\max}} . \tag{2.20}$$

Als Beispiel, für eine Abtastfrequenz des Signals am Eingang des Abwärtstasters von $f_{sx} = 1000\,\mathrm{Hz}$ und $f_{\max} = 100\,\mathrm{Hz}$ kann der Dezimierungsfaktor kleiner oder gleich 5 sein.

Auch wenn man weiß, dass das Signal Leistungen nur bis $f_{\max}$ besitzt und der Dezimierungsfaktor M die Bedingung gemäß Gl. (2.20) erfüllt, muss man oft ein Tiefpassfilter vor dem Abwärtstaster platzieren. Dieser muss die eventuellen Störungen, die zu *Aliasing* durch die Dezimierung führen können, unterdrücken. Das ist das Filter der Einheitspulsantwort h[n] aus Abb. 2.1(a), das die Bandbreite des Eingangssignals auf $f_{\max}$ begrenzt und gleichzeitig die Störungen unterdrückt, wie in Abb. 2.3 gezeigt.

Hier wurde ein idealer Amplitudengang dargestellt mit steilem Übergang vom Durchlassbereich in den Sperrbereich und eine Durchlassfrequenz gleich $f_{\max} = f_{sx}/(2M)$. Weil man solche ideale Filter nicht realisieren kann, wird die Durchlassfrequenz des Filters etwas größer als die Bandbreite des Nutzsignals gewählt. Wegen seiner Funktion wird er allgemein als Antialiasing-Filter bezeichnet.

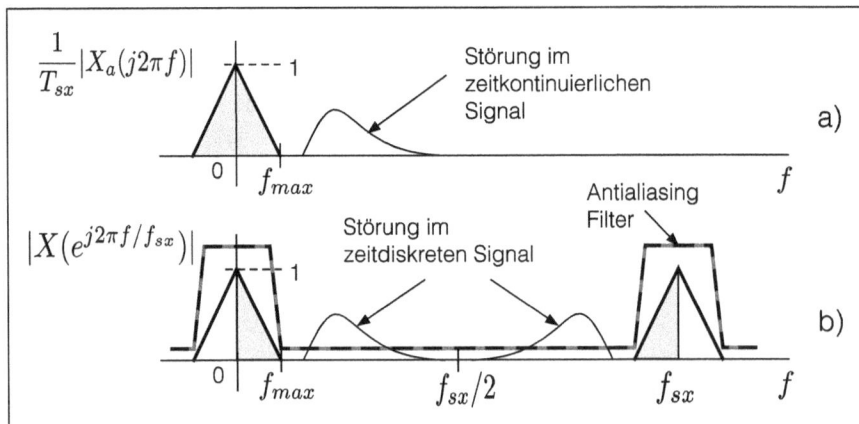

Abb. 2.3: Die Funktion des Antialiasing-Filters.

2.2.1 Experiment: Untersuchung einer Dezimierung

In diesem Experiment wird eine Dezimierung mit Faktor $M = 5$ mit dem Skript de-cim_2.m und Simulink-Modell decim2.slx aus Abb. 2.4 untersucht. Am Anfang werden die Parameter der Simulation gewählt:

```
% -------- Parameter der Simulation
fsx = 1000;      Tsx = 1/fsx;
           % Abtastfrequenz des Eingangssignals
M = 5;
fsy = fsx/M;     Tsy = 1/fsy;
           % Abtastfrequenz nach der Dezimierung
% FIR-Filter für das bandbegrenzte Eingangssignal
nord = 256;
fmax = fsx/(2*M);        % Maximale Frequenz ohne Aliasing
fd = fmax*0.8/fsx;       % Kleinere relative Bandbreite
% wegen des imperfekten Filters
hTP = fir1(nord, fd*2);  % Einheitspulsantwort des Filters
[H,w] = freqz(hTP,1);    % Frequenzgang
```

Mit dem FIR-Tiefpassfilter der Einheitspulsantwort hTP wird aus der unabhängigen Sequenz des Blocks *Band-Limited White Noise* ein bandbegrenztes Zufallssignal erzeugt. Für $f_{sx} = 1000$ Hz und $M = 5$ könnte die maximale Frequenz dieses Zufallssignals 100 Hz sein. Es wird eine etwas kleinere Durchlassfrequenz (fd = fmax*0,8 = 80 Hz) gewählt, so dass kein *Aliasing* entsteht wegen des nichtidealen Filters.

Das Filter wird mit dem Block *Discrete FIR-Filter* eingesetzt. Der Block *Band-Limited White Noise* wird so parametriert, dass die Leistung der erzeugten Sequenz gleich ein Watt ist. Bei einer Abtastfrequenz $f_{sx} = 1000$ Hz entspricht das einer spektralen Leistungsdichte von $1/1000 = 10^{-3}$ Watt/Hz oder $10 \log_{10}(10^{-3}) = -30$ dBW/Hz.

Man kann die Leistung des *Band-Limited White Noise* Blocks messen, indem man die untere Block-Kette, die zur Messung von Leistung dient, am Ausgang dieses Blocks anschließt. Diese Kette besteht aus einem *RMS*-Block zur Ermittlung des Effektivwertes (*Root Mean Square*), gefolgt von einer Quadrierung mit Block *Math Function 1* und Anzeige mit Block *Display 1*. Beim Anschluss aus Abb. 2.4 wird die Leistung am Ausgang des Filters, der hier die Rolle des Antialiasing-Filters übernimmt, gezeigt. Bei einer Bandbreite von 2 mal 80 Hz müsste diese Leistung $2 \times 80 \times 10^{-3} = 0{,}16$ Watt sein. Gemessen wird 0,1465 Watt wegen des nicht perfekten Filters. Das ist auch die Leistung am Eingang des Abwärtstasters aus Block *Downsample* mit Faktor $M = 5$.

Mit dem Block *Math Function*, der als Quadrierer gesetzt ist und dem Block *Mean*, der als *Running Mean* parametriert ist, wird die Leistung am Ausgang des *Downsample* Blocks mit einer anderen Möglichkeit gemessen. Der *Display* Block zeigt dieselbe Leistung. Da man das *Aliasing* vermieden hat, ist die Leistung am Eingang und am Ausgang des Abwärtstasters gleich.

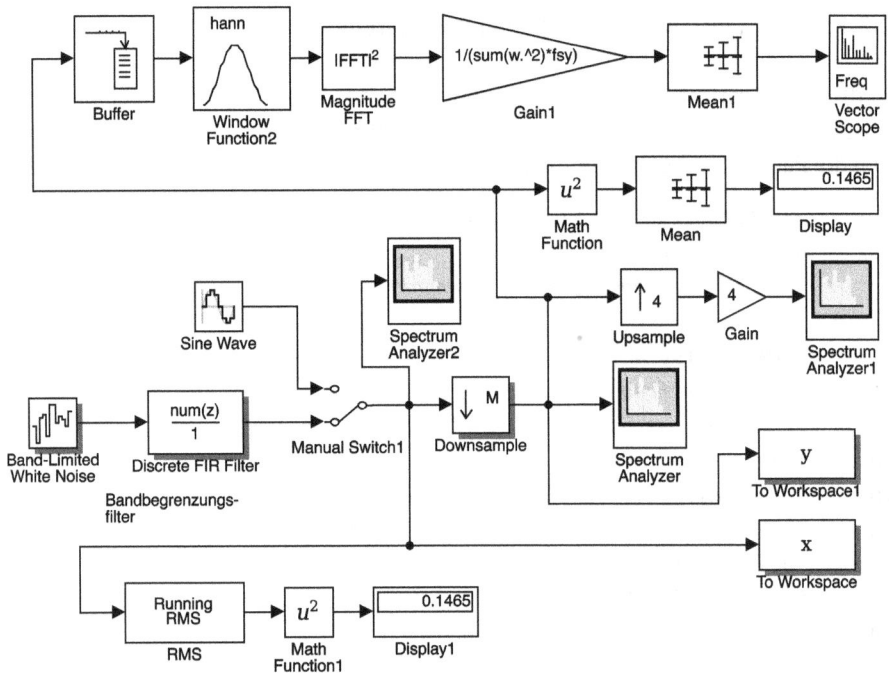

Abb. 2.4: Simulink-Modell für die Untersuchung einer Dezimierung (decim_2.m, decim2.slx).

Die Signale am Eingang und Ausgang des Abwärtstasters werden in zwei verschiedene *To Workspace*-Blöcke zwischengespeichert. Das ist notwendig, weil die Abtastfrequenzen dieser zwei Signale verschieden sind, f_{sx} bzw. f_{sy}. Wenn man die Signale mit einem *Mux*-Block zusammenfasst und nur eine *To Workspace* Senke benutzt, dann ist das Signal am Ausgang des Abwärtstasters mit der gleichen Abtastfrequenz geliefert und hat immer M gleiche Werte, wie wenn man ein Halteglied-Nullter-Ordnung noch dazwischen geschaltet hätte.

Mit folgenden Zeilen des Skripts wird die Simulation aufgerufen und die spektralen Leistungsdichten am Eingang und Ausgang des Abwärtstasters mit der Funktion **pwelch** berechnet:

```
% -------- Aufruf der Simulation
Tsim = 10;               % Simulationszeit
sim('decim2',[0,Tsim]); % Aufruf der Simulation
t = y.time;     % Simulationszeit
x = x.Data;     % Eingangssignal des Abwärtstasters
y = y.Data;     % Ausgangssignal des Abwärtstasters
nfft = 512;
% Spektrale Leistungsdichten
[Yx,fx] = pwelch(x,hann(nfft),[nfft/4],
```

Spektrale Leistungsdichte am Eingang des Abwärtstasters

Frequenz in Hz (fsx = 1000 Hz)

Spektrale Leistungsdichte am Ausgang des Abwärtstasters

Frequenz in Hz (fsy = 200 Hz)

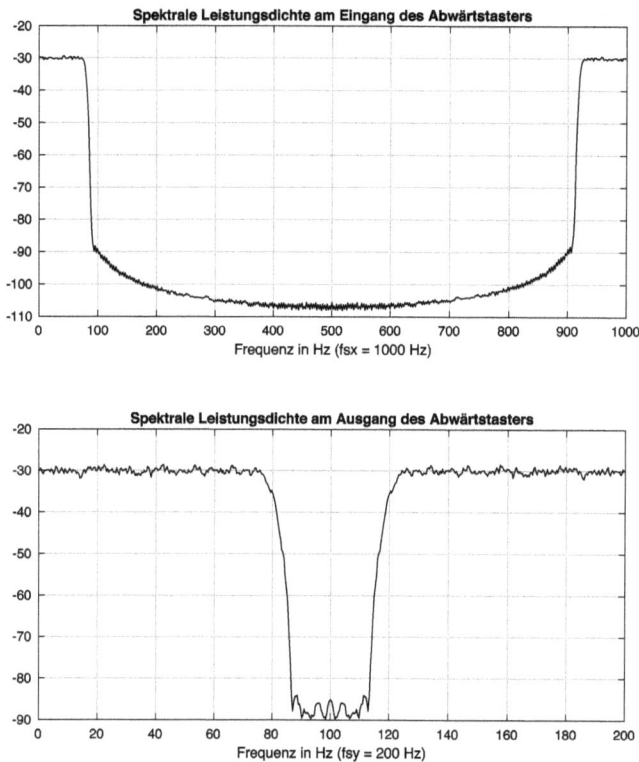

Abb. 2.5: Die spektrale Leistungsdichte am Eingang- und Ausgang des Abwärtstasters (decim_2.m, decim2.slx).

```
            [nfft],fsx,'twosided');
[Yy,fy] = pwelch(y,hann(nfft),[nfft/4],
            [nfft],fsy,'twosided');
```

In Abb. 2.5 oben ist die spektrale Leistungsdichte am Eingang des Abwärtstasters im Bereich von 0 bis f_{sx} dargestellt und darunter ist die spektrale Leistungsdichte am Ausgang des Abwärtstasters im Bereich von 0 bis f_{sy} gezeigt. In Abb. 2.6 sind dieselben spektralen Leistungsdichten im Bereich von $-f_{sx}/2$ bis $f_{sx}/2$ bzw. von $-f_{sy}/2$ bis $f_{sy}/2$ dargestellt. Diese Darstellungen wurden mit Hilfe der Funktion **fftshift** erhalten. Für den Leser sind die Zeilen, die zu diesen Darstellungen geführt haben, sehr lehrreich. Diese Art Darstellung wird in diesem Buch öfter benutzt.

Um die spektrale Leistungsdichte über mehrere Perioden darzustellen, wird mit einem Aufwärtstaster aus Block *Upsample* mit Faktor 4 die Abtastfrequenz viermal erhöht, in dem drei Nullwerte zwischen den vorhandenen Abtastwerten hinzugefügt werden. Das führt dazu, dass die Spektren sich viermal wiederholen. Um die Leistung die durch die Nullwerte gemindert wurde zu kompensieren, wird der *Gain* Block benutzt und dieses Signal mit Faktor vier verstärkt.

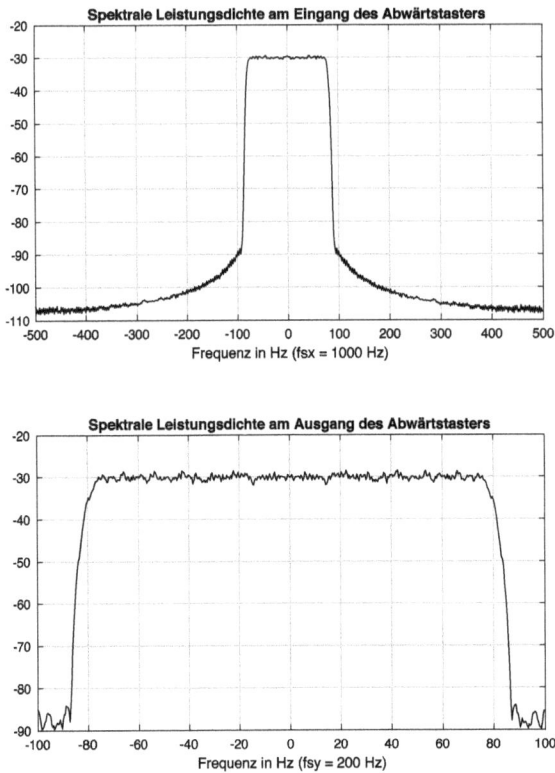

Abb. 2.6: Die spektrale Leistungsdichte am Eingang- und Ausgang des Abwärtstasters im Bereich $-f_s/2$ bis $f_s/2$ (decim_2.m, decim2.slx).

Das Ergebnis ist in Abb. 2.7 dargestellt. Es ist die Darstellung, die man mit dem Block *Spectrum Analyzer1* erhält. Man sieht, dass die Spektren sich nicht schneiden und somit kein *Aliasing* entstanden ist. Die spektrale Leistungsdichte von $-30\,$dBW/Hz ist geblieben.

Ganz oben im Modell ist eine Kette von Blöcken dargestellt, die zeigen, wie man die spektrale Leistungsdichte 'zu Fuß' mit Simulink-Blöcken erhalten kann [23]. Das Signal wird in Datenblöcken der Größe nbuff = 512 mit Hilfe des *Buffer* Blocks zerlegt, die weiter mit dem Hann-Fenster gewichtet werden. Anschließend wird der quadratische Betrag der FFT der Datenblöcke ermittelt und normiert, so dass man die spektrale Leistungsdichte erhält. Die Spektren der einzelnen Datenblöcke werden weiter mit dem Block *Mean1* gemittelt und ergeben eine Schätzung der spektralen Leistungsdichte, die der auf dem *Spectrum Analyzer*-Block angezeigten ähnlich ist.

Zuletzt im Skript werden die Ergebnisse mit Hilfe des Parsevals-Theorems überprüft. Die Leistung der Signale am Eingang und Ausgang des Abwärtstasters wird aus den Zeitsequenzen und aus der spektralen Leistungsdichte ermittelt:

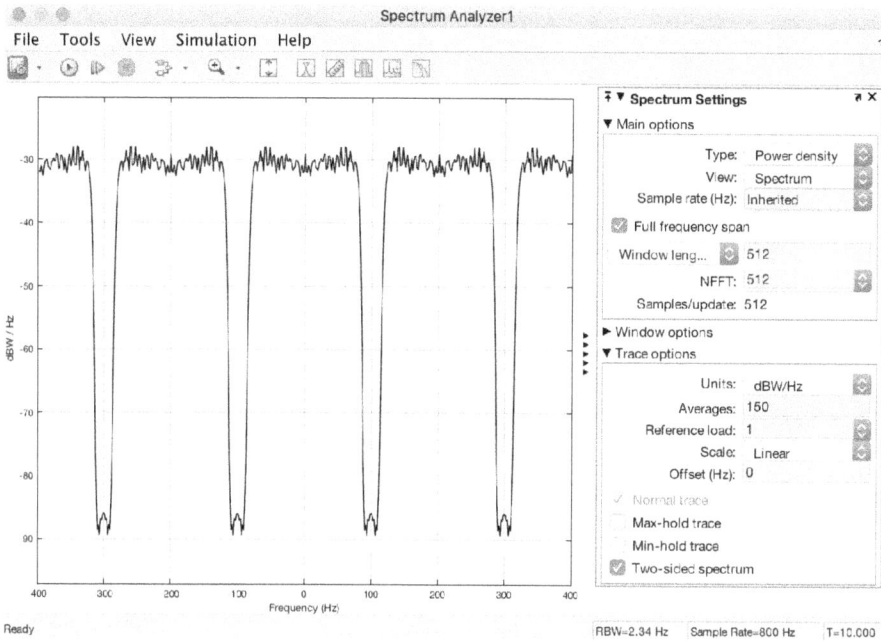

Abb. 2.7: Die spektrale Leistungsdichte am Ausgang des Abwärtstasters über mehrere Perioden dargestellt (decim_2.m, decim2.slx).

```
% -------- Überprüfung der Ergebnisse mit Parseval-Theorem
Px = std(x)^2,          % Leistung Signal x aus Zeitbereich
Py = std(y)^2,          % Leistung Signal y aus Zeitbereich
Pxf = sum(Yx)*fsx/nfft, % Leistung Signal x aus Spektrum
Pyf = sum(Yy)*fsy/nfft, % Leistung Signal y aus Spektrum
```

Sie müssen gleich sein:

```
Px =    0.1465
Py =    0.1465
Pxf =   0.1467
Pyf =   0.1484
```

Mit dem *Manual Switch1* kann man ein sinusförmiges Signal als Eingangssignal wählen. Die Frequenz des Signals `fsin= 2*pi*fmax/2` (50 Hz) ist so gewählt, dass eine Dezimierung mit Faktor $M = 5$ möglich ist. Die *Spectrum Analyzer* Blöcke zeigen eine spektrale Leistungsdichte, die man in folgender Weise interpretieren kann. Es ist die Leistung des Signals bei der Frequenz im ersten und zweiten Nyquist-Bereich geteilt durch die Auflösung der FFT die für die Bestimmung der spektralen Leistungsdichte benutzt wird. Weil die FFT *Leakage* oder Schmiereffekt zeigt, ist diese Leistung auf mehreren Frequenzen der FFT in der Umgebung der Frequenz des Signals verteilt

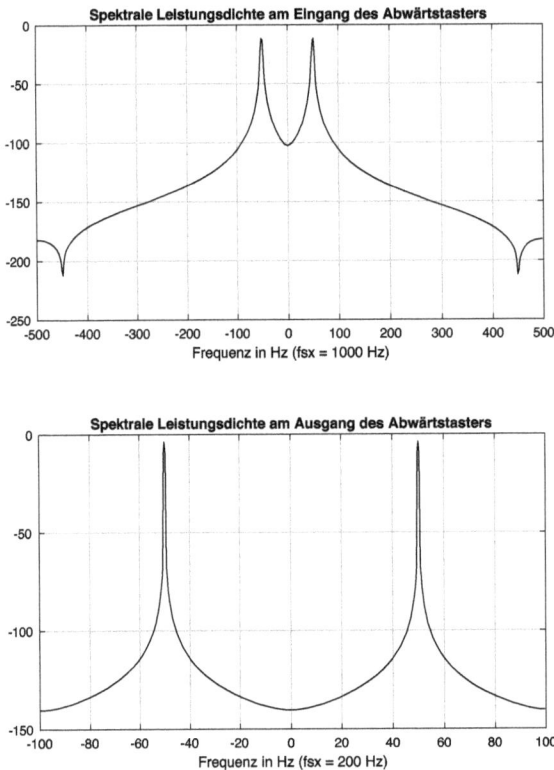

Abb. 2.8: Die spektralen Leistungsdichten des Abwärtstasters im Bereich $-f_s/2$ bis $f_s/2$ für Sinussignal (decim_2.m, decim2.slx).

und man erreicht nicht die idealen Werte. Diese wären gleich mit der Leistung von 0,5 Watt für das Signal mit 1 Volt Amplitude, geteilt durch zwei für die zwei Linien des Spektrums und weiter geteilt durch die Auflösung der FFT. Diese ist $f_{sx}/nfft$ für das Eingangssignal und $f_{sy}/nfft$ für das Ausgangssignal des Abwärtstasters. Man erhält für $nfft = 512$ folgende ideale spektrale Leistungsdichten:

```
10*log10(0.25*512/fsx) = -8,9279   % dBW/Hz
10*log10(0.25*512/fsy) = -1,9382   % dBW/Hz
```

Die geschätzten Werte aus den Darstellungen sind -11 dBW/Hz für den Eingang und -4 dBW/Hz für den Ausgang des Abwärtstasters. In Abb. 2.8 sind die im Skript mit der Funktion **pwelch** ermittelten spektralen Leistungsdichten dargestellt. Das Integral der spektralen Leistungsdichten ergibt die Korrekte Leistung von 0,5 Watt, sowohl für den Eingang als auch für den Ausgang des Abwärtstasters. Das wird am Ende des Skriptes mit dem Parseval-Theorem überprüft.

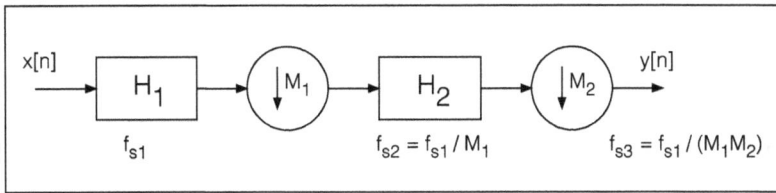

Abb. 2.9: Dezimierung in zwei Stufen.

2.2.2 Experiment: Untersuchung einer Dezimierung in zwei Stufen

Wenn mit großen Faktoren M dezimiert werden muss, ist es vorteilhaft die Dezimierung in mehreren Stufen zu realisieren. In diesem Experiment wird exemplarisch eine Dezimierung in zwei Stufen untersucht. Konkret will man von einer Abtastfrequenz von 2000 Hz auf eine Abtastfrequenz gleich 10 Hz dezimieren. Der entsprechende Faktor ist dann M = 2000/10 = 200. Das Antialiasingfilter muss somit eine relative geschätzte Durchlassfrequenz f_d = 1/(2M) = 1/400 gemäß Gl. (2.20) besitzen. Ein FIR-Tiefpassfilter würde nach Gl. (1.82) schätzungsweise 5/f_d = 2000 Koeffizienten benötigen. Für die Abtastfrequenz von 10 Hz ist eine Frequenz f_{max} = 5 Hz für das zu dezimierende Signal angenommen.

Eine Realisierung z. B. mit zwei Stufen, wie in Abb. 2.9 dargestellt, ergibt viel weniger Koeffizienten für die zwei Antialiasingfilter die in dieser Anordnung notwendig sind. Es wird hier eine Zerlegung des Faktors $M = M_1.M_2$ mit folgenden Werten M_1 = 20 und M_2 = 10 angenommen

In Abb. 2.10 sind die spektralen Leistungsdichten und Frequenzgänge der Antialiasingfilter dargestellt. Wegen dem großen Unterschied zwischen einigen Frequenzen konnte man hier keine maßgerechte Darstellung erzeugen.

Ganz oben ist die spektrale Leistungsdichte des Eingangssignals dargestellt. Dieses Signal besteht aus einem Nutzsignal in Form eines sinusförmigen Signals der Frequenz 3 Hz und einem Störsignal in Form eines Zufallssignals mit einer Bandbreite von 5 Hz bis 800 Hz. Zwischen f_{s1}/2 = 1000 Hz und f_{s1} = 2000 Hz gibt es die typische Spiegelung der zeitdiskreten Fourier-Transformation für reelle nicht komplexe Signale.

Die Untersuchung wird mit Hilfe des Skripts decim3_3.m und mit dem Modell decim3.slx durchgeführt.

Für die erste Stufe wird ein elliptisches IIR-Antialiasingfilter eingesetzt, das mit folgenden Zeilen im Skript entwickelt wird:

```
% ------- IIR-Filter für die erste Stufe
fdr1 = 1/(2*M1);
        % Relative Durchlassfrequenz des ersten Anti-
        % aliasingfilters
[b,a] = ellip(10, 1, 60, 2*fdr1);
```

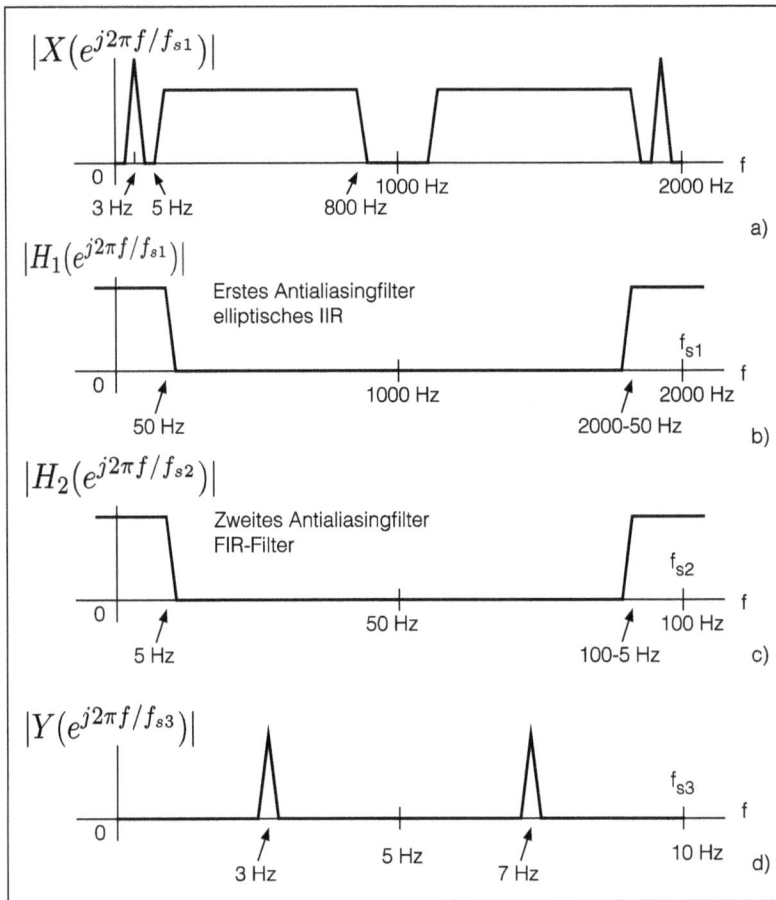

Abb. 2.10: Die spektralen Leistungsdichten und Frequenzgänge bei der Dezimierung in zwei Stufen.

```
% 1 dB Welligkeit und 60 dB Dämpfung
% im Sperrbereich, Ordnung = 10
```

In den Vektoren b, a werden die Koeffizienten des Zählers und Nenners des Filters geliefert.

Für die zweite Stufe wird ein FIR-Filter benutzt, um keine zusätzliche Verzerrungen wegen der Phase zu erhalten. Im Bereich des Nutzsignals hat das IIR-Filter der ersten Stufe eine noch lineare Phase und ergibt in diesem Bereich keine Verzerrungen. Die Verzerrungen im Frequenzbereich der Störung spielen keine Rolle.

Das FIR-Filter wird in folgenden Zeilen berechnet:

```
% ------- FIR-Filter für die zweite Stufe
fdr2 = 1/(2*M2);
        % Relative Durchlassfrequenz des zweiten Anti-
```

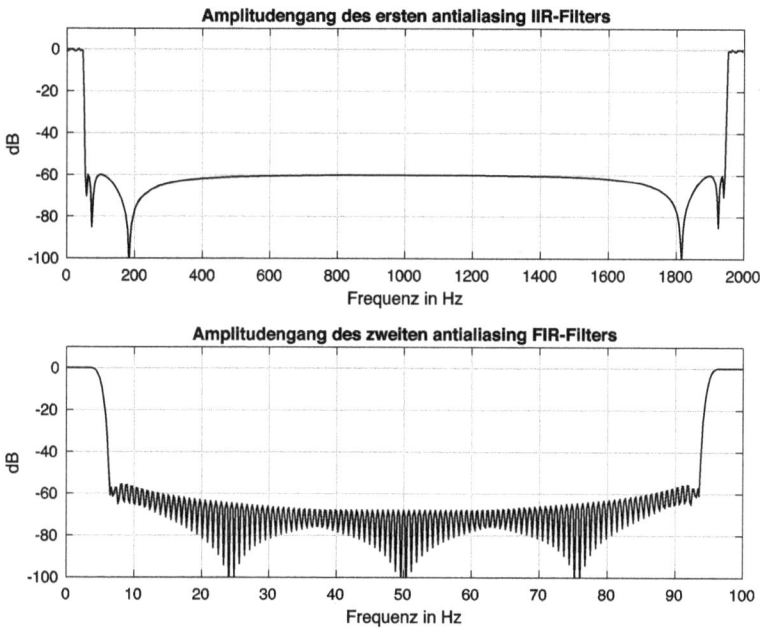

Abb. 2.11: Die Frequenzgänge der Antialiasingfilter für die Dezimierung in zwei Stufen (decim_3.m, decim3.slx).

```
            % aliasingfilters
nord = 5/fdr2;    % Ordnung des Filters
nord = 2^(nextpow2(nord)); % als 2-er Potenz
h2 = fir1(nord, 2*fdr2);
            % Einheitspulsantwort des FIR-Filters
```

Die Amplitudengänge dieser Filter mit

```
nfft = 512;
H1 = freqz(b,a,nfft,'twoside');
H2 = freqz(h2,1,nfft,'twoside');
fs2 = fs1/M1;
```

ermittelt, sind in Abb. 2.11 dargestellt.

Die Durchlassfrequenzen der Filter sind $f_{d1} = f_{s1}/(2M_1) = 2000/(2 \times 20) = 50\,\text{Hz}$ bzw. $f_{d2} = f_{s2}/(2M_2) = 100/(2 \times 10) = 5\,\text{Hz}$ (mit $f_{s2} = f_{s1}/M_1 = 2000/20 = 100\,\text{Hz}$). Diese Frequenzen sind aus den Amplitudengängen mit der Zoom-Funktion sichtbar. In Abb. 2.10(b),(c) sind diese Frequenzgänge skizziert. Die Filter unterdrücken die Störung mit Anteilen beginnend bei ca. 5 Hz bis 800 Hz.

Das Simulink-Modell der Untersuchung ist in Abb. 2.12 dargestellt. Man erkennt die Bildung des Eingangssignals aus dem sinusförmigen Nutzsignal und aus der Stö-

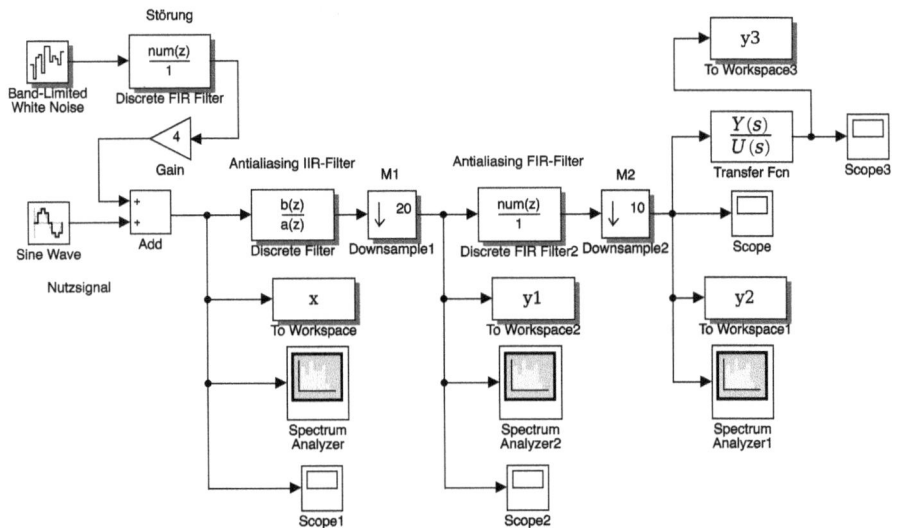

Abb. 2.12: Simulink-Modell der Dezimierung in zwei Stufen (decim_3.m, decim3.slx).

rung. Die Bandbegrenzung der Störung wird mit dem FIR-Filter aus Block *Discrete FIR Filter* realisiert:

```
% -------- Störung
fst1 = 0.01;
        % Relative untere Grenze der Bandbegrenzten Störung
fst2 = 0.4;
        % Relative obere Grenze der Bandbegrenzten Störung
nordst = 256;
        % Ordnung des Filters für die Störung
hst = fir1(nordst, [fst1, fst2]*2);
        % FIR-Bandpassfilter für die
        % Bildung der Störung
```

Das erste Antialiasingfilter mit den Koeffizienten b, a ist mit dem Block *Discrete Filter* implementiert. Es folgt die erste Abwärtstastung mit Block *Downsample1*. Das zweite FIR-Antialiasingfilter ist mit dem Block *Discrete FIR Filter2* realisiert und die zweite Abwärtstastung wurde mit dem Block *Downsample2* realisiert.

Das Analogtiefpassfilter mit Durchlassfrequenz 5 Hz ist mit dem Block *Transfer Fcn* implementiert und dient der Rekonstruktion des Nutzsignals in Form eines zeit-kontinuierlichen Signals. Die restlichen Blöcke sind Senken *To Workspace*, Spektrum Analysatoren und Oszilloskopen. Die spektralen Leistungsdichten am Eingang und nach der ersten Stufe bzw. nach der zweiten Stufe werden mit den Blöcken *Spectrum Analyser* ermittelt und dargestellt. Ein Ausschnitt der spektralen Leistungsdichte des Eingangssignals ist in Abb. 2.13 gezeigt.

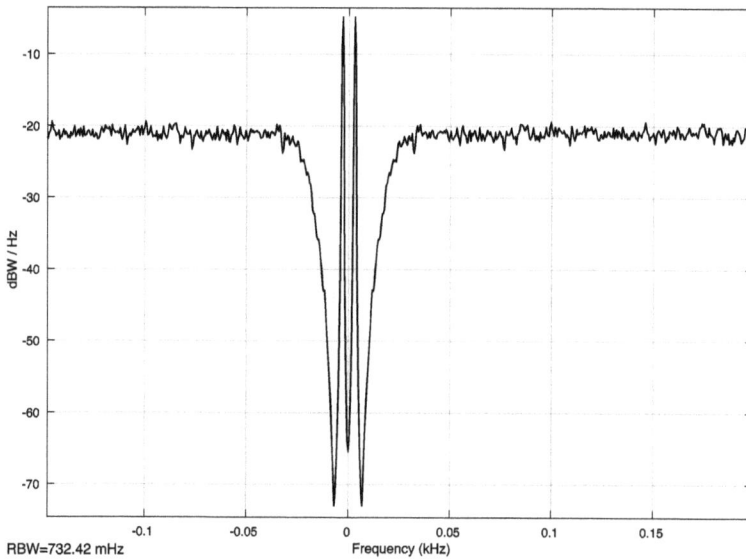

Abb. 2.13: Spektrale Leistungsdichte des Eingangssignals (decim_3.m, decim3.slx).

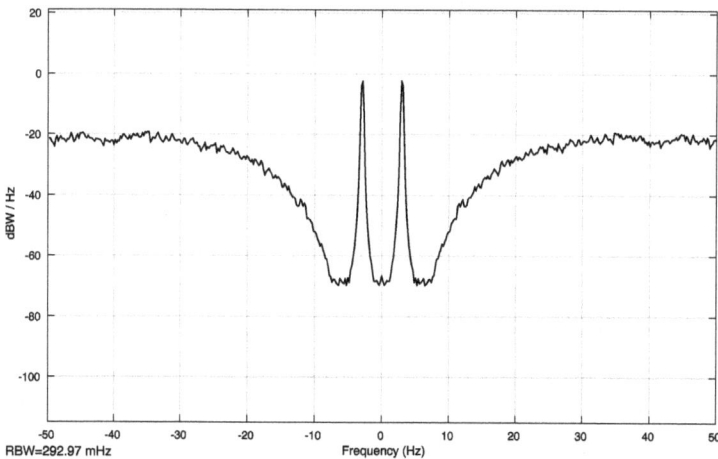

Abb. 2.14: Spektrale Leistungsdichte nach der ersten Stufe (decim_3.m, decim3.slx).

Mann erkennt die spektrale Leistungsdichte des Nutzsignals bei 3 Hz (bzw. −3 Hz) und einen Teil der spektralen Leistungsdichte der Störung. Nach der ersten Stufe ist ein Teil der Störung unterdrückt, wie die spektrale Leistungsdichte des Blocks *Spectrum Analyzer2* zeigt (Abb. 2.14).

Die Störung ist mit einem noch relativ großen Anteil vorhanden. Das zweite Antialiasingfilter unterdrückt praktisch ganz die Störung, wie die spektrale Leistungsdichte, die der *Spectrum Analyzer1* Block zeigt und in Abb. 2.15 dargestellt ist.

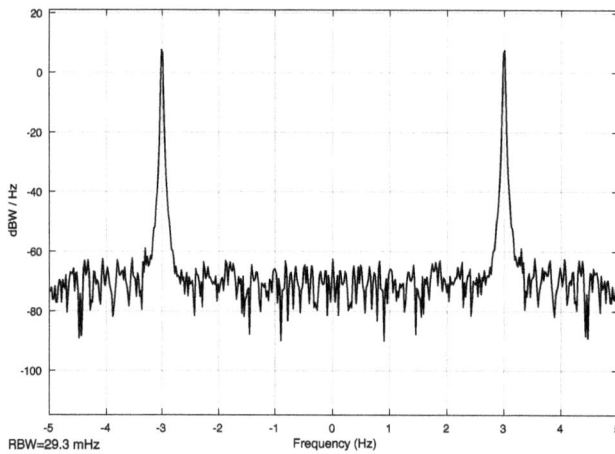

Abb. 2.15: Spektrale Leistungsdichte nach den zwei Stufen (decim_3.m, decim3.slx).

Die gleichen spektralen Leistungsdichten werden aus den Signalen x,y1,y2, die in den Senken *To Workspace* zwischengespeichert sind, mit der Funktion **pwelch** ermittelt:

```
% ------ Spektrale Leistungsdichten im Bereich von 0 bis fs
nfft = 512;
nfft1 = 4096;
[Yx,fx]   = pwelch(x,hann(nfft1),[nfft1/4],
              [nfft1],fs1,'twosided');
[Yy1,fy1] = pwelch(y1,hann(nfft),[nfft/4],
              [nfft],fs1/M1,'twosided');
[Yy2,fy2] = pwelch(y2,hann(nfft),[nfft/4],
              [nfft],fs1/M,'twosided');
```

In Abb. 2.16 sind diese berechneten spektralen Leistungsdichten im Bereich 0 bis f_s dargestellt. Für das Eingangssignal wurde eine viel höhere Auflösung der FFT (nfft1=4096) benutzt, um das Nutzsignal mit der Zoom-Funktion noch sichtbar zu machen.

In Abb. 2.17 sind die Signale dieser Untersuchung dargestellt. Ganz oben das Eingangssignal bei dem das Nutzsignal nicht zu erkennen ist. Darunter das Signal nach der ersten Dezimierungsstufe, das noch einen Anteil der Störung beinhaltet. Das dritte Signal ist das zeitdiskrete Signal nach der zweiten Dezimierungsstufe. Alle Signale sind zeitdiskret und wurden in den ersten zwei Darstellungen als zeitkontinuierlich gezeigt, damit sie leichter zu interpretieren und zu verstehen sind.

Ganz unten ist das mit Analogtiefpassfilter rekonstruierte Signal dargestellt. Es hat nicht die erwartete Amplitude gleich eins, weil das Nutzsignal von 3 Hz sehr nahe bei der Durchlassfrequenz von 5 Hz dieses Filters liegt.

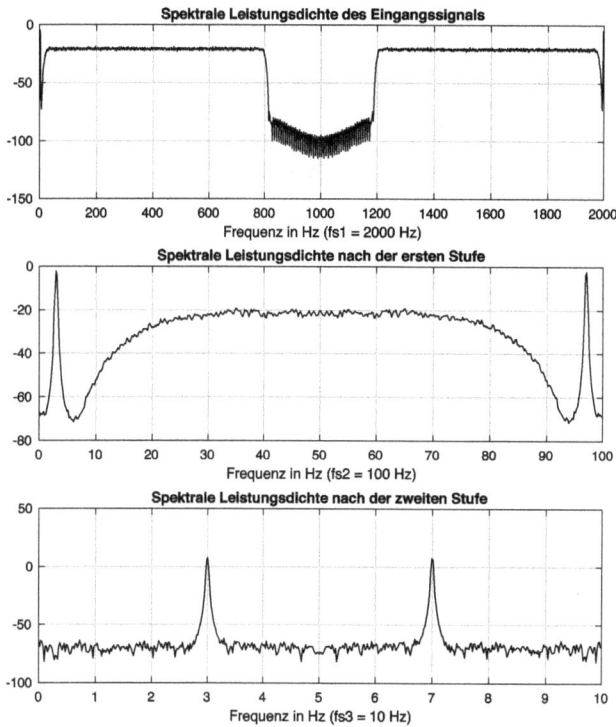

Abb. 2.16: Spektrale Leistungsdichte der Dezimierung in zwei Stufen (decim_3.m, decim3.slx).

Die Lösung mit zwei Dezimierungsstufen benötigt viel weniger Koeffizienten für die Filter. Das erste IIR-Tiefpassfilter der Ordnung 10 benötigt 2 mal 11 Koeffizienten, 11 Koeffizienten für den Zähler und 11 Koeffizienten für den Nenner. Das FIR-Tiefpassfilter der zweiten Stufe wurde mit einer Ordnung von 128 gewählt, was dann 129 Koeffizienten bedeutet. Zusammen sind es 151 Koeffizienten die man vergleichen muss mit den 2000 geschätzten Koeffizienten einer Lösung mit nur einem FIR-Antialiasing Dezimierungsfilter.

Der Leser wird ermutigt durch Ändern der Parameter weitere Untersuchungen durchzuführen. Man könnte z. B. die untere Grenzfrequenz der Störung etwas höher setzen (10 Hz) und dann das analoge Filter entsprechend mit einer höheren Durchlassfrequenz ändern.

2.3 Interpolierung der zeitdiskreten Signale

Die Interpolierung ist die umgekehrte Operation zur Dezimierung. Aus einem zeitdiskreten Signal der Abtastfrequenz f_{s1} wird durch Interpolierung ein Signal der Abtast-

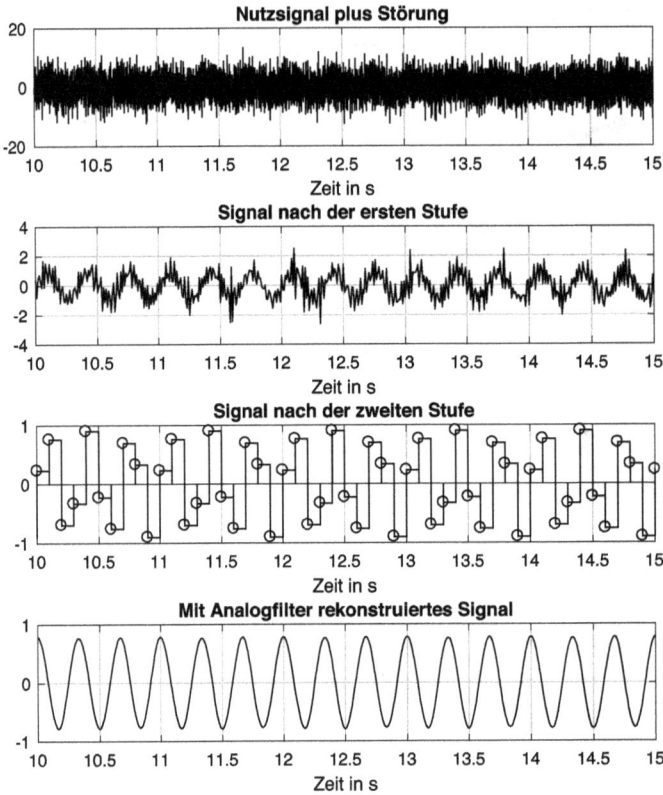

Abb. 2.17: Die Signale dieser Untersuchung (decim_3.m, decim3.slx).

frequenz $f_{s2} = L f_{s1}$ erzeugt. Der Interpolationsfaktor L (eine ganze Zahl) bestimmt dass $L - 1$ Werte zwischen den ursprünglichen Werten hinzugefügt werden.

In Abb. 2.18(a) ist der Interpolierungsprozess dargestellt. Aus der Sequenz $x[n]$, die in Abb. 2.18(b) gezeigt ist, wird über den Aufwärtstaster eine Sequenz $y[n]$ erzeugt die in Abb. 2.18(c) dargestellt ist. Sie besteht aus den ursprünglichen Abtastwerten und aus je $L - 1$ Nullwerten. Die Abtastfrequenz dieser Sequenz ist jetzt $f_{s2} = L f_{s1}$ ($L = 3$). Aus der Sequenz $y[n]$ werden mit einem Interpolationsfilter in Form eines FIR-Filters die Nullwerte in interpolierte Werte umgewandelt. Wenn die Abtastfrequenz f_{s1} das Abtasttheorem erfüllt

$$f_{s1} \geq 2 f_{max}, \tag{2.21}$$

wobei f_{max} die höchste Frequenz im Spektrum des Signals $x[n]$ ist, dann muss die absolute Durchlassfrequenz f_{da} des Filters gleich $f_{max} = f_{s1}/2$ sein. Die Durchlassfrequenz relativ zur Abtastfrequenz f_{s2}, bei der das Filter arbeitet, muss dann

$$f_{dr} = \frac{f_{da}}{f_{s2}} = \frac{f_{s1}}{2 f_{s2}} = \frac{1}{2L} \tag{2.22}$$

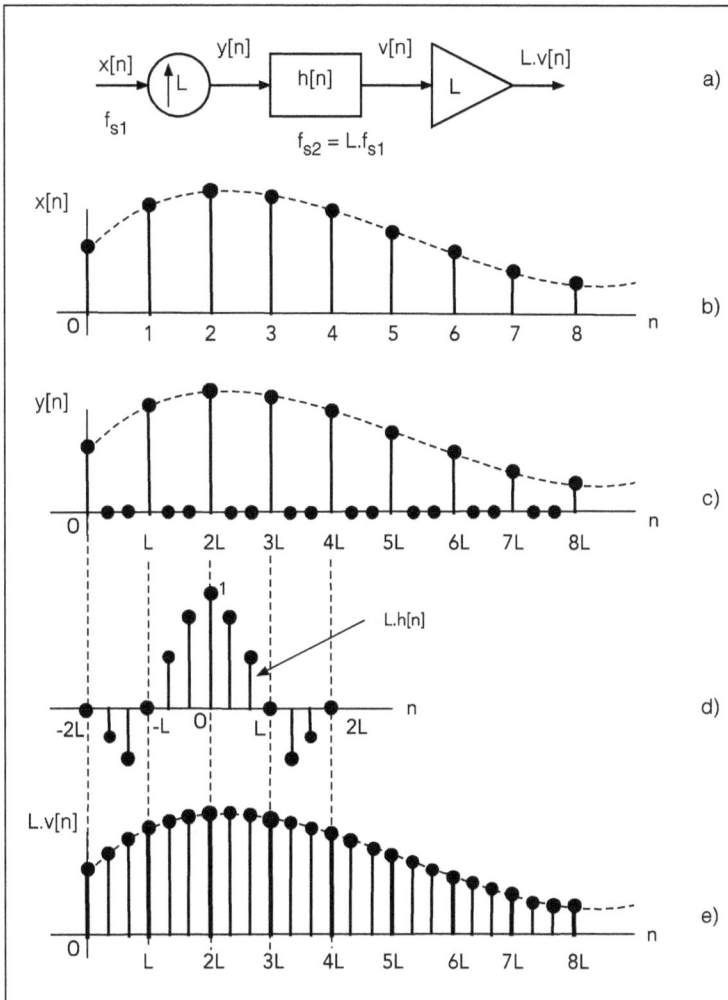

Abb. 2.18: Interpolierung mit Faktor $L = 3$.

sein. Das führt zu einem Nyquist-Filter (Kapitel 1.5.5) mit einer Einheitspulsantwort, die bezogen auf den Höchstwert Nullwerte bei Vielfachen von L hat. In Abb. 2.18(d) ist die nichtkausale Einheitspulsantwort dieses Filters mit L gewichtet und positioniert an Stelle $2L$ der Sequenz $y[n]$ gezeigt.

Die Faltung der Einheitspulsantwort $L.h[n]$ mit der Sequenz $y[n]$, die zu einer Multiplikation der Einheitspulsantwort mit den Abtastwerten der Sequenz $y[n]$ führt, zeigt, dass nur der Höchstwert der Einheitspulsantwort zur Ausgangssequenz $L.v[n]$ an dieser Stelle beiträgt. Dadurch werden die ursprünglichen Abtastwerte in der interpolierten Sequenz beibehalten. An den Zwischenstellen werden dann durch die Faltung die interpolierte Werte erzeugt.

In Abb. 2.18(e) ist die interpolierte Ausgangssequenz dargestellt und die ursprünglichen Abtastwerte mit etwas stärkeren Linien hervorgehoben. Im nachfolgenden Experiment wird das Filter näher untersucht und diese Eigenschaft gezeigt.

Der Aufwärtstaster ist durch

$$y[n] = \begin{cases} x[n/L] & \text{für} \quad n = 0, \pm L, \pm 2L, \ldots \\ 0 & \text{sonst} \end{cases} \tag{2.23}$$

definiert. Diese Operation fügt die $L-1$ Nullwerte zwischen die ursprünglichen Abtastwerte und ändert entsprechend den Zeitindex, wie in Abb. 2.18(c) dargestellt. Die Abtastfrequenz ist mit Faktor L erhöht. Im Bildbereich der z-Transformation erhält man:

$$Y(z) = \sum_{-\infty}^{\infty} y[n]z^{-n} = \sum_{-\infty}^{\infty} x[n/L]z^{-n} = \sum_{k=-\infty}^{\infty} x[k](z^L)^{-k}. \tag{2.24}$$

Das führt auf:

$$\begin{aligned} Y(z) &= X(z^L) \qquad Y(e^{j\Omega_y}) = X(e^{j\Omega_y L}) \\ \Omega_y &= 2\pi\omega/f_{sy}, \quad \Omega_x = 2\pi\omega/f_{sx}, \quad \text{und} \quad \Omega_x = L.\Omega_y. \end{aligned} \tag{2.25}$$

Für $L = 2$ erhält man die z-Transformation des Aufwärtstasters:

$$Y(z) = X(z^2). \tag{2.26}$$

Wenn Ω_y entlang des Einheitskreises Werte zwischen 0 und 2π einnimmt, dann nimmt die Frequenz $\Omega_x = L\Omega_y$ Werte zwischen 0 und $L2\pi$ an. Mit anderen Worten besteht das Spektrum $Y(e^{j\Omega_y})$ aus L Wiederholungen des Spektrums $X(e^{j\Omega_x})$.

In Abb. 2.19(a) ist das Spektrum des Signals $x[n]$ dargestellt. Die Abtastfrequenz f_{sx} ist mit f_{s1} bezeichnet ($f_{sx} = f_{s1}$) und es wird angenommen, dass das Abtasttheorem erfüllt ist und $f_{max} = f_{s1}/2$. Darunter in Abb. 2.19(b) ist das Spektrum des Signals $y[n]$ dargestellt. Weil die Energie E_y des Signals $y[n]$ gleich mit der Energie E_x des Eingangssignals ist

$$E_y = \sum_{-\infty}^{\infty} y[n]^2, \quad E_x = \sum_{-\infty}^{\infty} x[n]^2 \tag{2.27}$$

müssen die geschwärzten Flächen als Integrale der Spektren gemäß Parseval-Theorem gleich sein (Gl. (1.15)). Daraus resultiert der Faktor $1/L$ in der Darstellung des Spektrums für $y[n]$ in diesen Koordinaten.

Das FIR-Interpolationsfilter mit Amplitudengang $|H(e^{j2\pi f/f_{s2}})|$, das auch in Abb. 2.19(b) dargestellt ist, erzeugt dann durch Unterdrückung der $L-1$ Zwischenspektren die interpolierten Werte.

Das Spektrum des interpolierten Signals $v[n]$ ist in Abb. 2.19(c) dargestellt. Der Leistungsverlust durch die Nullzwischenwerte wird mit der Verstärkung L kompensiert. In Abb. 2.18(d) ist die Einheitspulsantwort des Filters mit der Verstärkung L multipliziert, so dass die ursprünglichen Abtastwerte in der interpolierten Sequenz beibehalten werden.

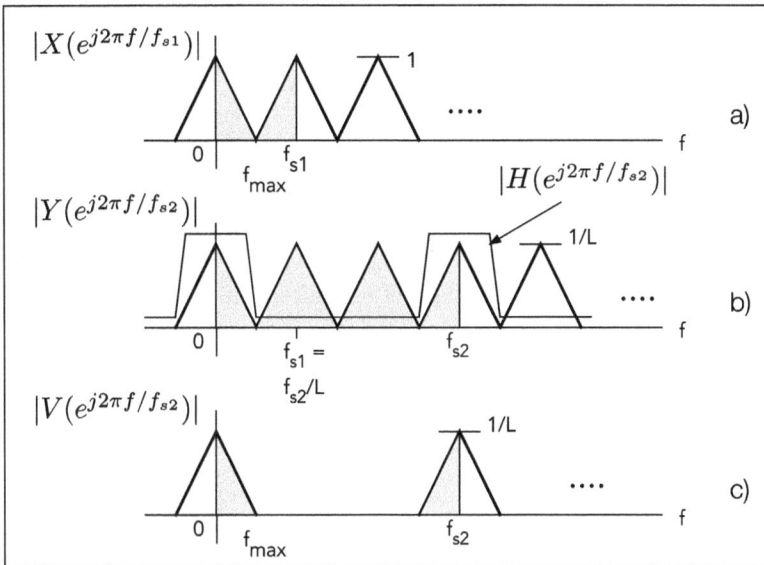

Abb. 2.19: Spektren der Interpolierung mit Faktor $L = 3$.

Im nächsten Experiment wird durch Simulation eine Interpolierung mit Faktoren $L = 3$ bis $L = 5$ untersucht, das dazu beiträgt die Erklärungen mit den gezeigten Abbildungen zu verstehen. Wenn der Faktor L groß ist, benötigt man ein Interpolationsfilter mit sehr kleiner relativer Durchlassfrequenz $f_{dr} = 1/(2L)$ und dann ist auch hier eine Interpolation mit mehreren Stufen vorteilhafter. Eine derartige Interpolierung wird in einem weiteren Experiment untersucht.

2.3.1 Experiment: Untersuchung einer Interpolierung

Die Untersuchung ist im Skript `interp_1.m` und Modell `interp1.slx` programmiert. Sie kann mit Faktoren L von 3 bis 5 aufgerufen werden. Für höhere Faktoren muss man das Interpolationsfilter mit einer höheren Ordnung oder mit anderen Verfahren neu berechnen.

Zuerst werden die Parameter der Simulation initialisiert:

```
fs1 = 100;   % Abtastfrequenz und Periode des Eingangssignals
Ts1 = 1/fs1;
L = 5;       % Interpolierungsfaktor
fs2 = L*fs1; % Abtastfrequenz des interpolierten Signals
```

Danach werden zwei FIR-Filter berechnet. Das erste dient der Erzeugung eines bandbegrenzten Zufallssignals:

```
fdr = 0.8*0.5;     % Relative Durchlassfrequenz des Filters
nord1 = 128;       % Ordnung des Filters
h1 = fir1(nord1, 2*fdr);
                   % Einheitspulsantwort des FIR Filters
```

Die Bandbreite ist etwas kleiner als die Bandbreite des ersten Nyquist-Intervalls gewählt. Die Durchlassfrequenz ist praktisch die höchste Frequenz des Spektrums des
zufälligen Signals.

Das Interpolationsfilter ist das zweite FIR-Filter in dieser Simulation und wird mit
folgenden Zeilen berechnet:

```
fdi = 1/(2*L);     % Relative Durchlassfrequenz des Filters
nord2 = 128;       % Ordnung des Filters
h2 = fir1(nord2, 2*fdi);
                   % Einheitspulsantwort des FIR Filters
```

Die Ordnungen der Filter sind durch Versuche basierend auf die Amplitudengänge, die in Abb. 2.20 dargestellt sind, gewählt. Das erste Filter arbeitet bei der Frequenz
$f_{sx} = f_{s1} = 100\,\text{Hz}$ und das Interpolationsfilter arbeitet bei der Frequenz $f_{sy} = f_{s2} = L.f_{s1} = 500\,\text{Hz}$ für $L = 5$.

Die kausale Einheitspulsantwort des Interpolationsfilters ist in Abb. 2.21 oben dargestellt. Der Höchstwert ist 0,2 $(1/L)$ und bei Vielfachen von L ist die Einheitspulsantwort gleich null, mit Ausnahme der Stelle des Höchstwertes. Darunter ist die gleiche
Einheitspulsantwort multipliziert mit L, so dass der Höchstwert gleich eins ist. Die

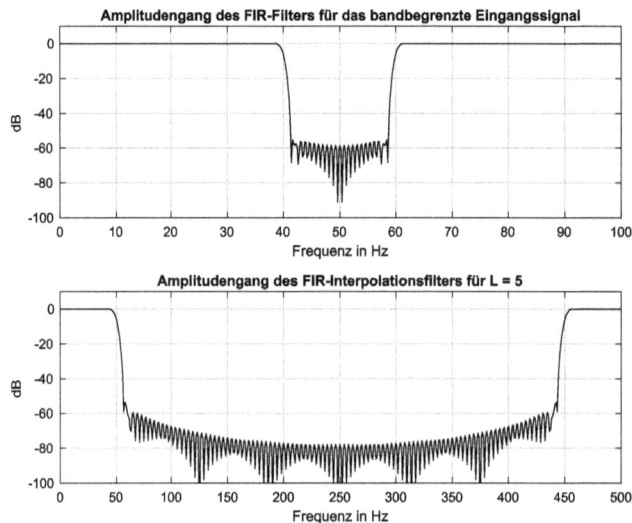

Abb. 2.20: Amplitudengänge der FIR-Filter (interp_1.m, interp1.slx).

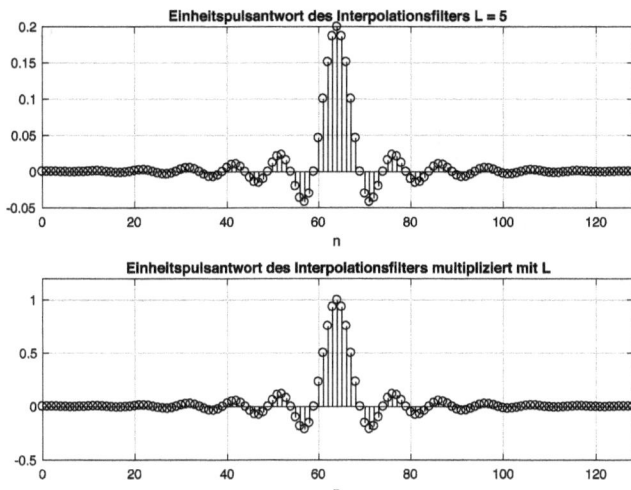

Abb. 2.21: Einheitspulsantworten des FIR-Interpolationsfilters (interp_1.m, interp1.slx).

Nullstellen und dieser Höchstwert führen dazu, dass die ursprünglichen Abtastwerte in den Interpolierten Werten beibehalten werden.

Das Simulink-Modell der Interpolierung ist in Abb. 2.22 dargestellt. Als Quellen kann man das bandbegrenzte Zufallssignal oder das Sinussignal wählen. Die Aufwärtstastung wird mit dem Block *Upsample* realisiert. Es folgt weiter das Interpolationsfilter, das im Block *Discrete FIR Filter2* mit der Einheitspulsantwort h2 initialisiert ist. Mit dem Block *Gain* wird die Verstärkung mit Faktor L hinzugeführt (siehe Abb. 2.18(a)).

Mit den Senken *To Workspace* werden die wichtigen Variablen der Simulation zwischengespeichert, um sie im Skript zu bearbeiten. In Abb. 2.23 sind diese für den zufälligen Eingang dargestellt. Ganz oben ist ein Ausschnitt des zeitdiskreten Eingangssignals in Form von Treppen dargestellt, weil in dieser Form das Signal leichter zu interpretieren ist. Es muss betont werden, dass in jeder Treppe der Anfangswert den Abtastwert darstellt.

In der Mitte derselben Abbildung ist das Signal nach dem Aufwärtstaster multipliziert mit L dargestellt. Mit der Zoom-Funktion sieht man, dass in jedem Abtastintervall des Eingangssignals jetzt ein Abtastwert und $L-1$ Nullwerte vorhanden sind. Auch hier wurde die Darstellung mit Treppen gewählt. Der Leser kann die Darstellung statt mit **stairs** auch mit **stem** versuchen.

Ganz unten sind das Eingangs- und Ausgangssignal dargestellt. Mit der Zoom-Funktion kann man für jede Treppe des Eingangssignals die L Treppen des Ausgangssignals feststellen. Diese Signale wurden in der Senke *To Workspace3* zwischengespeichert und über den Block *Delay* wegen der Verspätung durch das Interpolationsfilter korrekt ausgerichtet. Die Signale am Eingang des *Mux*-Blocks haben durch das

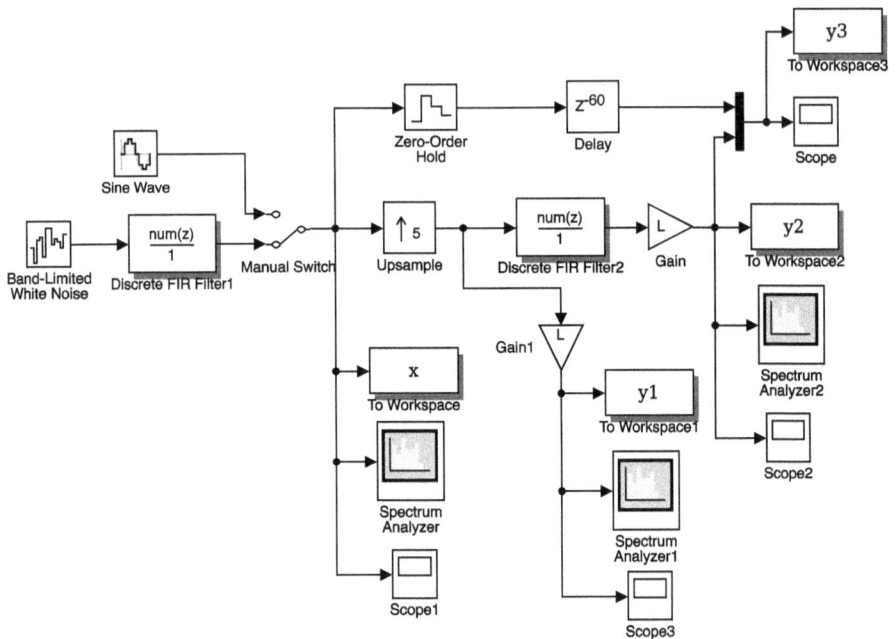

Abb. 2.22: Simulink-Modell der Interpolierung (interp_1.m, interp1.slx).

Halteglied-Nullter-Ordnung mit Abtastperiode $1/(100 * L)$ gleiche Abtastperioden. Die Verspätung des Interpolationsfilters ist bekannt und gleich mit der Ordnung des Filters geteilt durch zwei. Dadurch ist delay = nord2/2. Die Abtastperioden der verschiedenen Verbindungslinien können farblich über das Menü des Modells *Display, Sample Time* hervorgehoben werden.

Mit den Blöcken *Spectrum Analyser* werden die spektralen Leistungsdichten der Signale dargestellt. So z. B. wird mit dem Block *Spectrum Analyser1* die spektrale Leistungsdichte nach dem Aufwärtstaster dargestellt und in Abb. 2.24 gezeigt. Die Darstellungen dieser Blöcke kann man in Bilder (figure) übertragen und von dort übernehmen. Das Signal nach dem Aufwärtstaster ist mit dem Faktor L über den *Gain1*-Block multipliziert.

Es werden die vier spektralen Leistungsdichten zwischen 50 Hz bis 250 Hz und −50 Hz bis −250 Hz gezeigt, die mit dem Interpolationsfilter unterdrückt werden müssen. Aus den Signalen werden im Skript die spektralen Leistungsdichten mit der Funktion **pwelch** im Bereich 0 bis f_{s1} bzw. von 0 bis f_{s2} ermittelt und dargestellt, wie in Abb. 2.25 gezeigt.

Diese spektralen Leistungsdichten werden im Skript mit folgenden Zeilen erhalten:

```
nfft = 512;
Yx  = pwelch(x,hann(nfft),[nfft/4],[nfft],fs1,'twosided');
```

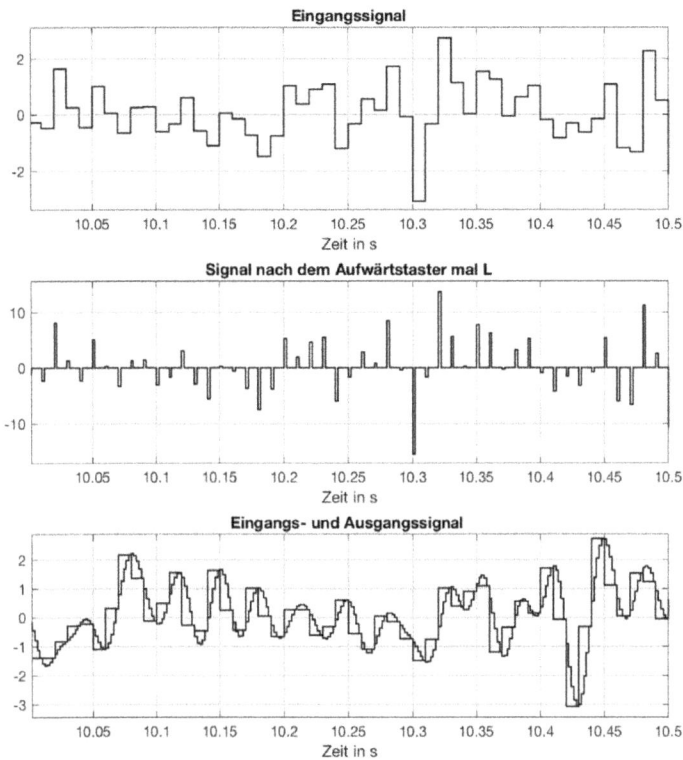

Abb. 2.23: (a) Eingangssignal, (b) Signal nach dem Aufwärtstaster multipliziert mit L, (c) Eingang und interpolierter Ausgang (interp_1.m, interp1.slx).

```
Yy1 = pwelch(y1,hann(nfft),[nfft/4],[nfft],fs2,'twosided');
Yy2 = pwelch(y2,hann(nfft),[nfft/4],[nfft],fs2,'twosided');
```

Die spektrale Leistungsdichte der Quelle *Band-Limited White Noise* ist gleich 10^{-2} Watt/Hz oder -20 dBWatt/Hz. Sie resultiert aus der Leistung von ein Watt der Quelle geteilt durch die Abtastfrequenz von 100 Hz. Die Leistung von ein Watt erhält man, wenn in dem Block *Band-Limited White Noise* die Parameter *Noise power* und *Sample Time* gleich mit der Abtastperiode $T_{s1} = 1/f_{s1} = 1/100$ s gewählt werden.

2.3.2 Experiment: Untersuchung einer Interpolierung in zwei Stufen

Auch bei der Interpolierung mit großen Faktoren L muss man FIR-Tiefpassfilter mit sehr schmaler Bandbreite entwickeln, das wiederum dazu führt, dass die nötige Ordnung der Filter sehr groß wird. In mehreren Stufen kann die Interpolierung mit Filter kleinerer Ordnung realisiert werden.

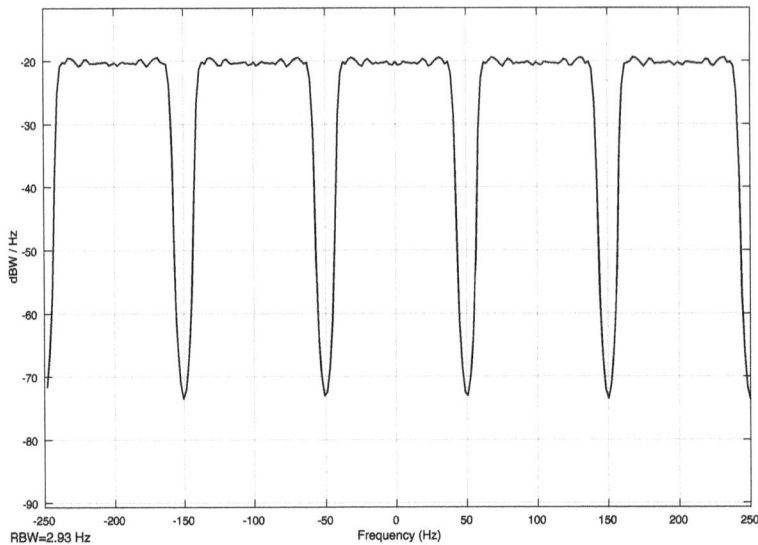

Abb. 2.24: Spektrale Leistungsdichte des Signals nach dem Aufwärtstaster, die noch mit L multipliziert ist (interp_1.m, interp1.slx).

Es wird eine Interpolierung mit Faktor $L = 100$ in zwei Stufen mit Skript interp_2.m bzw. Modell interp2.slx simuliert. Hier wird die Zerlegung in den zwei Faktoren nicht mehr gleich genommen, sondern z. B. $L_1 = 5$ und $L_2 = 20$, so dass $L = L_1.L_2 = 100$ ist. Man kann die Simulation auch mit anderen Faktoren, die zusammen $L = 100$ ergeben, starten.

In einer ersten Simulation werden FIR-Filter als Interpolationsfilter mit relativen Durchlassbereichen von $1/(2L_1)$ bzw. $1/(2L_2)$ gewählt. In einer zweiten Simulation wird eines der Filter mit einem IIR-Filter ersetzt.

In Abb. 2.26(a) ist die Anordnung der Interpolierung in zwei Stufen skizziert. Die Verstärkungen der Stufen werden zusammengefasst und am Ende hinzugefügt. In der Simulation geht man von einer Abtastfrequenz für das Eingangssignal von $f_{s1} = 100$ Hz aus. Somit kann das Eingangssignal Anteile im Spektrum bis 50 Hz haben, wie in Abb. 2.26(b) dargestellt. Nach dem ersten Aufwärtstaster mit $L_1 = 5$ ist die Abtastfrequenz $f_{s2} = 500$ Hz und man muss mit dem Interpolationsfilter der Einheitspulsantwort $h_1[n]$ die Zwischenspektren, die in Abb. 2.26(c) gezeigt sind, unterdrücken.

In der zweiten Stufe wird mit Faktor $L_2 = 20$ die Abtastfrequenz auf 10000 Hz erhöht. Die Zwischenspektren die entstehen (19 an der Zahl) sind in Abb. 2.26(d) skizziert. Sie werden mit dem zweiten Interpolationsfilter, dessen Amplitudengang in dieser Darstellung ebenfalls gezeigt ist, unterdrückt.

Wenn man das Spektrum des Signals nach der ersten Stufe aus Abb. 2.26(c) näher betrachtet, sieht man dass zwischen 50 Hz und 450 Hz eine größere Lücke entstanden ist. Diese ermöglicht ein Interpolationsfilter für die zweite Stufe mit einem Übergang

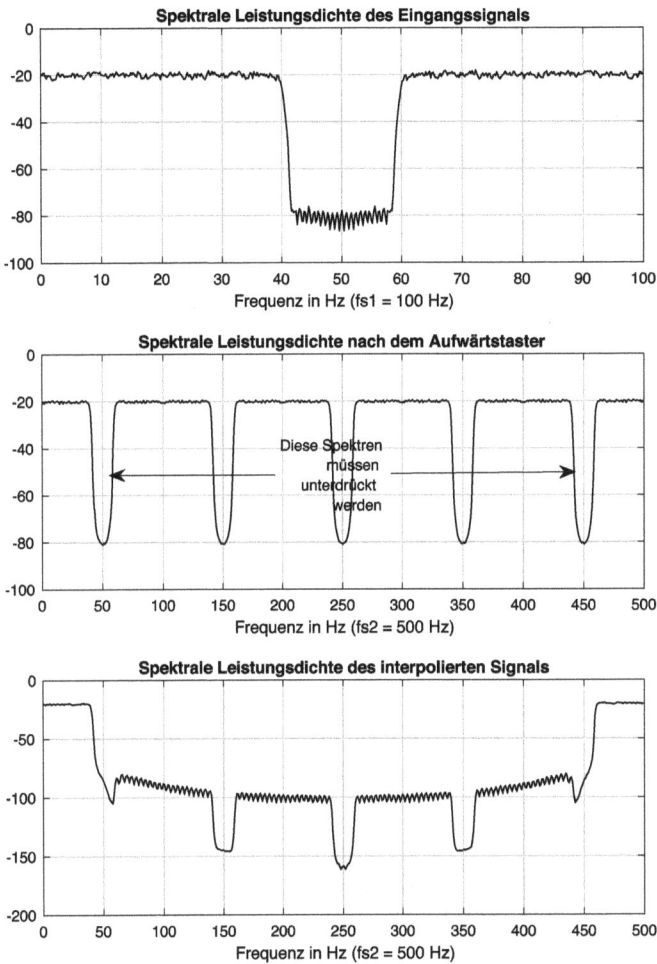

Abb. 2.25: Spektrale Leistungsdichten der x, y_1, y_2 Signale (interp_1.m, interp1.slx).

vom Durchlass in den Sperrbereich, der nicht so steil sein muss, zu benutzen. Das suggeriert die Möglichkeit, dass das zweite Interpolationsfilter mit einem IIR-Filter zu realisieren ist, Möglichkeit die in einer zweiten Simulation untersucht wird.

Für die erste Simulation ist das Simulink-Modell in Abb. 2.27 dargestellt. Von der Quelle *Band-Limited White Noise* mit einer unabhängigen Zufallssequenz der Bandbreite gleich der halben Abtastfrequenz von 100 Hz, wird ein bandbegrenztes Zufallssignal von ca. 40 Hz mit Hilfe des FIR-Filters aus dem Block *Discrete FIR-Filter1* erzeugt:

```
% ------ FIR-Filter für ein zufälliges bandbegrenztes Signal
fdr = 0.8*0.5;  % Relative Durchlassfrequenz des Filters
nord = 128;     % Ordnung des Filters
```

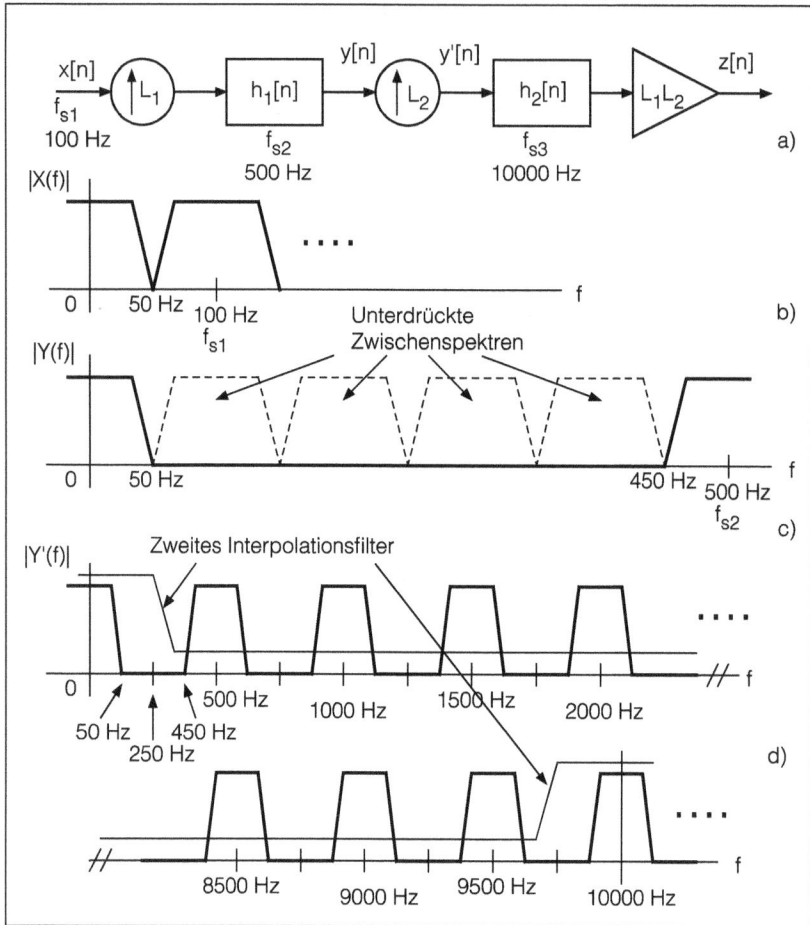

Abb. 2.26: Simulink-Modell für die Simulation einer Interpolierung mit zwei Stufen (interp_2.m, interp2.slx).

```
hnoise = fir1(nord, 2*fdr);
            % Einheitspulsantwort des FIR Filters
```

Es folgt die Aufwärtstastung mit Faktor $L_1 = 5$ und der erste FIR-Interpolationsfilter aus Block *Discrete FIR-Filter2*, der ähnlich ermittelt wird:

```
% ------- FIR-Filter für die erste Stufe
fdr1 = 1/(2*L1); % Relative Durchlassfrequenz des ersten
% Interpolationsfilters
nord1 = 128;
h1 = fir1(nord, 2*fdr1);
            % Einheitspulsantwort des FIR Filters
```

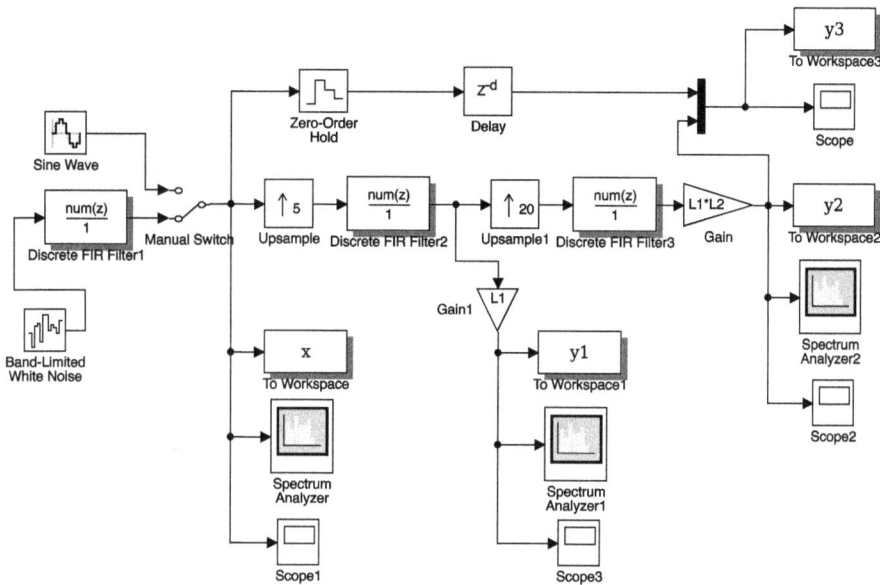

Abb. 2.27: Simulink-Modell der Interpolation in zwei Stufen (interp_2.m, interp2.slx).

Weiter wird die zweite Stufe mit dem Aufwärtstaster mit Faktor L_2 = 20 initiiert. Das zweite FIR-Interpolationsfilter aus dem Block *Discrete FIR-Filter3* wird ähnlich berechnet. Die Amplitudengänge der drei FIR-Filter sind in Abb. 2.28 dargestellt.

Der Amplitudengang des Filters für den zufälligen bandbegrenzten Eingang ist ganz oben in Abb. 2.28 gezeigt. Er begrenzt die Bandbreite auf ca. 40 Hz bei der Abtastfrequenz von 100 Hz. Der nächste Amplitudengang des ersten FIR-Interpolationsfilters für L_1 = 5 unterdrückt die vier Zwischenspektren, die sich im Bereich 50 Hz bis 450 Hz nach der Aufwärtstastung bilden.

Diese Zwischenspektren oder Spiegelungen können am *Spectrum Analyser1*-Block angezeigt werden, wie in Abb. 2.29 dargestellt, wenn man den *Gain1*-Block direkt nach dem Aufwärtstaster anschließt. In dieser symmetrischen Darstellung um die Nullfrequenz erscheinen die Spiegelungen zwischen 50 Hz bis 250 Hz und zwischen −250 Hz bis −50 Hz.

Nach dem ersten FIR-Interpolationsfilter oder anders ausgedrückt, nach der ersten Stufe mit den unterdrückten Zwischenspektren, erhält man eine spektrale Leistungsdichte, die in Abb. 2.30 dargestellt ist. Sie ist am *Spectrum Analyser1*-Block angezeigt, der jetzt über den *Gain1*-Block am Ausgang dieses Filters angeschlossen ist, wie in Abb. 2.27 gezeigt.

Für eine Darstellung im Bereich 0 bis f_{s1} = 500 Hz, muss man sich die linke Hälfte für negativen Frequenzen nach rechts verschoben vorstellen, so dass die Frequenz −250 Hz an der Frequenz 250 Hz anschließt. In dieser Form werden die Reste der vier unterdrückten Zwischenspektren erkannt.

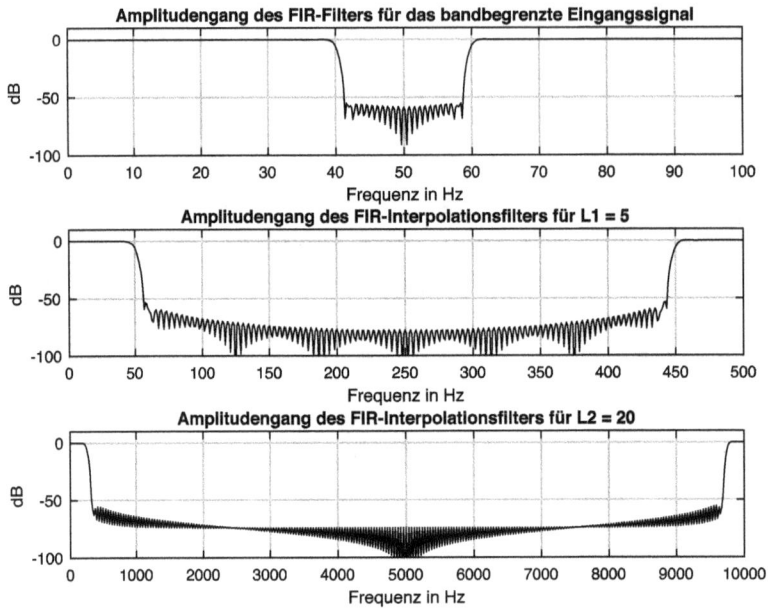

Abb. 2.28: Amplitudengänge der drei FIR-Filter des Modells (interp_2.m, interp2.slx).

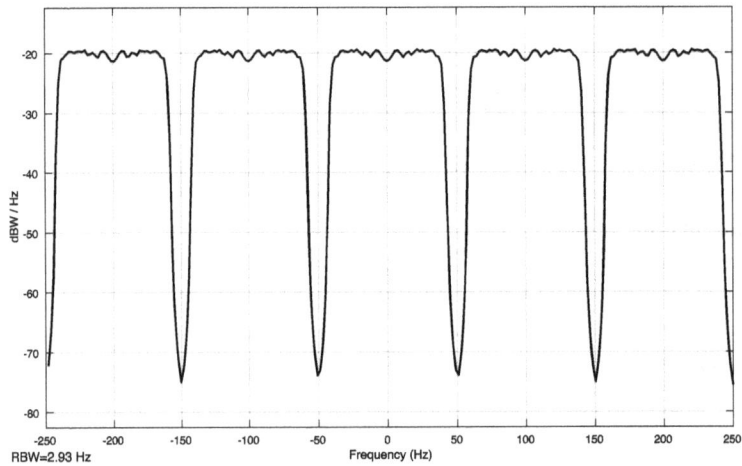

Abb. 2.29: Spektrale Leistungsdichte nach dem ersten Aufwärtstaster mit $L_1 = 5$ mit 4 Zwischenspektren (interp_2.m, interp2.slx).

In Abb. 2.31 ist in der Umgebung der Frequenz null das Spektrum des Ausgangssignals jetzt mit Abtastfrequenz 10000 Hz dargestellt. Zusätzlich sind die Reste der 19 unterdrückten Zwischenspektren zu sehen.

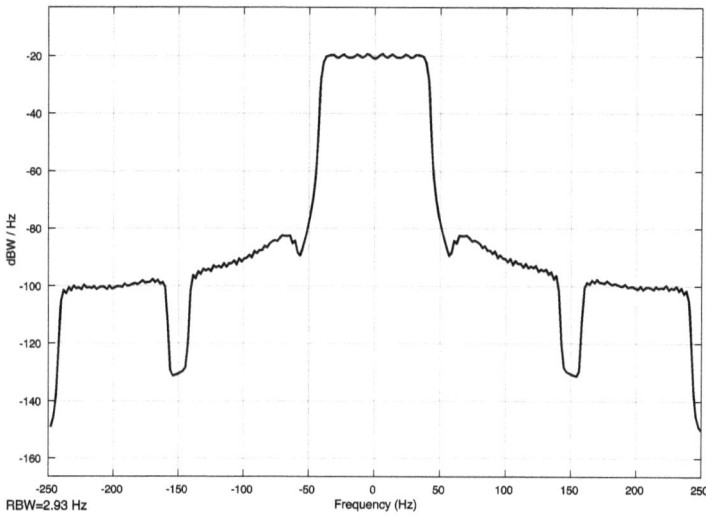

Abb. 2.30: Spektrale Leistungsdichte nach der ersten Stufe mit $L_1 = 5$ (interp_2.m, interp2.slx).

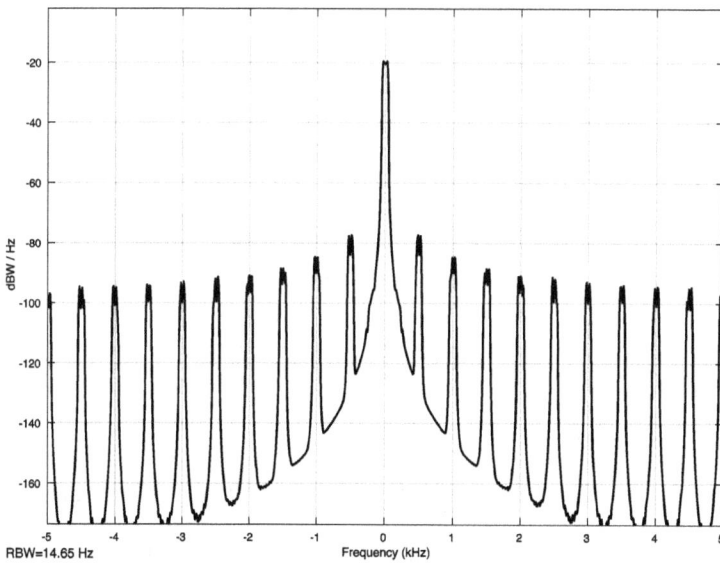

Abb. 2.31: Spektrale Leistungsdichte der Interpolation mit zwei Stufen für $L_1.L_2 = 100$ (interp_2.m, interp2.slx).

Die wichtigsten Signale der Simulation der Interpolierung mit zwei Stufen sind in Abb. 2.32 dargestellt. Ganz oben das Eingangssignal mit einer Abtastfrequenz von 100 Hz. Darunter das Signal nach der ersten Interpolationsstufe mit 500 Hz Abtastfrequenz. Ganz unten sind nochmals das Eingangssignal und das Interpolierte Signal

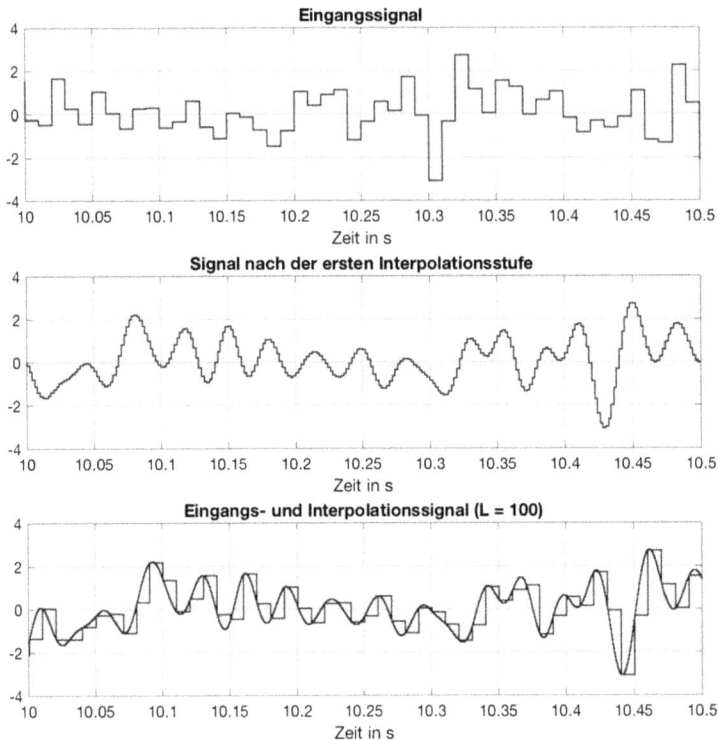

Abb. 2.32: Die Signale der Interpolation mit zwei Stufen für $L_1.L_2 = 100$ (interp_2.m, interp2.slx).

mit einer Abtastfrequenz von 10000 Hz für $L = 100$ dargestellt. Diese zwei Signale wurden mit Hilfe des Blocks *Zero-Order Hold*, mit dem die Abtastfrequenz des Eingangssignals auch auf 10000 Hz erhöht wurde und des Blocks *Delay* ausgerichtet. Die Verspätungen der FIR-Filter sind gleich der Ordnung geteilt durch zwei und dadurch ist die Verspätung durch

```
delay = nord1*L2/2 + nord2/2;
```

gegeben. Sie muss die Verspätung des ersten Interpolationsfilters, der bei einer Frequenz $f_{s1}L_1 = 500$ Hz arbeitet und die Verspätung des zweiten Interpolationsfilters, der bei einer Frequenz $f_{s1}L_1L_2 = 10000$ Hz arbeitet, kompensieren.

Die Simulation kann auch mit einem sinusförmigen Signal gestartet werden. Die Frequenz dieses Signals muss kleiner als 50 Hz sein, um das Abstasttheorem bei einer Abtastfrequenz von 100 Hz zu erfüllen.

In der zweiten Simulation mit Skript interp_3.m und Simulink-Modell interp3.slx wird das zweite Interpolationsfilter mit einem IIR-Tiefpassfilter von Typ Butterworth ersetzt. Dieses Filter wird mit folgenden Zeilen des Skripts berechnet:

```
% ------- IIR-Filter für die zweite Stufe
```

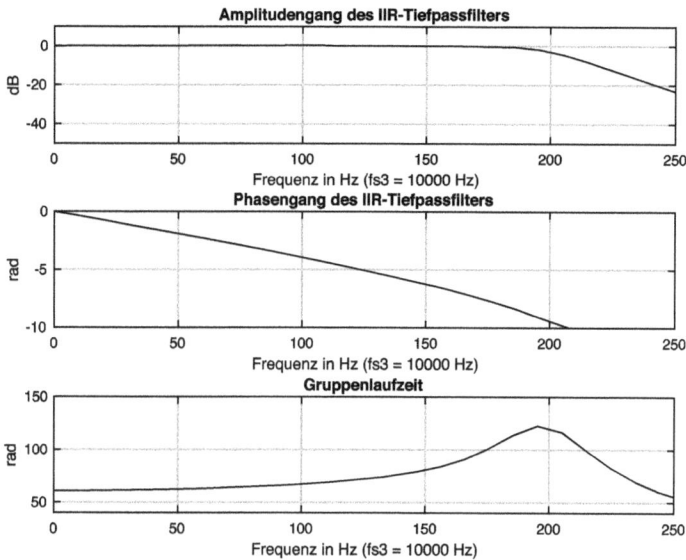

Abb. 2.33: Frequenzgang des IIR-Filters als Interpolationsfilter (interp_3.m, interp3.slx).

```
fdr1 = 0.8/(2*L2); % Relative Durchlassfrequenz des ersten...
                   % Interpolationsfilters
nord1 = 12;
[b,a] = butter(nord1, 2*fdr1); % Ordnung = 12
```

In Abb. 2.33 ist der Frequenzgang des IIR-Tiefpassfilters für den signifikanten Frequenzbereich von 0 bis 250 Hz dargestellt. Für den Bereich bis ca. 150 Hz ist der Amplitudengang konstant gleich eins (0 dB) und der Phasengang ist annähernd linear. Aus dem Phasengang kann man die Verspätung, die dieses Filter bringt schätzen. Sie ist notwendig, um die Signale überlagert für die Darstellung auszurichten. Bei 100 Hz gibt es im linearen Bereich eine Phasenverschiebung von −4 Rad. Daraus resultiert eine Gruppenlaufzeit von:

$$-\frac{\Delta\varphi}{\Delta\omega}\frac{1}{T_{s3}} = \frac{4}{2\pi100}10000 = \frac{200}{\pi} = 63{,}662 \quad \text{Abtastperioden}. \tag{2.28}$$

Hier ist T_{s3} die Abtastperiode des interpolierten Ausgangssignals gleich 1/10000 s. Dieser Schätzwert entspricht dem Wert, den man aus der Darstellung der Gruppenlaufzeit entnehmen kann.

Die Ergebnisse sind qualitativ ähnlich den Ergebnissen der Interpolierung mit zwei FIR-Filtern. Eine gute Übung für den Leser wäre das bandbegrenzte Eingangssignal zuerst analog zu generieren, daraus durch Abtastung das zeitdiskrete Eingangssignal zu bilden und das interpolierte Signal mit dem analogen Signal zu vergleichen.

Mit dem Skript interp_4.m und Simulink-Modell interp4.slx wird die Interpolierung in zwei Stufen mit einem IIR-Filter für ein bandbegrenztes Eingangssignal un-

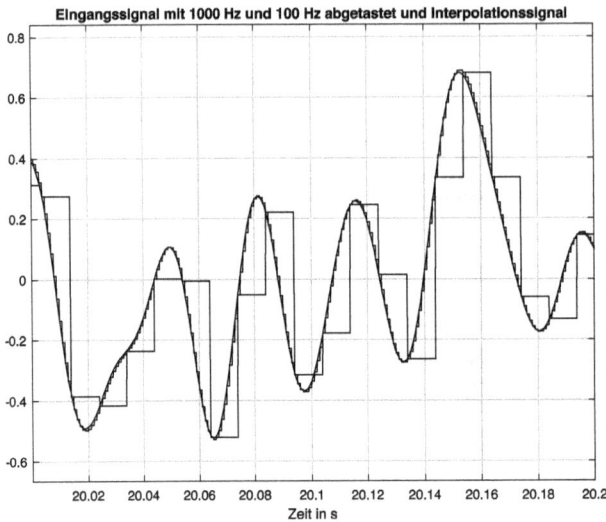

Abb. 2.34: Eingangssignal abgetastet mit 1000 Hz und 100 Hz und das interpolierte Signal (interp_4.m, interp4.slx).

tersucht, das mit der Abtastperiode von 1/1000 s (1000 Hz Abtastfrequenz) anfänglich generiert wird. Dieses Eingangssignal spielt die Rolle eines zeitkontinuierlichen Signals, das weiter mit 100 Hz abgetastet wird, um das zeitdiskrete Eingangssignal zu bilden. Das interpolierte Signal wird dann mit dem bandbegrenzten 'analogen' Eingangssignal, das mit 1000 Hz abgetastet ist, verglichen.

Abb. 2.34 zeigt einen Ausschnitt der drei korrekt ausgerichteten Signalen. Das Signal mit den großen Treppen entspricht dem Eingangssignal abgetastet mit 100 Hz. Die kleineren Treppen gehören dem Eingangssignal, das mit 1000 Hz abgetastet ist und das praktisch ein zeitkontinuierliches Signal ist. Wie man sieht ist das interpolierte Signal gleich mit dem Signal mit Abtastfrequenz 1000 Hz.

Die Signale sind mit den Blöcken *Delay* bzw. *Delay1* ausgerichtet, so dass man sie überlagert darstellen kann. Die Verspätungen dieser Blöcke sind einmal durch die Verspätung des FIR-Filters bezogen auf die Abtastfrequenz am Ausgang plus die Verspätung des IIR-Filters, die in Gl. (2.28) geschätzt wurde, gegeben.

Ähnlich kann man eine Simulation gestalten, in der man von einem bandbegrenzten, zeitkontinuierlichen Signal ausgeht. In so einem Mixt-Modell sollte man von derselben Quelle *Band-Limited White Noise* ausgehen, die mit einer sehr hohen z. B. 10000 Hz Abtastfrequenz parametriert ist. Man erhält ein quasizeitkontinuierliches Signal, das weiter mit einem analogen elliptischen Filter auf die Bandbreite von 40 Hz reduziert wird. Das kann dann weiter mit 100 Hz abgetastet werden, um das Eingangssignal zu bilden.

In allen Experimenten wird dem Leser empfohlen die Abtastperioden in den Simulink-Modellen mit Farben zu kennzeichnen und zu beobachten. Man sieht dadurch ob das Modell die gewünschten Eigenschaften bezüglich der Multiratensignale hat.

2.4 Polyphasen Zerlegung

Es kann gezeigt werden [21], dass in Zusammenhang mit Abwärts- und Aufwärtstaster äquivalente Strukturen existieren. Sie sind in Abb. 2.35 dargestellt. Die entsprechenden Äquivalenzen sind unter dem Namen *Noble Identities* bekannt.

Wenn $G(z)$ durch

$$G(z) = g_0 + g_1 z^{-1} + g_2 z^{-2} + \cdots + g_N z^{-N} \tag{2.29}$$

gegeben ist, dann ist $G(z^M)$ durch

$$G(z^M) = g_0 + g_1 z^{-M} + g_2 z^{-2M} + \cdots + g_N z^{-NM} \tag{2.30}$$

ausgedrückt.

Eine beliebige FIR-Übertragungsfunktion $H(z)$ kann in polyphasen Termen zerlegt werden:

$$\begin{aligned}
H(z) &= h_0 + h_1 z^{-1} + h_2 z^{-2} + \cdots \\
&= (h_0 + h_M z^{-M} + h_{2M} z^{-2M} + h_{3M} z^{-3M} + \cdots) \\
&\quad + (h_1 z^{-1} + h_{M+1} z^{-(M+1)} + h_{2M+1} z^{-(2M+1)} + h_{3M+1} z^{-(3M+1)} + \cdots) \\
&\quad + (h_{M-1} z^{-(M-1)} + h_{2M-1} z^{-(2M-1)} + h_{3M-1} z^{-(3M-1)} + \cdots).
\end{aligned} \tag{2.31}$$

Aus dieser Zerlegung erkennt man, dass $H(z)$ durch

$$\begin{aligned}
H(z) &= G_0(z^M) + z^{-1} G_1(z^M) + \cdots + z^{M-1} G_{M-1}(z^M) \\
&= \sum_{k=0}^{M-1} z^{-k} G_k(z^M)
\end{aligned} \tag{2.32}$$

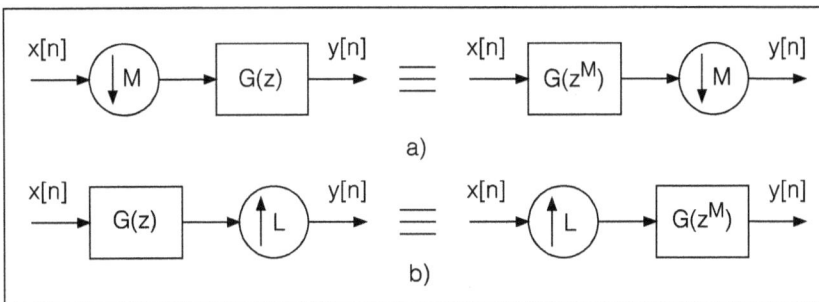

Abb. 2.35: Äquivalente Strukturen.

geschrieben werden kann, wobei $G_k(z^M)$ durch

$$G_k(z^M) = h_k + h_{k+M}z^{-M} + h_{k+2M}z^{-2M} + h_{k+3M}z^{-3M} + \cdots \tag{2.33}$$

gegeben ist und $G_k(z)$ ist:

$$G_k(z) = h_k + h_{k+M}z^{-1} + h_{k+2M}z^{-2} + h_{k+3M}z^{-3} + \cdots . \tag{2.34}$$

Die Zerlegung gemäß Gl. (2.32) führt zu einer effizienteren Anordnung für die Dezimierung und Interpolierung mit FIR-Filtern.

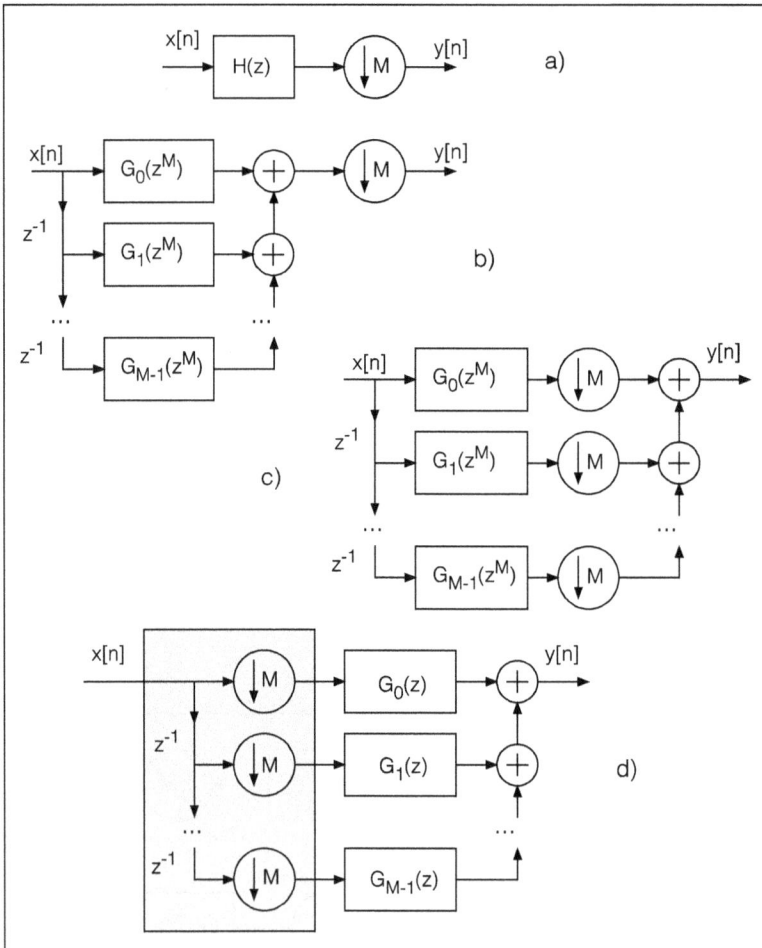

Abb. 2.36: (a) Dezimierungsfilter und Abwärtstaster. (b) Polyphasen-Zerlegung des Filters. (c) Alternative Realisierung der Polyphasen-Zerlegung. (d) Neue Anordnung der Dezimierung mit Polyphasenfiltern.

In Abb. 2.36 sind die Schritte dargestellt, die zu einer neuen Anordnung für die Dezimierung führen. Ganz oben in Abb. 2.36(a) ist die Dezimierung in der bekannten Anordnung dargestellt. Darunter in Abb. 2.36(b) ist die Anordnung gezeigt, bei der das Filter gemäß Gl. (2.32) in Polyphasenfilter zerlegt ist.

Die Abwärtstastung kann in jeden Pfad eingebracht werden, wie in Abb. 2.36(c) dargestellt ist und mit Hilfe der äquivalenten Struktur aus Abb. 2.35(a) werden die Pfade wie in Abb. 2.36(d) umgewandelt. Der grau hinterlegte Teil stellt einen Puffer ohne Überlappungen dar, der in der Hardware oder in den Programmen einfach zu realisieren ist.

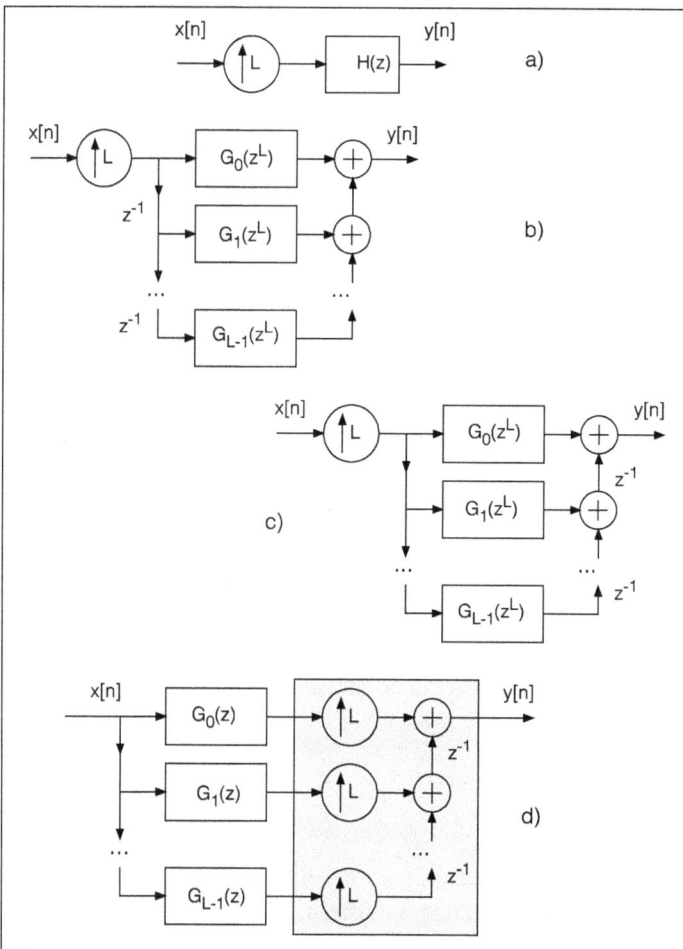

Abb. 2.37: (a) Aufwärtstaster und Interpolationsfilter. (b) Polyphasen-Zerlegung des Filters. (c) Alternative Platzierung der Verzögerungsglieder z^{-1}. (d) Alternative Realisierung der Interpolierung mit Polyphasenfiltern.

Für die Interpolierung gibt es ebenfalls eine Lösung mit Polyphasenfiltern, die in Abb. 2.37 dargestellt ist. Von der Interpolationsstruktur aus Abb. 2.37(a) ausgehend, wird das Filter gemäß Gl. (2.32) zerlegt und führt zur Struktur aus Abb. 2.37(b). Die Verzögerungsglieder z^{-1} können auch am Ausgang der Polyphasenfilter platziert werden, wie in Abb. 2.37(c) gezeigt. Der Aufwärtstaster kann in den einzelnen Pfaden eingebracht werden und danach gemäß der äquivalenten Struktur aus Abb. 2.35(b) werden die Pfade umgewandelt, um die Anordnung aus Abb. 2.37(d) zu erhalten. Der grau hinterlegte Teil bildet jetzt einen *Unbuffer*-Block, der einen parallelen erfassten Datenblock in eine serielle Sequenz umwandelt.

Der Hauptvorteil dieser Polyphasenlösung für die Dezimierung besteht darin, dass die Polyphasenfilter $G_k(z)$, $k = 0, 1, \ldots, M - 1$ bei einer Abtastfrequenz arbeiten, die M mal kleiner als die Abtastfrequenz am Eingang ist. Dieser Vorteil besteht auch bei der Interpolierung mit Polyphasenfiltern, die jetzt bei der niedrigen Abtastfrequenz des Eingangs arbeiten.

2.4.1 Experiment: Untersuchung einer Dezimierung mit Polyphasenfiltern

Mit dem Skript poly_decim_1.m und Simulink-Modell poly_decim1.slx wird eine Dezimierung mit Polyphasenfiltern und Faktor $M = 4$ realisiert. Das Skript beginnt mit der Initialisierung der Parameter des Modells:

```
% -------- Parameter des Systems
fs1 = 1000;      % Abtastfrequenz des Eingangssignals
Ts1 = 1/fs1;     % Periode des Eingangssignals
M = 4;           % Dezimierungsfaktor
% -------- FIR-Dezimierungsfilter
nord = 128;      % Ordnung des Filters
fdr = 0.85/(2*M); % Relative Frequenz des FIR-Filters
h1 = fir1(nord, 2*fdr);  % Einheitspulsantwort
% -------- Polyphasenfilter
g = firpolyphase(h1, M); % Matrix mit den Polyphasenfiltern
g0 = g(1,:);  n0 = length(g0);   % Teilfilter
g1 = g(2,:);  n1 = length(g1);
g2 = g(3,:);  n2 = length(g2);
g3 = g(4,:);  n3 = length(g3);
```

Zuerst wird die Abtastfrequenz und Abtastperiode des Eingangssignals und der Dezimierungsfaktor festgelegt. Danach wird das Antialiasing- oder hier Dezimierungsfilter berechnet. Die ideale relative Bandbreite von $1/(2M)$ wird wegen des nichtidealen Filters etwas kleiner genommen. Die Einheitspulsantwort dieses Filters h1 wird weiter mit Hilfe der Funktion **firpolyphase** in Polyphasenteilfiltern zerlegt. Die Filter als Zeilen der Matrix g entsprechen den Teilübertragungsfunktionen $G_k(z)$.

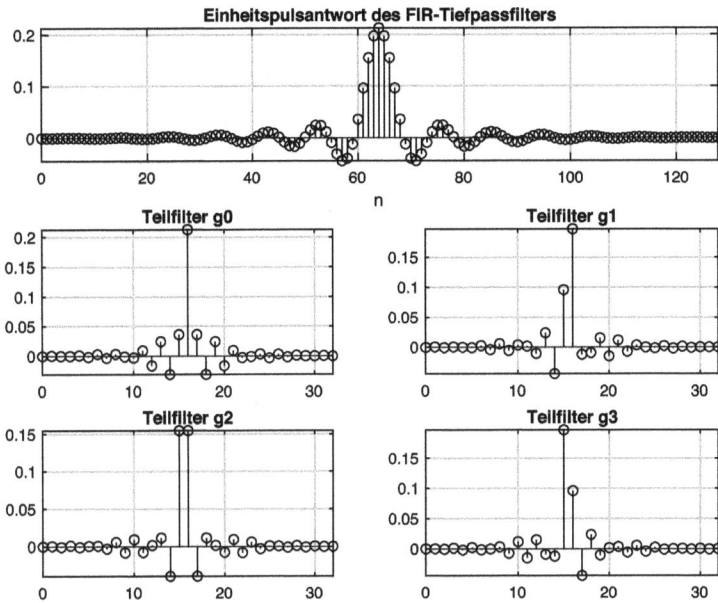

Abb. 2.38: Die Einheitspulsantwort des FIR-Dezimierungsfilters und die Einheitspulsantworten der Polyphasenfilter (poly_decim_1.m, poly_decim1.slx).

In Abb. 2.38 ist oben die Einheitspulsantwort h1 des Filters dargestellt und darunter die Einheitspulsantworten $g_k[n]$ der Polyphasenteilfilter. Wenn das FIR-Filter mit der idealen relativen Bandbreite von $1/(2M)$ angenommen wird, dann haben die Polyphasenteilfilter viel mehr Nullwerte (Nyquist-Filter). Der Leser kann sich davon überzeugen, indem das Skript mit einem derartigen Wert erneut gestartet wird.

Das Simulink-Modell der Untersuchung ist in Abb. 2.39 dargestellt. Als Quelle dient eine unabhängige Zufallssequenz generiert mit Block *Band-Limited White Noise*. Im oberen Teil mit dem Filter der Einheitspulsantwort h1 aus Block *Discrete FIR-Filter1* und dem Abwärtstaster *Downsample4* wird die übliche Struktur der Dezimierung realisiert.

Darunter wird die Struktur der Dezimierung gemäß Darstellung aus Abb. 2.36(d) nachgebildet. Die Polyphasenteilfilter werden in den Blöcken *Discrete FIR Filter2* bis *Discrete FIR Filter5* implementiert. In der Senke *To Workspace* werden drei Signale zwischengespeichert. Das erste Signal ist das Signal nach dem Antialiasing- oder Dezimierungsfilter. Das zweite Signal entspricht der üblichen Dezimierung und das dritte Signal ist das mit Polyphasenfiltern dezimierte Signal.

In Abb. 2.40 sind diese Signale dargestellt. Weil, wie erwartet, die zwei dezimierten Signale gleich sind, sieht man nur zwei Signale und zwar das Eingangssignal und die gleichen dezimierten Signale.

Der Aufruf der Simulation und die Darstellung dieser Signale geschieht mit folgenden Zeilen im Skript:

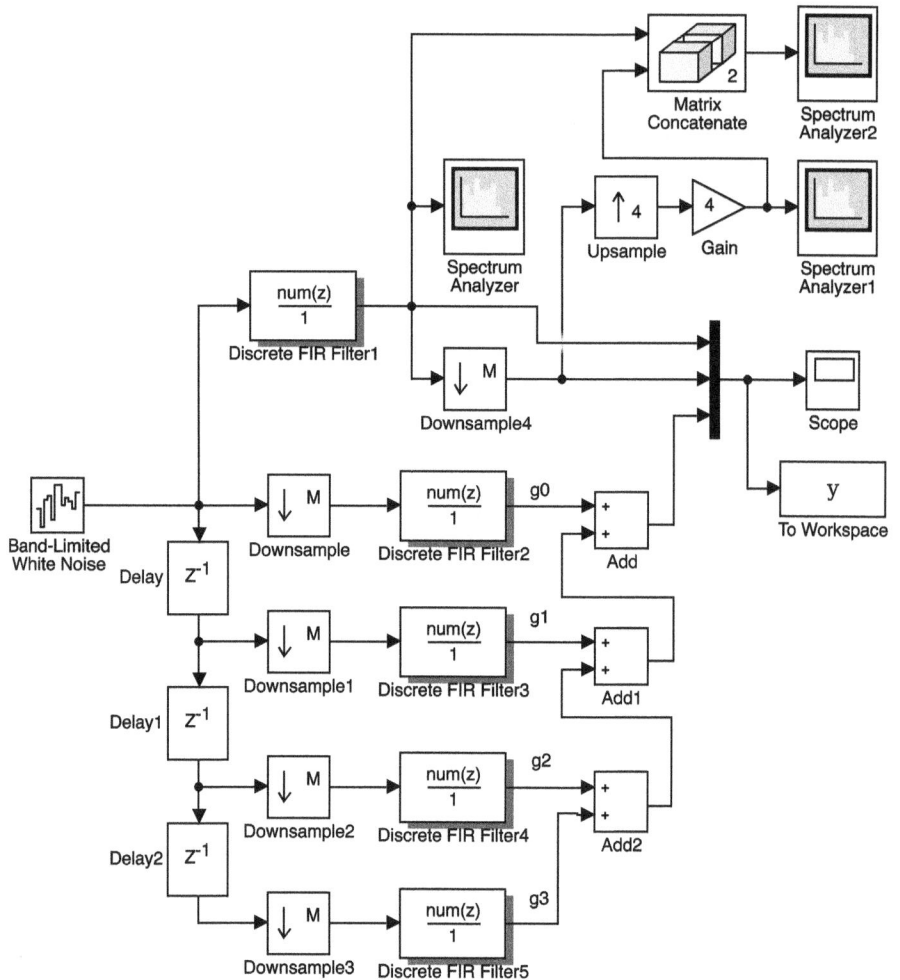

Abb. 2.39: Simulink-Modell der Dezimierung mit Polyphasenfiltern (poly_decim_1.m, poly_decim1.slx).

```
% ------- Aufruf der Simulation
Tsim = 10;
sim('poly_decim1',[0,Tsim]);
figure(2);    clf;
stairs(y.Time, y.Data(:,1),'k-','Linewidth',1);
hold on;   stairs(y.Time, y.Data(:,2),'k--','Linewidth',1);
stairs(y.Time, y.Data(:,3),'k--','Linewidth',1);
title('Eingangs- und dezimierte gleiche Ausgangssignale ');
xlabel('Zeit in s');    grid on;
```

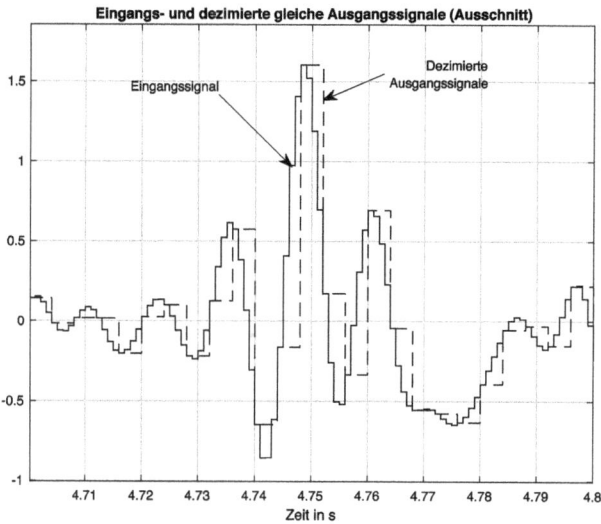

Abb. 2.40: Das Eingangssignal und die zwei gleichen dezimierten Signale (poly_decim_1.m, poly_decim1.slx).

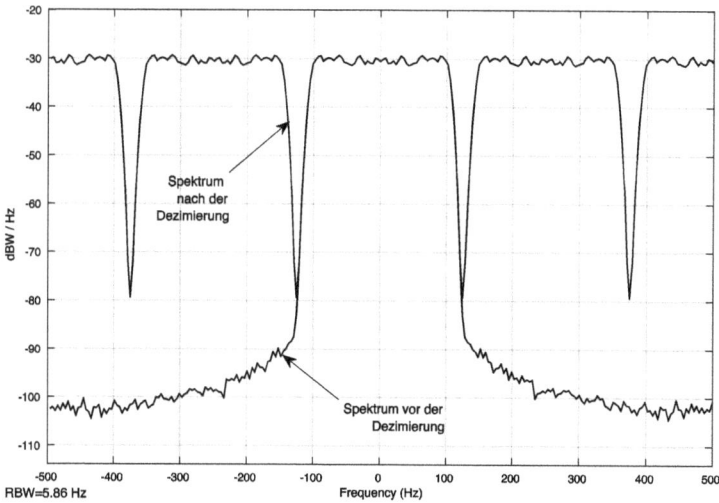

Abb. 2.41: Spektrale Leistungsdichte vor und nach der Dezimierung (poly_decim_1.m, poly_decim1.slx).

```
La = axis;    axis([4.7, 4.8, La(3:4)]);
```

Mit Hilfe der Blöcke *Spectrum Analyser* werden die spektralen Leistungsdichten vor und nach dem Abwärtstaster separat und mit Hilfe des Blocks *Matrix Concatenate* gemeinsam gezeigt. In Abb. 2.41 sind diese Spektren dargestellt.

Um das Spektrum des dezimierten Signals über mehreren Perioden darzustellen, werden die Blöcke *Upsample, Gain* und dann *Spectrum Analyser1* oder *Spectrum Analyser2* benutzt. Der Faktor vier zeigt, dass vier Perioden des Spektrums angezeigt werden (Abb. 2.41). Das sichert auch, dass der Block *Spectrum Analyser2* die zwei Eingangssignale mit derselben Abtastfrequenz erhält. Man kann den Block *Spectrum Analyser2* auch mit zwei Eingängen initialisieren.

Mit dem Skript `poly_decim_2.m` und Simulink-Modell `poly_decim2.slx` wird die gleiche Dezimierung simuliert, mit dem Unterschied, dass hier ein *Buffer*-Block benutzt wird. Er entspricht dem grau hinterlegten Teil aus Abb. 2.36(d). Weil der *Buffer*-Block die Teilsignale in umgekehrter Reihenfolge liefert wurde ein *Flip*-Block eingesetzt. Sicher kann man auch die Teilfilter in umgekehrter Reihenfolge anschließen, wie im Modell `poly_decim3.slx`, das aus dem Skript `poly_decim_3.m` aufgerufen wird, gezeigt ist.

2.4.2 Experiment: Untersuchung einer Interpolierung mit Polyphasenfiltern

Im Skript `poly_interp_1.m` und Simulink-Modell `poly_interp1.slx` ist die Untersuchung programmiert. In Abb. 2.42 ist das Simulink-Modell dargestellt.

Als Eingangssignal wird ein bandbegrenztes Zufallssignal, das über die Blöcke *Band-Limited White Noise1* und *Discrete FIR Filter6* generiert wird, benutzt. Das Filter wird mit

```
% - FIR-Tiefpassfilter für das bandbegrenzten Eingangssignal
nordn = 128;    % Ordnung des Filters
fdrn = 0.8/(2*L);  % Relative Frequenz des FIR-Filters
hnoise = fir1(nordn, 2*fdrn);  % Einheitspulsantwort
```

berechnet. Ähnlich wird das Interpolationsfilter ermittelt:

```
% -------- FIR-Interpolierungsfilter
nord = 128;     % Ordnung des Filters
fdr = 1/(2*L);  % Relative Frequenz des FIR-Filters
h1 = fir1(nord, 2*fdr);  % Einheitspulsantwort
```

Daraus werden die Polyphasenteilfilter mit der Funktion **firpolyphase** ermittelt und danach dargestellt, wie in Abb. 2.43 gezeigt. Das Interpolationsfilter ist ein Nyquist-Filter mit einer Einheitspulsantwort die Nullwerte im Abstand L, mit Ausnahme des Höchstwertes, aufweist. Das erste Teilfilter besitzt, wegen dieser Nullwerte nur einen Wert verschieden von null.

Das Modell entspricht der Struktur aus Abb. 2.37(d). Im oberen Teil des Modells ist die übliche Anordnung einer Interpolierung mit einem Interpolationsfilter, der im Block *Discrete FIR Filter11* implementiert ist, gezeigt. In der Senke *To Workspace1* werden drei Signale zwischengespeichert die in Abb. 2.44 dargestellt sind. Wie erwartet

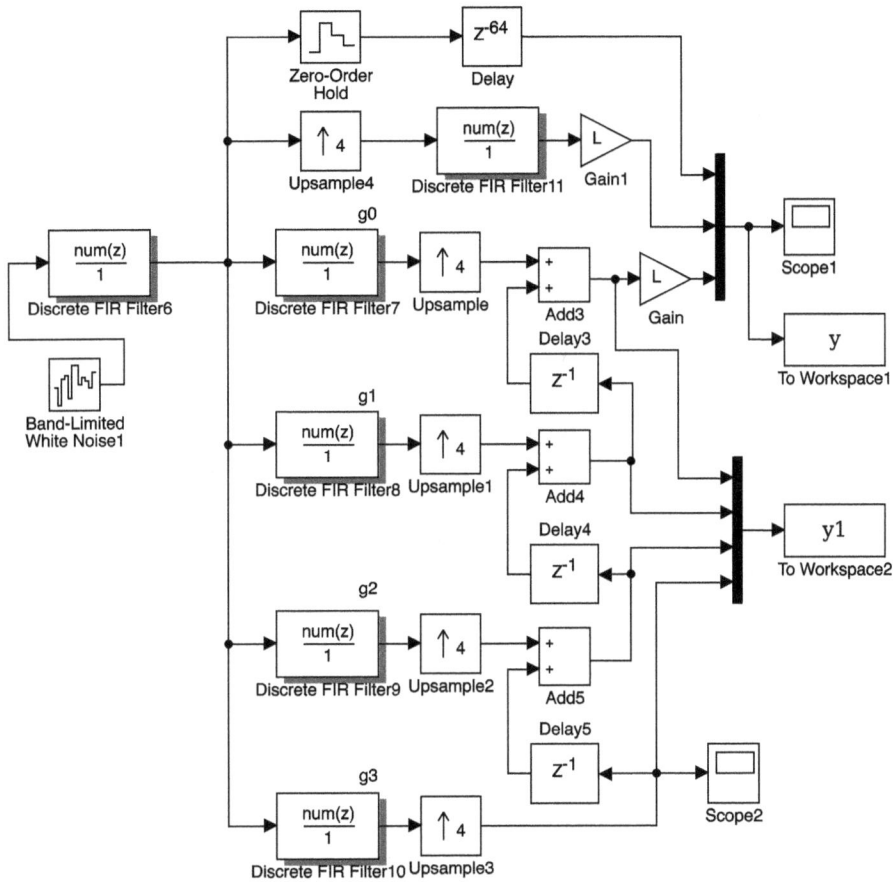

Abb. 2.42: Simulink-Modell der Interpolierung mit Polyphasenfiltern (poly_interp_1.m, poly_interp1.slx).

sind die zwei interpolierten Signale gleich und die Darstellung zeigt nur zwei verschiedene Signale.

Auf dem *Scope2*-Block aus Abb. 2.42 erhält man den letzten interpolierten Wert einer Abtastperiode des Eingangssignals, der mit dem Polyphasenteilfilter $g_3[n]$ ermittelt wird. In Abb. 2.45 ganz oben ist dieses Signal dargestellt. Am Ausgang des Addierers *Add5* erhält man die Summe der Werte in einer Abtastperiode des Eingangssignals, die durch die Polyphasenteilfilter $\Delta g_3[n]$, $g_2[n]$ ermittelt werden, wie in der zweiten Darstellung aus Abb. 2.45(b) gezeigt. Mit Δ wird angegeben, dass die Antwort des Filters $g_3[n]$ verzögert ist. Am Ausgang des letzten Addierers sind die Antworten aller Polyphasenteilfilter mit den entsprechenden Verzögerungen addiert und bilden das interpolierte Signal. In Abb. 2.45 sind diese Antworten, die in der Senke *To Workspace2* und Variable y1 zwischengespeichert sind, dargestellt.

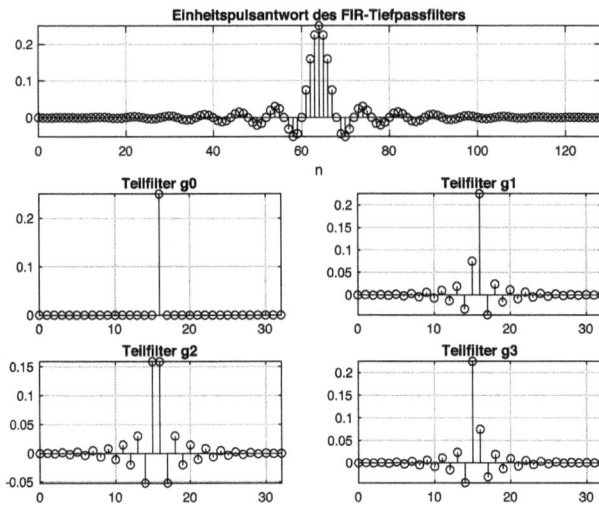

Abb. 2.43: Einheitspulsantwort des Interpolationsfilters und die Einheitspulsantworten der Polyphasenteilfilter (poly_interp_1.m, poly_interp1.slx).

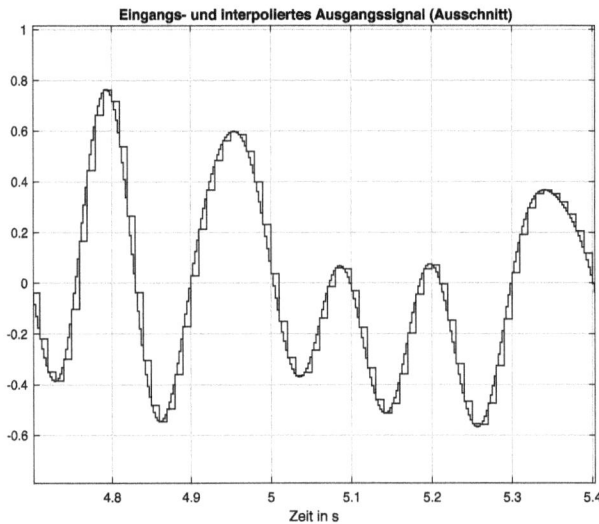

Abb. 2.44: Eingangs- und interpoliertes Ausgangssignal (poly_interp_1.m, poly_interp1.slx).

Im Skript `poly_interp_2.m` und Modell `poly_interp_2.m` wird die gleiche Interpolierung durch Einsatz eines *Unbuffer*-Blocks simuliert. Dieser entspricht dem grau hinterlegten Teil aus Abb. 2.37(d).

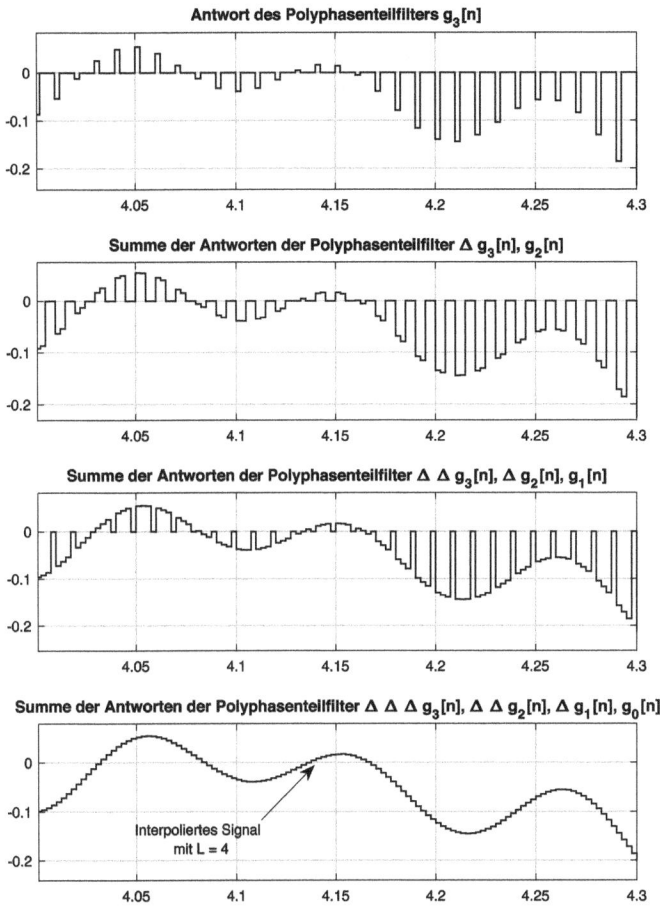

Abb. 2.45: Antworten und Summen der Polyphasenteilfiltern (poly_interp_1.m, poly_interp1.slx).

2.4.3 Experiment: Abtastrateänderung mit rationalem Faktor

Die Abtastrateänderung mit rationalem Faktor kann mit einer Interpolierung mit Faktor L gefolgt von einer Dezimierung mit Faktor M realisiert werden, so dass das Verhältnis $L/M > 1$ die gewünschte Abtastrateänderung ergibt. Es muss immer zuerst die Interpolierung und danach die Dezimierung implementiert werden, wie in Abb. 2.46 dargestellt.

Im Skript rational_fakt_1.m und Simulink-Modell rational_fakt1.slx wird eine Änderung der Abtastrate mit Faktor 8/3 untersucht. Dafür werden die Blöcke *FIR Interpolation* und *FIR Decimation* eingesetzt, wie in Abb. 2.47 dargestellt.

Diese Blöcke realisieren die Interpolierung bzw. Dezimierung mit Polyphasenfiltern. Bei der Parametrierung muss man nur die entsprechenden Faktoren eintragen und für diese Simulation die Option *Elements as channels (sample based)* wählen.

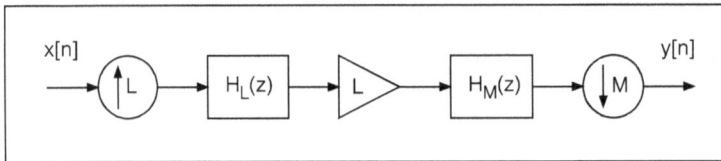

Abb. 2.46: Die Änderung der Abtastrate mit rationalem Faktor.

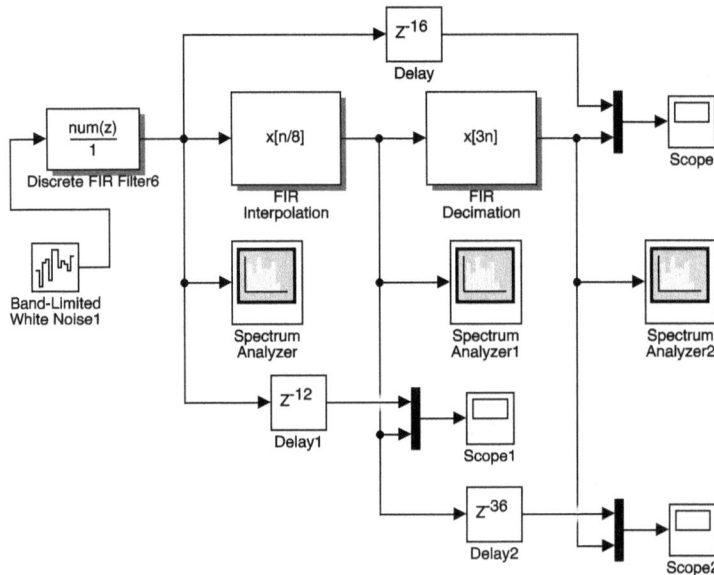

Abb. 2.47: Simulink-Modell der Änderung der Abtastrate mit rationalem Faktor (rational_fakt_1.m, rational_fakt1.slx).

Über das Parametrierungsfenster kann man die Eigenschaften der von den Blöcken gewählten FIR-Filtern sichten. So z. B. ist in Abb. 2.48 die Einheitspulsantwort des Interpolierungsfilters mit Faktor $L = 8$ dargestellt. Zu sehen sind die Ordnung des Filters gleich 192 und die Nullwerte in Abstand von L mit Ausnahme des höchsten Wertes. Es ist ein Nyquist-Filter. Über die Menüleiste des Fensters, das sich öffnet, können alle andere Eigenschaften des Filters dargestellt werden, wie z. B. der Frequenzgang.

Ähnlich können die Eigenschaften des FIR-Dezimierungsfilters mit Faktor $M = 3$ erhalten werden. Die Ordnung dieses Filters gelesen aus der Darstellung der Einheitspulsantwort ist 72 und es stellt ebenfalls ein Nyquist-Filter dar. Hier sind die Nullwerte im Abstand $M = 3$ mit Ausnahme des höchsten Wertes zu sehen. Das Signal mit der höheren Abtastrate in Abb. 2.49 ist das Ausgangssignal.

Im Modell können die Signale in den Senken *Scope* an verschiedenen Stellen des Modells beobachtet werden. Sie sind relativ zu den Eingangssignalen überlagert dar-

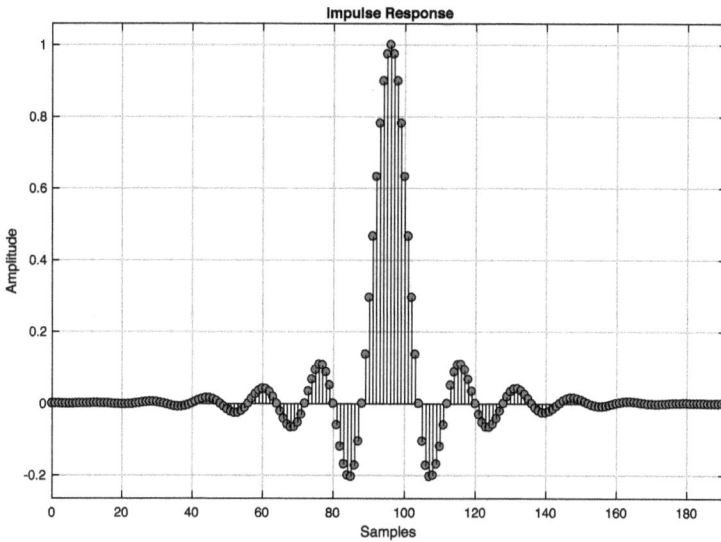

Abb. 2.48: Einheitspulsantwort des Interpolationsfilters für die Änderung der Abtastrate mit rationalem Faktor 8/3 (rational_fakt_1.m, rational_fakt1.slx).

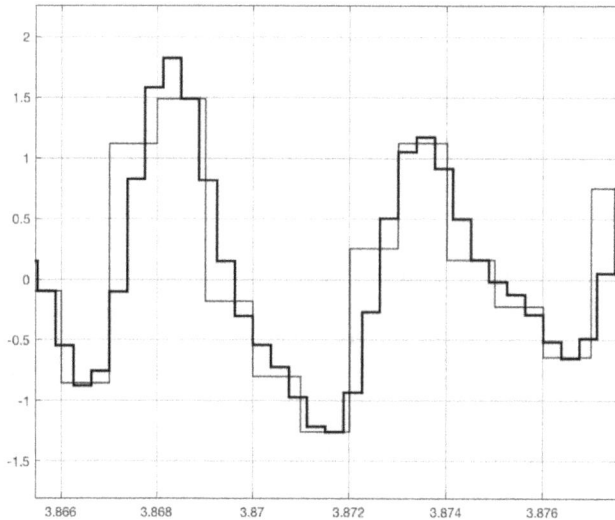

Abb. 2.49: Das Eingangssignal und das mit Faktor 8/3 interpolierte Signal (rational_fakt_1.m, rational_fakt1.slx).

gestellt. Die korrekte Ausrichtung ist mit Hilfe der *Delay*-Blöcken realisiert. Das Interpolationsfilter arbeitet bei der Abtastfrequenz $f_{s1} \cdot L$ nach dem Aufwärtstaster mit Faktor $L = 8$. Im *Delay1*-Block wird dann eine Verzögerung eingestellt, die wie folgt berechnet wird. Aus

$$\frac{n_{\text{ord1}}}{2} \cdot \frac{1}{f_{s1} \cdot L} = \text{delay}_1 \cdot \frac{1}{f_{s1}} \tag{2.35}$$

erhält man numerisch:

$$\text{delay}_1 = \frac{n_{\text{ord1}}}{2} \cdot \frac{1}{L} = \frac{192}{2} \cdot \frac{1}{8} = 12. \tag{2.36}$$

Bei der Berechnung der Verzögerung delay$_2$ muss man berücksichtigen, dass das Dezimierungsfilter, das die Verzögerung verursacht, mit der Frequenz $f_{s1} \cdot L$ arbeitet. Aus

$$\frac{n_{\text{ord2}}}{2} \cdot \frac{1}{f_{s1} \cdot L} = \text{delay}_2 \cdot \frac{1}{f_{s1} \cdot L} \tag{2.37}$$

erhält man numerisch:

$$\text{delay}_2 = \frac{n_{\text{ord1}}}{2} = \frac{72}{2} = 36. \tag{2.38}$$

Mit einer ähnlichen Überlegung ist auch die Verzögerung delay aus Block *Delay* zu berechnen, was eine gute Übung für den Leser darstellt.

In Abb. 2.49 sind das Eingangssignal und das Ausgangssignal gezeigt, das eine mit Faktor 8/3 geänderte Abtastrate besitzt und fett dargestellt ist.

2.4.4 Experiment: Simulation der Signalverarbeitung in einem 192 kHz stereo asynchron Abtastraten-Wandler von Analog Device

Als Beispiel für eine technische Realisierung mit Polyphasenfiltern, wird kurz der Analog-Device IC 1895 beschrieben und simuliert. Es ist ein 192 kHz stereo asynchron Abtastraten-Wandler in beiden Richtungen für Interpolierung und für Dezimierung. Asynchron bedeutet hier das auch rationale Faktoren möglich sind. Aus der Beschreibung der Funktionsweise des ICs im Daten-Blatt ist für die Interpolierung die Struktur aus Abb. 2.50 anzunehmen.

Es wird eine Interpolierung mit einem enormen Faktor $L = 2^{20} = 1048576$ mit L Polyphasenteilfilter der Ordnung 63 (64 Koeffizienten) benutzt. Es müssten somit 2^{20+6} Koeffizienten mit bis zu 24 Bit gespeichert werden. Um Speicherplatz zu sparen werden weniger Koeffizienten gespeichert und die restlichen durch mathematische Interpolierung berechnet.

Mit einem Ausgangstakt f_{outclock} wird abhängig vom Zeitpunkt des gewünschten Ausgangs eine Antwort eines Polyphasenfilters gewählt, wie in Abb. 2.50(b) dargestellt. In jeder Abtastperiode des Eingangssignals T_{in} wird die Stelle des Ausgangsabtastwertes berechnet und dann aus den 2^{20} möglichen Werten der geeignete gewählt.

Für die asynchrone Dezimierung, die hier nicht beschrieben wird, gibt es auch eine ähnliche Lösung mit denselben Polyphasenfiltern.

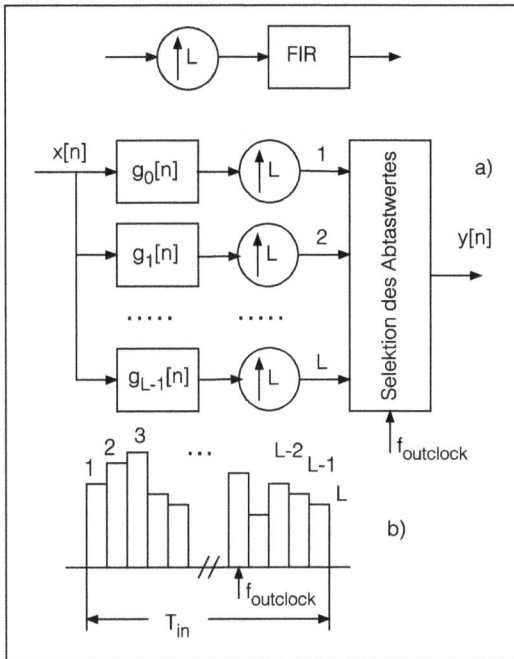

Abb. 2.50: Struktur der asynchronen Interpolierung im Analog Device IC 1895.

Im Skript sign_ad_1895_1.m und Modell sign_ad_18951.slx wird die prinzipielle Lösung für die Interpolierung simuliert. Mit

```
% -------- Parameter des Systems
L = 2^20;       % Interpolationsfaktor
fs1 = 192e3;    Ts1 = 1/fs1;
% -------- FIR-Interpolationsfilter
nord = 2^26-1;
h = fir1(nord, 2/(2*L));
g = firpolyphase(h, 2^20);   % Polyphasenteilfilter
size(g),
% -------- Aufruf der Simulation
Tsim = 0.001;
sim('sign_ad_18951',[0,Tsim]);
```

wird das Modell initialisiert und aufgerufen. Man kann die Einheitspulsantworten des FIR-Interpolationsfilters h und die der 2^{20} Polyphasenteilfiltern aus Matrix g darstellen und untersuchen. Man muss nur beachten, dass das Interpolationsfilter enorm groß ist und alles geht relativ langsam.

Das Simulink-Modell dieser Untersuchung ist in Abb. 2.51 dargestellt. Die Filterung mit den Polyphasenteilfiltern ist mit dem Block *Discrete FIR Filter* mit einem Ein-

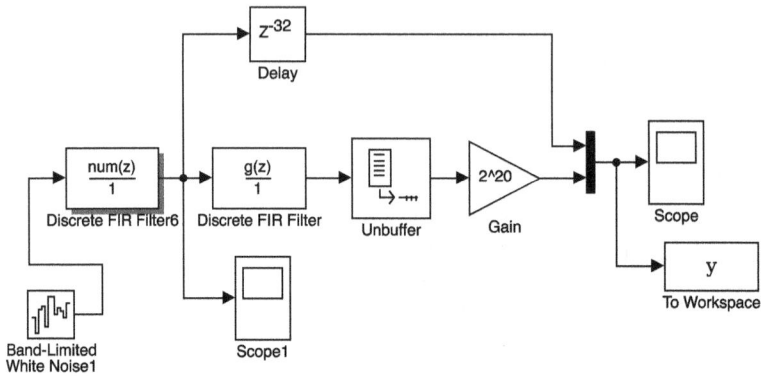

Abb. 2.51: Simulink-Modell der Interpolierung mit Faktor $L = 2^{20}$ (sign_ad_1895_1.m, sign_ad_18951.slx).

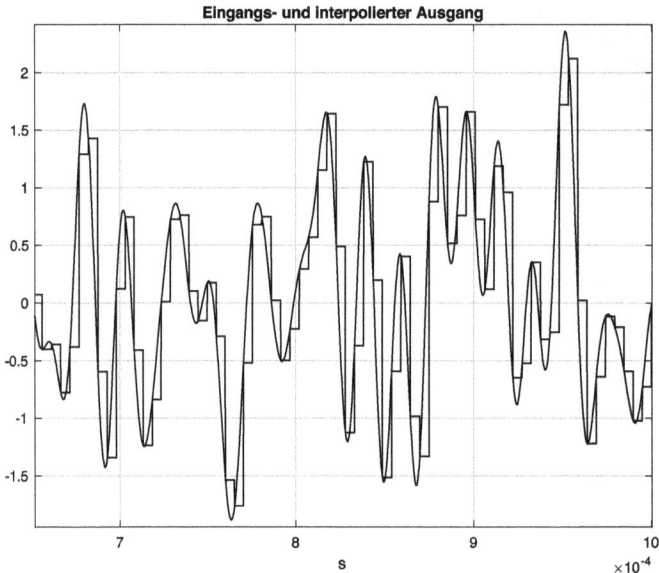

Abb. 2.52: Eingangs- und mit Faktor $L = 2^{20}$ interpoliertes Signal (sign_ad_1895_1.m, sign_ad_18951.slx).

gang und 2^{20} Ausgängen realisiert. Mit dem *Unbuffer*-Block werden diese parallelen Ausgänge serialisiert und durch $L = 2^{20}$ multipliziert um das interpolierte Signal zu bilden.

In Abb. 2.52 sind das Eingangssignal abgetastet mit 192 kHz und das interpolierte Ausgangssignal abgetastet mit $192e^3 \times 2^{20} = 201,3$ GHz dargestellt. Eine Hardware die bei einer Frequenz von 200 GHz arbeitet ist nicht so leicht vorstellbar. Wahrscheinlich wird für 192 kHz ein viel kleinerer Interpolationsfaktor benutzt.

Zu bemerken sei, dass in dieser Simulation sehr große Datenmengen und große Matrizen vorkommen und das bedeutet viel Geduld auch wenn man einen schnellen Computer benutzt. So z. B. mit `stem(h)` möchte man die Einheitspulsantwort des Interpolationsfilters darstellen. Der Promt >> in dem Komandofenster erscheint gleich und gewöhnlich signalisiert er die Durchführung der Anweisung, die Darstellung der 2^{26} Werte dauert aber viel länger.

Für die Darstellung der Ergebnisse in einer Millisekunde fallen 201326592 Werte für das Ausgangssignal an. Wenn man dann mit der Zoom-Funktion einen Ausschnitt sichten möchte, muss man entsprechend lange warten.

2.5 Die *Interpolated*-FIR Filter

Es werden zuerst die *Interpolated*-FIR-Filter (kurz IFIR-Filter) [6, 22, 24] eingeführt und danach die Vorteile des Einsatzes dieser Filter für die Dezimierung und Interpolierung beschrieben. Die IFIR-Filter sind besonders für Tiefpassfilter mit sehr kleiner Bandbreite bzw. Hochpassfilter mit sehr großer Bandbreite und mit steilen Übergängen vom Durchlassbereich in den Sperrbereich geeignet. Sie benötigen weniger Koeffizienten und somit benötigen sie eine reduzierte Anzahl von Multiplikationen im Vergleich zu den konventionellen FIR-Filtern.

Beim klassischen Entwurf der FIR-Filter steigt die Anzahl der Koeffizienten mit der Steilheit des Übergangsbereichs und Reduzierung der Bandbreite.

2.5.1 Die IFIR-Filter

Bei den IFIR-Filtern wird zuerst ein FIR-Filter mit einer Übergangsbreite entwickelt, die um den Faktor L größer als der gewünschte Wert ist.

In Abb. 2.53 ist das Prinzip des IFIR-Filters erläutert. Angenommen man möchte ein FIR-Filter mit einem Amplitudengang, der ganz oben dargestellt ist, entwickeln. Hier werden absolute und relative Frequenzen angegeben. Die relative Durchlassfrequenz von 0,04 und der Übergang in relativen Frequenzen gleich 0,05 – 0,04 = 0,01 sind kleine Werte und ein konventionelles Filter benötigt sehr viele Koeffizienten.

Als Beispiel, wählt man einen Faktor $L = 5$ und das führt auf das Filter mit dem Amplitudengang aus Abb. 2.53(b). Die Durchlassfrequenz und die Übergangsfrequenz in relativen Werten zur neuen Abtastfrequenz sind 0,2 bzw. 0,25 − 0,2 = 0,05. Für solche Werte ergibt sich ein FIR-Filter mit viel weniger Koeffizienten.

Dieses Filter mit der Übertragungsfunktion $H_a(z)$ wird mit $L - 1$ Nullwerten expandiert. Aus $H_a(z)$

$$H_a(z) = h_0 + h_1 z^{-1} + h_2 z^{-2} + \cdots + h_m z^{-m} \tag{2.39}$$

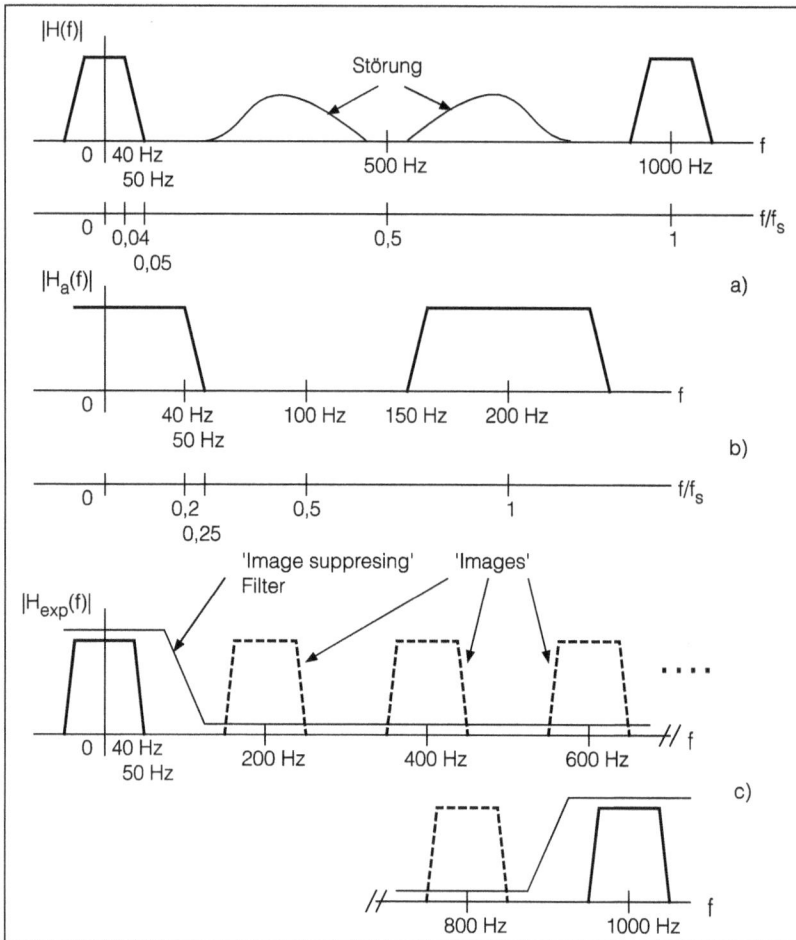

Abb. 2.53: Prinzip des IFIR-Filters.

erhält man eine Übertragungsfunktion $H_{exp}(z) = H_a(z^L)$:

$$H_{exp}(z) = H_a(z^L) = h_0 + h_1 z^{-L} + h_2 z^{-2L} + \cdots + h_m z^{-mL}. \tag{2.40}$$

Der Amplitudengang des expandierten Filters ist in Abb. 2.53(c) dargestellt. Die Expansion der Einheitspulsantwort im Zeitbereich mit den $L-1$ Nullwerten, die zu der Übertragungsfunktion $H_{exp}(z)$ geführt hat, ergibt eine Stauchung des Frequenzgangs, so dass die ursprünglichen Spezifikationen (gemäß Abb. 2.53(a)) erfüllt werden. Wegen den Nullwerten bleibt die Anzahl der Multiplikationen im Filter $H_{exp}(z)$ gleich mit der Anzahl der Multiplikationen im Filter $H_a(z)$.

Die Expansion der Koeffizienten hat allerdings den Nachteil, dass im Frequenzbereich von 0 bis f_s genau $L-1$ zusätzliche, gestaute Repliken (englisch *Images*) des

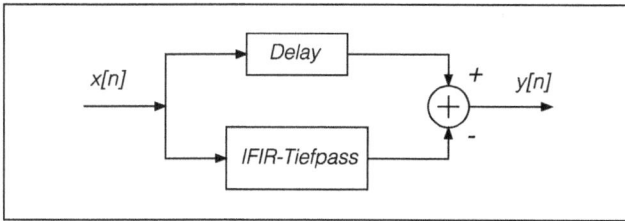

Abb. 2.54: Anordnung für ein IFIR-Hochpassfilter mit großer Bandbreite.

gewünschten Frequenzgangs erscheinen. Sie sind in Abb. 2.53(c) durch gestrichelte Linien dargestellt. Diese Repliken werden danach mit einem sogenannten *Image Suppressing* Filter unterdrückt. Die Repliken liegen im Abstand $k \cdot f_s/L$, $k = 1, 2, \ldots, L-1$ und in der Regel reicht ein Filter mit einem relativ breiten Übergangsbereich zu ihrer Unterdrückung aus, wie aus Abb. 2.53(c) zu sehen ist.

Zu bemerken ist, dass bei der Implementierung der IFIR-Filter die beiden Filter separat implementiert werden müssen, weil nur so die Einsparung in der Anzahl der Multiplikationen zustande kommt. Wenn man die Einheitspulsantworten der beiden Filter falten würde, um nur ein Filter zu erhalten, dann gäbe es keine Nullkoeffizienten mehr. Die Reihenfolge der Filter spielt keine Rolle.

Für die Realisierung eines IFIR-Hochpassfilters mit großer Bandbreite wird die Struktur aus Abb. 2.54 benutzt. Das IFIR-Tiefpassfilter mit sehr kleiner Bandbreite unterdrückt in der Differenz am Ausgang den Bereich dieser Bandbreite. Die Signale für die Differenzbildung müssen korrekt ausgerichtet werden. Dazu dient die Verzögerung im Block *Delay*. Diese ist gleich mit der Verzögerung durch das *Image Suppresing*-Filter plus der Verzögerung durch das expandierte Filter.

2.5.2 Experiment: Untersuchung eines IFIR-Filters

Es wird das IFIR-Filter entwickelt, mit einem Amplitudengang, der in Abb. 2.53(a) skizziert ist und der die Störung aus dem Sperrbereich unterdrücken soll. Im Skript IFIR_1.m und Modell IFIR1.slx ist die Untersuchung programmiert. Zuerst wird das zu expandierende Filter gemäß den Spezifikationen aus Abb. 2.53(b) entwickelt:

```
% -------- Das zu expandierende FIR-Filter
fs = 1000;      % Abtastfrequenz des IFIR
L = 5;          % Expandierungsfaktor
fs1 = fs/L;     % Abtastfrequenz des zu expandierenden Filters
fdr = 40/fs1;   % Relative Durchlassfrequenz
fst = 50/fs1;   % Relative Sperrfrequenz
nord_a = 90;    % Ordnung des zu expandierenden Filters
ha = firpm(nord_a, [0,fdr,fst,0.5]*2,[1,1,0, 0], [1,10]);
```

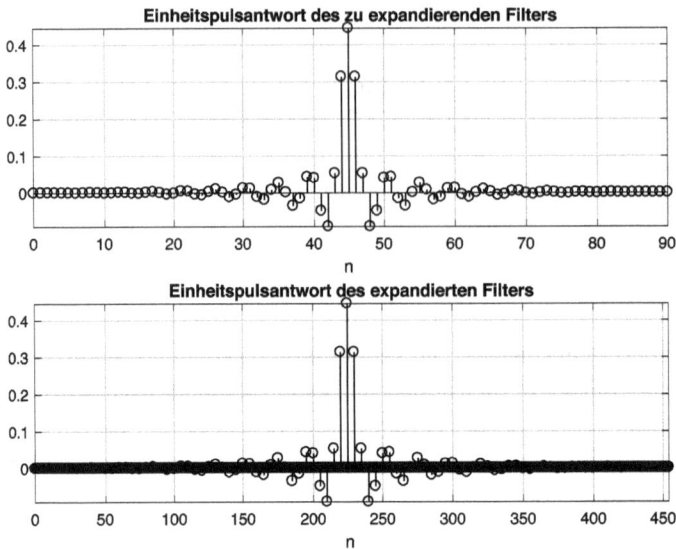

Abb. 2.55: Einheitspulsantwort des zu expandierenden und des expandierten Filters (IFIR_1.m, IFIR1.slx).

Die Einheitspulsantwort ha wird mit der Funktion **firpm**, welche das Parks McClellan Optimierungsverfahren [17] benutzt, berechnet. Hier kann man die Eckpunkte für den Amplitudengang in zwei Vektoren angeben und zusätzlich zwei Gewichtungswerte, welche die Wichtigkeit des Durchlassbereichs relativ zum Sperrbereich definieren, wählen. Es wurde der Sperrbereich 10 mal wichtiger angenommen.

Danach wird das mit $L - 1$ Nullwerten expandierte Filter berechnet:

```
% -------- Expandiertes Filter
hexp = zeros(1,(nord_a+1)*L);      % Initialisierung
hexp(1:L:end) = ha;    % Mit Nullwerten expandiertes Filter
```

In Abb. 2.55 sind die Einheitspulsantworten der zwei Filter dargestellt. Mit der Zoom-Funktion der Darstellung kann man die Nullwerte in der Einheitspulsantwort des expandierten Filters beobachten.

Abb. 2.56 zeigt oben den Amplitudengang des zu expandierenden Filters und darunter den Amplitudengang des expandierten Filters. Man erkennt die vier Repliken wegen der Expansion mit $L - 1 = 4$ Nullwerten. Die Lücke in der Umgebung der Frequenz 100 Hz (und 900 Hz) zeigt, dass das *Image Suppression* Filter einen relativ großen Übergangsbereich haben kann und mit weniger Koeffizienten zu entwickeln ist:

```
% -------- Das 'Image Suppressing' FIR-Filter
fdi = 50/fs;    % Relative Durchlassfrequenz
fsti = 140/fs;  % Relative Sperrfrequenz
nordi = 70;
```

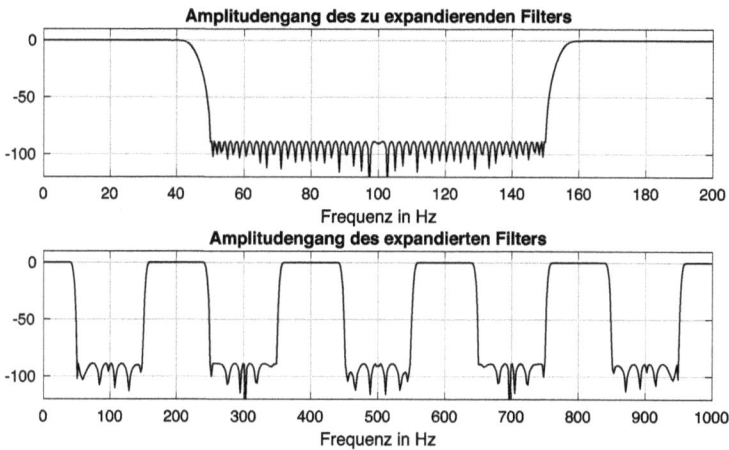

Abb. 2.56: Amplitudengang des zu expandierenden und des expandierten Filters (IFIR_1.m, IFIR1.slx).

```
himag = firpm(nordi,[0,fdi,fsti,0.5]*2,[1,1,0,0],[10,1]);
                 % Image Suppressing Filter
[Himag,w] = freqz(himag,1,'whole');   % Frequenzgang
```

In Abb. 2.57 ist der Amplitudengang des expandierten Filters mit den vier Repliken und der Amplitudengang des *Image Suppressing* Filters dargestellt. Die Repliken werden sehr gut unterdrückt.

Um den Amplitudengang des ganzen IFIR-Filters zu bestimmen, werden die Einheitspulsantworten der zwei FIR-Filter gefaltet und daraus der Frequenzgang ermittelt:

```
hifir = conv(himag, hexp);
[Hifir,w] = freqz(hifir,1,'whole');   % Frequenzgang
```

Die Darstellung dieses Amplitudengangs wird später in Abb. 2.62 gezeigt. Mit dem Simulink-Modell aus Abb. 2.58 wird das Filter zur Unterdrückung eines Störsignals vom Eingang, das Anteile im Sperrbereich des Filters besitzt (Abb. 2.53(a)) untersucht. Das Eingangsnutzsignal ist ein sinusförmiges Signal mit einer Frequenz von 20 Hz, das im Durchlassbereich des Filters liegt. Das Störsignal mit Leistungsanteile im Bereich von 200 Hz bis 400 Hz wird mit dem Filter *Discrete FIR Filter* erzeugt.

In Abb. 2.59 ist die spektrale Leistungsdichte des Nutz- und des Störsignals, so wie es am *Spectrum Analyser* dargestellt ist, gezeigt. Im Modell wird zuerst das *Image Suppressing* Filter platziert, weil später für die Dezimierung und Interpolierung mit IFIR-Filtern, diese Reihenfolge wichtig ist.

Das mit der Störung überlagerte Eingangssignal und das gefilterte Signal sind in Abb. 2.60 dargestellt. Man sieht, dass das Störsignal sehr gut unterdrückt wird. Aus

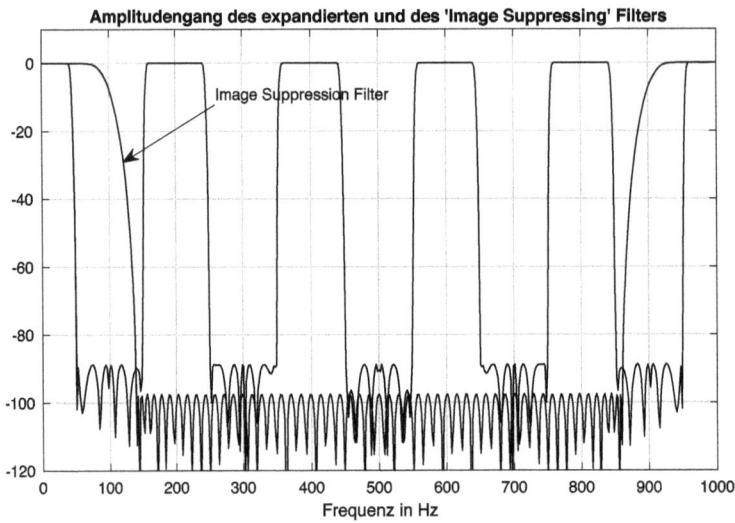

Abb. 2.57: Amplitudengang des expandierten und des *Image Suppressing* Filters (IFIR_1.m, IFIR1.slx).

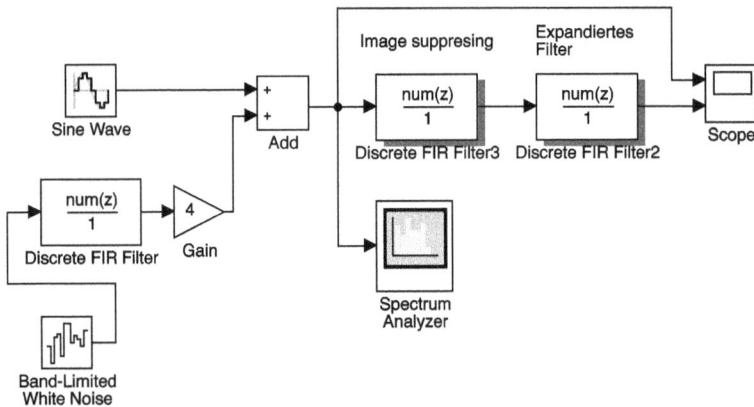

Abb. 2.58: Simulink-Modell des IFIR-Filters (IFIR_1.m, IFIR1.slx).

dem Amplitudengang aus Abb. 2.57 kann man eine Dämpfung im Sperrbereich von −90 dB schätzen.

Die Ordnungen der Filter wurden durch Versuche über die Sichtung der Amplitudengänge gewählt. Dem Leser wird empfohlen mit verschiedenen Ordnungen die Simulation zu starten.

Im Skript ist auch das komplementäre IFIR-Hochpassfilter aus dem IFIR-Tiefpassfilter gemäß Struktur aus Abb. 2.54 berechnet. Abb. 2.61 zeigt ganz oben die Einheitspulsantwort des Verzögerungsglieds, danach die Einheitspulsantwort des IFIR-

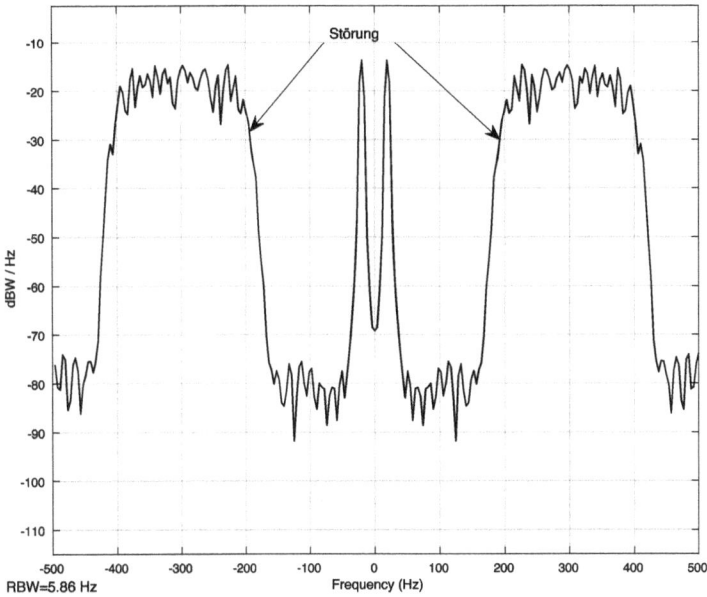

Abb. 2.59: Spektrale Leistungsdichte des Eingangssignals (IFIR_1.m, IFIR1.slx).

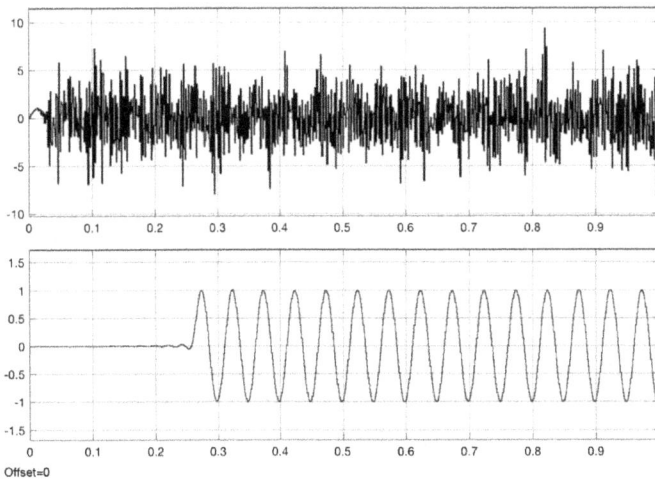

Abb. 2.60: Eingangssignal mit Störung und gefiltertes Ausgangssignal (IFIR_1.m, IFIR1.slx).

Tiefpassfilters und deren Differenz als Einheitspulsantwort des IFIR-Hochpassfilters. Die Ermittlung der Einheitspulsantwort des IFIR-Hochpassfilters wird mit folgenden Zeilen im Skript durchgeführt:

```
% -------- Frequenzgang des komplementären IFIR-HP-Filters
k = find(hifir == max(hifir));
```

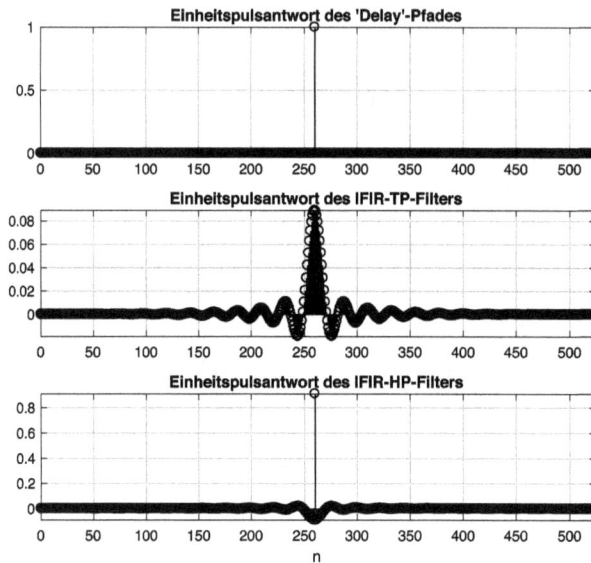

Abb. 2.61: Einheitspulsantwort des Verzögerungsglieds und des IFIR-Tiefpassfilters bzw. des IFIR-Hochpassfilters (IFIR_1.m, IFIR1.slx).

```
          % Stelle des Maximalwertes des IFIR-TP
hifir_hp = - hifir;              % Für die Differenz
hifir_hp(k) = 1-hifir(k);
          % Differenz an Stelle des Maximalwertes
nh = length(hifir_hp);
hdelay = zeros(1,nh);
          % Einheitspulsantwort des Verzögerungsglieds
hdelay(k) = 1;
Hifir_hp = freqz(hifir_hp,1,'whole');   % Frequenzgang
```

Die Anzahl der Multiplikationen, die für das IFIR-Filter notwendig sind, ergibt sich aus der Anzahl der Koeffizienten des zu expandierenden Filters gleich 90 + 1 und aus der Anzahl der Koeffizienten des *Image Suppressing* Filters gleich 70 + 1, insgesamt 162 Multiplikationen.

In einem klassischen Entwurf des FIR-Filters würde man für die relative Durchlassfrequenz von 0,04 gemäß der Gl. (1.82) nur 125 Koeffizienten benötigen. Mit dieser Anzahl kann man aber nicht die Steilheit des Übergangsbereichs von 0,04 zu 0,05 (0,01) erhalten. Durch Versuche mit der Funktion **firpm** kommt man auf eine Anzahl Koeffizienten gleich 512 und das bedeutet einen viel größeren Aufwand.

In MATLAB in der *DSP System Toolbox* gibt es die Funktion **ifir** mit der man IFIR-Filter berechnen kann. Im Skript IFIR_2.m und Modell IFIR2.slx wird ein IFIR-Hochpassfilter mit dieser Funktion entwickelt und untersucht. Mit

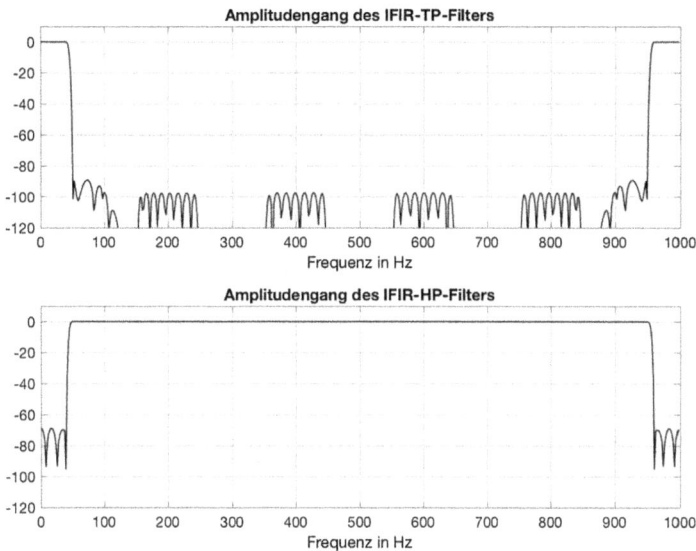

Abb. 2.62: Amplitudengang des IFIR-Tiefpassfilters und des IFIR-Hochpassfilters (IFIR_1.m, IFIR1.slx).

```
% -------- IFIR mit der Funktion ifir
fs = 1000;      % Abtastfrequenz des IFIR-Filters
L = 5;          % Expandierungsfaktor
Rp = 0.001;     % Welligkeit im Durchlassbereich (linear)
Rst = 0.0001;   % Dämpfung im Sperrbereich
fdr = 0.04;     % Relative Durchlassfrequenz des IFIR-Filters
fst = 0.05;     % Relative Sperrfrequenz
[h,g,d] = ifir(L,'high',[fdr,fst]*2,[Rp,Rst]);
delay = find(d==1),
```

wird das Filter für eine Welligkeit im Durchlassbereich Rp=0.001 (absolut) und Dämpfung im Sperrbereich Rp=0.0001 (–40 dB) berechnet. In d wird ein Vektor geliefert, der aus Nullwerten bis zur Stelle der Verzögerung, wo ein Wert eins liegt, besteht. Diese Verzögerung ist für das Hochpassfilter mit einer Struktur gemäß Abb. 2.54 notwendig. Im Vektor h ist die Einheitspulsantwort des expandierten Filters geliefert und im Vektor g ist die Einheitspulsantwort des *Image Suppressing* Filters geliefert. Die Einheitspulsantwort h ist schon mit Minusvorzeichen gegeben, so dass in der Struktur statt eine Subtraktion eine Addition vorzusehen ist.

In Abb. 2.63 sind die Einheitspulsantworten des expandierten und des *Image Suppressing* Filters dargestellt. Mit der Zoom-Funktion kann man die mit Nullwerten expandierte Einheitspulsantwort sehen.

Die Amplitudengänge der Filter sind in Abb. 2.64 gezeigt. Bei der Entwicklung des *Image Suppressing* Filters ist zu beachten, dass die Funktion **ifir** ein Optimierungs-

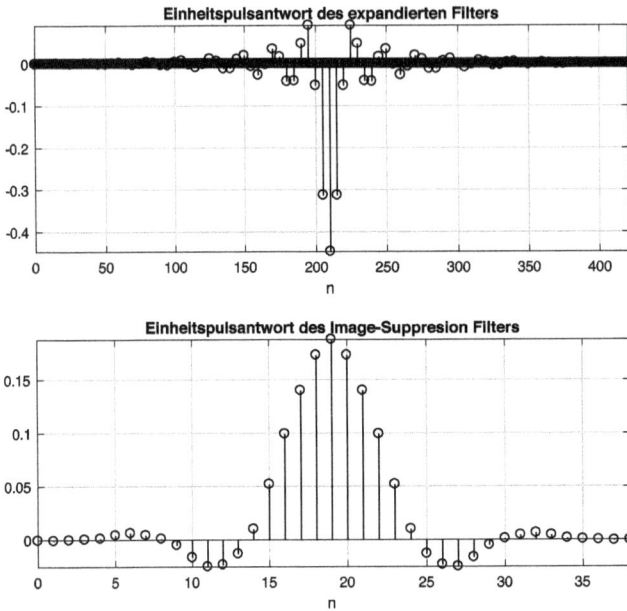

Abb. 2.63: Einheitspulsantworten des expandierten und des „Image Suppressing" Filters für den IFIR-Tiefpassfilter (IFIR_2.m, IFIR2.slx).

verfahren mit *Don't care regions* oder Bereiche, die bei der Optimierung nicht wichtig sind, benutzt. Diese Bereiche werden mit dem expandierten Filter unterdrückt.

Für den Sperrbereich des IFIR-Hochpassfilters ist die Welligkeit im Durchlassbereich des IFIR-Tiefpassfilters, wegen der Differenz, sehr wichtig. Der Leser kann die Welligkeit Rp ändern und die Änderung der Dämpfung im Sperrbereich des IFIR-Filters beobachten.

Das Simulink-Modell IFIR2.slx ist wie das vorherige Modell (IFIR1.slx) aufgebaut. Die Eingangssignale sind die gleichen und das IFIR-Hochpassfilter unterdrückt jetzt das sinusförmige Signal. Mit Hilfe der *Spectrum Analyse*-Blöcke kann man den Einfluss des IFIR-Hochpassfilters auf diese Eingangssignale beobachten.

2.5.3 Experiment: Dezimierung mit IFIR-Filtern

Wenn das IFIR-Tiefpassfilter für eine Dezimierung eingesetzt wird, kann man statt der konventionellen Form gemäß Abb. 2.65(a) die äquivalente Form aus Abb. 2.65(b) benutzen. Im Skript decim_IFIR_1.m und Simulink-Modell decim_IFIR_1.m ist so eine Dezimierung simuliert. Mit

```
% -------- IFIR mit der Funktion ifir
fs = 1000;      % Abtastfrequenz des IFIR-Filters
```

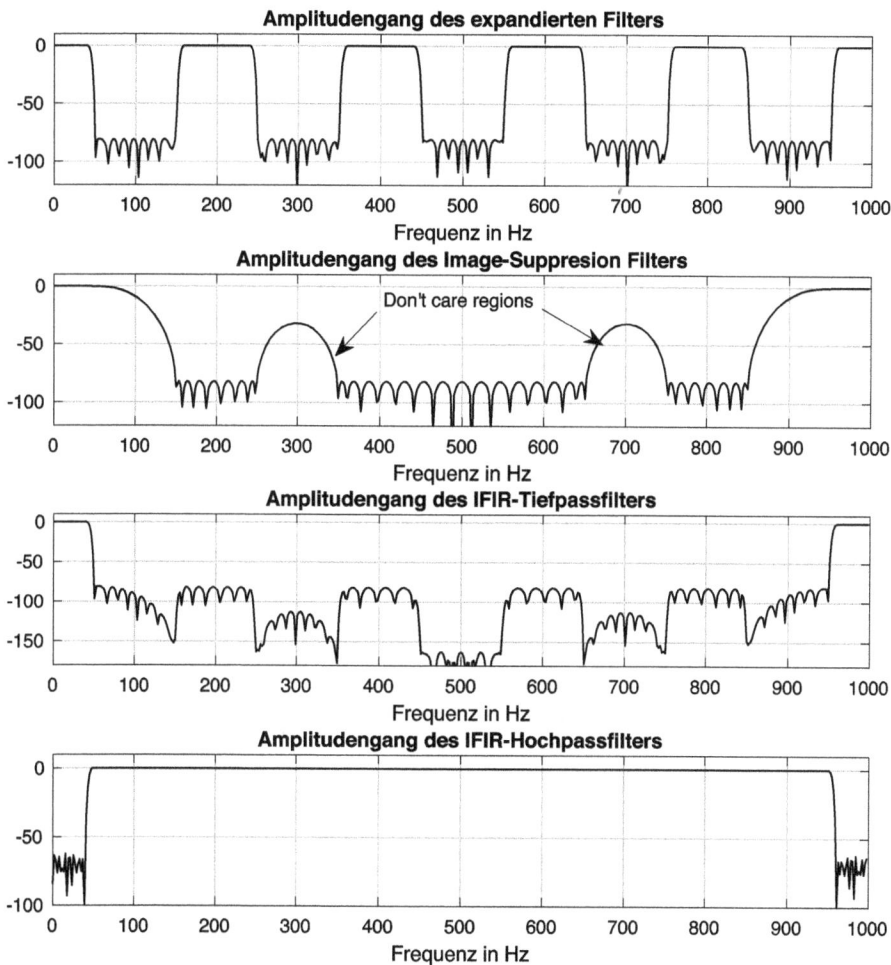

Abb. 2.64: Amplitudengang des expandierten, des „Image Suppressing"Filters, des IFIR-
Tiefpassfilters und des IFIR-Hochpassfilters (IFIR_2.m, IFIR2.slx).

```
M = 10;          % Expandierungsfaktor
Rp = 0.001;      % Welligkeit im Durchlassbereich (linear)
Rst = 0.0001;    % Dämpfung im Sperrbereich
fdr = 30/fs;   % Relative Durchlassfrequenz des IFIR-Filters
fst = 40/fs;     % Relative Sperrfrequenz
[h,g] = ifir(M,'low',[fdr,fst]*2,[Rp,Rst]);
h = h(1:M:end); % Nicht expandiertes Filter
```

werden das expandierte und das *Image Suppressing* Filter berechnet und dann die
Nullwerte des expandierten Filters entfernt. In Abb. 2.66 sind die Einheitspulsantworten dieser zwei Filter dargestellt.

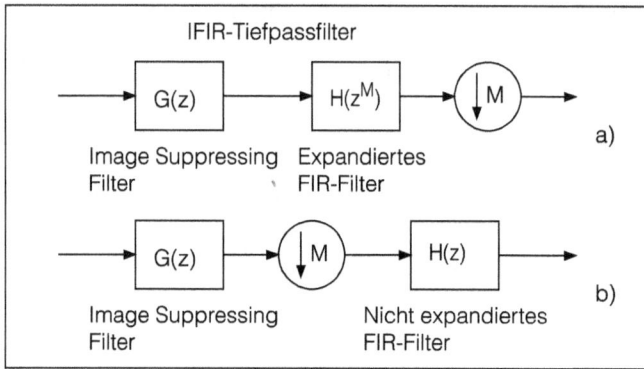

Abb. 2.65: Äquivalente Formen für die Dezimierung mit IFIR-Filtern.

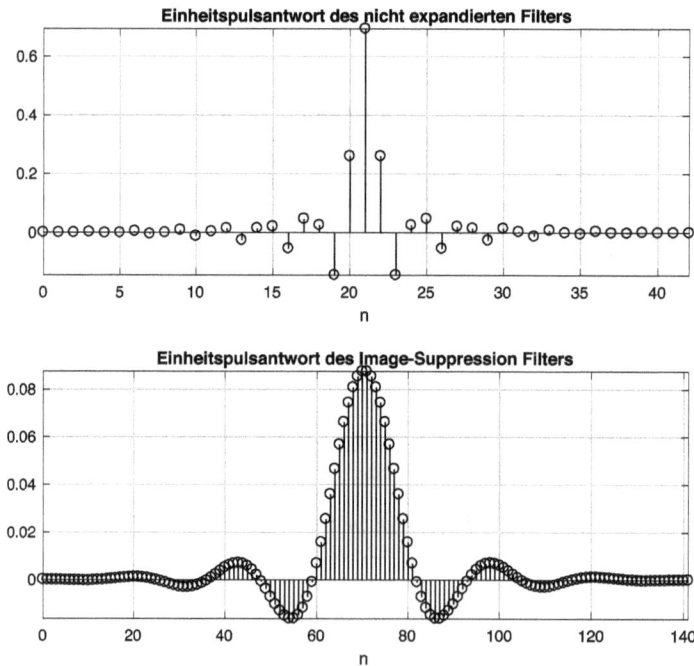

Abb. 2.66: Einheitspulsantworten des nicht expandierten und des "Image Suppressing" Filters (decim_IFIR_1.m, decim_IFIR1.slx).

Das Simulink-Modell ist in Abb. 2.67 gezeigt. Mit Hilfe eines elliptischen Filters wird ein bandbegrenztes Zufallssignal mit konstanter spektraler Leistungsdichte bis 30 Hz bei einer Abtastfrequenz von 1000 Hz erzeugt.

In Abb. 2.68 ist ein Ausschnitt des verzögerten Eingangs- und des dezimierten Signals dargestellt. Für die Verzögerung erhält man eine rationale statt ganze Zahl. Mit

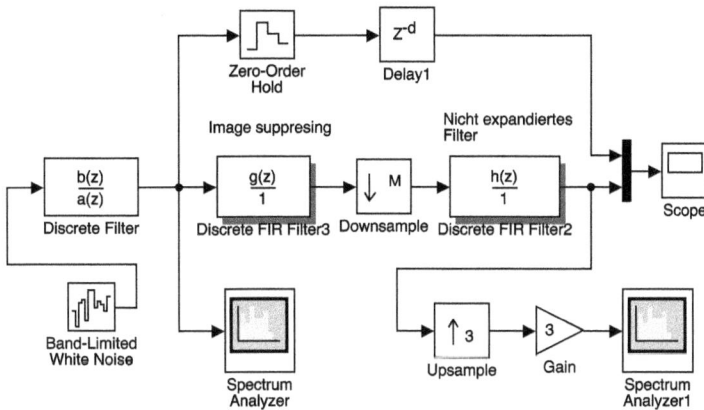

Abb. 2.67: Simulink-Modell der Dezimierung mit IFIR-Filter (decim_IFIR_1.m, decim_IFIR1.slx).

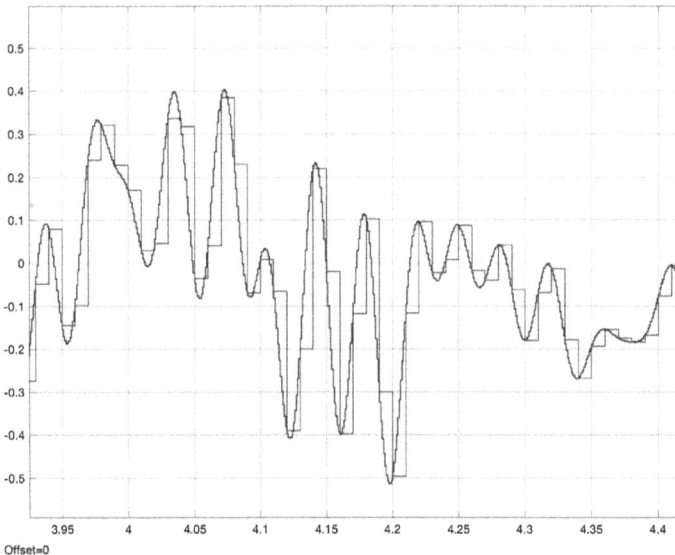

Abb. 2.68: Das Eingangssignal und das mit IFIR-Filter dezimierte Signal (decim_IFIR_1.m, decim_IFIR1.slx).

dem *Zero-Order Hold*-Block wird die Abtastfrequenz für diesen Pfad mit 10 erhöht (10000 Hz) und dadurch wird die Verzögerung eine ganze Zahl, die 10 mal größer als die für die Eingangsabtastfrequenz von 1000 Hz ist.

Über die Blöcke *Upsample, Gain* und *Spectrum Analyser1* wird die spektrale Leistungsdichte nach der Dezimierung über 3 Perioden dargestellt, wie in Abb. 2.69 gezeigt, um zu sehen, dass kein *Aliasing* durch die Dezimierung entstanden ist. In dieser Darstellung ist der Frequenzbereich von −150 Hz bis 150 Hz gezeigt. Auch die spektra-

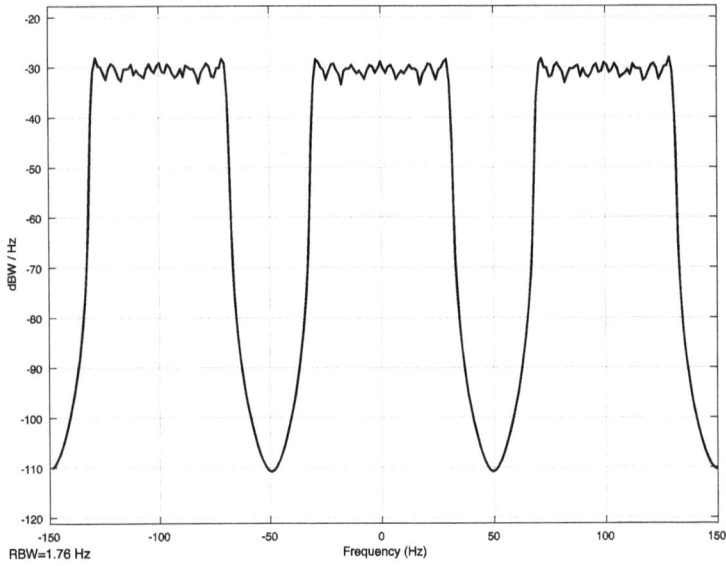

Abb. 2.69: Spektrale Leistungsdichte über drei Perioden dargestellt (decim_IFIR_1.m, decim_IFIR1.slx).

le Leistungsdichte des Eingangssignals kann mit so einer Kette über mehrere Perioden dargestellt werden.

2.5.4 Experiment: Interpolierung mit IFIR-Filter

IFIR-Filter können auch für die Interpolierung effizient eingesetzt werden. Der konventionellen Form aus Abb. 2.70(a) entspricht die äquivalente Form aus Abb. 2.70(b).

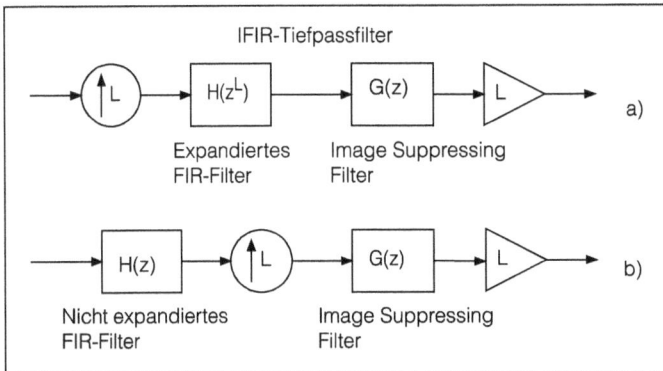

Abb. 2.70: Äquivalente Form der Interpolierung mit IFIR-Filtern.

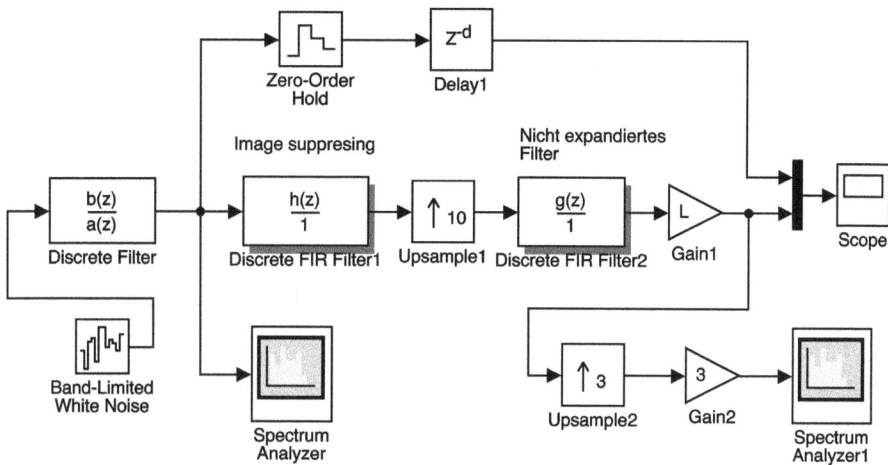

Abb. 2.71: Simulink-Modell der Interpolierung mit IFIR-Filtern (interp_IFIR_1.m, interp_IFIR1.slx).

Es wird eine Interpolierung mit dieser äquivalenten Form im Skript interp_IFIR_1.m und Modell interp_IFIR1.slx aus Abb. 2.71 simuliert. Der Interpolationsfaktor ist $L = 10$ und die Abtastfrequenz des interpolierten Signals ist $f_s = 1000$ Hz.

Es wird von einem bandbegrenzten Zufallssignal mit Abtastfrequenz $f_{s1} = f_s/L = 100$ Hz ausgegangen. Die Bandbegrenzung auf 30 Hz wird mit einem elliptischen Filter realisiert, wie bei der Dezimierung mit IFIR-Filter. Das IFIR-Filter wird auch hier mit der Funktion **ifir** berechnet:

```
fs = 1000;        % Abtastfrequenz des IFIR-Filters
L = 10;           % Expandierungsfaktor (Interpolierungsfaktor)
Rp = 0.001;       % Welligkeit im Durchlassbereich (linear)
Rst = 0.0001;     % Dämpfung im Sperrbereich
fdr = 30/fs;      % Relative Durchlassfrequenz des IFIR-Filters
fst = 40/fs;      % Relative Sperrfrequenz
[h,g] = ifir(L,'low',[fdr,fst]*2,[Rp,Rst]);
h = h(1:L:end);   % Nicht expandiertes Filter
fs1 = fs/L;       % Abtastfrequenz des Eingangssignals
```

In Abb. 2.72 ist die spektrale Leistungsdichte des bandbegrenzten zufälligen Eingangssignals dargestellt, so wie es auf dem *Spectrum Analyser*-Block angezeigt ist. Die spektrale Leistungsdichte des interpolierten Signals, die auf dem *Spectrum Analyser1*-Block angezeigt wird, ist in Abb. 2.73 dargestellt. Sie ist über drei Perioden des Spektrums gezeigt. Die mit dem *Image Suppressing* Filter unterdrückten Repliken des Spektrums sind noch zu sehen.

Hier arbeitet das *Image Suppressing* Filter bei der niedrigen Eingangsfrequenz und das nicht expandierte Filter arbeitet bei der Frequenz des interpolierten Signals. Das muss man bei der Bestimmung der Verzögerung im Block *Delay1* berücksichtigen:

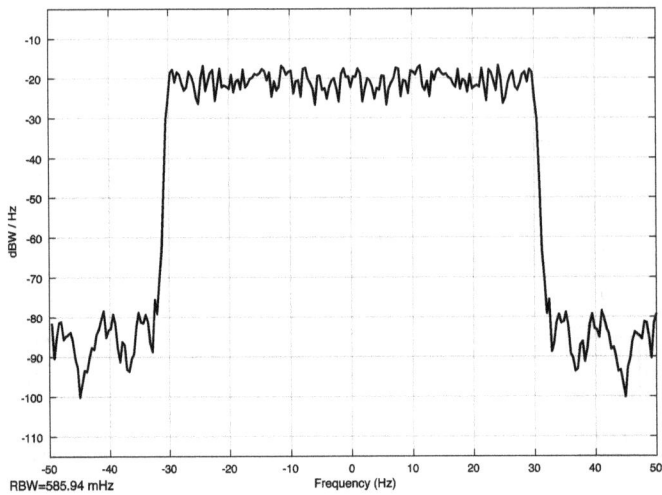

Abb. 2.72: Spektrale Leistungsdichte des zufälligen Eingangssignals (interp_IFIR_1.m, interp_IFIR1.slx).

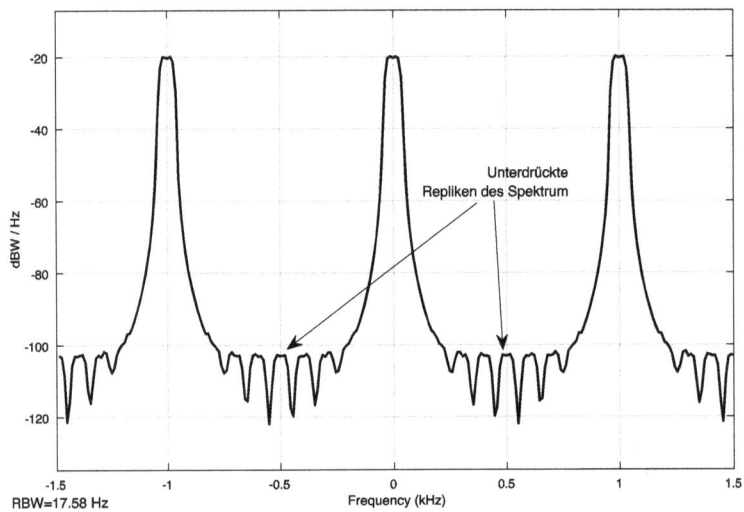

Abb. 2.73: Spektrale Leistungsdichte des interpolierten Signals (interp_IFIR_1.m, interp_IFIR1.slx).

```
delay = L*((length(h)-1)*L/2 + (length(g)-1)/2),
delay = fix(delay),
```

Dieser Block arbeitet bei einer Abtastfrequenz gleich $f_s L = 10000$ Hz, so dass man eine ganze Zahl für die Verzögerung erhält.

2.5.5 Experiment: Interpolierung aperiodischer, deterministischer Signale

Es wird ein Interpolationexperiment mit dem Skript `interp_det_aper_1.m` programmmiert, in dem ein aperiodisches deterministisches bandbegrenztes Signal verwendet wird. In den vorherigen Experimenten wurden sehr oft stationäre bandbegrenzte Zufallssignale oder stationäre deterministische Signale verwendet. Das Prinzip der gezeigten Interpolierung kann auch für aperiodische deterministische Signale verwendet werden.

Für die Erzeugung des Signals wird die MATLAB-Funktion **fir2** benutzt. Sie ist eigentlich vorgesehen für die Entwicklung von FIR-Filtern basierend auf der Abtastung des gewünschten Frequenzgangs. Man definiert mit zwei Vektoren die Eckpunkte des gewünschten Amplitudengangs. Diese enthalten die Frequenzen und Amplitudenwerte der Eckpunkte im ersten Nyquist-Bereich.

Wenn man den gewünschten Amplitudengang so definiert, dass bei der relativen Frequenz $f/f_s \leq 0{,}5$ der Amplitudengang null ist, hat man nachher über die inverse DFT eine bandbegrenzte Sequenz. Sie stellt die Einheitspulsantwort des FIR-Filters mit dem so definierten Amplitudengang und spielt hier die Rolle des bandbegrenzten Eingangssignals:

```
% -------- Erzeugung des bandbegrenzten Signals
f = [0, 0.3, 0.4, 0.5];   % Eckpunkte des Amplitudenspektrums
a = [0,1,0,0];            % Die entsprechenden Beträge
nord = 31;                % nord + 1 = Länge des Signals
x = fir2(nord,f*2,a);
             % Das Signal mit der Funktion fir2 ermittelt
n = 0:nord;
%#############
%x = sin(2*pi*n/5).*exp(-n/10).^2;
             % Eine Variante für das
%x = x.*hann(nord+1)';            % Eingangssignals
%#############
nfft = 256;
Hx = fft(x,nfft);        % Überprüfen des Spektrums
```

In Abb. 2.74 ist oben die Sequenz x dargestellt und darunter der Betrag ihrer DFT gezeigt. Es folgt die Expandierung der Sequenz mit $L - 1 = 4$ Nullzwischenwerten. Das führt dazu, dass im Spektrum $L - 1$ Zwischenrepliken erscheinen. Mit

```
L = 5;                   % Expandierungsfaktor
xexp = zeros(1, (nord+1)*L);
                % Initialisierung für die Nullerweiterung
xexp(1:L:end) = x;       % Expandieren mit Nullwerten
nexp = length(xexp);
```

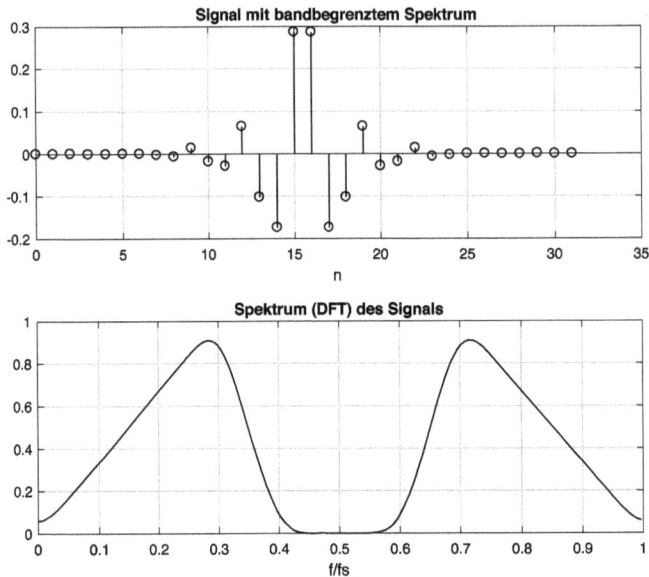

Abb. 2.74: Das bandbegrenzte Signal und der Betrag der DFT (interp_det_aper_1.m).

```
Hxexp = fft(xexp);        % Spektrum des expandierten Signals
```

wird die expandierte Sequenz und ihre DFT berechnet.

In Abb. 2.75 ist ganz oben die expandierte Sequenz und darunter ihre DFT dargestellt. Man erkennt die vier Repliken des Spektrums, die man entfernen muss. Mit folgenden Anweisungen im Skript wird dies realisiert:

```
n1 = round(nexp*0.1),     % Bereich der Repliken des Spektrums
n2 = nexp-n1 + 2,         % Sichern der Symmetrie der DFT
Hexp1 = Hxexp;
Hexp1(n1:n2) = 0;         % Entfernung der Repliken
```

Es werden mit n1,n2 die Stützstellen der DFT (Bins der DFT) ermittelt, zwischen denen die DFT-Werte auf null gesetzt werden. Es müssen ganze Werte sein und zusätzlich muss die Symmetrie der DFT, die zu reellen Werten durch die inverse DFT führt, gesichert werden. Ganz unten in Abb. 2.75 sind die Beträge der DFT ohne Zwischenrepliken dargestellt. Die inverse DFT ergibt dann die interpolierte Sequenz, die in Abb. 2.76 zusammen mit der ursprünglichen Sequenz dargestellt sind. Mit der Zoom-Funktion kann man sich überzeugen, dass die Werte der ursprünglichen Sequenz in der interpolierten Sequenz unverändert vorkommen.

Die Interpolierung kann auch mit Interpolationsfilter realisiert werden:

```
% -------- Interpolation mit FIR-Tiefpassfiltern
nord1 = 256;
```

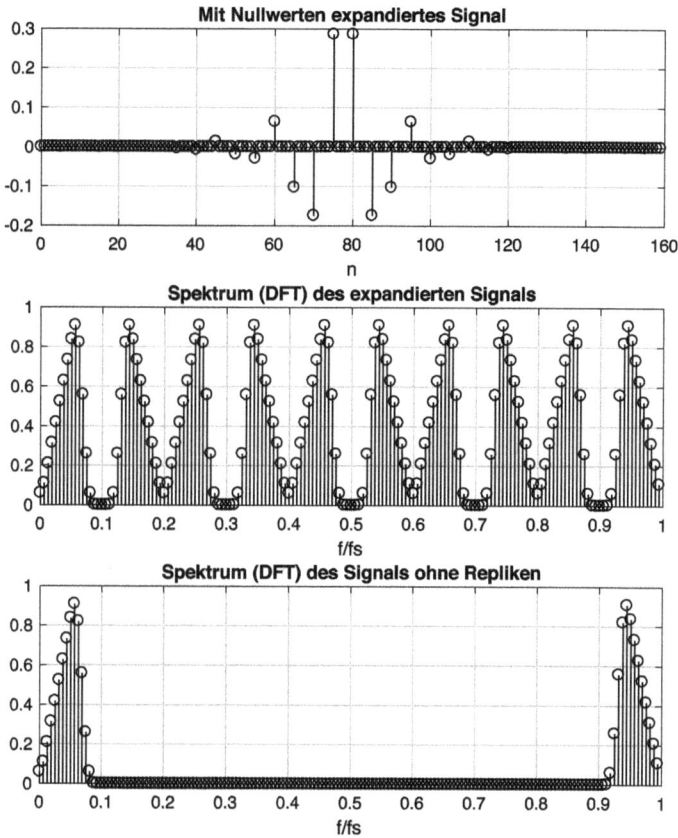

Abb. 2.75: (a) Die mit Nullwerten expandierte Sequenz, (b) der Betrag der DFT, (c) der Betrag der DFT ohne die Zwischenrepliken (interp_det_aper_1.m).

```
hf = L*fir1(nord1,1/L);     % Einheitspulsantwort des Filters
xint2 = filter(hf,1,[xexp,zeros(1,nexp)]);
                % Interpolierung mit Filter
%xint2 = conv(hf, [xexp,zeros(1,nexp-1)]); % über Faltung
xint21 = xint2(nord1/2+1:nord1/2+nexp);   % Extrahierung der
            % interpolierten Sequenz
```

Die expandierte Sequenz muss mit Nullwerten verlängert werden, so dass das Ausgangssignal des Filters die interpolierte Sequenz enthält. Diese muss dann aus der Antwort extrahiert werden. Dazu muss man die Verzögerung des FIR-Filters, die gleich der Ordnung des Filters geteilt durch zwei ist, berücksichtigen. Das Experiment kann auch mit dem Signal, das als Kommentar im Skript anfänglich deaktiviert ist, gestartet werden:

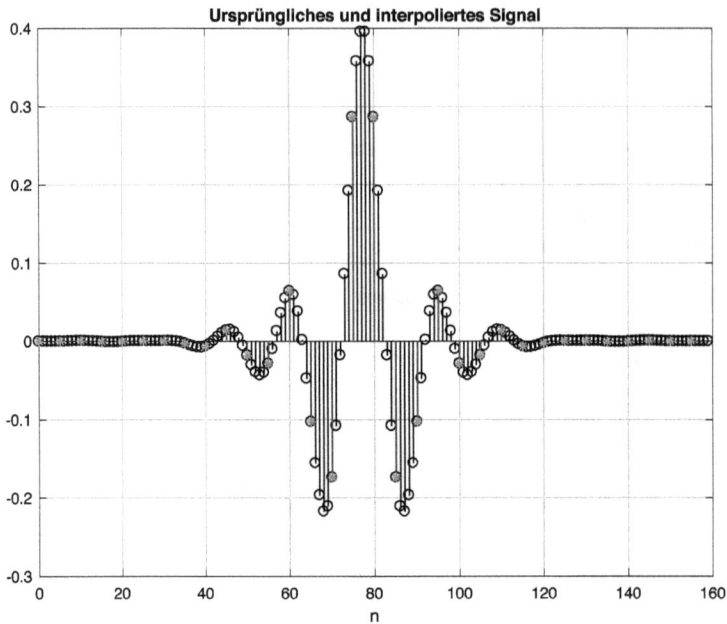

Abb. 2.76: Ursprüngliche und interpolierte Sequenz (interp_det_aper_1.m).

```
x = sin(2*pi*n/5).*exp(-n/10).^2;    % Eine Variante für das
x = x.*hann(nord+1)';                % Eingangssignals
```

Ohne der Gewichtung durch die Fensterfunktion ist die Sequenz und der entsprechende Betrag der DFT in Abb. 2.77 dargestellt. Das Signal ist nicht bandbegrenzt und das führt mit den relativ wenigen Abtastwerten der DFT zu einer Verschiebung (*Aliasing*) im Zeitbereich [9]. Diese ergibt Fehler im interpolierten Signal, das über die inverse DFT berechnet wird.

Wenn man die Länge der Sequenz erhöht, z. B. mit nord = 64, ist die DFT des expandierten Signals feiner abgetastet und die Verschiebung im Zeitbereich nach der inversen DFT ohne Zwischenrepliken wird kleiner. Die Fehler im interpolierten Signal sind ebenfalls kleiner.

Das Signal und der Betrag seiner DFT mit Gewichtung über die Fensterfunktion sind in Abb. 2.78 dargestellt. In diesem Fall ist das interpolierte Signal, welches über die inverse DFT ohne Zwischenrepliken erhalten wird, ohne Fehler. Die Abtastwerte des interpolierten Signals enthalten die Abtastwerte des ursprünglichen Signals.

Mit dem Simulink-Modell aus Abb. 2.79 wird ein ähnliches Experiment durchgeführt. Alle Blöcke sind mit Parametern direkt initialisiert. Änderungen müssen in den Blöcken vorgenommen werden.

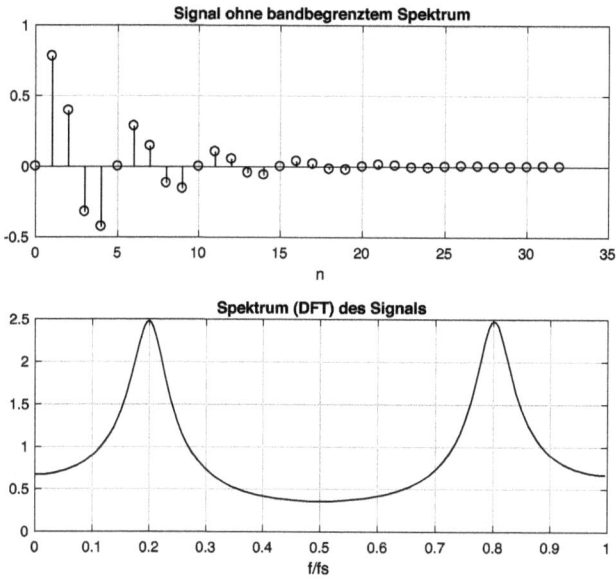

Abb. 2.77: Signal ohne Fenstergewichtung und Betrag der DFT (interp_det_aper_1.m).

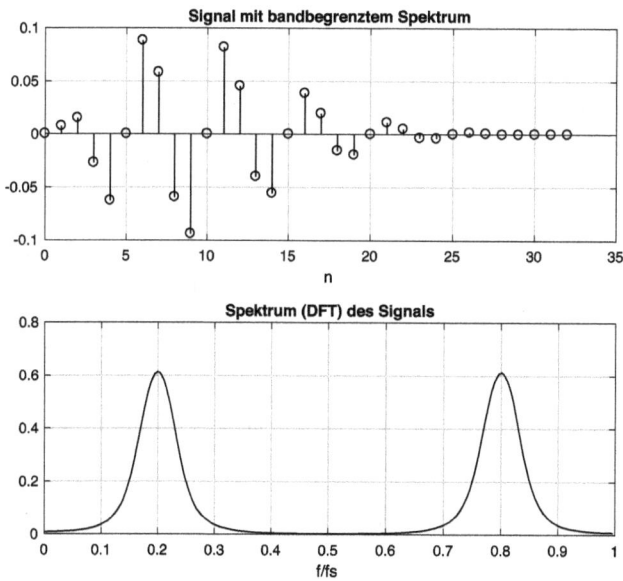

Abb. 2.78: Signal mit Fenstergewichtung und Betrag der DFT (interp_det_aper_1.m).

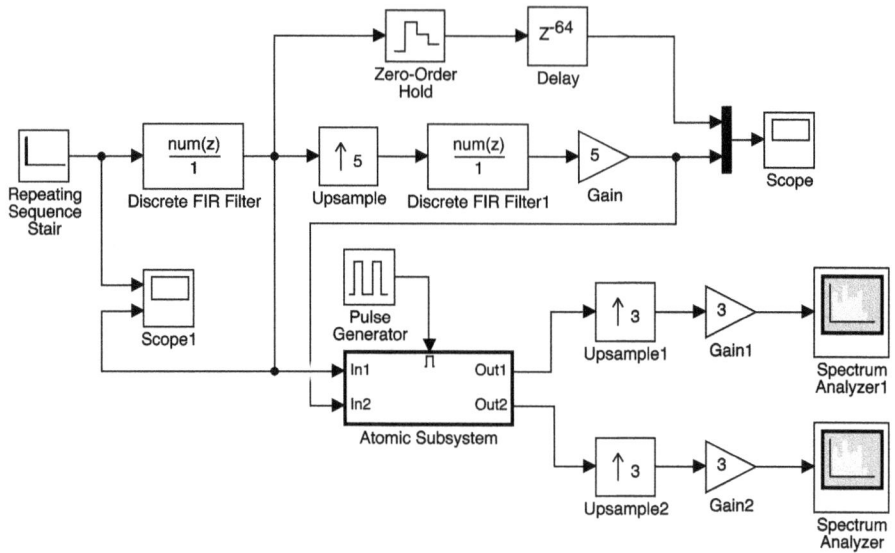

Abb. 2.79: Simulink-Modell der Interpolierung deterministischer, aperiodischer Signale (interp_determ1.slx).

Der Block *Discrete FIR-Filter* wird periodisch mit Einheitspulse angeregt und erzeugt als Einheitspulsantwort das Signal

```
sin(2*pi*(0:32)/5).*exp(-(0:32)/10).^2;
```

in Form einer sinusabklingenden Sequenz.

Dieses Signal wird mit dem Aufwärtstaster *Upsample* mit Nullzwischenwerten erweitert und dann mit einem passenden Interpolationsfilter gefiltert. Die *Spectrum Analyzer*-Blöcke werden mit der Periode der Erregerpulse synchronisiert. Dafür dient das Subsystem *Atomic Subsystem* das mit einem *Enabel*-Signal aus dem *Pulse Generator* die zwei Eingänge durchschaltet. Das Leistungsspektrum des interpolierten Signals über drei Perioden ist in Abb. 2.80 dargestellt, so wie es durch den Block *Spectrum Analyser*-Block angezeigt wird. Das Eingangssignal und das interpolierte Signal nach jeder Anregung durch die Einheitspulse ist als Ausschnitt in Abb. 2.81 dargestellt. In dieser Antwort erkennt man die Einschwingzeit des Interpolationsfilters, die gleich der Ordnung des Filters geteilt durch zwei mal die Periode des Interpolationssignals ist:

$$\text{delay} = (\text{nord}/2) \cdot (1/(f_s \cdot L)) = 64/(100 \cdot 5) = 0{,}128\,\text{s}.$$

Mit dem Block *Zero-Order Hold* wird die Abtastfrequenz des Eingangssignals auch auf den Wert $f_s \cdot L = 500$ Hz erhöht, um die Verzögerung des Interpolationsfilters mit dem Block *Delay* für die Ausrichtung des Eingangssignals und des interpolierten Signals zu sichern.

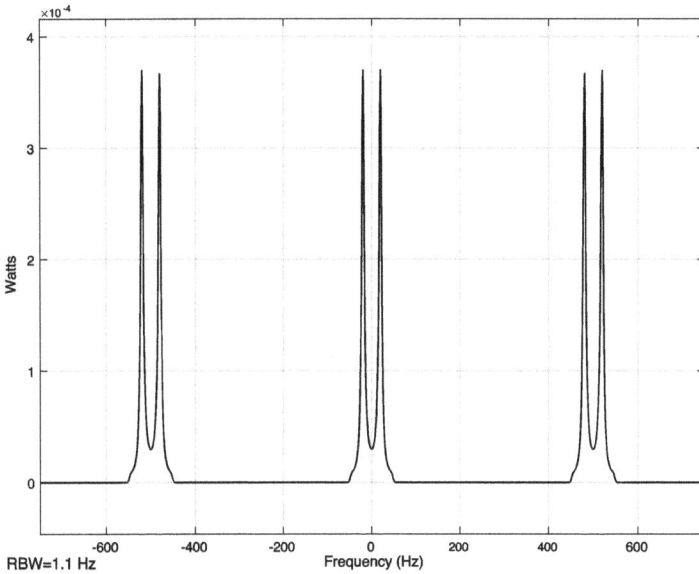

RBW=1.1 Hz

Abb. 2.80: Leistungsspektrum des interpolierten Signals, $f_s = 100 \times L = 500$ Hz (interp_determ1.slx).

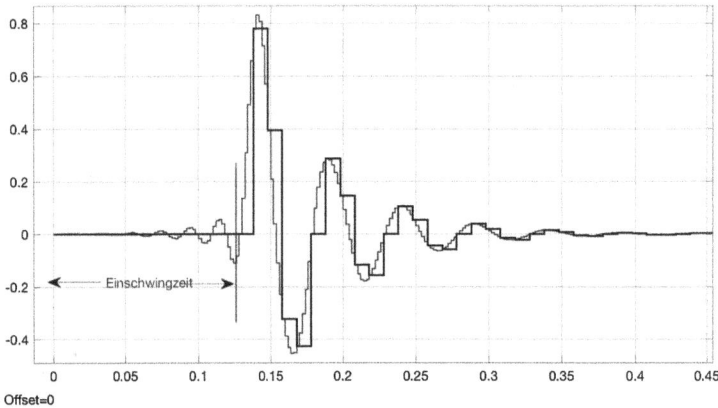

Offset=0

Abb. 2.81: Das Eingangssignal und das interpolierte Signal nach jeder Anregung durch die Einheitspulse (interp_determ1.slx).

2.6 Dezimierung und Interpolierung von Bandpasssignalen

Es ist bekannt, dass man zeitkontinuierliche Bandpasssignale auch mit einer viel niedrigeren Abtastfrequenz, als die dem Abtasttheorem entspricht, abtasten kann [7, 13]. Man verschiebt dadurch diese Signale im Basisband, wo sie bei niedrigeren Abtastfrequenzen technisch einfacher zu bearbeiten sind. Diese Möglichkeit wird bei der Dezimierung ebenfalls benutzt.

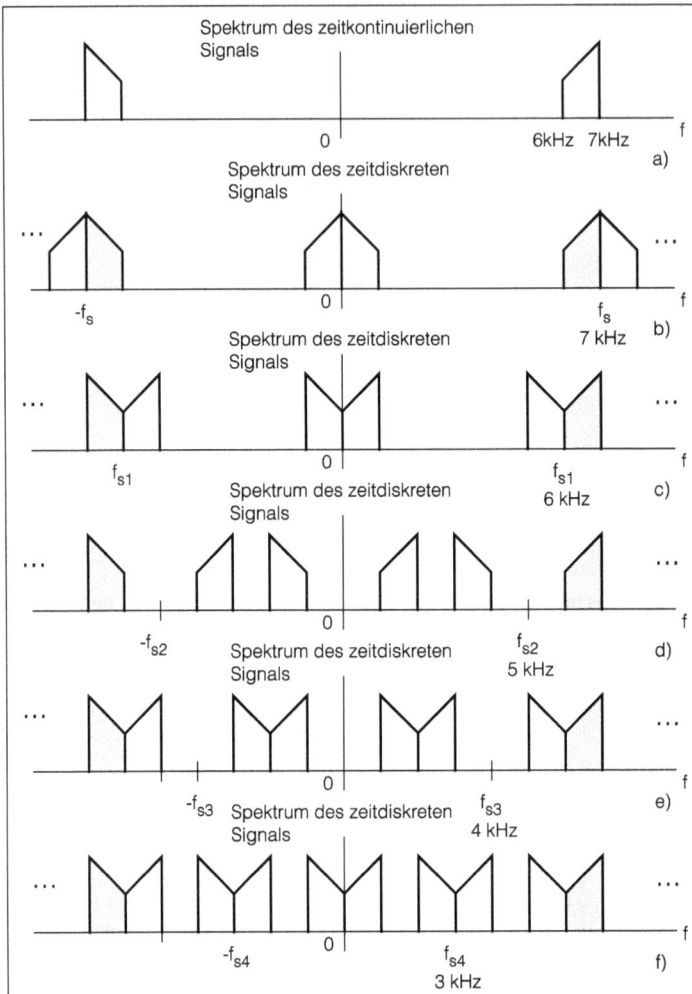

Abb. 2.82: Abtastung zeitkontinuierlicher Bandpasssignale mit verschiedenen Abtastfrequenzen.

Für den Anfang wird die Abtastung zeitkontinuierlicher Bandpasssignale kurz dargestellt und mit Experimente verständlich erläutert.

In Abb. 2.82 ist die Abtastung eines zeitkontinuierlichen Bandpasssignals mit spektralen Anteilen im Bereich 6 kHz bis 7 kHz (das später im Experiment benutzt wird) mit verschiedenen Abtastfrequenzen erläutert. Ganz oben ist das Spektrum des zeitkontinuierlichen Signals skizziert. Mit einer Abtastfrequenz von f_s = 7 kHz erhält man für das zeitdiskrete Signal das Spektrum aus Abb. 2.82(b), das sich periodisch wiederholt. Man erhält eine Verschiebung im Basisband mit Anteilen im Bereich 0 bis 1 kHz (7 kHz – 6 kHz = 1 kHz).

Wenn man mit einer Abtastfrequenz von f_{s1} = 6 kHz das Bandpasssignal abtastet erhält man für das zeitdiskrete Signal das Spektrum aus Abb. 2.82(c). Es ist ebenfalls im Basisband verschoben, aber mit den Anteilen in der Frequenz invertiert.

Mit einer Abtastfrequenz von f_{s2} = 5 kHz sind die spektralen Anteile des zeitdiskreten Signals in Abb. 2.82(d) dargestellt und schließlich sind die spektralen Anteile des zeitdiskreten Signals abgetastet mit f_{s3} = 4 kHz bzw. f_{s4} = 3 kHz in Abb. 2.82(e),(f) gezeigt.

Der Abtastprozess wird als Multiplikation des zeitkontinuierlichen Signals mit einer periodischen Sequenz von Delta-Funktionen beschrieben. Die periodischen Delta-Funktionen können mit einer Fourier-Reihe dargestellt werden, wobei alle Harmonische mit gleicher Amplitude vorhanden sind. Die Multiplikation mit diesen Harmonischen führt zu Mischprodukte, die das entstehen der Spektren des abgetasteten Signals erklären.

Der Frequenzbereich des Bandpasssignals wird mit f_L = 6 kHz bzw. f_U = 7 kHz bezeichnet. Bei einer Abtastfrequenz f_s ergeben sich zunächst zwei Mischprodukte der Frequenz $f_s - f_L$ und $f_s - f_U$ und dazwischen spektrale Anteile proportional den Anteilen des zeitkontinuierlichen Signals. Die restlichen Mischprodukte $f_s + f_L, f_s + f_U, 2f_s - f_L,$ $2f_s - f_U, \ldots$ führen zu den bekannten periodischen Wiederholungen der spektralen Anteile reeller Signale.

Als Beispiel wird die Abtastfrequenz f_s = 7 kHz angenommen. Sie ist gleich mit der oberen Grenze des Bandpassbereichs. Es entsteht ein Mischprodukt der Frequenz $f_s - f_L$ = 1 kHz und ein Mischprodukt $f_s - f_U$ = 0 Hz mit spektralen Anteilen proportional den Anteilen des ursprünglichen zeitkontinuierlichen Signals. Dazwischen erhält man Mischprodukte mit Anteile die ebenfalls proportional den Anteilen des ursprünglichen zeitkontinuierlichen Signals sind. Die periodische Wiederholung und Symmetrie der spektralen Anteile des zeitdiskreten Signals, führen zu der Darstellung aus Abb. 2.82(b). Ähnlich erhält man die restlichen Darstellungen aus Abb. 2.82.

In Abb. 2.83 ist eine andere Möglichkeit dargestellt, das Spektrum des abgetasteten Bandpasssignals zu erhalten. Die Abtastung wird als Multiplikation des zeitkontinuierlichen Signals mit einer periodischen Sequenz von Delta-Funktionen angenommen. Die periodische Sequenz von Delta-Funktionen im Zeitbereich ist im Frequenzbereich auch eine Sequenz von Delta-Funktionen mit einer Periode gleich der Abtastfrequenz [6] und gewichtet mit der Abtastfrequenz.

Die Multiplikation im Zeitbereich führt zu einer Faltung im Frequenzbereich. Diese Faltung ist sehr einfach zu ermitteln. Der Ursprung des Spektrums des zeitkontinuierlichen Signals wird zu den Stellen der Delta-Funktionen versetzt und zuletzt werden alle spektrale Anteile summiert. In Abb. 2.83 ist dieses Vorgehen für die Abtastfrequenz f_{s4} dargestellt.

Die Delta-Funktion mit 1 nummeriert ergibt die spektralen Anteile aus Abb. 2.83(c). Ähnlich führt die Delta-Funktion 2 zu den Anteilen aus Abb. 2.83(d), die wegen der Größe der Darstellung nur einen Anteil enthält. Auch die restlichen

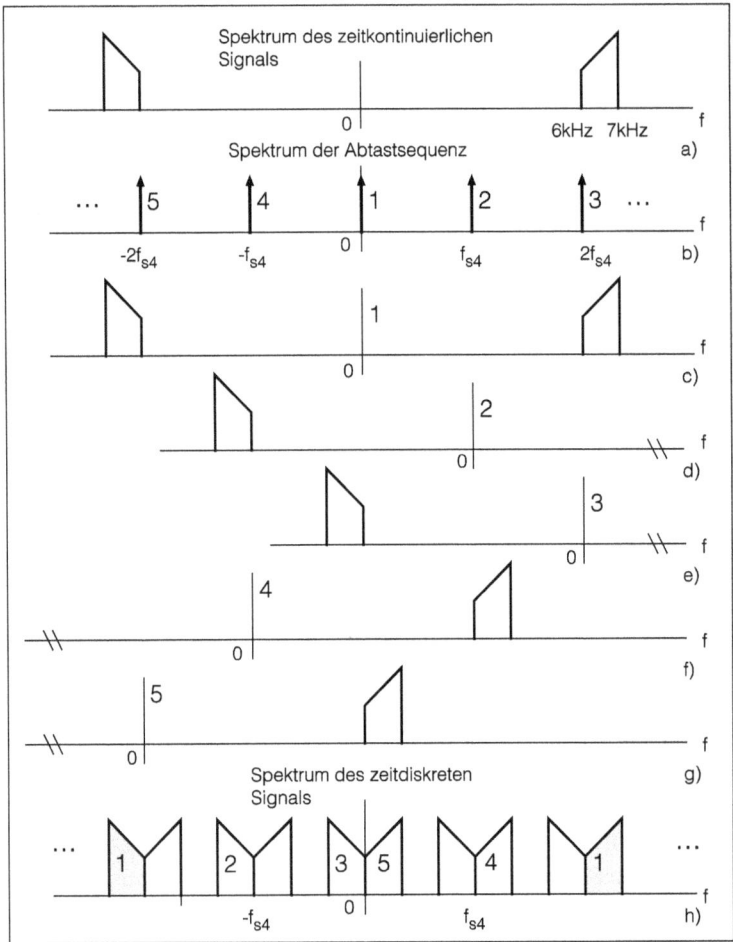

Abb. 2.83: Abtastung des zeitkontinuierlichen Bandpasssignals mit der Abtastfrequenz f_{s4}.

Delta-Funktionen 3, 4 und 5 ergeben Anteile die nur teilweise in der Darstellung zu sehen sind. Die Summe der Anteile ist in Abb. 2.83(h) dargestellt. Hier sind auch die Anteile, die bei der Faltung in der Darstellung nicht enthalten sind, hinzugefügt. Die Anteile die aus den dargestellten Anteilen entstanden sind, werden mit gleichen Zahlen nummeriert.

Dem Leser wird empfohlen die Lage der Spektren für eine Abtastfrequenz von $f_s = 2000$ Hz, die hier noch keinen *Aliasing*-Effekt ergibt, zu ermitteln.

Es ist jetzt klar, dass die Abtastfrequenz so gewählt werden muss, dass die resultierten Spektren sich nicht überschneiden. Nur so bleibt die ganze Information im abgetasteten Signal enthalten und man kann nach einer eventuellen Bearbeitung im Basisband das Bandpasssignal wieder rekonstruieren. In der Literatur [7] ist folgende

Bedingung für die Abtastfrequenz gezeigt:

$$\frac{2f_U}{m} \leq f_s \leq \frac{2f_L}{m-1}. \tag{2.41}$$

Hier sind f_U, f_L die obere bzw. die untere Grenze des Bandpassbereichs des Signals und $m = 1, 2, 3, \ldots$ ist eine ganze Zahl. Für $m = 1$ und das Signal mit $f_U = 7\,\text{kHz}$ und $f_L = 6\,\text{kHz}$ erhält man die Bedingung des üblichen Abtasttheorems $14 \leq f_s \leq \infty$. Basierend auf dieser Bedingung sind Diagramme berechnet, die die Abhängigkeit von f_s/W von f_U/W zeigen. Hier ist $W = f_U - f_L$ die Bandbreite des Bandpasssignals [13].

Eine sehr einfache Bedingung, die sich aus der Abb. 2.82 ergibt, ist $f_s \geq 2W$. Das bedeutet für diesen Fall, dass die kleinste Abtastfrequenz 2 kHz ist ($W = 7 - 6 = 1\,\text{kHz}$).

2.6.1 Experiment: Abtastung eines zeitkontinuierlichen Bandpasssignals

Es ist nicht einfach ein zeitkontinuierliches Signal mit einem Spektrum, wie in Abb. 2.82(a) dargestellt, zu erzeugen. Aus diesem Grund wird das Bandpasssignal in Form von zwei sinusförmigen Signalen mit verschiedenen Amplituden benutzt. In diesem Experiment wird ein Signal mit Amplitude eins und Frequenz 6300 Hz und ein Signal mit Amplitude fünf und Frequenz 6800 Hz eingesetzt. Man kann diese Signale einem Bandpassbereich von 6000 Hz bis 7000 Hz zuordnen. Die verschiedenen Amplituden erlauben auch das Invertieren der spektralen Anteile im Basisband für bestimmte Abtastfrequenzen zu beobachten, wie in Abb. 2.82(c),(f) gezeigt ist.

Die Untersuchung wird mit dem Simulink-Modell bandpass_abtast11.slx durchgeführt, in dem die Blöcke direkt mit Werten initialisiert sind. Nach der Erfahrung mit diesem Modell kann der Leser die Simulation auch über ein kleines MATLAB-Skript parametrieren und aufrufen.

Das erste Modell für die Abtastung mit $f_s = 7000\,\text{Hz}$ ist in Abb. 2.84 dargestellt. Mit zwei *Sine Wave* zeitkontinuierlichen Quellen werden die Eingangssignale der Frequenz 6300 Hz und 6800 Hz generiert. Nach der Addition werden sie mit dem Block *Zero-Order Hold1* mit $f_s = 7000\,\text{Hz}$ abgetastet. Die Blöcke *Spectrum Analyzer* arbeiten nur mit diskreten Signalen und für die Darstellung des Spektrums der Eingangssignale werden sie mit dem Block *Zero-Order Hold2* mit einer Abtastfrequenz von 20000 Hz abgetastet.

In Abb. 2.85 ist die spektrale Leistungsdichte der Eingangssignale dargestellt. Die spektrale Leistungsdichte nach der Abtastung mit 7000 Hz wird mit dem Block *Spectrum Analyzer1* angezeigt und in Abb. 2.86 dargestellt. Das Eingangssignal der Frequenz 6800 Hz ergibt mit der Abtastfrequenz von 7000 Hz ein Mischprodukt von 7000 − 6800 = 200 Hz und mit dem Eingangssignal der Frequenz 6300 Hz erhält man ein Mischprodukt von 7000 − 6300 = 700 Hz. Diese Komponenten im Basisband sind in Abb. 2.86 zu sehen.

$$h = \text{firpm}(2 \ast 512,[0\ 6000\ 6100\ 6900\ 7000\ 10500] \ast 2/21000,[0\ 0\ 1\ 1\ 0\ 0]);$$

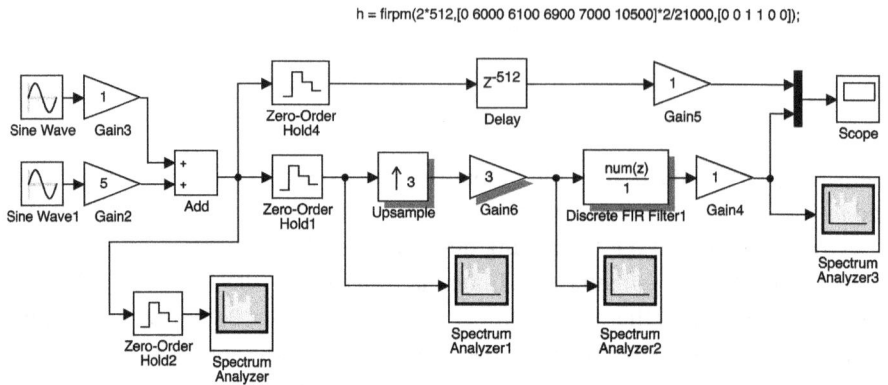

Abb. 2.84: Simulink-Modell der Abtastung mit $f_s = 7000$ Hz (bandpass_abtast11.slx).

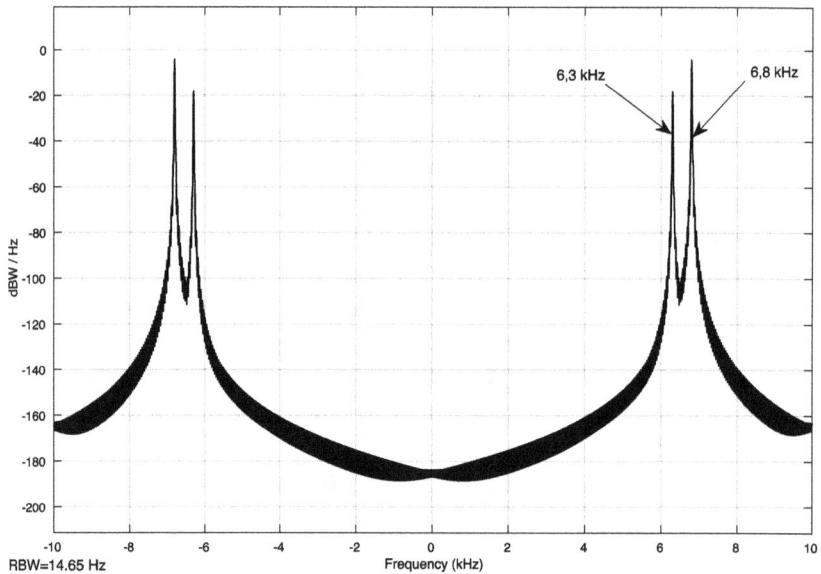

Abb. 2.85: Spektrale Leistungsdichte der Eingangssignale (bandpass_abtast11.slx).

Es wird weiter gezeigt, wie man die Basisband Signale wieder in denselben Bandpass-bereich verschieben kann. In Abb. 2.87(a) sind drei Perioden des Spektrums des ideal abgetasteten Eingangssignals dargestellt. Aus diesem Spektrum ist ersichtlich, dass man mit einem Bandpassfilter das z. B. bei einer Abtastfrequenz $f_s' = 21$ kHz arbeitet, die benötigten Anteile der Frequenz 6300 Hz und 6800 Hz extrahieren kann. Sicher kann auch eine andere Abtastfrequenz benutzt werden, so dass das Abtasttheorem erfüllt ist. Der dreifache Wert ist gewählt worden im Hinblick auf die Lösung, die in

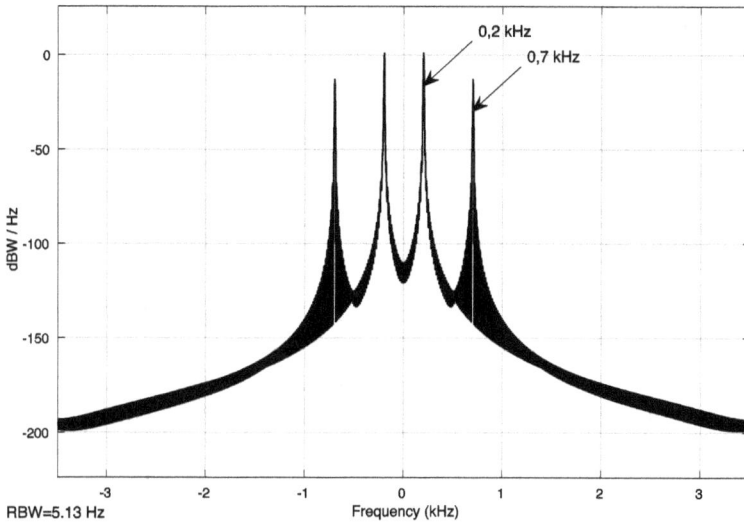

Abb. 2.86: Spektrale Leistungsdichte nach der Abtastung mit $f_s = 7000$ Hz (bandpass_abtast11.slx).

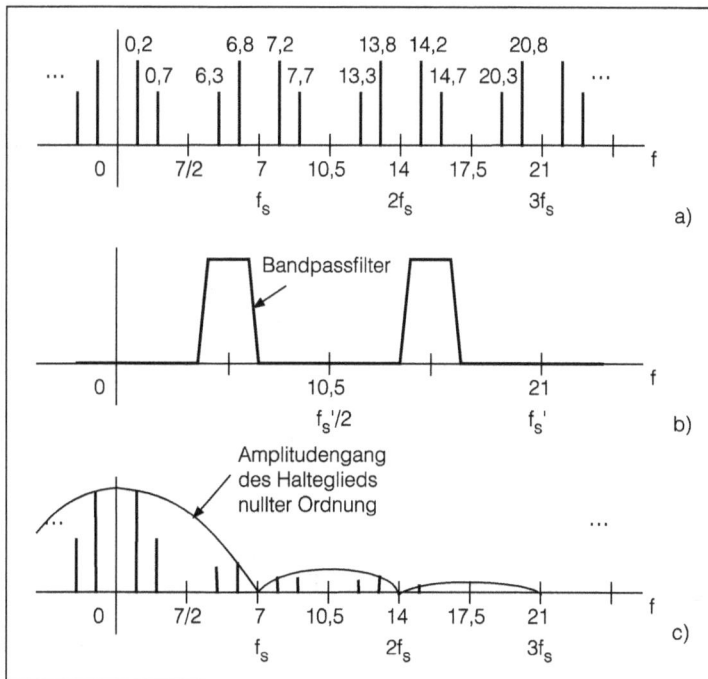

Abb. 2.87: Verschiebung im Bandpassbereich nach der Abtastung mit $f_s = 7000$ Hz.

dieser Simulation verwendet wird. Für ein analoges Signal könnte man auch ein analoges Bandpassfilter einsetzen.

Für die Abtastung des Eingangssignals mit einem Halteglied-Nullter-Ordnung (im Block *Zero-Order Hold1*), der sich wie ein Tiefpassfilter verhält, werden die spektrale Linien aus Abb. 2.87(a) mit dem Amplitudengang dieses Tiefpassfilters gewichtet und sind stark gedämpft. Die Sachlage ist in Abb. 2.87(c) skizziert. Der Amplitudengang ist eine $\sin x/x$ Funktion mit der ersten Nullstelle bei der Abtastfrequenz $f_s = 7000$ Hz und weiter bei den Vielfachen dieser Frequenz.

Es wird als Lösung ein Aufwärtstaster mit Faktor $L = 3$ benutzt, um die Abtastfrequenz auf das Dreifache ($3 \times 7 = 21$ kHz) zu erhöhen. Dadurch entstehen die zwei Repliken bei 7 kHz und 14 kHz, die man hier nicht entfernen sondern benutzen will. Im Modell aus Abb. 2.84 ist der Aufwärtstaster mit dem Block *Upsample* realisiert. Mit der Verstärkung von 3 im Block *Gain6* ist der Verlust in der Leistung wegen der Zwischennullwerte kompensiert. Die spektrale Leistungsdichte die der *Spectrum Analyzer2* zeigt, ist in Abb. 2.88 dargestellt.

Mit dem FIR-Bandpassfilter aus Block *Diskrete FIR Filter1* wird das Bandpasssignal extrahiert. Die Einheitspulsantwort dieses Filters wird mit

```
h = firpm(2*512,[0 6000 6100 6900 7000 10500]*2/21000,
    [0 0 1 1 0 0]);
```

initialisiert. Man erkennt die Eckpunkte für die Frequenz und die entsprechenden Werte des Amplitudengangs. In dem Befehl `firpm` werden die Frequenzen in relativen Werten angegeben, bezogen auf die halbe Abtastfrequenz (21000/2). Der letzte Eck-

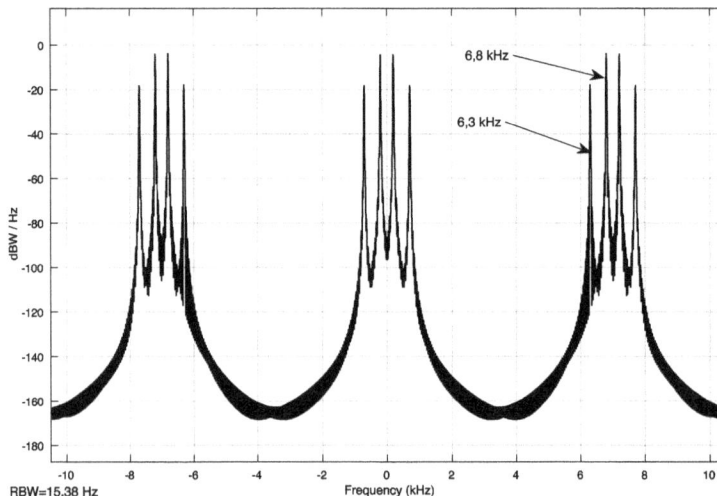

Abb. 2.88: Spektrale Leistungsdichte nach der Aufwärtstastung ($f_s = 7000$ Hz, bandpass_abtast11.slx).

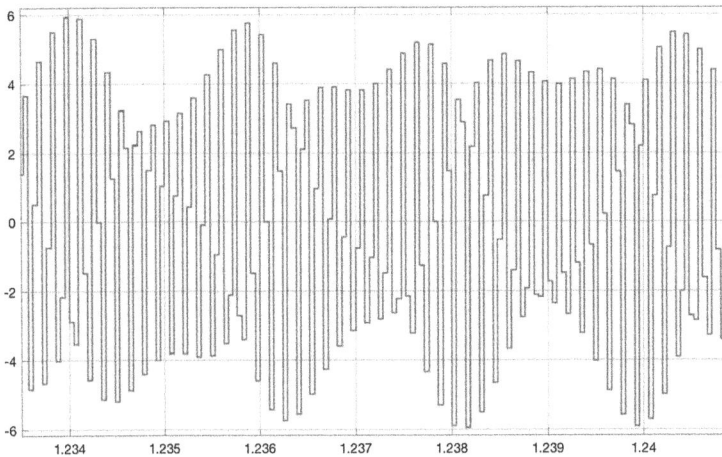

Abb. 2.89: Eingangs- und rekonstruiertes Bandpasssignal (Ausschnitt) bandpass_abtast11.slx).

punkt muss immer die Halbe Abtastfrequenz sein. Man sollte stets die Frequenzgänge der Filter überprüfen, z. B. hier mit

fvtool(h,1);

Das Eingangssignal, das über den *Zero-Order Hold4* mit derselben Abtastfrequenz von 21000 Hz abgetastet wird, ist dann mit dem rekonstruierten Bandpasssignal in der Senke *Scope* verglichen. Mit Hilfe des Blocks *Delay* werden die zwei Signale ausgerichtet, um sie überlappt darzustellen. Abb. 2.89 zeigt, dass kein Unterschied aufgetreten ist.

Mit dem Modell bandpass_abtast12.slx wird die Abtastung des gleichen Bandpasssignals mit einer Abtastfrequenz von 6000 Hz (siehe Abb. 2.82(c)) untersucht. Für eine Aufwärtstastung mit Faktor $L = 3$ wird das rekonstruierte Bandpasssignal mit 18000 Hz abgetastet. Das FIR-Bandpassfilter wird jetzt mit

h = **firpm**(2*512,[0 6000 6100 6900 7000 9000]*2/18000,
    [0 0 1 1 0 0]);

entworfen und es extrahiert den Frequenzbereich von 6100 Hz bis 6900 Hz. Die spektrale Leistungsdichte des Signals nach diesem Filter ist in Abb. 2.90 dargestellt. Ein ähnliches Spektrum ist auch in dem vorherigen Modell erhalten (wurde nicht gezeigt).

Man sieht, dass der Bandpassbereich zwischen 6000 Hz und 7000 Hz extrahiert wird. Das Eingangssignal und das rekonstruierte Signal im Bandpassbereich sind auch hier gleich.

Im Modell bandpass_abtast13.slx ist die Abtastung des gleichen Bandpasssignals mit einer Abtastfrequenz von 5000 Hz untersucht. Für die Rekonstruktion wird hier eine Aufwärtstastung mit Faktor $L = 4$ und somit eine Abtastfrequenz von

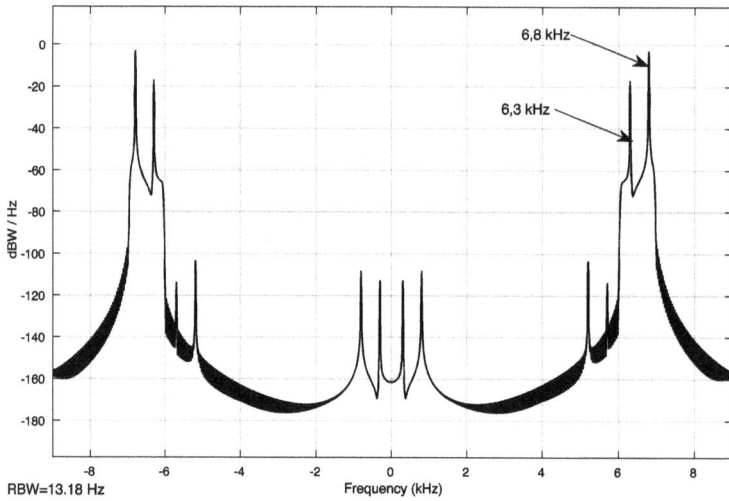

Abb. 2.90: Spektrale Leistungsdichte des Signals nach dem FIR-Bandpassfilter (f_s = 6000 Hz, bandpass_abtast12.slx).

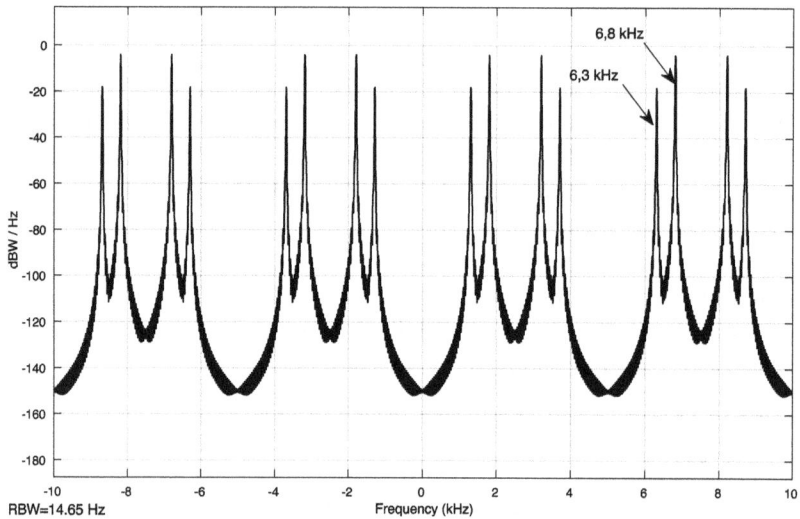

Abb. 2.91: Spektrale Leistungsdichte des Signals nach dem Aufwärtstaster (f_s = 5000 Hz, bandpass_abtast13.slx).

20000 Hz für das Bandpasssignal verwendet. Die spektrale Leistungsdichte nach dem Aufwärtstaster und Verstärker, die am *Spectrum Analyzer2*-Block angezeigt wird, ist in Abb. 2.91 dargestellt. Die Anteile die mit dem FIR-Bandpassfilter extrahiert werden sind in der Darstellung angegeben. Das Filter hat jetzt folgende Einheitspulsantwort:

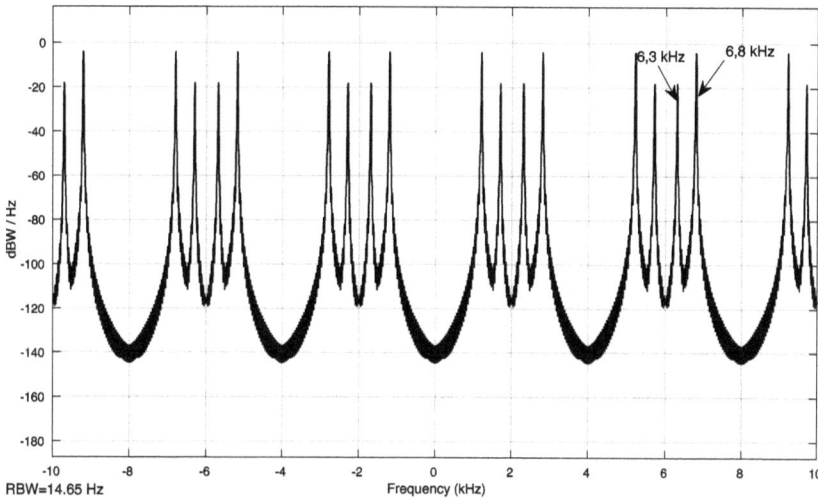

Abb. 2.92: Spektrale Leistungsdichte des Signals nach dem Aufwärtstaster (f_s = 4000 Hz, bandpass_abtast14.slx).

```
h = firpm(2*512,[0 6000 6100 6900 7000 10000]*2/20000,
    [0 0 1 1 0 0]);
```

Die Ordnung der Filter in allen diesen Untersuchungen ist relativ groß, um den Bandpassbereich genügend gut von den restlichen Anteilen zu trennen. Der Vergleich zwischen dem Bandpasssignal am Eingang und dem rekonstruierten Signal diktiert diese Ordnung, so dass keine feststellbaren Fehler sichtbar sind.

Im Modell bandpass_abtast14.slx ist die Abtastung des gleichen Bandpasssignals mit einer Abtastfrequenz von 4000 Hz untersucht. Für die Rekonstruktion wird hier eine Aufwärtstastung mit Faktor L = 5 und somit wieder eine Abtastfrequenz von 20000 Hz für das Bandpasssignal verwendet. Die spektrale Leistungsdichte nach dem Aufwärtstaster und Verstärker, die am *Spectrum Analyzer2*-Block angezeigt wird, ist in Abb. 2.92 dargestellt. Die Anteile die mit dem FIR-Bandpassfilter extrahiert werden sind in der Darstellung angegeben. Das Filter hat jetzt dieselbe Einheitspulsantwort, wie im Falle der Abtastfrequenz von 4000 Hz und des Aufwärtstasters mit L = 4.

Mit dem Modell bandpass_abtast15.slx ist die Abtastung des gleichen Bandpasssignals mit einer Abtastfrequenz von 3000 Hz untersucht. Hier wird eine Aufwärtstastung L = 7 eingesetzt, so dass die Abtastfrequenz für die Rekonstruktion des Bandpasssignals 21000 Hz ist. Die spektrale Leistungsdichte des Bandpasssignals nach dem Aufwärtstaster und Verstärker ist in Abb. 2.93 dargestellt.

Dem Leser wird empfohlen mit einem Modell bandpass_abtast16.slx, das aus dem vorherigen Modell abgeleitet wird, auch den Fall mit einer Abtastfrequenz von 2000 Hz zu untersuchen.

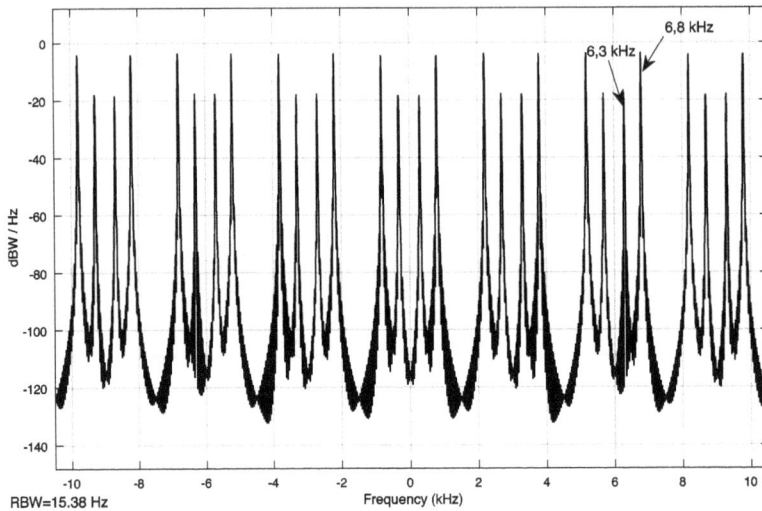

Abb. 2.93: Spektrale Leistungsdichte des Signals nach dem Aufwärtstaster (f_s = 3000 Hz, bandpass_abtast15.slx).

2.6.2 Experiment: Dezimierung eines zeitdiskreten Bandpasssignals

In diesem Experiment wird von einem ähnlichen Bandpasssignal ausgegangen, das aber jetzt zeitdiskret ist und dessen Dezimierung untersucht wird. In Abb. 2.94 sind die spektralen Anteile der Untersuchung dargestellt, wenn das Bandpasssignal mit den Anteilen aus Abb. 2.94(a) mit verschiedenen Faktoren (M = 2, 4, 8, 10 und 12) dezimiert wird.

Das Bandpasssignal besteht, wie im vorherigen Experiment, aus zwei sinusförmigen Signalen der Frequenz 6300 Hz und 6800 Hz, abgetastet konform des Abtasttheorems $f_s \geq f_{max}$ hier mit 24000 Hz.

Mit diesem konkreten Beispiel, ohne viel Theorie, wird die Dezimierung und Interpolierung zeitdiskreter Bandpasssignale verständlich erläutert. Nach der Dezimierung mit Faktor M = 2, erhält man die spektralen Anteile aus Abb. 2.94(b). Es ist bekannt, dass der Abtastprozess zu einer Mehrdeutigkeit führt (siehe Kapitel 1.4.2), die besagt, dass z. B. abgetastete cosinusförmige Signale

$$x[nT_s] = \cos\left(2\pi\left(f_0 + \frac{k}{nT_s}\right)nT_s\right) = \cos(2\pi(f_0 + mf_s)nT_s) \tag{2.42}$$

der Frequenzen $f_m = f_0 + mf_s$, $m = 0, \pm 1, \pm 2, \ldots$ dieselben Abtastwerte besitzen. Wenn man vorübergehend z. B. das Bandpasssignal am Eingang mit der Frequenz f_0 = 6,8 kHz als zeitkontinuierliches Signal annimmt, dann ergibt die Abtastung mit

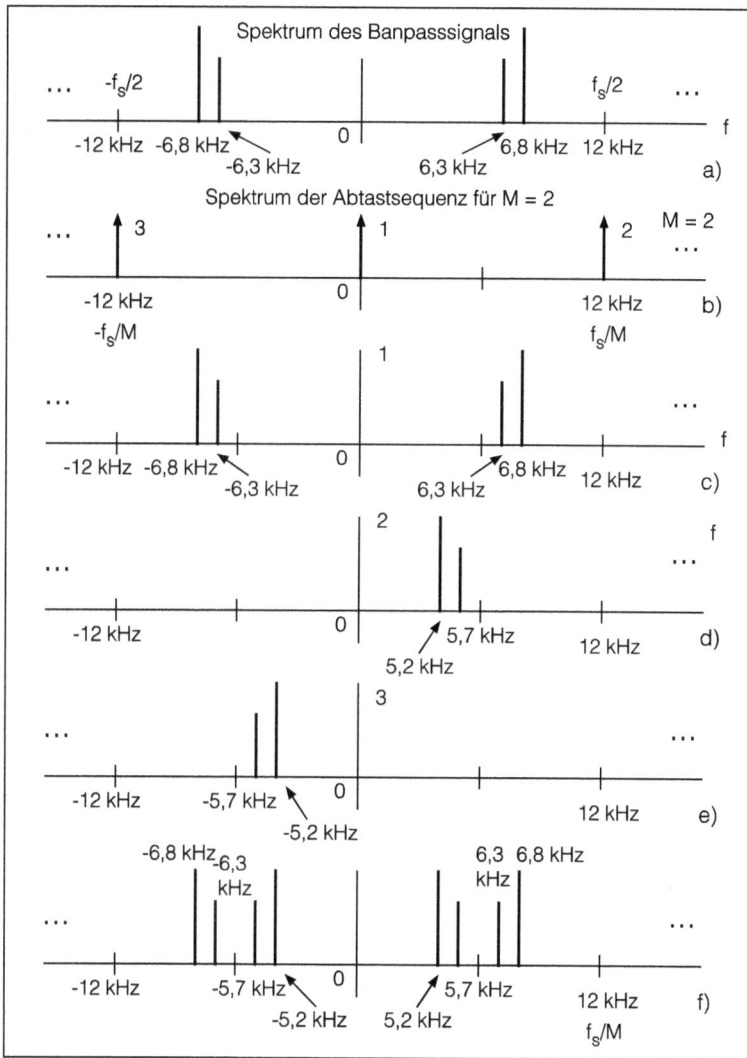

Abb. 2.94: Spektrale Anteile bei der Dezimierung eines Bandpasssignals mit Faktor M = 2, 4, 8, 10 und 12.

12 kHz für M = 2 folgende Signale mit gleichen Abtastwerten:

$$
\begin{aligned}
m &= 0, & f_m &= 6,8 + 0 = 6,8 \text{ kHz} \\
m &= 1, & f_m &= 6,8 + 12 = 18,8 \text{ kHz} \\
m &= -1, & f_m &= 6,8 - 12 = -5,2 \text{ kHz} \\
m &= 2, & f_m &= 6,8 + 24 = 30,8 \text{ kHz}
\end{aligned}
\tag{2.43}
$$

. . . .

In der ersten Periode der spektralen Anteile des dezimierten Signals im Bereich von 0 bis 12 kHz liegen die zwei Frequenzen für $m = 0$ und $m = -1$. Die negative Frequenz stellt die Frequenz eines Anteils mit Phasenverschiebung π dar. Die restlichen Frequenzen $f_m > 12$ kHz sind in den anderen Perioden platziert. Ähnlich, ausgehend von dem Anteil von 6,3 kHz des Bandpasssignals am Eingang erhält man die mehrdeutigen zeitdiskreten Signale:

$$
\begin{aligned}
m = 0, \quad & f_m = 6{,}3 + 0 = 6{,}3 \text{ kHz} \\
m = 1, \quad & f_m = 6{,}3 + 12 = 18{,}3 \text{ kHz} \\
m = -1, \quad & f_m = 6{,}3 - 12 = -5{,}7 \text{ kHz} \\
m = 2, \quad & f_m = 6{,}3 + 24 = 30{,}3 \text{ kHz} \\
& \cdots
\end{aligned}
\tag{2.44}
$$

Die Signale mit $m = 0$ und $m = -1$, liegen auch in der ersten Periode der spektralen Anteile des dezimierten Bandpasssignals.

In derselben Art kann man die spektralen Anteile der dezimierten Signale mit den anderen Faktoren M ermitteln. Für höhere Werte des Dezimierungsfaktors M, muss man auch m höher wählen. So z. B. für $M = 12$ erhält man die spektralen Anteile in der ersten Periode mit:

$$
\begin{aligned}
m = -3, \quad & f_m = 6{,}3 - 3 \times 2 = 0{,}3 \text{ kHz} \\
m = -4, \quad & f_m = 6{,}3 - 4 \times 2 = -1{,}7 \text{ kHz} \\
m = -3, \quad & f_m = 6{,}8 - 3 \times 2 = 0{,}8 \text{ kHz} \\
m = -4, \quad & f_m = 6{,}8 - 4 \times 2 = -1{,}2 \text{ kHz} \\
& \cdots
\end{aligned}
\tag{2.45}
$$

Es sind die Mischprodukte zwischen den Harmonischen der Abtastsequenzen der verschiedenen Faktoren M und den sinusförmigen Anteilen des Eingangssignals.

Auch über eine Faltung, wie die in Abb. 2.83 dargestellt, kann man die spektralen Anteile der dezimierten Signale erhalten. Für das Spektrum des Bandpasssignals wird eine Periode von $-f_s/2$ bis $f_s/2$ angenommen, die dann an den Stellen der Delta-Funktionen des Spektrums der Abtastsequenz, die einem bestimmten Faktor M entspricht, verschoben wird.

In Abb. 2.95 ist die Bildung der spektralen Anteile über die Faltung für $M = 2$ dargestellt. Ganz oben ist eine Periode des Spektrums des Bandpasssignals gezeigt. Darunter in Abb. 2.95(b) sind die Delta-Funktionen des Spektrums der Abtastsequenz für $M = 2$. Die Teilfaltungen und deren Summe sind in den weiteren Darstellungen enthalten. Die Summe aus Abb. 2.95(f) entspricht dem Spektrum aus Abb. 2.94(f).

Die Simulation der Dezimierung des Bandpasssignals bestehend aus den zwei sinusförmigen Signalen wird mit dem Modell bandpass_dsecim11, das in Abb. 2.96 dargestellt ist, durchgeführt. Es wird eine Dezimierung mit Faktor $M = 2$ und gleichzeitig

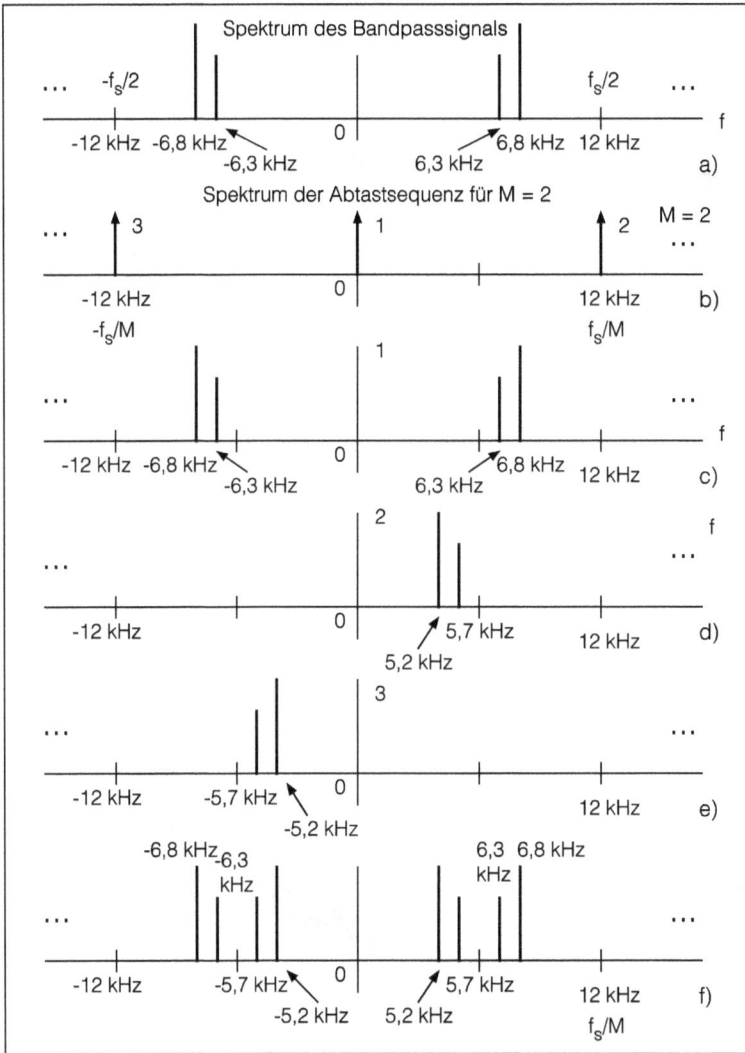

Abb. 2.95: Spektrale Anteile bei der Dezimierung des Bandpasssignals mit Faktor $M = 2$.

eine Interpolierung mit Faktor $L = 2$ untersucht. Die Blöcke des Modells sind direkt mit absoluten Werten initialisiert.

Die analogen Eingangssignale werden addiert und dann mit 24 kHz abgetastet. Die spektralen Leistungsdichten dieser Signale werden am *Spectrum Analyzer*-Block dargestellt, und entsprechen der Darstellung aus Abb. 2.95(a). Die Blöcke *Spectrum Analyzer* stellen die Spektren im Bereich $-f_s/2$ bis $f_s/2$ dar. Es folgt die Dezimierung mit Faktor $M = 2$ im Block *Downsample*. Die spektrale Leistungsdichte, mit Block *Spectrum Analyzer1* gezeigt, entspricht der Darstellung aus Abb. 2.95(f) und ist in Abb. 2.97

h = firpm(2*512,[0 6000 6100 6900 7000 12000]*2/24000,[0 0 1 1 0 0]);

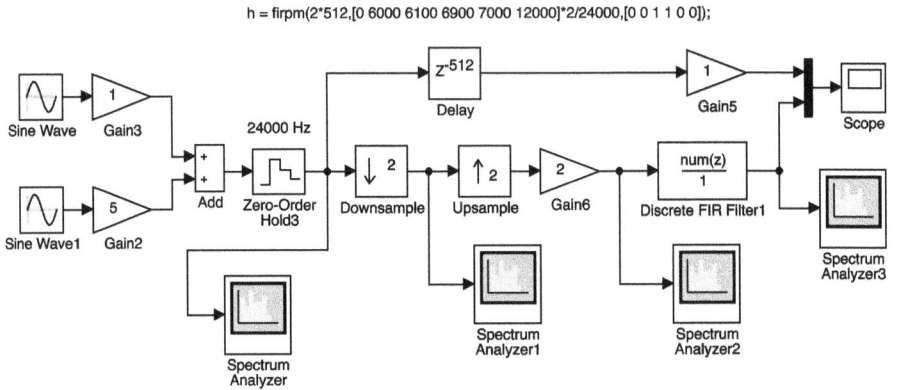

Abb. 2.96: Simulink-Modell der Dezimierung des Bandpasssignals mit Faktor M = 2 (bandpass_decim11.slx).

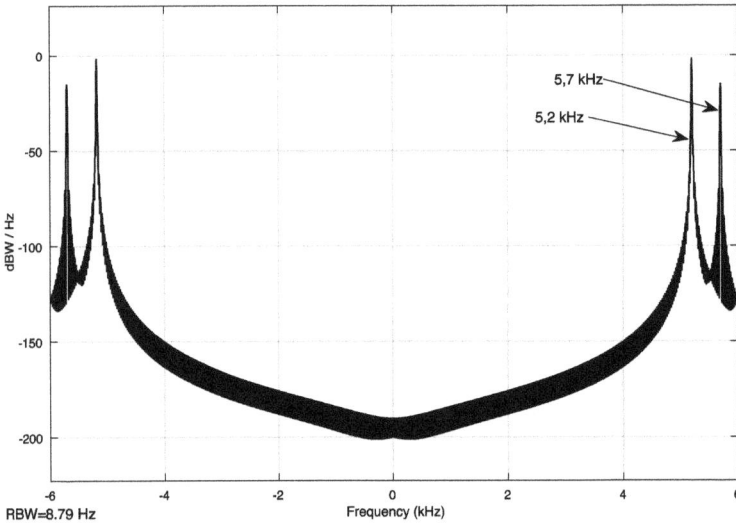

Abb. 2.97: Spektrale Leistungsdichte des mit Faktor M = 2 dezimierten Bandpasssignals (bandpass_decim11.slx).

zu sehen. Es ist der Bereich von $-f_s/2 = -6$ kHz bis $f_s/2 = 6$ kHz dargestellt und die Abtastfrequenz ist $f_s = 24000/M = 12$ kHz.

Die Interpolation, die zur Rekonstruktion des Bandpasssignals führt, beginnt mit der Erweiterung mit L-1 Nullwerten zwischen den Abtastwerten des dezimierten Signals mit Hilfe des Blocks *Upsample*. Die spektrale Leistungsdichte dieses Signals verstärkt mit Faktor 2 ist am *Spectrum Analyzer2*-Block angezeigt und ist in Abb. 2.98 dargestellt.

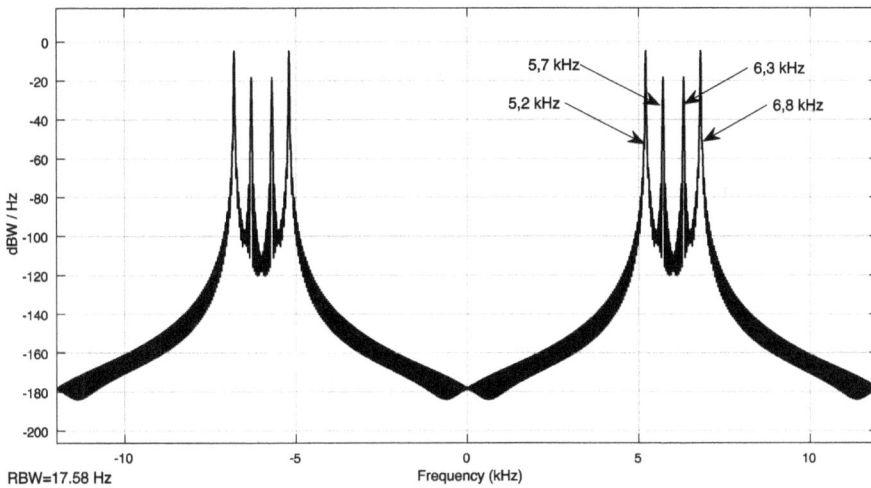

Abb. 2.98: Spektrale Leistungsdichte des mit Faktor L = 2 aufwärtsgetasteten Signals (bandpass_decim11.slx).

Der Bereich von 6 kHz bis 7 kHz, der die zwei Anteile von 6,3 kHz und 6,8 kHz enthält, wird mit einem Bandpassfilter extrahiert. Das FIR-Filter wird mit folgendem Befehl berechnet, der direkt im Block *Discrete FIR Filter1* eingetragen ist:

```
firpm(2*512,[0 6000 6100 6900 7000 12000]*2/24000,
     [0 0 1 1 0 0]);
```

Die spektrale Leistungsdichte nach dem Filter, die mit dem Block *Spectrum Analyzer3* angezeigt wird, ist in Abb. 2.99 dargestellt.

Das Bandpasssignal vom Eingang wird über den Block *Delay* mit der Verzögerung des Filters so ausgerichtet, dass man es überlappt mit dem rekonstruierten Bandpasssignal am *Scope*-Block darstellen kann. Es ergibt keinen sichtbaren Unterschied, was wiederum zeigt, dass die Rekonstruktion sehr gut ist.

Das FIR-Filter musste mit einer relativ hohen Ordnung entwickelt werden, weil die zwei Signale nur in dieser Weise extrahiert werden konnten. Hier kann der Leser experimentieren und mit anderen Befehlen und Ordnungen das FIR-Filter entwickeln.

Mit dem Simulink-Modell bandpass_decim12.slx wird die Dezimierung mit Faktor M = 4 bzw. Interpolierung mit Faktor L = 4 untersucht. Die spektrale Leistungsdichte nach dem Aufwärtstaster und Verstärker ist in Abb. 2.100 dargestellt. Man erkennt die $L - 1$ = 3 Repliken wegen der Nullzwischenwerte.

Die Rekonstruktion des Bandpasssignals wird mit dem gleichen FIR-Filter erhalten. Dieser muss die gleichen zwei Signale, die in Abb. 2.100 gekennzeichnet sind, aus dem Spektrum des aufwärtsgetasteten Signals extrahieren.

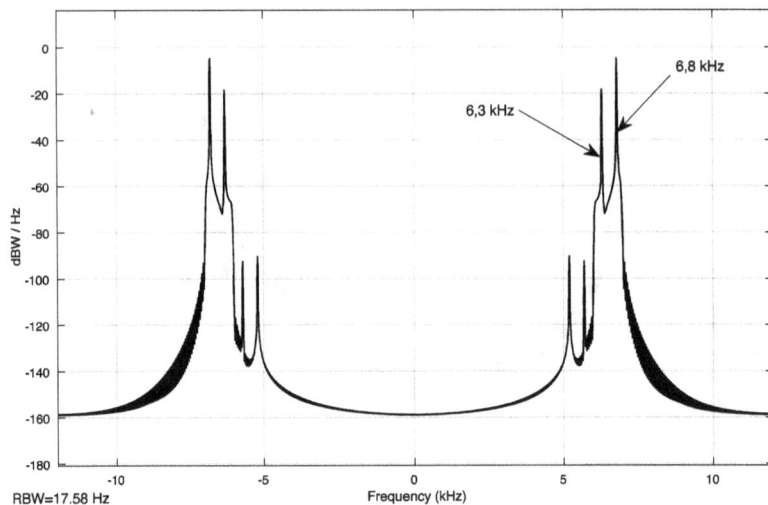

Abb. 2.99: Spektrale Leistungsdichte nach dem FIR-Interpolationsfilter für $M = L = 2$ (bandpass_decim11.slx).

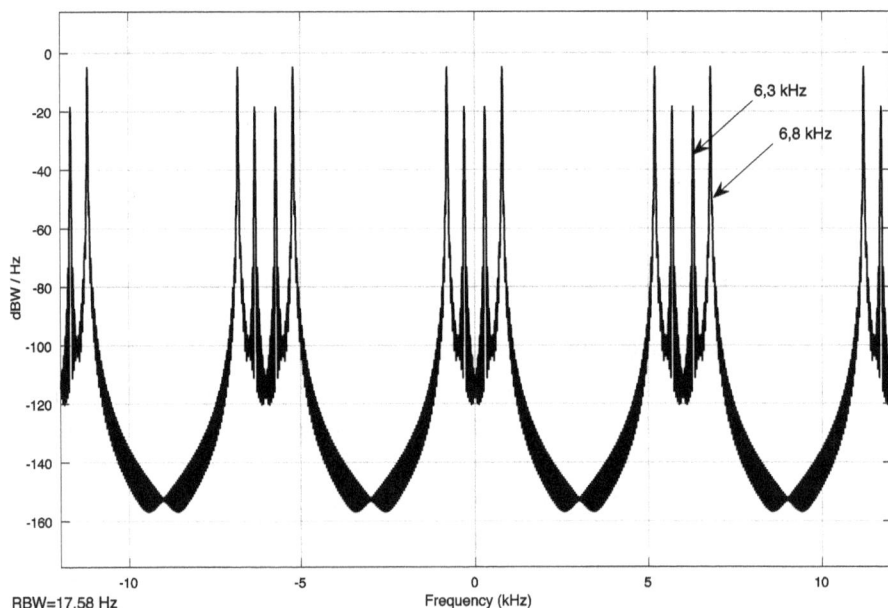

Abb. 2.100: Spektrale Leistungsdichte nach dem Aufwärtstaster und Verstärkung für $M = L = 4$ (bandpass_decim12.slx).

Die Darstellung am *Scope*-Block zeigt, dass die Rekonstruktion des Bandpasssignals sehr gut ist. Man sieht keinen Unterschied zwischen dem Eingangssignal und dem rekonstruierten Signal.

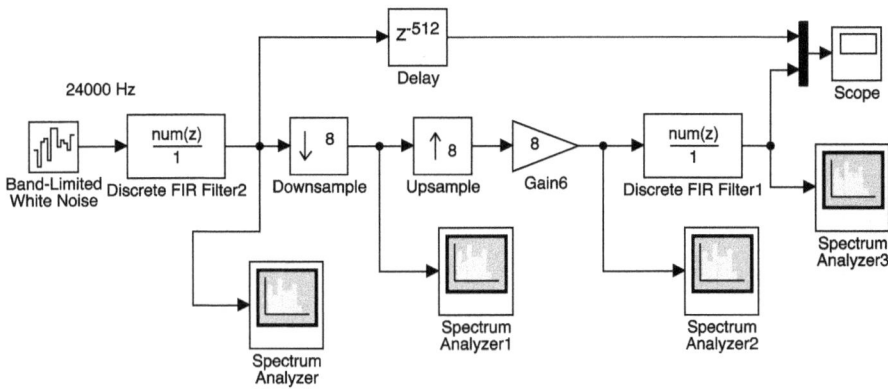

Abb. 2.101: Simulink-Modell für die Dezimierung mit Faktor $M = 8$ und zufälliges Bandpasssignal (bandpass_decim16.slx).

Mit den Modellen `bandpass_decim13.slx`, `bandpass_decim14.slx` bzw. mit band-pass_decim15.slx sind die Dezimierungen für $M = 8, 10$ und $M = 12$ untersucht. Im Modell `bandpass_decim16.slx`, das in Abb. 2.101 dargestellt ist, wird die Dezimierung mit Faktor $M = 8$ für ein zufälliges Bandpasssignal untersucht.

Aus der Quelle *Band-Limited White Noise* wird mit Hilfe des FIR-Filters aus Block *Discrete FIR Filter2* ein Bandpasssignal mit Leistungsanteile im Bereich 6,2 kHz bis 6,8 kHz erzeugt. Die Einheitspulsantwort dieses Filters ist:

```
firpm(2*512,[0 6100 6200 6800 6900 12000]*2/24000,
    [0 0 1 1 0 0]);
```

Die spektrale Leistungsdichte des mit 24000 Hz abgetasteten Signals ist in Abb. 2.102 dargestellt. Nach der Dezimierung mit Faktor $M = 8$ erhält man die spektrale Leistungsdichte, die in Abb. 2.103 gezeigt ist (für die Abtastfrequenz von 24000/8 = 3000 Hz).

Nach der Aufwärtstastung mit Faktor $L = 8$, die sieben Nullwerte zwischen den Abtastwerten des dezimierten Signals einfügt, erhält man die spektrale Leistungsdichte aus Abb. 2.104.

Die sieben Repliken des Spektrums, die dadurch entstehen, sind mit Linien gekennzeichnet. Aus diesen Repliken wird mit dem Interpolationsfilter aus Block *Discrete FIR Filter1* der Bereich von ca. 6 kHz bis 7 kHz extrahiert. Die spektrale Leistungsdichte nach diesem Filter ist in Abb. 2.105 dargestellt.

Man sieht die Reste der unterdrückten Repliken. Die Einheitspulsantwort des Interpolationsfilters ist:

```
firpm(2*512,[0 6000 6100 6900 7000 12000]*2/24000,
    [0 0 1 1 0 0]);
```

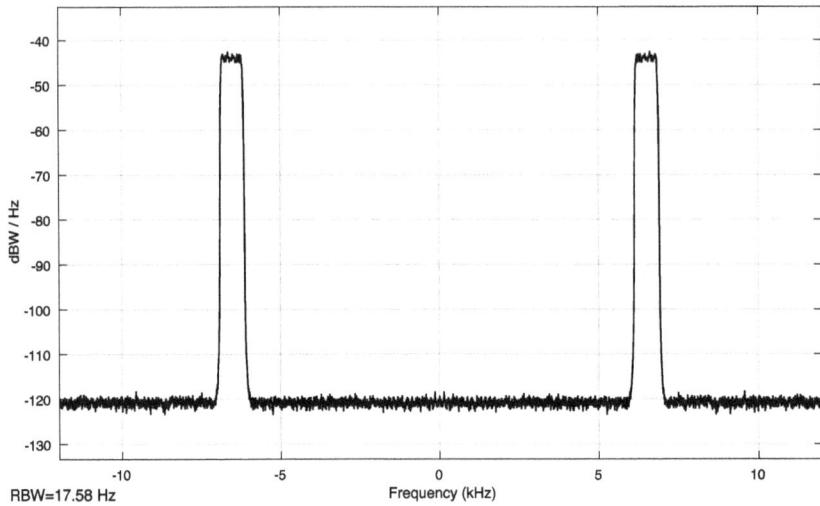

Abb. 2.102: Spektrale Leistungsdichte des zufälligen Bandpasssignals (bandpass_decim16.slx).

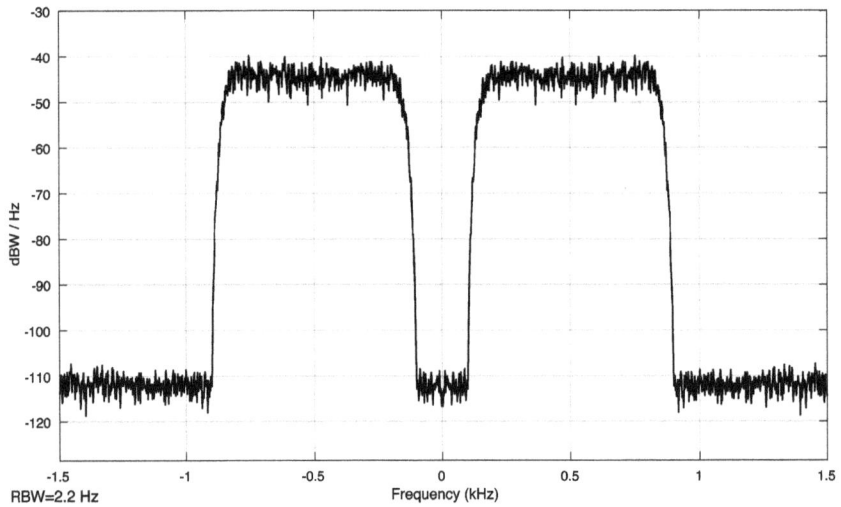

Abb. 2.103: Spektrale Leistungsdichte des zufälligen Bandpasssignals nach der Dezimierung mit Faktor $M = 8$ (bandpass_decim16.slx).

Es ist ein FIR-Bandpassfilter mit einem Durchlassbereich zwischen 6,1 kHz und 6,9 kHz, der etwas größer als der Durchlassbereich des FIR-Filters für die Erzeugung des zufälligen Bandpasssignals ist.

Die zwei Signale, die auf dem *Scope*-Block dargestellt werden, sind gleich und man erkennt keinen Unterschied, wie die Darstellung aus Abb. 2.106 zeigt.

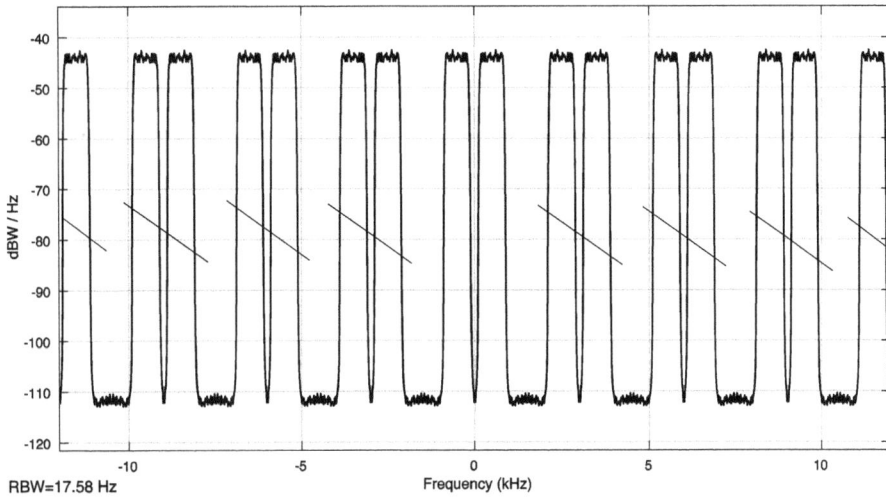

Abb. 2.104: Spektrale Leistungsdichte des zufälligen Bandpasssignals nach der Aufwärtstastung mit Faktor $L = M = 8$ (bandpass_decim16.slx).

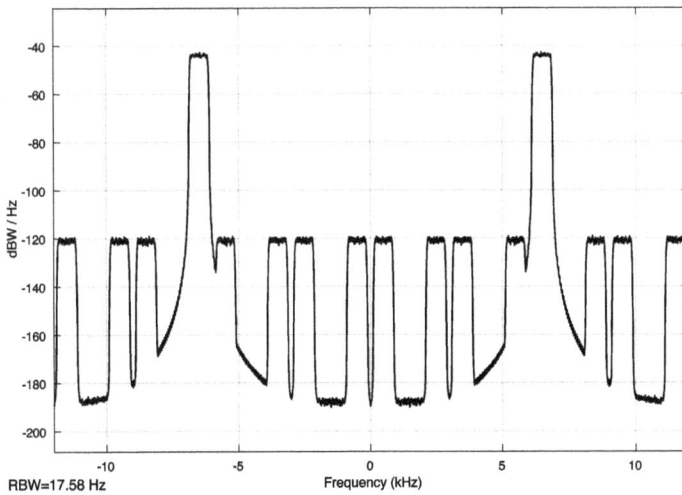

Abb. 2.105: Spektrale Leistungsdichte des zufälligen Bandpasssignals nach dem Interpolationsfilter (bandpass_decim16.slx).

2.6.3 Experiment: Demodulation über Dezimierung

In diesem Experiment wird gezeigt, wie man ein amplituden moduliertes Signal mit Hilfe einer Dezimierung demodulieren kann. Ein Signal im Basisband $x[n]$ mit Spektrum $X(e^{j\Omega}) = X(e^{j\omega T_s})$ das mit einem Trägersignal $\cos(\Omega_0 n) = \cos(\Omega_0 n T_s)$ multipliziert

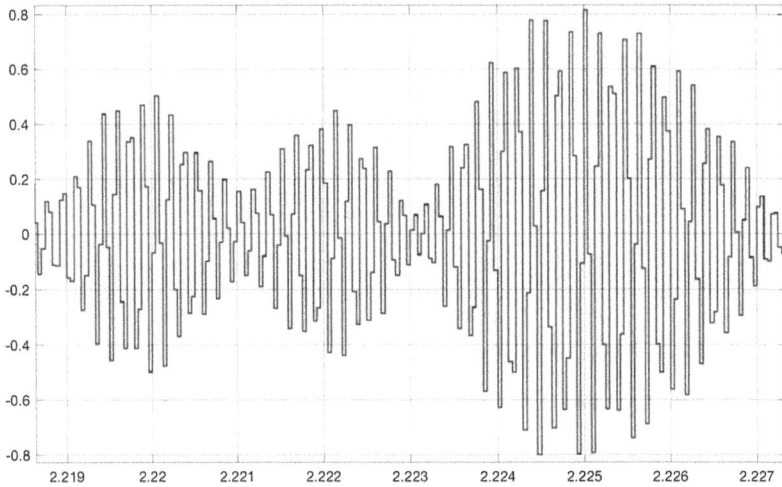

Abb. 2.106: Zufälliges Eingangs- und rekonstruiertes Bandpasssignal (Ausschnitt) (bandpass_decim16.slx).

wird, führt zu einem amplituden modulierten Signal mit folgendem Spektrum:

$$x[n]\cos(\Omega_0 n) \quad \leftrightarrow \quad \frac{1}{2}[X(e^{j(\Omega+\Omega_0)}) + X(e^{j(\Omega-\Omega_0)})]. \qquad (2.46)$$

Beim Empfänger wird aus dem Empfangssignal ein Träger mit gleicher Frequenz $\Omega_0' = \Omega_0$ und gleicher Phase wie beim Sender gewonnen. Das führt zu einer kohärenten Demodulation in der die Multiplikation dieses Trägers mit dem Empfangssignal auf folgendes Ergebnis führt:

$$\begin{aligned} y[n] &= x[n]\cos(\Omega_0 n)\cos(\Omega_0' n) = x[n]\frac{1}{2}[\cos((\Omega_0 - \Omega_0')n) + \cos((\Omega_0 + \Omega_0')n)] \\ &= x[n]\frac{1}{2} + x[n]\frac{1}{2}\cos(2\Omega_0 n). \end{aligned} \qquad (2.47)$$

Im Frequenzbereich erhält man dann das Spektrum des Empfangssignals:

$$Y(e^{j\Omega}) = \frac{1}{2}X(e^{j\Omega}) + \frac{1}{4}[X(e^{j(\Omega-2\Omega_0)}) + X(e^{j(\Omega+2\Omega_0)})]. \qquad (2.48)$$

Die Anteile mit doppelter Trägerfrequenz werden mit einem Tiefpassfilter unterdrückt und somit bleibt nur der erste Term, der das Modulationssignal darstellt, allerdings bei einer Abtastfrequenz, die für den Träger gewählt wurde f_{s0}. Diese muss das Abtasttheorem bezogen auf die Trägerfrequenz f_0 erfüllen und ist viel größer als die Abtastfrequenz f_s des Basisbandsignals, $f_{s0} \gg f_s$.

Durch Dezimierung des Bandpasssignals $y[n]$ nach der Unterdrückung der doppelten Trägerfrequenz mit einem angepassten Dezimierungsfaktor M kann man das

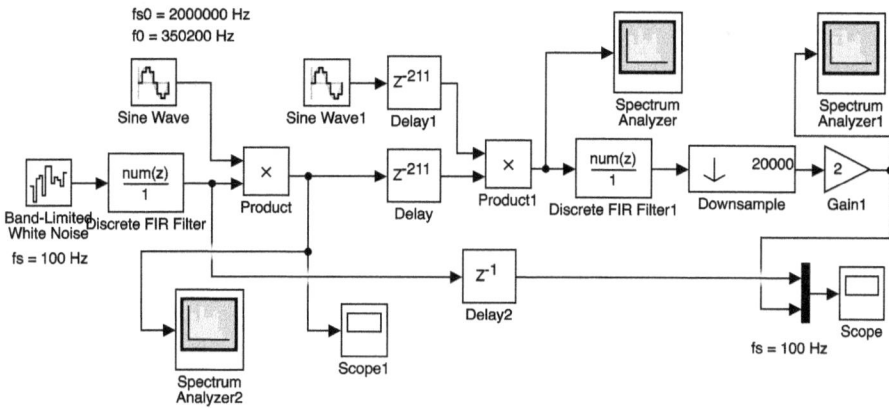

Abb. 2.107: Simulink-Modell einer Demodulation über Dezimierung (demod_decim1.slx).

Modulationssignal mit der ursprünglichen Abtastfrequenz rekonstruieren. Die Bedingung, die das ermöglicht, bezieht sich auf die Abtastfrequenz des Basisbandsignals $x[n]$ bezeichnet mit f_s und der Trägerfrequenz $f_0 \gg f_s$. Das Verhältnis $f_0/f_s = m$ muss eine ganze Zahl sein $m \in \mathbb{Z}$. Der Dezimierungsfaktor M muss weiter gleich dem Verhältnis der Abtastfrequenz des Trägers f_{s0} und der Abtastfrequenz des Basisbandsignals f_s sein::

$$M = \frac{f_{s0}}{f_s}. \tag{2.49}$$

Im Experiment wird ein Basisbandsignal benutzt, das aus einem bandbegrenzten Zufallssignal mit einer Abtastfrequenz $f_s = 100\,\text{Hz}$ besteht. Es wird eine Trägerfrequenz von $f_0 = 350200\,\text{Hz}$ gewählt, die eine Vielfache von 100 Hz ist, so dass m eine ganze Zahl ist. Die Abtastfrequenz für den Träger mit $f_{s0} = 2\,\text{MHz}$ erfüllt das Abtasttheorem $f_{s0}/2 > f_0$. Mit dieser Wahl erhält man für den Dezimierungsfaktor M den Wert $M = 2e^6/100 = 20000$.

Das Experiment wird mit dem Simulink-Modell demod_decim1.slx, das in Abb. 2.107 dargestellt ist, realisiert. Mit Hilfe des FIR-Filters im Block *Discrete FIR Filter* wird das bandbegrenzte Zufallssignal erzeugt. Die Multiplikation mit dem Träger aus dem *Sine Wave*-Block, das mit einer Phasenverschiebung von $\pi/2$ in einem Cosinussignal umgewandelt wird, ergibt am Ausgang des Blocks *Product* das Bandpasssignal das gesendet wird. Das Leistungsspektrum in dBW angezeigt am Block *Spectrum Analyzer2* ist in Abb. 2.108 dargestellt.

Aus diesem Signal wird beim Empfänger ein Trägersignal mit gleicher Frequenz und Phasenlage wie beim Sender rekonstruiert. Im Modell wird dieser Träger mit dem Block *Sine Wave1* erzeugt. Eine eventuelle Verzögerung des Empfangssignals, im Modell durch den Block *Delay* simuliert, muss im Modell auch für den rekonstruierten Träger angenommen werden. Für diese Verzögerung kann man einen beliebigen Wert annehmen.

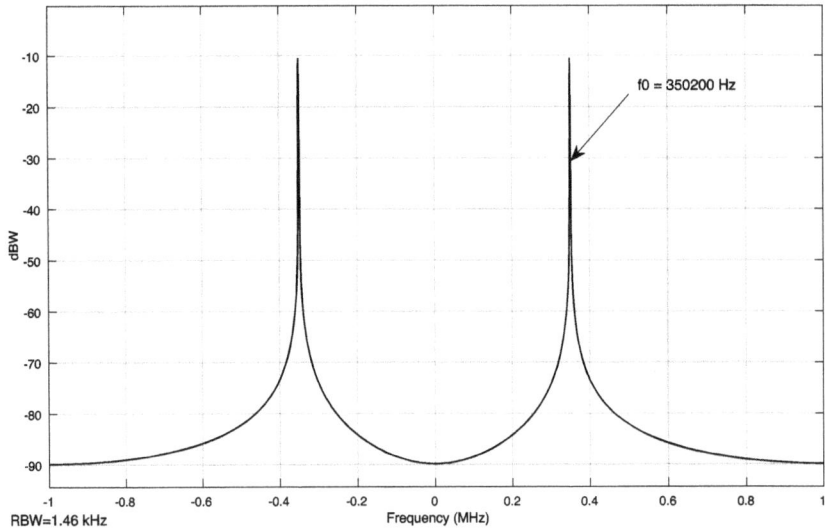

Abb. 2.108: Bandpasssignal mit Trägerfrequenz 350200 Hz (demod_decim1.slx).

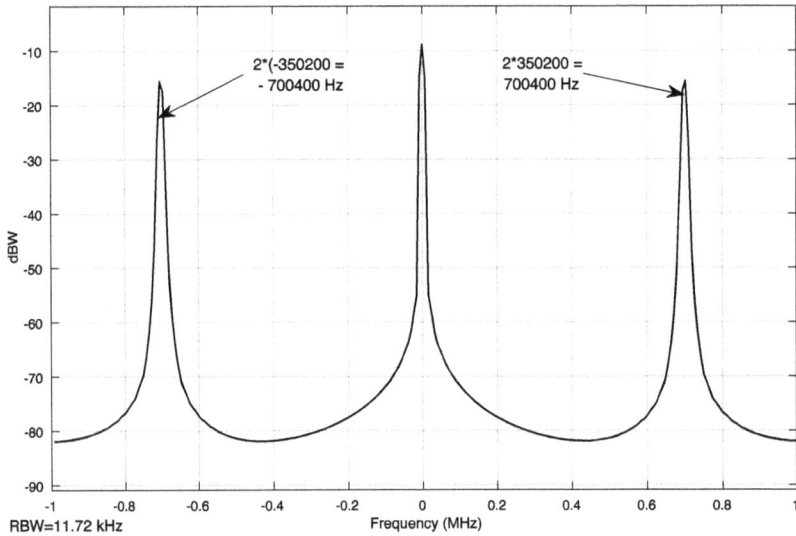

Abb. 2.109: Spektrum des demodulierten Signals vor der Unterdrückung der doppelten Frequenz (demod_decim1.slx).

Nach der Multiplikation des Empfangssignals mit dem rekonstruierten Träger im Block *Product1* erhält man das Spektrum gemäß Gl. (2.48), das in Abb. 2.109 dargestellt ist. Mit Hilfe des FIR-Filters aus Block *Discrete FIR Filter1* werden die Anteile mit doppelter Frequenz unterdrückt. Durch Anschließen des *Spectrum Analyzer*-Blocks am Ausgang des Filters erhält man das Spektrum, das in Abb. 2.110 dargestellt ist.

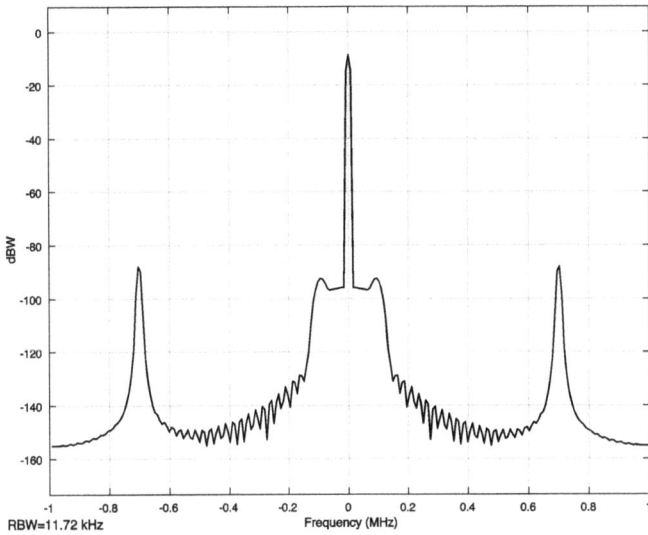

Abb. 2.110: Spektrum des demodulierten Signals nach der Unterdrückung der doppelten Frequenz (demod_decim1.slx).

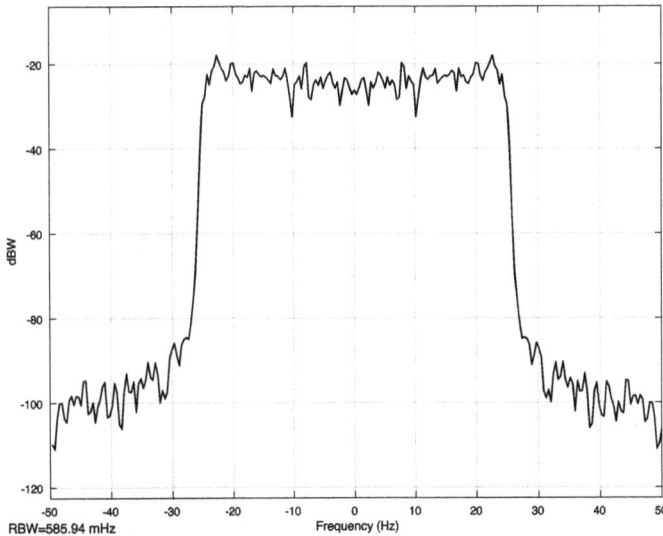

Abb. 2.111: Spektrum des demodulierten Signals nach der Dezimierung mit Faktor $M = 20000$ (demod_decim1.slx).

Die Dezimierung mit Faktor $M = 20000$ führt zum demodulierten Signal mit einem Spektrum, das mit einer Abtastfrequenz von 100 Hz ($2^6/20000 = 100$ Hz) mit dem Block *Spectrum Analyzer1* dargestellt wird und in Abb. 2.111 gezeigt ist.

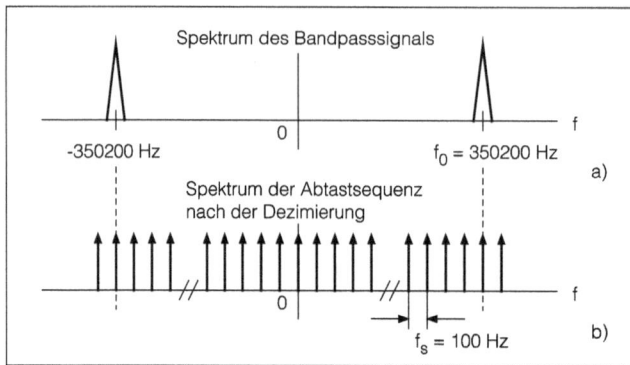

Abb. 2.112: Die nötige Übereinstimmung der Spektren, um eine Demodulation durch Verschiebung im Basisband zu erhalten.

In Abb. 2.112 ist eine Skizze dargestellt, die die nötige Übereinstimmung des Spektrums des modulierten Signals mit Trägerfrequenz f_0 = 350200 Hz mit dem Spektrum der Abtastsequenz von f_s = 100 Hz, die nach der Dezimierung resultiert, zeigt. Mit dieser Übereinstimmung wird durch Verschiebung im Basisband die Demodulation erhalten. Die Faltung des Spektrums des Bandpasssignals mit dem Spektrum der Abtastsequenz bei der Frequenz f_0 und $-f_0$ führt im Basisband zu einer Teilung durch zwei, die der Teilung mit zwei gemäß Gl. (2.48) entspricht und durch die Verstärkung kompensiert wird.

Das ursprüngliche Basisbandsignal wird zusammen mit dem beim Empfänger demodulierten Signal am Block *Scope* überlagert dargestellt. Es ist kein Unterschied festzustellen und somit ist die Demodulation korrekt. Die Dezimierung mit diesem großen Faktor M = 20000 führt dazu, dass die Simulation relativ langsam ist.

Mit dem Simulink-Modell `demod_decim2.slx` wird eine Demodulation eines in quadratur modulierten Signals [15] simuliert. Es wird ein komplexes analytisches Signal im Basisband mit nur einem Seitenband generiert. Dafür wird der Block *Analytic Signal* eingesetzt. Er enthält ein Hilbert-Filter [1] mit dem das komplexe Signal mit spektralen Anteilen nur im ersten Nyquist-Intervall generiert wird.

Der Realteil als Inphasekomponente wird mit dem Träger als Cosinusfunktion multipliziert und der Imaginärteil als Quadraturkomponente wird mit dem Träger als Sinusfunktion multipliziert. Die Summe dieser Funktionen ist ein reelles nicht komplexes amplituden moduliertes Signal, das übertragen wird. Es besitzt ein Spektrum mit der typischen Symmetrie eines reellen Signals, das nur ein Seitenband um den Träger aufweist.

Beim Empfänger wird dieses Signal mit der Cosinusfunktion des rekonstruierten Trägers multipliziert und weiter mit einem FIR-Tiefpassfilter die doppelte Trägerfrequenz unterdrückt. Mit der Dezimierung wird dann das ursprüngliche Basisbandsignal, wie im vorherigen Experiment, erhalten. Um in den dargestellten Spektren besser die Signale mit nur einem Seitenband zu sichten, wird hier eine kleinere Trägerfrequenz benutzt.

Mit Hilfe des Simulink-Modells demod_decim2.slx wird eine Demodulation eines in quadratur modulierten Signals untersucht. Die Quadraturkomponenten bestehen aus zwei verschiedenen Signalen, die man nach der Demodulation wieder erhält.

2.6.4 Experiment: Quadratur Amplituden Modulation-Demodulation mit Dezimierung und $f_s/4$ Träger

Wenn man ein sinusförmiges Signal der Frequenz f_0 mit einer Abtastfrequenz $f_s = 4f_0$ abtastet und die Abtastwerte an richtiger Stelle entnimmt, bestehen diese nur aus Werte 0, ±1. Mit so einem Signal als Träger in amplituden modulierten Signalen vermeidet man die Multiplikation. In Abb. 2.113 ist diese Möglichkeit für ein cosinus- und sinusförmiges Signal dargestellt.

Die Abtastwerte einer Periode für den cosinusförmigen Signal sind $[1, 0, -1, 0, \dots]$ und für das sinusförmige Signal ähnlich $[0, 1, 0, -1, \dots]$.

Weil ein Cosinus- und Sinusträger orthogonal sind, kann man zwei amplituden modulierte Signale kombinieren und beim Empfänger wieder trennen. In Abb. 2.114 ist die Quadratur-Amplituden-Modulation (kurz QAM) und Demodulation skizziert.

Das Eingangssignal $i_s[n]$ wird mit der Cosinussequenz des Trägersignals multipliziert und bildet die Inphasekomponente und ähnlich wird das Eingangssignal $q_s[n]$ mit der Sinussequenz des Trägersignals multipliziert und bildet die Quadraturkomponente. Diese zwei Komponenten addiert werden dem Empfänger gesendet. Hier wird das Empfangssignal einmal mit der Cosinussequenz multipliziert und dann tiefpassgefiltert, um den Anteil mit doppelter Frequenz des Trägers zu unterdrücken. Weiter

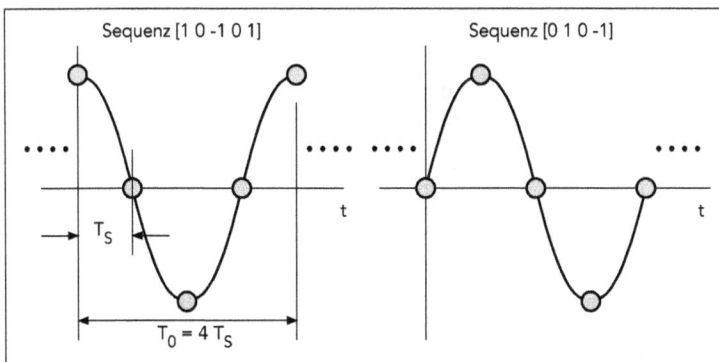

Abb. 2.113: Cosinus- und Sinusperiode mit Abtastwerten der Frequenz $f_s = 4f_0$.

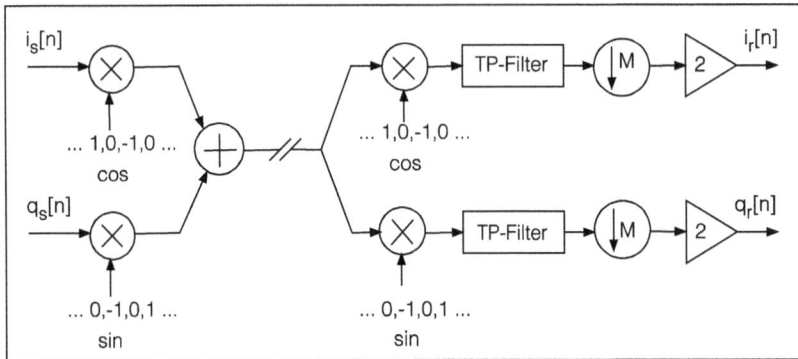

Abb. 2.114: Quadratur-Amplituden-Modulation und Demodulation mit Trägerfrequenz $f_0 = f_s/4$.

wird durch Dezimierung das Basisbandsignal $i_r[n] = i_s[n]$ erhalten. Das geschieht, wie bei der einfachen Amplitudenmodulation, die in Gl. (2.46) und Gl. (2.47) beschrieben ist.

Das Empfangssignal wird ähnlich mit der Sinussequenz multipliziert und wird weiter in gleicher Art bearbeitet bis man das Basisbandsignal $q_r[n] = q_s[n]$ erhält. Der Leser sollte das Sendesignal

$$s[n] = i_s[n]\cos(\omega_0 n) + q_s[n]\sin(\omega_0 n) \qquad (2.50)$$

als Übung einmal mit $\cos(\omega_0 n)$ und dann mit $\sin(\omega_0 n)$ multiplizieren und weiter zeigen, dass die Unterdrückung der doppelten Frequenz des Trägers, die durch die Multiplikation entsteht, die Demodulation ergibt.

Zu bemerken sei, das auch hier eine kohärente Demodulation angenommen wird. Das bedeutet, dass beim Empfänger die zwei Sequenzen des Trägers phasengleich mit den Sequenzen vom Sender sein müssen. Gewöhnlich werden diese Sequenzen aus dem Empfangssignal extrahiert und so ist die gewünschte Phasengleichheit gewährleistet [25].

Die Basisbandsignale $i_s[n]$, $q_s[n]$ sind mit einer Abtastfrequenz, die der Bandbreite dieser Signale ($f_{max} \ll f_0$) entspricht abgetastet. Für die Multiplikation beim Sender werden z. B. mit einem Halteglied nullter Ordnung die benötigten Zwischenwerte hinzugefügt, so dass die Basisbandsignale und die Trägersequenzen gleiche Abtastfrequenzen besitzen.

In Abb. 2.115 ist das Simulink-Modell dieser Untersuchung dargestellt. Das Signal für die Inphasekomponente besteht aus zwei sinusförmigen Signalen der Frequenz 10 Hz und Amplitude eins bzw. Frequenz 40 Hz und Amplitude 10. Für die Quadraturkomponente wird ein Basisbandzufallssignal mit bandbegrenzten Anteilen im Bereich von 10 Hz bis 40 Hz benutzt. Es wird aus der Quelle *Band-Limited White Noise* mit Hilfe des FIR-Filters aus *Discrete FIR-Filter*-Block erzeugt.

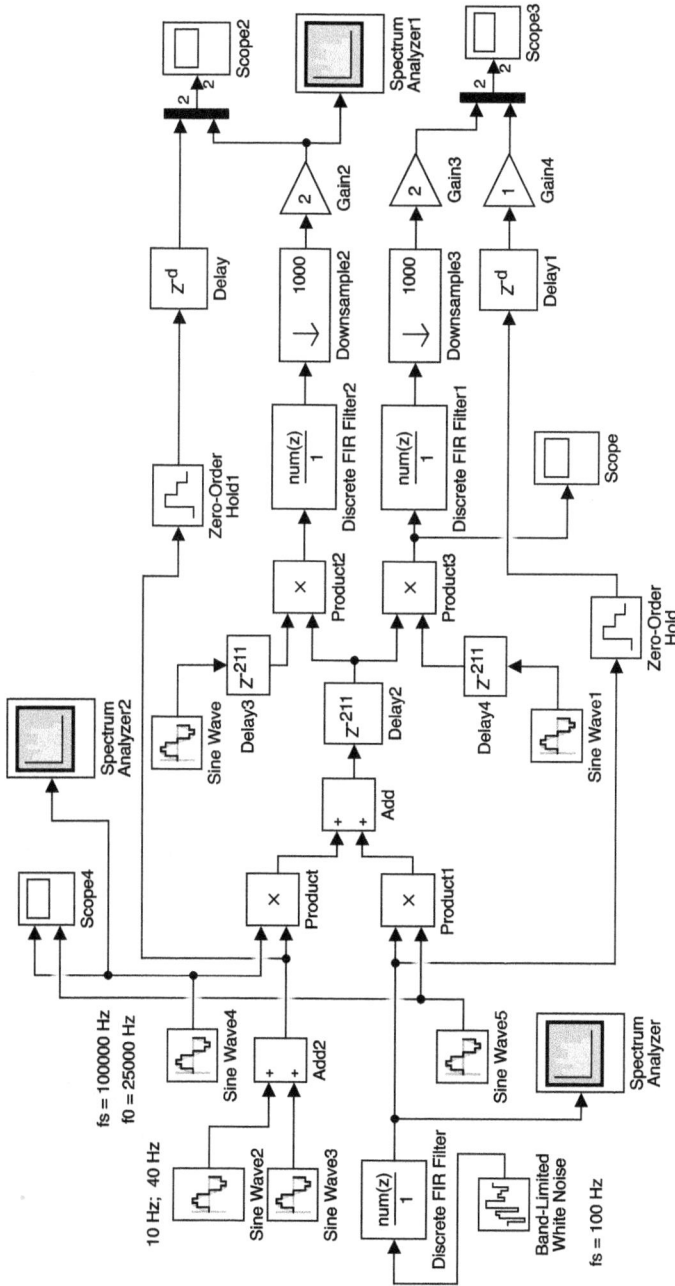

Abb. 2.115: Simulink-Modell der QAM-Übertragung mit $f_0 = f_s/4$ (demod_decim4.slx).

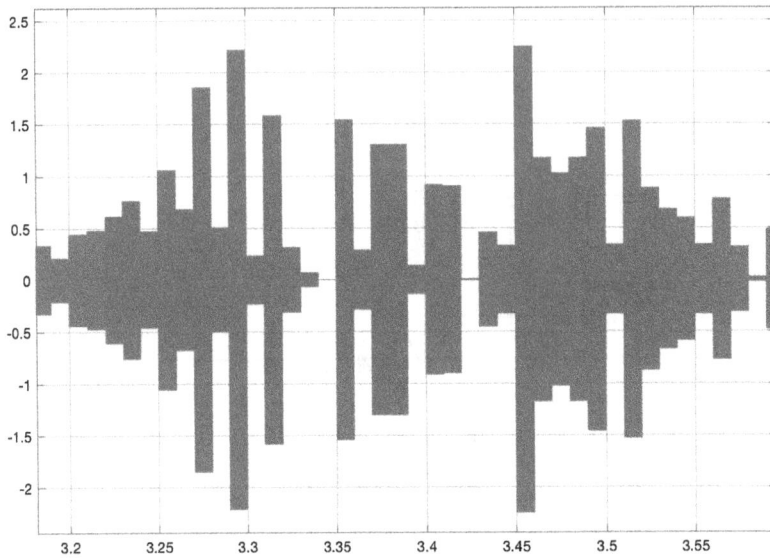

Abb. 2.116: Amplituden moduliertes Basisbandsignal (demod_decim4.slx).

Die Abtastfrequenz der Basisbandsignale ist f_s = 100 Hz. Für die Inphase- und Quadraturträgersignale wurde eine Frequenz von 25000 Hz gewählt und somit ist ihre Abtastfrequenz gleich 4×25000 = 100000 Hz. Auf dem *Scope4*-Block mit der Zoom-Funktion kann man die Sequenzen der Trägersignale, die nur aus Werten von 0, ±1 bestehen, sichten.

Bei der Multiplikation in den Blöcken *Product* und *Product1* werden die Basisband-Eingangssignale mit einer Funktion eines Halteglieds-Nullter-Ordnung auch auf die Trägerabtastfrequenz von 100000 Hz gebracht. Mit einem *Scope*-Block kann man das Signal am Ausgang eines der *Product*-Blöcke sichten. Man erhält über die Zoom-Funktion eine Darstellung, wie in Abb. 2.116 gezeigt ist. Das treppenförmige Signal ist das Basisbandsignal mit Abtastfrequenz 100 Hz und der geschwärzte Teil ist das Produkt mit der Trägersequenz mit Abtastfrequenz 100000 Hz. Wenn man mit der Zoom-Funktion besser auflöst, sieht man das Produkt des Basisbandsignals mit der Trägersequenz, wobei das Basisbandsignal mit Zwischenwerten die gleiche Abtastfrequenz wie der Träger hat.

Die Summe der Ausgänge der Produktblöcke bildet das Sendesignal, das eventuell bis zum Empfänger verzögert wird. Diese Verzögerung ist mit dem Block *Delay2* simuliert. Da die kohärenten Träger aus dem Empfangssignal abgeleitet werden, im Modell mit den Blöcken *Sine Wave* und *Sine Wave1* erzeugt, muss man die gleichen Verzögerungen an die Produktblöcke *Product2*, *Product3* anschließen. Die doppelten Trägerfrequenzen am Ausgang der Produktblöcke werden mit den FIR-Filtern *Discrete FIR-Filter1*, *Discrete FIR-Filter2* unterdrückt.

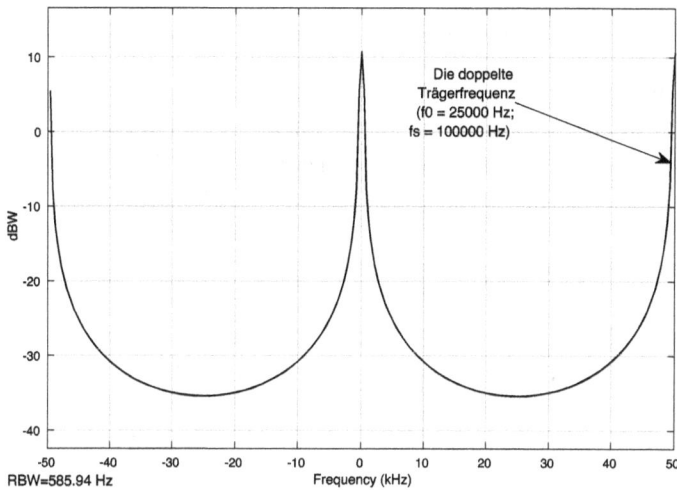

Abb. 2.117: Spektrum am Ausgang des Produktblocks mit dem Anteil der doppelten Frequenz (demod_decim4.slx).

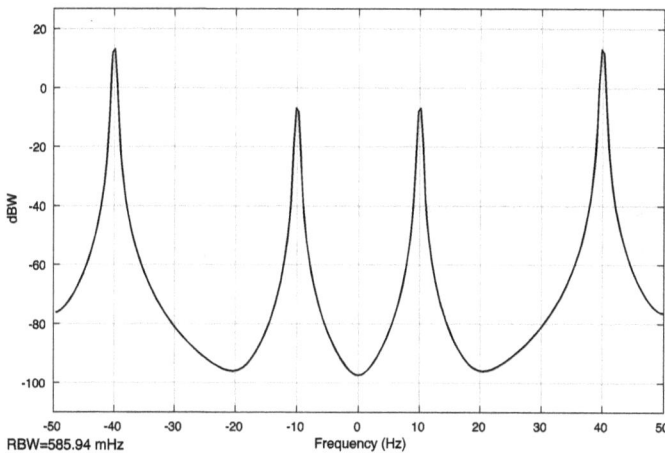

Abb. 2.118: Spektrum am Ausgang des oberen Pfades für die zwei Eingangssignale (demod_decim4.slx).

Der *Spectrum Analyzer2*-Block angeschlossen an dem *Produkct2*-Block beim Empfänger zeigt den Anteil im Spektrum mit doppelter Frequenz, wie in Abb. 2.117 dargestellt. Durch Dezimierung mit Faktor $M = 1000$ erhält man beim Empfänger die zwei Basisbandsignale mit der gleichen Abtastfrequenz wie beim Sender ($f_s = 100$ Hz). Diese werden mit den Basisbandsignalen vom Sender in den *Scope2, Scope3*-Blöcken verglichen. Es sind keine Unterschiede festzustellen und somit ist die Modulation bzw. Demodulation korrekt.

Der *Spectrum Analyzer1*-Block am Ausgang des oberen Pfades zeigt die spektralen Anteile der zwei sinusförmigen Eingangssignale der Frequenzen 10 Hz bzw. 40 Hz, wie in Abb. 2.118 dargestellt.

Der Leser kann die *Spectrum Analyzer*-Blöcke an beliebigen Stellen anschließen, um die Spektren zu sichten und die Funktionsweise zu verstehen.

2.6.5 Experiment: Interpolierung eines Bandpasssignals

In diesem Experiment wird durch Interpolierung ein Bandpasssignal in einem höheren Frequenzbereich verschoben. Es wird auch hier die Multiplikation mit den Trägern vereinfacht, in dem man die Abtastfrequenzen der Träger viermal größer als die Trägerfrequenzen wählt. Der Inphase- und Quadraturträger besteht dann nur aus den Werten $0, \pm 1$. In Abb. 2.119 ist das Experiment erläutert. Das Eingangssignal $x[n]$ ist ein Bandpasssignal um die Trägerfrequenz von $f_0 = 25$ kHz, abgetastet mit einer Abtastfrequenz f_s, die viermal größer ist und zwar 100 kHz. Durch Multiplikation mit dem komplexen Träger $e^{-j2\pi f_0 n T_s}$ erhält man ein komplexes Signal $x_A[n]$ verschoben im Basisband:

$$x_A[n] = x[n]e^{-j2\pi f_0 n/f_s} \quad \leftrightarrow \quad X_A(j\Omega) = X(e^{j(\Omega + \Omega_0)})$$

$$\Omega = \omega T_s = 2\pi f/f_s \quad \Omega_0 = \omega_0 T_s = 2\pi f_0/f_s .$$

$$(2.51)$$

In Abb. 2.120(a) ist das Spektrum des Eingangssignals, das aus zwei sinusförmigen Signalen der Frequenz 20 kHz und 30 kHz besteht, dargestellt. Es wird angenommen, dass sie ein Bandpasssignal mit einer Trägerfrequenz von 25 kHz darstellen. Die Amplituden sind verschieden, um eine eventuelle Inversion des Spektrums sichtbar

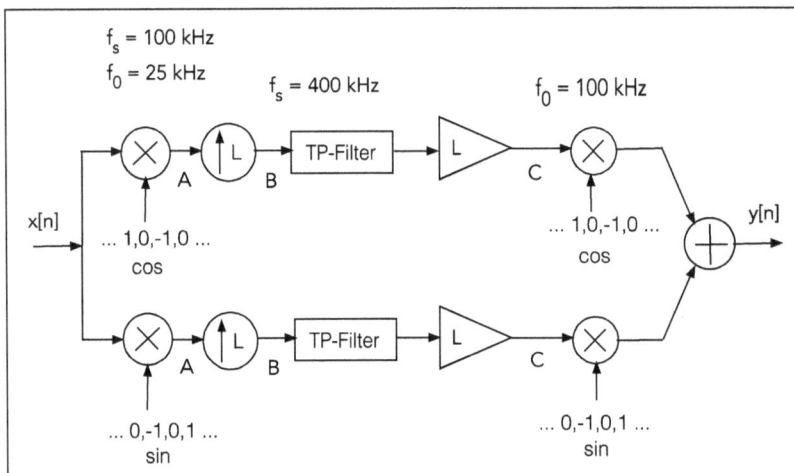

Abb. 2.119: Prinzip der Interpolation eines Bandpasssignals mit Faktor $L = 4$.

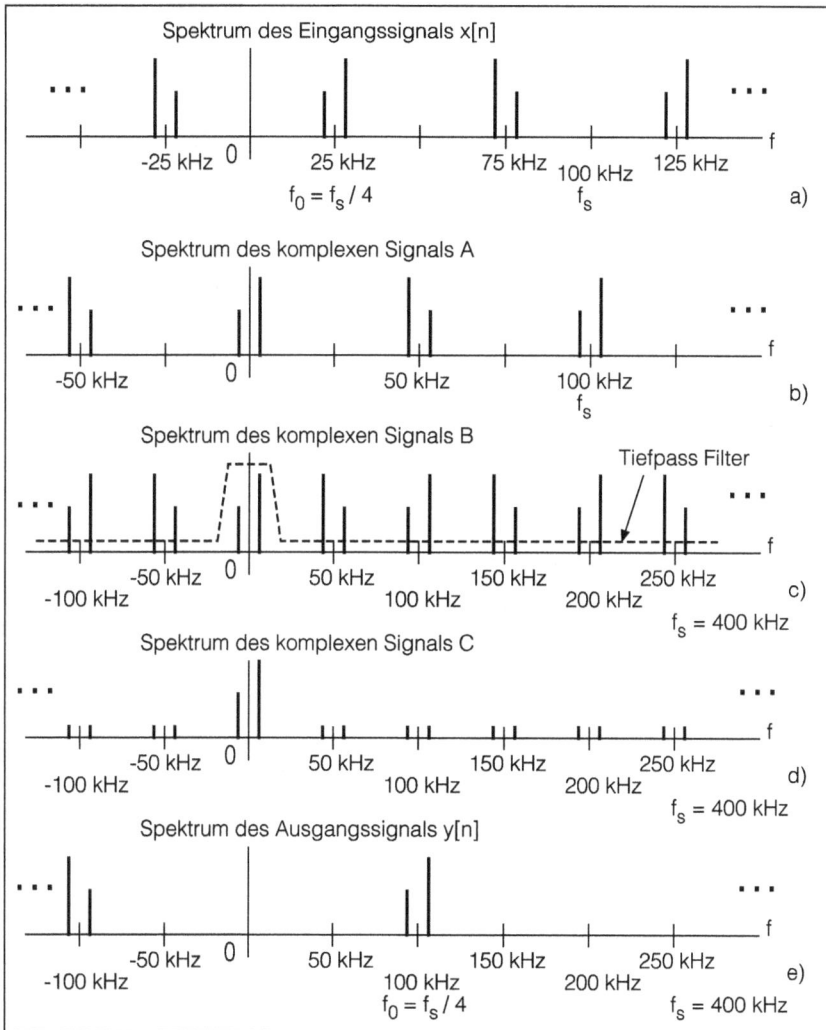

Abb. 2.120: Spektren der Interpolation eines Bandpasssignals mit Faktor $L = 4$ (interp_bandpass2.slx).

zu machen. Das Spektrum des im Basisband verschobenen komplexen Signals ist in Abb. 2.120(b) dargestellt. Hier ist die Symmetrie des Spektrums für reelle Signale nicht mehr vorhanden.

Es folgt eine Aufwärtstastung mit Faktor $L = 4$ für beide Teile des komplexen Signals, die dann das Spektrum aus Abb. 2.120(c) ergibt. Die neue Abtastfrequenz ist jetzt $f_s = 400\,\text{kHz}$ und es bilden sich je $L - 1 = 3$ Repliken, sowohl im Real- als auch im Imaginärteil. Diese werden mit Tiefpassfiltern unterdrückt. In der Abbildung ist der Amplitudengang eines der Filter suggeriert. Es bleiben die zwei Teile des komplexen

Signals mit Anteile im Spektrum bei Frequenz null und bei Vielfachen der Abtastfrequenz von 400 kHz.

Mit einer erneuten Multiplikation der Teile am Ausgang der Filter mit einem komplexen Träger der Frequenz f_0 = 100 kHz, wird das Basisbandsignal zum neuen Bandpassbereich in der Umgebung dieser Trägerfrequenz verschoben:

$$x_C[n]e^{j2\pi f_0 n f_s} \quad \leftrightarrow \quad X_C(e^{j(2\pi(f-f_0)/f_s)}) \quad f_0 = 100\,\text{kHz}; \quad f_s = 400\,\text{kHz}. \tag{2.52}$$

In Abb. 2.121 ist das Simulink-Modell der Interpolierung dargestellt. Es entspricht der Blockdarstellung aus Abb. 2.119. Das Spektrum des reellen Bandpasssignals vom Eingang ist in Abb. 2.120(e) dargestellt und zeigt die typische Symmetrie für reelle Signale (Abb. 2.122). Es wird eine Trägerfrequenz von 25 kHz angenommen. Durch Multiplikation mit dem komplexen Träger in den zwei *Product, Product1*-Blöcken erhält man ein komplexes Signal mit einem Spektrum, das auf dem *Spectrum Analyzer1* gezeigt ist und in Abb. 2.123 dargestellt ist. Dieses Spektrum entspricht der Darstellung aus Abb. 2.120(b).

Mit den zwei Aufwärtstaster *Upsample, Upsample1* mit Faktor L = 4 wird die Abtastfrequenz von 100 kHz auf 400 kHz erhöht und die eingefügten Nullzwischenwerte führen auf $L-1$ Repliken des Spektrums. Durch die zwei FIR-Filter werden die Repliken unterdrückt und es bleibt das Spektrum, das mit Block *Spectrum Analyzer2* gezeigt ist und das in Abb. 2.124 dargestellt ist. Hier sieht man noch die Reste der unterdrückten Repliken. Dieses Spektrum entspricht dem Spektrum aus Abb. 2.120(d).

Die Einheitspulsantworten der FIR-Tiefpassfilter werden mit

```
fir1(256, 30/200)
```

berechnet.

Durch die Multiplikation mit dem komplexen Träger gemäß Gl. (2.52) erhält man ein komplexes Bandpasssignal mit spektralen Anteilen in der Umgebung der Trägerfrequenz von 100 kHz und dessen Vielfachen. Die Addition des Real- und Imaginärteils ergibt dann ein reelles Bandpasssignal mit der bekannten Symmetrie des Spektrums. Das *Spectrum Analyzer3* zeigt dieses Spektrum, das in Abb. 2.125 dargestellt ist und dem Spektrum aus Abb. 2.120(e) entspricht.

Im oberen Teil des Modells wird ein Bandpasssignal generiert, welches das interpolierte Signal darstellt. Statt der Komponente von 20 kHz bei einer Trägerfrequenz von 25 kHz wird eine Komponente der Frequenz 100 − (25 − 20) = 95 kHz generiert. Ähnlich wird statt der Komponente von 30 kHz bei der Trägerfrequenz von 25 kHz eine Komponente der Frequenz 100 + (30 − 25) = 105 kHz generiert.

Der Vergleich dieses Bandpasssignals und des interpolierten Bandpasssignals kann am Block *Scope2* verfolgt werden. Man sieht keinen Unterschied, was beweist, dass die Interpolierung korrekt stattgefunden hat.

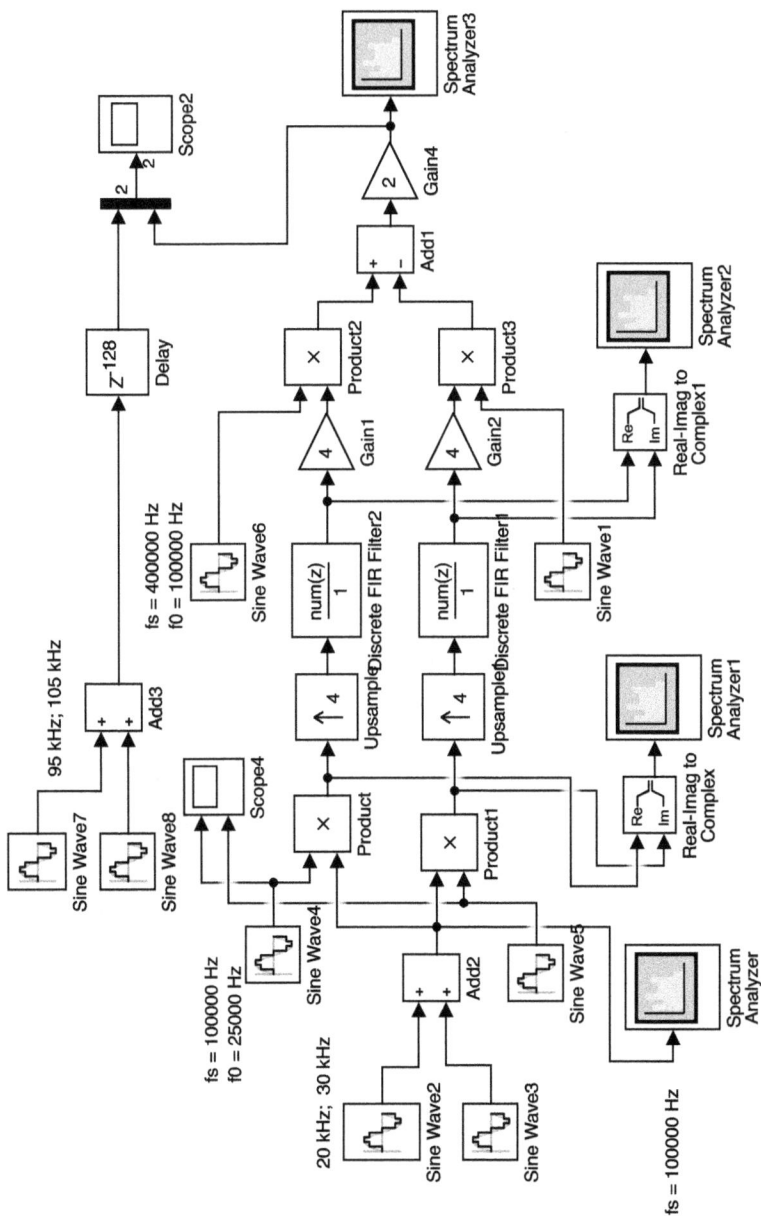

Abb. 2.121: Simulink-Modell der Interpolierung eines Bandpasssignals (interp_Bandpass2.slx).

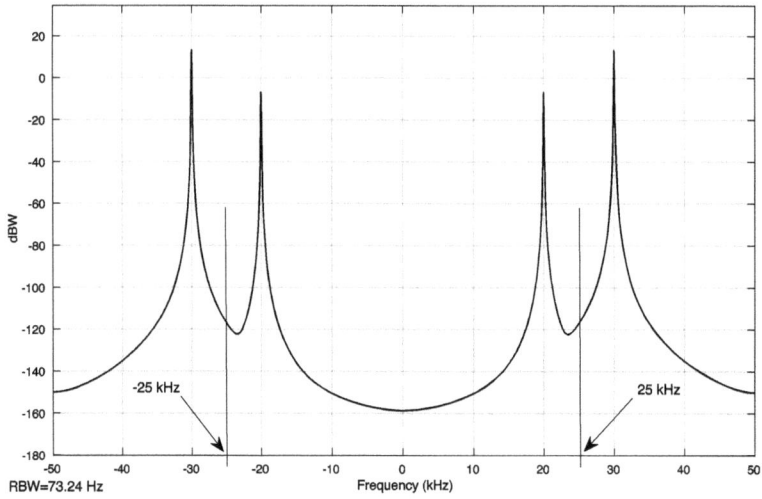

Abb. 2.122: Spektrum des Bandpasssignals vom Eingang (interp_bandpass2.slx).

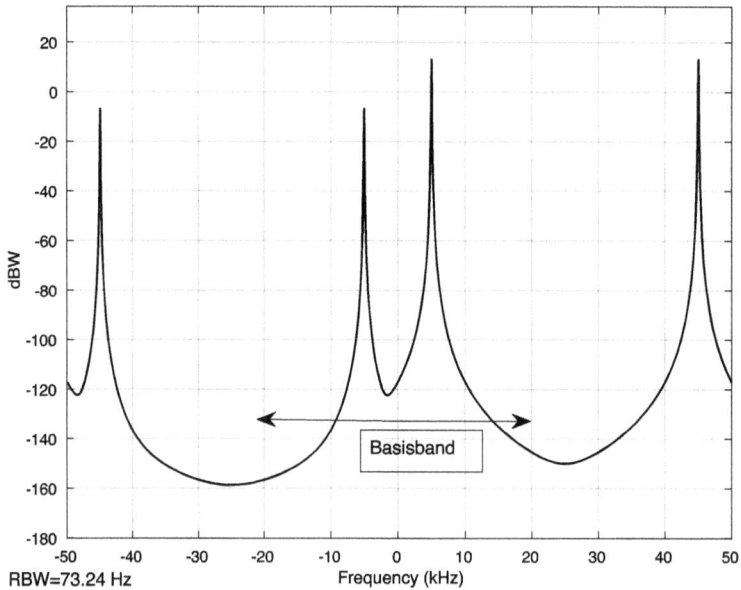

Abb. 2.123: Spektrum des komplexen Bandpasssignals verschoben im Basisband (interp_bandpass2.slx).

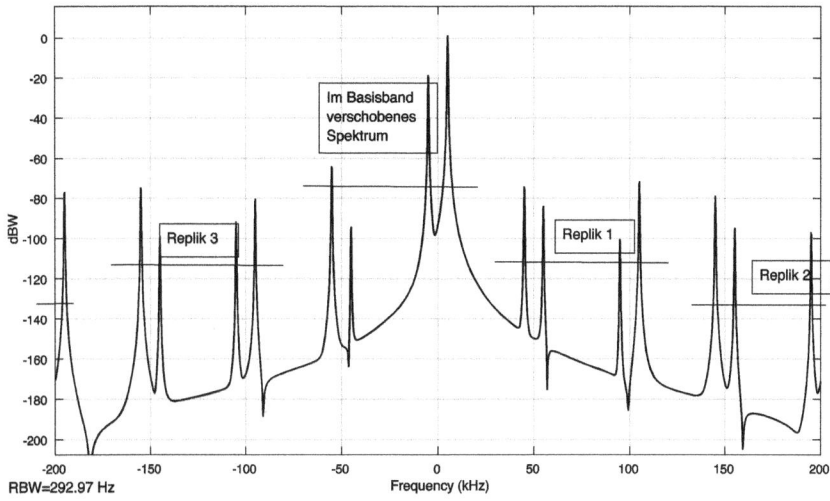

Abb. 2.124: Spektrum des komplexen Signals nach dem Aufwärtstaster und FIR-Tiefpassfilter (interp_bandpass2.slx).

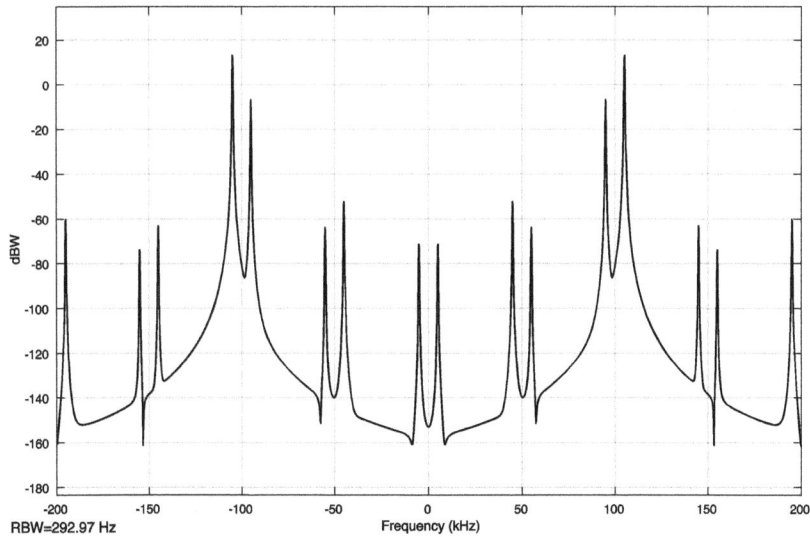

Abb. 2.125: Spektrum des interpolierten Bandpasssignals (interp_bandpass2.slx).

3 Multiraten-Filterbänke

3.1 Einführung

Mit Hilfe einer Analyse-Filterbank wird ein Eingangssignal zerlegt, so dass sein Spektrum in Subbänder geteilt wird. Diese Subbänder kann man dann separat bearbeiten, um einen bestimmten Vorteil zu erreichen. Als Beispiel für eine Codierung werden die Subbänder, die mehr Energie aufweisen, mit größerer Priorität behandelt. Ein Signal das sich langsam ändert, wird hauptsächlich Anteile tiefer Frequenz enthalten. Die Tiefpass-Subbänder werden die meiste Energie des Signals beinhalten. Wenn man die Hochpass-Subbänder weglässt und das Signal aus den restlichen Subbänder rekonstruiert, ist zu erwarten, dass sehr kleine oder vernachlässigbare Fehler bei dieser Analyse-Synthese Operation entstehen.

In Abb. 3.1 ist das Blockschaltbild eines nicht äquidistanten Filterbanksystems dargestellt. Im Analyseteil wird das Eingangssignal $x[n]$ in N Teilbänder zerlegt. Die Teilbandsignale werden weiter dezimiert oder unterabgetastet mit unterschiedlichen Dezimierungsfaktoren M_i. Alle Teilbandsignale sind jetzt im Basisband verschoben und werden hier verarbeitet. Diese Verarbeitung kann z. B. eine Codierung, eine Kompression oder Amplitudenänderung zum Zwecke einer Signalentstörung sein.

Im Syntheseteil werden die Teilbandsignale nach einer Interpolierung mit Aufwärtstastern und Filtern zum Ausgangssignal $y[n]$ zusammengesetzt.

Ein spezieller Fall dieser Anordnung ist die äquidistante Filterbank, bei der alle Kanäle die gleiche Bandbreite und den gleichen Dezimierungs- und Interpolierungsfaktor $M_i = M$, $i = 1, 2, \ldots, N$ haben. Im Falle $M = N$ ergibt sich die sogenannte kritisch abgetastete Filterbank [21, 22].

Die Analyse- und Synthesefilter müssen so entwickelt werden, dass bei fehlender Verarbeitung der Teilbandsignale (also bei direkter Zusammenschaltung von Analyse- und Syntheseteil) eine perfekte Rekonstruktion des Eingangssignals gewährleistet ist und das Filterbanksystem nur eine Verzögerung durch die Laufzeit der Filter ergibt. Der Entwurf der Filter ist keine einfache Aufgabe. Die Amplitudengänge der realisierbaren Filter überschneiden sich und es entsteht *Aliasing*. Es gibt Entwurfsverfahren, die dieses *Aliasing* kompensieren, so dass eine exakte Rekonstruktion des Eingangssignals möglich ist.

Für einige Anwendungen, wie z. B. Audiosignalverarbeitung können Filter mit großer Dämpfung im Sperrbereich eingesetzt werden und man muss nur das *Aliasing* der benachbarten Kanälen kompensieren. Die Filterbank ist dann eine nahezu perfekte Rekonstruktion-Filterbank, NPR-Filterbank [22].

https://doi.org/10.1515/9783110678871-003

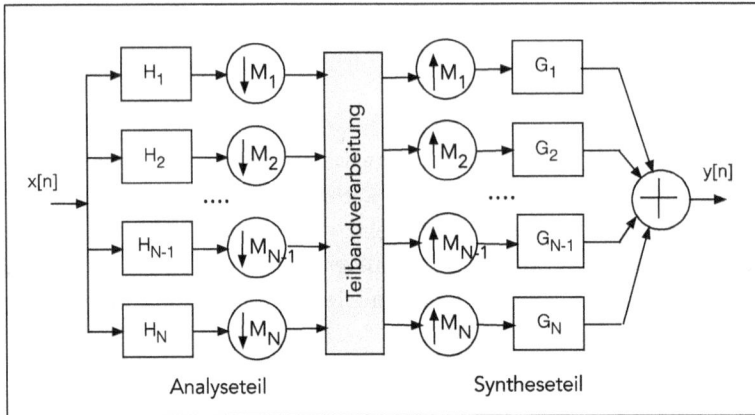

Abb. 3.1: Blockschaltbild eines N-Kanal Multiraten-Filterbanksystems.

3.2 Cosinusmodulierte Filterbänke

Es gibt viele Anwendungen, bei denen kritisch abgetastete Filterbänke eingesetzt werden können. Die reellwertige NPR-Filterbänke mit N Teilfiltern, die aus einem Tiefpassprototypfilter durch Cosinusmodulation erhalten werden, sind solche Filterbänke [11, 22], die im Weiteren beschrieben und untersucht werden.

Angenommen, die Einheitspulsantwort des FIR-Tiefpassprototyps der Ordnung n_{ord}, eine gerade Zahl, ist $h_0[n]$. Durch Multiplikation mit der komplexen Schwingung $e^{j2\pi n f_1/f_s}$, $n = 0, 1, 2, \ldots, n_{ord}$ verschiebt sich der Frequenzgang $H_0(e^{j2\pi f/f_s})$ in der Umgebung von f_1 und das Filter wird komplex:

$$h_0[n]e^{j2\pi n f_1/f_s} \quad \rightarrow \quad H_0(e^{j2\pi(f-f_1)/f_s}). \tag{3.1}$$

In Abb. 3.2(a) ist der Betrag des Frequenzgangs des Prototypfilters dargestellt. Die gezeigte Multiplikation führt zum Frequenzgang aus Abb. 3.2(b), der jetzt nicht mehr die bekannte Symmetrie für ein reelles Filter besitzt. Im Bereich von $-f_s/2$ bis $f_s/2$ erscheint nur ein Durchlassbereich um der Frequenz f_1.

Die ähnliche Multiplikation mit $e^{-j2\pi n f_1/f_s}$, $n = 0, 1, 2, \ldots, n_{ord}$ führt zu einer Verschiebung des Frequenzgangs in umgekehrter Richtung, wie in Abb. 3.2(c) dargestellt:

$$h_0[n]e^{-j2\pi n f_1/f_s} \quad \rightarrow \quad H_0(e^{j2\pi(f+f_1)/f_s}). \tag{3.2}$$

Die Summe

$$\begin{aligned} h_1[n] &= h_0[n]e^{j2\pi n f_1/f_s} + h_0[n]e^{-j2\pi n f_1/f_s} \\ &= h_0[n](e^{j2\pi n f_1/f_s} + e^{-j2\pi n f_1/f_s}) = 2h_0[n]\cos(2\pi n f_1/f_s) \end{aligned} \tag{3.3}$$

ergibt eine reelle nicht komplexe Einheitspulsantwort $h_1[n]$ mit einem Frequenzgang

$$H_1(e^{j2\pi f/f_s}) = H_0(e^{j2\pi(f-f_1)/f_s}) + H_0(e^{j2\pi(f+f_1)/f_s}), \tag{3.4}$$

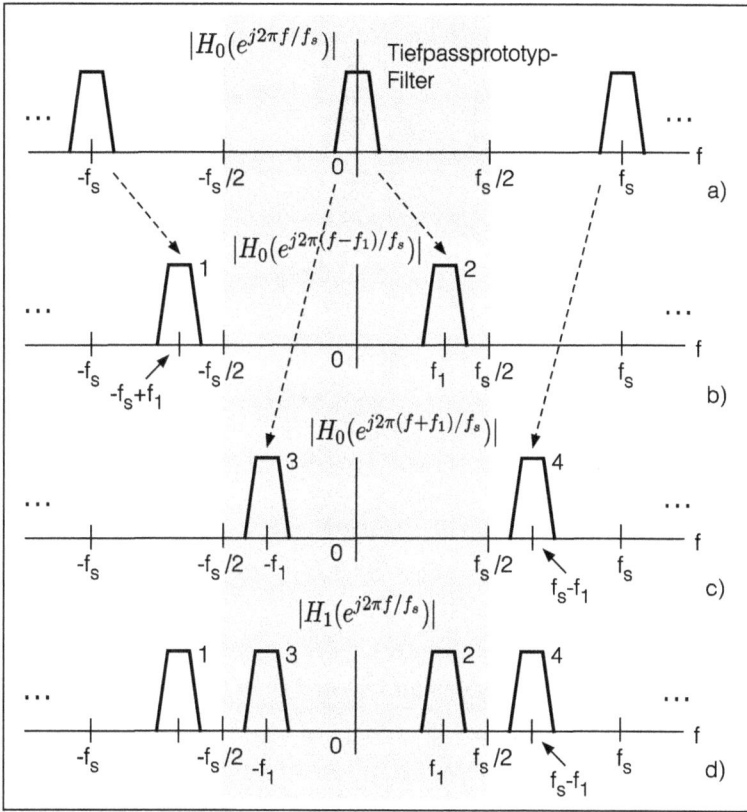

Abb. 3.2: Cosinusmoduliertes Prototyptiefpassfilter.

der die bekannte Symmetrie besitzt und in Abb. 3.2(d) dargestellt ist. Damit aus einer symmetrischen Einheitspulsantwort des FIR-Tiefpassprototyps $h_0[n]$ eine ebenfalls symmetrische Einheitspulsantwort $h_1[n]$ hervorgeht, wird folgende Cosinusmodulation verwendet:

$$h_1[n] = 2h_0[n] \cos(2\pi(n - n_{\mathrm{ord}}/2)f_1/f_s) \quad n = 0, 1, 2, \ldots, n_{\mathrm{ord}}. \tag{3.5}$$

In Abb. 3.2 ist der Bereich einer Periode des periodischen Frequenzgangs zwischen $-f_s/2$ und $f_s/2$ geschwärzt hervorgehoben. Dieser Frequenzbereich wird auch mit den Blöcken *Spectrum Analyzer* gewöhnlich dargestellt. Vielmals wird auch die Periode zwischen 0 und f_s mit den Auswertungen gezeigt.

Im nächsten Experiment wird die Komplexe- und Cosinusmodulation eines Tiefpassprototypfilters untersucht, um die Grundlagen für das Experiment, in dem ein äquidistantes Multiraten-Filterbanksystem beschrieben wird, zu erläutern.

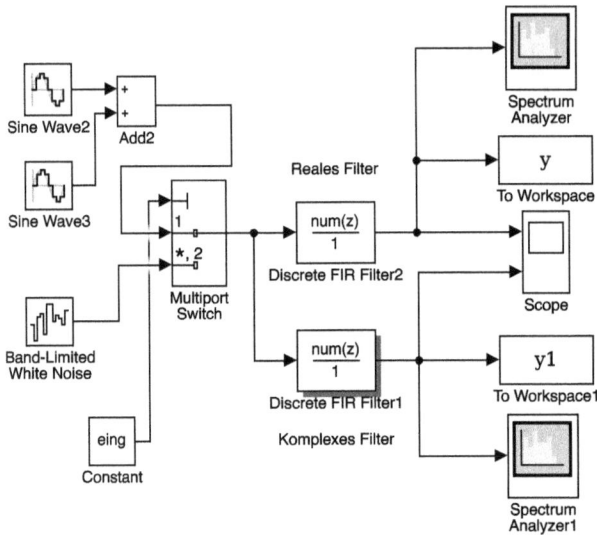

Abb. 3.3: Modell zur Untersuchung eines cosinusmodulierten Prototyptiefpassfilters (bank_filter_1.m, bank_filter1.slx).

3.2.1 Experiment: Untersuchung einer Komplexen- und einer Cosinusmodulation eines Tiefpassprototypfilters

Das Experiment wird mit dem Skript bank_filter_1.m und entsprechendem Modell bank_filter1.slx, das in Abb. 3.3 dargestellt ist, durchgeführt.

Im Skript wird zuerst das Tiefpassprototypfilter ermittelt:

```
% -------- Prototyp_Tiefpassfilter
fs = 1000;    Ts = 1/fs;
                % Abtastfrequenz und Abtastperiode
fr = 0.1;     % Zu fs relative Durchlassfrequenz
nord = 64;    % Ordnung des Prototypfilters
h0 = fir1(nord, fr*2);   % Einheitspulsantwort des Filters
[H0,w] = freqz(h0,1,'whole');
```

Danach wird die Cosinusmodulation der Einheitspulsantwort des Filters gemäß Gl. (3.5) berechnet:

```
% -------- Reale Cosinusmodulation
f1r = 0.2;
    % Relative Mittefrequenz für das modulierte Filter
h1 = 2*h0.*cos(2*pi*((0:nord)-nord/2)*f1r);
[H1,w] = freqz(h1,1,'whole');
```

Die komplexe Modulation der Einheitspulsantwort des Prototypfilters wird mit

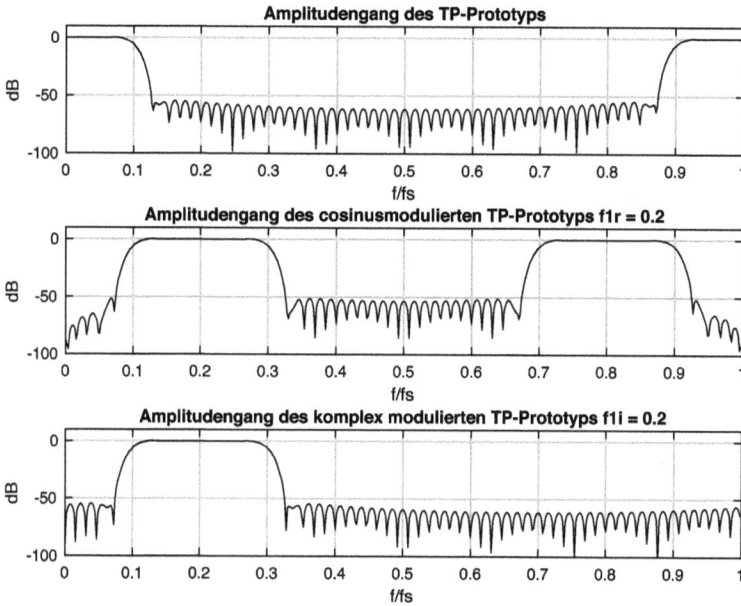

Abb. 3.4: Amplitudengänge der modulierten Filter (bank_filter_1.m, bank_filter1.slx).

```
f1i = f1r;
    % Mittefrequenz für das komplex modulierte Filter
h2 = h0.*exp(j*2*pi*((0:nord)-nord/2)*f1i);
[H2,w] = freqz(h2,1,'whole');
```

ermittelt.

In Abb. 3.4 sind die Amplitudengänge der Filter im Frequenzbereich 0 bis f_s dargestellt. Ganz oben ist der Amplitudengang des Tiefpassprototypfilters gezeigt. Darunter ist der Amplitudengang des cosinusmodulierten Filters dargestellt und ganz unten ist der Amplitudengang des komplex modulierten Filters dargestellt. Im Skript werden diese periodischen Amplitudengänge auch im Bereich einer Periode von $-f_s/2$ bis $f_s/2$ dargestellt (hier nicht gezeigt).

In Abb. 3.5 sind die Einheitspulsantworten der modulierten Filter dargestellt. Die Einheitspulsantwort des cosinusmodulierten Filters ist gleich mit dem Realteil des komplex modulierten Filters mal zwei.

Die zwei Filter aus dem Modell in Abb. 3.3 können mit zwei sinusförmigen Signalen oder mit einem breitbandigen Zufallssignal angeregt werden. Die Simulation wird zuerst mit dem *Multiport Switch* für die sinusförmigen Eingangssignale gestartet. Danach wird umgeschaltet für das zufällige Eingangssignal und es wird erneut aufgerufen.

In Abb. 3.6 oben ist die spektrale Leistungsdichte der Antwort des cosinusmodulierten Filters mit Verschiebungsfrequenz f_{1r} = 200 Hz und Anregung mit sinusför-

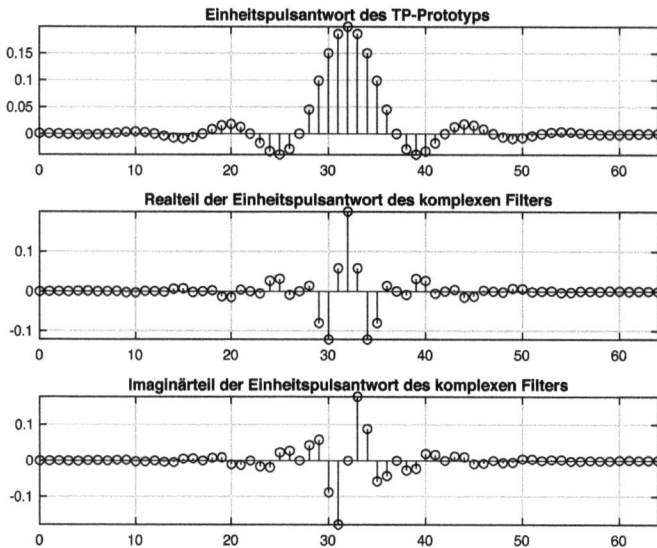

Abb. 3.5: Einheitspulsantworten der modulierten Filter (bank_filter_1.m, bank_filter1.slx).

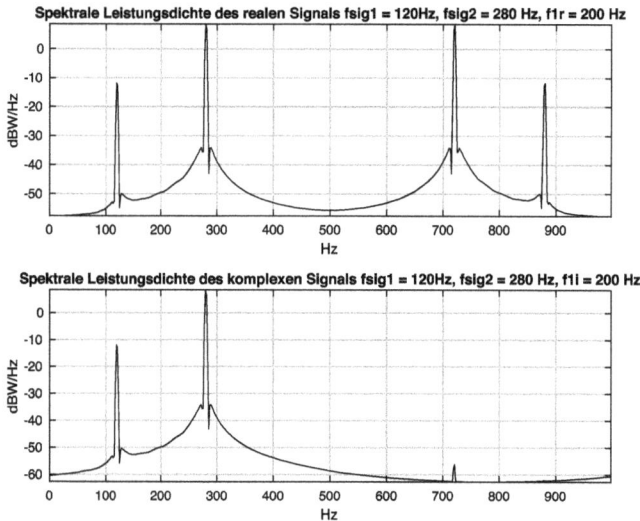

Abb. 3.6: Spektrale Leistungsdichte der Ausgänge der Filter für sinusförmige Anregung (bank_filter_1.m, bank_filter1.slx).

migen Signalen der Frequenzen von 120 Hz bzw. 280 Hz dargestellt. Man erkennt die Symmetrie des Spektrums reeller Filter und reeller Signale. Darunter ist die spektrale Leistungsdichte der Antwort des komplex modulierten Filters, die jetzt nicht mehr die Symmetrie des Spektrums für reelle Filter mit reellen Signalen aufweist. Die sinusför-

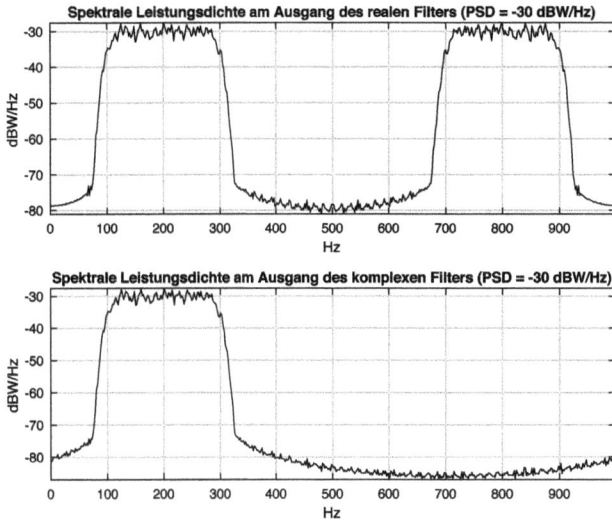

Abb. 3.7: Spektrale Leistungsdichte der Ausgänge der Filter für zufällige Anregung (bank_filter_1.m, bank_filter1.slx).

migen Signale mit Frequenzen im ersten Nyquist-Bereich zwischen 0 und $f_s/2$ fallen im Frequenzbereich des verschobenen Filters von 100 Hz bis 300 Hz, wie die Darstellungen aus Abb. 3.4 zeigen.

Wegen der Mehrdeutigkeit der zeitdiskreten Signale (siehe Kapitel 1.4.2) werden analoge Signale der Frequenzen $f \geq f_s/2$ durch Zeitdiskretisierung in dem ersten Nyquist-Intervall verschoben. Man kann zeitdiskrete Signale der Frequenz größer als $f_s/2$ nicht darstellen, sie werden immer verschoben. Wenn man in diesem Experiment statt der Signale mit Frequenzen 120 Hz und 280 Hz Signale der Frequenzen 720 Hz und 880 Hz nimmt, ändern sich die Darstellungen der Spektren nicht. Bei einer Abtastfrequenz von 1000 Hz verschieben sich diese neuen Signale im ersten Nyquist-Intervall genau auf die vorherige Frequenzen von 1000 – 720 = 280 Hz bzw. 1000 – 880 = 120 Hz.

In Abb. 3.7 sind die spektralen Leistungsdichten für die Anregung mit breitbandigen Zufallssignal der spektralen Leistungsdichte von −30 dBW/Hz dargestellt. Wie erwartet sieht man in den spektralen Leistungsdichten die Durchlassbereiche der Filter.

Wenn die Signale im ersten Nyquist-Intervall liegen (120 Hz und 280 Hz) und man die Frequenzverschiebung statt von 200 Hz auf 800 Hz wählt, dann erhält man die spektralen Leistungsdichten, die in Abb. 3.8 bzw. Abb. 3.9 gezeigt sind. Hier wurde der Frequenzbereich für die Darstellung der periodischen Spektren von $-f_s/2$ bis $f_s/2$ gewählt.

In diesem Frequenzbereich erscheinen Anteile im Spektrum für das komplexe Filter im Bereich von $-f_s/2$ bis 0. Das sind Anteile mit negativen Frequenzen die den posi-

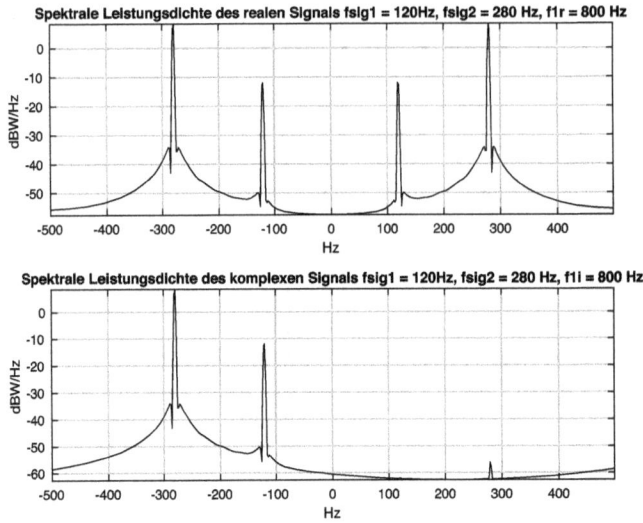

Abb. 3.8: Spektrale Leistungsdichte der Ausgänge der Filter für sinusförmige Anregung und Verschiebung auf 800 Hz (bank_filter_1.m, bank_filter1.slx).

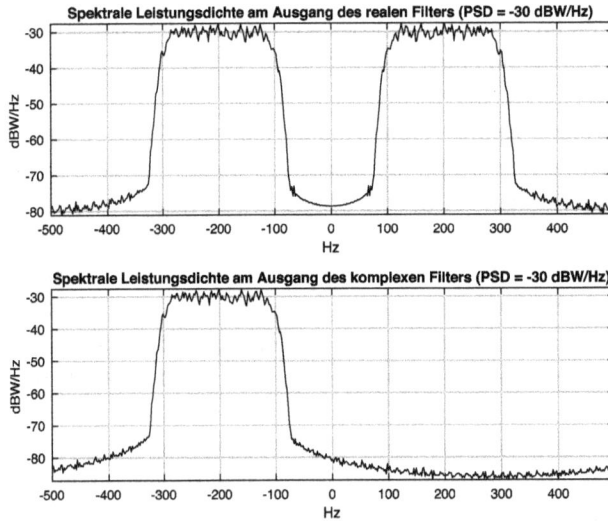

Abb. 3.9: Spektrale Leistungsdichte der Ausgänge der Filter für zufällige Anregung und Verschiebung auf 800 Hz (bank_filter_1.m, bank_filter1.slx).

tiven Frequenzen im ersten Nyquist-Intervall entsprechen. Die negativen Frequenzen ergeben nur negative Argumente für sinus- bzw. cosinusförmige Anteile, die man mit Phasenverschiebungen zu positiven Werten ändern kann:

$$\cos(-\varphi) = \cos(\varphi) \quad \text{und} \quad \sin(-\varphi) = \sin(\varphi + \pi). \tag{3.6}$$

Diese Frequenzen sind in den Signalen sichtbar. Die Phasenverschiebung des Imaginärteils ist bei dieser Verschiebung, im Vergleich zu dem Fall mit Modulation um die Frequenz von 200 Hz, gleich π. Diese Phasenverschiebung kann man feststellen am *Scope*-Block oder über die Darstellungen der Signale, die in der Senke *To Workspace1* zwischengespeichert sind.

Als Schlussfolgerung kann gesagt werden, dass für reelle Filter und reelle Signale die Darstellung der Spektren im Bereich 0 bis f_s, der auch das erste Nyquist-Intervall von 0 bis $f_s/2$ enthält, sinnvoll ist. Die Signale mit spektralen Anteilen bei Frequenzen im ersten Nyquist-Intervall sind auch mit diesen Frequenzen in den zeitdiskreten Signalen sichtbar. Wegen der Mehrdeutigkeit der zeitdiskreten Signale, kann man nicht sagen von welchen analogen Signalen sie hervorgehen.

Für komplexe Signale mit einseitigen spektralen Anteilen ist die Periode von $-f_s/2$ bis $f_s/2$ besser zur Darstellung geeignet. Die Signale mit Anteilen für negative Frequenzen sind mit den gleichen positiven Frequenzen in den zeitdiskreten Darstellungen sichtbar.

Die cosinusmodulierten Filterbänke sind mit reellen Filtern gebildet, die von einem Tiefpassprototypfilter ausgehen und den Frequenzbereich des ersten Nyquist-Intervalls belegen. Im nächsten Experiment wird eine Filterbank dieser Art mit vier reellen Filtern untersucht.

3.2.2 Experiment: Untersuchung einer cosinusmodulierten Filterbank

Es wird eine cosinusmodulierte Filterbank mit vier Filtern oder mit vier Kanälen, wie in Abb. 3.10 dargestellt, untersucht. Mit dieser relativ einfachen Filterbank werden alle Sachverhalte geklärt und die Darstellungen sind leichter zu verstehen.

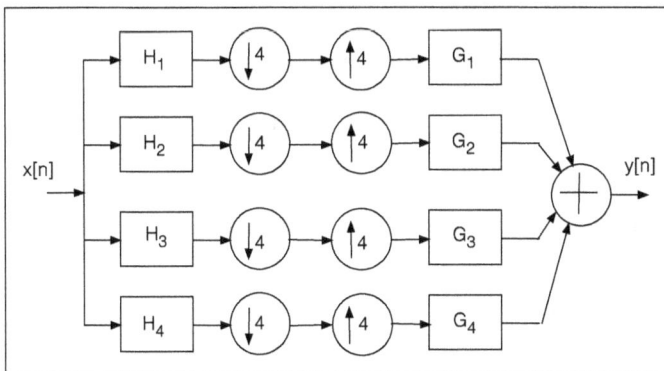

Abb. 3.10: Skizze einer cosinusmodulierten Filterbank mit vier Kanälen.

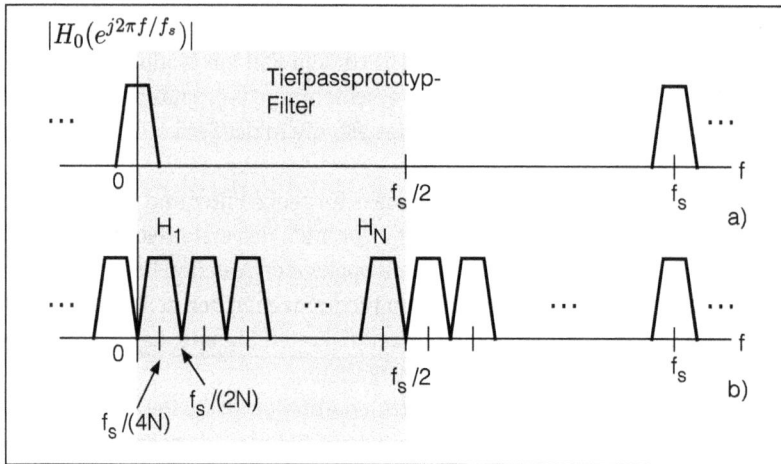

Abb. 3.11: Skizze der Amplitudengänge der Filter für eine Filterbank mit N Kanälen.

Das Experiment ist mit dem Skript `bank_filter_2.m` und Modell `bank_filter2.slx` durchgeführt. In Abb. 3.11 ist das Entwerfen der Filter für eine Filterbank mit N Kanälen skizziert.

Der Frequenzbereich 0 bis $f_s/2$ wird in N Intervalle geteilt, um die Bandbreite der Filter der Filterbank zu erhalten. Die Mittefrequenzen der einzelnen Filter ergeben sich durch:

$$f_k = \frac{f_s}{2N} \cdot \frac{1}{2}(2(k-1)+1) = \frac{f_s}{4N}(2(k-1)+1) \quad \text{mit} \quad k = 1, 2, \ldots, N. \tag{3.7}$$

Wenn man jetzt die Einheitspulsantwort des Prototypfilters mit $h_0[n]$ bezeichnet und annimmt, dass seine Ordnung n_{ord} eine gerade Zahl ist, dann werden die Einheitspulsantworten der Teilfilter durch

$$h_k[n] = 2h_0[n] \cos(2\pi((0 : n_{\text{ord}}) - n_{\text{ord}}/2)f_k/f_s) \quad k = 1, 2, \ldots, N \tag{3.8}$$

ermittelt. Mit f_k aus Gl. (3.7) hier eingeführt, erhält man:

$$h_k[n] = 2h_0[n] \cos(2\pi((0 : n_{\text{ord}}) - n_{\text{ord}}/2)(2(k-1)+1)0{,}5/(2N))$$
$$k = 1, 2, \ldots, N. \tag{3.9}$$

Im Skript wird für die Filterbank mit $N = 4$ zuerst das Tiefpass FIR-Prototypfilter berechnet:

```
% ------- Prototyp Tiefpassfilter
nord = 512;
fs = 1600;       Ts = 1/fs;
fdr = 96/fs;              % Relative Durchlassfrequenz
```

```
%h0 = fir1(nord, fdr*2);    % Einheitspulsantwort
h0 = firpm(nord, [0, fdr, 1.1*fdr, 0.5]*2,[1 1 0 0],[10,1]);
```

Es wird eine Abtastfrequenz von 1600 Hz gewählt, so dass der Frequenzbereich von 0 bis $f_s/2 = 800$ Hz einfach zu vier geteilt werden kann. Die Bandbreite der Teilfilter ist somit 200 Hz. Durch Versuche, in denen der Fehler des Filterbanksystems bewertet wird, ist eine Bandbreite von $2 * 96$ Hz gewählt. Danach werden die Einheitspulsantworten h_{ka} der Teilfilter für den Analyseteil der Filterbank berechnet:

```
% -------- Cosinusmodulierte Filterbank
hka = zeros(4,nord+1);    % Einheitspulsantworten der Filter
% Analyse Filter
for k = 1:4;
    hka(k,:) = 2*h0.*cos(2*pi*((0:nord)-nord/2)
               *(2*(k-1)+1)*0.5/8);
% hka(k,:) = 2*h0.*cos(2*pi*((0:nord)-(nord+4)/2)
%            *(2*(k-1)+1)*0.5/8);
% hka(k,:) = 2*h0.*cos(2*pi*((0:nord)-(nord)/2)
%            *(2*(k-1)+1)*0.5/8 +...
%            ((-1)^k)*pi/4);
end;
```

Hier gibt es noch zwei Möglichkeiten, die in [26] bzw. [27] beschrieben sind und die einer Optimierung der Filter entsprechen.

Der Bereich zwischen $f = 0$ und $f = f_s/2$ ist äquidistant in vier Teile zerlegt (Abb. 3.12). Oberhalb der Frequenz $f_s/2$ erscheinen die Spiegelungen wegen der Eigenschaft der Fourier-Transformation zeitdiskreter Sequenzen. Für die cosinusmodulierte Filterbank ist der Bereich zwischen $f = 0$ und $f = f_s/2$ wichtig.

Die Teilfilter der Syntheseseite $h_{ks}[n]$ werden aus den Filtern der Analyseseite durch Spiegelung

$$h_{ks}[n] = h_{ka}[n_{\mathrm{ord}} - n] \quad n = 0, 1, 2, \ldots, n_{\mathrm{ord}} \tag{3.10}$$

erhalten. Im Skript werden die Einheitspulsantworten der Syntheseseite durch

```
hks = zeros(4,nord+1);    % Einheitspulsantworten der Filter
for k = 1:4;
    hks(k,:) = fliplr(hka(k,:));
end;
```

berechnet [26]. Auch wenn die Analysefilter nicht symmetrisch sind und somit keine lineare Phase besitzen, ergibt diese Wahl bei der Faltung des jeweiligen Analyse- und Synthesefilters

$$t_i[n] = h_{ka}[n] * h_{ks}[n] = \sum_{i=0}^{n} h_{ka}[i] h_{ks}[n - i] \tag{3.11}$$

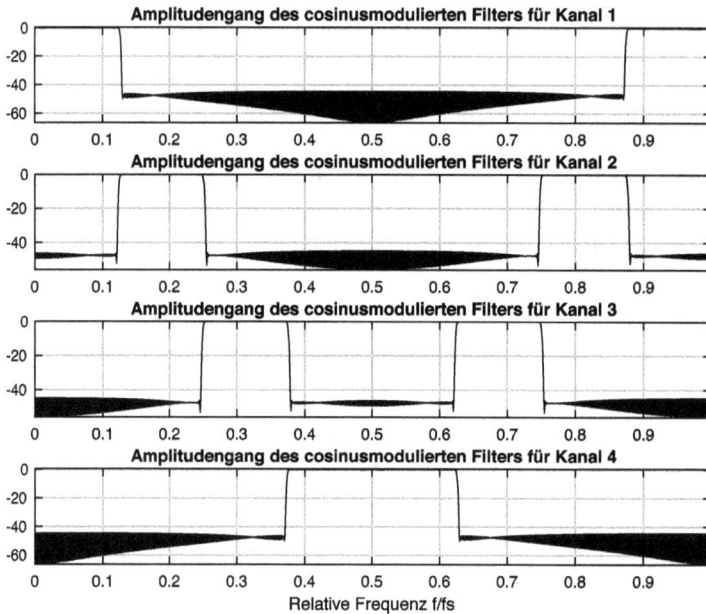

Abb. 3.12: Amplitudengänge der Teilfilter der Filterbank mit vier Kanälen (bank_filter_2.m, bank_filter2.slx).

ein Filter mit linearer Phase. Die Summe dieser Faltungen für alle Kanäle müsste auf eine Einheitspulsantwort führen, die eine pure Verzögerung der Größe n_{ord} darstellt:

```
hft = zeros(1,2*nord+1);
for k = 1:4
    hft = hft + conv(hka(k,:),hks(k,:));
end;
```

Das Filter

$$T(z) = \sum_{k=1}^{N} H_{ka}(z)H_{ks}(z) \tag{3.12}$$

stellt die sogenannte *Distortion Function* dar und kann als Gesamtübertragungsfunktion des Filtersystems angesehen werden. Idealerweise müsste sie einer Verzögerung $T(z) = z^{-n_{ord}}$ entsprechen. Hier sind $H_{ka}(z)$, $H_{ks}(z)$ die z-Transformationen der entsprechenden Einheitspulsantworten $h_{ka}[n]$, $h_{ks}[n]$.

Das Simulink-Modell der Untersuchung ist in Abb. 3.13 dargestellt. Es entspricht der Anordnung aus Abb. 3.10 mit der Differenz, dass die Verstärkung für die Interpolierung mit Faktor $N = 4$ explizit angelegt wird. In der Literatur wird oft dieser Faktor auf die Einheitspulsantworten für die jeweilige Synthese- und Analysefilter in Form eines Faktors $\sqrt{N}$ verteilt [22].

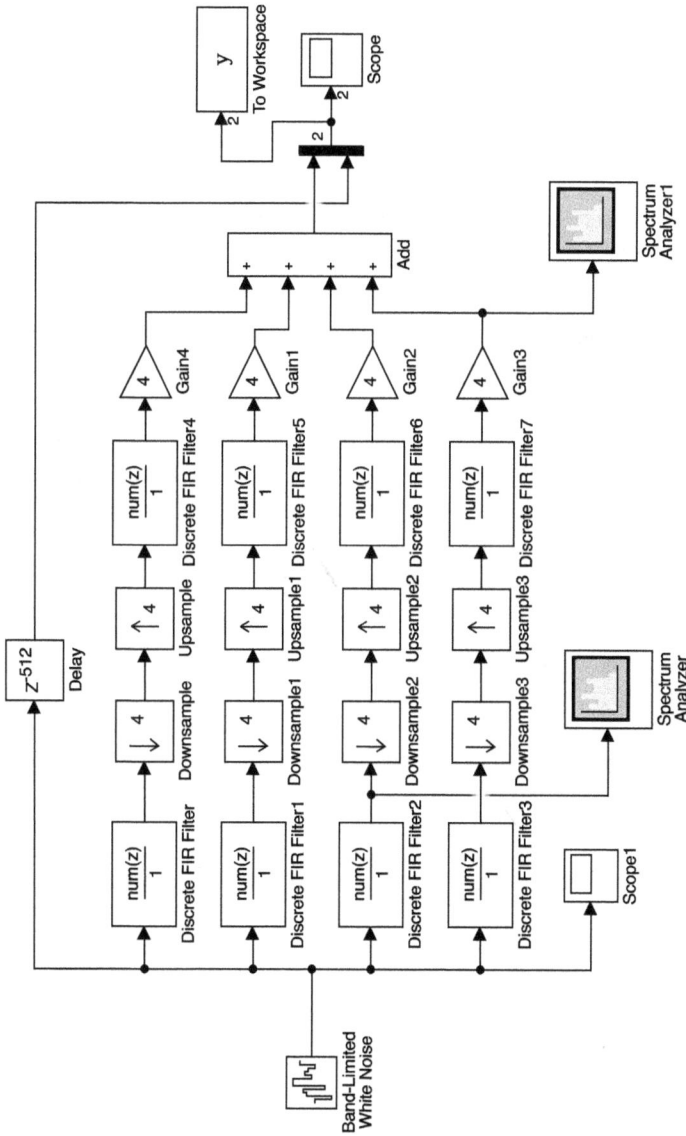

Abb. 3.13: Simulink-Modell der Filterbank mit vier Kanälen (bank_filter_2.m, bank_filter2.slx).

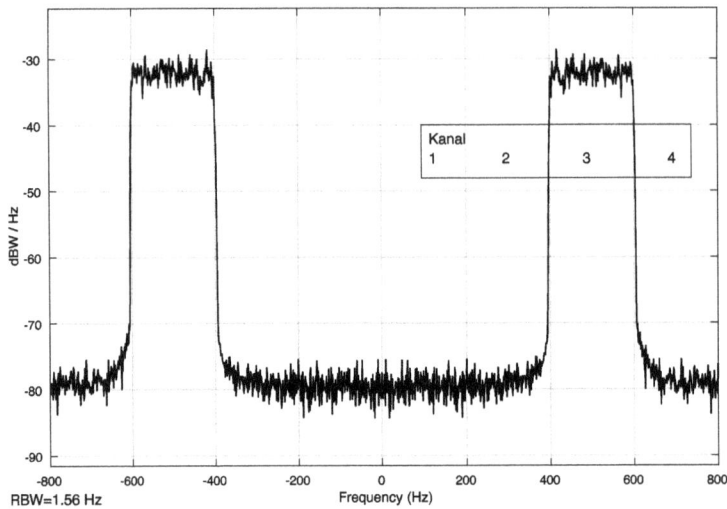

Abb. 3.14: Spektrale Leistungsdichte am Ausgang des Analysefilters für den dritten Kanal (bank_filter_2.m, bank_filter2.slx).

Das Modell wird aus einer zufälligen Quelle, die breitbandige Zufallswerte erzeugt, angeregt. Der Leser kann die Blöcke *Spectrum Analyzer* an beliebigen Stellen anschließen und die spektralen Leistungsdichten anzeigen. Der erste Block *Spectrum Analyzer* ist am Ausgang des Analysefilters des dritten Kanals angeschlossen und zeigt die spektrale Leistungsdichte, die in Abb. 3.14 dargestellt ist. Die Anteile des Spektrums stellen den Durchlassbereich des entsprechenden Analysefilters im Bereich $f = 0$ bis $f = f_s/2$ und die Spiegelung im negativen Frequenzbereich.

Die Übertragungsfunktion des gesamten Systems kann über die Einheitspulsantworten der jeweiligen Kanalfilter ermittelt werden:

```
% ------- Übertragungsfunktion der Filterbank
T = zeros(1,nfft);
for k = 1:4
    T = T + fft(hka(k,:),nfft).*fft(hks(k,:),nfft);
end;
ht = real(ifft(T));
```

Die Einheitspulsantwort ht ist gleich mit der Einheitspulsantwort hft die über die Summe der Faltungen der jeweiligen Einheitspulsantworten der Kanalfilter berechnet wurde und ist in Abb. 3.15 dargestellt.

Die Verzögerung die man erhält ist gleich der Ordnung der Filter nord = 512. Kleine Fehler sind sichtbar, wenn man die Umgebung von $n = 512$ mit der Zoomfunktion der Darstellung untersucht und sieht, dass kleine Werte verschieden von null vorkommen. Die Standardabweichung des Fehlers zwischen dem Eingangs- und Ausgangssignal wird mit

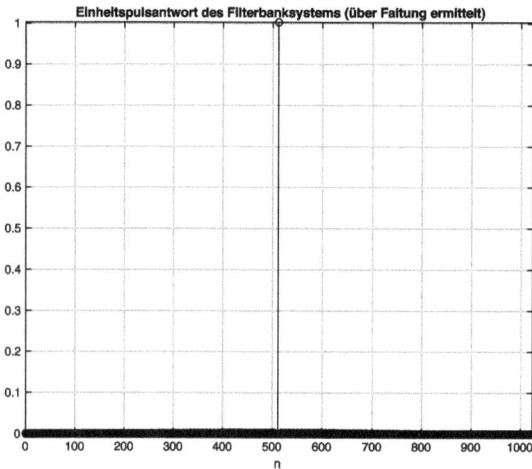

Abb. 3.15: Einheitspulsantwort der gesamten Filterbank (bank_filter_2.m, bank_filter2.slx).

std(y.Data(:,1) - y.Data(:,2)),

ermittelt und kann zum Vergleich der Verfahren aus der Literatur für die Berechnung der cosinusmodulierten Filter dienen. Die Variablen y.Data(:,1) bzw. y.Data(:,2) aus der Senke *To Workspace* sind der Ausgang und der Eingang der Filterbank.

Mit Skript bank_filter_3.m und Modell bank_filter3.slx wird eine Filterbank mit vier Kanälen ($M = 4$) untersucht, die auf QMF[1]-Filtern basiert. Sie sind numerisch für annähernd perfekte Rekonstruktion (NPR) optimiert [26]. Die Filter haben nur acht Koeffizienten und das bedeutet einen geringeren Aufwand. Die Kanäle sind im Frequenzbereich nicht so gut getrennt, die Filterbank ist aber eine praktisch perfekte Filterbank die in der Simulation für den eingesetzten unabhängigen Zufallssignal eine Standardabweichung von ca. $2e^{-9}$ für die Differenz zwischen dem Eingang- und Filterbanksignal ergibt.

3.3 Komplexe äquidistante modulierte Filterbank

Mit komplexen Signalen ist die Beweisführung für viele Themen der Signalverarbeitung einfacher. So ist z. B. die Ermittlung der partikulären Lösung einer Differenzengleichung für eine sinus- oder cosinusförmige Anregung viel einfacher, wenn man für die Anregung eine komplexe Exponentialschwingung verwendet [9].

Für eine äquidistante Multiraten-Filterbank kann man auch von einem Prototyptiefpassfilter ausgehen und die Teilfilter der Filterbank daraus über komplexe Modulation erhalten. Eine andere Lösung, die hier untersucht wird, besteht darin, dass man

---

1 *Quadratur Mirror Filter.*

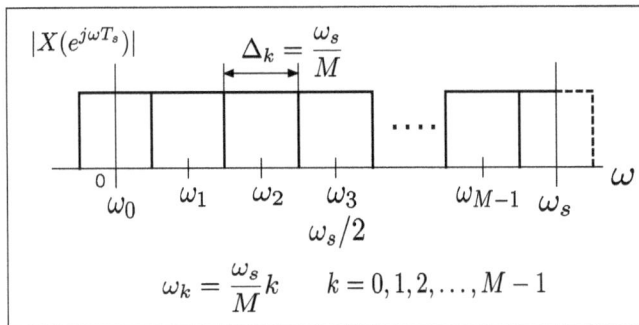

Abb. 3.16: Einteilung des Frequenzbereichs zwischen 0 und ω_s für die äquidistante Filterbank.

das reelle Eingangssignal durch komplexe Modulation im Basisband verschiebt, dann mit einem Tiefpassfilter in der Bandbreite begrenzt und so die Möglichkeit für die Dezimierung schafft.

In Abb. 3.16 ist die Einteilung des Frequenzbereichs des Eingangssignals zwischen $\omega = 0$ und $\omega = \omega_s$ in M äquidistante Teilbereiche dargestellt. Die Bandbreite der Teilbereiche ist

$$\Delta_k = \frac{\omega_s}{M} = \frac{2\pi f_s}{M} \tag{3.13}$$

und die Mittefrequenzen dieser Bereiche sind:

$$\omega_k = \frac{\omega_s}{M}k = \frac{2\pi f_s k}{M} \quad \text{mit} \quad k = 0,1,2,\dots,M-1. \tag{3.14}$$

In Abb. 3.17 ist ein Analyse- und Synthesekanal dieser Art Filterbank dargestellt. Die Eingangssequenz $x[n]$ wird mit der Komplexen Schwingung $e^{-j\omega_k nT_s}$ multipliziert und im Basisband verschoben. Es resultiert ein komplexes Signal, das ein asymmetrisches Spektrum besitzt.

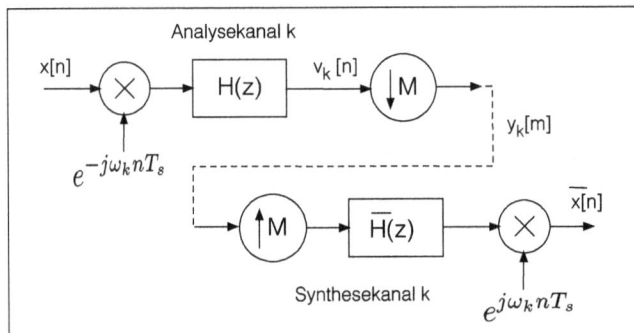

Abb. 3.17: Analyse- und Synthesekanal k der Filterbank.

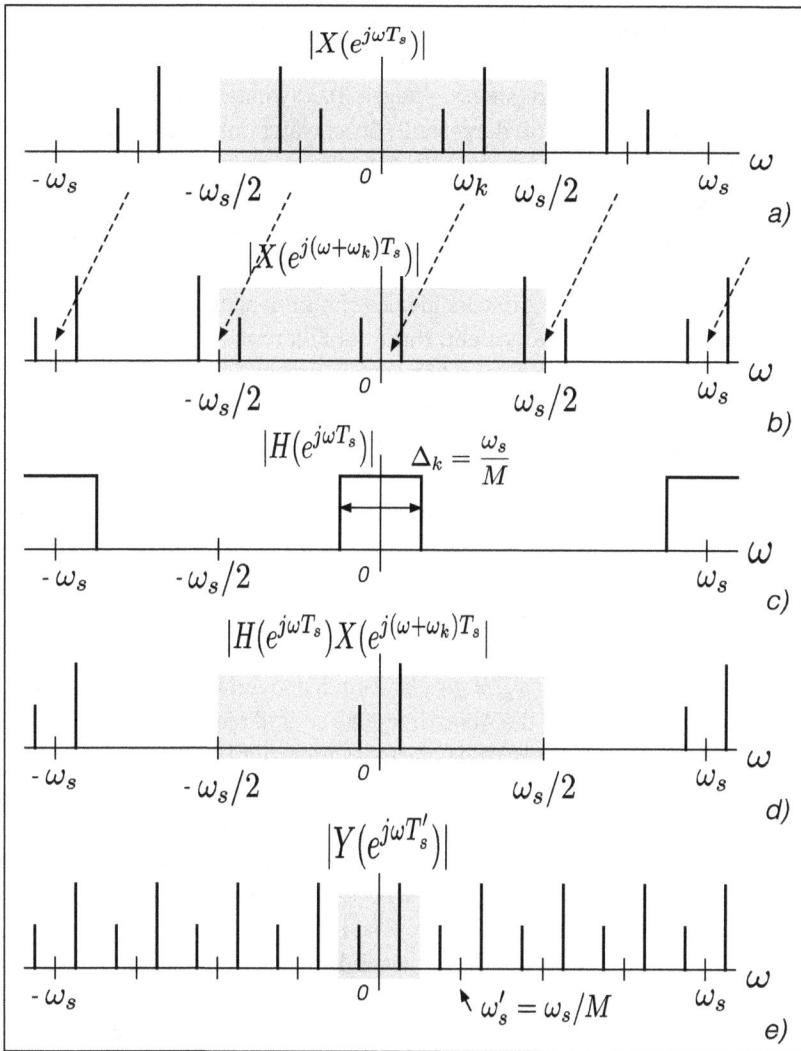

Abb. 3.18: Spektren des Analysekanals k der Filterbank.

Nach der Filterung mit dem Tiefpassfilter der Übertragungsfunktion $H(z)$ erhält man die Möglichkeit das resultierte komplexe Signal mit Faktor M zu dezimieren. Das Filter $H(z)$ ist ein FIR-Tiefpassfilter mit Durchlassbereich $\omega_s/(2M)$, Bereich der dem ersten Teilbereich aus Abb. 3.16 bei $\omega_0 = 0$ entspricht. Das Filter $\overline{H}(z)$ hat eine Einheitspuls-antwort, die gleich der gespiegelten Einheitspulsantwort des Filters $H(z)$ ist. Für Filter mit symmetrischen Einheitspulsantworten sind diese gleich. Das Filter $H(z)$ ist ein M-Bandfilter, das als Erweiterung des Nyquist-Filters im Kapitel 1.5.5 beschrieben ist. Es wird in einem weiteren Kapitel (Kap. 3.5) ausführlich untersucht.

In Abb. 3.18 sind die Spektren des Analysekanals k für zwei sinusförmige Signale skizziert. Es wird angenommen, dass diese Signale mit unterschiedlichen Amplituden im Frequenzteilbereich mit Mittefrequenz ω_k liegen. Das symmetrische Spektrum dieser reellen Signale ist in Abb. 3.18(a) dargestellt. Geschwärzt unterlegt ist der Bereich zwischen $-\omega_s/2$ und $\omega_s/2$, wobei $\omega_s = 2\pi f_s$ die Abtastfrequenz ist.

Durch Multiplikation der Eingangssequenz $x[n]$ mit der komplexen Schwingung $e^{-j\omega_k n T_s}$ verschiebt sich das Spektrum im Basisband, wie in Abb. 3.18(b) dargestellt ist. Es besitzt jetzt nicht mehr die symmetrische Form der Spektren reeller Signale, ist also ein komplexes Signal. In Abb. 3.18(c) ist der ideale Amplitudengang des Tiefpassfilters mit Übertragungsfunktion $H(z)$ dargestellt. Nach der Filterung (des Real- und Imaginärteils) erhält man das Spektrum das in Abb. 3.18(d) gezeigt ist und noch immer einem komplexen Signal gehört. Man sieht, dass dieses Signal dezimiert werden kann und zwar mit Faktor M. Das Ergebnis der Dezimierung ist die komplexe Sequenz $y_k[n]$ (Abb. 3.17).

Die Sequenz $y_k[n]$ kann bei einer niedrigeren Abtastfrequenz bearbeitet werden und dann durch Interpolation wieder im gleichen Frequenzbereich in die Umgebung von ω_k gebracht werden.

In Abb. 3.19 sind die Spektren bei der Interpolierung in dem Synthesekanal erläutert. Ganz oben ist nochmals das Spektrum des Signals $v[n]$ vom Ausgang des Analyseteils bei einer Abtastfrequenz $\omega_s' = \omega_s/M$ gezeigt. Durch den Aufwärtstaster mit Faktor M (hier $M = 4$) erhält man wieder die Abtastfrequenz ω_s und die typischen Repliken, wie in Abb. 3.19(b) dargestellt. Mit Hilfe des Tiefpassfilters der Übertragungsfunktion $\overline{H}(z)$ werden die Repliken unterdrückt und man erhält das Spektrum aus Abb. 3.19(d). Es ist weiterhin ein komplexes Signal mit unsymmetrischem Spektrum. Durch Multiplikation der Zeitsequenz mit der komplexen Schwingung $e^{j\omega_k n T_s}$ wird das Spektrum zurück in die Umgebung der Frequenz ω_k verschoben, wie in Abb. 3.19(e) dargestellt. Die resultierende Sequenz ist noch immer komplex. Der Realteil dieser komplexen Sequenz ist proportional zur Eingangssequenz, wenn keine Bearbeitung stattgefunden hat.

Bei der Interpolierung mit Hilfe des Aufwärtstasters und der Filterung fehlt eine Verstärkung gleich M und nach der Multiplikation mit $e^{j\omega_k n T_s}$ ergibt sich noch ein Faktor 1/2. Für den Vergleich mit dem Ausgangssignal muss man somit das Eingangssignal mit Faktor 1/8 dämpfen.

3.3.1 Experiment: Simulation eines Kanals einer äquidistanten komplexen Filterbank

In Abb. 3.20 ist das Simulink-Modell `kompl_modulation1.slx` mit dem man ein Kanal für eine komplexe Filterbank mit $M = 4$ Kanälen simuliert. Das Modell ist direkt mit Werten parametriert und nachdem man sich mit diesem Modell vertraut gemacht hat, können weitere Experimente mit dem Modell `kompl_modulation2.slx` durchgeführt

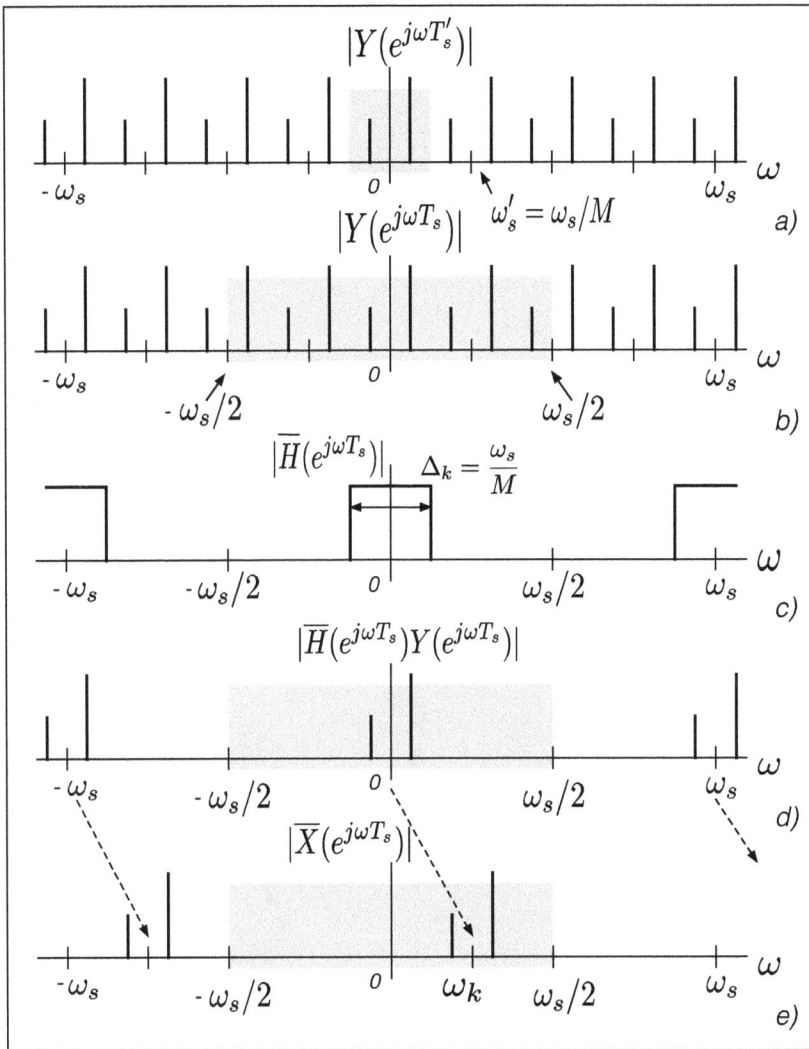

Abb. 3.19: Spektren des Synthesekanals k der Filterbank.

werden, das aus dem entsprechenden Skript kompl_modulation_2.m parametriert und aufgerufen wird.

Es wird eine Abtastfrequenz von $f_s = 2000\,\text{Hz}$ benutzt, die bei einer Dezimierung mit Faktor $M = 4$ auf eine Abtastfrequenz von $f_s' = 500\,\text{Hz}$ führt. Als Eingangssignal kann man zwischen einem Signal bestehend aus zwei sinusförmigen Sequenzen der Frequenzen 450 Hz und 550 Hz mit Mittefrequenz $f_2 = 500\,\text{Hz}$, das dem ersten Kanal entspricht und einem breitbandigen Zufallssignal wählen. Die Bandbreite des letzte-

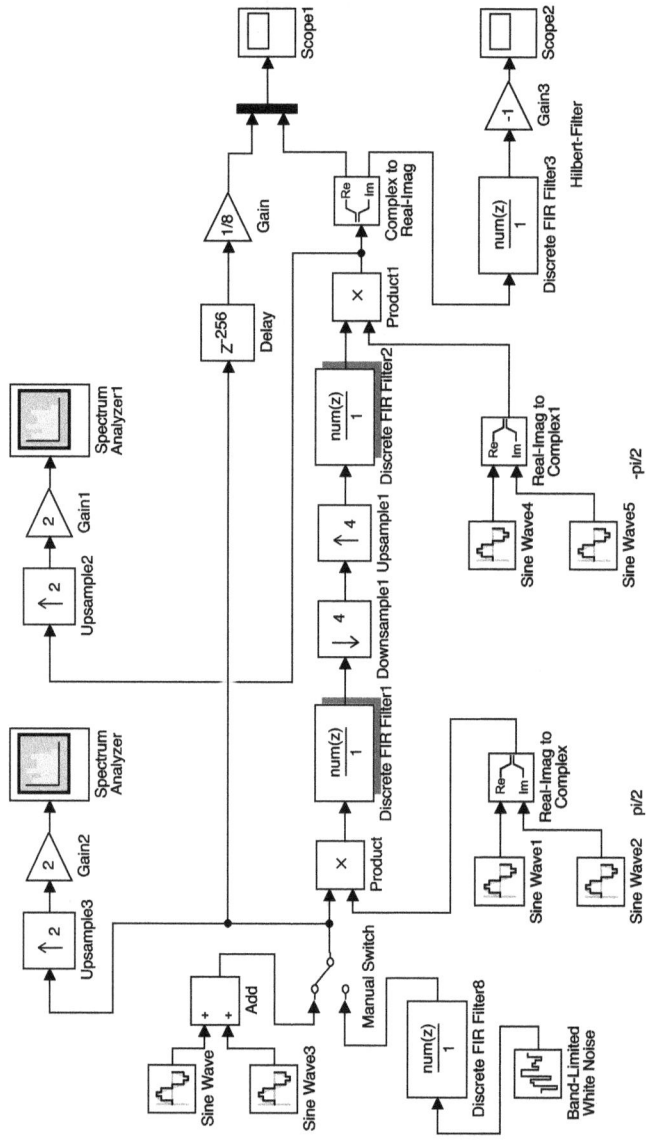

Abb. 3.20: Simulink-Modell eines Kanals einer Filterbank (kompl_modulation1.slx).

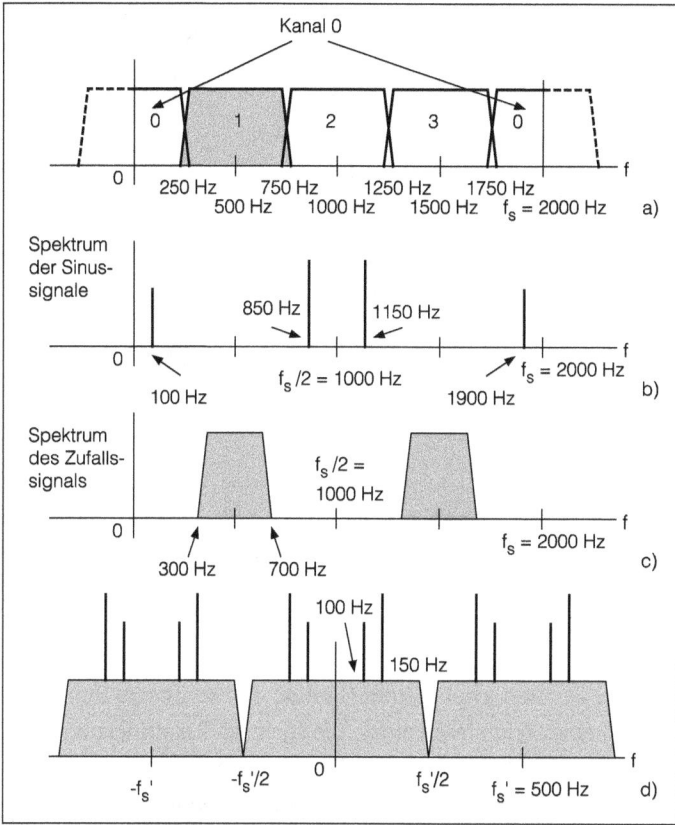

Abb. 3.21: Frequenzbereiche der Filterbank mit $M = 4$ (kompl_modulation1.slx).

ren wird mit dem FIR-Tiefpassfilter aus Block *Diskrete FIR Filter8* mit einer Einheits-pulsantwort

`fir1(256,[300,700]/1000),`

festgelegt und einem Bereich von 300 Hz bis 700 Hz entspricht.

In Abb. 3.21(a) ist die Einteilung des Frequenzbereichs von 0 bis $f_s = 2000$ Hz für die $M = 4$ Kanäle dargestellt. Die in der Simulation vorgeschlagene Zufallssignale fallen alle im Kanal 1 zwischen 250 Hz und 750 Hz und Mittefrequenz $f_k = f_2 = 500$ Hz (siehe Abb. 3.21(b),(c)).

Die komplexe Modulation mit $e^{-j2\pi n f_2/f_s}$ wird im Block *Product* realisiert. Die zwei reelle Schwingungen für die komplexe Modulation werden mit den Quellen *Sine Wave1* und *Sine Wave2* erhalten. In der zweiten Quelle wurde eine Phasenverschiebung von $\pi/2$ parametriert um den Sinusteil mit korrekten Vorzeichen zu erhalten:

$$\begin{aligned} e^{-j2\pi n f_2/f_s} &= \cos(2\pi n f_2/f_s) + j\cos(2\pi n f_2/f_s + \pi/2) \\ &= \cos(2\pi n f_2/f_s) - j\sin(2\pi n f_2/f_s), \quad \text{mit} \quad n = -\infty, \ldots, \infty. \end{aligned}$$

$$(3.15)$$

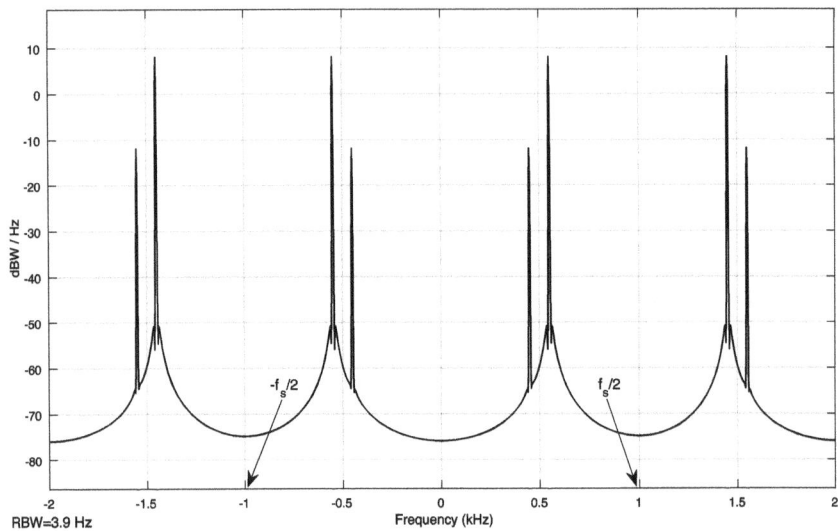

Abb. 3.22: Spektrale Leistungsdichte der sinusförmigen Eingangssignale der Frequenzen 450 Hz und 550 Hz (kompl_modulation1.slx).

Zu bemerken sei, dass man aus den zwei reellen Quellen das komplexe Signal mit dem Block *Real-Image to Complex* realisieren muss. Die spektrale Leistungsdichte der Eingangssignale kann mit dem Block *Spectrum Analyzer* dargestellt werden. Mit dem Aufwärtstaster und Verstärker aus den Blöcken *Upsample3* und *Gain2* wird das Spektrum über zwei Perioden des periodischen Spektrums dargestellt. In Abb. 3.22 ist z. B. die spektrale Leistungsdichte für die sinusförmigen Signale gezeigt. Mit der Darstellung über zwei Perioden, kann man sowohl die Periode zwischen $-f_s/2$ bis $f_s/2$, als auch zwischen 0 und f_s sichten. Zu erkennen ist die Symmetrie des Spektrums für diese reellen Signale.

Das Spektrum nach der Multiplikation im Block *Product*, mit dem man die Modulation erhält, ist in Abb. 3.23 dargestellt und entspricht der Darstellung aus Abb. 3.18(b). Man erhält ein komplexes Signal mit unsymmetrischem Spektrum.

Mit dem Tiefpassfilter aus *Diskrete FIR Filter1* werden die spektralen Anteile in der Umgebung von $f_s/2$ bzw. $-f_s/2$ unterdrückt und die Möglichkeit für die nachfolgende Dezimierung geschaffen. In Abb. 3.24 ist die spektrale Leistungsdichte nach der Filterung dargestellt. Sie entspricht der Darstellung aus Abb. 3.18(d). Diese Spektren werden durch Anschließen der Blöcke *Upsample2, Gain1, Spectrum Analyzer1* an den Stellen, wo man die spektrale Leistungsdichte sichten möchte, erhalten.

Nach der Dezimierung mit Faktor $M = 4$ ist das komplexe Signal mit einer Abtastfrequenz von $f'_s = f_s/4 = 500$ Hz vorhanden. Dessen spektrale Leistungsdichte ist in Abb. 3.25 dargestellt. Man erkennt das unsymmetrische Spektrum des komplexen Signals im Basisbandbereich.

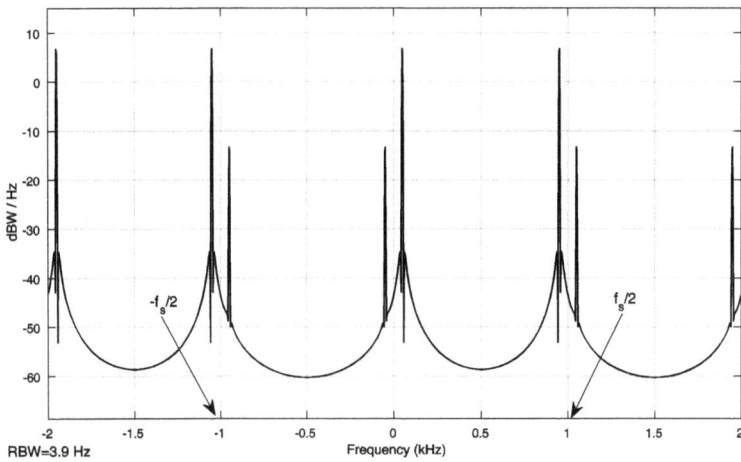

Abb. 3.23: Spektrale Leistungsdichte nach dem *Product*-Block (kompl_modulation1.slx).

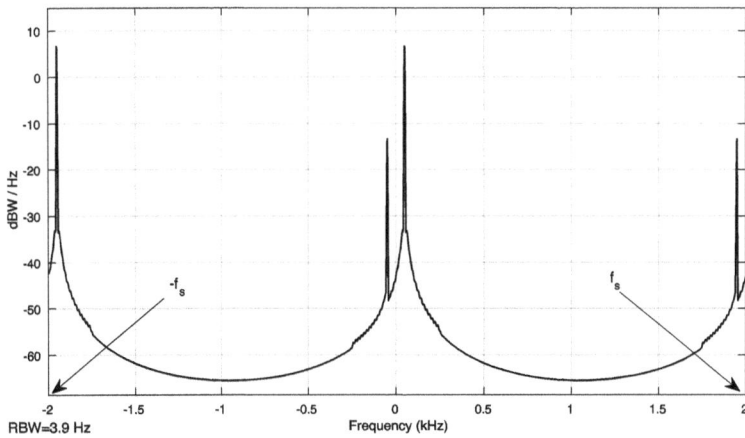

Abb. 3.24: Spektrale Leistungsdichte nach dem Tiefpassfilter des Analyseteils (kompl_modulation1.slx).

Die Interpolierung beginnt mit einer Aufwärtstastung im Block *Upsample1*. Diese führt zu einer spektralen Leistungsdichte, die in Abb. 3.26 dargestellt ist und die dem Spektrum aus Abb. 3.19(b) entspricht.

Man erkennt die $M - 1 = 3$ Repliken, die sich im Bereich von 0 bis f_s bilden und die mit Hilfe des Tiefpassfilters aus Block *Diskrete FIR Filter2* unterdrückt werden. Das Spektrum nach dem Tiefpassfilter wird hier nicht mehr gezeigt.

Die komplexe Schwingung $e^{j2\pi f_2/f_s}$ wird ähnlich wie die Schwingung $e^{-j2\pi f_2/f_s}$ mit Hilfe der Blöcke *Sin Wave4, Sin Wave5, Real-Image to Complex1* erzeugt. Nach der

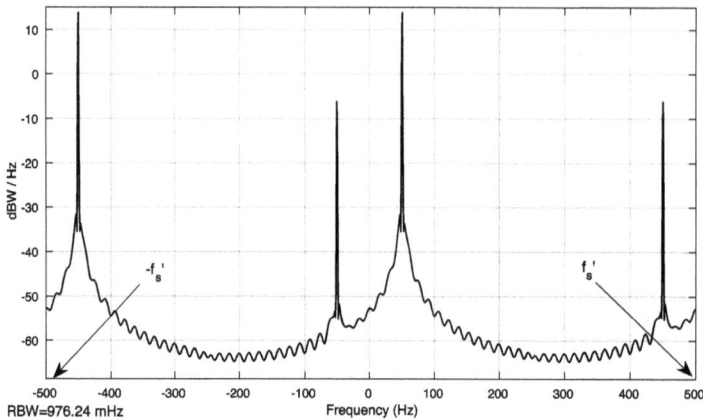

Abb. 3.25: Spektrale Leistungsdichte des dezimierten Signals (kompl_modulation1.slx).

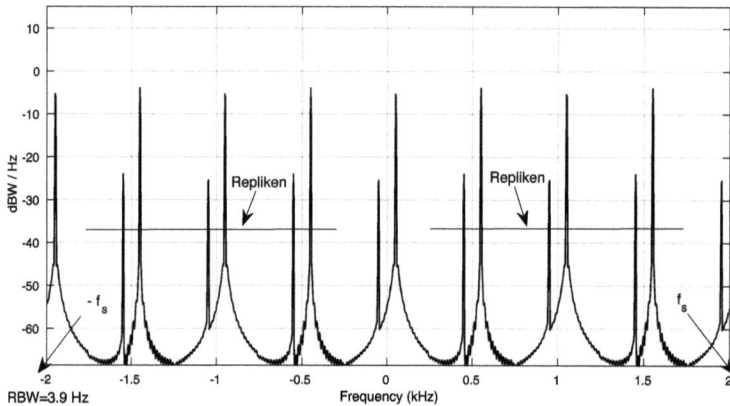

Abb. 3.26: Spektrale Leistungsdichte nach der Aufwärtstastung (kompl_modulation1.slx).

Multiplikation mit dieser Schwingung erhält man das unsymmetrische Spektrum aus Abb. 3.27.

Die spektrale Leistungsdichte des komplexen Signals ist jetzt an die richtige Stelle verschoben und der Realteil dieses komplexen Signals ist dem Eingangssignal proportional. Die Verspätung durch die Filter und die Dämpfung werden mit den Blöcken *Delay* und *Gain* ausgeglichen, so dass man am Block *Scope1* das Eingangssignal und das Signal des Kanals vergleichen kann. Es gibt nur sehr kleine Unterschiede (Abb. 3.28), die mit der Zoomfunktion sichtbar werden. Die Unterschiede entstehen weil die Filter nicht ideal sind.

Das nichtsymmetrische Spektrum des komplexen Signals nach dem *Product1*-Block im Syntheseteil aus Abb. 3.27 zeigt, dass der Imaginärteil dieses Signals die Hilbert-Transformation [1, 6], des Realteils ist. Die Hilbert-Transformation ändert nicht

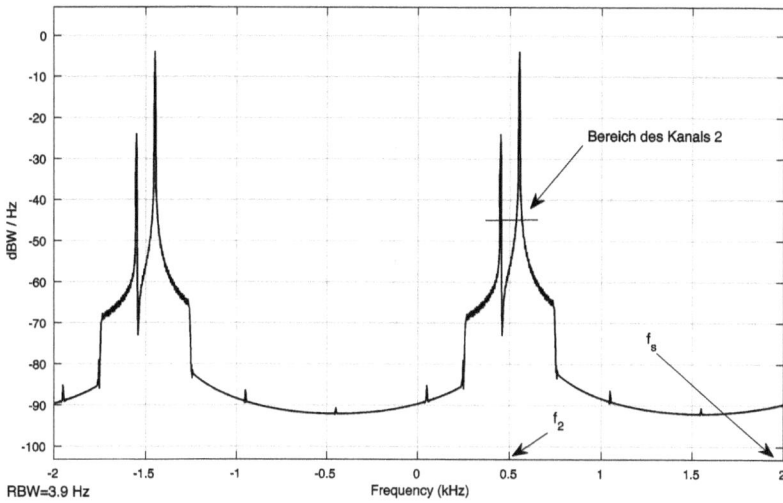

Abb. 3.27: Spektrale Leistungsdichte nach dem *Product1*-Block im Syntheseteil (kompl_modulation1.slx).

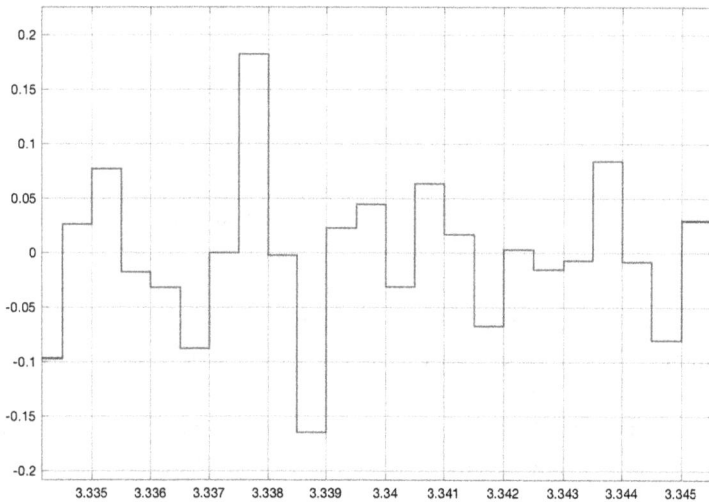

Abb. 3.28: Zufälliges Eingangssignal und rekonstruiertes Signal (kompl_modulation1.slx).

den Betrag des Spektrums eines Signals, fügt aber eine zusätzliche symmetrische Phasenverschiebung von $-\pi/2$ hinzu. Mit der Phasenverschiebung von $\pi/2$ wegen der Betrachtung als Imaginärteil, erhält man für einen Teil des Spektrums eine Phasenverschiebung von π. Dieser Teil des Spektrums nach der Hilbert-Transformation summiert mit dem entsprechenden Teil des Spektrums des Realteils des Signals ergeben ein Nullspektrum.

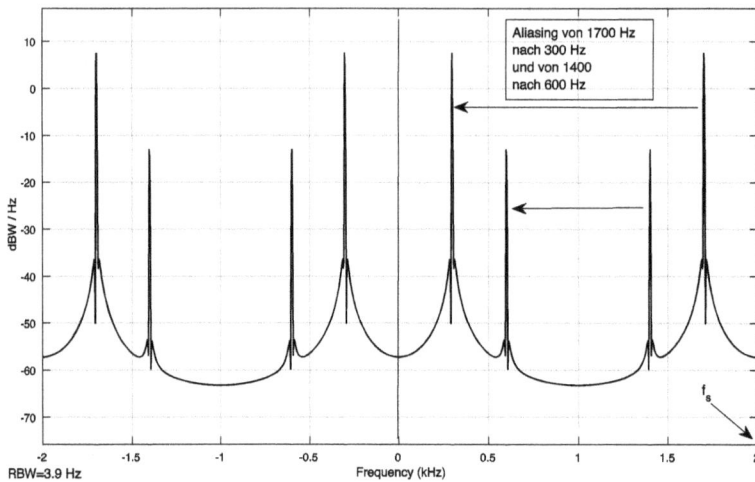

Abb. 3.29: Spektrale Leistungsdichte der Eingangssignale parametriert für den Kanal 3 (1400 Hz und 1700 Hz) (kompl_modulation_2.m, kompl_modulation2.slx).

Wenn man jetzt den Imaginärteil nochmals Hilbert-Transformiert muss man den Realteil mit Minusvorzeichen erhalten. Das wird mit dem Hilbert-Filter aus Block *Diskrete FIR Filter3* im Modell realisiert. Dieses Filter ist mit folgender Einheitspulsantwort initialisiert:

```
firls(30,[.1 .9],[1 1],'Hilbert')
```

Am *Scope*-Block kann man dann das gleiche Signal, wie der Realteil der mit Block *Complex to Real-Imag* aus dem komplexen Signal extrahiert wurde, erhalten.

Der Leser kann die gleichen Spektren verfolgen, wenn als Eingangssignal die zufällige Sequenz mit Leistungsanteile im Bereich des ersten Kanals der Filterbank genommen wird. Man muss nur den *Manuel Switch* auf den zweiten Eingang schalten.

Weitere Experimente können mit dem Modell kompl_modulation2.slx durchgeführt werden, das aus dem Skript kompl_modulation_2.m initialisiert und aufgerufen wird. Es sind nur sinusförmige Signale am Eingang vorgesehen. Man kann jetzt sehr flexibel die Parameter ändern und jeden Kanal einer Filterbank mit $M = 4$ untersuchen.

Für zwei sinusförmige Signale der Frequenz 1400 Hz und 1700 Hz, initialisiert in den zwei Blöcken *Sine Wave1, Sine Wave2*, erhält man die spektrale Leistungsdichte aus Abb. 3.29. Gemäß Abb. 3.21 sind beide Signale im Frequenzbereich des Kanals 3. Die zeitdiskreten Signale mit Frequenzen $f > f_s/2$ werden im ersten Nyquist-Bereich verschoben (*Aliased*), weil man zeitdiskret keine Frequenzen größer als $f_s/2$ darstellen kann (siehe Kapitel 1.4.2). Die zeitdiskreten Signale, die man beobachten kann, entsprechen den Signalen mit den tiefen Frequenzen von 300 Hz und 600 Hz aus dem ersten Nyquist-Intervall.

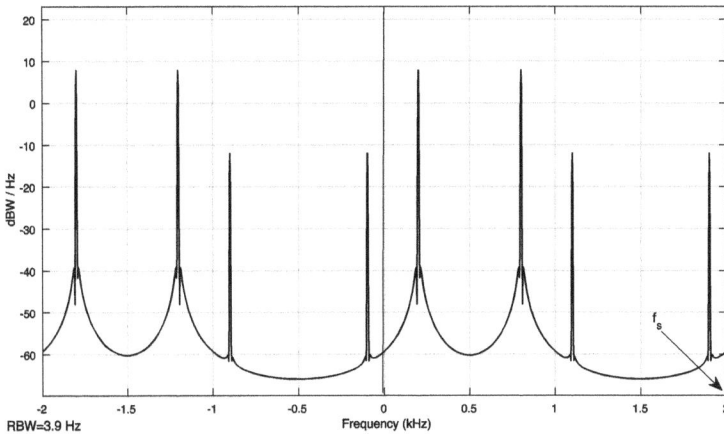

Abb. 3.30: Spektrale Leistungsdichte nach der Modulation für den Kanal 3 (1400 Hz und 1700 Hz) (kompl_modulation_2.m, kompl_modulation2.slx).

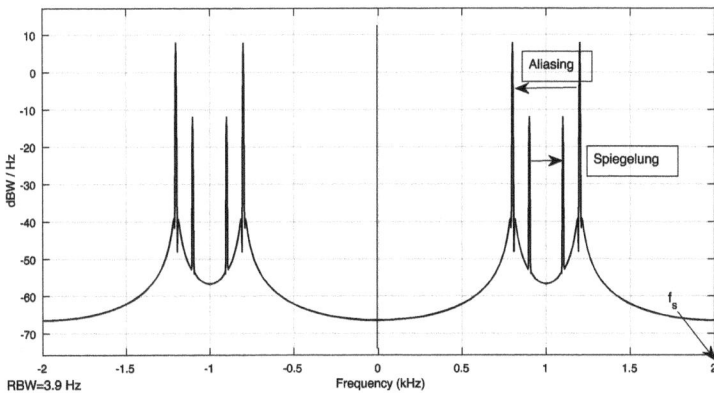

Abb. 3.31: Spektrale Leistungsdichte der Eingangssignale parametriert für den Kanal 2 (900 Hz und 1200 Hz) (kompl_modulation_2.m, kompl_modulation2.slx).

Die Modulation durch die Multiplikation mit der komplexen Schwingung $e^{-j2\pi f_4 n T_s}$ führt auf die spektrale Leistungsdichte aus Abb. 3.30.

Der mittlere Kanal 2 (Abb. 3.21) bildet eine Ausnahme. Zwei Signale der Frequenzen 900 Hz und 1200 Hz ergeben das symmetrische Spektrum aus Abb. 3.31. Das Signal der Frequenz 1200 Hz wird im ersten Nyquist-Intervall zu 800 Hz verschoben und das Signal der Frequenz 900 Hz führt im Spektrum zu einer Spiegelung auf 1100 Hz. Nach der Modulation erhält man das Spektrum im Basisband aus Abb. 3.32. Es ist ein symmetrisches Spektrum eines reellen Signals. Das kann beobachtet werden, wenn mit dem *Scope3*-Block das Signal nach dem *Product*-Block gesichtet wird. Bei der Demo-

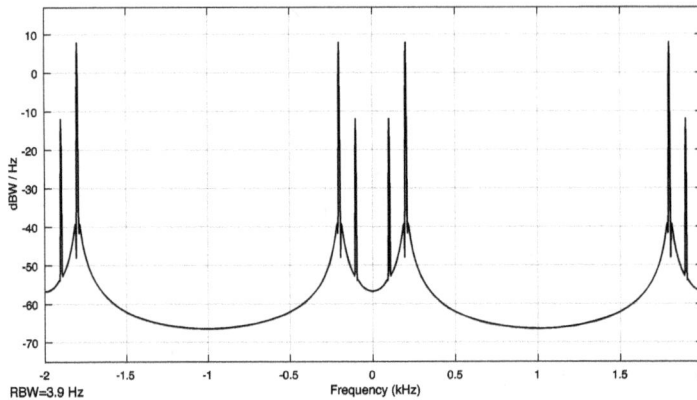

Abb. 3.32: Spektrale Leistungsdichte nach der Modulation für den Kanal 3 (900 Hz und 1200 Hz) (kompl_modulation_2.m, kompl_modulation2.slx).

dulation entfällt der Faktor 1/2 aus den typischen Produkten

$$\cos(\omega_i nT_s)\cos(\omega_k nT_s) = \frac{1}{2}\left(\cos((\omega_i - \omega_k)nT_s) + \cos((\omega_i + \omega_k)nT_s)\right) \tag{3.16}$$

oder $\cos(\omega_i nT_s)\sin(\omega_k nT_s)$, etc.. Für den Vergleich mit dem Eingangssignal muss dann die Dämpfung aus dem Block *Gain* geändert werden, von 1/8 auf 1/4.

Eine ähnliche Ausnahme ergibt sich für Kanal 0 mit Mittefrequenz null. Aus der Art wie die Frequenzen der Signale relativ zu der Mittefrequenz definiert sind, erhält man für das erste sinusförmige Signal eine negative Frequenz. Da der Quellenblock *Sine Wave1* keine negative Frequenz erlaubt, wird die negative Frequenz in eine positive umgewandelt und die Phasenverschiebung im Block auf π initialisiert:

```
d1 = -100;      % Frequenzabstand zu fk
fsig1 = fk(k)+d1;   % Frequenz des Sinussignals 1
phi1 = 0;
if fsig1<0
    fsig1 = -fsig1;
    phi1 = pi;
end
```

Das modulierte Signal ist dem Eingangssignal gleich, es ist keine Verschiebung im Basisband notwendig, die Signale sind im Kanal 0 schon im Basisband.

3.4 Komplexmodulierte Polyphasenfilterbank

In diesem Abschnitt wird eine komplexe Filterbank beschrieben, die ausgehend von Kanälen der Art die im vorherigen Experiment beschrieben wurden, zu einer Imple-

mentierung mit der FFT führt [28]. Das ist der Grund weshalb man komplexe Filterbänke eingeführt hat, auch wenn die Anwendung nur reelle Signale enthält. Für die
FFT gibt es effiziente Algorithmen, die im Vergleich z. B. mit den reellen cosinusmodulierten Filterbänken zu beträchtlichen Aufwandersparnissen führen.

Es wird zuerst der Analyseteil dieser komplexen Filterbank untersucht. Gemäß
Abb. 3.17, die einen Kanal einer komplexen Filterbank darstellt, ist die Zwischenvaria-
ble $v_k[n]$ durch folgende Faltung gegeben:

$$v_k[n] = h[n] * x[n]e^{-j\omega_k nT_s} = \sum_i h[i]x[n-i]e^{-j\omega_k(n-i)T_s}. \tag{3.17}$$

Wenn das Filter mit M Kanälen angenommen wird und die Mittefrequenz des Kanals k durch

$$\omega_k = \frac{\omega_s}{M}k = \frac{2\pi f_s}{M}k \qquad k = 0, 1, 2, \ldots, M-1 \tag{3.18}$$

gegeben ist, erhält man:

$$v_k[n] = \sum_i h[i]x[n-i]e^{-j2\pi k(n-i)/M}$$

$$= \left(\sum_i h[i]e^{j2\pi ki/M}x[n-i]\right)e^{-j2\pi kn/M} \tag{3.19}$$

$$= \left(\sum_i h_k[i]x[n-i]\right)e^{-j2\pi kn/M} \qquad k = 0, 1, 2, \ldots, M-1.$$

Hier ist $h_k[i] = h[i]e^{j2\pi ki/M}$ die Einheitspulsantwort des modulierten Filters, wobei $h[i]$
die Einheitspulsantwort des Tiefpassprototypfilters ist.

Diese Gleichung zeigt, dass das Eingangssignal $x[n]$ mit dem modulierten Filter $h_k[n]$ gefaltet wird und danach auch noch einmal moduliert wird. In Abb. 3.33(a)
ist der Analyseteil des Kanals k in der ursprünglichen Form dargestellt. Darunter in
Abb. 3.33(b) ist die Umwandlung gemäß der Gl. (3.19) gezeigt.

Wenn man jetzt das Ergebnis der Dezimierung mit Faktor M in der Anordnung aus
Abb. 3.33(b) näher betrachtet, stellt man fest, dass nur die Abtastwerte mit Indizes $n =
mM$ nicht entfernt werden. Für diese Abtastwerte hat die Modulationssequenz einen
Wert gleich eins $e^{-j2\pi k(mM)/M} = 1$ und kann weggelassen werden. Man erhält somit die
Anordnung aus Abb. 3.33(c) für den Kanal k des Analyseteils mit $k = 0, 1, 2, \ldots, M-1$.

Um die Reihenfolge der Abwärtstastung mit Faktor M und der Filterung umzukeh-
ren, wird das Filter $H_k(z)$ für den Kanal k in Polyphasenfilter zerlegt:

$$H_k(z) = \sum_{n=-\infty}^{\infty} h_k[n]z^{-n} = \sum_{l=0}^{M-1}\sum_{m=-\infty}^{\infty} h_k[mM+l]z^{-mM-l}. \tag{3.20}$$

Das Polyphasenfilter l hat eine komplexe Einheitspulsantwort gleich mit:

$$h_k[mM+l] = h[mM+l]e^{j2\pi(mM+l)k/M)} = h[mM+l]e^{j2\pi kl/M}$$

$$= p_l[m]e^{j2\pi kl/M} \quad \text{weil} \quad e^{j2\pi mk} = 1, \quad m, k \in \mathbb{Z}. \tag{3.21}$$

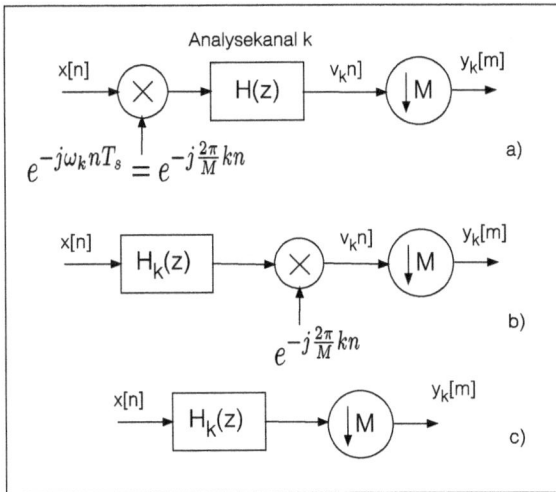

Abb. 3.33: Umwandlung des Analyseteils des Kanals k.

Hier ist $p_l[m]$ das l-te Polyphasenfilter für das Prototypfilter $H(z)$ und für den Dezimierungsfaktor M. Die Übertragungsfunktion $H_k(z)$ kann jetzt wie folgt geschrieben werden:

$$H_k(z) = \sum_{l=0}^{M-1} \sum_{n=-\infty}^{\infty} p_l[m] e^{j2\pi kl/M} z^{-mM-l} = \sum_{l=0}^{M-1} e^{j2\pi kl/M} z^{-l} \sum_{n=-\infty}^{\infty} p_l[m](z^M)^{-m}$$

$$= \sum_{l=0}^{M-1} e^{j2\pi kl/M} z^{-l} P_l(z^M).$$

(3.22)

In Abb. 3.34 ist die Anordnung, die aus der Gl. (3.22) hervorgeht, skizziert und entspricht dem Kanal k mit $k = 0, 1, 2, \ldots, M-1$. Die Faktoren der Verstärker am Ausgang der Polyphasenfilter sind komplex und abhängig vom Kanal.

Der Abwärtstaster mit Faktor M wird in den Pfaden am Eingang der Polyphasenfilter verlagert und führt dazu, dass jetzt die Übertragungsfunktionen der Polyphasenfilter von $P_l(z^M)$ in $P_l(z)$ geändert werden können. Diese Umwandlung basiert auf der *Noble Identity* (siehe Kapitel 2.4). Es entsteht die Anordnung aus Abb. 3.35.

Die Ausgänge der Polyphasenfilter $v_l[m]$, $l = 0, 1, 2, \ldots, M-1$ für alle Kanäle $k = 0, 1, 2, \ldots, M-1$ sind von den Polyphasenfiltern abhängig und nur die Faktoren

$$e^{j\frac{2\pi}{M}k \cdot l} \quad \text{mit} \quad l = 0, 1, 2, \ldots, M-1$$

(3.23)

sind vom Kanal k abhängig. Das führt dazu, dass man die Sequenz $v_l[m]$, $l = 0, 1, 2, \ldots,$ $M-1$ nur einmal für alle Kanäle berechnen muss und die Ausgänge der Kanäle $y_k[m]$ werden dann mit

$$y_k[m] = \sum_{l=0}^{M-1} v_l[m] e^{j\frac{2\pi}{M}kl}$$

(3.24)

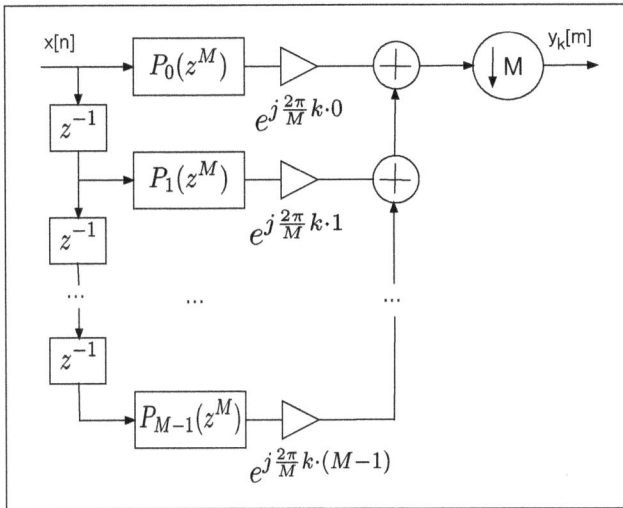

Abb. 3.34: Realisierung des Kanals k mit Polyphasenfiltern $P_l(z^M)$.

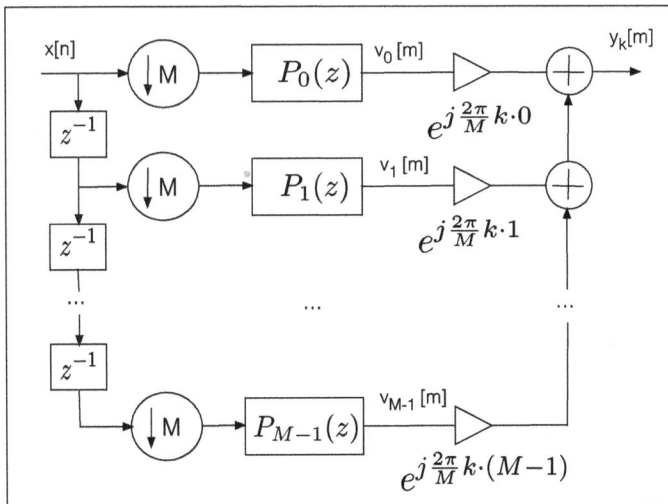

Abb. 3.35: Realisierung des Analyseteils für Kanal k mit Polyphasenfiltern $P_l(z)$.

ermittelt. Aus dieser Gleichung ist jetzt klar, dass $y_k[m]$ dem k-ten Term der inversen DFT der Sequenz $v_l[m]$, $l = 0, 1, 2, \ldots, M - 1$ entspricht. Das bedeutet, dass man die M Ausgänge des Analyseteils der Filterbank in parallel mit einer inversen DFT der Ausgänge der Polyphasenfilter berechnen kann. Es entsteht eine Anordnung, die in Abb. 3.36 dargestellt ist.

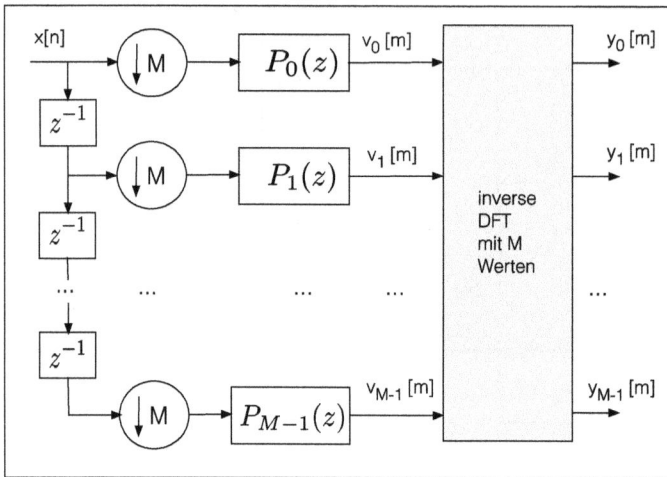

Abb. 3.36: Realisierung des Analyseteils der Filterbank mit Polyphasenfiltern $P_l(z)$.

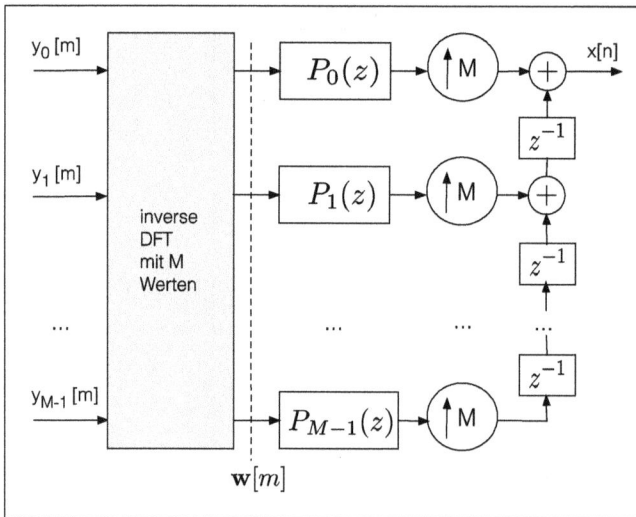

Abb. 3.37: Der Syntheseteil der Filterbank mit Polyphasenfiltern.

Die Rekonstruktion im Syntheseteil der Filterbank mit Polyphasenfiltern ist in Abb. 3.37 dargestellt. Die Beweisführung ist ähnlich der für den Analyseteil der Filterbank. Ausgehend von der Anordnung eines Kanals des Syntheseteils, die in Abb. 3.38(a) dargestellt ist, wird zuerst die Modulation mit der Filterung vertauscht. Der Ausgang $x_k[n]$ kann mit einer Faltung und einer Multiplikation dargestellt wer-

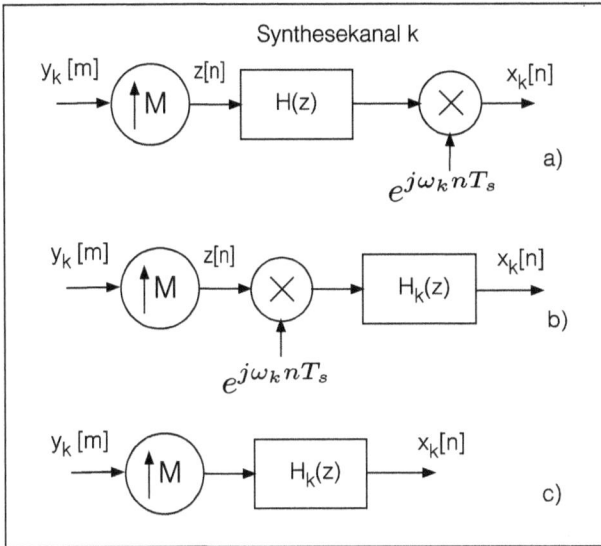

Abb. 3.38: Umwandlung des Synthesekanals k.

den:

$$x_k[n] = e^{j\omega_k nT_s}\left(\sum_i h[i]z[n-i]\right)$$

$$= \sum_i h[i]e^{j\omega_k iT_s}z[n-i]e^{j\omega_k nT_s}e^{-j\omega_k iT_s} \qquad (3.25)$$

$$= \sum_i (h[i]e^{j\omega_k iT_s})z[n-i]e^{j\omega_k(n-i)T_s} = \sum_i h_k[i]z[n-i]e^{j\omega_k(n-i)T_s}.$$

Mit der Definition eines neuen Filters der Einheitspulsantwort $h_k[n] = h[n]e^{j\omega_k nT_s}$ geht die Struktur aus Abb. 3.38(a) in die Anordnung aus Abb. 3.38(b) über.

Die Multiplikation mit der komplexen Schwingung $e^{j\omega_k nT_s}$ nach dem Aufwärtstaster kann weggelassen werden, weil der Aufwärtstaster nur für $n = Mm$ Abtastwerte verschieden von null ergibt. Dadurch ist

$$e^{j\omega_k MmT_s} = e^{j\frac{2\pi f_s}{M}kMmT_s} = e^{j2\pi km} = 1 \qquad (3.26)$$

und man erhält somit die Anordnung aus Abb. 3.38(c). Die Übertragungsfunktion des komplexen Filters $H_k(z)$ kann mit Polyphasenfiltern gemäß Gl. (3.22) realisiert werden, was zu der Anordnung aus Abb. 3.39 führt.

Der Aufwärtstaster aus Abb. 3.39 kann in jedem Pfad eingebracht werden und danach basierend auf der *Noble Identity* erhält man die Anordnung aus Abb. 3.40. Diese Anordnung ist mit der gestrichelten Linie in zwei Teile geteilt. Der Rechte Teil ist vom Kanal unabhängig und ist für alle Kanäle der Filterbank gleich. Nur der linke Teil enthält den Index k des Kanals. Dieser liefert den komplexen Vektor $\mathbf{v}_k(m)$.

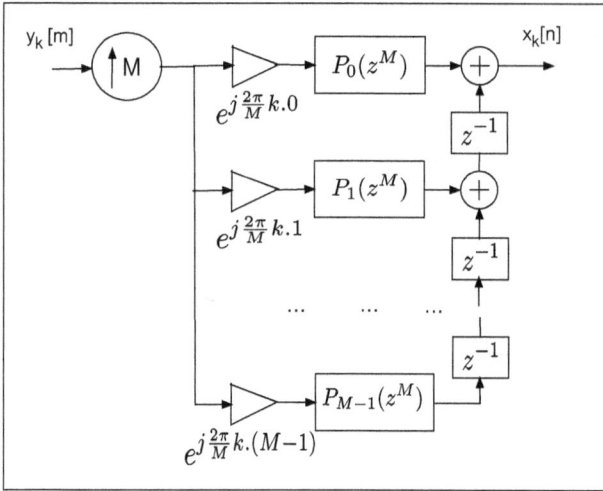

Abb. 3.39: Der Synthesekanal k mit Polyphasenfiltern $P_i(z^M)$ realisiert.

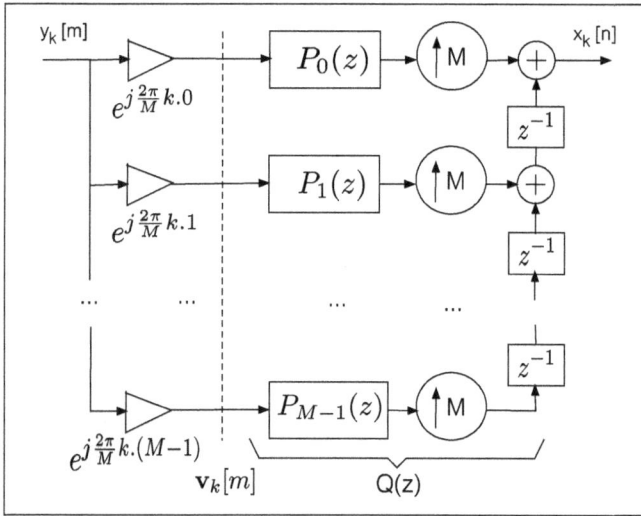

Abb. 3.40: Der Synthesekanal k mit Polyphasenfiltern $P_i(z)$ realisiert.

Wenn der gemeinsame Teil für alle Kanäle mit der Übertragungsfunktion $Q(z)$ bezeichnet wird, wobei $Q(z)$ ein MISO-System ist (*Multi-Input-Single-Output*), dann kann für den Ausgang der Filterbank als Summe der Ausgänge der Kanäle folgendes Ergebnis geschrieben werden:

$$x(z) = \sum_{k=0}^{M-1} x_k(z) = Q(z) \cdot \left(\mathbf{v}_0(z) + \mathbf{v}_1(z) + \cdots + \mathbf{v}_{M-1}(z) \right) = Q(z)\mathbf{w}(z) \,. \tag{3.27}$$

Die Vektoren $\mathbf{v}_k[m]$ sind durch

$$\mathbf{v}_0[m] = y_0[m] \cdot [e^{j\frac{2\pi}{M}0\cdot0}, e^{j\frac{2\pi}{M}1\cdot0}, \dots, e^{j\frac{2\pi}{M}(M-1)\cdot0}]^T$$

$$\mathbf{v}_1[m] = y_1[m] \cdot [e^{j\frac{2\pi}{M}0\cdot1}, e^{j\frac{2\pi}{M}1\cdot1}, \dots, e^{j\frac{2\pi}{M}(M-1)\cdot1}]^T$$

$$\dots \tag{3.28}$$

$$\mathbf{v}_{M-1}[m] = y_{M-1}[m] \cdot [e^{j\frac{2\pi}{M}0\cdot(M-1)}, e^{j\frac{2\pi}{M}1\cdot(M-1)}, \dots, e^{j\frac{2\pi}{M}(M-1)(M-1)}]^T$$

gegeben.

Der Vektor $\mathbf{w}[m]$ im Zeitbereich kann jetzt wie folgt geschrieben werden:

$$\mathbf{w}(m) = \begin{bmatrix} w_0[m] \\ w_1[m] \\ \vdots \\ w_{M-1}[m] \end{bmatrix}$$

$$= \begin{bmatrix} e^{j\frac{j2\pi}{M}0\cdot0}, & e^{j\frac{j2\pi}{M}1\cdot0}, & \dots, e^{j\frac{j2\pi}{M}(M-1)\cdot0} \\ e^{j\frac{j2\pi}{M}0\cdot1}, & e^{j\frac{j2\pi}{M}1\cdot1}, & \dots, e^{j\frac{j2\pi}{M}(M-1)\cdot1} \\ \vdots & \vdots & \vdots \\ e^{j\frac{j2\pi}{M}0\cdot(M-1)}, & e^{j\frac{j2\pi}{M}1\cdot(M-1)}, & \dots, e^{j\frac{j2\pi}{M}(M-1)(M-1)} \end{bmatrix} \cdot \begin{bmatrix} y_0[m] \\ y_1[m] \\ \vdots \\ y_{M-1}[m] \end{bmatrix} . \tag{3.29}$$

Die Matrix ist die inverse DFT der Größe $M \times M$ und dadurch ist der Ausgang der Filterbank durch die Anordnung, die in Abb. 3.37 dargestellt ist, gegeben.

3.4.1 Experiment: Komplexe äquidistante Polyphasenfilterbank mit 4 Kanälen

Es wird eine Polyphasenfilterbank mit dem Modell `polyphasen_bank1.slx`, das in Abb. 3.41 dargestellt ist, simuliert. Das Modell wird mit dem Skript `polyphasen_bank_1.m` initialisiert und aufgerufen. Es wird im Modell die Anordnung aus Abb. 3.36 und Abb. 3.37 für vier Kanäle nachgebildet. Das Eingangssignal kann aus zwei sinusförmigen Signalen oder aus einem Zufallssignal mit einer bestimmten Bandbreite oder die Summe dieser Signale bestehen.

Zuerst wird im Skript das Tiefpassprototypfilter berechnet und dessen Einheitspulsantwort und Amplitudengang dargestellt:

```
M = 4;      % Anzahl Kanäle
nord = 512;
fs = 2000;       Ts = 1/fs;
fdr = 1/(2*M);
    % Relative Durchlassfrequenz Prototyptiefpassfilters
h0 = fir1(nord, fdr*2);   % Einheitspulsantwort
```

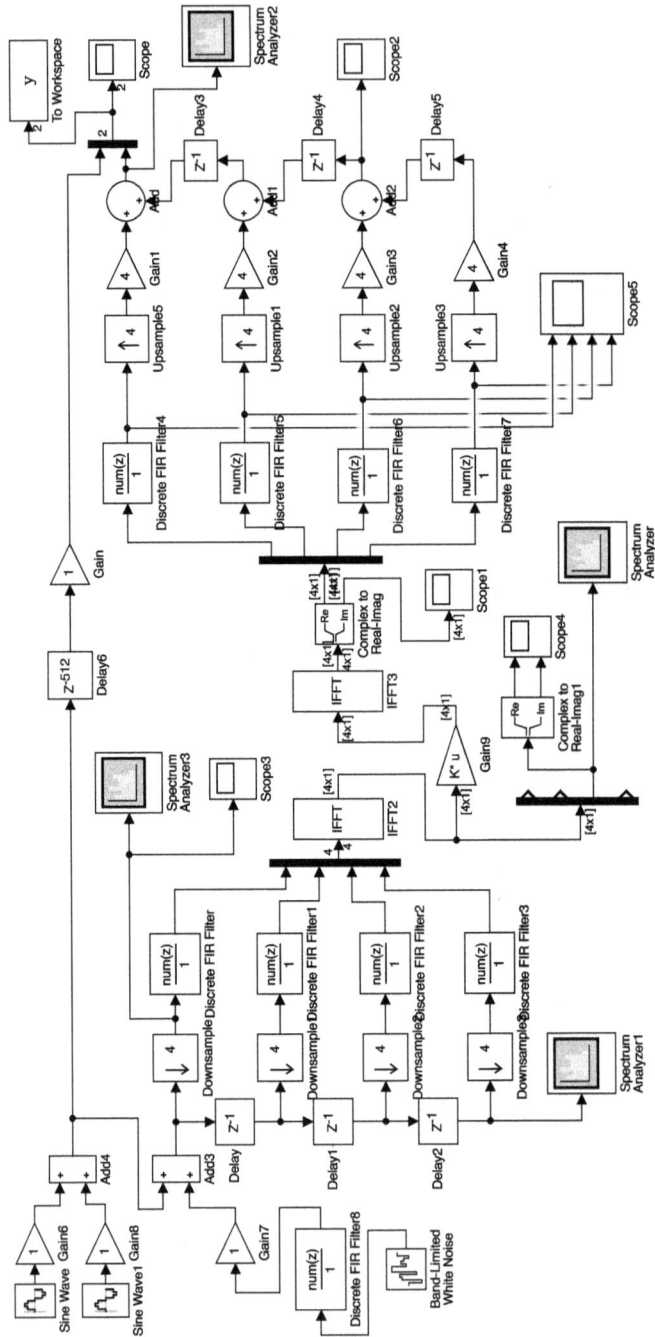

Abb. 3.41: Simulink- Modell der Filterbank mit vier Kanälen (polyphase_bank_1.m, polyphase_bank1.slx).

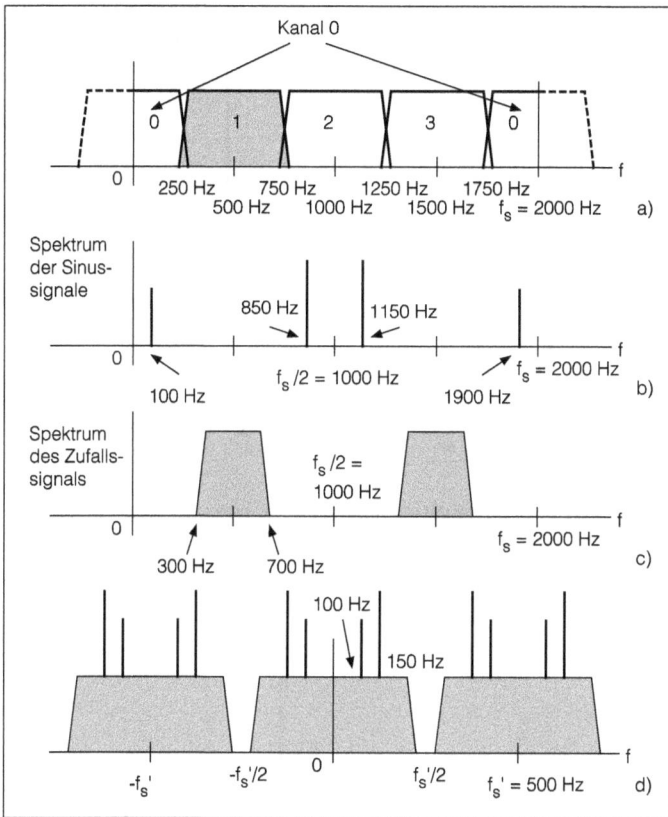

Abb. 3.42: Einteilung des Frequenzbereiches und die Spektren der Signale (polyphase_bank_1.m, polyphase_bank1.slx).

Danach werden die Einheitspulsantworten der Polyphasenfilter ermittelt:

P = **firpolyphase**(h0,M);

Die Einteilung des Frequenzbereichs (von 0 bis f_s = 2000 Hz) entspricht der Einteilung aus Abb. 3.21, die in Abb. 3.42 zusammen mit den Spektren der Signale wiederholt wird. Die Untersuchung ist für zwei sinusförmige Signale der Frequenzen 100 Hz und 850 Hz bzw. ein Zufallssignal mit Anteilen im Bereich von 300 Hz bis 700 Hz initialisiert. Die spektralen Leistungsdichten sind in Abb. 3.42(b),(c) skizziert.

Das Spektrum der Eingangssignale wird mit dem *Spectrum Analyzer1* angezeigt, so wie in Abb. 3.43 dargestellt. Nach der Dezimierung mit dem Abwärtstaster mit Faktor M = 4 erhält man ein Spektrum der Signale, das in Abb. 3.42(d) skizziert ist und im Modell mit Hilfe des Blocks *Spectrum Analyzer3* angezeigt ist. Die neue Abtastfrequenz ist jetzt 2000/4 = 500 Hz. Wie man sieht, erhält man ein *Aliasing* oder eine Verschiebung des Signals mit ursprünglich 850 Hz zu einem Signal der Frequenz 150 Hz. Auch das

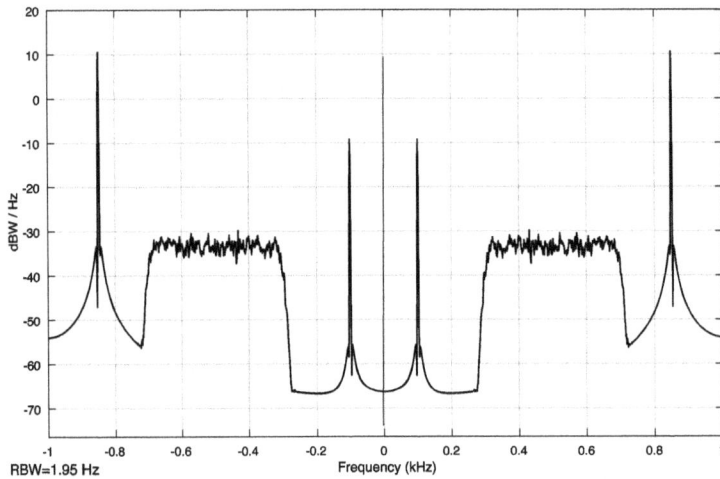

Abb. 3.43: Spektrale Leistungsdichten der Eingangssignale, wie sie am *Spectrum Analyzer1* angezeigt sind (polyphase_bank_1.m, polyphase_bank1.slx).

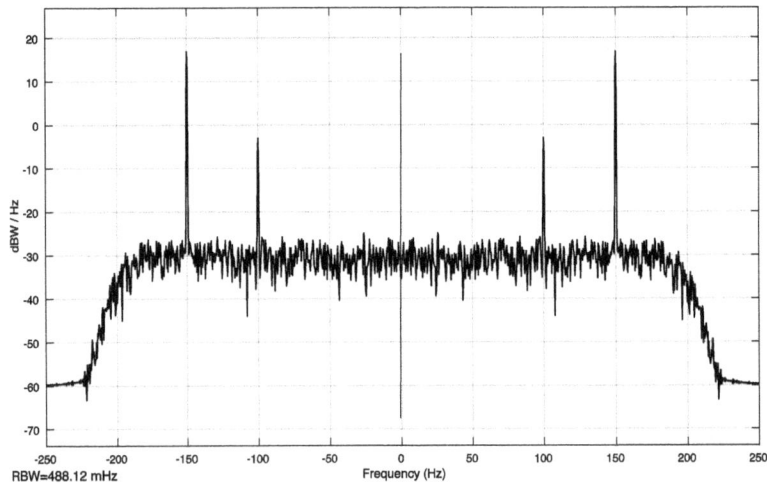

Abb. 3.44: Spektrale Leistungsdichten nach der Dezimierung mit Faktor $M = 4$, wie sie am *Spectrum Analyzer3* angezeigt sind (polyphase_bank_1.m, polyphase_bank1.slx).

Zufallssignal wird symmetrisch um die Frequenz null verschoben. In Abb. 3.44 ist das Spektrum dieser Signale dargestellt, so wie sie mit dem *Spectrum Analyzer3* angezeigt sind.

In den Blöcken *Discrete FIR Filter, Discrete FIR Filter1, Discrete FIR Filter2, Discrete FIR Filter3* sind die Polyphasenfilter initialisiert. Danach folgt die inverse FFT im Block *IFFT* des Analyseteils der Filterbank. Die vier Ausgänge des Blocks *IFFT2* sind jetzt die komplexen im Basisband verschobenen Signale der vier Kanäle, die man mit

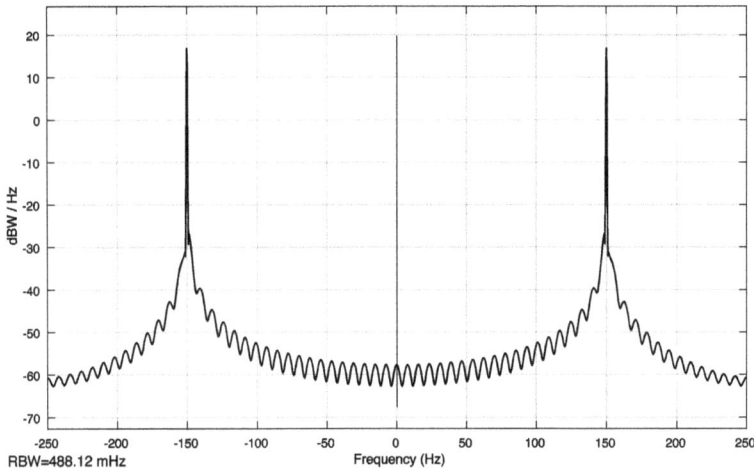

Abb. 3.45: Spektrale Leistungsdichte des im Basisband verschobenen Signals des Kanals 2, die mit *Spectrum Analyzer3* angezeigt ist (polyphase_bank_1.m, polyphase_bank1.slx).

den Blöcken *Complex to Real-Imag1* bzw. *Spectrum Analyzer* sichten kann. Diese allgemein komplexen Signale der Kanäle sind im Basisband im Frequenzbereich –250 Hz bis 250 Hz, oder in der Periode zwischen 0 und 500 Hz verschoben.

Man kann jeden Ausgang des Blocks *Mux* an diesen zwei Blöcken anschließen und so jeden verschobenen Kanal sichten. Im Modell ist jetzt der Anschluss für den Kanal $k = 2$ angezeigt. Im Bereich dieses Kanals liegt das sinusförmige Signal der Frequenz 850 Hz, das im Basisband auf 150 Hz bzw. –150 Hz (oder auf 150 Hz mit Spiegelung bei 350 Hz) verschoben wird. Das Spektrum dieses Signals, wie es am Block *Spectrum Analyzer* angezeigt wird, ist in Abb. 3.45 dargestellt. Allgemein sind diese Signale im Basisband komplex. Für diesen Kanal (mit Mittefrequenz 1000 Hz) ist der Imaginärteil, angezeigt am *Scope4*-Block, null. Nur das zufällige Signal des Kanals eins (mit Mittefrequenz 500 Hz) verschoben im Basisband ist komplex, weil die Verschiebung im Basisband zu einem nicht symmetrischen Spektrum führt.

Das verschobene Signal des Kanals zwei ist symmetrisch und deshalb ist der Imaginärteil null. Der Leser soll das Modell so ändern, dass das Zufallssignal des Kanals eins (zweiter Ausgang des *Mux*-Blocks) gesichtet wird und soll dann den Real- bzw. Imaginärteil des Signals beobachten.

Zwischen dem Ausgang des Blocks *IFFT2* und dem Eingang des Blocks *IFFT3* des Syntheseteils muss man sich die Bearbeitung der Signale der Filterbank vorstellen. In dieser Simulation wird die Bearbeitung mit Hilfe einer Matrix K vereinfacht durchgeführt. Mit einer Einheitsmatrix

```
K = eye(4,4);
```

findet keine Bearbeitung statt. Um die Störung durch den Zufallssignal mit Leistungsanteile im Bereich des Kanals eins zu unterdrücken, müssen wegen der bekannten Symmetrie der FFT (oder inversen FFT) reeller Signale die Kanäle eins und drei mit

```
K(2,2) = 0;    K(4,4) = 0;
```

gesperrt werden.

Mit dem Block *Scope* werden die sinusförmigen Eingangssignale mit dem Ausgangssignal der Filterbank verglichen. Die Standardabweichung der Differenz dieser zwei Signale wird ermittelt und angezeigt. Hier erhält man einen Wert von 0,0223 und die kleinen Unterschiede kann man mit der Zoomfunktion der Darstellung des *Scope*-Blocks sichten.

Um das sinusförmige Signal zu sperren und das zufällige Signal als Nutzsignal zu betrachten und durchzulassen, muss

```
K(1,1) = 0;    K(3,3) = 0;
```

gewählt werden. Für den Vergleich muss der Block *Delay6* an den Zufallssignal am Ausgang des Blocks *Gain7* angeschlossen werden. Die Standardabweichung der Differenz ist auch in diesem Fall ähnlich groß. Den Ausgleich der Verspätung der Filter wird mit dem Block *Delay6*-Block realisiert, so dass die Signale, die verglichen werden, gleich ausgerichtet sind.

Nach der inversen FFT mit Block *IFFT3* erhält man in parallel vier reelle Signale, die nach der Filterung mit denselben Polyphasenfiltern und Aufwärtstaster serialisiert werden.

In Abb. 3.46 ist die Serialisierung erläutert. In Abb. 3.46(a) ist das Signal des Kanals null vor dem Aufwärtstaster in Form von Treppen dargestellt, die suggerieren sollen, dass in den Perioden $T_s' = MT_s$ nur je ein Abtastwert vorhanden ist. Der Aufwärtstaster liefert diesen Abtastwert gefolgt von $M - 1 = 3$ Nullwerten, so wie in der Abb. 3.46(c) skizziert ist. Dasselbe wird auch für die restlichen drei Kanälen 1, 2 und 3 erhalten. Mit Hilfe der Verzögerungen aus den Blöcken *Delay3*, *Delay4*, *Delay5* werden die Signale von den Ausgängen der Aufwärtstaster, wie in Abb. 3.46(i) dargestellt, zusammengefasst. Die Abtastperiode des Ausgangssignals ist wieder T_s.

Ein interessantes Experiment kann durchgeführt werden, wenn folgende Initialisierung im Skript aktiviert wird:

```
fsig2 =        900;
    % Frequenz des sinusförmigen Eingangssignals 2
ampl1 = 1;  ampl2 = 1 ;  % Amplituden
phase1 = 0; phase2 = 0;  % Phasen
```

Statt 850 Hz wird so für das zweite sinusförmige Signal eine Frequenz von 900 Hz gewählt und zusätzlich wird dieselbe Amplitude und Phase wie für das erste sinusförmige Signal initialisiert. Die spektralen Leistungsdichten der Signale sind jetzt in Abb. 3.47 dargestellt. Nach der Dezimierung, die zur Abtastfrequenz $f_s' = f_s/M =$

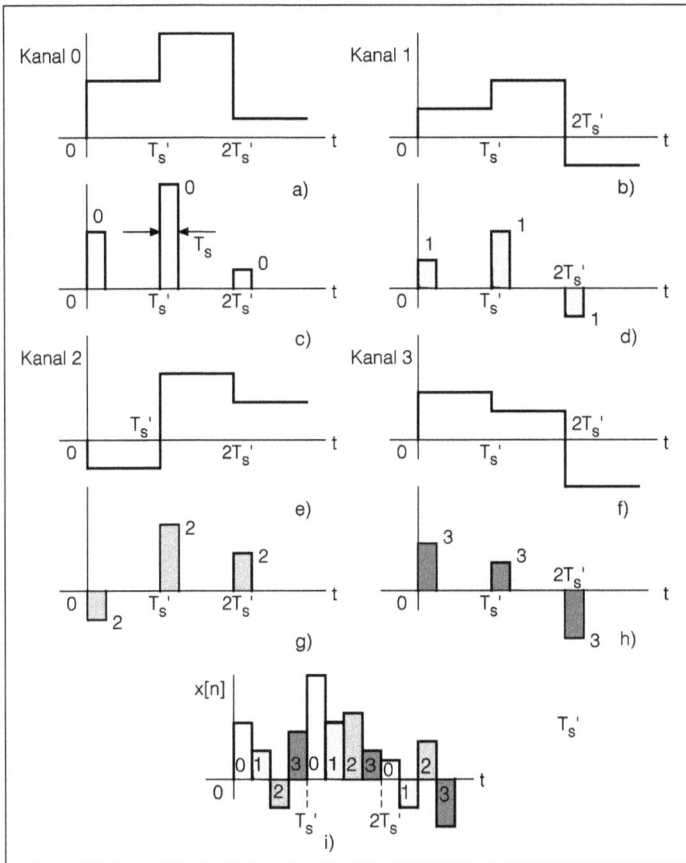

Abb. 3.46: Die Serialisierung der im parallel gelieferten Ausgänge der Aufwärtstaster (polyphase_bank_1.m, polyphase_bank1.slx).

500 Hz führt, wird das Signal der Frequenz 900 Hz im Basisband auf 100 Hz verschoben (*aliased*) und so überlagert es das ursprüngliche Signal der Frequenz 100 Hz. Wenn das Signal der Frequenz 900 Hz eine bestimmte Phase besitzt, hier dieselbe wie das Signal der Frequenz 100 Hz, erscheinen sie im Basisband in Kontraphase und heben sich auf. Das Spektrum nach der Dezimierung, das auf dem *Spectrum Analyzer3* gezeigt wird, erscheint jetzt ohne die sinusförmigen Signale, wie in Abb. 3.48 dargestellt.

Die Polyphasenfilter zusammen mit der inversen FFT trennt auch in diesem Fall korrekt die Kanäle und das Ergebnis enthält alle drei Signale, wenn K = eye(4,4) und keine Bearbeitung verwendet wird.

Der Leser kann weitere Experimente durchführen, wie z. B. eine Frequenz von 1100 Hz für das zweite sinusförmige Eingangssignal wählen. Dieses Eingangssignal erfüllt von Anfang an nicht das Abtasttheorem weil $f_{sig2} > f_s/2 = 1000$ Hz. Es gibt dann

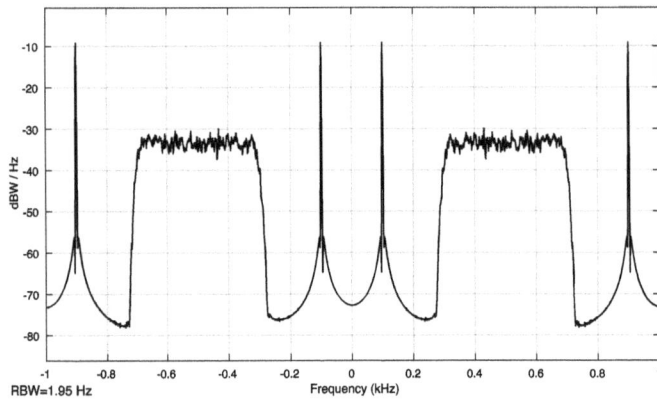

Abb. 3.47: Spektrale Leistungsdichten der Eingangssignale (polyphase_bank_1.m, polyphase_bank1.slx).

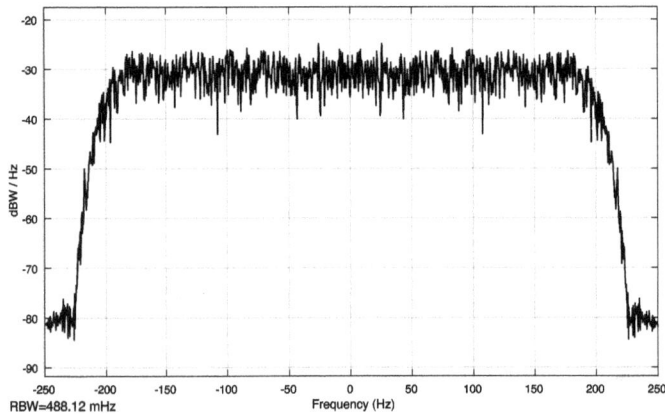

Abb. 3.48: Spektrale Leistungsdichte nach der Dezimierung mit Faktor $M = 4$ (polyphase_bank_1.m, polyphase_bank1.slx).

eine Verschiebung auf die Frequenz von 900 Hz. Nach der Dezimierung entsteht weiter eine Verschiebung zur Frequenz von 100 Hz. Mit einer Phase phase2 = pi erhält man auch in diesem Fall nach der Dezimierung im Spektrum kein Signal der Frequenz 100 Hz.

Im Simulink-Modell polyphase_bank1.slx entsprechen die Verzögerungen und Abwärtstaster am Eingang einer Buffer-Operation, für die in Simulink ein spezieller Block *Buffer* vorhanden ist. Die seriellen Daten vom Eingang werden in parallelen Daten umgewandelt. Die Umwandlung der parallelen Daten in serielle Daten am Ausgang entspricht der Operation *Unbuffer*, für die auch ein Block vorhanden ist. Im Modell polyphase_bank2.slx das in Abb. 3.49 dargestellt ist, wird die gleiche Filterbank mit vier Kanälen simuliert, wobei diese Blöcke eingesetzt werden. Der *Buffer*-Block

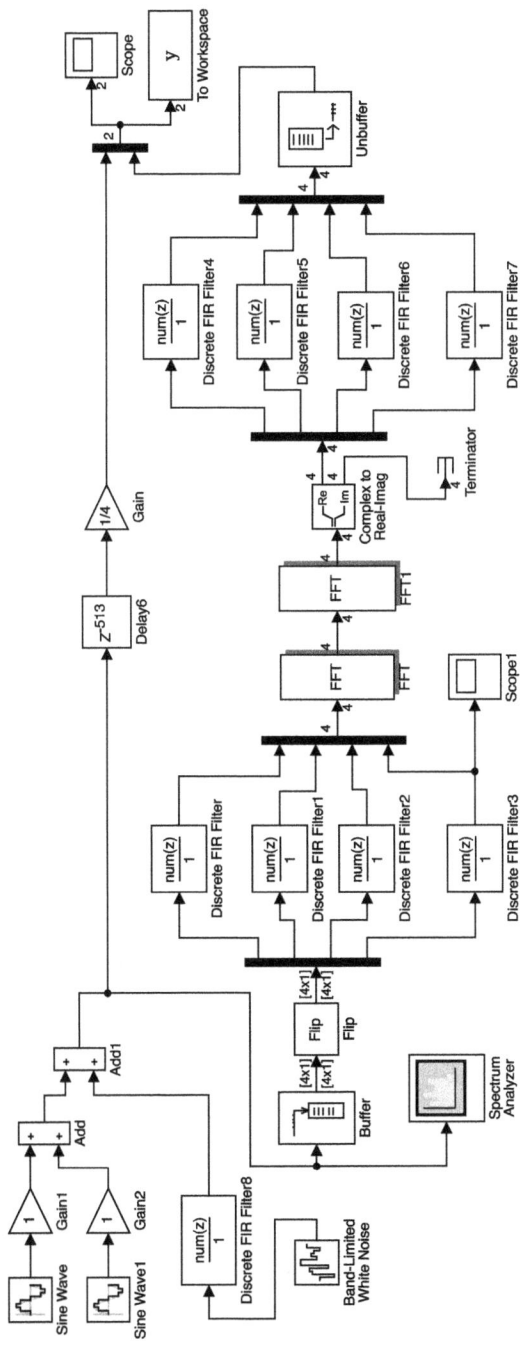

Abb. 3.49: Simulink Modell der Filterbank mit vier Kanälen und mit Buffer- bzw. Unbuffer-Blöcken (polyphase_bank_2.m, polyphase_bank2.slx).

liefert die Daten in umgekehrter Reihenfolge und aus diesem Grunde wird noch der *Flip*-Block benötigt.

Eine andere Neuigkeit in diesem Modell, stellen die Blöcke *FFT*, *FFT1* dar, die an Stellen der inversen FFT aus dem vorherigen Modell eingesetzt werden. Die Begründung stellt eine gute Übung für den Leser dar. Mit dem Modell ist das einfach zu überprüfen. Das Produkt

```
FFT_m*FFT_m
```

ist gleich mit dem Produkt

```
(iFFT_m*iFFT_m)*16
```

Hier sind `FFT_m`, `iFFT_m` die Matrizen der FFT bzw. der inversen FFT der Größe vier.

Im Modell `polyphase_bank3.slx`, das über `polyphase_bank_3.m` initialisiert und aufgerufen wird, ist eine Filterbank mit 8 Kanälen simuliert. In Abb. 3.50 ist die Einteilung des Frequenzbereichs von 0 bis f_s = 3200 Hz für die 8 Kanäle zusammen mit den Spektren der Eingangssignale, die im Skript initialisiert sind, dargestellt. Mit dem *Manual Switch* wird das Signal für den Vergleich der Antwort der Filterbank gewählt.

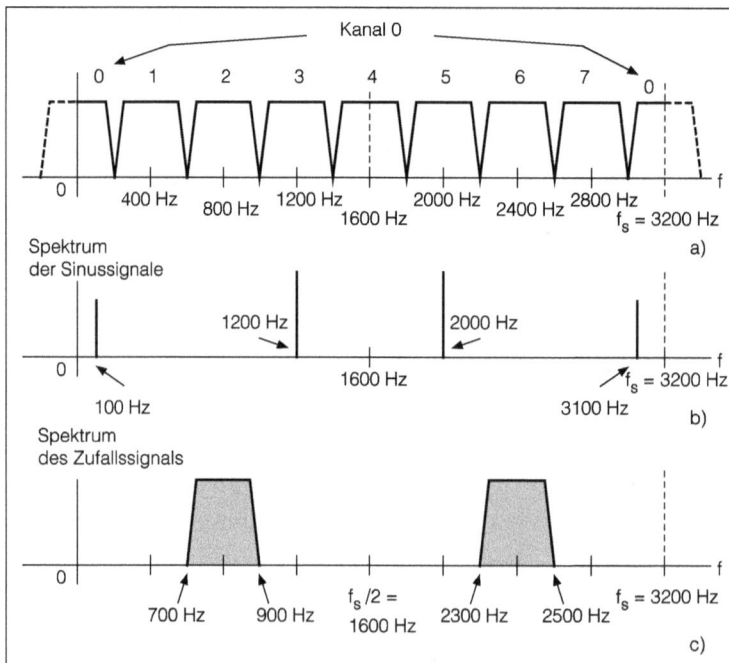

Abb. 3.50: Einteilung des Frequenzbereichs der Filterbank mit 8 Kanälen und die Spektren der Eingangssignalen (polyphase_bank_3.m, polyphase_bank3.slx).

Wenn man z. B. das Zufallssignal mit $K(3,3) = 0$, $K(7,7) = 0$ unterdrückt, muss der Schalter an die sinusförmigen Signale angeschlossen sein. Umgekehrt, für die Unterdrückung der sinusförmigen Signale mit $K(1,1) = 0$, $K(4,4) = 0$ bzw. $K(6,6) = 0$ und das Nutzsignal das zufällige Signal ist, muss man den Schalter auf das Zufallssignal legen.

3.4.2 Aufwandersparnis der Implementierung mit Polyphasenfiltern und DFT

Es wird nur der Analyseteil der Filterbank betrachtet. Der Syntheseteil kann ähnlich bewertet werden. Es sind die Multiplikationen für die Implementierung als Aufwand berechnet.

Für die standard Anordnung gemäß Abb. 3.17, in der nur ein Kanal dargestellt ist, ergeben sich bei einer Filterbank mit M Kanälen und Übertragungsfunktion $H(z)$ der Ordnung N_{ord} für jedes Filter $N_{ord} + 1$ Multiplikationen. Dazu kommt noch je eine Multiplikation für die Modulation. Somit sind es $(N_{ord} + 2)M$ Multiplikationen für die Modulation und Filterung.

Für die Lösung mit Polyphasenfiltern haben alle Filter zusammen die Größe $N_{ord} + 1$ und somit erhält man nur $N_{ord} + 1$ Multiplikationen. Die inverse DFT der Größe $M \times M$ bringt noch M^2 Multiplikationen, wenn nicht die effizienten Algorithmen für die FFT eingesetzt werden. In der Annahme, dass $M = 2^p$, mit $p \in \mathbb{Z}$, und der Radix-2 FFT Algorithmus benutzt wird, benötigt man nur $(M/2)\log_2 M$ Multiplikationen.

Für eine Filterbank mit $M = 32$ Kanälen und Filter mit $N_{ord} = 512$ erhält man folgende Ergebnisse:

$$(N_{ord} + 2)M = (512 + 2) * 32 = 16448$$
$$(N_{ord} + 1) + (M/2)\log_2 M = 593. \tag{3.30}$$

Der Aufwand mit der komplexen Modulation ist viel kleiner und begründet diese Lösung.

3.5 M-Bandfilter

Im Kapitel 1.5.5 wurde das Halbband- und M-Bandfilter kurz beschrieben und die MATLAB-Funktionen zur Entwicklung dargestellt und getestet. Diese Filter spielen eine wichtige Rolle für die Filterbänke und werden hier nochmals aus diesem Gesichtspunkt dargestellt [21].

Das Halbband-Filter als nichtkausales ideales Filter ist ein FIR-Filter mit folgenden Eigenschaften im Frequenzbereich:

$$H(e^{j\Omega}) = H(e^{-j\Omega}) \quad \text{oder}$$
$$H(e^{j\omega T_s}) = H(e^{-j\omega T_s}) \tag{3.31}$$

$$H(e^{j\Omega}) + H(e^{-j(\pi-\Omega)}) = H(1) = 1 \quad \text{oder}$$
$$H(e^{j\omega T_s}) + H(e^{-j(\pi-\omega T_s)}) = H(1) = 1.$$

Das bedeutet, dass $H(e^{j\Omega})$ eine reelle nicht komplexe Funktion von $\Omega = \omega T_s$ mit einer ungeraden Symmetrie um $\pi/2$ mit einem Wert von $0{,}5H(1)$ ist. In Abb. 3.51(a) ist der Frequenzgang dargestellt und in Abb. 3.51(b) ist die entsprechende nichtkausale Einheitspulsantwort gezeigt. Der Wert $H(1)$ ist der Frequenzgang für $\Omega = 0$. Die erste Eigenschaft aus Gl. (3.31) bedeutet, dass $h[n] = h[-n]$ eine reelle gerade Sequenz ist. Außerdem mit $H(e^{j\Omega}) \leftrightarrow h[n] = h[-n]$ erhält man

$$H(e^{-j(\pi-\Omega)}) \leftrightarrow (-1)^n h[n]. \tag{3.32}$$

Die zweite Eigenschaft aus Gl. (3.31) impliziert, dass

$$h[n] + (-1)^n h[n] = (1 + (-1)^n)h[n] = \delta[n] \tag{3.33}$$

mit der Lösung

$$h[n] = \begin{cases} 1/2 & \text{für} \quad n = 0 \\ 0 & \text{für} \quad n = \text{gerade und } n \neq 0. \end{cases} \tag{3.34}$$

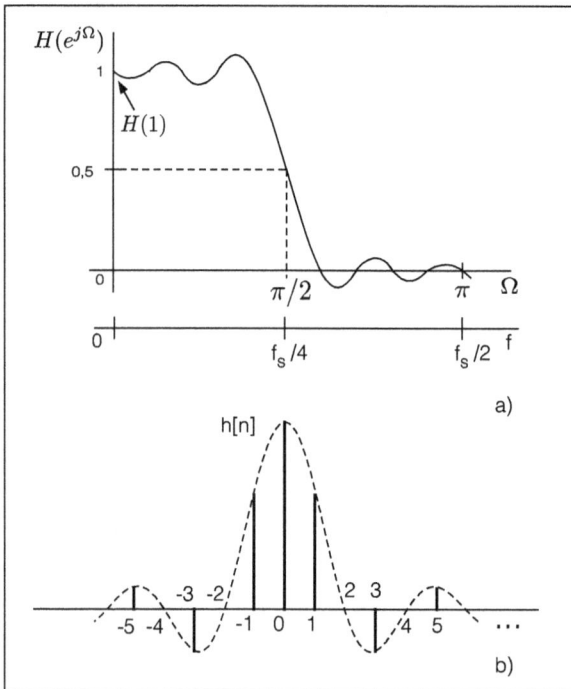

Abb. 3.51: Frequenzgang des Halbband-Filters und dessen Einheitspulsantwort.

Zusammenfassend ist diese Eigenschaft durch $h[2n] = (1/2)\delta[n]$ gegeben, wobei $\delta[n]$ der Kronecker-Operator ist.

Für die kausale Einheitspulsantwort der Ordnung $N = Mp$, $p \in \mathbb{Z}$ erhält man eine Polyphasen-Zerlegung für $M = 2$ der Form:

$$
\begin{aligned}
H(z) &= h[0] + h[1]z^{-1} + h[2]z^{-2} + h[3]z^{-3} + h[4]z^{-4} + \cdots \\
&= \left(h[0] + h[2]z^{-2} + h[4]z^{-4}\cdots\right) + z^{-1}\left(h[1] + h[3]z^{-2} + h[5]z^{-4} + \cdots\right) \\
&= G_0(z^2) + z^{-1}G_1(z^2) = h[N/2]z^{-N/4} + z^{-1}G_1(z^2), \quad \text{mit}
\end{aligned}
\tag{3.35}
$$

$$
G_1(z^2) = h[1] + h[3]z^{-2} + h[5]z^{-4} + h[7]z^{-6} + \cdots .
$$

Die Anzahl der Koeffizienten in $G_0 z^2$ und $G_1 z^2$ ist gleich $N/2 + 1$, weil nur jeder zweite Koeffizient von $H(z)$ in diesen Funktionen enthalten ist.

Ein kleines Beispiel mit MATLAB-Funktionen soll diese Sachverhalte anschaulich erläutern. Mit

```
>> h = fir1(16, 0.5),
h = -0.0000  -0.0052   0.0000   0.0232  -0.0000  -0.0761
     0.0000   0.3077   0.5009   0.3077   0.0000  -0.0761
    -0.0000   0.0232   0.0000  -0.0052  -0.0000
```

wird ein Halbband-Filter der Ordnung $N = 16$ ($M = 2$, $p = 6$) berechnet.

Die Einheitspulsantwort hat jeden zweiten Wert gleich null $h(2k) = 0$, $k = 0, 1, 2, \ldots, N + 1$ mit Ausnahme für $h[N/2] = 0{,}5009$. Die Polyphasenfilter werden mit der Funktion **firpolyphase** berechnet und in der Matrix hp hinterlegt:

```
>> hp = firpolyphase(h,2),
hp =
-0.0000 0.0000 -0.0000 0.0000 0.5009 0.0000 -0.0000
                 0.0000 -0.0000
-0.0052 0.0232 -0.0761 0.3077 0.3077 -0.0761  0.0232
                -0.0052 0
```

Die erste Zeile enthält die Einheitspulsantwort des ersten Polyphasenfilters $G_0(z^2)$ mit einem einzigen Wert verschieden von null (0,5009 statt 0,5). Die zweite Zeile beinhaltet die Koeffizienten der Funktion $G_1(z^2)$.

Das M-Bandfilter ist eine Erweiterung des Halbband-Filters (siehe Kapitel 1.5.5). Im Zeitbereich ist es ein nichtkausales, also Nullphase FIR-Filter mit jedem M-ten Wert gleich null:

$$
h[Mn] = \begin{cases} 1/M & \text{für} \quad n = 0 \\ 0 & \text{für} \quad n = \pm kM \quad k = 1, 2, \ldots, \infty. \end{cases}
\tag{3.36}
$$

Die Zerlegung des nichtkausalen M-Bandfilters $H(z)$ in Polyphasenfilter ergibt:

$$
H(z) = G_0(z^M) + \sum_{k=1}^{M-1} z^{-k}G_k(z^M) = \frac{1}{M} + \sum_{k=1}^{M-1} z^{-k}G_k(z^M).
\tag{3.37}
$$

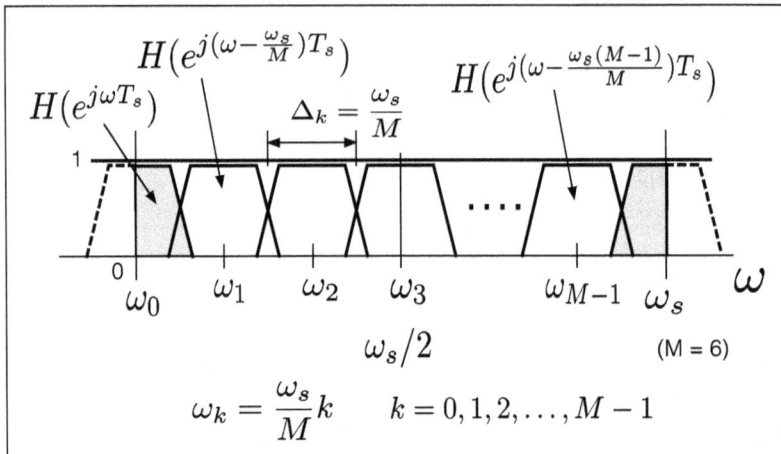

Abb. 3.52: Frequenzgang des M-Bandfilters zusammen mit dessen verschobenen Frequenzgängen, die zu einer Summe gleich eins führen.

Eine Verallgemeinerung der zweiten Gl. (3.34) führt auf [27]:

$$\sum_{k=0}^{M-1} H(e^{j(\Omega - \frac{2\pi k}{M})}) = \sum_{k=0}^{M-1} H(e^{j(\omega - \frac{k\omega_s}{M})T_s}) = \sum_{k=0}^{M-1} H(e^{j2\pi(f - \frac{kf_s}{M})T_s}) = 1. \qquad (3.38)$$

Diese Eigenschaft ist in Abb. 3.52 skizziert. Für $k = 0$ erhält man den Frequenzgang des M-Bandfilters (mit Schwarz gekennzeichnet). Die restlichen Frequenzgänge ergeben sich durch Verschiebung der Frequenz mit $\omega_s k/M$, $k = 1, 2, \ldots, M - 1$. In Abb. 3.52 sind in der Abszisse $\omega = 2\pi f$ Frequenzen benutzt. Diese Einteilung des Frequenzbereichs wurde auch für die Filterbank aus Kapitel 3.3 bzw. Kapitel 3.4 verwendet.

3.5.1 Experiment: Untersuchung eines M-Bandfilters

Mit dem Skript `M_band_FIR_1.m` und Modell `M_band_FIR1.slx` wird ein M-Bandfilter mit $M = 8$ untersucht. Es wird hier mit kausalen Filtern gearbeitet. Das Filter kann im Skript mit der einfachen **fir1**-Funktion oder über die Option 'Nyquist' mit **fdesign**, wie im Kapitel 1.5.5, entwickelt werden:

```
M = 8;
nord = 128;      % Gerade Zahl
%h0 = fir1(nord, 1/M);   % Einheitspulsantwort
% -------- Alternative für das Filter
Astopp = 60;                   % Dämpfung im Sperrbereich
f = fdesign.nyquist(M, 'N,Ast', nord, Astopp);
designmethods(f),
```

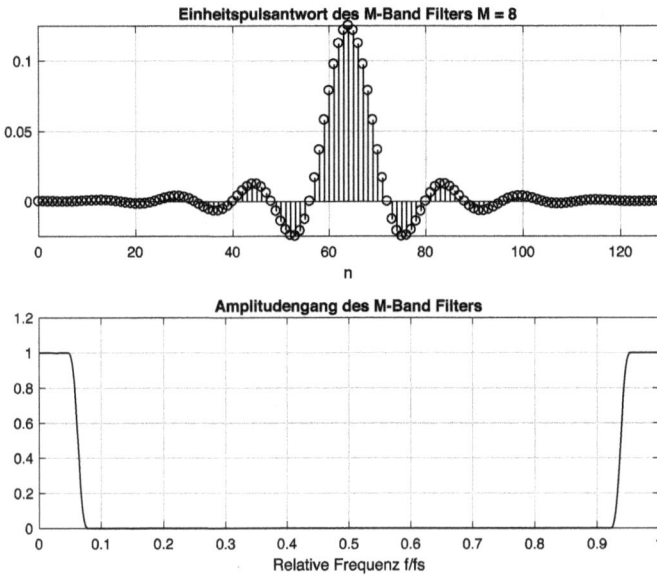

Abb. 3.53: Einheitspulsantwort und Amplitudengang des M-Bandfilters für $M = 8$ (M_band_FIR_1.m, M_band_FIR1.slx).

```
hd = design(f, 'kaiserwin');     % Struktur
h0 = hd.numerator;                % Koeffizienten des Filters
```

In Abb. 3.53 ist die Einheitspulsantwort und der Amplitudengang des Filters dargestellt. Die relative Durchlassfrequenz von $1/(2M) = 0{,}0625$ bei $0{,}5$ (-6 dB) des Amplitudengangs ist mit der Zoom-Funktion festzustellen. In der Einheitspulsantwort ist jeder achte Wert, gezählt vom Höchstwert bei Index 64, gleich null. Für das nichtkausale Filter entspricht Index 64 dem Index null.

Um die Gl. (3.38) zu überprüfen, muss man die Funktionen $H(e^{j(\omega - \frac{k\omega_s}{M})})$ mit $k = 0, 1, 2, \ldots, M - 1$ berechnen. Das wird im Skript mit folgenden Zeilen realisiert:

```
% ------- Die Filter der M Kanäle
hk = zeros(M,nord+1);   % Einheitspulsantworten
for k = 0:M-1
    hk(k+1,:) = h0.*exp(j*2*pi*(0:nord)*k/M);
end;
Hk = fft(hk.',nfft);    % Frequenzgänge
Ht = sum(abs(Hk),2);
```

Die Einheitspulsantwort h0 des M-Bandfilters wird mit den komplexen Schwingungen $e^{j2\pi mk/M}$ und $k = 0, 1, 2, \ldots, M - 1$, $n = 0, 1, 2, \ldots, N$ moduliert und man erhält die komplexen Einheitspulsantworten der M Kanäle in den Zeilen der Matrix hk. Es ist bekannt, dass die Multiplikation im Zeitbereich mit diesen komplexen Schwingungen zu

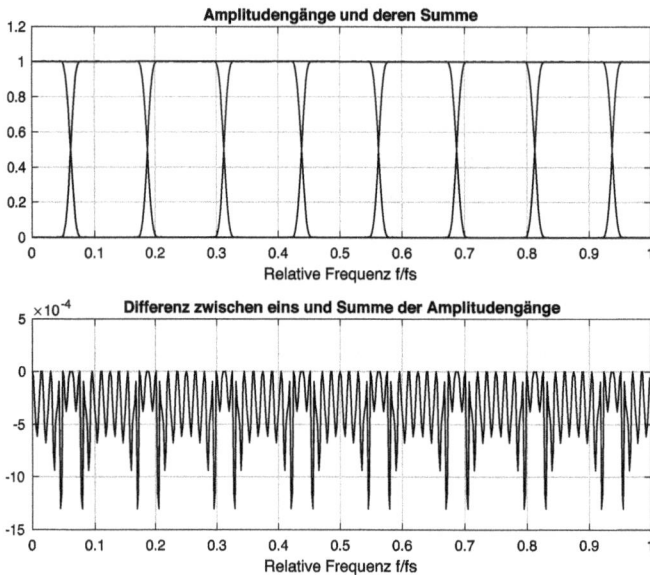

Abb. 3.54: Amplitudengänge der *M* Kanäle und deren Summe bzw. die Differenz der Summe zu eins (M_band_FIR_1.m, M_band_FIR1.slx).

einer Verschiebung im Frequenzbereich mit den Frequenzen $2\pi k/M$ führt. Mit N wurde hier die Ordnung des M-Bandfilters bezeichnet. Die entsprechenden Übertragungsfunktionen $H(e^{j2\pi f T_s - 2\pi k/M})$ werden mit der FFT-berechnet. Die MATLAB-Funktion **fft** berechnet die FFT entlang der Spalten und dadurch wird die Matrix hk transponiert. Mit dem Punkt wird die Konjugierung bei der Transponierung vermieden.

Danach wird die Summe der Amplitudengänge dieser Funktionen entlang der Zeilen (eingeleitet durch den 2-er) berechnet. Die Funktion **sum** ergibt ohne den 2-er die Summe entlang der Spalten. In Abb. 3.54 sind oben die Amplitudengänge der *M* Kanäle zusammen mit deren Summe, die idealerweise eins sein müsste. Darunter ist die Differenz zu eins der Summe als Fehler der M-Kanäle dargestellt.

Die Übertragungsfunktion oder der Frequenzgang der Summe der Kanäle wird aus den komplexen Frequenzgängen der Kanäle, die in den Spalten der Matrix Hk enthalten sind, mit

```
% ------- Übertragungsfunktion aller Kanäle
Htot = sum(Hk,2);
htot = ifft(Htot);
```

berechnet. Die Addition entlang der Zeilen wird mit den 2-er im Befehl **sum** initiiert. Aus der inversen FFT erhält man die Einheitspulsantwort der Summe der Kanäle in Form einer $\delta[n - N/2]$ Funktion bei $n = N/2$, wie in Abb. 3.55 dargestellt ist. Hier stellt N die Ordnung der Filter dar. Die Summe verhält sich wie ein Verzögerungsglied mit

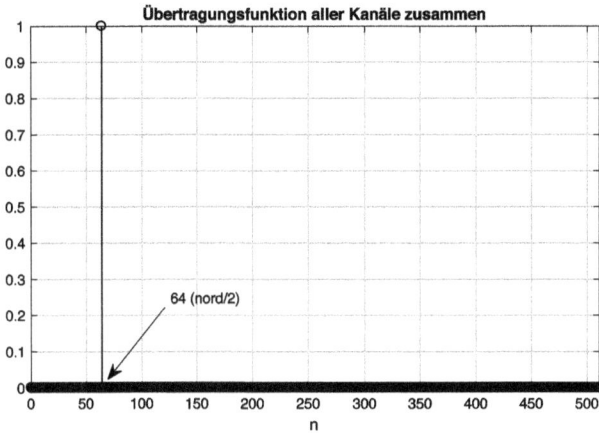

Abb. 3.55: Einheitspulsantwort der Summe der Kanäle (M_band_FIR_1.m, M_band_FIR1.slx).

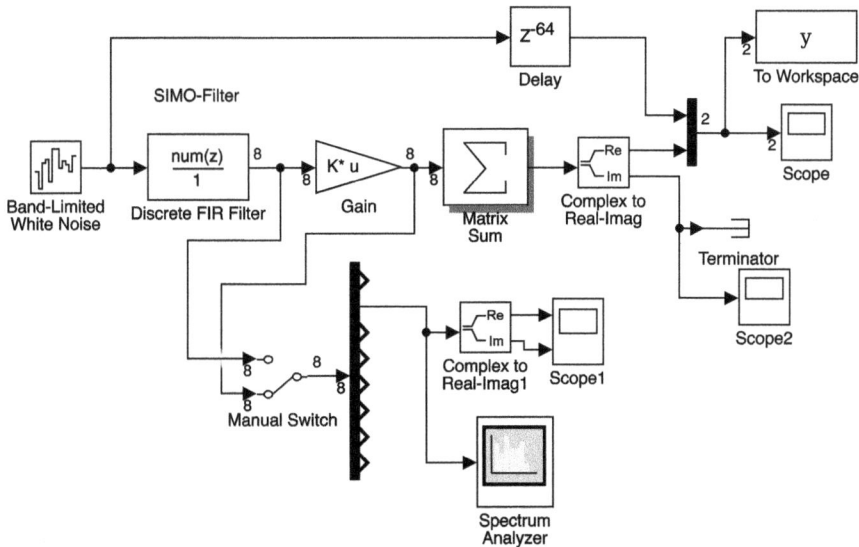

Abb. 3.56: Simulink-Modell der Untersuchung des M-Bandfilters (M_band_FIR_1.m, M_band_FIR1.slx).

Verzögerung gleich $N/2$. Der Betrag der Funktion Htot ist eins mit kleinen Abweichungen, wie in Abb. 3.54 dargestellt ist.

Mit dem Modell aus Abb. 3.56 wird die Übertragung über die Filterbank mit M-Bandfiltern untersucht. Das Eingangssignal ist ein Zufallssignal aus der Quelle *Band-Limited White Noise*. Die $M = 8$ Filter sind mit dem SIMO-Block *Discrete FIR Filter* implementiert. Der Block wird mit der Matrix hk, die in den Zeilen die komplexen Einheitspulsantworten enthält, initialisiert. Am Ausgang erhält man 8 komplexe Ausgänge, die den 8 Kanälen entsprechen.

Mit der Matrix K des Blocks *Gain* kann man die Ausgänge bestimmter Kanäle unterdrücken. Es muss immer die Symmetrie der Kanäle beachtet werden, um in der Summe reelle Werte zu erhalten. Mit K = eye(8,8) sind alle Kanäle durchgelassen. Um den zweiten Kanal zu unterdrücken, muss K(2,2) = 0 und K(8,8)=0 gewählt werden. Der zweite Kanal hat den Index k = 1 weil die Indizes der MATLAB Matrizen mit eins beginnen.

Die Summe der Ausgänge der Filter wird mit dem Block *Matrix Sum* erhalten. Wenn alles korrekt ist, muss diese Summe reell und nicht komplex sein. Das kann man mit dem Block *Scope2* überprüfen. Auf dem *Scope*-Block wird das verzögerte Eingangssignal mit der Summe der Ausgänge der Filter verglichen. Die Differenz ist sehr klein und die Standardabweichung, die im Skript nach der Simulation berechnet wird, ist ca. 1,2e–14, ein sehr kleiner Wert.

Das Spektrum und die Signale am Ausgang der Filter werden mit Hilfe des *Demux*-Blocks und der Blöcke *Spectrum Analyzer* bzw. *Scope1* verfolgt. Im Modell sind diese Blöcke an dem zweiten Kanal (k = 1) angeschlossen und wenn K = eye(8,8) ist, erhält man ein komplexes Signal und das nicht symmetrische Spektrum aus Abb. 3.57. Der zum k = 1 symmetrische Kanal ist der siebte Kanal (für k = 7), mit einer nicht symmetrischen spektralen Leistungsdichte, die in Abb. 3.58 dargestellt ist und vom *Spectrum Analyzer* gezeigt wird. Dafür wurde dieser an dem letzten Ausgang des *Demux*-Blocks angeschlossen. Am Block *Scope1* kann das entsprechende komplexe Signal beobachtet werden.

Die Signale des nullten (k = 0) und des vierten (k = 4) Kanals sind reell und zeigen das typische symmetrische Spektrum. In Abb. 3.59 ist die spektrale Leistungsdichte

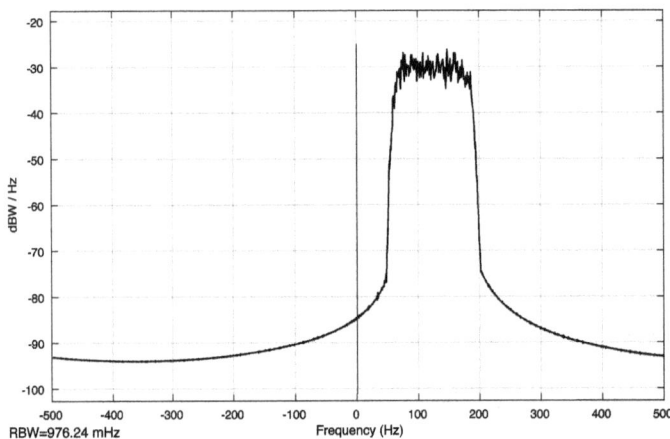

Abb. 3.57: Spektrale Leistungsdichte am Ausgang des Kanals mit k = 1 (M_band_FIR_1.m, M_band_FIR1.slx).

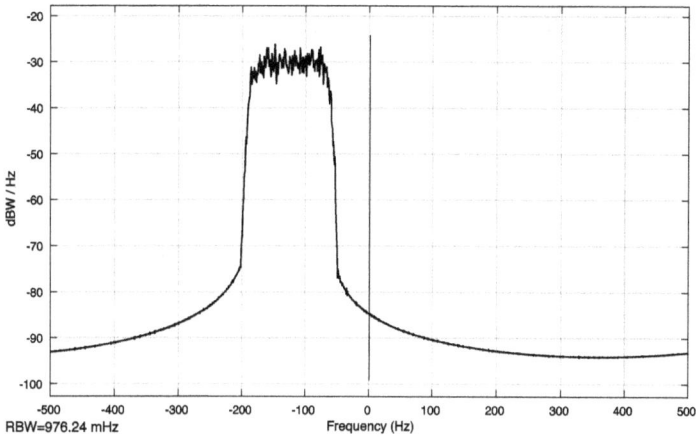

Abb. 3.58: Spektrale Leistungsdichte am Ausgang des Kanals mit $k = 7$ (M_band_FIR_1.m, M_band_FIR1.slx).

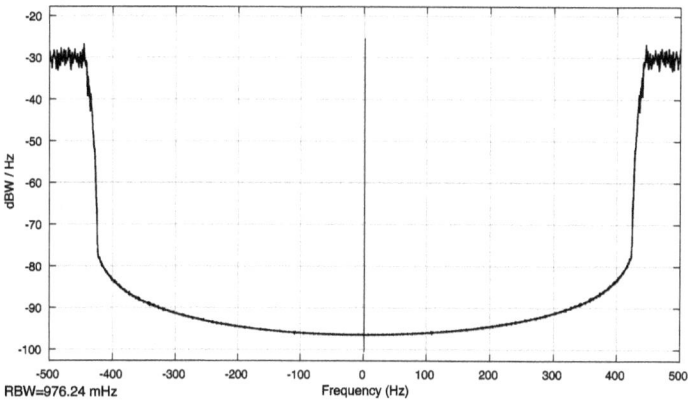

Abb. 3.59: Spektrale Leistungsdichte am Ausgang des Kanals mit $k = 4$ (M_band_FIR_1.m, M_band_FIR1.slx).

des vierten Kanals dargestellt. Dem Leser wird empfohlen alle Signale der Kanäle zu sichten, indem die genannten Blöcke der Reihe nach an den Ausgängen des *Demux*-Blocks angeschlossen werden. Das sollte man mit K = eye(8,8) machen und dann auch mit verschiedenen Werten für die Matrix K, die zur Unterdrückung einiger Kanäle dient.

Das Modell kann mit verschiedenen Eingangssignalen erweitert werden, wie z. B. mit einem bandbegrenzten Zufallssignal mit Anteilen in einigen Kanälen, die dann mit der Wahl der Matrix K unterdrückt werden können.

3.6 *Quadrature Mirror Filter* kurz QMF-Filter

Für ein beliebiges FIR-Tiefpassfilter der Einheitspulsantwort $h_0[n]$ und Ordnung N gibt es ein Spiegelfilter (*Mirror*-Filter), das durch

$$h_1[n] = (-1)^n h_0[n], \quad n = 0, 1, 2, \ldots, N \tag{3.39}$$

definiert ist. Der Faktor $(-1)^n = e^{j\pi n}$, $n = 0, 1, \ldots, N$ im Zeitbereich ergibt eine Verschiebung im Frequenzbereich von π:

$$H_1(e^{j\Omega}) = H_0(e^{j(\Omega-\pi)}) \quad \text{bzw.} \quad H_1(e^{j\omega T_s}) = H_0(e^{j(\omega-\omega_s/2)T_s}). \tag{3.40}$$

Im Bildbereich der z-Transformation ist die Übertragungsfunktion des *Mirror*-Filters durch

$$H_1(z) = H_0(-z) \tag{3.41}$$

gegeben. Die ungeraden Potenzen in

$$H_0(z) = h_0 + h_1 z^{-1} + h_2 z^{-2} + \cdots + h_{N-1} z^{-(N-1)} \tag{3.42}$$

erhalten in $H_1(z)$ ein zusätzliches negatives Vorzeichen.

Im Frequenzbereich durch Ändern der Variablen $\Omega \to \pi/2 - \Omega$ und der Tatsache dass der Betrag der Übertragungsfunktionen $|H_1(e^{j\Omega})|$ und $|H_0(e^{j\Omega})|$ gerade Funktionen von Ω sind, erhält man folgende Eigenschaft:

$$\left| H_1(e^{j(\pi/2-\Omega)}) \right| = \left| H_0(e^{j(\pi/2+\Omega)}) \right|. \tag{3.43}$$

Diese zeigt, dass die Spiegelung von $H_0(e^{j\Omega})$ und $H_1(e^{j\Omega})$ um die Frequenz $\Omega = \pi/2$ gleich ist. Für Frequenzen $\omega = \Omega/T_s$ ist die Spiegelung bei $\omega_s/4 = 2\pi f_s/4$. In relativen Frequenzen ist diese Frequenz gleich $f/f_s = 1/4 = 0{,}25$. Daher kommt auch die Bezeichnung als *Quadrature Mirror Filter*.

Wenn zusätzlich das Filterpaar $H_0(z)$, $H_1(z)$ so ist, dass

$$\left| H_0(e^{j(\Omega)}) \right|^2 + \left| H_1(e^{j\Omega}) \right|^2 = 1 \tag{3.44}$$

gilt, spricht man von Leistungskomplimentärfilter. Die Erweiterung für M-Bandfilter ist:

$$\sum_{k=0}^{M-1} \left| H_k(e^{j\Omega}) \right|^2 = 1. \tag{3.45}$$

Die QMF-Filter werden z. B. in dem zweikanal Subband-Codierer eingesetzt [25].

3.6.1 Experiment: Untersuchung von QMF-Filtern

Die Untersuchung wird mit dem Skript QMF_1.m durchgeführt. Zuerst werden die Filter $h_0[n]$, $h_1[n]$ berechnet:

```
% ------- Prototyp FIR-TP und Mirror Filter
nord = 17;     % Ordnung des Filters
fr = 0.25;     % Relative Durchlassfrequenz
h0 = fir1(nord, 2*fr);
               % Einheitspulsantwort des Tiefpassfilters
h1 = h0.*(-1).^(0:nord);% Mirror Filter
```

Es wurde eine relative Durchlassfrequenz von 0,25 gewählt. Sie kann aber beliebig geändert werden. In Abb. 3.60 sind die Einheitspulsantworten und die Amplitudengänge der zwei Filter dargestellt. Die vertikalen Linien in der Darstellung der Amplitudengänge kennzeichnen die relative Frequenz von 0,25 wo die Spiegelung stattfindet.

In Abb. 3.61 sind nochmals die Amplitudengänge der zwei Filter für eine relative Spiegelungsfrequenz des FIR-Tiefpassfilters von 0,25 und die Summe der Amplitudengänge dargestellt. Wie man sieht ist das gewählte Filter nur annähernd ein Leistungskomplimentärfilter.

Die Symmetrie der Amplitudengänge der zwei Filter wird im Skript durch folgende Zeilen überprüft:

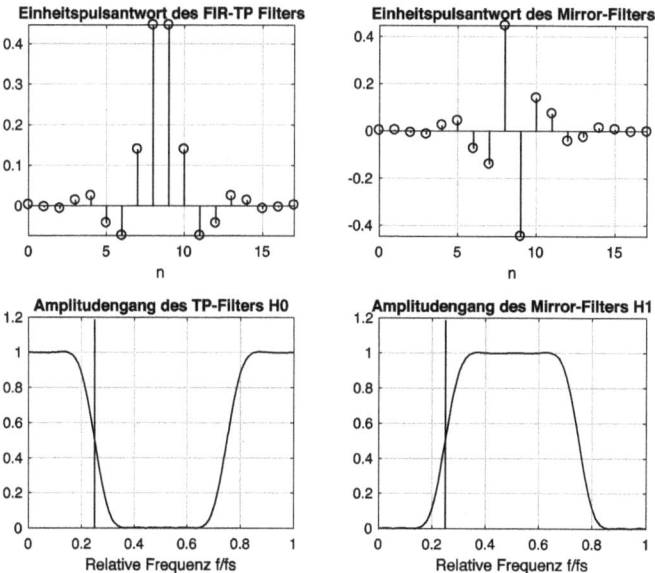

Abb. 3.60: Einheitspulsantworten und Amplitudengänge der zwei Filter $h_0[n]$, $h_1[n]$ mit Ordnung 17 und relative Durchlassfrequenz 0,25 (QMF_1.m).

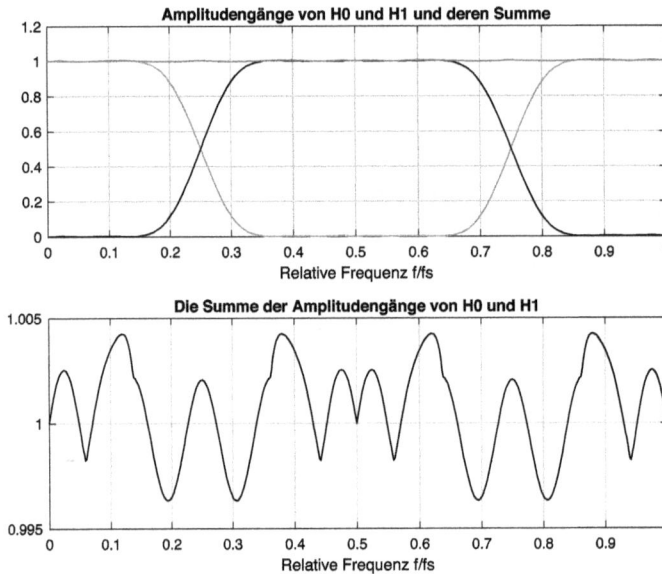

Abb. 3.61: Amplitudengänge der zwei Filter $h_0[n]$, $h_1[n]$ mit Ordnung 17 und relative Durchlassfrequenz 0,25 und die Summe der Amplitudengänge (QMF_1.m).

```
% ------- Überprüfung der Symmetrie relativ zu fs/4
abs(H0(nfft/4+1-20)),
abs(H1(nfft/4+1+20)),
```

Die Frequenzgänge der Filter werden mit der FFT und mit nfft Stützstellen berechnet. Somit ist die Frequenz $\omega_s/4$ (oder $f_s/4$) bei Stützstelle nfft/4+1. Es kann jetzt die Symmetrie um diese Frequenz mit beliebigen Abweichungen, hier 20 nach links für $|H_0|$ und 20 nach rechts für $|H_1|$, überprüft werden.

3.7 Zweikanal-Filterbänke

Die Untersuchung der Zweikanal-Filterbänke ist für die Subbandcodierung ein wichtiger Ausgangspunkt. Die Subbandfilter sollen ein Signal in Frequenzbänder zerlegen, um danach die vergebenen Bits der Codierung abhängig von der Energie in diesen Bändern zu wählen.

In diesem Abschnitt werden die Bedingungen für die perfekte Rekonstruktion in Zweikanal-Filterbänken hergeleitet [21]. Der Zweikanalfall kann dann weiter für M-Band Strukturen durch einen binären, hierarchischen Baum erweitert werden.

Die Zweikanal-Filterbank ist in Abb. 3.62 dargestellt. Das Spektrum des Eingangssignals $X(e^{j\Omega})$, $0 \le \Omega \le \pi$ (das erste Nyquist-Intervall) ist in zwei Subbänder zerlegt.

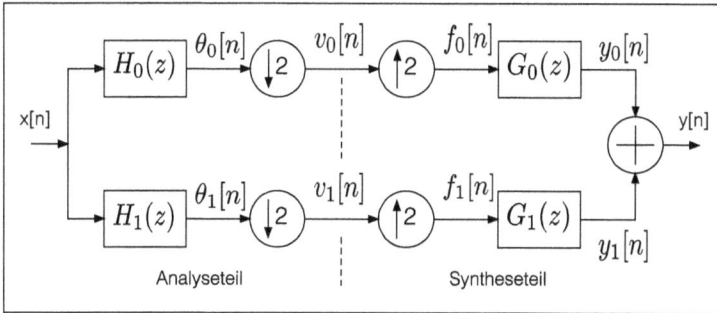

Abb. 3.62: Zweikanal-Filterbank.

Die Analysefilter $H_0(z)$ und $H_1(z)$ zerlegen das Spektrum des Eingangssignals in zwei gleiche Bänder. Es entsteht so die Möglichkeit die Ausgangssignale $\theta_0[n]$, $\theta_1[n]$ dieser Filter mit Faktor zwei zu dezimieren, um die Signale $v_0[n]$, $v_1[n]$ des Analyseteils der Filterbank zu erhalten.

In einem Subbandcodierer werden diese Signale quantisiert, codiert und zum Empfänger übertragen. Hier werden ideale Operationen angenommen, ohne Codierungs- und Übertragungsfehler, so dass $v_0[n]$, $v_1[n]$ beim Empfänger ankommen. Dann werden sie zuerst über Aufwärtstaster zu den Signalen $f_0[n]$, $f_1[n]$ führen. Mit Hilfe der Interpolationsfilter $G_0(z)$, $G_1(z)$ erhält man die Signale $y_0[n]$, $y_1[n]$, deren Summe den Ausgang der Zweikanal-Filterbank darstellt.

Es werden weiter die Bedingungen für eine perfekte Rekonstruktion (kurz PR) mit FIR-QMF Filtern nach [21] untersucht. Entsprechend der Abb. 3.62 erhält man folgende Übertragungsfunktionen:

$$\Theta_0(z) = H_0(z)X(z)$$
$$Y_0(z) = H_1(z)F_0(z) \,.$$
(3.46)

Weiter gemäß Gl. (2.14) und Gl. (2.26) sind die z-Transformierten $V_0(z)$, $F_0(z)$ durch

$$V_0(z) = \frac{1}{2}[\Theta_0(z^{1/2}) + \Theta_0(-z^{1/2})]$$
$$F_0(z) = V_0(z^2)$$
(3.47)

gegeben. Ähnlich ergeben sich die Variablen $V_1(z)$, $F_1(z)$:

$$V_1(z) = \frac{1}{2}[\Theta_1(z^{1/2}) + \Theta_1(-z^{1/2}]$$
$$F_1(z) = V_1(z^2) \,.$$
(3.48)

Durch das Kombinieren dieser Gleichungen erhält man für die Ausgänge der Kanäle:

$$Y_0(z) = \frac{1}{2}G_0(z)[H_0(z)X(z) + H_0(-z)X(-z)]$$
$$Y_1(z) = \frac{1}{2}G_1(z)[H_1(z)X(z) + H_1(-z)X(-z)] \,.$$
(3.49)

Die z-Transformation der Summe der Ausgänge wird:

$$
\begin{aligned}
Y(z) &= \frac{1}{2}[H_0(z)G_0(z) + H_1(z)G_1(z)]X(z) + \frac{1}{2}[H_0(-z)G_0(z) + H_1(-z)G_1(z)]X(-z) \\
&= T(z)X(z) + S(z)X(-z).
\end{aligned}
\tag{3.50}
$$

Für die perfekte Rekonstruktion muss der Term $S(z)$, der das *Aliasing* widerspiegelt, gleich null sein. *Aliasing* entsteht, weil die Filter nicht ideal sind und die Amplitudengänge überschneiden sich. Die Bedingung $S(z) = 0$ führt auf die Forderung:

$$
\frac{G_0(z)}{G_1(z)} = -\frac{H_1(-z)}{H_0(-z)}.
\tag{3.51}
$$

Das kann erreicht werden, wenn:

$$
\begin{aligned}
G_0(z) &= -H_1(-z) \\
G_1(z) &= H_0(-z).
\end{aligned}
\tag{3.52}
$$

Nach dieser ersten Wahl der Synthesefilter bleibt:

$$
Y(z) = T(z)X(z) = \frac{1}{2}[H_0(-z)H_1(z) - H_0(z)H_1(-z)]X(z).
\tag{3.53}
$$

Für $T(z)$ wählt man jetzt die Form $T(z) = cz^{-n_0}$, eine Verzögerung mit n_0 Abtastintervallen und eine Verstärkung c, die dann eine perfekte Rekonstruktion mit Verzögerung darstellt. Hier gibt es mehrere Lösungen für die Wahl der Filter, wie z. B. die *FIR parauunitary*-Lösung mit $H_0(z)$, $H_1(z)$ als FIR-Filter mit N Koeffizienten, wobei N eine gerade Zahl ist (ungerade Ordnung gleich $N - 1$) [21]. Das Hochpassfilter $H_1(z)$ wird aus $H_0(z)$ mit

$$
H_1(z) = z^{-(N-1)}H_0(-z^{-1})
\tag{3.54}
$$

gewählt. Wenn z. B. die Funktion $H_0(z)$ gleich mit

$$
H_0(z) = h_0 + h_1 z^{-1} + h_2 z^{-2} + h_3 z^{-3} + h_4 z^{-4} + h_5 z^{-5} \quad (N = 6)
\tag{3.55}
$$

ist, dann ist $H_0(-z^{-1})$ durch

$$
H_0(-z^{-1}) = h_0 - h_1 z^1 + h_2 z^2 - h_3 z^3 + h_4 z^4 - h_5 z^5
\tag{3.56}
$$

gegeben. Schließlich wird $z^{-5}H_0(-z^{-1})$:

$$
z^{-5}H_0(-z^{-1}) = h_5 - h_4 z^{-1} + h_3 z^{-2} - h_2 z^{-3} + h_1 z^{-4} - h_0 z^{-5}.
\tag{3.57}
$$

Die Koeffizienten des Filters $H_0(z)$ für ungerade Potenzen von z erhalten ein Minusvorzeichen und werden danach gedreht, so dass der ursprüngliche letzte Koeffizient jetzt der Erste ist. In MATLAB wird diese Operation wie folgt erhalten:

```
h1 = fliplr((-1).^(0:(N-1)).*h0)
```

Im Vektor h0 sind die N Koeffizienten des Tiefpassfilters enthalten und man erhält den Vektor h1 mit N Koeffizienten des Hochpassfilters.

Mit der Wahl für $H_1(z)$ gemäß Gl. (3.54) und mit

$$H_1(-z) = -z^{-(N-1)}H_0(z^{-1}) \tag{3.58}$$

wird der Term $T(z)$, der die Verzerrung der Filterbank ergibt, gleich mit:

$$T(z) = \frac{1}{2}z^{-(N-1)}[H_0(z)H_0(z^{-1}) + H_0(-z)H_0(-z^{-1})]. \tag{3.59}$$

Die Bedingung der perfekten Rekonstruktion $T(z) = cz^{-n_0}$ reduziert sich zur Findung eines Filters $H(z) = H_0(z)$, so dass

$$Q(z) = H(z)H(z^{-1}) + H(-z)H(-z^{-1}) = \text{Konstante} \tag{3.60}$$

erfüllt ist.

Mit

$$Q(z) = R_0(z) + R_0(-z) \quad \text{wobei}$$
$$R_0(z) = H_0(z)H_0(z^{-1}) = H(z)H(z^{-1}) \tag{3.61}$$

wird die Funktion $R_0(z)$ eingeführt.

Wenn $H(z)$ gleich mit

$$H(z) = h_0 + h_1 z^{-1} + h_2 z^{-2} + h_3 z^{-3} + \cdots + h_{N-1} z^{-(N-1)} \tag{3.62}$$

ist und $H(z^{-1})$ gleich mit

$$H(z^{-1}) = h_0 + h_1 z^1 + h_2 z^2 + h_3 z^3 + \cdots + h_{N-1} z^{(N-1)} \tag{3.63}$$

ist, dann erhält man für $R_0(z)$ und $R_0(-z)$ folgende Formen:

$$R_0(z) = y_{N-1} z^{N-1} + y_{N-2} z^{N-2} + \cdots + y_0 z^0 + y_1 z^{-1} + \cdots + y_{N-1} z^{-(N-1)}$$
$$R_0(-z) = -y_{N-1} z^{N-1} + y_{N-2} z^{N-2} - \cdots + y_0 z^0 - y_1 z^{-1} + \cdots - y_{N-1} z^{-(N-1)}. \tag{3.64}$$

Die Summe führt dazu, dass $Q(z)$ nur die geraden Potenzen von z enthält. Um $Q(z) = \text{Konstante}$ zu erhalten, muss man alle geraden Koeffizienten in $R_0(z)$ mit Ausnahme von y_0 null machen. Die Koeffizienten in $R_0(z)$ sind die Werte der Autokorrelationsfunktion $\rho[n]$ definiert durch:

$$\rho[n] = \sum_{k=0}^{N-1} h[k]h[k+n] = \rho[-n]. \tag{3.65}$$

Die gezeigte Bedingung bezüglich der geraden Koeffizienten von $Q(z)$ ist somit:

$$\rho[2n] = \sum_{k=0}^{N-1} h[k]h[k+2n] = 0, \quad n \neq 0. \tag{3.66}$$

Wenn man die Normierung

$$\sum_{k=0}^{N-1} |h[k]|^2 = 1 \tag{3.67}$$

erzwingt, dann ist die Bedingung für die perfekte Rekonstruktion im Zeitbereich:

$$\rho[2n] = \sum_{k=0}^{N-1} h[k]h[k+2n] = \delta[n]. \tag{3.68}$$

Diese Bedingung ist dieselbe wie für ein Halbband-Filter oder Nyquist-Filter (siehe auch Gl. (3.34)). Die Funktion $R_0(z) = H(z)H(z^{-1})$ muss somit auch die Bedingung

$$R_0(e^{j\Omega}) + R_0(e^{j(\Omega-\pi)}) = |H(e^{j\Omega})|^2 + |H(e^{j(\Omega-\pi)})|^2 = 1 \tag{3.69}$$

erfüllen.

Das Tiefpass- und Hochpassfilter $H_0(z)$ und $H_1(z)$ sind ebenfalls Leistungskomplimentär:

$$|H_0(e^{j\Omega})|^2 + |H_1(e^{j\Omega})|^2 = 1. \tag{3.70}$$

3.7.1 Erste Möglichkeit die Filter zu ermitteln

Aus einem Halbband-Filter $R_0(z) = H(z)H(z^{-1})$ der Ordnung $2N-1$, mit N eine gerade Zahl, erhält man durch Faktorisierung das FIR-Tiefpassfilter $H_0(z) = H(z)$ und daraus die restlichen Filter:

$$\begin{aligned} H_1(z) &= z^{-(N-1)}H_0(-z^{-1}) \\ G_0(z) &= -H_1(-z) = z^{-(N-1)}H_0(z^{-1}) \\ G_1(z) &= H_0(-z). \end{aligned} \tag{3.71}$$

Nach den vielen z-Transformationen, deren Entschlüsselung eine gute Übung für den Leser darstellt, sind jetzt zusammenfassend in Abb. 3.63 die Beziehungen zwischen den Koeffizienten der vier Filter für ein Filter $H_0(z) = a + bz^{-1} + cz^{-2} + dz^{-3}$ skizziert.

Als Beispiel für die Filter, die aus einer Faktorisierung $R_0(z) = H(z)H(z^{-1}) = H_0(z)H_0(z^{-1})$ resultieren, werden die D_4 Daubechies-Filter [29] gezeigt, die in

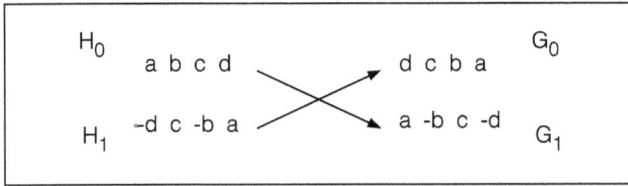

Abb. 3.63: Die Beziehungen zwischen den Koeffizienten der vier Filter für die erste Möglichkeit die Filter zu berechnen.

MATLAB mit 'db2' bezeichnet werden:

$$H_0(z) = \frac{1}{4\sqrt{2}}(1+z^{-1})((1+\sqrt{3})+(1-\sqrt{3})z^{-1})$$

$$H_1(z) = z^{-3}H_0(-z^{-1})$$

$$G_0(z) = -H_1(-z)$$

$$G_1(z) = H_0(-z). \tag{3.72}$$

Man erhält diese Filter mit der Funktion **wfilters('db2')**:

```
[H0,H1,G0,G1] = wfilters('db2')
H0 =  -0.1294    0.2241    0.8365    0.4830
H1 =  -0.4830    0.8365   -0.2241   -0.1294
G0 =   0.4830    0.8365    0.2241   -0.1294
G1 =  -0.1294   -0.2241    0.8365   -0.4830
```

Hier ist die Verstärkung von 2 auf die zwei Filter der Kanäle verteilt. Die Summe der Koeffizienten von H_0 bzw. G_0 ist jetzt $\sqrt{2}$.

Für das gezeigte Filter $H_0(z)$ kann festgestellt werden, dass

$$R_0(z) = H_0(z)H_0(z^{-1})$$

ein Halbband-Filter ist. Das Produkt der z-Transformierten ist im Zeitbereich eine Faltung zwischen $h_0[n]$ und $g_0[n]$, weil $H_0(z^{-1})$ durch $G_0(z)$ auszudrücken ist:

$$H_0(z^{-1}) = -H_1(-z)z^{(N-1)} = G_0(z)z^{(N-1)}. \tag{3.73}$$

Der zusätzliche Faktor $z^{(N-1)}$ verwandelt die kausale Übertragungsfunktion in eine nichtkausale Übertragungsfunktion. Die Faltung in MATLAB wird durch

```
>> conv(h0,g0)
ans =  -0.0625   0.0000   0.5625   1.0000   0.5625
        0.0000  -0.0625
```

berechnet. Nach der Multiplikation mit $z^{(N-1)} = z^3$ wird der Wert eins bei $n = 0$ versetzt und die Einheitspulsantwort entspricht einem nichtkausalen Halbband-Filter mit jedem zweiten Wert gleich null.

Wenn die Filteroperationen mit Hilfe von Matrizen (unendliche Matrizen) dargestellt werden [29], kann die Theorie der linearen Algebra angewandt werden und über die Eigenschaften der Matrizen auf die Eigenschaften der Filter kommen. Bei dieser Faktorisierung wird für die Filter eine Orthogonalität bezüglich gerader Verzögerung erhalten, die in der Gl. (3.68) ausgedrückt ist. Sie kann auch wie folgt geschrieben werden:

$$\sum_{k=0}^{N-1} h_0[k]h_0[k-2n] = \delta[n]. \qquad (3.74)$$

In dieser Gleichung sind $h_0[k]$ die Koeffizienten des Filters $H(z) = H_0(z)$. Weil die restlichen Filter aus diesem Tiefpassfilter hervorgehen, sind auch für diese ähnliche Bedingungen vorhanden:

$$\sum_{k=0}^{N-1} h_0[k]h_1[k-2n] = 0 \quad \text{und} \quad \sum_{k=0}^{N-1} h_1[k]h_1[k-2n] = \delta[n]. \qquad (3.75)$$

Für das D_4 oben gezeigte Filtersystem sind diese Orthogonalitäten leicht mit folgenden Skalarprodukten zu überprüfen:

```
>> h0*h0'      % n = 0
ans =  1.0000
>> h1*h1'      % n = 0
ans =  1.0000
>> h0*h1'      % n = 0
ans =  0
>> [h0,0,0]*[0,0,h0]'      % n = 1
ans =  2.8702e-13
>> [h0,0,0]*[0,0,h1]'      % n = 1
ans =  0
>> [h1,0,0]*[0,0,h1]'      % n = 1
ans =  2.8702e-13
```

Diese Bedingungen der Orthogonalität zeigen auch, dass die Länge der Filter N eine gerade Zahl sein muss. Ein Filter $H_0(z)$ mit fünf Koeffizienten würde bei einer Verzögerung gleich $2n = 4$ das Skalarprodukt $[h0,0,0,0,0]*[0,0,0,0,h0]'$ nicht mehr null ergeben.

3.7.2 Zweite Möglichkeit die Filter zu ermitteln

Es gibt auch andere Möglichkeiten die vier Filter zu wählen. So wird in [29] das Minuszeichen in den Gleichungen (3.52), die die Bedingung zur *Aliasing*-Unterdrückung darstellen, anders vergeben:

$$G_0(z) = H_1(-z) \quad \text{oder} \quad H_1(z) = G_0(-z)$$
$$G_1(z) = -H_0(-z).$$

(3.76)

Mit ähnlichen Überlegungen kommt man danach zur Schlussfolgerung, dass das Produkt

$$P_0(z) = H_0(z)G_0(z)$$

(3.77)

ein Halbband-Filter sein muss und für die perfekte Rekonstruktion muss zusätzlich:

$$P_0(z) - P_0(-z) = 2z^l.$$

(3.78)

Hier spielt $P_0(z)$ die Rolle von $R_0(z)$ aus dem vorherigen Abschnitt.

Durch Faktorisierung von $P_0(z)$ erhält man die Übertragungsfunktionen $H_0(z)$ und $G_0(z)$, die nicht mehr gleich lang sein müssen. Danach wird aus $H_0(z)$ mit Hilfe einer der Gl. (3.76) die Übertragungsfunktion $G_1(z) = -H_0(-z)$ ermittelt und aus der Funktion $G_0(z)$ wird mit der anderen Gl. (3.76) die Übertragungsfunktion $H_1(z) = G_0(-z)$ berechnet. In Abb. 3.64 sind die Beziehungen zwischen den vier Filtern für diese Wahl zusammenfassend dargestellt.

Ein Beispiel nach [29] soll exemplarisch die Vorgehensweise dokumentieren. Eine Lösung für $P_0(z)$, die als *Maxflat Product* bekannt ist, geht von folgender Form aus:

$$P_0(z) = \frac{1}{16}(1 + z^{-1})^4 Q(z).$$

(3.79)

Der Faktor $(1+z^{-1})^4$ stellt eine Tiefpassfunktion mit Nullstellen bei $z = -1$ dar. Der Leser kann ein kleines MATLAB-Skript schreiben und die Amplitudengänge der Faktoren $(1 + z^{-1})^n$, $n = 1, 2, 3, 4$ ermitteln und darstellen.

$$\begin{aligned}
(1 + z^{-1})^1 &= 1 + z^{-1} \\
(1 + z^{-1})^2 &= 1 + 2z^{-1} + z^{-2} \\
(1 + z^{-1})^3 &= 1 + 3z^{-1} + 3z^{-2} + z^{-1} \\
(1 + z^{-1})^4 &= 1 + 4z^{-1} + 6z^{-2} + 4z^{-3} + z^{-4}.
\end{aligned}$$

(3.80)

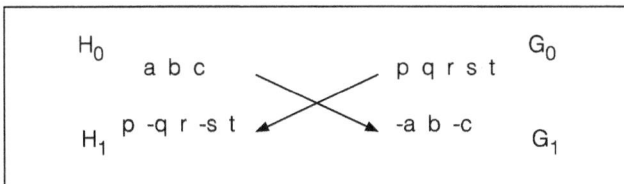

Abb. 3.64: Die Beziehungen zwischen den Koeffizienten der vier Filter für die zweite Möglichkeit die Filter zu berechnen.

Wenn man den Übergang zu null bei $\Omega = \pi$ oder $\omega = \omega_s/2$ beobachtet, versteht man die gezeigte Bezeichnung *Maxflat Product*.

Der Faktor $Q(z)$ muss die Eigenschaft Halbband-Filter für $P_0(z)$ ergeben. Mit z. B.

$$Q(z) = -1 + 4z^{-1} - z^{-2} \tag{3.81}$$

erhält man

$$P_0(z) = \frac{1}{16}(1 + z^{-1})^4 Q(z) = \frac{1}{16}(-1 + 9z^{-2} + 16z^{-3} + 9z^{-4} - z^{-6}) \tag{3.82}$$

ein Halbband-Filter.

Die Bedingung gemäß Gl. (3.78)

$$P_0(z) - P_0(-z) = 2z^{-3} \quad l = 3 \tag{3.83}$$

ist somit erfüllt.

Die Faktorisierung von $P_0(z) = H_0(z)G_0(z)$ kann in vielen Arten stattfinden. Als Beispiel kann

$$H_0(z) = \frac{1}{8}(-1 + 2z^{-1} + 6z^{-2} + 2z^{-3} - z^{-4})$$
$$G_0(z) = \frac{1}{2}(1 + z^{-1})^2 = \frac{1}{2}(1 + 2z^{-1} + z^{-2}) \tag{3.84}$$

genommen werden. Das Filter $H_0(z)$ wurde durch $H_0(z) = P_0(z)/(1 + z^{-1})^2$ erhalten und die Normierung mit 1/8 ergibt eine Verstärkung gleich eins. Die Normierung mit 1/2 für $G_0(z)$ ergibt den Wert 2 aus der Bedingung für die perfekte Rekonstruktion. Die Filterbank hat jetzt Filter der Länge 5 und 3 und wird mit Bank 5/3 bezeichnet.

Die anderen zwei Filter sind leicht zu bestimmen. Aus $H_1(z) = G_0(-z)$ erhält man:

$$H_1(z) = G_0(-z) = \frac{1}{2}(1 - 2z^{-1} + z^{-2}) \tag{3.85}$$

und aus $G_1(z) = -H_0(-z)$ ergibt sich:

$$G_1(z) = -H_0(-z) = \frac{1}{8}(1 + 2z^{-1} - 6z^{-2} + 2z^{-3} + z^{-4}). \tag{3.86}$$

Die Werte der Übertragungsfunktionen für $\Omega = 0$ (oder $\omega = 0$) und $\Omega = \pi$ (oder $\omega = \omega_s/2$) sind einfach zu ermitteln. Mit $z = e^{j0} = 1$ erhält man den Wert für $\Omega = 0$ und mit $z = e^{j\pi} = -1$ ergibt sich der Wert für $\Omega = \pi$:

$$
\begin{aligned}
H_0(z)|_{z=1} &= 1 \quad \text{und} \quad G_0(z)|_{z=1} = 2 \\
H_0(z)|_{z=-1} &= 0 \quad \text{und} \quad G_0(z)|_{z=-1} = 0 \\
H_1(z)|_{z=1} &= 0 \quad \text{und} \quad G_1(z)|_{z=1} = 0 \\
H_1(z)|_{z=-1} &= 2 \quad \text{und} \quad G_1(z)|_{z=-1} = -1.
\end{aligned} \tag{3.87}
$$

In jedem Kanal entsteht eine Verstärkung von 2, einmal bei $\Omega = 0$ oder $\omega = 0$ für die Tiefpassfilter $H_0(z)$, $G_0(z)$ und einmal bei den Hochpassfiltern $H_1(z)$, $G_1(z)$ für $\Omega = \pi$ oder $\omega = \omega_s/2$. Dieser Faktor ist notwendig wegen den Aufwärtstaster und der Interpolierung mit Faktor zwei. Man kann die Verstärkung von 2 auf die jeweiligen Filter der Kanäle mit je einem Faktor $\sqrt{2}$ verteilen.

Auch in diesem Fall gibt es Orthogonalitäten, hier bezeichnet mit Biorthogonalitäten [29]:

$$\sum_{k=0}^{N-1} h0[k]g0[k - 2n] = \delta[n] \quad \text{und} \quad \sum_{k=0}^{N-1} h1[k]g1[k - 2n] = \delta[n] \,. \tag{3.88}$$

So z. B. wird mit

```
>> [h0]*[0,g0,0]'    % n = 0
ans =    1
```

die erste Summe für $n = 0$ berechnet. Die Einheitspulsantwort des Filters $G_0(z)$ wird symmetrisch auf die Länge der Einheitspulsantwort des Filters $H_0(z)$ gebracht. Für $n = 1$ erhält man dann:

```
>> [h0,0,0]*[0,0,[0,g0,0]]'    % n = 1
ans =    0
```

Diese Filter sind in MATLAB mit der Bezeichnung Biorthogonal 'bior2.2' bekannt. Mit dem Aufruf **wfilters('bior2.2')** werden sie erhalten. Allerdings wird die Verstärkung von zwei auf die Filter der Kanäle verteilt:

$$H_0(z) = \sqrt{2}\frac{1}{8}(-1 + 2z^{-1} + 6z^{-2} + 2z^{-3} - z^{-4})$$

$$G_0(z) = \sqrt{2}\frac{1}{4}(1 + 2z^{-1} + z^{-2})$$

$$H_1(z) = \sqrt{2}\frac{1}{4}(1 - 2z^{-1} + z^{-2})$$

$$G_1(z) = \sqrt{2}\frac{1}{8}(1 + 2z^{-1} - 6z^{-2} + 2z^{-3} + z^{-4}) \,. \tag{3.89}$$

Mit Nullwerten werden die Filter zu gleichen Längen gebracht:

```
>> [h0, h1, g0, g1] = wfilters('bior2.2')
h0 = 0   -0.1768    0.3536    1.0607    0.3536   -0.1768
h1 = 0    0.3536   -0.7071    0.3536         0         0
g0 = 0    0.3536    0.7071    0.3536         0         0
g1 = 0    0.1768    0.3536   -1.0607    0.3536    0.1768
```

Die gezeigten Bedingungen der Biorthogonalität sind gültig nur wenn man die Länge symmetrisch erweitert. Die Faltung **conv(h0,g0)** stellt die Einheitspulsantwort des Halbband-Filters $P_0(z) = H_0(z)G_0(z)$ dar:

```
>> conv(h0,g0)
ans =  -0.0625   0   0.5625   1.0000   0.5625   0   -0.0625
```

Jeder zweite Wert ausgehend von der Stelle des Wertes eins ist null.

Die Filter h_0, g_0 bzw. h_1, g_1 entsprechen biortogonalen Skalierung- bzw. biorthogonalen Waveletfunktionen und können jetzt symmetrisch sein.

3.7.3 Experiment: Simulation von Filterbänken mit zwei Kanälen

Es wird eine Filterbank mit zwei Kanälen simuliert, wobei verschiedene Filter eingesetzt werden. Im Skript zwei_kanal_1.m werden die Parameter initialisiert und mit dem Modell zwei_kanal1.slx wird die Untersuchung durchgeführt. Das Modell ist in Abb. 3.65 dargestellt. Man erkennt die Struktur gemäß Abb. 3.62.

Als Eingangssignal wird ein Zufallssignal aus dem Block *Band-Limited White Noise* eingesetzt. Die vier Filter sind mit den Blöcken *Discrete FIR Filter, Discrete FIR Filter1, ..., Discrete FIR Filter3* nachgebildet. Die Koeffizienten dieser FIR-Filter werden mit den Vektoren h0, h1, g0, g1 initialisiert.

Mit der Variablen filt kann man im Skript verschiedene Filter wählen:

```
% ------- Allgemeine Parameter
fs = 1000;     Ts = 1/fs;   % Abtastfrequenz und Abtastperiode
filt = 1,
switch filt
  case 1
% Filter gemäß zweiter Möglichkeit (MATLAB-Filter 'bior2.2')
    h0 = sqrt(2)*[-1 2 6 2 -1]/8;
    g0 = sqrt(2)*[1 2 1]/4;
    h1 = g0.*(-1).^(0:2);
    g1 = - h0.*(-1).^(0:4);
    delay = 3;
```

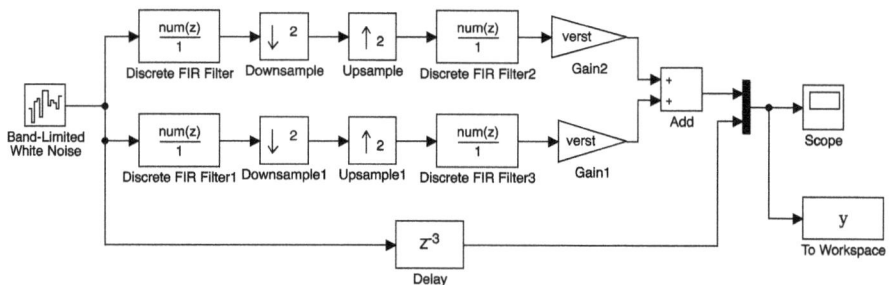

Abb. 3.65: Modell der Filterbank mit zwei Kanälen (zwei_kanal_1.m, zwei_kanal_1.slx).

```
        verst = 1;
        ampl = 2;
    case 2    % Daubechies Filter (gemäß erste Möglichkeit)
        [h0, h1, g0, g1] = wfilters('db2');
        delay = 3;
        verst = 1;
        ampl = 2.2;
......
```

Als Beispiel mit filt = 1 werden Filter gemäß zweiter Möglichkeit gewählt. Die Filter entsprechen dem Beispiel für diese Möglichkeit, die in Gl. (3.84) bis Gl. (3.86) dargestellt ist. Die Verstärkung von zwei ist auf die jeweiligen Filter der Kanäle verteilt.

In Abb. 3.66 sind die Amplitudengänge der Analysefilter $H_0(z)$ und $H_1(z)$ dargestellt. Man erkennt die Verteilung des Faktors zwei auf die Filter. Beim Tiefpassfilter ist der Wert $\sqrt{2}$ bei Frequenz $\omega = 0$ und beim Hochpassfilter ist derselbe Wert bei $\omega = \omega_s/2$.

Das Überschneiden der Amplitudengänge bildet die *Aliasing*-Anteile. Der Effekt dieser Anteile ist mit der Wahl der Filter kompensiert, so dass die perfekte Rekonstruktion aus der Summe der Ausgänge der Kanäle stattfindet. Die perfekte Rekonstruktion ergibt sich aus der Berechnung der Standardabweichung des Eingangs- und Ausgangssignals der Filterbank, die im Skript ermittelt wird und ist für diese Filter $2{,}105e - 16$.

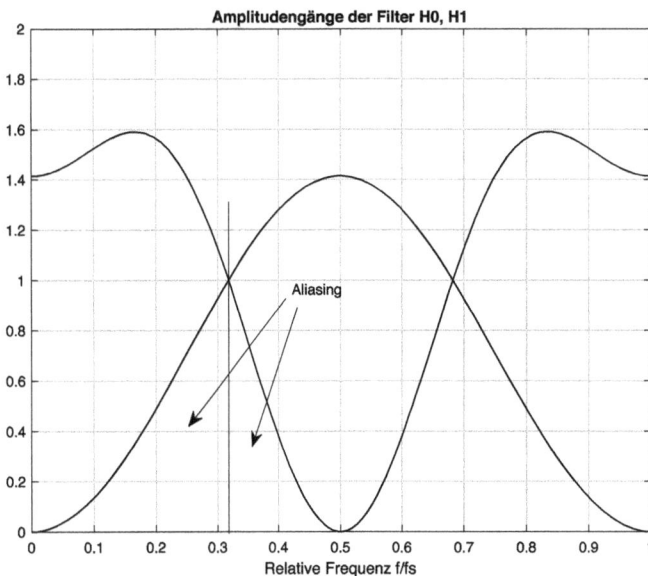

Abb. 3.66: Amplitudengänge der Analysefilter $H_0(z)$ und $H_1(z)$ (zwei_kanal_1.m, zwei_kanal_1.slx).

Der Frequenzbereich von 0 bis $f_s/2$ (erstes Nyquist-Intervall) ist durch die Filter in zwei Teile geteilt, die für einige Anwendungen nicht geeignet sind. Für eine Codierung z. B. möchte man eine gute Trennung dieser zwei Bänder ohne Verzerrungen erhalten. Hier entstehen Verzerrungen sowohl wegen der nichtlinearen Phase als auch wegen des nichtflachen Amplitudengangs der zwei Bänder.

Mit symmetrischen FIR-Filtern kann der *Aliasing*-Effekt auch kompensiert werden aber nicht die Verzerrungen wegen des Anteils $T(z)$ aus Gl. (3.59), der nicht zu einer Verzögerung reduziert werden kann.

Mit `filt` = 2 werden die Daubechies-Filter [29], in MATLAB mit `'db2'` gekennzeichnet, eingesetzt. Es sind die Filter aus der Wavelet-Theorie, die später ausführlicher besprochen werden. Es sind orthogonale Filter und im Frequenzbereich haben sie die Eigenschaft:

$$|H_0(e^{j\Omega})|^2 + |H_1(ej\Omega)|^2 = 2.$$
(3.90)

In Abb. 3.67 sind die Koeffizienten der vier Filter der Filterbank dargestellt. Man kann jetzt die Beziehungen zwischen den Koeffizienten gemäß Abb. 3.63 überprüfen. Diese Koeffizienten bilden auch die Einheitspulsantworten der Filter. Für diese Filter sind die Amplitudengänge zusammen mit $|H_0(e^{j\Omega})|^2 + |H_1(ej\Omega)|^2$ in Abb. 3.68 dargestellt. Die Amplitudenverzerrungen sind null, da aber die FIR-Filter nicht symmetrisch sind, entstehen Verzerrungen wegen der Phase in den zwei Bändern dieser Filterbank.

Die Filterbank, die durch `fil` = 3 initialisiert wird, enthält auch Daubechies-Filter, die in MATLAB mit `'db4'` gekennzeichnet sind. Es sind ebenfalls orthogonale

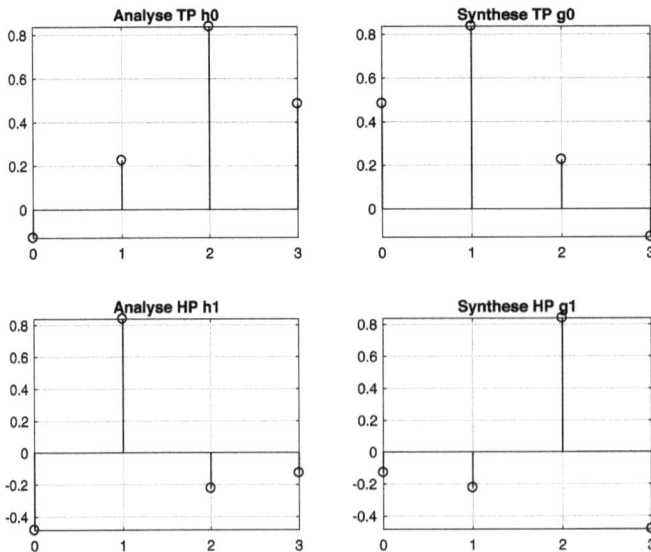

Abb. 3.67: Einheitspulsantworten der vier Filter 'db2' (zwei_kanal_1.m, zwei_kanal_1.slx).

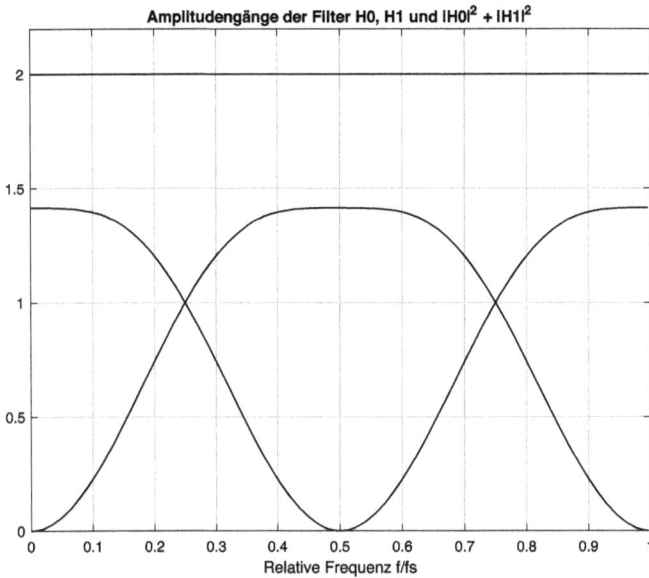

Amplitudengänge der Filter H0, H1 und |H0|² + |H1|²

Relative Frequenz f/fs

Abb. 3.68: Amplitudengänge der zwei Analysefilter 'db2' zusammen mit $|H_0(e^{j\Omega})|^2 + |H_1(ej\Omega)|^2$ (zwei_kanal_1.m, zwei_kanal_1.slx).

Filter und im Frequenzbereich erhält man:

$$\left|H_0(e^{j\Omega})\right|^2 + \left|H_1(e^{j\Omega})\right|^2 = 2 \,. \tag{3.91}$$

Mit `fil = 4` wird eine Filterbank initialisiert vom Typ Biorthogonal, in MATLAB mit `'bior2.6'` bezeichnet. Die Filterkoeffizienten entsprechen der zweiten Möglichkeit, die besprochen wurde und sind in Abb. 3.69 dargestellt. Die Amplitudengänge der Analysefilter sind in Abb. 3.70 gezeigt.

Die Verzerrungen der Amplituden in den zwei Bänder sind für einige Anwendungen nicht geeignet, obwohl die Filterbank die Eigenschaft der perfekten Rekonstruktion besitzt. Die Standardabweichung der Differenz zwischen dem Eingangs- und Ausgangssignal der Bank ist sehr klein und zwar $1{,}8222e - 16$.

Das nächste Filtersystem vom Typ Revers-Biorthogonal, das in MATLAB mit `'rbio2.6'` bezeichnet ist, wird mit `filt = 5` initialisiert. Es hat ähnliche Eigenschaften wie das vorherige Filtersystem `'bior2.6'`. Wie der Name aussagt, sind hier die Filter vertauscht, was man durch die Darstellung der Koeffizienten der Filter feststellen kann. Aus dem Halbband-Filter $P_0(z)$ (zweite Möglichkeit) werden durch Faktorisierung die zwei Tiefpassfilter $H_0(z)$, $G_0(z)$ mit den Koeffizienten $h_0[n]$, $g_0[n]$ ermittelt und danach werden daraus die Hochpassfilter berechnet.

Mit `fil = 6` wird eine Filterbank mit QMF-Filtern initialisiert. Die Anzahl der Koeffizienten N muss eine gerade Zahl sein und die Faktorisierung des Halbband-Filters $R_0(z)$ führt zu $H_0(z)$. Daraus werden die restlichen Filter $H_1(z)$, $G_0(z)$, $G_1(z)$ gemäß der

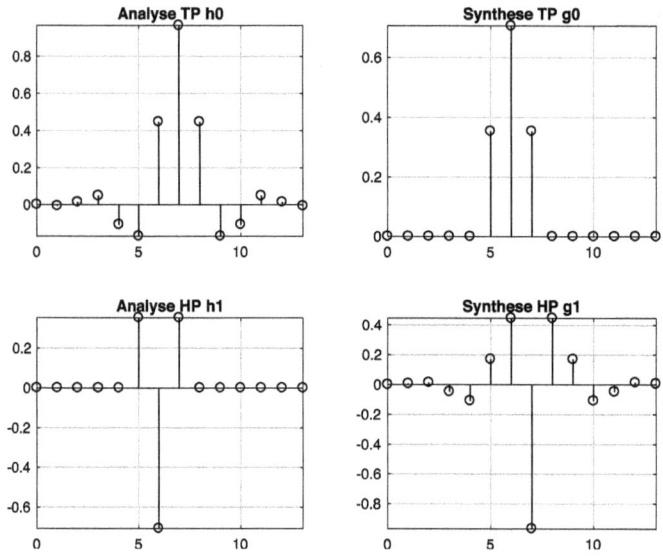

Abb. 3.69: Einheitspulsantworten der vier Filter 'bior2.6' (zwei_kanal_1.m, zwei_kanal_1.slx).

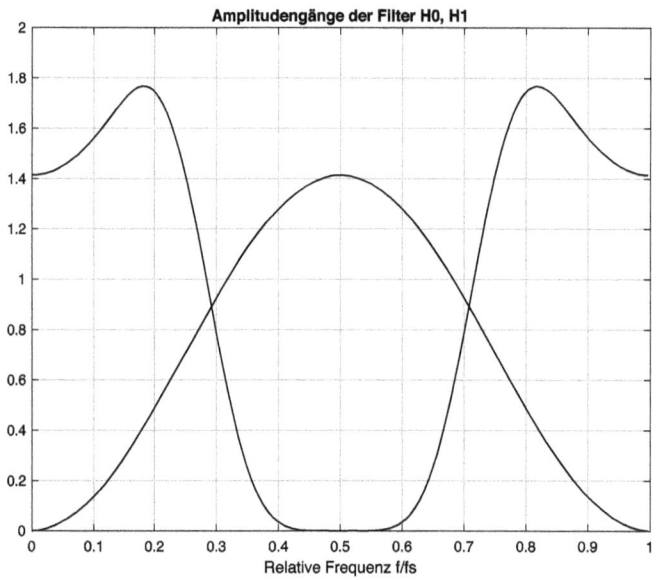

Abb. 3.70: Amplitudengänge der zwei Analysefilter 'bior2.6' (zwei_kanal_1.m, zwei_kanal_1.slx).

Skizze in Abb. 3.63 berechnet. Die Kompensation der *Aliasing*-Effekte ist durch diese Wahl der Koeffizienten gesichert, nicht aber die Verzerrungen der Amplituden. Durch ein Optimierungsverfahren kann man die Koeffizienten so ändern, dass die Bedingung

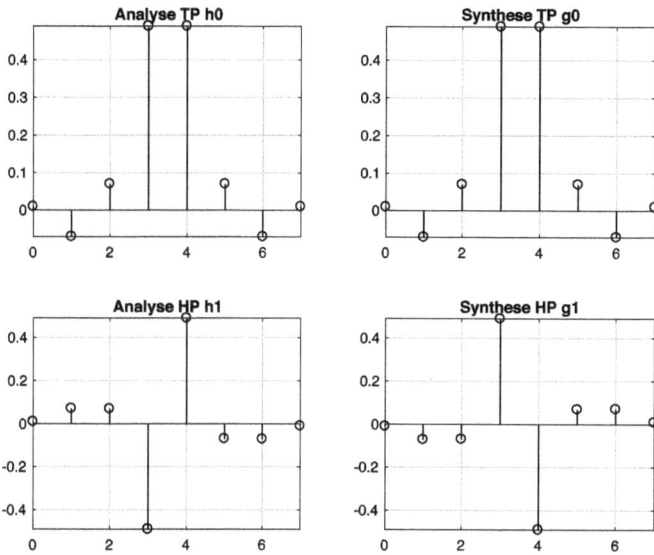

Abb. 3.71: Einheitspulsantworten der QMF-Filter (zwei_kanal_1.m, zwei_kanal_1.slx).

$|H_0(e^{j\Omega})|^2 + H_1(e^{j\Omega})|^2 = 1$ annähernd erfüllt wird. In [21] sind solche optimierte QMF-Filter mit bis zu 64 Koeffizienten angegeben. Die Koeffizienten der Filter sind so normiert, dass die Verstärkung gleich eins ist. Dadurch muss man die Verstärkung von zwei in dem Modell in den Blöcken *Gain1, Gain2* mit der Variable verst parametrieren.

Hier werden zwei von diesen Filtern untersucht. Mit filt = 6 ist ein QMF-Filter $h_0[n]$ mit acht Koeffizienten eingesetzt. In Abb. 3.71 sind die Koeffizienten der vier Filter dargestellt und in Abb. 3.72 sind die Amplitudengänge der Filter $H_0(z)$ und $H_1(z)$ zusammen mit der Summe $|H_0(e^{j\Omega})|^2 + H_1(e^{j\Omega})|^2$, die nur annähernd gleich eins ist, gezeigt. Die Standardabweichung der Differenz zwischen Eingangs- und Ausgangssignal ist jetzt viel größer, da keine perfekte Rekonstruktion vorhanden ist. In der Simulation erhält man einen Wert von 0,004.

Die Faltung conv(h0,g0) ergibt nur annähernd ein Halbband-Filter $P_0(z) = H_0(z)G_0(z)$:

```
>> 2*conv(h0,g0)
ans =
Columns 1 through 8
    0.0002  -0.0027   0.0126 -0.0012 -0.1104   0.0002
          0.5940   0.9999
Columns 9 through 15
    0.5940   0.0002  -0.1104  -0.0012   0.0126
         -0.0027   0.0002
```

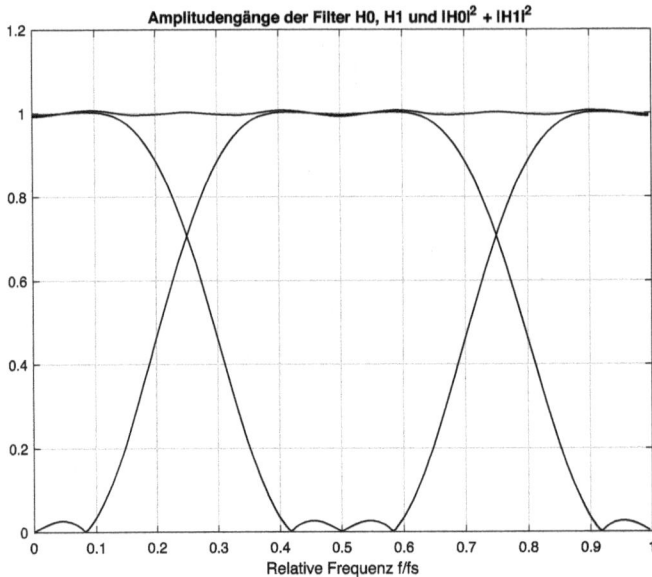

Abb. 3.72: Amplitudengänge der QMF-Analysefilter (zwei_kanal_1.m, zwei_kanal_1.slx).

Der Faktor 2 ist wegen der Normierung dieser Koeffizienten notwendig, um den Höchstwert der Faltung gleich eins zu erhalten. Die Werte, die gleich null sein müssten, sind: 0,0002; −0,0012; −0,0027. Es sind die jeweils zweite Werte vom Höchstwert 0,9999 ausgehend gezählt.

In Abb. 3.73 sind überlappt das Eingangs- und Ausgangssignal der Filterbank dargestellt. Mit der Zoom-Funktion der Darstellung kann man die relativ kleinen Unterschiede an einigen Stellen sichten.

Dieselbe Art QMF-Filter mit 12 Koeffizienten werden mit `fil = 7` initialisiert und untersucht. Die Ergebnisse sind den vorherigen ähnlich.

Die QMF-Filter realisieren eine gute Trennung der zwei Bänder und ergeben keine Verzerrungen wegen der Phase. Durch die Optimierung der Koeffizienten bleiben die Fehler in den Amplituden relativ klein.

Als Beispiel für den Einsatz solcher Filterbänke wird nach [30] die Audiokomprimierung aus der IUT[2]-Empfehlung G.722 kurz dargestellt. Die Empfehlung beschreibt die Komprimierung von Audiosignalen mit einer Bandbreite von 50 Hz bis 7 kHz und eine Bitrate von 64 kBit/s. Zum Vergleich im ISDN-Netz werden die Sprachsignale mit einer Bandbreite lediglich von 50 Hz bis 4 kHz mit derselben Bitrate von 64 kBit/s komprimiert.

Die erhöhte Bandbreite wird durch eine Subband-Codierung über zwei Bänder erhalten. Das Audiosignal wird mit 16 kHz abgetastet und mit 14 Bit Auflösung quanti-

---

2 *International Telecommunication Union.*

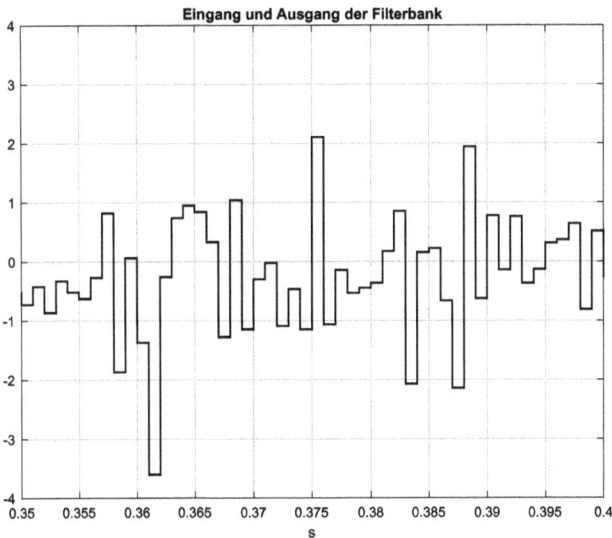

Abb. 3.73: Eingangs- und Ausgangssignal der Filterbank mit QMF-Filtern (zwei_kanal_1.m, zwei_kanal_1.slx).

siert. Anschließend wird es in zwei Subbänder zerlegt. Der Hochpassanteil nach der Dezimierung mit Faktor zwei wird ADPCM[3]-codiert [25]. Da Sprache eher tieffrequente Anteile enthält, genügt es, die Differenz der Abtastwerte vom vorherigen zu dem aktuellen Abtastwert mit nur zwei Bit zu quantisieren.

Der Tiefpassanteil, der für die Verständlichkeit der Sprache verantwortlich ist, wird nach der Filterung und Dezimierung mit Faktor 2 ebenfalls ADPCM codiert und die Differenz der Abtastwerte vom vorherigen zu dem aktuellen Abtastwert mit 6 Bit quantisiert.

Nach der Dezimierung der beiden Pfade beträgt die Abtastrate nur noch 8 kHz und somit werden die 8 Bit der zwei Subbänder (2 Bit für den Hochpassanteil und 6 Bit für den Tiefpassanteil) mit der üblichen Bitrate eines ISDN-Kanals von 64 kBit/s (8 Bit × 8 kHz) übertragen.

Die Empfehlung G.722 sieht folgende Koeffizienten für das symmetrische QMF-Tiefpassfilter vor:

```
h0 =[3 -11 -11 53 12 -156 32 326 -210 -805 951 3876 ...
     3876 951 -805 -210 362 32 -156 12 53 -11 -11 3]/(2^13);
```

Die Anzahl der Koeffizienten ist $N = 24$ und die entsprechenden Filter werden mit filt = 8 im Skript initialisiert. In Abb. 3.74 sind die Einheitspulsantworten der Filter dargestellt und in Abb. 3.75 sind die Amplitudengänge der zwei Analysefilter zusam-

---

3 *Adaptive Differential Pulse Code Modulation.*

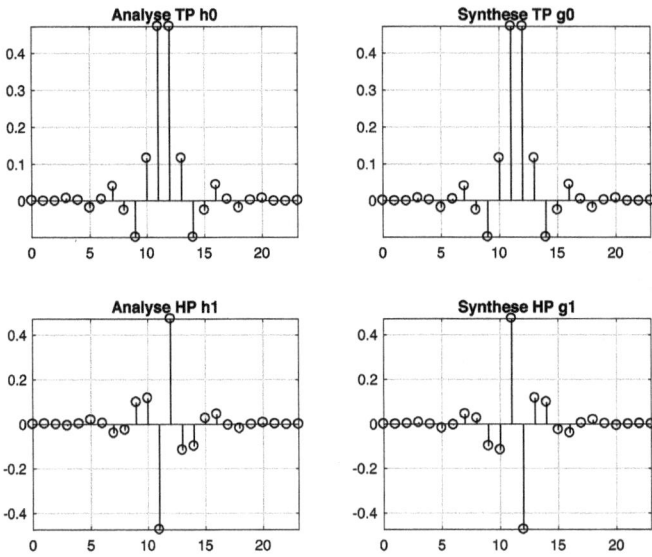

Abb. 3.74: Einheitspulsantworten der QMF-Filter für die Empfehlung G.722 (zwei_kanal_1.m, zwei_kanal_1.slx).

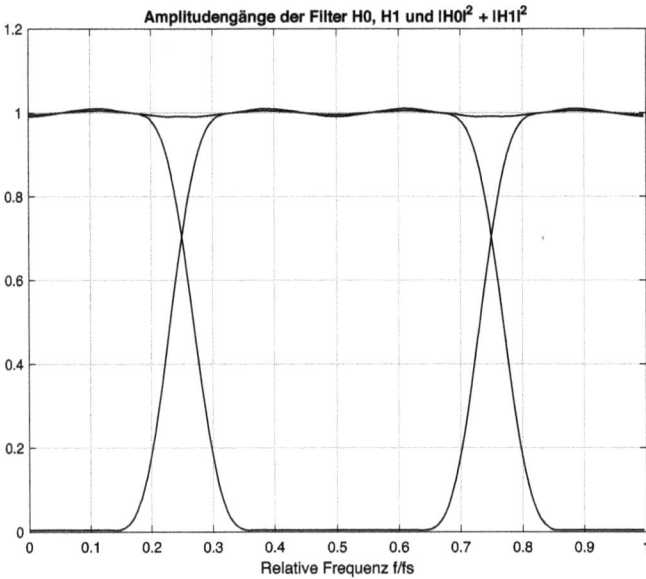

Abb. 3.75: Amplitudengänge der QMF-Analysefilter für die Empfehlung G.722 (zwei_kanal_1.m, zwei_kanal_1.slx).

men mit der Summe

$$\left|H_0(e^{j\Omega})\right|^2 + \left|H_1(e^{j\Omega})\right|^2$$

gezeigt.

Wegen der Normierung der Filter so dass $|H_0(e^{j\Omega})|_{\Omega=0} = 1$ ist und $|H_1(e^{j\Omega})|_{\Omega=\pi} = 1$ ist muss auch hier die Verstärkung von zwei im Modell in den Blöcken *Gain1*, *Gain2* parametriert werden.

Mit dem Skript `zwei_kanal_2.m` und Modell `zwei_kanal2.slx` kann man dieselben Filter untersuchen, mit dem Unterschied, dass in den zwei Kanälen die Abwärts- und Aufwärtstaster weggelassen werden. Man verzichtet auf die Möglichkeit die Bearbeitung, wie z. B. eine Codierung der Signale der Kanäle, bei einer halb so großen Abtastrate durchzuführen. In dieser Konstellation muss die Verstärkung von zwei in den Kanälen nicht mehr vorhanden sein. Dort wo sie in den Koeffizienten der Filter enthalten ist, wird mit der Variablen `verst=0.5` für die Blöcke *Gain1*, *Gain2* deren Effekt unterdrückt.

Das Filtersystem für `filt = 9` führt ohne Abwärts- und Aufwärtstaster zu sehr kleinen Fehler (praktisch PR) im Gegensatz zu dem normalen Fall, der relativ große Fehler ergibt. Das bedeutet, die Fehler entstehen durch den *Aliasing*-Effekt eingeführt durch den Abwärts- und Aufwärtstaster. Die Filter sind QMF-Filter und Leistungskomplimentär bzw. optimal was die Energiekompaktheit anbelangt [21]. Das Filtersystem für `filt=10` ist optimiert für Minimierung der *Aliasing*-Energie und führt zu viel kleineren Fehlern im normalen Fall mit Abwärts- und Aufwärtstaster.

3.7.4 Experiment: Simulation einer regulären Subbandbaumstruktur

Die Filterbank mit zwei Kanälen unterteilt das Spektrum des Eingangssignals in zwei Subbänder, ein Tiefpassband, kurz (L), und ein Hochpassband kurz (H). Diese zwei Bänder können weiter wieder in einen Tiefpass- und Hochpassanteil zerlegt werden. Man erhält vier Subbänder bezeichnet mit (LL), (LH), (HL) und (HH). Die Zerlegungen können weiter durchgeführt werden und eine binäre Baumstruktur wird erhalten. Hier ist eine Filterbank mit Baumstruktur und vier Subbänder untersucht.

In Abb. 3.76 ist das Simulink-Modell `binary_subband1.slx` dargestellt, das aus dem Skript `binary_subband_1.m` parametriert und aufgerufen wird.

Die erste Zerlegung des Frequenzbereichs des Eingangssignals wird mit den Filtern aus den Blöcken *Discrete FIR Filter*, *Discrete FIR Filter1* realisiert. Nach der Dezimierung mit Faktor 2 mit Hilfe der Blöcke *Downsample*, *Downsample1* folgen weitere zwei Filterbänke mit je zwei Kanälen. Die Ausgänge der vier Kanäle des Analyseteils sind die Ausgänge der Abwärtstaster *Downsample2, ..., Downsample5*.

Für die Synthese werden zuerst die Ausgänge der zwei Filterbänke mit je zwei Kanälen am Ausgang der Blöcke *Add1*, *Add2* gebildet. Nach den Aufwärtstaster *Upsample4*, *Upsample5* und Filterung wird am Ausgang des Addierers *Add3* der Ausgang

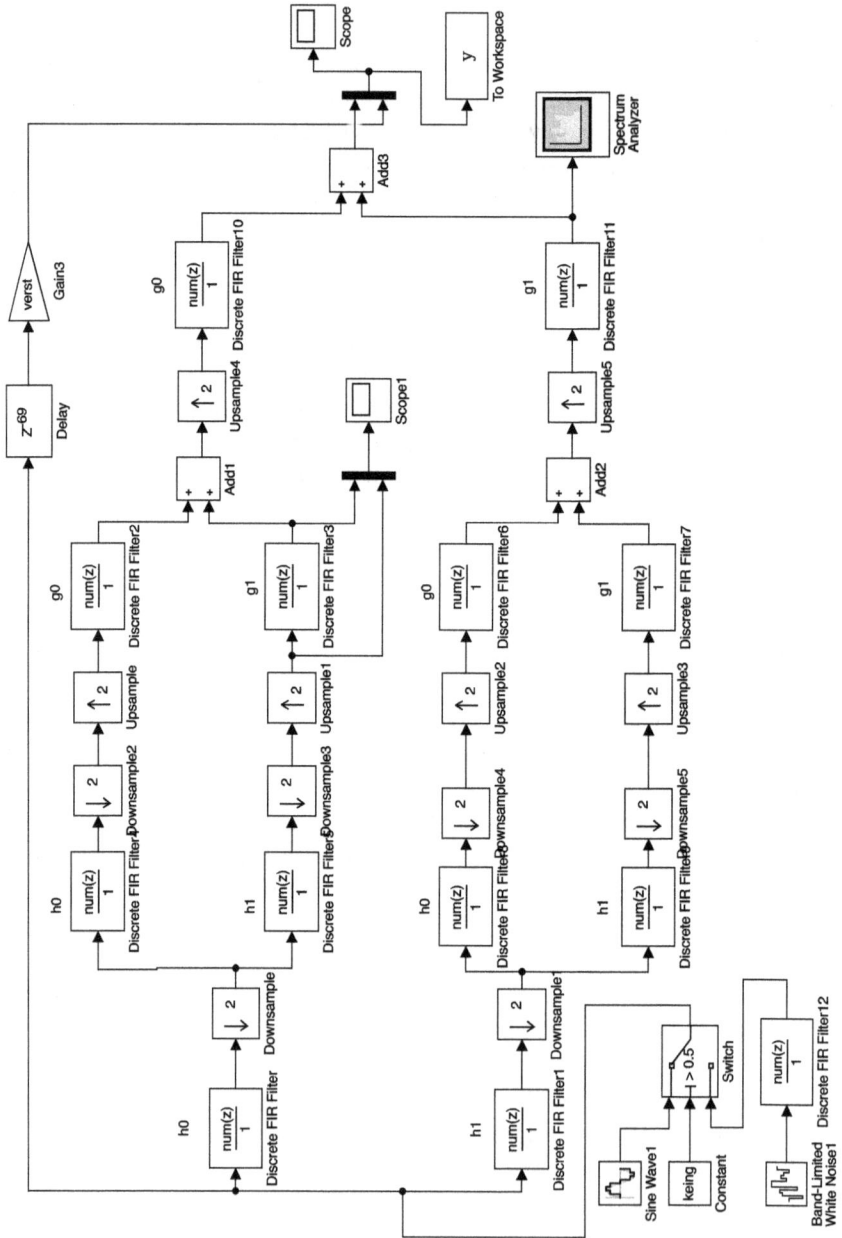

Abb. 3.76: Binäre Filterbank mit vier Subbändern (binary_subband_1.m, binary_subband1.slx).

der binären Filterbank erhalten. Die Einheitspulsantworten der Filter h0, h1, g0, g1 sind bei jedem Filterblock darüber angegeben.

Als Eingangssignale kann man mit Hilfe der Variable keing zwischen einem sinusförmigen Signal und einem bandbegrenzten Zufallssignal wählen. Das letztere wird mit einem FIR-Filter aus Block *Discrete FIR Filter12* gebildet. Die Einheitspulsantwort dieses Filters mit hnoise bezeichnet, wird im Modell z. B. für ein Rauschsignal mit Anteile im Bereich 280 Hz bis 360 Hz durch

```
hnoise = fir1(128, [280, 360]*2/fs);
```

initialisiert.

Der Vergleich des Eingangssignals und des Filterbanksignals kann am *Scope*-Block beobachtet werden. Die zwei Signale werden überlagert dargestellt. Dafür wird das Eingangssignal mit Hilfe des Blocks *Delay* entsprechend verspätet und verstärkt.

Das Skript dieses Experiments ist dem Skript des vorherigen Experiments ähnlich. Man kann auch hier mit der Variablen filt die verschiedenen Filtersätze wählen. Für jeden Filtersatz werden dann die Parameter angepasst. Die Verspätung aus Block *Delay* und Verstärkung aus Block *Gain3* wird für jeden Typ Filtersatz ermittelt.

Für die symmetrischen FIR-Filter des Filtertyps filt = 6,7 und 8 ist die Verspätung für ein Filter gleich der Ordnung geteilt zu zwei. So z. B. ist die Verspätung für filt = 8 gleich der Ordnung 23 geteilt durch zwei verz = 11,5. Entlang eines Pfades, z. B. des oberen, erhält man für das erste Filter h0 eine Verzögerung von 11,5 Abtastperioden des Eingangssignals. Danach, weil die Dezimierung die Abtastperiode erhöht, ergibt sich für das nächste Filter h0 ein Wert von 11,5 × 2 = 23. Dieser Wert ist auch für das Filter g0 gültig. Für das letzte Filter g0, das bei der Abtastperiode des Eingangssignals arbeitet, erhält man nochmals eine Verspätung von 11,5. Zusammenaddiert ergibt sich eine Verspätung von 2 × 11,5 + 2 × 11,5 × 2 = 69 Abtastperioden des Eingangssignals. Dieser Wert ist für den Filtersatz filt = 8 parametriert.

Bei den nicht symmetrischen und eventuell ungleich langen Filtersätzen wird die Verspätung wie folgt berechnet. Angenommen es wird wieder der obere Pfad angesehen z. B. für filt = 4 (Filter 'bior2.6'). Die Filter sind mit Nullwerten auf gleiche Länge und zwar 14 gebracht. Die Faltung der oberen Filter h0, g0 ergibt ein symmetrisches Halbband-Filter der Länge 2 × 14 − 1 = 27. Dieses Filter erzeugt eine Verspätung gleich der Ordnung 26 geteilt durch zwei also 13. Da dieses Filter nach der Dezimierung mit einer doppelten Abtastperiode arbeitet wird eine Verspätung gleich 2 × 13 = 26 stattfinden. Das erste Filter h0 und das letzte Filter g0 arbeiten bei der Abtastperiode des Eingangssignals und dadurch wird eine Verspätung gleich 13 erzeugt. Das ergibt insgesamt eine Verspätung von 26 + 13 = 39 Abtastperioden des Eingangssignals.

Die Filterbank unterteilt den Frequenzbereich von 0 bis $f_s/2$ (erstes Nyquist-Intervall) in vier gleiche Teile mit Überschneidungen, weil die Filter nicht ideal sind. Im Experiment wird zuerst ein sinusförmiges Signal der Frequenz 100 Hz gewählt. Bei einer Abtastfrequenz von 1000 Hz sind die Bereiche der Kanäle 0–125 Hz; 125–250 Hz; 250–375 Hz und 375–500 Hz. Somit fällt das Signal von 100 Hz in den Bereich des

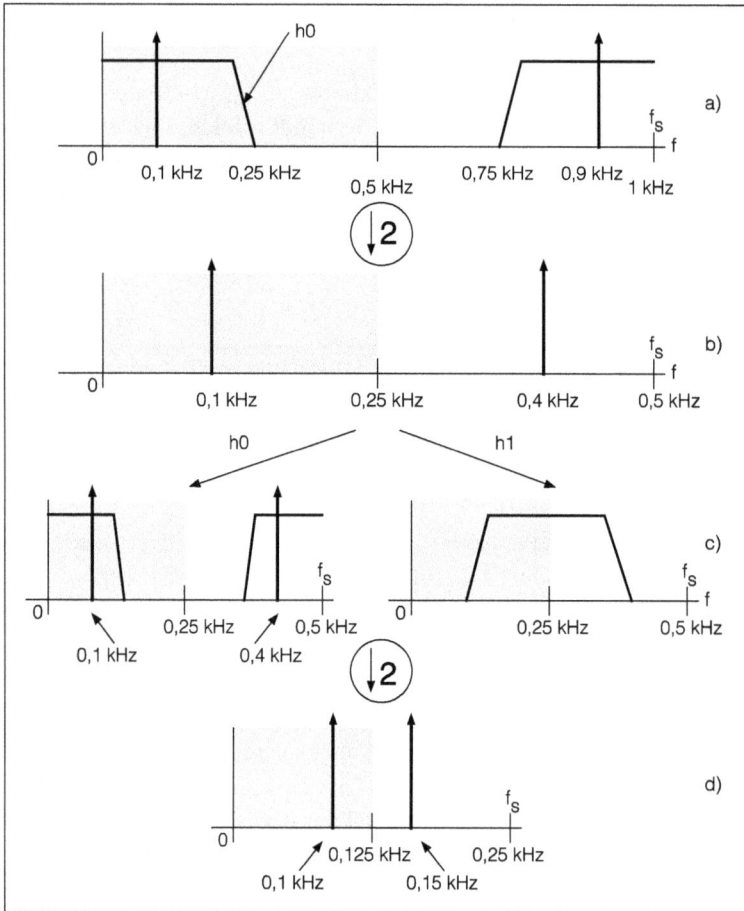

Abb. 3.77: Spektren des Analyseteils für ein Eingangssignal mit einer Frequenz von 100 Hz (binary_subband_1.m, binary_subband1.slx).

ersten Kanals. Nach der Art der Entstehung kann man die Kanäle auch mit (LL), (LH), (HH) und (HL) bezeichnen.

In Abb. 3.77(a) ist das Spektrum des Signals nach der Filterung mit Tiefpassfilter h0 dargestellt. Der Bereich des ersten Nyquist-Intervalls ist geschwärzt hervorgehoben. Die Pfeile nach oben sollen die Linienspektren der sinusförmigen Signale suggerieren. Der Durchlassbereich des Filters ist idealerweise gleich 500/2 = 250 Hz. Nach der Dezimierung mit Faktor zwei im Block *Downsample* erhält man das Spektrum aus Abb. 3.77(b). Die weitere Filterung mit h0 (Block *DiscreteFIR Filter4*) führt zum Spektrum aus Abb. 3.77(c) links. Rechts ist nur der Amplitudengang des Filters h1 gezeigt, weil das Signal der Frequenz 100 Hz in diesem Bereich für ein ideales Filter nicht enthalten ist.

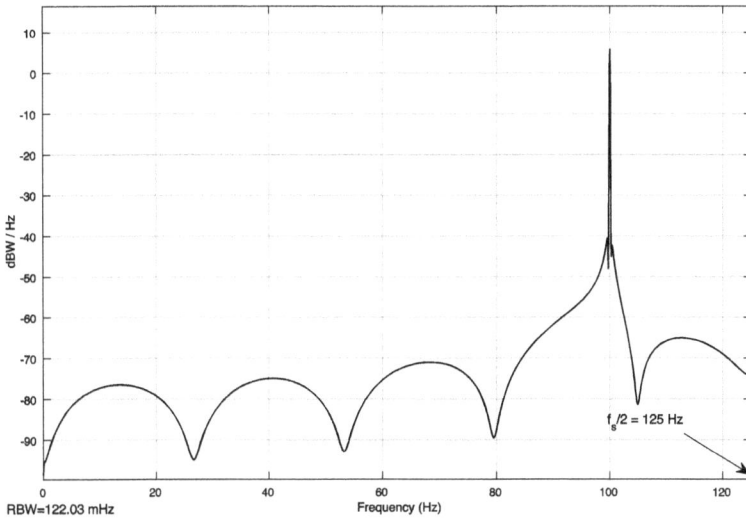

Abb. 3.78: Spektrum des ersten Analyse-Kanals (binary_subband_1.m, binary_subband1.slx).

Eine zweite Dezimierung mit Faktor zwei führt zu den Spektren aus Abb. 3.77(d). Es sind die Signale des ersten Kanals nach dem Analyseteil und weil sie durch zweimal Tiefpassfilterung erhalten wurden, nennt man diesen Kanal auch (LL).

In Abb. 3.78 ist die spektrale Leistungsdichte des ersten Analyse-Kanals dargestellt, wie es am Block *Spectrum Analyzer*, der an dem Ausgang des Blocks *Downsample2* angeschlossen ist, gezeigt. Diese Anzeige entspricht der Darstellung aus Abb. 3.77(d), die geschwärzt ist.

Der Leser kann die Frequenz des sinusförmigen Signals so wählen, dass das Signal jeweils in ein Kanal der Filterbank fällt. So z. B. mit einer Frequenz von 300 Hz liegt das Signal im dritten Kanal (HH). In Abb. 3.79 sind die Spektren an verschiedenen Stellen skizziert. Die erste Teilung in zwei Subbänder des Bereiches 0 bis $f_s/2 = 500$ Hz führt dazu, dass dieses Signal mit $f = 300$ Hz und $f > 250$ Hz vom Tiefpassfilter h0 unterdrückt wird und vom Hochpassfilter h1 durchgelassen wird. Das ist die Ausgangslage, die in Abb. 3.79(a) dargestellt ist. Hier ist der Amplitudengang des Hochpassfilters zusammen mit den Pfeilen nach oben, die die spektralen Linien des sinusförmigen Signals darstellen, gezeigt.

Nach der Dezimierung mit Faktor zwei ist die neue Abtastfrequenz $1000/2 = 500$ Hz. Das sinusförmige Signal ergibt jetzt Anteile bei 200 Hz bzw. Spiegelung bei 300 Hz, wie in Abb. 3.79(b) gezeigt ist. Die nachfolgende Filterung ergibt spektrale Anteile des Signals nur durch den Hochpassfilter h1, die in Abb. 3.79(c) rechts dargestellt sind. Links ist nur der Amplitudengang des Tiefpassfilters h0 dargestellt, der das Signal von 200 Hz unterdrückt. Die nachfolgende Dezimierung mit Faktor zwei führt zu den Spektrallinien aus Abb. 3.79(d). Die Spektrallinie von 300 Hz verschiebt sich zur Frequenz von 50 Hz und die Spiegelung geht zu 200 Hz. Mit dem Block *Spectrum*

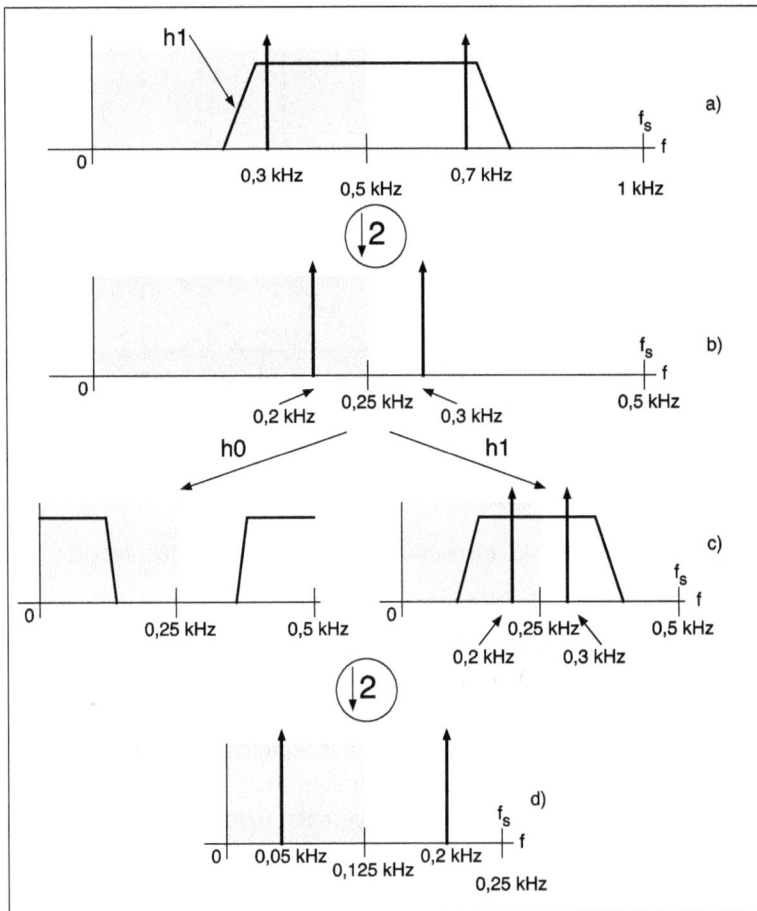

Abb. 3.79: Spektren des Analyseteils für ein Eingangssignal mit einer Frequenz von 300 Hz (binary_subband_1.m, binary_subband1.slx).

Analyzer der an den *Downsample4*-Block angeschlossen ist erhält man in der Simulation die spektrale Leistungsdichte, die in Abb. 3.80 dargestellt ist. Sie entspricht dem Spektrum aus Abb. 3.79(d).

Es ist eine gute Übung für den Leser solche Skizzen für die Signale der anderen Kanäle, so z. B. mit $f = 200$ Hz für den zweiten Kanal und $f = 450$ Hz für den vierten Kanal, zu zeichnen. Durch Simulation und Anschließen des *Spectrum Analyzer*-Blocks an den Ausgängen des Analyseteils sollte man die Skizzen überprüfen. Dadurch kann man auch erklären, dass der dritte Kanal mit (HH) und nicht mit (HL) bezeichnet ist.

Lehrreich ist auch die Spektren der Synthesekanäle zu skizzieren. Als Beispiel werden die Spektren des Syntheseteils für das Eingangssignal mit 300 Hz dargestellt.

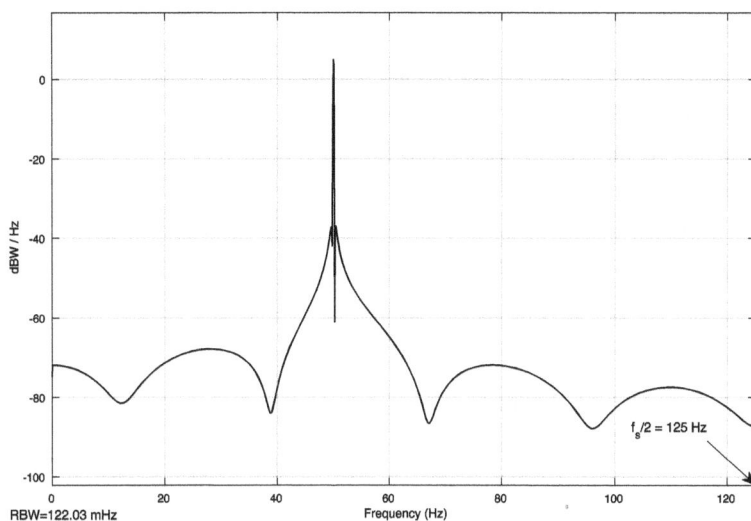

Abb. 3.80: Spektrale Leistungsdichte des (HH)-Kanals (binary_subband_1.m, binary_subband1.slx).

Es wird vom Spektrum des Analyseteils, das in Abb. 3.79(d) dargestellt ist, ausgegangen. Dieses Spektrum ist in Abb. 3.81(a) nochmals dargestellt. Es ist das Spektrum des Signals nach der Dezimierung mit dem Abwärtstaster *Downsample5*.

Nach dem Aufwärtstaster mit Block *Upsample3* erhält man das Spektrum aus Abb. 3.81(b). Hier sind auch die Amplitudengänge der Filter g0, g1 gezeigt, Filter die bei der neuen Abtastfrequenz von 500 Hz arbeiten. Das Filter g1 extrahiert die zwei Spektrallinien bei 200 Hz und 300 Hz, wie in Abb. 3.81(c) dargestellt.

Die erneute Aufwärtstastung mit Faktor zwei führt zu den Spektrallinien aus Abb. 3.81(d). Durch das Hochpassfilter g1 wird schließlich die Spektrallinie bei 300 Hz extrahiert und das Signal der Frequenz 200 Hz (bzw. Spiegelung bei 800 Hz) unterdrückt. Im Syntheseteil erhält man das Signal von 300 Hz durch zweimal Hochpassfilterung mit Filter g1 und daher die Bezeichnung (HH).

In der Simulation kann man den Block *Spectrum Analyzer* im unteren Pfad am Ausgang des Filters g1 aus Block *Discrete FIR Filter11* anschließen, um das Spektrum gemäß Abb. 3.81(d) durch Messung zu sichten. Dieses Spektrum ist in Abb. 3.82 dargestellt. Wegen der nicht idealen Filtern sind noch einige zusätzliche Restanteile, die gedämpft sind, zu sehen.

Der Anteil im Spektrum bei 450 Hz geht aus der Spiegelung bei 450 Hz hervor, die in Abb. 3.81(b) gezeigt ist und der Restanteil bei 200 Hz ist aus dem Spektrum gemäß Abb. 3.81(d) vorhanden, weil das Filter g1 nicht so steile Flanken besitzt. Es sollte nicht vergessen werden, dass die Filter aus der Bedingung der perfekten Rekonstruktion abgeleitet sind.

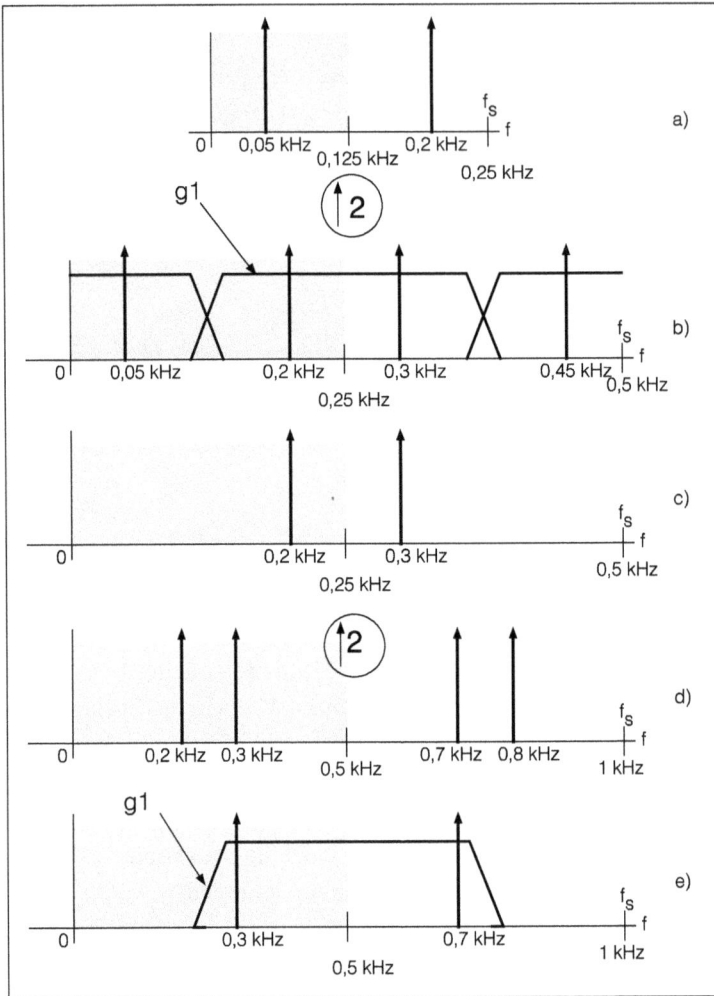

Abb. 3.81: Spektren des Syntheseteils für ein Eingangssignal mit einer Frequenz von 300 Hz (binary_subband_1.m, binary_subband1.slx).

Wenn statt 300 Hz für das Eingangssignal ein Signal der Frequenz 350 Hz genommen wird, das weiterhin im dritten Kanal liegt, dann erhält man aus der Simulation das Spektrum aus Abb. 3.83. Hier sind die Restanteile stärker gedämpft.

Die gezeigten Ergebnisse sind für das QMF-Filtersystem, das mit `filt = 8` initialisiert ist. Die Standardabweichung der Differenz zwischen dem Eingangs- und Ausgangssignal ist ca. 0,0015 für das Signal der Frequenz 350 Hz.

Mit dem Zufallssignal, das man mit Anteilen in einem bestimmten Bereich initialisieren kann, erhält man weitere Einblicke in die Funktionsweise der Filterbank.

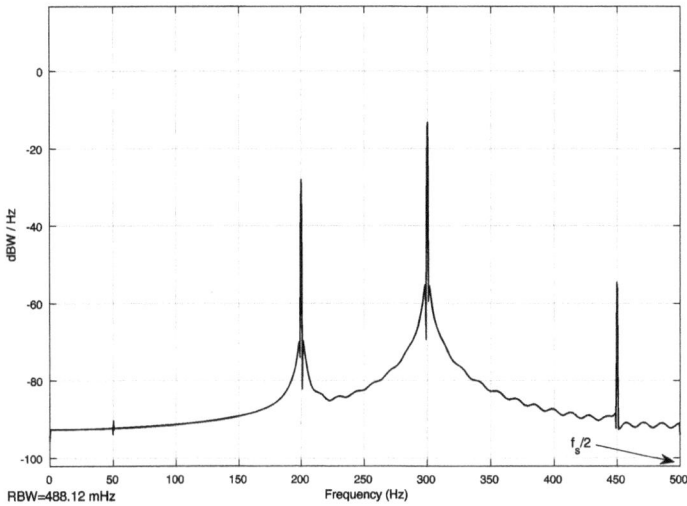

Abb. 3.82: Spektrum des Syntheseteils für ein Eingangssignal mit einer Frequenz von 300 Hz (binary_subband_1.m, binary_subband1.slx).

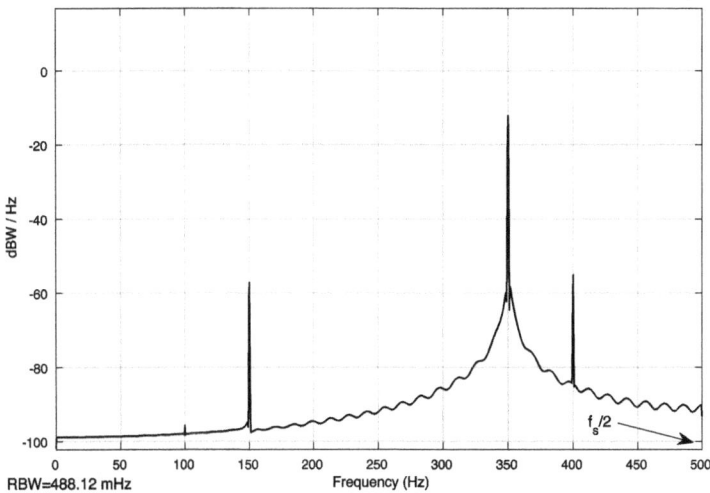

Abb. 3.83: Spektrum des Syntheseteils für ein Eingangssignal mit einer Frequenz von 350 Hz (binary_subband_1.m, binary_subband1.slx).

In Abb. 3.84 sind die spektralen Leistungsdichten für ein Zufallssignal mit Anteile im Bereich 280 Hz bis 360 Hz skizziert. Durch die Bearbeitungsstufen in der Filterbank werden die Spektren auch gespiegelt. Um das zu zeigen ist die spektrale Leistungsdichte mit einem schrägen Verlauf dargestellt. Es wird von der spektralen Leistungsdichte des Eingangssignals aus Abb. 3.84(a) ausgegangen. Mit dem Hochpassfilter der Einheitspulsantwort h1 erhält man die spektrale Leistungsdichte aus

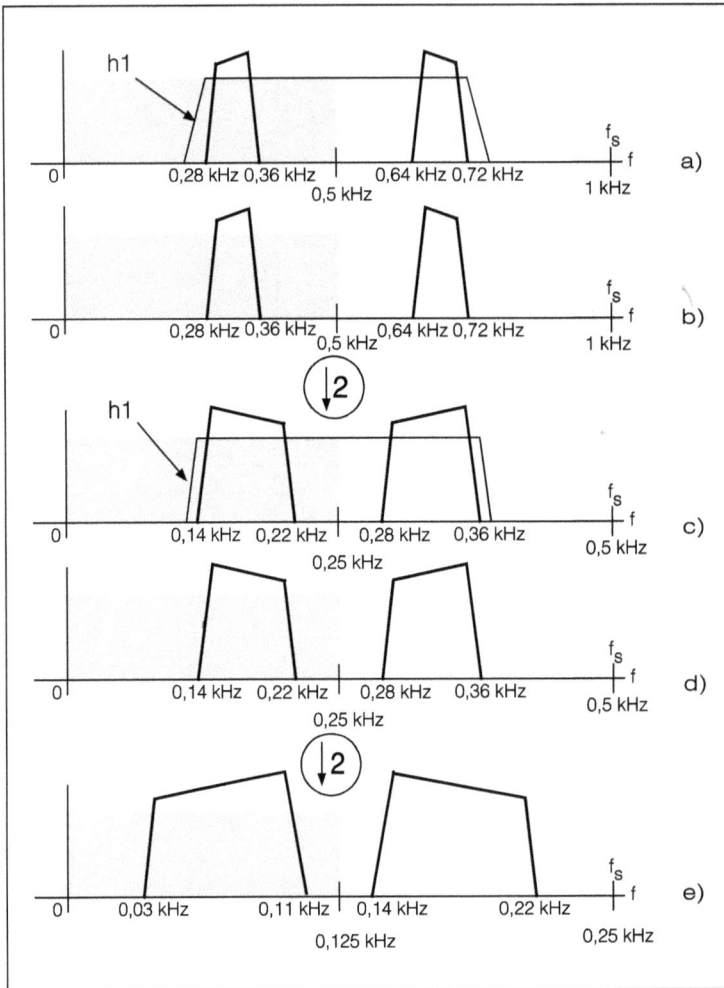

Abb. 3.84: Spektren für ein Zufallssignal mit Anteilen im Bereich 280 Hz bis 360 Hz.

Abb. 3.84(b). Die erste Dezimierung mit Faktor zwei ergibt die spektrale Leistungsdichte aus Abb. 3.84(c). Die erneute Filterung mit h1 führt zur spektralen Leistungsdichte aus Abb. 3.84(d), die durch die zweite Dezimierung die spektrale Leistungsdichte aus Abb. 3.84(e) ergibt. Das ist die Lage des dritten Analysekanals (HH).

Es folgt im Syntheseteil eine Aufwärtstastung mit Faktor 2, die zur spektralen Leistungsdichte führt, die in Abb. 3.85(f) dargestellt ist. Der Leser kann hier noch die Frequenzen bestimmen, die nicht eingetragen sind. Dafür muss man die Symmetrie-Eigenschaften der reellen Spektren benutzen. Nach der Filterung mit dem Hochpassfilter der Einheitspulsantwort g1 erhält man die spektrale Leistungsdichte aus Abb. 3.85(h).

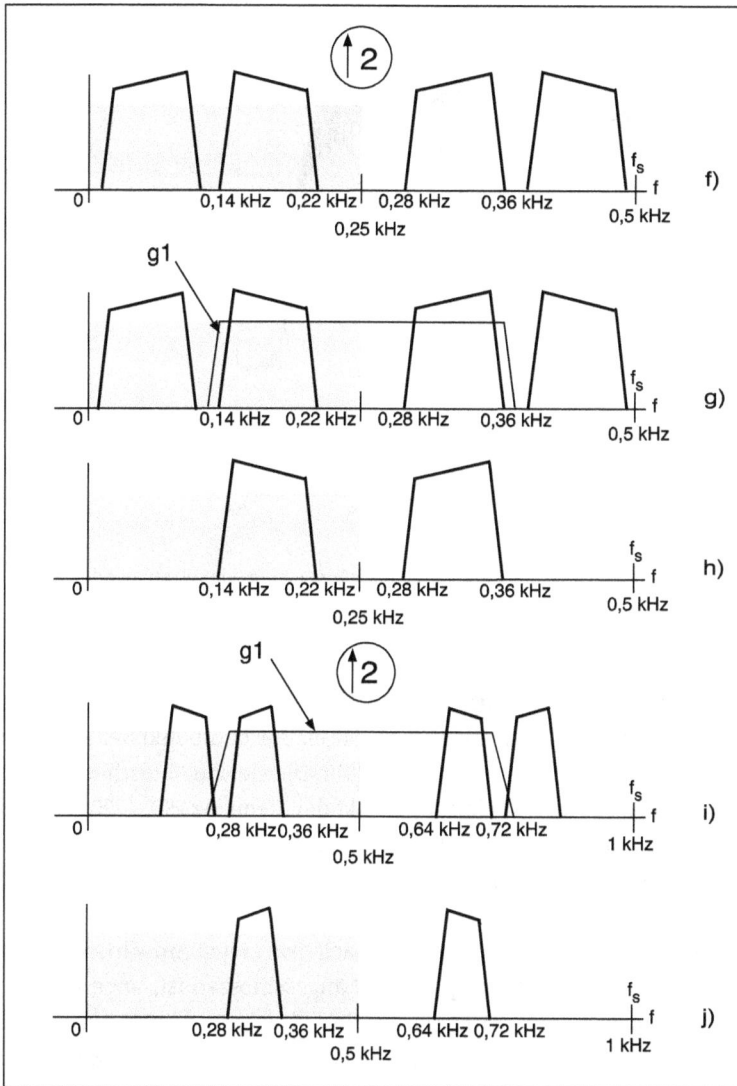

Abb. 3.85: Spektren für ein Zufallssignal mit Anteilen im Bereich 280 Hz bis 360 Hz (Fortsetzung).

Die zweite Aufwärtstastung mit Faktor zwei ergibt die spektrale Leistungsdichte aus Abb. 3.85(i). Mit dem Hochpassfilter g1 wird dann das Signal am Ende dieses Kanals mit einer spektralen Leistungsdichte, die in der Abb. 3.85(j) dargestellt ist, extrahiert. Sie entspricht der spektralen Leistungsdichte des Eingangssignals, die als Ausgangslage gemäß Abb. 3.84(a) angenommen wurde.

Die Umwandlungen der Spektren werden am einfachsten über die Mischprodukte ermittelt. So z. B. führt die zweite Dezimierung vom Spektrum aus Abb. 3.84(d) zum

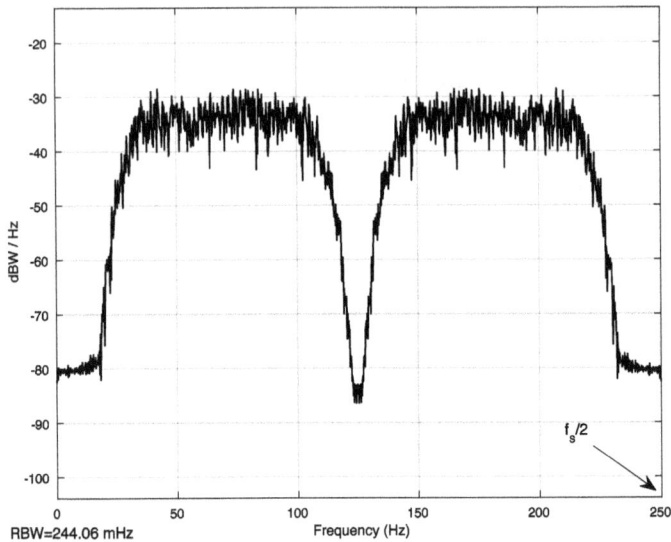

Abb. 3.86: Spektrum des Syntheseteils nach der ersten Aufwärtstastung (binary_subband_1.m, binary_subband1.slx).

Spektrum aus Abb. 3.84(e) basierend auf folgenden Überlegungen. Die neue Abtastfrequenz von 250 Hz ergibt mit der Frequenz von 140 Hz ein Mischprodukt der Frequenz 250 – 140 = 110 Hz, das im ersten Nyquist-Intervall fällt. Die gleiche Abtastfrequenz ergibt mit der Frequenz von 220 kHz das Mischprodukt der Frequenz 250 – 220 = 30 Hz, welches das andere Ende des umgewandelten Spektrums darstellt. Ähnlich kann man auch für die Aufwärtstastung vorgehen. Das Ergebnis muss hier auch die Repliken enthalten.

In Abb. 3.86 ist die spektrale Leistungsdichte nach dem ersten Aufwärtstaster mit dem *Spectrum Analyzer*, der am Block *Upsample3* angeschlossen ist, angezeigt. Sie entspricht dem Spektrum aus Abb. 3.85(f). Die spektrale Leistungsdichte nach der Filterung mit g1 ist in Abb. 3.87 gezeigt. Sie entspricht dem skizzierten Spektrum aus Abb. 3.85(h). Man sieht, dass das Filter den gewünschten Bereich nicht sehr gut extrahiert.

Mit dem *Spectrum Analyzer*-Block angeschlossen an verschiedenen Stellen im Modell kann man sich ein Bild machen, wie mit diesen Filtern eine perfekte oder annähernd perfekte Rekonstruktion erhalten werden kann. Der Leser soll auch andere Filtersysteme über die Variable filt initialisieren und die Untersuchung wiederholen.

Mit dem Modell binary_subband2.slx und Skript binary_subband_2.m wird dieselbe Filterbank mit zwei sinusförmigen Signalen der Frequenz 280 Hz und 360 Hz mit verschiedenen Amplituden untersucht. Diese Signalen entsprechen den oberen Eckpunkten der spektralen Leistungsdichten aus Abb. 3.84(a). In der Simulation wird

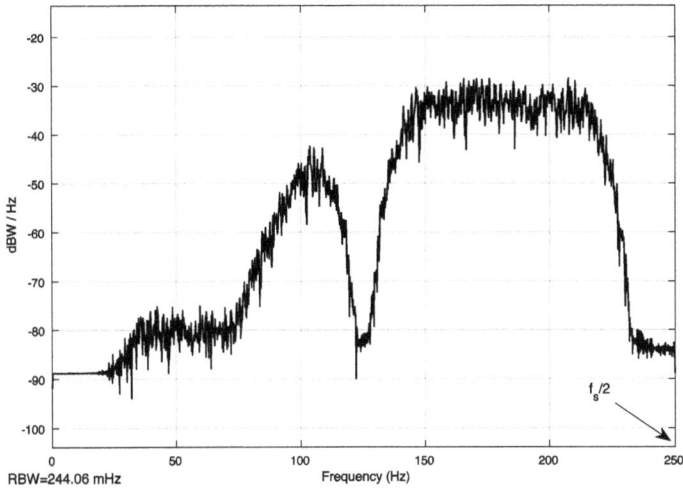

Abb. 3.87: Spektrum des Syntheseteils nach dem ersten Hochpassfilter g1 (binary_subband_1.m, binary_subband1.slx).

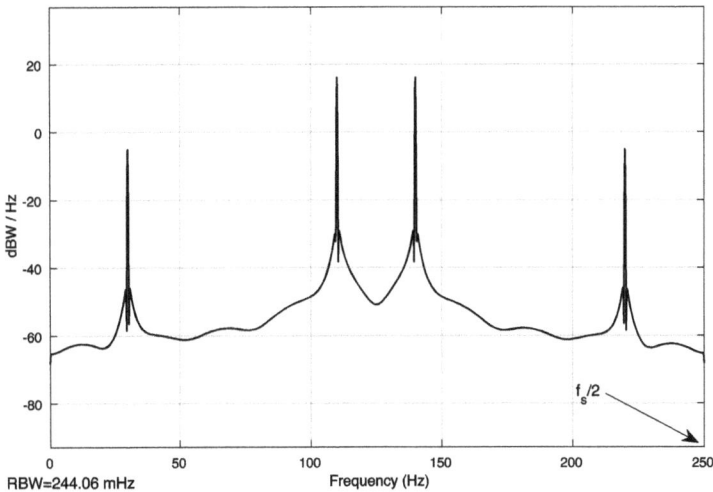

Abb. 3.88: Spektrum des Signals nach der ersten Aufwärtstastung mit Block *Upsample3* (binary_subband_2.m, binary_subband2.slx).

dadurch die Spiegelung der Spektren sichtbar. Als Beispiel, erhält man die spektrale Leistungsdichte des Signals nach der ersten Aufwärtstastung mit Block *Upsample3* wie in Abb. 3.88 dargestellt. Sie entspricht der spektralen Leistungsdichte, die in Abb. 3.85(f) skizziert ist. Die erste Spektrallinie ist bei 30 Hz, die zweite bei 110 Hz, die dritte bei 140 Hz und die vierte bei 220 Hz.

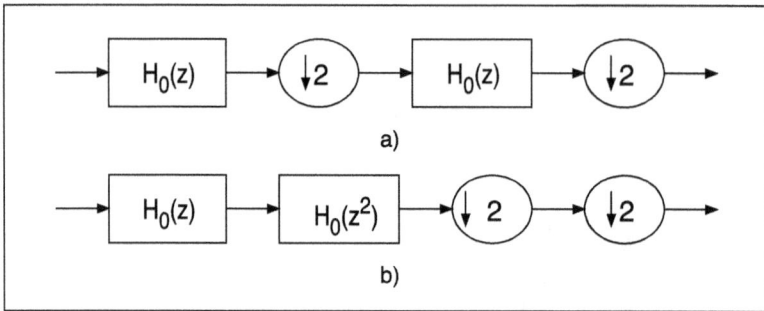

Abb. 3.89: Übertragungsfunktion des ersten Kanals bis zum Syntheseteil (binary_subband_3.m).

Um die Übertragungsfunktionen der Kanäle z. B. bis zum Syntheseteil zu bestimmen, muss man die Abwärtstaster am Ende jeden Kanals versetzen. In Abb. 3.89(a) ist die Übertragung für den ersten Kanal bis zum Synthesekanal dargestellt. Basierend auf der *Noble Identity*, die in Abb. 2.35(a) gezeigt ist, wird die Anordnung aus Abb. 3.89(b) erhalten. Daraus ergibt sich dann die gesamte Übertragungsfunktion des ersten Kanals (LL) als:

$$H_0'(z) = H_0(z) \cdot H_0(z^2). \tag{3.92}$$

Ähnlich werden die Übertragungsfunktionen für die anderen drei Kanäle ermittelt:

$$
\begin{aligned}
H_0'(z) &= H_0(z) \cdot H_0(z^2) \quad \text{Kanal 1 (LL)} \\
H_1'(z) &= H_0(z) \cdot H_1(z^2) \quad \text{Kanal 2 (LH)} \\
H_2'(z) &= H_1(z) \cdot H_1(z^2) \quad \text{Kanal 3 (HH)} \\
H_3'(z) &= H_1(z) \cdot H_0(z^2) \quad \text{Kanal 4 (HL)} .
\end{aligned}
\tag{3.93}
$$

Wenn z. B. das FIR-Filter $H_0(z)$ mit N Koeffizienten durch

$$H_0(z) = h_0 + h_1 z^{-1} + h_2 z^{-2} + \cdots + h_{N-1} z^{-(N-1)} \tag{3.94}$$

gegeben ist, dann ist $H_0(z^2)$ durch

$$H_0(z^2) = h_0 + 0z^{-1} + h_1 z^{-2} + 0z^{-3} + h_2 z^{-4} + \cdots + h_{N-1} z^{-2(N-1)} \tag{3.95}$$

ausgedrückt. Die Einheitspulsantwort mit den Koeffizienten $[h_0, h_1, h_2, \ldots, h_{N-1}]$ für $H_0(z)$ wird für $H_0(z^2)$ mit je einem Nullwert zwischen den ursprünglichen Koeffizienten erweitert $[h_0, 0, h_1, 0, h_2, \ldots, h_{N-1}]$.

Im Skript binary_subband_3.m werden die Übertragungsfunktionen gemäß Gl. (3.93) ermittelt und die entsprechenden Amplitudengänge dargestellt. Das Skript enthält anfänglich dieselben Zeilen, in denen verschiedene Filtersysteme über die Variable filt initialisiert werden. Danach werden die Übertragungsfunktionen in folgenden Zeilen ermittelt:

```
% ------- Äquivalente Aplitudengänge für den Analyseteil
nh0 = length(h0);
nh1 = length(h1);
% ------- h0(z^2);
h0_2 = [h0; zeros(1,nh0)];
h0_2 = reshape(h0_2,1,2*nh0);
% h0' = h0 * h0(z^2)
h0_prim = conv(h0, h0_2);
% ------- h1(z^2);
h1_2 = [h1; zeros(1,nh1)];
h1_2 = reshape(h1_2,1,2*nh1);
% h1' = h0 * h1_2(z^2)
h1_prim = conv(h0, h1_2);
% h2' = h1 * h0_2(z^2)
h2_prim = conv(h1, h1_2);
% h3' = h1 * h1(z^2)
h3_prim = conv(h1, h0_2);


% -------- Amplitudengänge der Analysepfade
nfft = 256;
H0_prim = abs(fft(h0_prim,nfft))';
H1_prim = abs(fft(h1_prim,nfft))';
H2_prim = abs(fft(h2_prim,nfft))';
H3_prim = abs(fft(h3_prim,nfft))';
```

Die Koeffizienten der Filter $H_0(z)$, $H_1(z)$ sind in den Vektoren h0, h1 enthalten. Die Koeffizienten der Produkte der z-Transformierten gemäß Gl. (3.93) werden über die Faltungen der Koeffizienten der entsprechenden Filter berechnet. Mit h0_2, h1_2 sind die Vektoren mit den Koeffizienten der mit Nullwerten erweiterten Einheitspulsantworten angegeben und mit h0_prim, h1_prim, h2_prim, h3_prim sind die Vektoren der Koeffizienten der gesuchten Übertragungsfunktionen $H_0'(z)$, $H_1'(z)$, $H_2'(z)$, $H_3'(z)$ bezeichnet.

Mit Hilfe der **fft**-Funktion werden weiter die Übertragungsfunktionen bzw. die Amplitudengänge ermittelt. In Abb. 3.90 sind diese für das Filtersystem, das mit filt = 7 initialisiert ist, dargestellt. Wie man sieht, sind die Kanäle im Frequenzbereich nicht so getrennt, wie man sich das für ideale Filter vorstellt. Sie sind aus der perfekten oder annähernd perfekten Rekonstruktionsbedingung entwickelt.

Der Leser sollte über die Variable filt im Skript auch die Amplitudengänge anderer Filtersysteme untersuchen. Es können auch andere Strukturen für die Filterbänke gewählt [21] werden, die später in Verbindung mit der Wavelet Transformation untersucht sind.

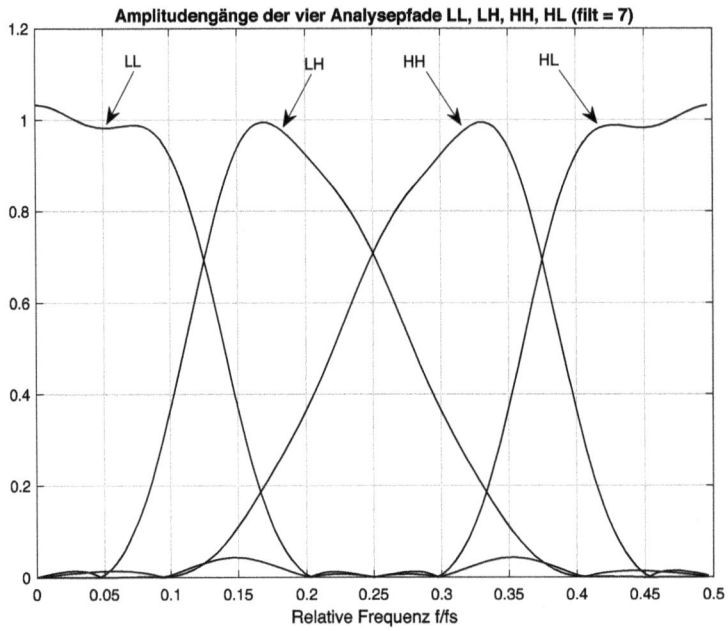

Abb. 3.90: Amplitudengänge der vier Kanäle (binary_subband_3.m).

4 Wavelet-Transformation

4.1 Einführung

In diesem Kapitel wird die Wavelet-Transformation eingeführt. Am Anfang wird die Entwicklung der diskreten Signale mit orthogonalen Funktionen dargestellt. Es werden die häufigsten orthogonalen Funktionen beschrieben und mit anschaulichen Experimenten begleitet.

Weiter werden einige orthogonale Transformationen für kontinuierliche oder stetige Signale dargestellt. Eine besondere Rolle spielen in diesem Kontext die Haar-Basisfunktionen und der sogenannte Haar-Algorithmus.

Es wird anschließend die Wavelet-Transformation eingeführt und mit Simulationen begleitet. Mit den Simulationen werden oft die Sachverhalte dargestellt ohne schwierige mathematische Beweise einzusetzen. Die meisten Experimente basieren auf Simulink-Modelle, die zusätzlich die Verständlichkeit unterstützen.

4.2 Entwicklung diskreter Signale mit orthogonalen Funktionen

Eine diskrete Sequenz $x[k]$ kann mit folgender Summe entwickelt werden [21]:

$$x[n] = \sum_{k=-\infty}^{\infty} x[k]\delta[n-k] \tag{4.1}$$

wobei $\delta[n-k]$ die Kronecke-Sequenz ist, die durch

$$\delta[n-k] = \begin{cases} 1 & \text{für} \quad n-k = 0 \\ 0 & \text{sonst} \end{cases} \tag{4.2}$$

definiert ist.

Hier sind die Koeffizienten der Entwicklung die Abtastwerte des diskreten Signals. Diese Beschreibung ist nicht sehr nützlich. Man sucht für die Signalsequenz $x[k]$ eine Darstellung mit Anteilen, die bestimmte Eigenschaften des Signals extrahieren und repräsentieren. Die Entwicklung in solchen Anteilen oder Komponenten ist praktisch einfacher, wenn die Anteile eine Familie von orthogonalen Vektoren darstellen.

Eine begrenzte Sequenz $x[k]$ definiert im Intervall $0 \leq k \leq N-1$ kann in einem Vektorraum als ein N-dimensionaler Vektor betrachtet werden:

$$\vec{x} = \begin{bmatrix} x[0] \\ x[1] \\ x[2] \\ \vdots \\ x[N-1] \end{bmatrix} = x[0]\begin{bmatrix} 1 \\ 0 \\ 0 \\ \vdots \\ 0 \end{bmatrix} + x[1]\begin{bmatrix} 0 \\ 1 \\ 0 \\ \vdots \\ 0 \end{bmatrix} + x[2]\begin{bmatrix} 0 \\ 0 \\ 1 \\ \vdots \\ 0 \end{bmatrix} + \cdots + x[N-1]\begin{bmatrix} 0 \\ 0 \\ 0 \\ \vdots \\ 1 \end{bmatrix} \tag{4.3}$$

https://doi.org/10.1515/9783110678871-004

$$= x[0]\vec{e}_0 + x[1]\vec{e}_1 + x[2]\vec{e}_2 + \cdots + x[N-1]\vec{e}_{N-1}$$
$$= x[0]e_0[k] + x[1]e_1[k] + x[2]e_2[k] + \cdots + x[N-1]e_{N-1}[k]\,.$$

Die Signalsequenz $x[k]$ ist jetzt als Punkt oder Vektor in einem N dimensionalen Euclid-Raum ($\mathbb{R}^N$), der durch die Basisvektoren $\vec{e}_0, \vec{e}_1, \ldots, \vec{e}_{N-1}$ umspannt ist, dargestellt. Diese Basisvektoren sind linear unabhängig, weil die lineare Kombination

$$c_0\vec{e}_0 + c_1\vec{e}_1 + c_1\vec{e}_1 + \cdots + c_{N-1}\vec{e}_{N-1} \tag{4.4}$$

null ist, nur wenn alle Koeffizienten $c_0 = c_1 = c_2 = \cdots = c_{N-1} = 0$ null sind. Anders ausgedrückt bedeutet dies, dass kein Basisvektor mit Hilfe einer linearen Kombination der restlichen Basisvektoren dargestellt werden kann. Die Norm von $\vec{x}$ ist durch

$$\text{Norm}(\vec{x}) = \|\vec{x}\| = \left[\sum_{k=0}^{N-1} |x[k]|^2\right]^{1/2} \tag{4.5}$$

definiert.

Zwei Signalsequenzen $g[k]$ und $f[k]$ mit dem gleichen Träger (Support) sind orthogonal, wenn das Skalarprodukt null ist:

$$\sum_{k=0}^{N-1} g[k]f[k] = \vec{g}^T\vec{f} = 0\,. \tag{4.6}$$

Das Skalarprodukt wird auch durch

$$\langle g[k]f[k]\rangle \tag{4.7}$$

vereinfacht bezeichnet. Die dimensional begrenzte Kronecker-Sequenz ist orthogonal, weil:

$$\sum_{k=0}^{N-1} e_i[k]e_j[k] = \vec{e}_i^T\vec{e}_j = 0 \quad \text{für} \quad i \neq j\,. \tag{4.8}$$

Die Norm der Basisvektoren $\vec{e}_i = e_i[k]$, $k = 0, 1, \ldots, N-1$ ist gleich eins:

$$\sum_{k=0}^{N-1} |e_i[k]|^2 = 1 \quad \text{für} \quad i = 0, 1, 2, \ldots, N-1\,. \tag{4.9}$$

In der Zerlegung gemäß Gl. (4.3) sind die Koeffizienten der Zerlegung einfach die Abtastwerte des zeitdiskreten Signals und ergeben keine Einsicht in die Eigenschaften des Signals. Erwünscht ist ein Satz von Basisvektoren, die zusammen mit den Gewichtungskoeffizienten die Eigenschaften des Signals hervorbringen.

Das einfachste Beispiel für solche Basisvektoren sind die Fourier Basisvektoren für die jeder Koeffizient den Anteil einer harmonischen Komponente bestimmter Frequenz darstellt.

Für eine allgemeine Klasse von Basisvektoren $\varphi_n[k]$, $0 \leq n, k \leq N - 1$, die eine Familie von N linear independenten Sequenzen im Intervall $[0, N - 1]$ bilden, erhält man:

$$x[k] = \vartheta_0\varphi_0[k] + \vartheta_1\varphi_1[k] + \cdots + \vartheta_{N-1}\varphi_{N-1}[k] = \sum_{n=0}^{N-1} \vartheta_n\varphi_n[k]. \qquad (4.10)$$

In Matrixform dargestellt:

$$\begin{bmatrix} x[0] \\ x[1] \\ x[2] \\ \vdots \\ x[N-1] \end{bmatrix} = \vartheta_0 \begin{bmatrix} \varphi_0[0] \\ \varphi_0[1] \\ \varphi_0[2] \\ \vdots \\ \varphi_0[N-1] \end{bmatrix} + \vartheta_1 \begin{bmatrix} \varphi_1[0] \\ \varphi_1[1] \\ \varphi_1[2] \\ \vdots \\ \varphi_1[N-1] \end{bmatrix} + \cdots + \vartheta_{N-1} \begin{bmatrix} \varphi_N[0] \\ \varphi_N[1] \\ \varphi_N[2] \\ \vdots \\ \varphi_N[N-1] \end{bmatrix}. \qquad (4.11)$$

Die Skalare ϑ_i, $i = 0, 1, \ldots, N - 1$ bilden die Koeffizienten der Zerlegung des Signalvektors $\vec{x}$ mit Hilfe der Basisvektoren. Die Familie der Basisvektoren ist orthogonal wenn:

$$\langle \varphi_i[k] \cdot \varphi_j^*[k] \rangle = \sum_{k=0}^{N-1} \varphi_i[k] \cdot \varphi_j^*[k] = c_i^2\delta[i-j] = \begin{cases} c_i^2, & i = j \\ 0 & \text{sonst}. \end{cases} \qquad (4.12)$$

Mit * ist die konjugiert komplexe bezeichnet für den Fall komplexer Basisvektoren. Die orthonormale Familie von Basisvektoren wird durch Normierung erhalten:

$$\phi_n[k] = \frac{1}{c_n}\varphi_n[k]. \qquad (4.13)$$

Jetzt gilt

$$\langle \phi_i[k] \cdot \phi_j[k] \rangle = \sum_{k=0}^{N-1} \phi_i[k] \cdot \phi_j^*[k] = \delta[i-j] = \begin{cases} 1, & i = j \\ 0 & \text{sonst} \end{cases} \qquad (4.14)$$

und somit ist $x[k]$ durch

$$x[k] = \sum_{n=0}^{N-1} \theta_n\phi_n[k] = \theta_0\phi_0[k] + \theta_1\phi_1[k] + \cdots + \theta_{N-1}\phi_{N-1}[k] \qquad (4.15)$$
$$0 \leq k \leq N - 1$$

gegeben, wobei die neuen Koeffizienten θ_n gleich mit

$$\theta_n = \langle x[k] \cdot \phi_n^*[k] \rangle = \sum_{k=0}^{N-1} x[k]\phi_n^*[k] \quad 0 \leq n \leq N - 1 \qquad (4.16)$$

sind. Für den Beweis der obigen Gleichung wird die Gl. (4.15) auf beiden Seiten mit $\phi_n[k]$ multipliziert und über k addiert. Wegen der Orthonormalität bleibt nur ein Term verschieden von null und führt zur Gl. (4.16).

Die Koeffizienten θ_n, $0 \leq n \leq N-1$ bilden die spektralen Koeffizienten von $x[k]$ relativ zur Familie der orthonormalen Basisvektoren. Die Energie einer Signalsequenz ist das Quadrat der Norm und das Parseval-Theorem besagt, dass diese gleich mit der Summe der Quadrate der Koeffizienten ist:

$$\sum_{k=0}^{N-1} |x[k]|^2 = \sum_{n=0}^{N-1} |\theta[n]|^2. \tag{4.17}$$

Das Theorem zeigt, dass die Energie des Signals unter der orthonormalen Transformation in den Koeffizienten konserviert ist. Mit sinnvollen Basisvektoren wird die Energie des Signals auf wenigen Koeffizienten verteilt und das ist der Grund für die Transformation.

In einem begrenzten Intervall, ist die Norm begrenzt, wenn alle Abtastwerte des Signals in diesem Intervall begrenzt sind. Für Signale die über ein Intervall $[0, \infty)$ oder $(-\infty, \infty)$ definiert sind, benötigt die Konvergenz der Norm strengere Bedingungen. Offensichtlich muss $|x[k]| \to 0$ wenn $k \to \pm\infty$. Sequenzen mit begrenzter Energie sind in $\mathbb{L}^2$ Raum [21] enthalten.

In Abb. 4.1 ist ein Beispiel für die Zerlegung eines Vektors $\vec{x}$ nach den zwei orthogonalen Vektoren $\vec{\varphi}_0$, $\vec{\varphi}_1$ dargestellt. Im zweidimensionalen Raum ist eine anschauliche und leicht verständliche geometrische Interpretation der Orthogonalität möglich. Die zwei Basisvektoren $\vec{\varphi}_0$, $\vec{\varphi}_1$ sind orthogonal und bilden einen Winkel von 90 Grad in dieser Darstellung:

$$\vec{\varphi}_0 = \begin{bmatrix} 1 \\ 2 \end{bmatrix} \quad \vec{\varphi}_1 = \begin{bmatrix} 4 \\ -2 \end{bmatrix}. \tag{4.18}$$

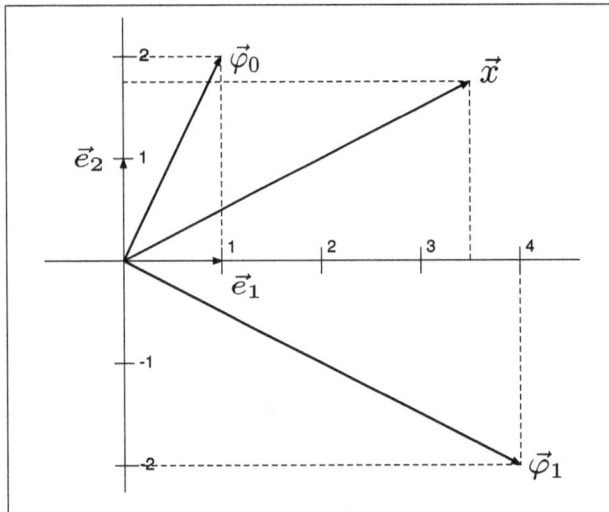

Abb. 4.1: Beispiel einer Zerlegung nach orthogonalen Vektoren.

Die Orthogonalität der Basisvektoren ist leicht zu überprüfen:

$$\langle \vec{\varphi}_0 \cdot \vec{\varphi}_1 \rangle = \vec{\varphi}_0^T \cdot \vec{\varphi}_1 = 0 \,. \tag{4.19}$$

Sie werden normiert, um orthonormale Basisvektoren zu erhalten:

$$\begin{aligned} \vec{\phi}_0 &= \vec{\varphi}_0/(\|\vec{\varphi}_0\|) = \vec{\varphi}_0/\sqrt{5} \\ \vec{\phi}_1 &= \vec{\varphi}_1/(\|\vec{\varphi}_1\|) = \vec{\varphi}_0/\sqrt{20} \,. \end{aligned} \tag{4.20}$$

Als Beispiel aus

$$\vec{x} = \begin{bmatrix} 3{,}5 \\ 1{,}75 \end{bmatrix} = \theta_0 \vec{\phi}_0 + \theta_1 \vec{\phi}_1 \tag{4.21}$$

erhält man weiter:

$$\begin{aligned} \theta_0 &= \langle \vec{x} \cdot \vec{\phi}_0 \rangle = \begin{bmatrix} 3{,}5 \\ 1{,}75 \end{bmatrix}^T \cdot \begin{bmatrix} 1 \\ 2 \end{bmatrix} / \sqrt{5} = 3{,}1305 \\ \theta_1 &= \langle \vec{x} \cdot \vec{\phi}_1 \rangle = \begin{bmatrix} 3{,}5 \\ 1{,}75 \end{bmatrix}^T \cdot \begin{bmatrix} 4 \\ -2 \end{bmatrix} / \sqrt{20} = 2{,}3479 \,. \end{aligned} \tag{4.22}$$

Eine gute Übung für den Leser besteht darin, die Gl. (4.21) mit diesen Ergebnissen zu überprüfen.

Wenn die Basisvektoren $\vec{\varphi}_0$, $\vec{\varphi}_1$ nicht orthogonal sind, kann man duale Basisvektoren $\vec{\psi}_0$, $\vec{\psi}_1$ definieren, so dass die Bedingungen der Biorthogonalität erfüllt sind [31]:

$$\langle \vec{\psi}_1 \cdot \vec{\varphi}_0 \rangle = 0 \quad \text{und} \quad \langle \vec{\psi}_0 \cdot \vec{\varphi}_1 \rangle = 0 \,. \tag{4.23}$$

In Abb. 4.2 ist ein Beispiel für die Bildung von dualen Basisvektoren (nicht die einzige Lösung). Die Entwicklung nach den ursprünglichen Basisvektoren

$$\vec{x} = \theta_0 \vec{\varphi}_0 + \theta_1 \vec{\varphi}_1 \tag{4.24}$$

führt dann zu:

$$\theta_0 = \frac{\langle \vec{x} \cdot \vec{\psi}_0 \rangle}{\langle \vec{\psi}_0 \cdot \vec{\varphi}_0 \rangle} \quad \text{und} \quad \theta_1 = \frac{\langle \vec{x} \cdot \vec{\psi}_1 \rangle}{\langle \vec{\psi}_1 \cdot \vec{\varphi}_1 \rangle} \,. \tag{4.25}$$

Wie man aus Gl. (4.25) sieht, können auch hier Normierungen vorgenommen werden, so dass $\langle \vec{\psi}_0 \cdot \vec{\varphi}_0 \rangle = 1$ und $\langle \vec{\psi}_1 \cdot \vec{\varphi}_1 \rangle = 1$ sind.

Der Leser sollte mit den Vektoren aus Abb. 4.2 die dualen Basisvektoren berechnen und dann für einen beliebigen Signalvektor die dualen Basisvektoren benutzen bzw. die Koeffizienten der Zerlegung ermitteln.

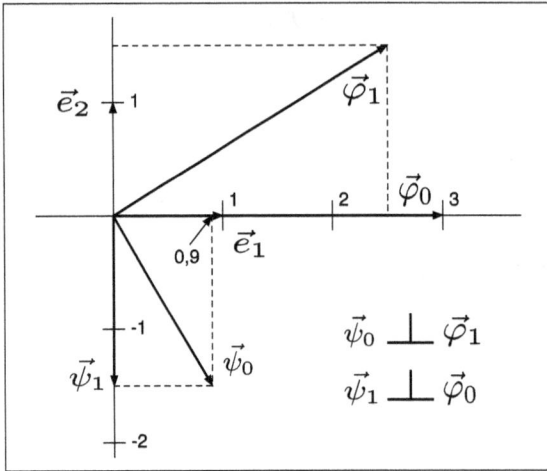

Abb. 4.2: Beispiel von dualen Basisvektoren.

Wenn die Basisvektoren der allgemeinen Zerlegung gemäß Gl. (4.10) nicht orthogonal sind, dann kann man ein duales Basissystem $\psi_0[k], \psi_1[k], \ldots, \psi_{N-1}[k]$ finden, das die biorthogonalen Bedingungen

$$\langle \varphi_i[k] \cdot \psi_j[k] \rangle = \sum_{k=0}^{N-1} \varphi_i[k] \cdot \psi_j[k] = c_i^2 \delta[i-j] = \begin{cases} c_i^2, & i = j \\ 0 & \text{sonst} \end{cases} \tag{4.26}$$

erfüllt und somit die Koeffizienten der Zerlegung durch

$$\theta_n = \frac{\langle x[k] \cdot \psi_n[k] \rangle}{\langle \varphi_n[k] \cdot \psi_n[k] \rangle} = \frac{\langle x[k] \cdot \psi_n[k] \rangle}{c_n^2} \tag{4.27}$$

zu berechnen sind. Auch hier kann man eine Normierung ähnlich der Normierung aus Gl. (4.13) vollziehen und neue Koeffizienten einfacher berechnen.

4.2.1 Annäherung mit kleinsten Fehlerquadraten

Angenommen man möchte die Sequenz $x[k]$, $k = 0, 1, \ldots, N-1$ mit Hilfe von $L < N$ spektralen Koeffizienten θ_n, $n = 0, 1, \ldots, L-1$ annähern [21]:

$$\hat{x}[k] = \sum_{r=0}^{L-1} \gamma_r \phi_r[k]. \tag{4.28}$$

Hier sind $\phi_r[k]$, $k = 0, 1, \ldots, N-1$ die Basisvektoren und γ_r sind die entsprechenden Koeffizienten für diese Annäherung. Der Fehler der Annäherung $\epsilon[k]$ ist durch

$$\epsilon[k] = x[k] - \hat{x}[k] \tag{4.29}$$

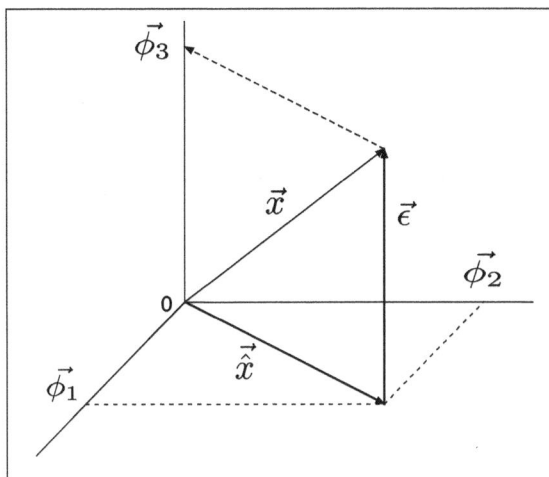

Abb. 4.3: Orthogonalität der Annäherung.

gegeben. Die Koeffizienten $y_r, r = 0, 1, \ldots, L-1$ werden so gewählt, dass sie die Summe der quadratischen Fehler

$$J_L = \sum_{k=0}^{N-1} |\epsilon[k]|^2 \tag{4.30}$$

minimieren. In der Literatur [21] wird gezeigt, dass die Minimierung für

$$y_r = \theta_r \quad r = 0, 1, \ldots, L-1 \tag{4.31}$$

stattfindet. Wenn $L = N$ ist $J_N = 0$. Die Summe des quadratischen Fehlers ist minimiert wenn L spektrale orthonormale Koeffizienten für die Annäherung benutzt werden.

Diese Wahl der Koeffizienten hat die Eigenschaft, dass $J_{L+1} \leq J_L$ ist. Um die Genauigkeit der Annäherung mit $L + 1$ Koeffizienten zu erhöhen, muss man nur einen Koeffizienten berechnen y_{L+1}, weil die restlichen bleiben unverändert.

Der minimale Fehler in dieser Annäherung ist durch die fehlenden Anteile der Zerlegung gegeben:

$$\epsilon[k] = x[k] - \sum_{r=0}^{L-1} \theta_r \phi_r[k] = \sum_{r=L}^{N-1} \theta_r \phi_r[k]. \tag{4.32}$$

Die Fehlersequenz $\epsilon[k]$ liegt im Raum umspannt von den restlichen Basisvektoren:

$$\{\phi_L[k], \ldots, \phi_{N-1}[k]\} \rightarrow V_2. \tag{4.33}$$

Die Annäherung $\hat{x}[k]$ liegt im Raum V_1 umspannt von $\{\phi_r[k], 0 \leq r \leq L-1\}$. Der Raum V_2 ist das Orthogonale-Komplement des Raums V_1 mit der Eigenschaft, dass jeder Vektor in V_2 orthogonal zu jedem Vektor aus V_1 ist. Der Raum V aller Basisvektoren ist die direkte Summe von V_1 und V_2 [21].

In Abb. 4.3 ist für $N = 3$, $L = 2$ eine anschauliche Darstellung gezeigt, in der $\{\hat{x}[k]\}$ die orthogonale Projektion von $\{x[k]\}$ auf den zweidimensionalen Unterraum gespannt von den Basisvektoren $\{\phi_1[k], \phi_2[k]\}$ als kleinste quadratische Annäherung von $\{x[k]\}$ ist.

4.2.2 Orthonormale Zerlegung als Multiratenfilterbank

Die Form der Zerlegungsgleichung (4.16), die hier wiederholt wird

$$\theta_n = \langle x[k] \cdot \phi_n^*[k] \rangle = \sum_{k=0}^{N-1} x[k]\phi_n^*[k] \quad 0 \le n \le N - 1, \tag{4.34}$$

zeigt, dass die spektralen Koeffizienten θ_n für die Sequenz $\{x[k]\}$ mit einer Filterbank, die in Abb. 4.4 dargestellt ist, ermittelt werden können.

Die Filter sind FIR-Filter deren Einheitspulsantworten die zeitgespiegelten und versetzten, eventuell komplexen ($\{\}^*$), Basissequenzen $\{\phi_r^*[N - 1 - k] = h_r[k]\}$ sind.

Der Ausgang des r-ten Filters ist die Faltung:

$$y_r[n] = h_r[n] * x[n] = \sum_k \phi_r^*[N - 1 - k]x[n - k]. \tag{4.35}$$

Durch Abtastung in Abständen von N erhält man die Koeffizienten der Zerlegung $\{\theta_0, \ldots, \theta_{N-1}\}$ für die Datenblöcke $\{x[0], \ldots, x[N - 1]\}$. Sicher ist diese Form keine effiziente Berechnungsart, weil man nach der Faltung die aufwändig berechneten $N - 1$ Werte entfernt. Sie dient nur zum besseren Verständnis der Sachverhalte.

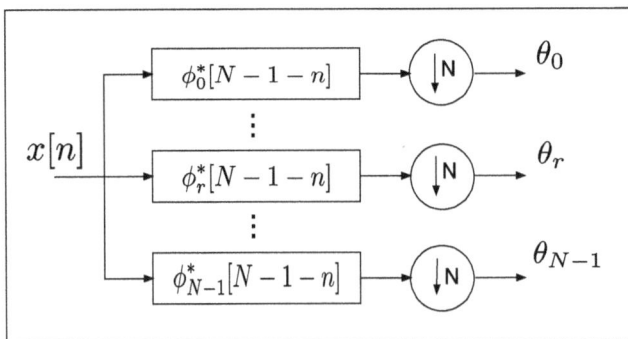

Abb. 4.4: Orthonormale Zerlegung als Multiratenfilterbank.

4.2.3 Die Diskrete-Cosinus-Transformation

Als Beispiel für eine orthonormale Zerlegung einer zeitdiskreten Sequenz $x[k]$ der Länge N wird weiter die Diskrete-Cosinus-Transformation kurz DCT untersucht. Diese Transformation wird in dem JPEG Kompressionsverfahren für Bilder und auch in der Codierung von Audiosignalen eingesetzt [21, 32]. Die orthogonalen Basisvektoren sind durch

$$\phi[r,n] = \phi_r[n] = \frac{1}{c_r}\cos\left(\frac{(2n+1)r\pi}{2N}\right), \quad 0 \le n, r \le N-1$$

$$c_r = \begin{cases} \sqrt{N}, & r = 0 \\ \sqrt{N/2}, & r \neq 0 \end{cases}$$

(4.36)

definiert und

$$\phi = \phi[r,n], \quad \phi^{-1} = \phi^T.$$

(4.37)

Die DCT ist annähernd optimal für stark korrelierte Signale, dadurch dass sie mit wenigen Koeffizienten das Signal annähern kann [21]. Für schwach korrelierte Signale ist die DCT nicht geeignet.

Mit dem Skript `DCT_8.m` wird die DCT für $N = 8$ näher untersucht. In Abb. 4.5 sind links die Basisvektoren dargestellt und rechts sind die Beträge der FFT der zeitgespiegelten Basisvektoren als FIR-Filter gezeigt.

Die Basisvektoren werden in MATLAB mit dem Befehl **dctmtx** erzeugt. Der erste Vektor extrahiert aus der Sequenz den Mittelwert. Der nächste Basisvektor extrahiert eine eventuelle Komponente der Frequenz von ca. $1/(2NT_s)$, wobei durch T_s die Abtastperiode des Signals bezeichnet ist. Diese Frequenz relativ zur Abtastfrequenz wäre dann ca. $1/(2N)$. Der Wert $1/(2N) = 0{,}0625$ nähert sich der Frequenz des Maximalwerts von 0,086 des Betrags der entsprechenden FFT, rechts dargestellt.

Der dritte Basisvektor extrahiert ähnlich eine Komponente der relativen Frequenz von ca. $1/N = 0{,}125$. Die relative Frequenz des Maximalwertes des Betrags der entsprechenden FFT ist jetzt 0,14. Die Komponente der höchsten relativen Frequenz wird mit dem Basisvektor 8 extrahiert und ist ca. 0,5.

Im Skript wird die Matrize `DCT_basis` der Basisvektoren mit

```
N = 8;
DCT_basis = dctmtx(N);
```

erhalten. Danach werden die Basisvektoren mit **fliplr** zeitgespiegelt und die FFTs berechnet.

```
nfft = 256;
H = fft(fliplr(DCT_basis).', 256);
```

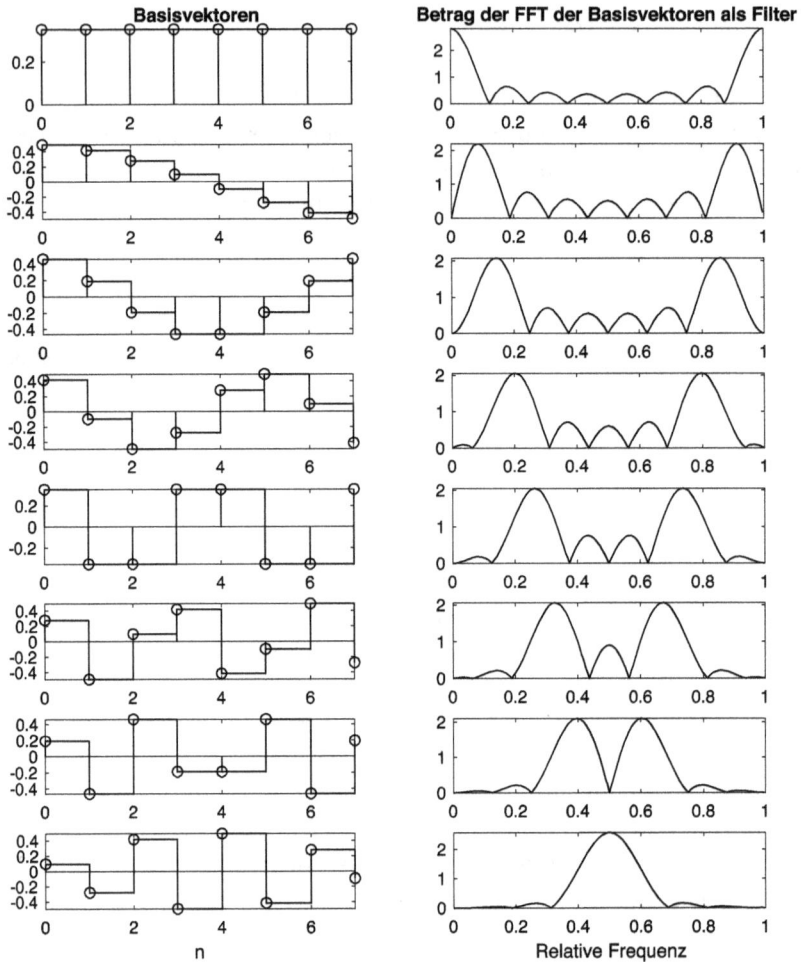

Abb. 4.5: Basisvektoren der DCT und die Amplitudengänge der entsprechenden Filter (DCT_8.m).

Zuletzt ist im Skript die Möglichkeit programmiert, dass man einen bestimmten Basisvektor wählen kann, um den Betrag der FFT mit relativen Frequenzen zwischen 0 und 1 oder −0,5 bis 0,5 zu sichten. In Abb. 4.6 sind diese Beträge für den dritten Basisvektor mit $l = 3$ ($r = 2$) dargestellt.

Dass die Basisvektoren für dieses Beispiel mit $N = 8$ orthonormal sind, kann man einfach überprüfen. Mit

```
DCT_basis*DCT_basis'
```
ans =
```
 Columns 1 through 6

   1.0000e+00    8.1975e-17   -9.0595e-17    1.1455e-16   ...
```

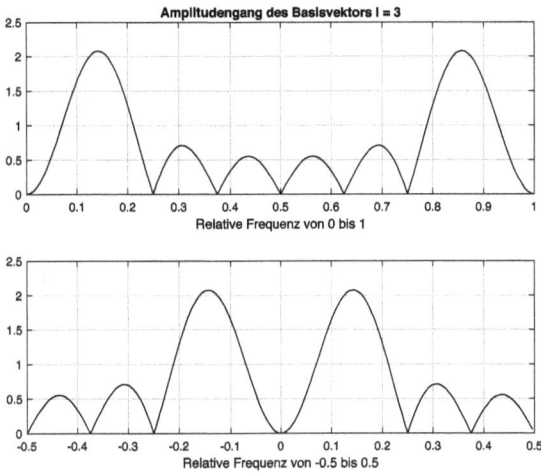

Abb. 4.6: Beträge der FFT für den dritten Basisvektor (DCT_8.m).

```
  8.1975e-17    1.0000e+00    7.4438e-17   -1.5536e-16  ...
 -9.0595e-17    7.4438e-17    1.0000e+00    2.1510e-16  ...
  1.1455e-16   -1.5536e-16    2.1510e-16    1.0000e+00  ...
  2.8995e-17    2.2198e-17   -2.4023e-16    6.8775e-16  ...
 -5.2409e-17    4.4228e-17    3.1334e-16   -7.0290e-16  ...
 -7.7858e-16    9.1090e-16   -8.4828e-16    1.0902e-15  ...
  1.2030e-15   -1.4004e-15    9.7958e-16   -5.6818e-16  ...
 .......
```

erhält man eine Diagonalmatrix mit Einser in der Diagonale.

Es gibt noch viele andere orthonormale Transformationen mit reellen, nicht komplexen Basisvektoren, wie z. B. die DST (Diskrete-Sinus-Transformation), die WHT (Walsh–Hadamard-Transformation), die DLT (Diskrete-Legendre-Transformation), die KLT (Karhunen–Loeve-Transformation), etc. [21]. Die KLT ist eine vom Signal abhängige Transformation, die die Autokorrelation der Signalsequenz bei der Ermittlung der Basisvektoren einbezieht.

4.2.4 Experiment: Simulation einer Zerlegung und Rekonstruktion mit der DCT

Es wird eine Zerlegung und Rekonstruktion mit der DCT für Blöcke der Größe $N = 8$ simuliert. Im Skript dct_alsfilter1.m und Modell dct_alsfilter_1.slx ist das Experiment programmiert. Das Modell ist in Abb. 4.7 gezeigt.

Von einem Block *Band-Limited White Noise* wird mit einem FIR-Tiefpassfilter im Block *Discrete FIR Filter* eine korrelierte Eingangssequenz generiert. Wenn die relative Bandbreite dieses Filters, mit der Variablen fn initialisiert, klein ist (z. B. 0,2), erhält

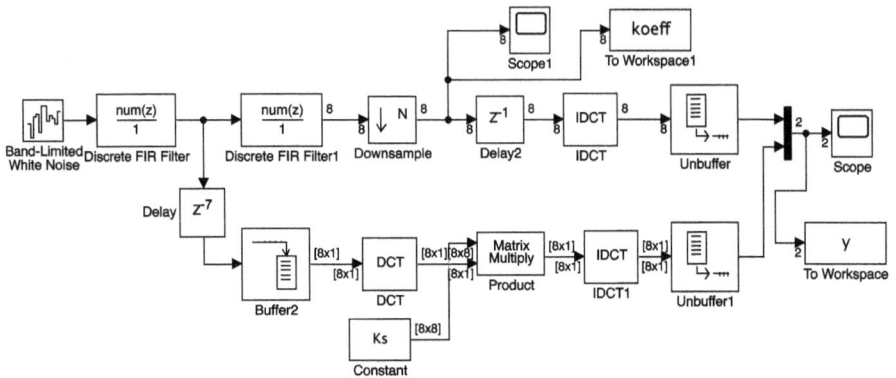

Abb. 4.7: Simulink-Modell der Untersuchung einer Zerlegung und Rekonstruktion mit DCT (dct_alsfilter1.m, dct_alsfilter_1.slx).

man eine Sequenz mit Anteilen im tieferen Frequenzbereich und somit mit stärkerer Korrelation. Es ist dadurch zu erwarten, dass die Koeffizienten der höheren Frequenzen relativ klein sind und für die Rekonstruktion kann man sie weglassen. Im Block *Discrete Filter 1* ist die DCT als Filterbank implementiert. Dafür wird das Filter mit der zeitgespiegelten Matrix der Basisvektoren initialisiert:

```
dct_basis = dctmtx(N); % Basisvektoren
dct_filter = fliplr(dct_basis);
                    % Zeitgespiegelte Basisvektoren
                    % als FIR-Filter
```

Danach folgt die Dezimierung mit Faktor $N = 8$, um die spektralen Koeffizienten der Zerlegung zu erhalten. Diese werden in der Senke *To Workspace1* zwischengespeichert und auf dem *Scope 1* dargestellt. Es folgt die Rekonstruktion der Datenblöcke über die inverse DCT. Mit dem Block *Unbuffer* werden die 8 parallel gelieferten Signalwerte serialisiert.

Im unteren Pfad wird eine Zerlegung und Rekonstruktion mit Hilfe der Blöcke *DCT* und *iDCT* simuliert. Hier kann man über die Selektionsmatrix Ks die als signifikant betrachteten Koeffizienten der DCT für die Rekonstruktion wählen. Mit

```
Ks = eye(8);
```

werden alle Koeffizienten benutzt. Wenn z. B.

```
Ks(4:end,4:end) = 0; % Nur die ersten 3 Koeffizienten
```

werden nur die ersten 3 Koeffizienten zur Rekonstruktion eingesetzt. In Abb. 4.8 sind die spektralen Koeffizienten θ_k, $k = 0,\dots,7$ für eine Bandbreite des Eingangsfilters von fn = $0,1$, was eine starke Korrelation der Signalwerte bedeutet, dargestellt.

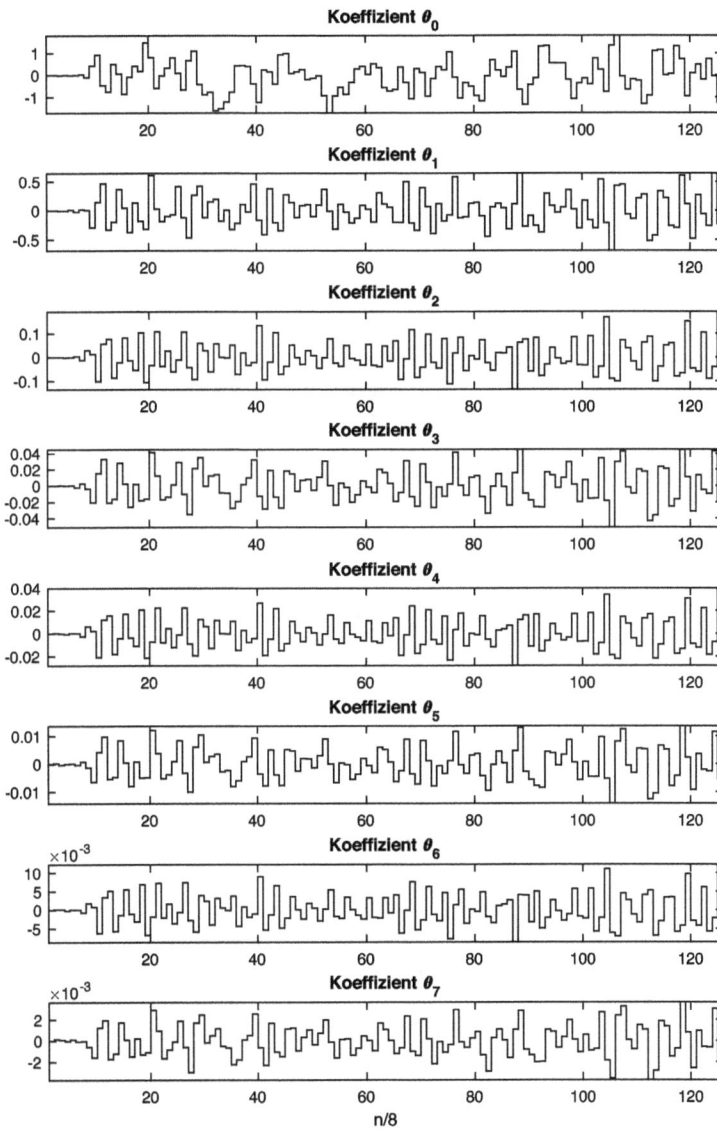

Abb. 4.8: Spektrale Koeffizienten θ_k für $f_n = 0{,}1$ (dct_alsfilter1.m, dct_alsfilter_1.slx).

Wie man sieht liegt der erste Koeffizient im Bereich −1 bis 1 und beginnend vom dritten ist der Wertebereich der Koeffizienten immer kleiner und erreicht beim letzten Koeffizienten ein Bereich von -3×10^{-3} bis 3×10^{-3}.

In Abb. 4.9 sind oben rekonstruierte Datenblocke einmal mit allen Koeffizienten und mit nur drei Koeffizienten rekonstruierte Datenblocke dargestellt. Darunter ist die Differenz als Fehler gezeigt.

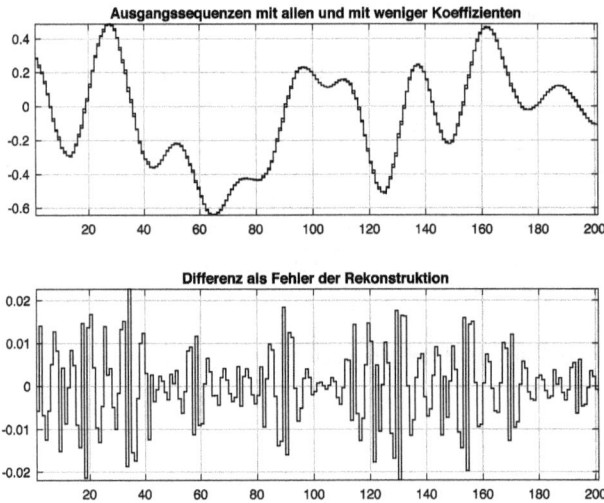

Abb. 4.9: (a) Die rekonstruierten Datenblöcke mit allen und nur mit drei spektralen Koeffizienten für $f_n = 0,1$. (b) Die Differenz als Fehler der Rekonstruktion (dct_alsfilter1.m, dct_alsfilter_1.slx).

Im Modell sind einige Verzögerungsblöcke enthalten. Mit dem Block *Delay* wird die Verzögerung mit $N-1$ Schritten, die entsteht bei der Umwandlung der Basisvektoren durch Zeitspiegelung in FIR Filter, berücksichtigt. Die zweite Verspätung im Block *Delay 2* mit einem Schritt war notwendig um die Ausgänge auszurichten. Die Notwendigkeit dieser Verspätung wurde durch Betrachtung der Ausgänge festgestellt. Am *Scope 1* kann man die spektralen Koeffizienten, die nach der Dezimierung entstehen, in Form von 8 Werten in jedem Schritt verfolgen. Es sind nur einige Werte signifikant und der Rest sind relativ klein.

Die Daten die in den Senken *To Workspace* und *To Workspace1* sind im Format *Time Series* zwischengespeichert. Die Ausgänge in der Variable y werden in folgender Form geliefert:

```
>> y
  timeseries
  Common Properties:
          Name: ''
          Time: [1001x1 double]
      TimeInfo: [1x1 tsdata.timemetadata]
          Data: [1001x2 double]
      DataInfo: [1x1 tsdata.datametadata]
```

Dadurch sind die zwei Ausgänge mit folgenden Zeilen im Skript extrahiert:

```
y1 = y.Data(:,1);
    % Rekonstruktion mit allen Koeffizienten
```

```
y2 = y.Data(:,2);
    % Rekonstruktion mit weniger Koeffizienten
koeffiz = koeff.Data; % Spektrale Koeffizienten
```

Die Abtastperioden an verschiedenen Stellen im Modell können mit Hilfe von Farben der Verbindungslinien verfolgt werden. Dafür werden im Menü des Modells über *Display; Sample Time; Colors* die Verbindungen der Blöcke mit Farben für die Abtastperioden aktiviert. Im Modell wurde eine ähnliche Option aktiviert, die die Größe der Variablen am Ausgang der Blöcke angibt.

Dem Leser wird empfohlen mit anderen Werten für f_n, wie z. B. einem Wert von 0,4, der eine kleinere Autokorrelation der Daten bedeutet zu experimentieren und dann die Anzahl der Koeffizienten zu erhöhen. Mit nur drei Koeffizienten entstehen hier durch Artefakten am Anfang und Ende der Datenblöcke größere Fehler.

4.2.5 Experiment: Simulation einer Zerlegung und Rekonstruktion mit der KLT

Die Effizienz einer Transformation wird durch die Dekorrelation und die Kompaktheit die sie bewirkt bewertet. Die KLT (Karhunen–Loeve-Transformation) ist effizient für im weiten Sinne stationäre Signale (kurz WSS, *Wide-Sense Stationary*). In diesem Experiment wird, wie im vorherigen, ein stationäres Gauß-Signal mit der KLT zerlegt und dann wieder rekonstruiert. Die kleinen spektralen Koeffizienten werden auf null gesetzt und die dadurch entstandenen Fehler bei der Rekonstruktion untersucht.

Die Kovarianzmatrix C eines WSS-Signals mit Mittelwert null ist gleich der Autokorrelationsmatrix R:

$$R = C = \begin{bmatrix} R(0) & R(1) & \dots & R(N-1) \\ R(1) & R(0) & \dots & R(N-2) \\ \dots & \dots & \dots & \dots \\ R(N-1) & R(N-2) & \dots & R(0) \end{bmatrix}. \tag{4.38}$$

Wobei

$$R = E\{\vec{x}\vec{x}^T\} \tag{4.39}$$

und $\vec{x}$ ein Vektor der Länge N der Datenblöcke des Signals ist und $E\{\}$ den Erwartungswert bedeutet.

Mit dem Skript `klt_alsfilter1.m` und dem Modell `klt_alsfilter1.slx` wird dieses Experiment durchgeführt. In MATLAB wird die Autokorrelationsmatrix R mit Hilfe der Funktion **xcorr**, welche die Autokorrelation schätzt, berechnet. Aus dieser wird mit der Funktion **Toeplitz** die Matrix R gebildet:

```
% -------- Kovarianz des stationären Signals
rng('default');
```

```
x = randn(1,1024);        % Unabhängige Rauschsequenz
h = fir1(128,fn);   % Einheitspulsantwort des Rauschfilters
xf = filter(h,1,x);    xf = xf(65:end);
                          % Korreliertes Signal ohne
                          % Einschwingen
ak = xcorr(xf,7,'biased');  % Normierte Autokorrelation
%ak = xcorr(xf,7);        % Autokorrelation
ak = ak(8:end);
R = toeplitz(ak);         % Kovarianzmatrix
```

Aus der unabhängigen Sequenz x wird mit Hilfe eines FIR-Tiefpassfilters der Einheitspulsantwort h eine korrelierte Sequenz xf gebildet. Abhängig von der relativen Durchlassfrequenz fn (wie z. B. fn = 0.1) kann die Korrelation der Sequenzen gesteuert werden. In ak erhält man mit **xcorr** die beidseitige Autokorrelation aus der dann die Einseitige extrahiert und die Matrix R ermittelt wird. Es ist eine symmetrische Matrix mit der Varianz des Signals in der Diagonale.

Die Basisvektoren der KLT-Transformation für $N = 8$ sind den Eigenvektoren der Matrix R [21] gleich:

```
[klt_basis,lamda] = eig(R);    % KLT Basisvektoren
klt_basis = flipud(klt_basis'); % Basisvektoren als Zeilen
klt_basis*klt_basis',    % Test der Orthonormalität
```

Die Eigenvektoren sind neu sortiert, so dass die Basisvektoren, die sie bilden, im Frequenzbereich zuerst mit den tiefen Frequenzen beginnen. In Abb. 4.10 sind diese Basisvektoren dargestellt. Dem Leser wird empfohlen das Skript zu ergänzen, so dass auch in diesem Fall zusätzlich die Beträge der FFT der Basisvektoren dargestellt werden (ähnlich der Abb. 4.5).

Das Simulink-Modell des Experiments ist in Abb. 4.11 gezeigt. Man erkennt die Ähnlichkeit mit dem Modell des vorherigen Experiments. Die Zerlegung des Signals in spektrale Koeffizienten ist mit FIR-Filtern, die aus den Basisvektoren durch Zeitspiegelung erhalten wurden, durchgeführt. Diese Filter sind im Block *Discrete FIR Filter* implementiert. Die Rekonstruktion wird durch Multiplikation im Block *Matrix Multiplay 2* erhalten. Hier werden die spektralen Koeffizienten mit der Transponierten der Basismatrix aus Block *Constant 2* multipliziert und so 8 Signalwerte gleichzeitig geliefert. Diese sind dann weiter mit dem Block *Unbuffer* serialisiert.

Im darunter liegendem Pfad wird die Zerlegung durch Multiplikation der Basismatrix mit einer Sequenz von N Werten, die im *Buffer 2*-Block zusammengefasst werden, realisiert. Die Rekonstruktion ist ähnlich wie im oberen Pfad realisiert. Zwischen der Zerlegung und Rekonstruktion werden mit dem Block *Dead Zone* die kleinen nicht signifikanten Koeffizienten auf null gesetzt. Die Tote-Zone für diesen Block wird im Skript mit der Variable Ks gesteuert.

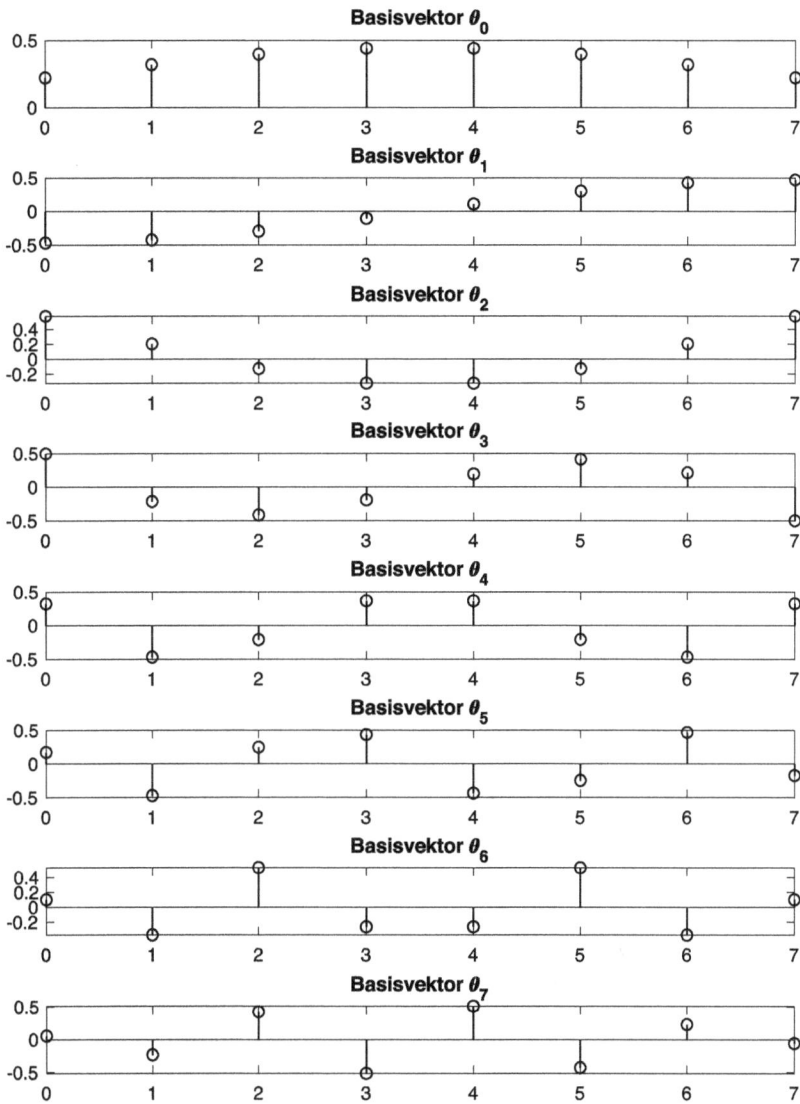

Abb. 4.10: Die KLT-Basisvektoren dieses Experiments (klt_alsfilter1.m, klt_alsfilter_1.slx).

In Abb. 4.12 sind die spektralen Koeffizienten für Rauschsignale mit relativer Bandbreite von fn = 0,2 dargestellt. Mit einem Wert Ks = 0,02 werden alle Koeffizienten die unter diesem Wert liegen auf null gesetzt, wie die Darstellung der Koeffizienten aus Abb. 4.13 zeigt. Leider sind die restlichen Koeffizienten wegen der Kennlinie des Blocks *Dead Zone* auch gedämpft und so die Rekonstruktion zusätzlich beeinflusst.

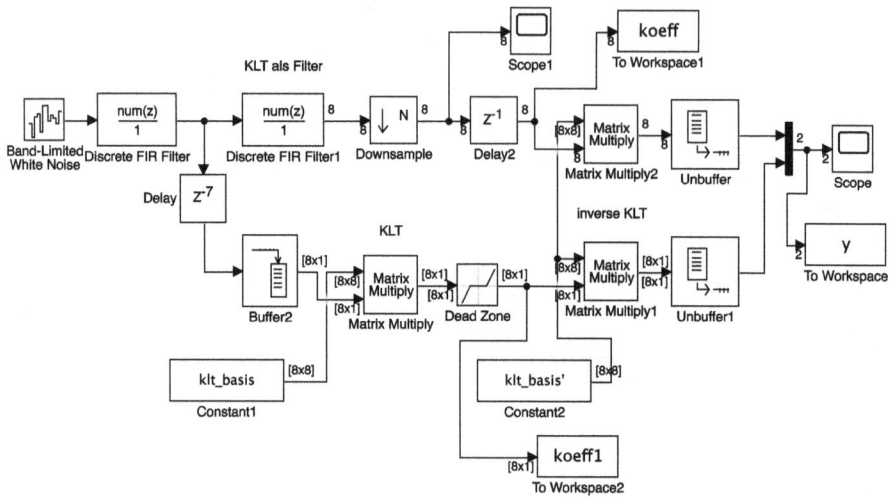

Abb. 4.11: Simulink-Modell der Zerlegung und Rekonstruktion mit KLT-Basisvektoren (klt_alsfilter1.m, klt_alsfilter_1.slx).

Das rekonstruierte Signal mit allen Koeffizienten aus dem oberen Pfad und das rekonstruierte Signal mit den signifikanten Koeffizienten zusammen mit der Differenz dieser Signale sind in Abb. 4.14 dargestellt.

Wie man sieht ist die Rekonstruktion praktisch nur mit vier spektralen Koeffizienten realisiert, und der Fehler der Rekonstruktion ist nicht sehr groß. Die Kompaktheit der KLT-Transformation ist sehr gut.

4.2.6 Experiment: Simulation einer orthonormalen Transformation mit komplexen Basisfunktionen

Als Beispiel für eine orthonormale Transformation mit komplexen Basisfunktionen wird hier die diskrete Fourier-Transformation (DFT) eingesetzt, die schon im ersten Kapitel eingeführt ist:

$$\text{DFT}\{x[nT_s]\} = X[k] = \sum_{n=0}^{N-1} x[n]e^{-j2\pi kn/N} \quad k = 0, 1, \ldots, N-1. \tag{4.40}$$

Aus N reellen Werten $x[n]$, $n = 0, 1, \ldots, N-1$ werden N komplexe Werte $X[k]$, $k = 0, 1, \ldots, N-1$ berechnet. Diese DFT Transformation kann auch in einer Matrixform geschrieben werden:

$$\begin{bmatrix} X[0] \\ X[1] \\ \vdots \\ X[N-1] \end{bmatrix} = \begin{bmatrix} 1 & 1 & \cdots & 1 \\ 1 & e^{-j2\pi/N} & \cdots & e^{-j2\pi(N-1)/N} \\ \vdots & \vdots & \cdots & \vdots \\ 1 & e^{-j2\pi(N-1)/N} & \cdots & e^{-j2\pi(N-1)(N-1)/N} \end{bmatrix} \cdot \begin{bmatrix} x[0] \\ x[1] \\ \vdots \\ x[N-1] \end{bmatrix}. \tag{4.41}$$

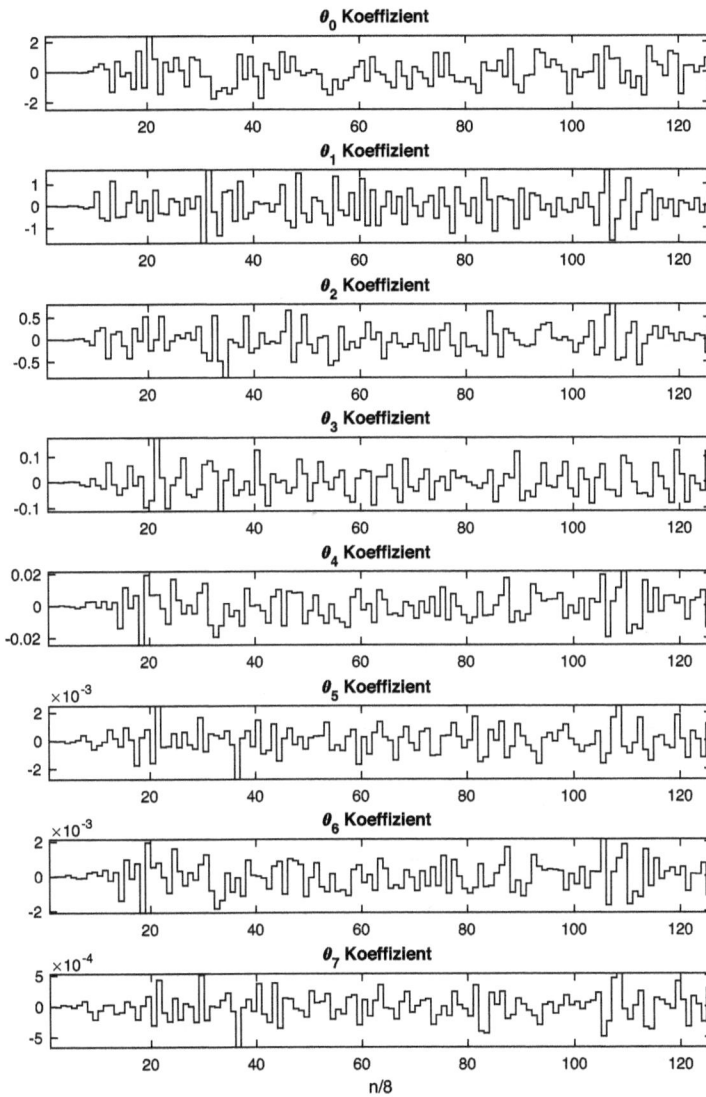

Abb. 4.12: Die spektralen Koeffizienten für $f_n = 0{,}2$ (klt_alsfilter1.m, klt_alsfilter_1.slx).

Die Zeilen (oder die Spalten) bilden die Basisvektoren der DFT. In MATLAB wird diese Matrix mit der Funktion **dftmtx** gebildet. So z. B. mit

dftmtx(8)

erhält man die DFT-Matrix für $N = 8$. Im Skript DFT_8.m werden einige Eigenschaften dieser Transformation untersucht.

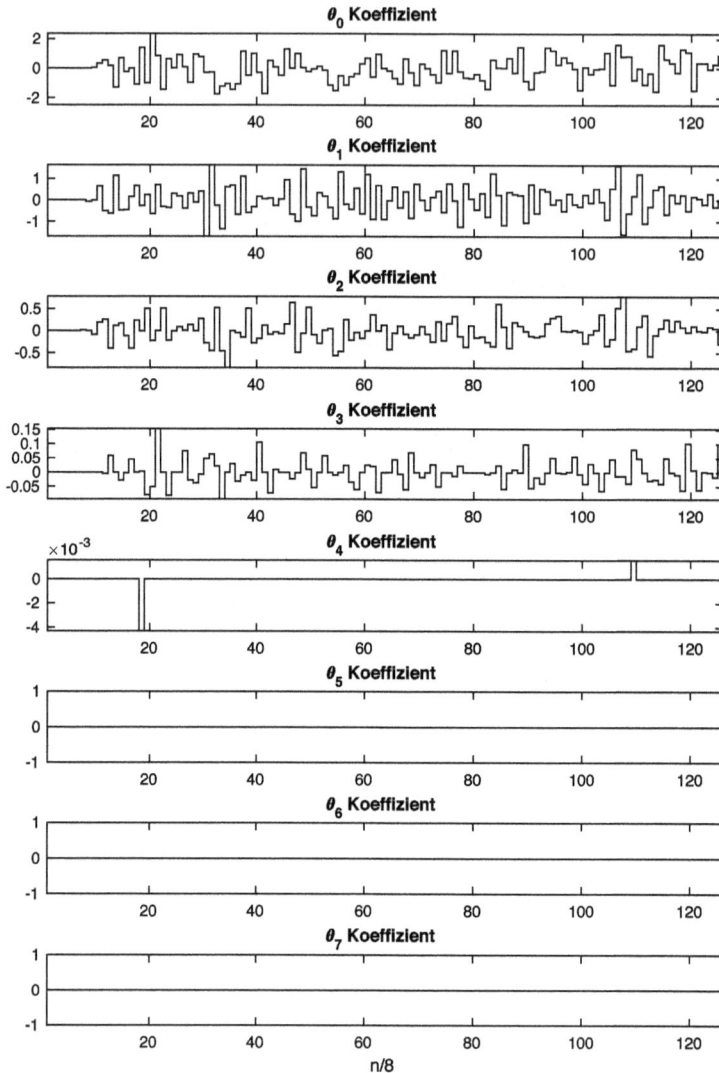

Abb. 4.13: Die spektralen Koeffizienten für f_n = 0,2 und K_s = 0,02 (klt_alsfilter1.m, klt_alsfilter_1.slx).

In Abb. 4.15 sind die Real- und Imaginärteile der Zeilen als Basisvektoren dargestellt. Diese Basisvektoren zeigen Symmetrien um dem Basisvektor $k = 4$, wenn die Zählung mit $k = 0$ beginnt. Die Realteile wiederholen sich und die Imaginärteile sind um den Basisvektor für $k = 4$ antisymmetrisch. So z. B. ist der Imaginärteil für $k = 7$ gleich mit dem negativen Imaginärteil für $k = 1$. Ähnlich ist der Imaginärteil für $k = 6$ gleich mit dem negativen Imaginärteil für $k = 2$.

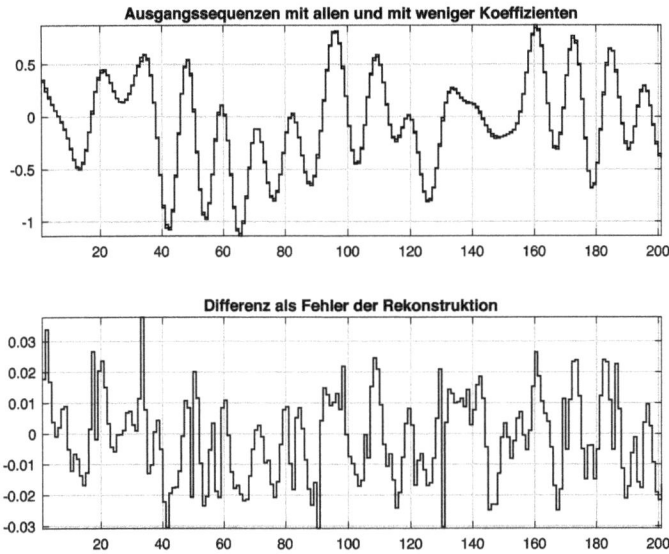

Abb. 4.14: (a) Rekonstruiertes Signal mit allen Koeffizienten für f_n = 0,2 und das rekonstruierte Signal mit K_s = 0,02. (b) Differenz als Fehler der Rekonstruktion (klt_alsfilter1.m, klt_alsfilter_1.slx).

Mit

```
% -------- Amplitudengänge der Basisvektoren als Filter
nfft = 256;
H = fft(fliplr(DFT_basis).', 256);
        % Basisvektoren als FIR Filter
```

werden die Amplitudengänge der FIR-Filter, die man aus den Basisvektoren durch Zeitspiegelung erhält, berechnet. Sie sind in Abb 4.16 dargestellt. Im Skript ist auch die Möglichkeit programmiert die einzelnen Amplitudengänge darzustellen. Die Symmetrie der Amplitudengänge für reelle nicht komplexe Filter ist hier nicht mehr vorhanden. Wie man aus Abb. 4.16 oben sieht, sind die Amplitudengänge der Basisvektoren k = 5 bis k = 7 im zweiten Nyquist Intervall, wenn der relative Frequenzbereich zwischen 0 und 1 verwendet wird. Wenn die Amplitudengänge im relativen Frequenzbereich zwischen −0,5 bis 0,5 dargestellt werden, wie in Abb. 4.16 unten gezeigt, dann geht hervor, dass die Amplitudengänge dieser Basisvektoren im ersten Nyquist-Intervall im negativen Frequenzbereich auftreten.

Die Orthonormalität der DFT-Matrix wird mit

```
% Überprüfung der Orthonormalität
(DFT_basis*DFT_basis')/8,
```

überprüft. Die Teilung durch 8 ergibt aus der Orthogonalität die Orthonormalität, so dass in der Diagonale des gezeigten Produktes Einserwerte erscheinen.

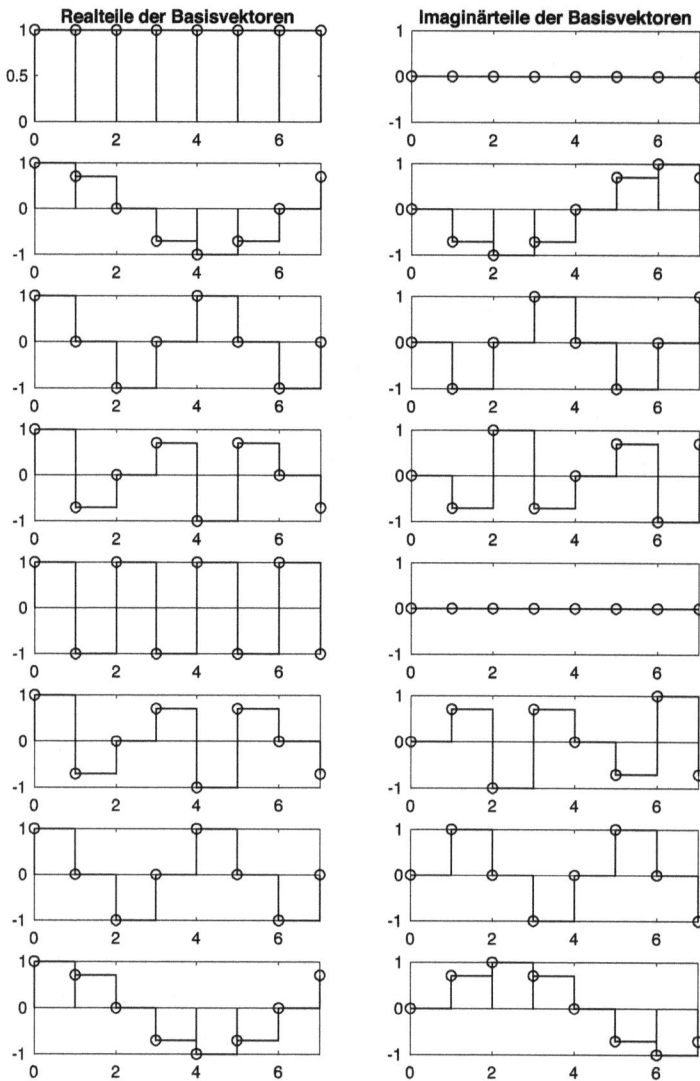

Abb. 4.15: Real und Imaginärteile der Basisvektoren für $N = 8$ (DFT_8.m).

Die Imaginärteile sind die Hilbert-Transformierten der Realteile und diese komplexen Basisvektoren sind analytische Sequenzen [6], deren FFT einseitig sind und nicht mehr die bekannte Symmetrie der reellen nichtkomplexen Sequenzen besitzen.

In Abb. 4.17 wird, zur besseren Interpretation der Amplitudengänge aus Abb. 4.16, der Amplitudengang nur eines Basisvektors dargestellt, z. B. mit $k = 6$. Der Betrag ist in logarithmischen Koordinaten (in dB) angegeben, um zu zeigen, dass die resultierten FIR-Bandpassfilter nicht besonders gut sind. Die Nebenkeulen sind mit weniger als 20 dB unterdrückt.

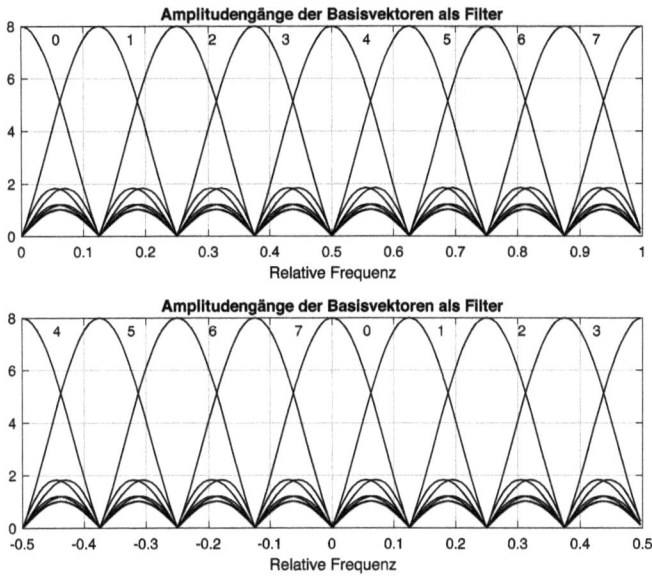

Abb. 4.16: Amplitudengänge der FIR-Filter, die aus den Basisvektoren gebildet sind (DFT_8.m).

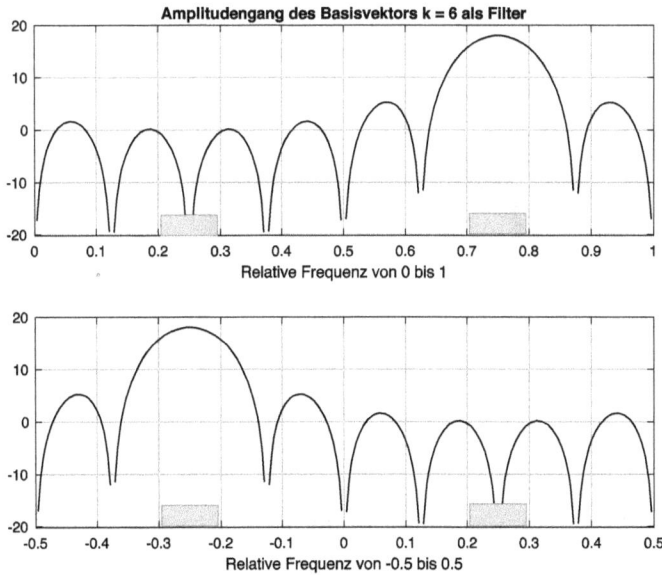

Abb. 4.17: Amplitudengang des FIR-Filters für den Basisvektor mit $k = 6$ (DFT_8.m).

Mit dem Modell DFT_81.slx wird die Transformation eines Rauschsignals mit Leistungsanteile im Bereich der relativen Frequenzen 0,2 bis 0,3 untersucht. Bei einer Abtastfrequenz von 1000 Hz sind das absolute Frequenzen von 200 Hz bis 300 Hz. Dieser

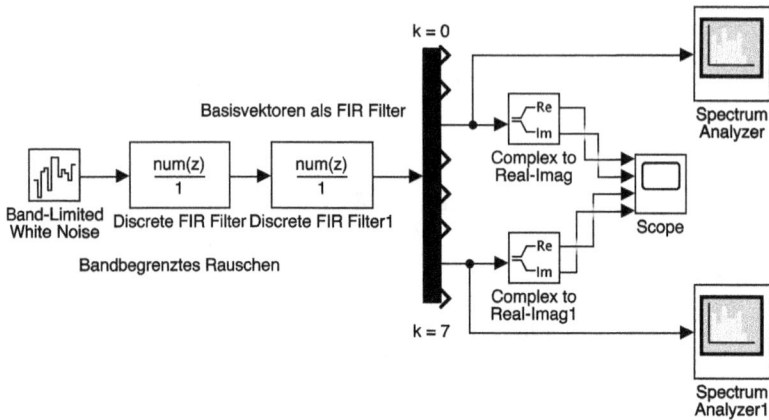

Abb. 4.18: Simulink-Modell für die Untersuchung der FIR-Filter (DFT_81.m).

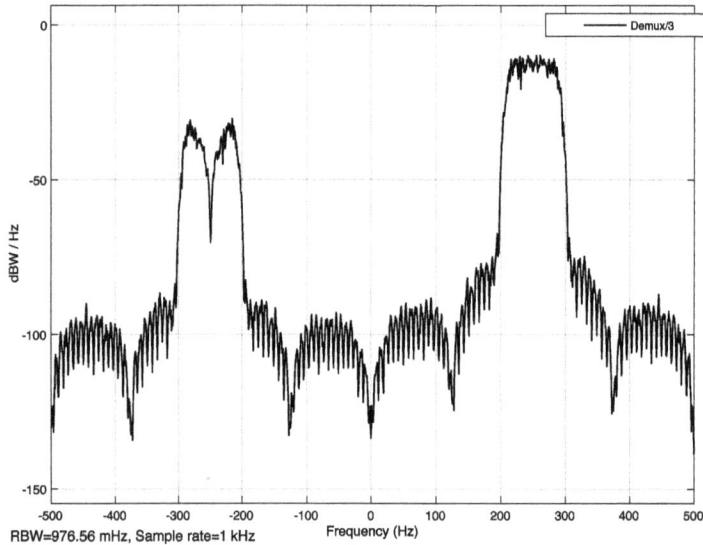

Abb. 4.19: Die spektrale Leistungsdichte des FIR Filters für $k = 2$ (DFT_81.m).

Bereich ist mit dem kleinen geschwärzten Viereck in Abb. 4.17 hervorgehoben. Es wird das Filter des Basisvektors $k = 6$ ($k = 0, \ldots, 7$) angeregt und gleichzeitig auch das Filter des Basisvektors $k = 2$.

Das Simulink-Modell ist in Abb. 4.18 dargestellt. Aus dem weißen Rauschen wird mit dem FIR-Filter *Discrete FIR Filter* das bandbegrenzte Rauschsignal erzeugt. Die Basisvektoren als Filter sind im Block *Discrete FIR Filter 1* implementiert.

Die spektrale Leistungsdichte für $k = 2$, die am *Spectrum Analyzer* gezeigt wird, ist in Abb. 4.19 dargestellt. Am *Spectrum Analyzer1* (Abb. 4.20) ist die spektrale Leistungs-

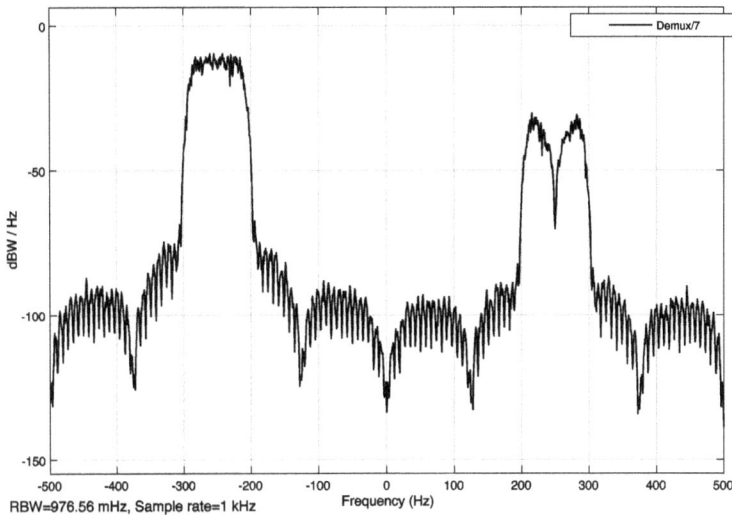

Abb. 4.20: Die spektrale Leistungsdichte des FIR Filters für $k = 6$ (DFT_81.m).

dichte, die dem Filter mit $k = 6$ entspricht, dargestellt. Der Frequenzbereich zwischen 200 Hz und 300 Hz müsste hier unterdrückt sein. Weil dieser Bereich, gemäß Abb. 4.17 unten, nicht sehr gut unterdrückt wird, sieht man hier noch Leistungsanteile.

Im Skript dft_alsfilter1.m und Modell dft_alsfilter_1.slx ist eine Zerlegung und Rekonstruktion mit komplexen DFT-Basisvektoren, in derselben Art wie in den zwei vorherigen Experimenten mit den DCT- bzw. KLT-Basisvektoren, programmiert. Das Simulink-Modell ist in Abb. 4.21 dargestellt und ist den Modellen aus Abb. 4.7 und 4.11 ähnlich.

Mit Hilfe der Matrix Ks im Block *Constant* kann man die spektralen Koeffizienten, die in der Rekonstruktion verwendet werden, wählen. Um ein reelles nicht komplexes Signal zu erhalten, muss man auf die Symmetrie der DFT für solche Signale achten. Im konkreten Fall für die DFT mit $N = 8$ und die Nummerierung der Basisvektoren mit $k = 0, \ldots, 7$ ist diese Symmetrie um den Basisvektor 4, in MATLAB um den Basisvektor 5 zu beachten. Exemplarisch wird die Rekonstruktion mit nur 5 Basisvektoren im Skript durch

```
Ks(5,5) = 0;
Ks(4,4) = 0;    % Symmetrisch
Ks(6,6) = 0;
```

programmiert. In Abb. 4.22 sind die komplexen spektralen Koeffizienten der Zerlegung für ein bandbegrenztes Rauschen mit fn = 0.2 dargestellt. Nach der Selektion der signifikanten Koeffizienten mit der Matrix Ks erhält man die spektralen Koeffizienten aus Abb. 4.23. Die zwei rekonstruierten Signale mit allen Koeffizienten und mit jenen als signifikant gewählten Koeffizienten kann man am *Scope*-Block sichten.

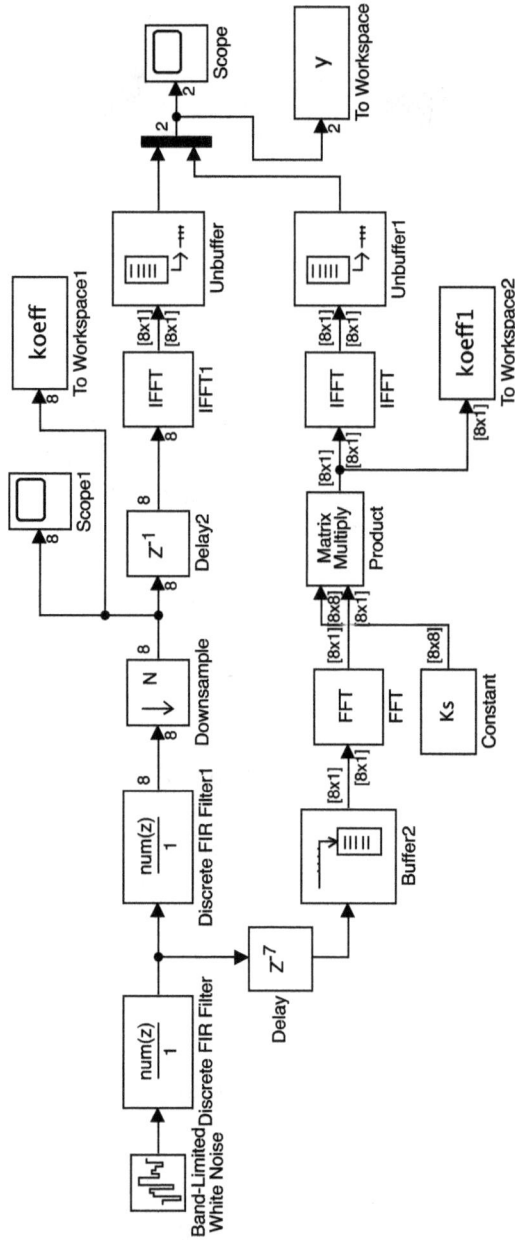

Abb. 4.21: Simulink-Modell der Zerlegung und Rekonstruktion mit DFT-Basisvektoren (dft_alsfilter1.m, dft_alsfilter_1.slx).

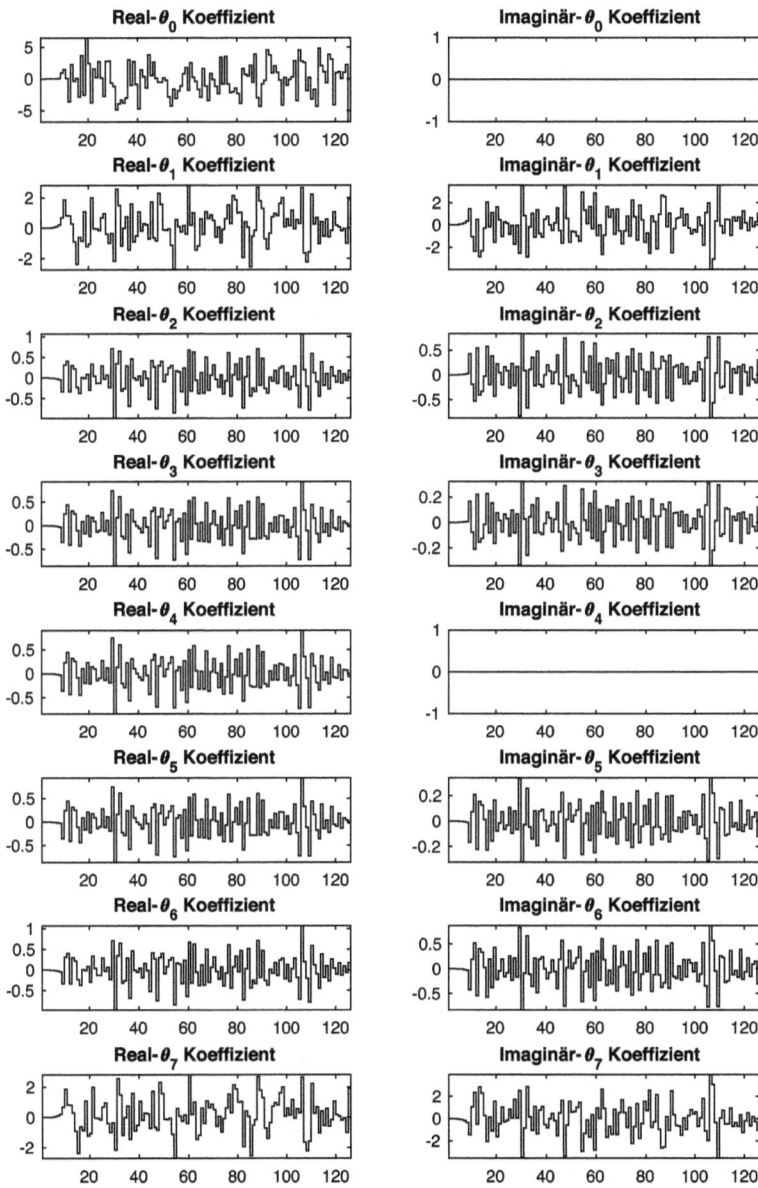

Abb. 4.22: Spektrale Koeffizienten der Zerlegung mit DFT-Basisvektoren (dft_alsfilter1.m, dft_alsfilter_1.slx).

Die spektralen Koeffizienten aus Abb. 4.22 unterscheiden sich im Wertebereich nicht sehr stark, so dass man keine nicht signifikante Koeffizienten wählen kann. Die spektralen Koeffizienten symmetrisch um den θ_4 Koeffizient sind gleich. Also ist der Realteil des Koeffizienten θ_3 gleich dem Realteil des Koeffizienten θ_5 etc.

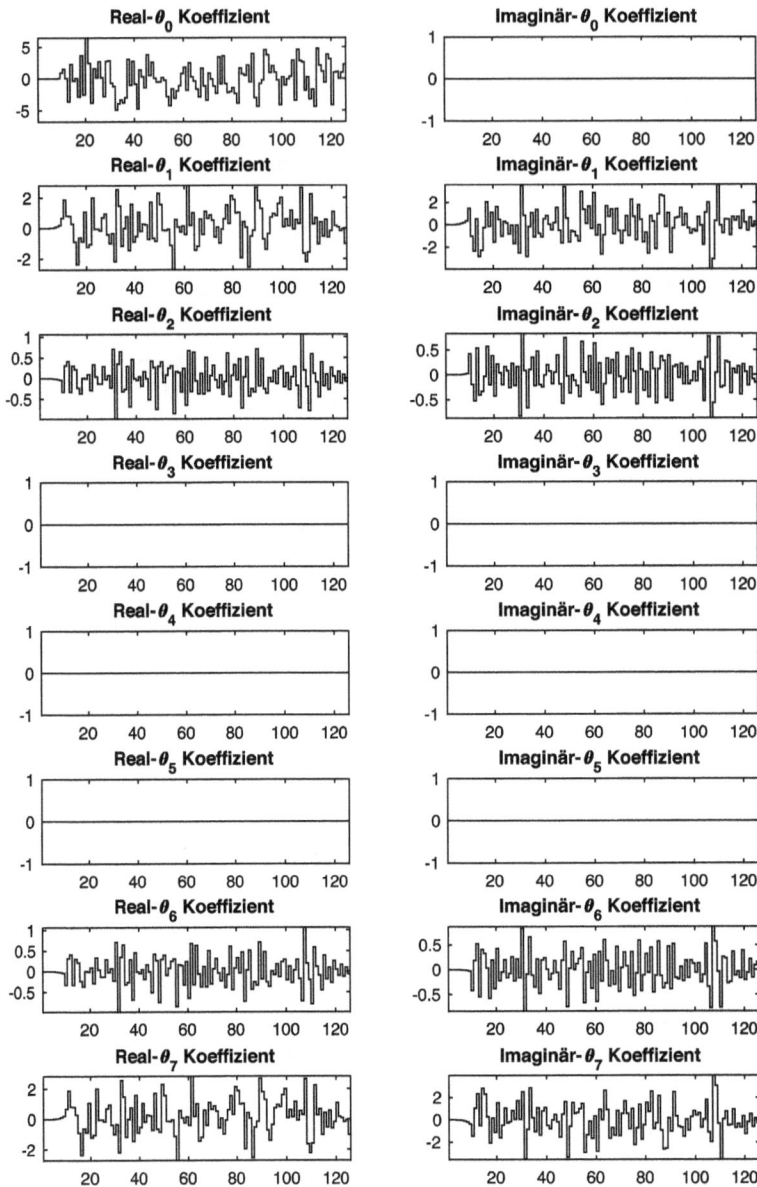

Abb. 4.23: Spektrale Koeffizienten der Zerlegung mit signifikanten DFT-Basisvektoren (dft_alsfilter1.m, dft_alsfilter_1.slx).

Die entsprechenden Imaginärteile symmetrisch um θ_4 sind gleich aber mit verschiedenen Vorzeichen. So ist der Imaginärteil des Koeffizienten θ_3 gleich mit dem Imaginärteil des Koeffizienten θ_5 mit negativen Vorzeichen etc.

Für dieses Experiment wurden drei spektrale Koeffizienten um θ_4 auf null gesetzt (Abb. 4.23), um die Fehler der Rekonstruktion zu sichten. Hier kann der Leser mit verschiedenen Bandbreiten des Rauschsignals, die durch die Variable fn gesteuert ist, experimentieren. Die Kompaktheit der DFT-Basisvektoren ist im Vergleich zu den Basisvektoren DCT und KLT nicht gut. In [21] sind diese Transformationen und noch andere unter diesem Aspekt ausführlich verglichen.

4.2.7 Experiment: Simulation einer maximal dezimierten Filterbank mit Filtern aus orthonormalen Basisvektoren

In Abb. 4.4 wurde eine orthonormale Zerlegung als Filterbank dargestellt. Die Einheitspulsantworten der FIR-Filter sind durch die zeitgespiegelten orthonormalen Basisvektoren gegeben. Bei komplexen Basisvektoren werden hier die konjugiert komplexen Basisvektoren genommen. Man kann auch die komplexen Basisvektoren einsetzen und erhält dann die spektralen Koeffizienten in einer anderen Reihenfolge. In diesem Experiment werden alle diese Aspekte durch Simulation geklärt.

Der Analyseteil einer Filterbank entspricht der Darstellung aus Abb. 4.4. In ähnlicher Art wie aus einer Matrixtransformation die Lösung mit Filtern erhalten wurde, kann man aus der Rücktransformation den Syntheseteil der Filterbank ableiten. In Abb. 4.24 ist die gesamte maximal dezimierte Filterbank dargestellt.

Die Einheitspulsantworten der Analysefilter mit Übertragungsfunktion $H_k(z)$, $k = 0, 2, \ldots, N - 1$ sind den zeitgespiegelten konjugierten Basisvektoren (wie in Abb. 4.4 dargestellt) gleich. Beim Syntheseteil sind dann die Einheitspulsantworten der Filter mit Übertragungsfunktionen $G_k(z)$, $k = 0, 2, \ldots, N - 1$ gleich den Basisvektoren.

Es wird anfänglich die nichtkomplexe DCT für die orthonormalen Basisvektoren als Filter benutzt. Mit Skript dct_filterbank_1.m und Modell dct_filterbank1.slx (Abb. 4.25) wird die Filterbank mit $N = 8$ untersucht. Wie schon oft benutzt, wird

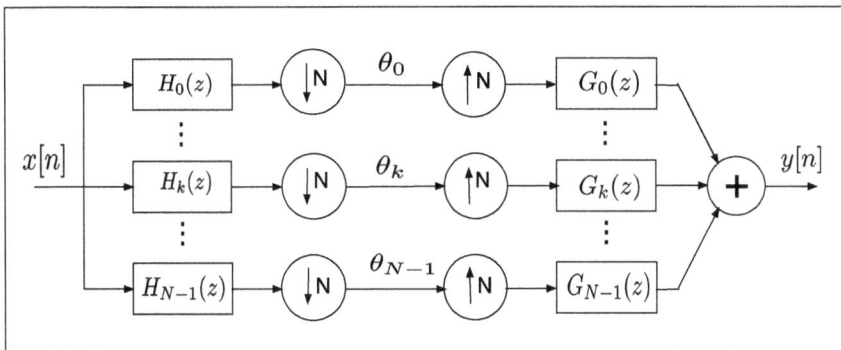

Abb. 4.24: Maximal dezimierte Filterbank mit Filtern aus orthonormalen Basisvektoren.

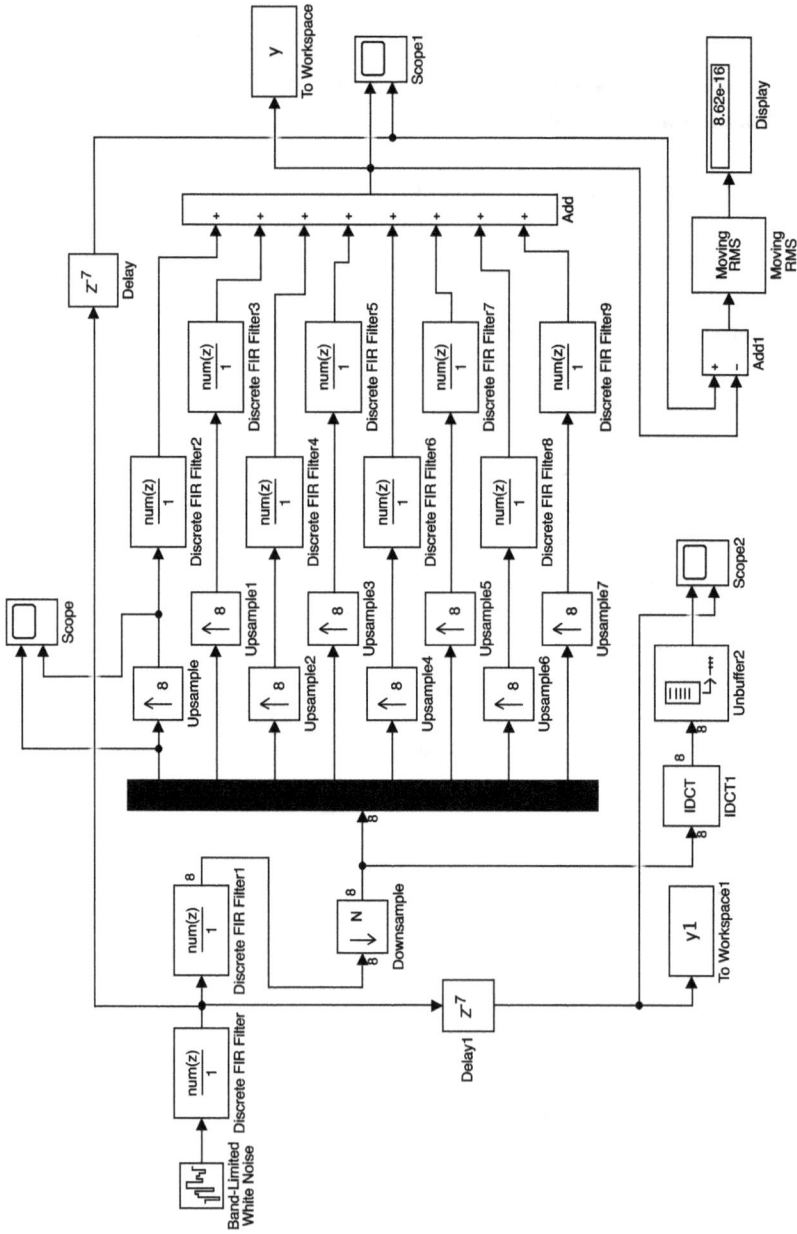

Abb. 4.25: Simulink-Modell der maximal dezimierten Filterbank für $N = 8$ (dct_filterbank_1.m, dct_filterbank1.slx).

als Eingangssignal ein bandbegrenztes Zufallssignal eingesetzt, das über die Blöcke *Band-Limited White Noise* und *Discrete FIR Filter* erzeugt wird. Die Bandbreite des Zufallssignals wird im Skript mit der Variablen fnoise festgelegt.

Es folgen die Analysefilter, die im Block *Discrete FIR Filter1* implementiert sind. In MATLAB ist dieser Block als SIMO fähig (Single Input Multi Output) einsetzbar. Als Koeffizienten der Filter für die Zähler wird die Matrix hanalyse

```
% -------- Analysefilter
hdct = dctmtx(N);    % DCT-Matrix
hanalyse = fliplr(hdct);
          % Zeitgespiegelte Zeilen als FIR-Analysefilter
```

benutzt.

Die Dezimierung der FIR-Analysefilter geschieht mit Block *Downsample*. Weil kein MIMO (Multi Input Multi Output) FIR-Filterblock vorhanden ist, muss man die Ausgänge mit einem *Demux*-Block einzeln zur Verfügung stellen. Mit Aufwärtstastern (*Upsample, Upsample1, …*) mit Faktor $N = 8$ werden die Eingangssignale für die Synthesefilter erzeugt. Die Einheitspulsantworten als Zeilen der Matrix hsynthese werden mit

```
% -------- Synthesefilter
hsynthese = hdct;          % FIR-Synthesefilter
```

erzeugt.

Das Eingangssignal verspätet mit $N - 1$ Abtastperioden wird mit dem Ausgang der Filterbank verglichen und die Standardabweichung der Differenz, mit Block *Moving RMS* ermittelt und mit dem Block *Display* angezeigt. Wie man sieht ist dieser Wert sehr klein ($8,62e^{-16}$).

In [27] ist die Übertragungsfunktion so einer Filterbank ermittelt:

$$Y(z) = \frac{1}{N} \left(\sum_{k=0}^{N-1} G_k(z) H_k(z) \right) X(z) + AC(z) . \tag{4.42}$$

Der zweite Term ist ein *Aliasing*-Term wegen der Aufwärts- und Abwärtstaster für die Dezimierung und Interpolierung. Ohne diese Blöcke (wie im Modell dct_filterbank2.slx gezeigt) bleibt nur die Summe als Übertragungsfunktion. Für eine Filterbank mit PR (Perfect Reconstruction) muss diese Summe eine Verspätung sein:

$$\frac{1}{N} \sum_{k=0}^{N-1} G_k(z) H_k(z) = z^{-N_0} . \tag{4.43}$$

Mit einem kleinen Skript (uebertrag_bank_DCT.m) kann man diese letzte Übertragungsfunktion überprüfen. Die Produkte der z-Übertragungsfunktionen in der Summe bedeutet im Zeitbereich Faltungen der Einheitspulsantworten der Analyse- und Synthesefilter:

```
% ------- Analyse- und Synthesefilter
hanalyse = fliplr(dctmtx(8));
hsynthese = dctmtx(8);
% oder
%ha = (dctmtx(8));
%hs = fliplr(dctmtx(8));
hc = zeros(8,15);
for p = 1:8;
    hc(p,:) = conv(hanalyse(p,:), hsynthese(p,:));
end;
ht = sum(hc)/8;
```

Die Variable ht als Einheitspulsantwort der Filterbank wird

```
ht =  -0.0000   0.0000  -0.0000  -0.0000   0.0000
      -0.0000   0.0000   1.0000   0.0000  -0.0000
       0.0000  -0.0000  -0.0000   0.0000  -0.0000
```

Es stellt die Einheitspulsantwort eines Verzögerungsfilters dar. Das Modell dct_filterbank2.slx ist direkt mit Werten initialisiert, man muss nur die Synthesefilter mit

```
h = dctmtx(8);
```

auch initialisieren. In diesem Modell ist der Ausgang der Filterbank mit $1/N = 1/8$ gemäß Gl. (4.42) multipliziert. Im Modell mit Aufwärts- und Abwärtstastern dct_filterbank1.slx aus Abb. 4.25 muss kein zusätzlicher Faktor am Ausgang benutzt werden. Der Faktor 1/8 zusammen mit dem Faktor 8 wegen der Aufwärtstastung für die Interpolierung ergibt eins.

Mit den Blöcken *IDCT1* und *Unbuffer2* wird in beiden Modellen die Synthese mit der inversen DCT gebildet, um zu zeigen, dass die spektralen Koeffizienten der Analyse korrekt sind. Am *Scope 2* wird das verspätete Eingangssignal zusammen mit dem Ausgang der Synthese dargestellt und man kann sich überzeugen, dass diese Signale gleich sind. Die Standardabweichung der Differenz ist sehr klein.

Die Untersuchung einer maximal dezimierten Filterbank mit Filtern, die aus der komplexen DFT abgeleitet sind, wird im Skript dft_filterbank_1.m und dem entsprechenden Modell dft_filterbank1.slx durchgeführt. Das Skript und Modell sind jenen aus den vorherigen Experimenten ähnlich. Die Analysefilter und Synthesefilter sind mit

```
% -------- Analysefilter
hdft = dftmtx(N);   % DCT-Matrix
hanalyse = fliplr(hdft);
% Zeitgespiegelte Zeilen als FIR-Analysefilter
% -------- Synthesefilter
```

```
hsynthese = hdft';
    % FIR-Synthesefilter, die der inversen DFT
    % entsprechen
```

initialisiert. Die Transponierung der DFT-Matrix hdft entspricht (abgesehen vom Faktor N) der inversen DFT und ergibt in den Zeilen die Einheitspulsantworten der Synthesefilter.

Auch in diesem Fall kann man die Abwärts- und Aufwärtstaster weglassen und in der Übertragungsfunktion gemäß Gl. (4.42) den Aliasing-Term entfernen. Mit dem Simulink-Modell dft_filterbank2.slx, das direkt mit Werten initialisiert ist, wird diese Form der Filterbank untersucht. Es müssen nur die Einheitspulsantworten der Synthesefilter vorher mit

```
h = dftmtx(8)';
```

auch initialisiert werden. Die Einheitspulsantwort der Filterbank ohne Abwärts- und Aufwärtstaster wird im Skript uebertrag_DFT.m berechnet und dargestellt. Die Filterbank stellt ein Verzögerungsfilter dar und signalisiert die PR (*Perfect Reconstruction*) Eigenschaft.

In den Modellen aus fft_ifft_filterbank.slx werden alle Kombinationen der DFT-Transformationen für den Analyse- und Syntheseteil einer Filterbank ohne Abwärts- und Aufwärtstaster gezeigt.

4.2.8 Haar-Basisvektoren und Haar-Algorithmus

Der ungarische Mathematiker Alfred Haar (1888–1933) führte 1909 im Rahmen seiner Promotion eine Klasse Funktionen ein, die später als grundlegend für die Wavelet-Theorie angesehen wurden. In der Darstellung als Zeilenvektoren und für kurze Signale, wie z. B. für $N = 8$ entsprechen diese Funktionen einer Basis die als Haar-Basis bezeichnet wird [21]. Sicher kann man solche Basisvektoren auch für längere Signale ähnlich bilden. Im Weiteren wird die Basis für $N = 8$ näher dargestellt, die es erlaubt die Logik für die Erweiterung leicht zu verstehen.

Mit folgenden Zeilen werden die entsprechenden orthonormalen Basisvektoren im Skript haar_alg_1.m erzeugt und in Abb. 4.26 dargestellt:

```
haar_mtx = [ [1 1 1 1 1 1 1 1]/sqrt(8);
             [1 1 1 1 -1 -1 -1 -1]/sqrt(8);
             [1 1 -1 -1 0 0 0 0]/sqrt(4);
             [0 0 0 0 1 1 -1 -1]/sqrt(4);
             [1 -1 0 0 0 0 0 0]/sqrt(2);
             [0 0 1 -1 0 0 0 0]/sqrt(2);
             [0 0 0 0 1 -1 0 0]/sqrt(2);
             [0 0 0 0 0 0 1 -1]/sqrt(2) ]
```

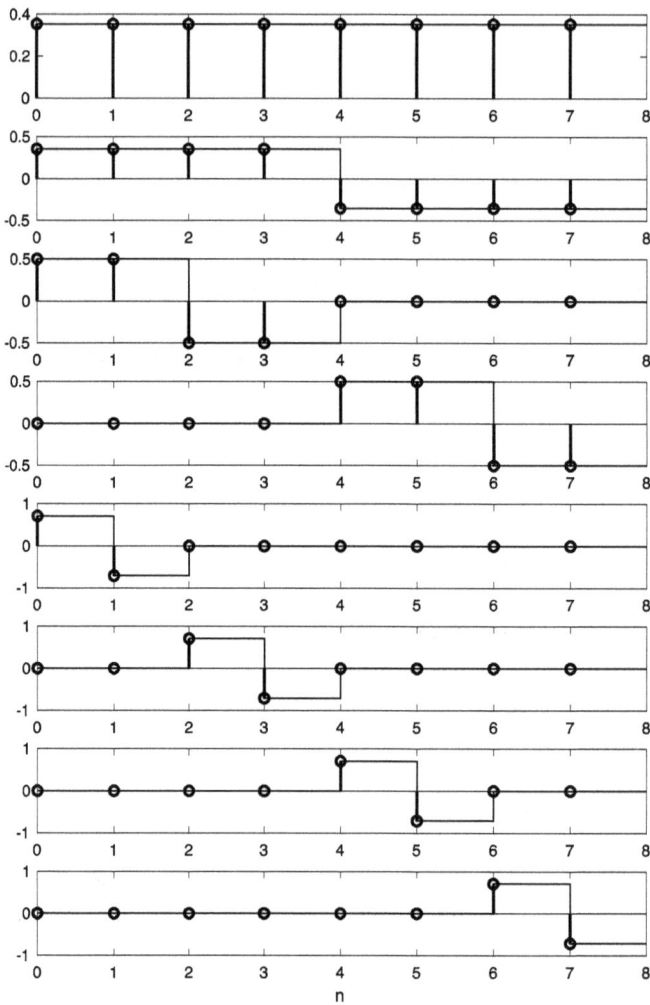

Abb. 4.26: Orthonormale Haar-Basisvektoren (haar_alg_1.m).

In der Abb. 4.26 sind auch die Basisfunktionen mit kontinuierlichen Linien gezeigt, Basisfunktionen die später näher betrachtet werden.

Wenn man diese Vektoren als FIR-Filter in einer Analysestruktur einer Filterbank einsetzt, dann stellt man folgendes fest. Der erste Basisvektor bestehend aus acht Werten gleich 1/sqrt(8) extrahiert die Komponente der relativen Frequenz gleich null oder den Mittelwert der Signaldaten. Im Frequenzbereich entspricht das einem Tiefpassfilter.

Der zweite Basisvektor extrahiert Komponenten in der Signalsequenz mit einer Periode gleich ungefähr acht Abtastintervallen. Das entspricht einer relativen Frequenz gleich $1/8 = 0{,}125$ und einem Bandpasscharakter. Der nächste dritte Basisvektor extrahiert aus der Signalsequenz Komponenten der relativen Frequenz gleich ungefähr $1/4 = 0{,}25$ und besitzt ebenfalls ein Bandpasscharakter. Diese Komponenten sind auch zeitverbunden. Sie müssen in der ersten Hälfte der Signalsequenz vorkommen. Die Zeitabhängigkeit der spektralen Koeffizienten, die diese Basisvektoren ergeben, ist eine Neuigkeit, die in den vorherigen Basisvektoren nicht vorgekommen ist.

Der vierte Basisvektor als FIR-Filter extrahiert Komponenten derselben relativen Frequenz von ungefähr $1/4 = 0{,}25$, die aber in der zweiten Hälfte der Signalsequenz vorkommen. Die letzten vier Basisvektoren als FIR-Filter extrahieren Komponenten der relativen Frequenz $1/2 = 0{,}5$ die aber an vier verschiedenen Stellen in der Signalsequenz vorkommen und auch Bandpassfilter darstellen.

In Abb. 4.27 sind die Amplitudengänge der Basisvektoren, die als FIR-Filter betrachtet werden, dargestellt. Für einige Basisvektoren erhält man dieselben Amplitu-

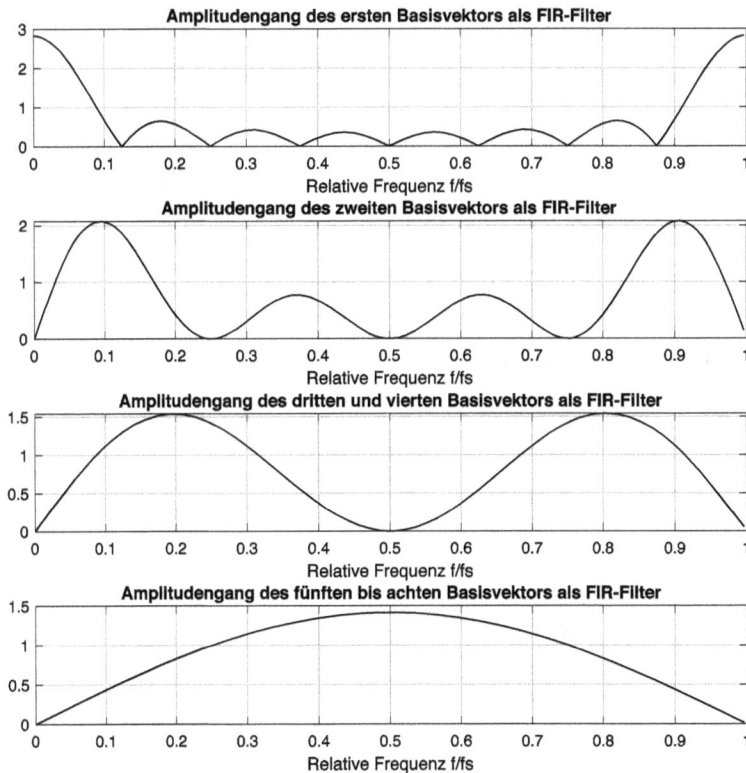

Abb. 4.27: Amplitudengänge der Basisvektoren als FIR-Filter (haar_alg_1.m).

dengänge. Sie unterscheiden sich nur durch die Phasengänge, die die Zeitabhängigkeit der Reaktion dieser Filter darstellt.

Die Zeilen im Skript haar_alg_1.m mit denen die Frequenzgänge berechnet und dargestellt werden sind:

```
nfft = 256;
Hhaar = fft(haar_mtx', nfft);    % FFT der Basisvektoren
figure(2);    clf;
subplot(411), plot((0:nfft-1)/nfft, abs(Hhaar(:,1)),...);
    '-k','LineWidth',1);
title('Amplitudengang des ersten Basisvektors
        als FIR-Filter');
xlabel('Relative Frequenz f/fs');      grid on;
......
```

Im Skript haar_filterbank_1.m und Modell haar_filterbank1.slx wird eine Filterbank mit den Haar-Basisvektoren für $N = 8$, die als FIR-Filter eingesetzt werden, simuliert. Es ist eine Untersuchung die den anderen Untersuchungen in den vorherigen Experimenten ähnlich ist und wird nicht mehr weiter kommentiert.

Es gibt auch eine andere Möglichkeit die spektralen Koeffizienten der Haar-Transformation zu berechnen. Sie ist als Haar-Algorithmus bekannt [21]. Um diesen Algorithmus verständlich zu erklären, wird eine kleine Signalsequenz $\vec{x} = [x_1, x_2, \ldots, x_8]$ angenommen.

Zuerst werden paarweise Summen und Differenzen gebildet:

$$a_1 = [(x_1 + x_2)/\sqrt{2}, (x_3 + x_4)/\sqrt{2}, (x_5 + x_6)/\sqrt{2}, (x_7 + x_8)/\sqrt{2}]$$
$$d_1 = [(x_1 - x_2)/\sqrt{2}, (x_3 - x_4)/\sqrt{2}, (x_5 - x_6)/\sqrt{2}, (x_7 - x_8)/\sqrt{2}].$$

(4.44)

Die Gewichtung mit $1/\sqrt{2}$ führt dazu, dass dieses Vorgehen der orthonormalen Transformation mit der Haar-Matrix entspricht. Aus je einer Summe und einer Differenz kann man die ursprünglichen Werte des Signals berechnen:

$$x_1 = (a_1(1) + d_1(1))/\sqrt{2}$$
$$x_2 = (a_1(1) - d_1(1))/\sqrt{2}$$
$$x_3 = (a_1(2) + d_1(2))/\sqrt{2}$$
$$x_4 = (a_1(2) - d_1(2))/\sqrt{2}$$

$$\cdots$$

$$x_7 = (a_1(4) + d_1(4))/\sqrt{2}$$
$$x_8 = (a_1(4) - d_1(4))/\sqrt{2}.$$

(4.45)

Die Vorgehensweise wiederholt sich ausgehend von den Summen im Vektor a_1:

$$a_2 = [(a_1(1) + a_1(2))/\sqrt{2}, (a_1(3) + a_1(4))/\sqrt{2}]$$
$$d_2 = [(a_1(1) - a_1(2))/\sqrt{2}, (a_1(3) - a_1(4))/\sqrt{2}].$$

(4.46)

Aus diesen Summen und Differenzen können die vorherigen Elemente des Summen-vektors a_1 ähnlich berechnet werden:

$$\begin{aligned}
a_1(1) &= (a_2(1) + d_2(1))/\sqrt{2} \\
a_1(2) &= (a_2(1) - d_2(1))/\sqrt{2} \\
a_1(3) &= (a_2(2) + d_2(2))/\sqrt{2} \\
a_1(4) &= (a_2(2) - d_2(2))/\sqrt{2}.
\end{aligned} \tag{4.47}$$

Schließlich wird aus dem a_2 Vektor, der jetzt nur zwei Elemente besitzt eine letzte Summe und eine letzte Differenz gebildet:

$$\begin{aligned}
a_3 &= (a_2(1) + a_2(2))/\sqrt{2} \\
d_3 &= (a_2(1) - a_2(2))/\sqrt{2}.
\end{aligned} \tag{4.48}$$

Für die Rekonstruktion des Signals wird aus a_3 und d_3 der Vektor der Summen a_2 berechnet:

$$\begin{aligned}
a_2(1) &= (a_3(1) + d_3(1))/\sqrt{2} \\
a_2(2) &= (a_3(1) - d_3(1))/\sqrt{2}.
\end{aligned} \tag{4.49}$$

Weiter aus a_2 und d_2 wird gemäß Gl. (4.47) der Vektor der Summen a_1 berechnet. Schließlich wird aus a_1 und d_1 die Signalsequenz gemäß Gl. (4.45) ermittelt.

In Abb. 4.28(a) ist die Zerlegung des Signals in den spektralen Koeffizienten dargestellt, die hier folgende Elemente sind:

$$[d_1, d_2, d_3, a_3] = \left[[d_1(1), d_1(2), d_1(3), d_1(4)], [d_2(1), d_2(2)], d_3(1), a_3(1) \right]. \tag{4.50}$$

Aus diesen spektralen Koeffizienten werden gemäß Skizze aus Abb. 4.28(b) die ursprünglichen Werte des Signals über Gl. (4.49), Gl. (4.47), und Gl. (4.45) berechnet.

Ein einfaches numerisches Beispiel soll die Sachverhalte klären. In einem kleinen Skript `haar_algorithm_1.m` sind die spektralen Koeffizienten über den Haar-Algorithmus und über die orthonormale Matrix berechnet:

```
% -------- Signalsequenz
x = [1 3 5 8 6 2 1 2];  % Signalsequenz

a1 = [1+3,5+8,6+2,1+2]/sqrt(2),  % Erste Summen
d1 = [1-3,5-8,6-2,1-2]/sqrt(2),  % Erste Differenzen

a2 = [a1(1)+a1(2), a1(3)+a1(4)]/sqrt(2),
     % Zweite Summen
d2 = [a1(1)-a1(2), a1(3)-a1(4)]/sqrt(2),
     % Zweite Differenzen
```

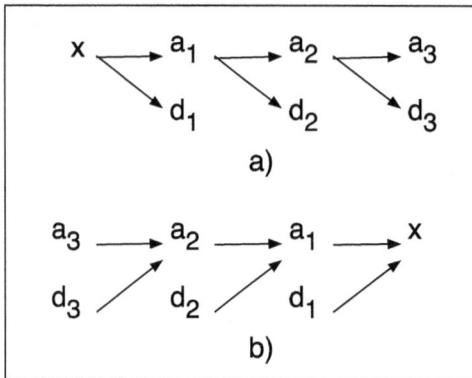

Abb. 4.28: (a) Haar-Algorithmus für die Zerlegung, (b) für die Rekonstruktion.

```
a3 = (a2(1) + a2(2))/sqrt(2), % Dritte Summe
d3 = (a2(1) - a2(2))/sqrt(2), % Dritte Differenz

% Die spektralen Koeffizienten über Haar-Algorithm
theta_alg = [a3, d3, d2, d1],

% -------- Spektrale Koeffizienten über die
% orthonormale Matrix
haar_mtx = [[1 1 1 1 1 1 1 1]/sqrt(8);
            [1 1 1 1 -1 -1 -1 -1]/sqrt(8);
            [1 1 -1 -1 0 0 0 0]/sqrt(4);
            [0 0 0 0 1 1 -1 -1]/sqrt(4);
            [1 -1 0 0 0 0 0 0]/sqrt(2);
            [0 0 1 -1 0 0 0 0]/sqrt(2);
            [0 0 0 0 1 -1 0 0]/sqrt(2);
            [0 0 0 0 0 0 1 -1]/sqrt(2)];

 theta_mtx = haar_mtx*x',
```

Wie erwartet sind sie gleich. Der Leser sollte als Übung das Skript mit der Rekonstruktion erweitern und überprüfen.

Der Haar-Algorithmus hat den Vorteil, dass er für beliebige Längen in derselben Art angewandt werden kann. Die partiellen Summen und Differenzen können auch mit Hilfe von FIR-Filtern berechnet werden. Für die Summen kann ein FIR-Filter mit der Einheitspulsantwort gleich

```
h0 = [1, 1]/sqrt(2);
```

verwendet werden und für die Differenzen kann ein FIR-Filter mit der Einheitspuls-antwort

```
h1 = [-1, 1]/sqrt(2);
```

eingesetzt werden. Hier wurde die Reihenfolge [−1, 1] verwendet in Anbetracht der Art wie die Faltung mit dem Filter stattfindet. Um in den Ergebnissen immer nur je zwei konsekutive Werte einzubeziehen, muss nach jeder Filterung eine Dezimierung mit Faktor 2 zwischengeschaltet werden. Die Teilung mit $\sqrt{2}$ ergibt die Orthonormalität der äquivalenten Basisvektoren.

Der Haar-Algorithmus kann für unendlich lange Sequenzen benutzt werden. Dadurch findet eine Zerlegung mit spektralen Koeffizienten für eine bestimmte Anzahl von Stufen statt. Bei einem Datenblock der Länge $N = 2^p$, eine ganze Potenz von zwei, wird der Haar-Algorithmus für die Zerlegung so lange angewendet, bis die Summen und Differenzen zu je einen Wert führen. Bei $N = 8 = 2^3$ waren dies 3 Stufen und allgemein wären es p Stufen.

In Abb. 4.29 ist das Simulink-Modell (`haar_alg_filt1.slx`) für die Untersuchung des Haar-Algorithmus, der mit Filtern realisiert ist, dargestellt. Es wird ein bandbegrenztes Rauscheingangssignal mit dem Haar-Algorithmus über drei Stufen zerlegt und rekonstruiert. Das Modell wird im Skript `haar_alg_filt_1.m` initialisiert und aufgerufen.

Im oberen Teil des Modells wird die Analyse mit den Filtern der Einheitspulsantworten `h0`, `h1` realisiert, um die Differenzen `d1`, `d2`, `d3` und die Summe `a3` zu erhalten. Darunter ist die Rekonstruktion realisiert. Es werden Aufwärtstaster eingesetzt, die null Zwischenwerte einfügen und Filter der Einheitspulsantworten `g0`, `g1` definiert durch:

```
g0 = h0;        g1 = fliplr(h1);
```

Explizit sind diese Einheitspulsantworten durch

```
g0 = [1, 1]/sqrt{2};
g1 = [1, -1]/sqrt{2};
```

gegeben.

Exemplarisch wird in Abb. 4.30 gezeigt, wie man aus a_3 und d_3 die spektralen Koeffizienten a_2 gemäß Gl. (4.49) mit Hilfe der Filtern `g0`, `g1` rekonstruiert.

Mit dem Aufwärtstaster *Upsample2*, *Upsample3* werden den Sequenzen a_3 und d_3 die Nullzwischenwerte hinzugefügt. Bei jedem Schritt der Filterung mit der Einheitspulsantwort $[1, 1]/\sqrt{2}$ ist das Ergebnis immer $a_3/\sqrt{2}$. Dagegen ergibt die Filterung mit der Einheitspulsantwort $[1, -1]/\sqrt{2}$ der mit Nullwerten erweiterte Sequenz d_3 alternierend $d_3/\sqrt{2}$ und $-d_3/\sqrt{2}$. Die nachfolgende Summe im Block *Add* erzeugt die Sequenz a_2 gemäß Gl. (4.49). In Abb. 4.30 sind die Koeffizienten der Filter vereinfacht, ohne die Teilung mit $\sqrt{2}$ dargestellt.

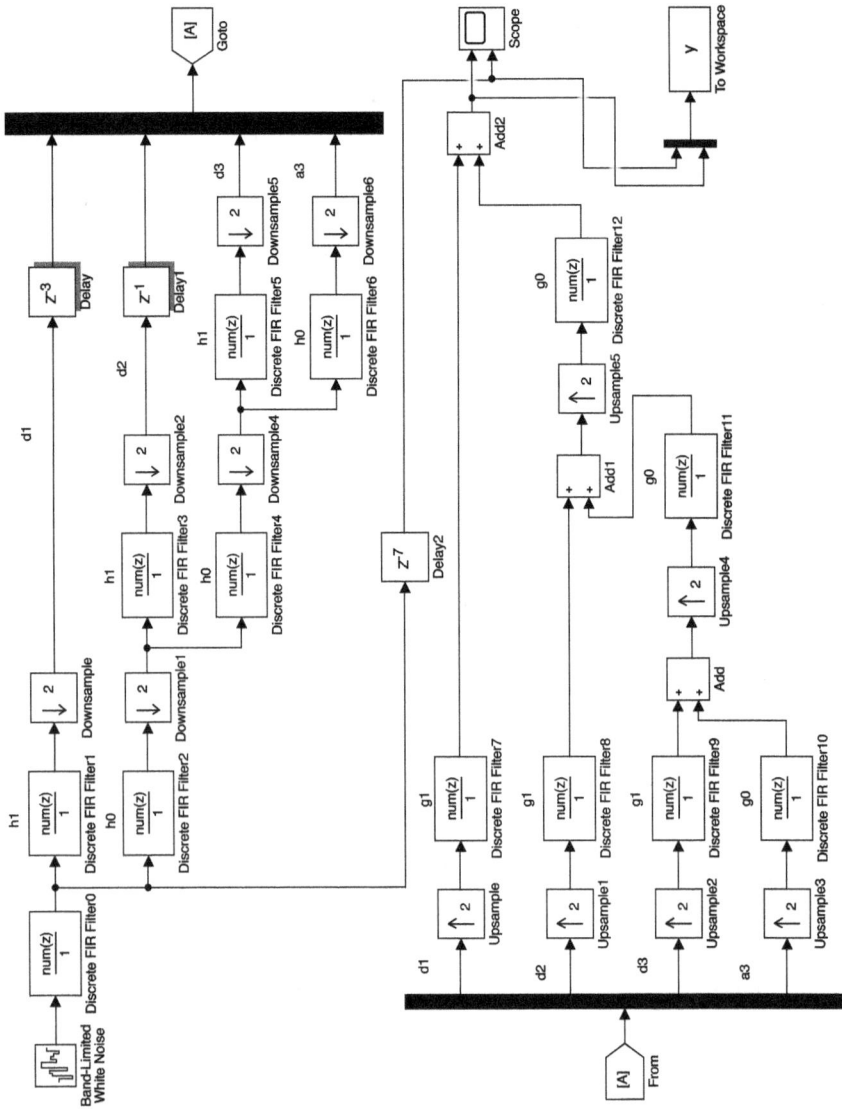

Abb. 4.29: Simulink-Modell des Haar-Algorithmus mit Filtern implementiert (haar_alg_filt_1.m, haar_alg_filt1.slx).

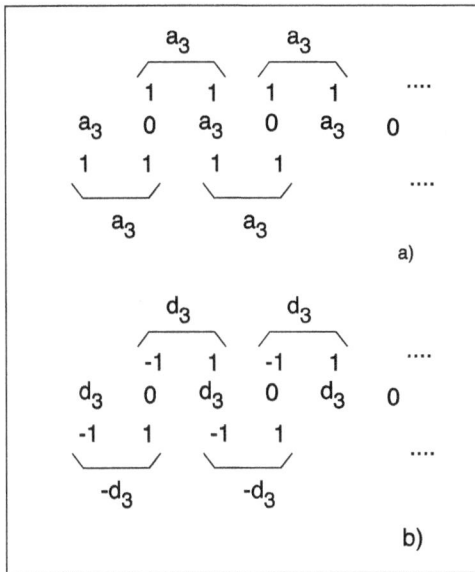

Abb. 4.30: Erläuterung der Rekonstruktion von a_2 aus a_3 und d_3 gemäß Gl. (4.49).

Der Vorgang wiederholt sich ähnlich bei der Erzeugung der spektralen Koeffizienten a_1 aus den Koeffizienten a_2 und d_2 und weiter bei der Erzeugung des rekonstruierten Signals aus den spektralen Koeffizienten a_1 und d_1.

Die Pfade der Zerlegung beinhalten verschiedene Anzahlen von Filtern. Diese Filter verursachen Verzögerungen die man ausgleichen muss, so dass die Rekonstruktion korrekt stattfinden kann. Der längste Pfad mit Filtern besteht aus den Filtern *Discrete FIR Filter 2, Discrete FIR Filter 4, Discrete FIR Filter 5 (oder 6), Discrete FIR Filter 9 (oder 10), Discrete FIR Filter 11, Discrete FIR Filter 12.* Jedes Filter besitzt zwei symmetrische oder antisymmetrische Koeffizienten. Die Ordnung der Filter ist somit eins und die Verzögerung ist dadurch 0,5 der jeweiligen Abtastperioden. Die Filter arbeiten bei verschiedenen Abtastperioden, was man berücksichtigen muss. Die Abtastperioden im Modell können mit Farben sichtbar gemacht werden. In der Menüleiste des Modells über *Display, Sample Time, Colors* werden die Abtastperioden in Farbe gekennzeichnet.

Die Verzögerung entlang der genannten Filter ist:

$$0{,}5T_s + 2 \times 0{,}5T_s + 4 \times 0{,}5T_s + 0{,}5T_s = 4T_s . \tag{4.51}$$

Mit T_s wurde die Abtastperiode des Eingangssignals bezeichnet. Mit dem Block *Delay* muss im oberen Pfad dieselbe Verzögerung gewährleistet werden. Aus

$$0{,}5T_s + xd \cdot 2 \times 0{,}5T_s + 0{,}5T_s = 4T_s \tag{4.52}$$

erhält man für die Verzögerung xd im Block *Delay* den Wert xd = 3. Ähnlich kann der Leser die nötige Verzögerung im Block *Delay 1* bestimmen.

Mit der Darstellung am *Scope*-Block des verzögerten Eingangssignals zusammen mit dem rekonstruierten Signal wird gezeigt, dass die Zerlegung und Rekonstruktion korrekt stattfindet.

Später wird diese Struktur im Rahmen der Wavelet-Theorie mit vielen anderen Typen von Filtern untersucht und ist als *Multiresolution Analyse* bekannt [29, 33].

Es ist wichtig zu verstehen, dass in diesem Modell die spektralen Koeffizienten der Zerlegung und Rekonstruktion berechnet werden und nicht die Teilsignale, die aus den spektralen Koeffizienten der verschiedenen Stufen resultieren. So z. B. zeigen die spektralen Koeffizienten d_1 die Anteile der paarweisen Differenzen im Signal. Aus diesen spektralen Koeffizienten kann man ein Teilsignal ermitteln, das zu diesen Differenzen führt. Ähnlich stellen die spektralen Koeffizienten d_2 die Anteile der paarweisen Differenzen aus den paarweisen Summen. Diesen Differenzen entspricht auch ein Teilsignal. Wenn man alle diese Teilsignale addiert, muss das ursprüngliche Eingangssignal resultieren.

In Abb. 4.31 ist das Simulink-Modell `haar_alg_filt2.slx` dargestellt, in dem die Teilsignale aus den spektralen Koeffizienten ermittelt werden. Die Summe ist gleich dem ursprünglichen Eingangssignal. Das Modell wird aus dem Skript `haar_alg_filt2.slx` aufgerufen. Die Teilsignale und deren Summe sind für eine relativ schmale Bandbreite des Eingangssignals (`fnoise` = 0,05) in Abb. 4.32 dargestellt.

Ganz oben ist das Teilsignal gezeigt, das aus den spektralen Koeffizienten d_1 gebildet wird. Dieses Signal stellt den höchstfrequenten Anteil im Eingangssignal für die Zerlegung in drei Stufen. Im nächsten *Subplot* ist das Teilsignal, das aus den spektralen Koeffizienten d_2 gebildet wird, dargestellt. Es enthält etwas niedrigere Frequenzanteile des Signals. Schließlich ist das Teilsignal aus dem dritten *Subplot*, das aus d_3 ermittelte Teilsignal und enthält noch tiefere Frequenzanteile des Eingangssignals. Die Teilsignale gebildet aus d_1, d_2, d_3 stellen die sogenannten Details des Eingangssignals dar.

Im vierten *Subplot* ist das aus a_3 gebildete Teilsignal gezeigt. Es enthält die Tiefpassanteile dieser Zerlegung und stellt die Approximation des Eingangssignals dar.

In der Literatur der Wavelet-Theorie ist die Bildung der Teilsignale theoretisch begründet [32, 33]. Hier wird eine andere, leichter verständliche Begründung dargestellt. Für konstante spektrale Koeffizienten kann das entsprechende Eingangssignal basierend auf den Berechnungen dieser Koeffizienten gemäß Gl. (4.44), Gl. (4.46) und Gl. (4.48) ermittelt werden.

Im Skript `haar_teilsig_1.m`, das mit dem Modell `haar_teilsig1.slx` aus Abb. 4.33 arbeitet, werden die Teilsignale nach dem Schema aus Modell `haar_alg2.slx` ermittelt, ausgehend von konstanten spektralen Koeffizienten.

In Abb. 4.34 sind die Teilsignale für konstante spektrale Koeffizienten dargestellt. Diese Teilsignale entsprechen auch den Anteilen im Eingangssignal, die zu

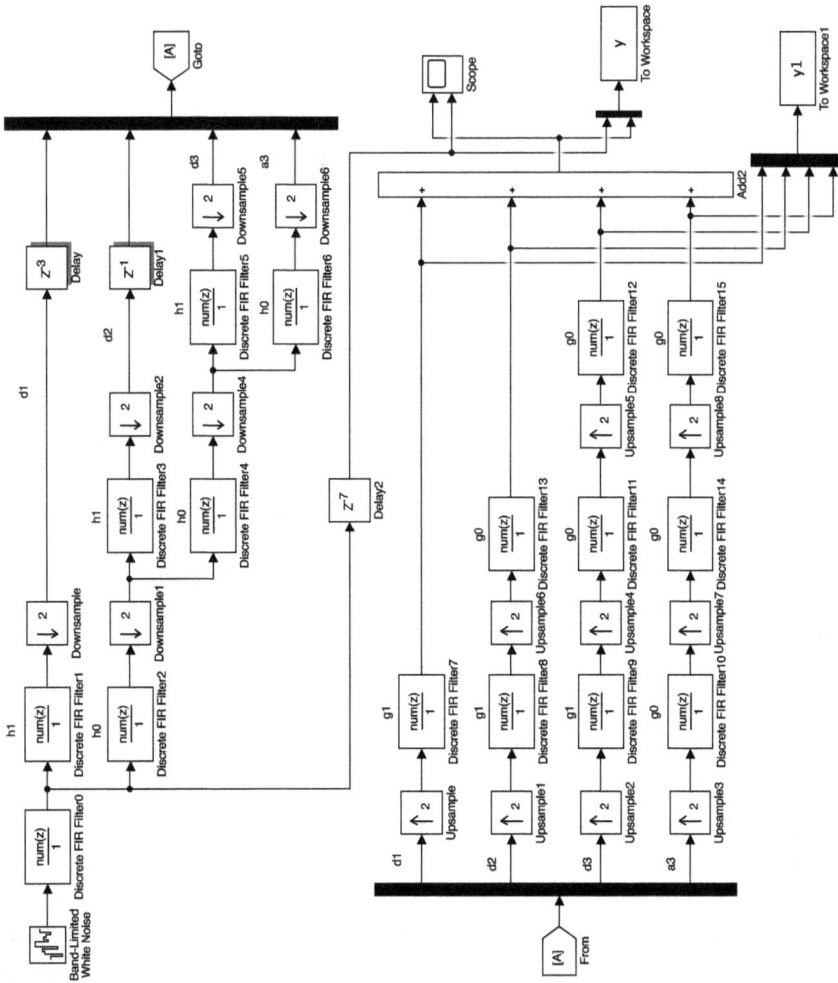

Abb. 4.31: Simulink-Modell des Haar-Algorithmus mit der Rekonstruktion aus den Teilsignalen (haar_alg_filt_2.m, haar_alg_filt2.slx).

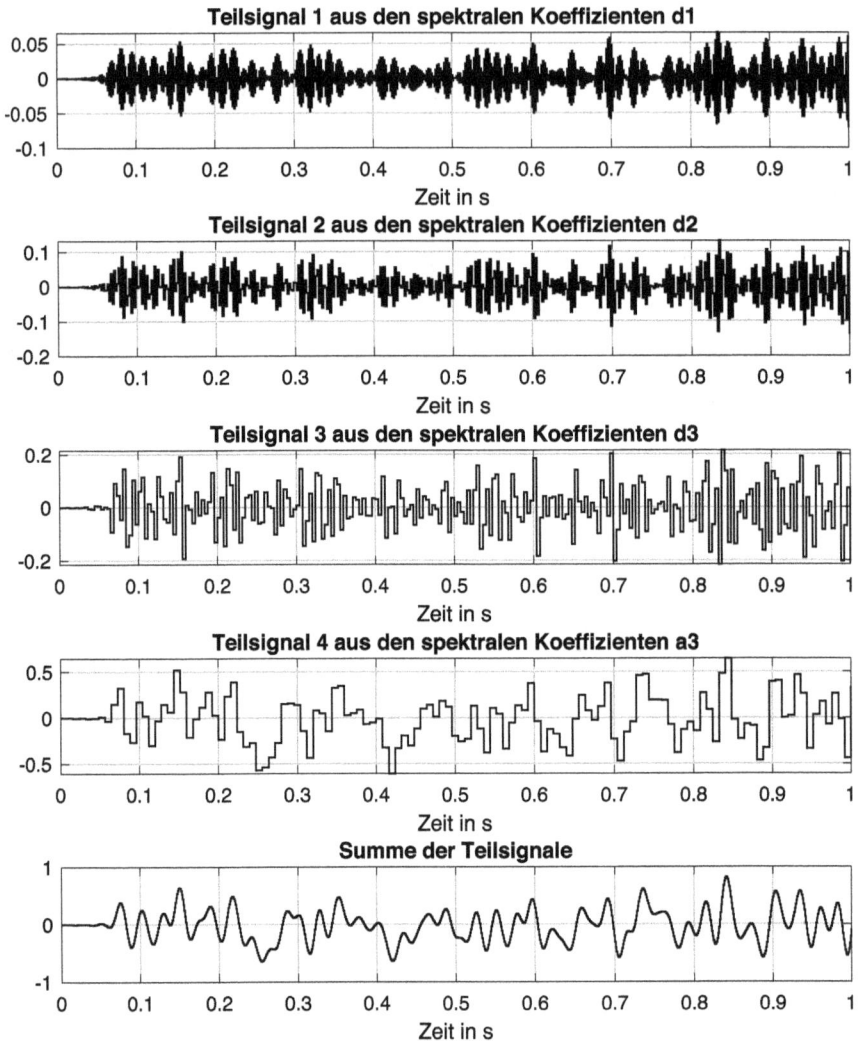

Abb. 4.32: Die Teilsignale der Zerlegung und deren Summe für $f_{noise} = 0{,}05$ (haar_alg_filt_2.m, haar_alg_filt2.slx).

konstante spektrale Koeffizienten führen. Ganz oben ist das Teilsignal für konstante spektrale Koeffizienten d_1 dargestellt. So ein Eingangssignal ergibt über ein FIR-Filter h1=[-1 1]/sqrt{2} und Abwärtstaster mit Faktor 2 (Abb. 4.31) konstante spektrale Koeffizienten d_1.

Im Modell haar_teilsig1.slx werden die Werte d_1 gleich eins mit Nullwerten über den Aufwärtstaster *Upsample* erweitert. Das nachfolgende FIR-Filter mit der Einheitspulsantwort g1=[1 -1]/sqrt{2} erzeugt dann das Teilsignal, das ganz oben in

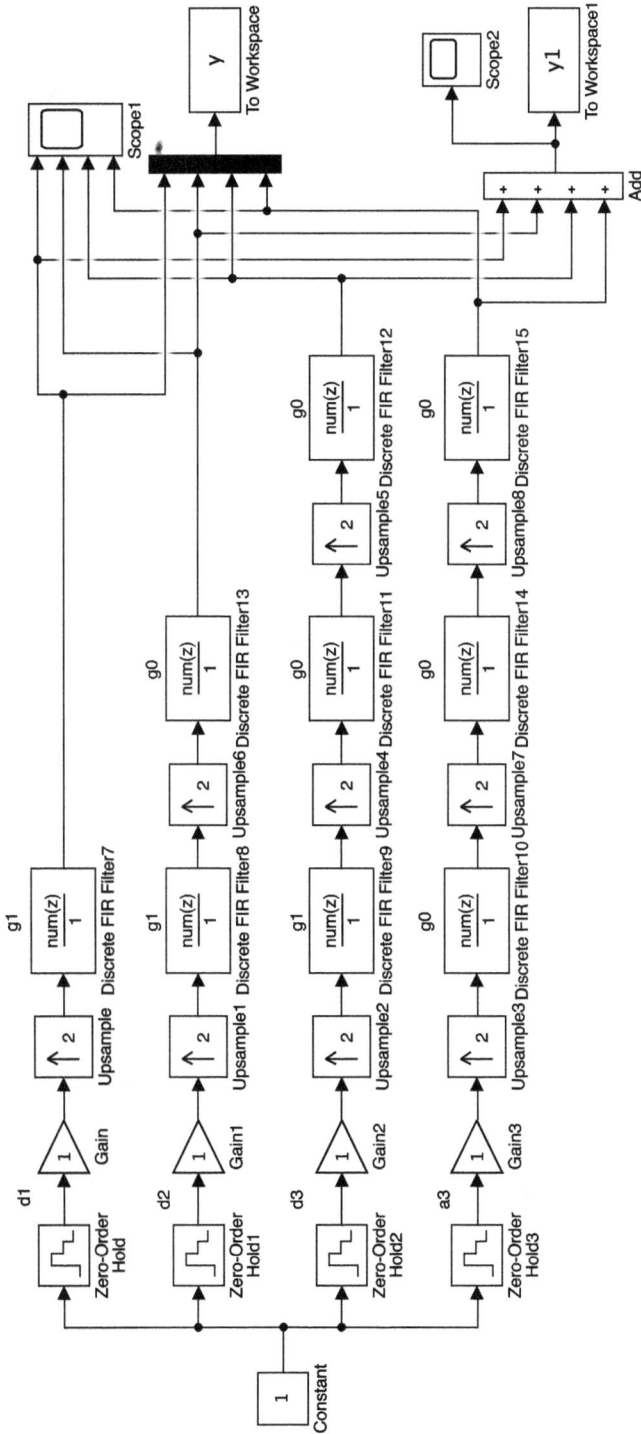

Abb. 4.33: Simulink-Modell des Haar-Algorithmus für die Teilsignale aus konstanten spektralen Koeffizienten (haar_teilsig_1.m, haar_teilsig1.slx).

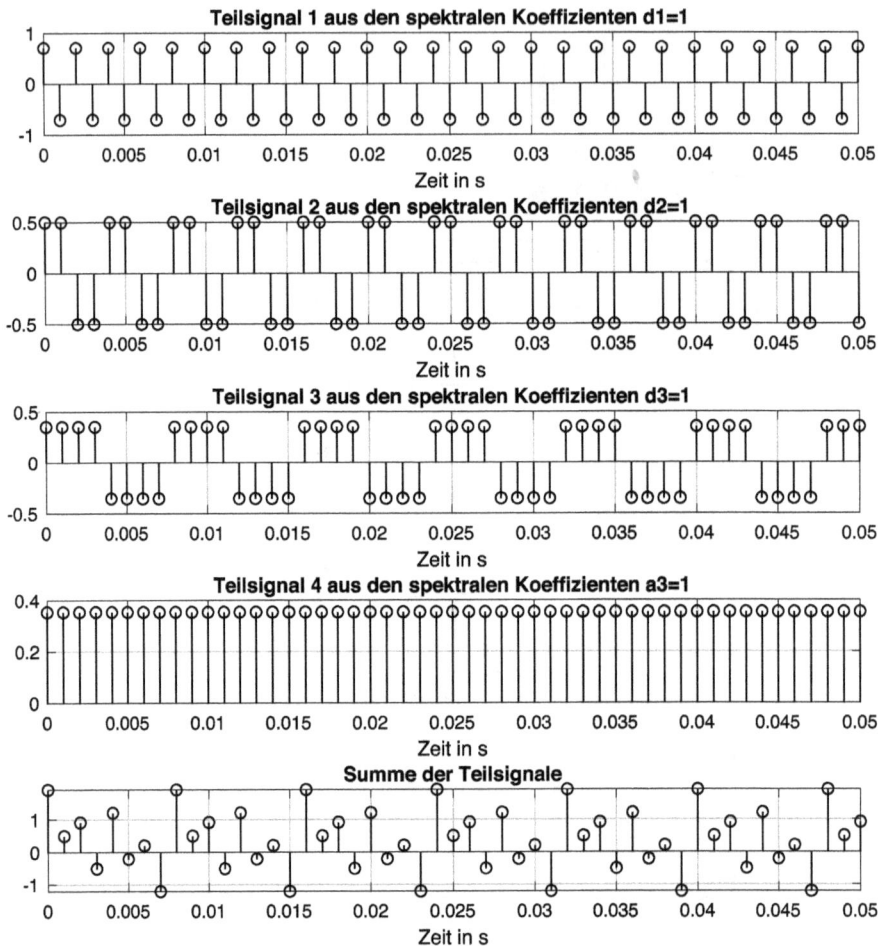

Abb. 4.34: Die Teilsignale der Zerlegung und deren Summe für konstante spektrale Koeffizienten (haar_alg_filt_2.m, haar_alg_filt2.slx).

Abb. 4.34 dargestellt ist. Ein derartiges Eingangssignal ergibt dann bei der Zerlegung dieses Eingangssignals konstante spektrale Koeffizienten d_1.

Die spektralen Koeffizienten d_2 sind aus den paarweisen Differenzen von paarweisen Summen gebildet (gemäß Gl. (4.44), und Gl. (4.46)). Um konstante spektrale Koeffizienten d_2 zu erhalten, muss das Eingangssignal wie das Signal aus Abb. 4.34 im Subplot(512) aussehen. Die paarweisen Summen aus diesem Signal ergeben ein alternierendes Signal wie im Subplot(511) gezeigt. Die darauffolgenden paarweisen Differenzen ergeben konstante spektrale Koeffizienten d_2.

Die Umkehrung dieser Schritte ist im Modell haar_teils1.slx über die Blöcke *Upsample 1, Diskrete FIR Filter 8, Upsample 6, FIR Filter 13* realisiert. Das Filter *Diskrete FIR Filter 8* mit der Einheitsimpulsantwort g1 erzeugt alternierende Werte, die dann mit

Hilfe des Filters mit der Einheitspulsantwort g0 verdoppelt werden, wie in Abb. 4.34 im Subplot(512) gezeigt.

Ähnlich erhält man für konstante spektrale Koeffizienten d_3 mit dem Filter g1 (aus Block *Discrete FIR Filter 9*) alternierende Werte, die dann mit Hilfe des Filters mit der Einheitspulsantwort g0 verdoppelt werden und weiter mit demselben Filter nochmals verdoppelt werden. Man erhält so das Teilsignal aus Abb. 4.34 im Subplot(513).

Die konstanten spektralen Koeffizienten a_3 führen über die drei Filter der Einheitspulsantwort g0 mit dem Aufwärtstaster zu einen Teilsignal, wie in Abb. 4.34 im Subplot(514) dargestellt. Die Summe der Teilsignale ist im Subplot(515) gezeigt. Diese Summe als Eingangssignal eingesetzt wird konstante spektrale Koeffizienten ergeben. Somit sind die Teilsignale, die mit den Bearbeitungsblöcken aus Abb. 4.31 und Abb. 4.33 ermittelt wurden, korrekt.

4.3 Funktionsräume: Übergang von diskreten zu stetigen Signalen

Die beschriebenen Transformationen und Approximationen von diskreten Signalen hat auch praktische und theoretische Grenzen. Das Vorgehen in diesen Transformationen spürt die Sprünge und die Wertekonstanz in größeren Bereichen für die Kompression auf. Sie sind nicht geeignet für den Umgang mit stetigen Entwicklungen innerhalb von Bereichen, welche aber ebenfalls ein wichtiges Merkmal vieler Signale sind.

Da z. B. der Haar-Algorithmus stets nur zwei benachbarte Werte oder Paare von Mittelwerten in Verbindung miteinander bringt, entgehen ihm schon lineare und quadratische Zusammenhänge [21]. Für die 'Analog-Fans' stellt sich die Frage gibt es auch stetige Zerlegungen und Approximationen, die dem Wesen der Analogsignale besser gerecht werden? Wie historisch lange vor der diskreten Signalverarbeitung bekannt war, gibt es orthonormale Funktionszerlegungen, die besser für solche Signale geeignet sind. Die bekannte Fourierbasis von Grad N

$$P_n = \langle\langle \cos(0), \cos(2\pi x), \cos(2\pi 2x), \ldots, \cos(2\pi Nx),$$
$$\sin(2\pi x), \sin(2\pi 2x), \ldots, \sin(2\pi Nx)\rangle\rangle \tag{4.53}$$

ist als Beispiel eine derartige Basis. Die so gewählten trigonometrischen Funktionen sind orthogonal und leicht zu normieren (im Sinne der in diesem Abschnitt erläutert wird).

Funktionen verhalten sich im Wesentlichen wie Elemente eines Vektorraums über $\mathbb{R}$ [29]. Mit

$$f : \mathbb{R} \to \mathbb{R} : x \longmapsto f(x), \quad g : \mathbb{R} \to \mathbb{R} : x \longmapsto g(x) \quad \text{und} \quad r \in \mathbb{R} \tag{4.54}$$

definiert man die Summen und die Vielfachen von Funktionen als:

$$f + g : \mathbb{R} \to \mathbb{R} : x \longmapsto f(x) + g(x), \quad r \cdot f : \mathbb{R} \to \mathbb{R} : x \longmapsto r \cdot f(x). \tag{4.55}$$

Dann gilt für alle Funktionen f, g, h und reelle Zahlen r, s:

$$f + g = h \quad (f + g) + h = f + (g + h)$$
$$(r \cdot s) \cdot f = r \cdot (s \cdot f) \quad 1 \cdot f = f \tag{4.56}$$
$$r \cdot (f + g) = r \cdot f + r \cdot g \quad (r + s) \cdot f = r \cdot f + s \cdot f .$$

Viele Mengen von Funktionen bilden Vektorräume und bringen alle damit verbundene nützliche Eigenschaften mit. Das sind die Menge aller auf einer beliebigen Teilmenge der reellen Zahlen definierten reellwertigen Funktionen wie:

- alle stetige Funktionen
- alle stückweise stetige Funktionen
- alle ganzrationalen Funktionen vom Grad $\leq n$
- alle periodischen Funktionen
- alle stückweise konstanten Funktionen

Für Funktionen die Vektorräume bilden wird zwischen zwei Funktionen $f(x)$ und $g(x)$ ein 'Skalar-Produkt' durch folgendes Integral definiert:

$$\langle f | g \rangle = \int_a^b f^*(x) g(x) w(x) dx . \tag{4.57}$$

Hier ist $w(x)$ eine Gewichtungsfunktion und $f^*(x)$ stellt das konjugiert komplexe der eventuell komplexen Funktion $f(x)$ dar. Das Intervall $[a, b]$ ist vom Funktionsraum dieser Funktionen abhängig.

Die Norm, die diese Definition induziert ist:

$$\|v\| = \langle v | v \rangle^{1/2} . \tag{4.58}$$

Ein Hilbert-Raum $\mathcal{H}$ ist ein Funktionsraum zusammen mit einem Skalar-Produkt und die induzierte Norm, der komplett ist [22]. Das bedeutet, dass Basisfunktionen $\phi_1(x), \phi_2(x), \phi_3(x), \ldots$ existieren, so dass jede Funktion $f(x) \in \mathcal{H}$ durch

$$f(x) = \sum_{n=1}^{\infty} a_n \phi_n(x) \tag{4.59}$$

dargestellt werden kann. Für orthogonale Basisfunktionen mit $\langle \phi_i | \phi_j \rangle = 0$ für $i \neq j$ sind die Koeffizienten durch

$$a_n = \frac{\langle \phi_n(x) | f(x) \rangle}{\langle \phi_n(x) | \phi_n(x) \rangle} \tag{4.60}$$

zu ermitteln. Durch Multiplikation der Gl. (4.59) durch $\phi_n(x)$ und Bildung des Skalar-Produkts auf beiden Seiten in der Annahme der Orthogonalität ergibt sich diese Form für die Berechnung der Koeffizienten. Wie man sieht, können die Koeffizienten unabhängig voneinander berechnet werden. Man spricht von einer orthonormalen Basis wenn

$$\langle \phi_i | \phi_j \rangle = \delta_{ij} \tag{4.61}$$

und

$$\delta_{ij} = \begin{cases} 0 & i \neq j \\ 1 & i = j \end{cases} \tag{4.62}$$

der Kronecker-Delta ist.

Angenommen zwei Funktionen $f(x)$ und $g(x)$ sind mit den gleichen Basisfunktionen dargestellt:

$$f(x) = \sum_{n=1}^{\infty} a_n \phi_n(x), \quad g(x) = \sum_{m=1}^{\infty} b_m \phi_m(x). \tag{4.63}$$

Basierend auf den Eigenschaften des Skalarprodukts ist $\langle f(x)|g(x) \rangle$ gleich:

$$\begin{aligned}
\langle f(x)|g(x) \rangle &= \left\langle \sum_{n=1}^{\infty} a_n \phi_n(x) \middle| \sum_{m=1}^{\infty} b_m \phi_m(x) \right\rangle \\
&= \sum_{n=1}^{\infty} \sum_{m=1}^{\infty} a_n^* b_m \langle \phi_n(x)|\phi_m(x) \rangle = \sum_{n=1}^{\infty} \sum_{m=1}^{\infty} a_n^* b_m \delta_{nm} = \sum_{n=1}^{\infty} a_n^* b_n.
\end{aligned} \tag{4.64}$$

Mit anderen Worten reduziert sich das Skalarprodukt der zwei Funktionen auf ein Vektorskalarprodukt der spektralen Koeffizienten.

Für den Fall $f(x) = g(x)$ erhält man:

$$\|f(x)\|^2 = \langle f(x)|f(x) \rangle = \sum_{n=1}^{\infty} |a_n|^2. \tag{4.65}$$

Diese Beziehung ist als Parseval-Identität oder Parseval-Theorem bezeichnet.

Wenn die Basisfunktionen aus Gl. (4.59) nicht orthogonal sind, dann können duale Basisfunktionen $\psi_n(x)$, $n = 1, \ldots, \infty$ gefunden werden, damit die biorthogonalen Bedingungen

$$\langle \psi_i(x)|\phi_j(x) \rangle = c_i^2 \delta_{ij} \tag{4.66}$$

erfüllt sind. In diesem Fall werden die Koeffizienten a_n durch

$$a_n = \frac{\langle \psi_n(x)|f(x) \rangle}{\langle \psi_n(x)|\phi_n(x) \rangle} = \frac{\langle \psi_n(x)|f(x) \rangle}{c_n^2} \tag{4.67}$$

berechnet. Als Beispiel sind die Basisfunktionen $\phi_n(x) = 1 - |x - n|$, $n - 1 \leq x \leq n + 1$, die eine stückweise lineare Annäherung einer Funktion ergeben, nicht orthogonal. Die dualen Basisfunktionen $\delta(x-n)$, $n = 0, \ldots, \infty$ können zur Ermittlung der Koeffizienten a_n führen. Aus

$$a_n = \frac{\langle \delta(x-n)|f(x)\rangle}{1} = f(n), \quad n = 0, \ldots, \infty \qquad (4.68)$$

erhält man die bekannten Koeffizienten für die stückweise lineare Annäherung.

4.3.1 Experiment: Simulation der Basisfunktionen der Fourier-Reihe

Als Beispiel für Basisfunktionen können die Basisfunktionen der Fourier-Reihe über den Bereich $0, 2\pi$, die in der Signalverarbeitung bekannt sind, dienen:

$$1, \cos(nx), \ldots, \sin(nx), \ldots, \quad n = 1, 2, \ldots. \qquad (4.69)$$

Sie sind orthogonal und können leicht normiert werden, so dass sie orthonormal werden. Das Skalarprodukt $\langle 1|1\rangle$ wird:

$$\langle 1|1\rangle = \int_0^{2\pi} dx = 2\pi. \qquad (4.70)$$

Damit das Skalarprodukt der ersten Basisfunktion mit sich selbst eins wird, ist die erste Basisfunktion mit Faktor $1/\sqrt{2\pi}$ zu multiplizieren. Alle Skalarprodukte $\langle 1|\cos(nx)\rangle = 0$ und $\langle 1|\sin(nx)\rangle = 0$ sind null, weil das Integral der periodischen Funktionen $\cos(nx)$ und $\sin(nx)$ über den Bereich $0, 2\pi$ null ist.

Das Skalarprodukt $\langle \cos(nx)|\cos(mx)\rangle$ ist

$$\langle \cos(nx)|\cos(mx)\rangle = \int_0^{2\pi} \cos(nx)\cos(mx)dx = \begin{cases} 0 & \text{für} \quad n \neq m \\ \pi & \text{für} \quad n = m \end{cases} \qquad (4.71)$$

und somit müssen alle $\cos(nx)$ Basisfunktionen mit einem Faktor $1/\sqrt{\pi}$ multipliziert werden um orthonormal zu sein. Ähnlich ist das Skalarprodukt $\langle \sin(nx)|\sin(mx)\rangle$ durch

$$\langle \sin(nx)|\sin(mx)\rangle = \int_0^{2\pi} \sin(nx)\sin(mx)dx = \begin{cases} 0 & \text{für} \quad n \neq m \\ \pi & \text{für} \quad n = m \end{cases} \qquad (4.72)$$

gegeben und die Basisfunktionen $\sin(nx)$ müssen mit dem gleichen Faktor $1/\sqrt{\pi}$ multipliziert werden. Die Skalarprodukte $\langle \sin(nx)|\cos(mx)\rangle = 0$ sind wie erwartet immer null.

Die orthonormalen Basisfunktionen der Fourier-Reihe sind dadurch:

$$\{1/\sqrt{2\pi}, \cos(nx)/\sqrt{\pi}, \ldots, \sin(nx)/\sqrt{\pi}, \ldots\} \quad n = 1, 2, \ldots. \qquad (4.73)$$

Die Annäherung einer Funktion mit N dieser orthonormalen Basisfunktionen ist:

$$f(x) = \sqrt{\frac{1}{2\pi}} a_0 + \sqrt{\frac{1}{\pi}} \sum_{n=1}^{N} a_n \cos(nx) + \sqrt{\frac{1}{\pi}} \sum_{n=1}^{N} b_n \sin(nx). \qquad (4.74)$$

Die Koeffizienten dieser Annäherung werden durch

$$a_0 = \left\langle f(x) \middle| \sqrt{\frac{1}{2\pi}} \right\rangle = \sqrt{\frac{1}{2\pi}} \int_0^{2\pi} f(x)\,dx$$

$$a_n = \left\langle f(x) \middle| \sqrt{\frac{1}{\pi}} \cos(nx) \right\rangle = \sqrt{\frac{1}{\pi}} \int_0^{2\pi} f(x)\,\cos(nx)\,dx \quad n = 1, 2, \ldots, N \qquad (4.75)$$

$$b_n = \left\langle f(x) \middle| \sqrt{\frac{1}{\pi}} \sin(nx) \right\rangle = \sqrt{\frac{1}{\pi}} \int_0^{2\pi} f(x)\,\sin(nx)\,dx \quad n = 1, 2, \ldots, N$$

berechnet.

Im Skript orthog_sin_cos_1.m ist eine Zerlegung mit diesen Basisfunktionen untersucht. Anfänglich wird die Variable x als quasi kontinuierliche Variable gebildet und die Funktion definiert:

```
dx = pi/200;
x = 0:dx:pi-dx;   nx = length(x);
      % Die quasi kontinuierliche
      % Variable
% ------- Funktion
fc_val = 3;          % Selektiert die Funktion
switch fc_val
  case 1
    fx = 1 + 0.5*x + cos(2*pi*x/(pi/4) + pi/3).^2;
  case 2
    fx = (1 + 0.5*x + cos(2*pi*x/(pi/4)
        + pi/3).^2).*(x<=pi/2)+\cdots
        (cos(2*pi*x/(pi/4) + pi/3).^2).*(x>pi/2);
  case 3
    fx = 1*(x<=pi/2) + (-1)*(x>pi/2);
      % Für das Gibbs-Phänomen
  case 4
    fx = 1 + 0.5*x + cos(2*pi*x/(pi/4));
  case 5
    fx = (1 + 0.5*x + cos(2*pi*x/(pi/10))).*hann(nx)';
end;
```

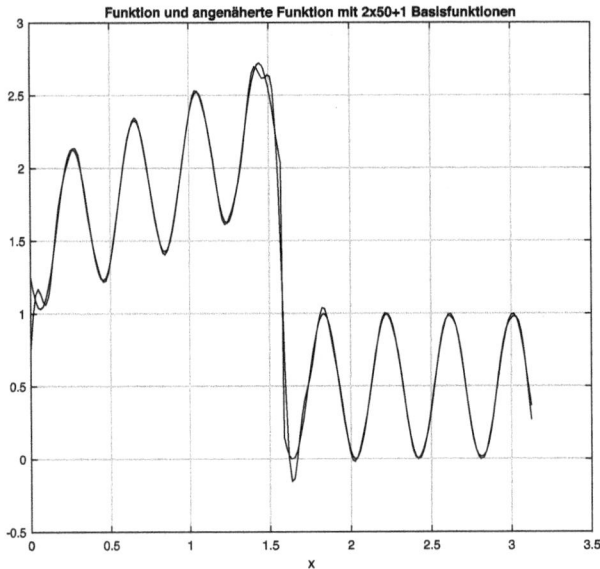

Abb. 4.35: Die Funktion und ihre Annäherung mit Basisfunktionen (orthog_sin_cos_1.m).

Man kann zwischen verschiedenen vorgeschlagenen Funktionen wählen. Danach werden die Koeffizienten der Zerlegung ermittelt und die Annäherung der Funktion mit Hilfe der Basisfunktionen berechnet und dargestellt (z.B. wie in Abb. 4.35):

```
% ------- Koeffizienten der Annäherung mit Basisfunktionen
N = 20;                          % N Basisfunktionen
n = 1:N;
an = zeros(1, N);
for p = 1:N
    an(p) = dx*sum(fx*sqrt(1/pi).*cos(p*x)); % Skalarprodukt
end;
an0 = dx*sum(fx*sqrt(1/(2*pi)));
    % Skalarprodukt mit der Konstanten
bn = zeros(1, N);
for p = 1:N
    bn(p) = dx*sum(fx*sqrt(1/pi).*sin(p*x)); % Skalarprodukt
end;
% ------- Angenäherte Funktion
fxx = zeros(N,nx);
for p = 1:N
    fxx(p,:) = an(p)*sqrt(1/pi)*cos(p*x)
            + bn(p)*sqrt(1/pi)*sin(p*x);
end;
```

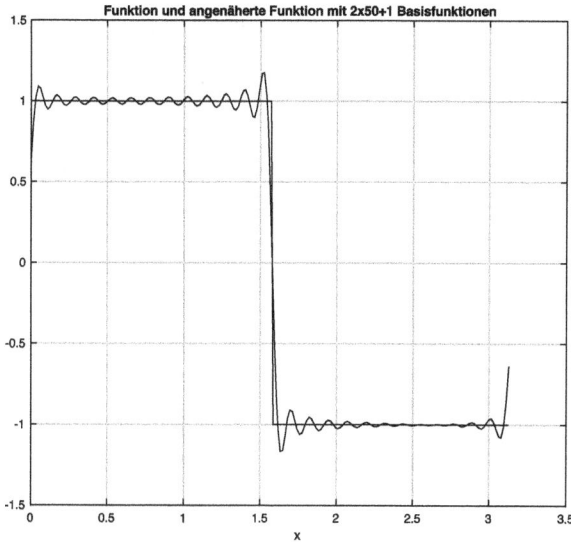

Abb. 4.36: Gibbs-Phänomen (orthog_sin_cos_1.m).

```
fxx1 = sum(fxx) + an0*sqrt(1/(2*pi));
      % Angenäherte Funktion
```

Zuletzt im Skript wird die Parseval-Identität gemäß Gl. (4.65) überprüft. Mit der Funktion fc_val = 3 kann man das Gibbs'sche Phänomen [7] sehr gut beobachten. Auch mit unendlich vielen Basisfunktionen für die Annäherung entstehen Schwingungen an den unstetigen Stellen, wie in Abb. 4.36 für den Fall einer rechteckigen Funktion gezeigt ist.

Für periodische Zeitfunktionen der Periode T werden in der Signalverarbeitung folgende orthogonale Basisfunktionen benutzt:

$$\left\{1, \cos\left(\frac{2\pi}{T}nt\right), \ldots \quad \sin\left(\frac{2\pi}{T}nt\right), \ldots\right\} \quad n = 1, 2, 3, \ldots . \tag{4.76}$$

Die Periode der periodischen Funktion $f(t)$ wird dann durch $2N + 1$ Basisfunktionen angenähert:

$$f(t) = a_0 + \sum_{n=1}^{N} a_n \cos\left(\frac{2\pi}{T}nt\right) + \sum_{n=1}^{N} b_n \sin\left(\frac{2\pi}{T}nt\right). \tag{4.77}$$

Die Koeffizienten dieser Zerlegung mit orthogonalen Basisfunktionen sind durch

$$a_0 = \frac{1}{T} \int_0^T f(t)dt$$

$$a_n = \frac{2}{T} \int_0^T f(t) \cos\left(\frac{2\pi}{T}nt\right)dt \quad b_n = \frac{2}{T} \int_0^T f(t) \sin\left(\frac{2\pi}{T}nt\right)dt \tag{4.78}$$

gegeben. Daraus erhält man auch die normierten orthonormalen Basisfunktionen:

$$\left\{ \frac{1}{T}, \frac{2}{T} \cos\left(\frac{2\pi}{T} nt \right), \dots \quad \frac{2}{T} \sin\left(\frac{2\pi}{T} nt \right), \dots \right\} \quad n = 1, 2, 3, \dots . \tag{4.79}$$

Der Leser kann ein ähnliches Skript schreiben, mit dem diese Form untersucht werden kann.

4.3.2 Untersuchung der Sinc-Basisfunktionen

Das Shannon-Abtasttheorem führt zu einer orthogonalen Basis von Sinc-Funktionen. Wenn $x(t)$ ein bandbegrenztes Signal mit Bandbreite W (Hz) ist und es sind Abtastwerte mit Abtastperiode $T < \frac{1}{2W}$ vorhanden, dann kann das zeitkontinuierliche Signal mit

$$x(t) = \sum_{n=-\infty}^{\infty} x[nT] \operatorname{sinc}(t/T - n) \tag{4.80}$$

rekonstruiert werden. Hier ist mit sinc die Sinc-Funktion bezeichnet, die durch

$$\operatorname{sinc}(x) = \frac{\sin(\pi x)}{\pi x} . \tag{4.81}$$

gegeben ist. In Abb. 4.37(a) ist die Sinc-Funktion $\operatorname{sinc}(t)$ skizziert und in Abb. 4.37(b) ist die entsprechende Fourier-Transformation dargestellt. Die letztere ist kurz als Box-Funktion bezeichnet:

$$\mathcal{F}\{\operatorname{sinc}(t)\} = \operatorname{Box}(f) = \begin{cases} 1 & \text{für} \quad |f| \leq 1/2 \\ 0 & \text{sonst} . \end{cases} \tag{4.82}$$

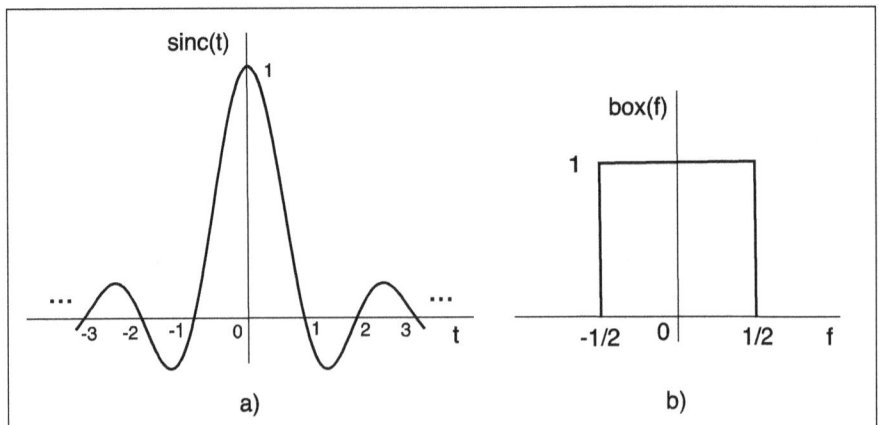

Abb. 4.37: (a) Die Funktion $\operatorname{sinc}(t)$. (b) Ihre Fourier-Transformation.

Dadurch ist

$$\mathcal{F}\{\operatorname{sinc}(t/T - n)\} = Te^{-j2\pi nTf} \operatorname{Box}(fT) \tag{4.83}$$

weil $\mathcal{F}\{\operatorname{sinc}(t/T)\}$ gemäß Eigenschaften der Fourier-Transformation gleich mit $T\operatorname{Box}(fT)$ ist und die Verschiebung in Zeit mit nT ergibt im Frequenzbereich der Fourier-Transformation eine lineare Phasenverschiebung gleich mit $-2\pi nTf$.

Basierend auf der Tatsache dass die Fourier-Transformation das Skalarprodukt bewahrt, kann man beweisen dass die Funktionen $\operatorname{sinc}(t/T - n)$, $n \in \mathbb{Z}$ orthogonal sind:

$$
\begin{aligned}
&\langle \sin(t/T - n) | \sin(t/T - m) \rangle \\
&= \langle Te^{-j2\pi nTf} \operatorname{box}(Tf) | (Te^{-j2\pi mTf} \operatorname{box}(Tf))^* \rangle \\
&= T^2 \int\limits_{-1/(2T)}^{1/(2T)} e^{-j2\pi(n-m)Tf} df = T\frac{\sin(\pi(n-m))}{\pi(n-m)} = T\delta[n-m]
\end{aligned} \tag{4.84}
$$

also 0 wenn $n \neq m$.

Bei der Bildung des Skalarprodukts der Fourier-Transformation für komplexe Funktionen muss unter dem Integral die eine Funktion konjugiert komplex genommen werden. Das Produkt $T\operatorname{Box}(Tf) \times T\operatorname{Box}(Tf) = T^2\operatorname{Box}(Tf)$ begrenzt den Bereich des Integrals von $-1/(2T)$ bis $1/(2T)$.

Die Analyseformel wird jetzt:

$$
\begin{aligned}
\langle x(t) | \operatorname{sinc}(t/T - n) \rangle &= \langle X(f) | (Te^{-j2\pi nTf} \operatorname{Box}(Tf))^* \rangle \\
&= T \int\limits_{-\infty}^{\infty} X(f)e^{j2\pi tf} df|_{t=nT} = Tx[nT]
\end{aligned} \tag{4.85}
$$

für $|f| \geq 1/(2T)$.

Hier ist $X(f)$ die Fourier-Transformation von $x(t)$, die bandbegrenzt ist, $X(f) = 0$ für $|f| \geq 1/(2T)$ und das Integral stellt die inverse Fourier-Transformation dar.

Im Skript sinc_1.m ist die Sinc-Funktion untersucht, um die gezeigten Sachverhalte zu verstehen und weitere Experimente zu ermöglichen. Die Sinc-Funktion dehnt sich von $-\infty$ bis ∞ und in Simulationen muss man sie begrenzen z. B. von $-20T$ bis $20T$ wie im Skript initialisiert. In Abb. 4.38 ist die Sinc-Funktion für $T = 2$ und $n = 0$ (ohne Verschiebung) dargestellt.

Die Nullstellen der Funktion sind bei den Vielfachen von T, was leicht mit der Zoom-Funktion festzustellen ist. In Abb. 4.39 ist dieselbe Funktion zusammen mit einer verschobenen Funktion für $n = -5$ dargestellt.

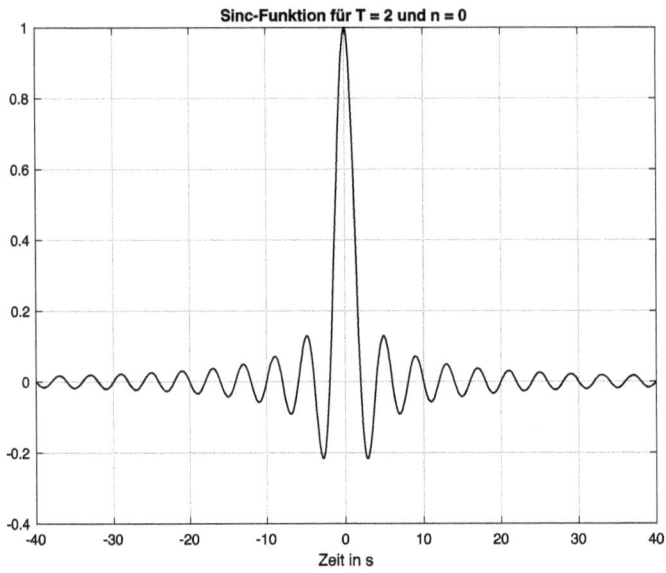

Abb. 4.38: Die Sinc-Funktion für $T = 2$ und $n = 0$ (sinc_1.m).

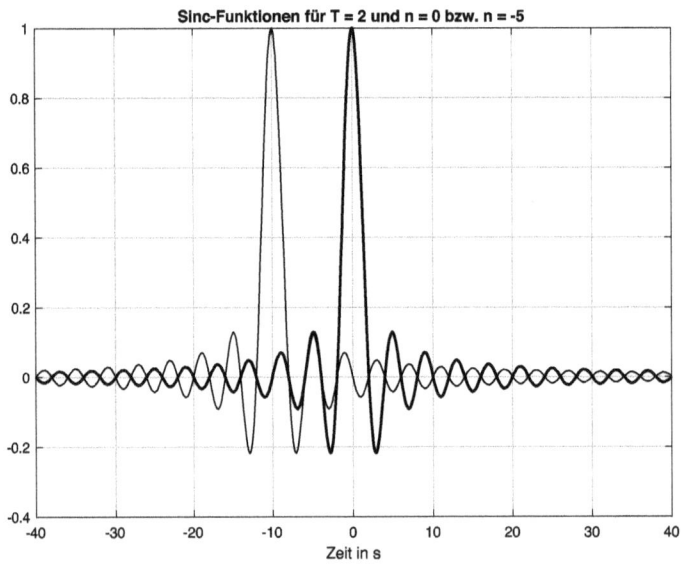

Abb. 4.39: Die Sinc-Funktionen für $T = 2$ und $n = 0$ bzw. $n = -5$ (sinc_1.m).

Mit folgenden Zeilen im Skript werden die Sinc-Funktionen erzeugt:

```
% ------ Parameter der sinc-Funktionen
T = 2;                 % Abtastperiode
dt = 1/100;            % Zeitschrittweite
fs = 1/dt;
nT = 20;               % Bereich der simulierten Sinc-Funktion
t = -nT*T:dt:nT*T-dt;
nt = length(t);
sinc_f1 = sinc(t/T);   % Die sinc-Funktion
n = -5;
      % Verschiebung der zweiten Sinc-Funktion
sinc_f2 = sinc((t-n*T)/T);   % Die zweite sinc-Funktion
```

Man kann jetzt die Orthogonalität prüfen:

```
skalar_pr  = sum(sinc_f1.*sinc_f1)*dt,
skalar_pr1 = sum(sinc_f1.*sinc_f2)*dt,
```

Für das erste angenäherte Integral erhält man den Wert $1,9899$ statt 2 (gemäß Gl. (4.84)) für $T = 2$) und für das zweite angenäherte Integral den Wert $0,0104$ statt 0. Wenn man die Ausdehnung der Sinc-Funktionen erhöht, sind die Ergebnisse den idealen Werten näher. Die Fourier-Transformation kann auch mit einer Summe angenähert werden. Für die erste Sinc-Funktion mit $n = 0$ wird das durch folgende Zeilen im Skript realisiert:

```
% ------- Fourier-Transformation angenähert mit einer Summe
df = fs/nt;
f = -fs/2:df:fs/2-df;    % Frequenzbereich
H1 = zeros(1,nt);
for k = 1:nt;
    H1(k) = dt*sum(exp(-j*2*pi*f(k)*t).*sinc_f1);
end;
phi1 = angle(H1);
p = find( (abs(imag(H1)) <= 1.e-6) );
    % Entfernung der falschen Winkel
phi1(p) = 0;
```

Die Signale für die FFT sind immer als kausal ($t \geq 0$) angenommen. Die FFT ergibt einen korrekten angenäherten Betrag aber statt Phase gleich null wird eine lineare Phasenverschiebung erhalten, die kompensiert werden muss:

```
% ------- Annäherung der Fourier-Transformation über die FFT
H2 = dt*fft(sinc_f2).*exp(j*2*pi*(0:nt-1)/2);
                % Mit Kompensation der
```

```
                    % Versetzung mit nt/2
phi2 = angle(H2);
p = find( (abs(imag(H2)) <= 1.e-2) );
                    % Entfernung der falschen Winkel
phi2(p) = 0;
```

Die Ermittlung der Phasen über die Funktion arctan in der Funktion angle führt zu Fehlern wenn der Imaginär- und Realteil sehr klein sind und die korrigiert werden müssen.

In Abb. 4.40 ist oben die angenäherte Fourier-Transformation für die Sinc-Funktion mit $n = 0$ mit Phasenverlauf null dargestellt und darunter die Fourier-

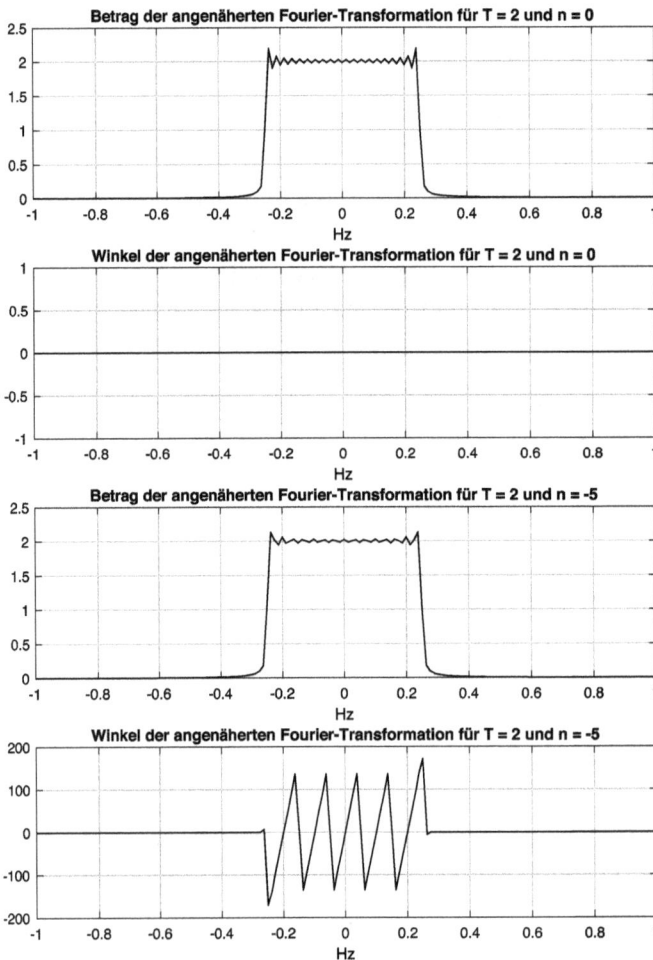

Abb. 4.40: Die angenäherten Fourier-Transformationen der Sinc-Funktion für $T = 2$ und $n = 0$ bzw. $n = -5$ (sinc_1.m).

Transformation für die Sinc-Funktion mit $n = -5$ gezeigt. Der lineare Phasenverlauf $\phi = 2\pi n f T$ kann benutzt werden, um die Verschiebung n aus dem Verlauf der Phase in der Umgebung der Frequenz null zu schätzen. Aus der Darstellung kann eine Phasenänderung von $135{,}5 \times 2$ Grad in einem Frequenzbereich von $0{,}0375 \times 2\,$Hz geschätzt werden. Das führt zu einen Wert n

$$n = \frac{(\Delta\phi)\pi}{2\pi(\Delta f)T180} = \frac{135{,}5}{4 \cdot 0{,}0375 \cdot 180} = 5{,}0185 \tag{4.86}$$

statt 5.

In beiden Arten der Schätzung der Fourier-Transformation, sieht man in den Beträgen den Effekt des Gibbs-Phänomens in Form der Schwingungen bei den Flanken der Beträge.

4.3.3 Untersuchung der Walsh-Basisfunktionen

Die stückweise konstanten Walsh Funktionen wurden im Jahre 1923 vom Mathematiker J. L. Walsh in Cambridge, Massachusetts, USA in einer Publikation beschrieben. Wie es vielmals der Fall ist, wurden diese Funktionen später in den sechziger Jahren als ein elegantes Werkzeug für die Analyse von physikalischen Systemen eingesetzt. Inzwischen sind andere stückweise konstante orthogonale Funktionen bekannt, die Walsh Funktionen haben aber ihre Wichtigkeit beibehalten wegen ihrer Anwendungen in vielen Bereichen wie der Kommunikationstechnik, der Signalverarbeitung, der Bildverarbeitung, der Spektroskopie und der elektromagnetischen Theorie.

In Abb. 4.41 sind die orthogonalen stückweise konstanten Walsch-Funktionen für $N = 8$ im Bereich $0 \le t < 1$ dargestellt. Sie wurden mit dem Skript walsh_1.m nach folgendem Algorithmus erzeugt [21]:

$$W_{2j+q}(t) = (-1)^{\langle j/2\rangle+q}\{W_j(2t) + (-1)^{j+q}W_j(2t - 1)\} \tag{4.87}$$

wobei $\langle j/2\rangle$ die kleinste ganze Zahl kleiner oder gleich mit $j/2$ und $q = 0$ oder 1 bzw. $j = 0, 1, 2, 3, \ldots$ und

$$W_0(t) = \begin{cases} 1 & 0 \le t < 1 \\ 0 & \text{sonst.} \end{cases} \tag{4.88}$$

Mit anderen Algorithmen erhält man die gleichen Walsh-Funktionen, die eventuell in einer anderen Reihenfolge auftreten [21].

Im Skript walsh_1.m wird die Zeitachse mit 1024 Werten definiert, so dass man aus diesen Walsh-Funktionen durch Abtastung mit einer Abtastperiode $1024/N$ die Walsh-Vektoren erhält. Diese sind in Abb. 4.42 dargestellt. Das Skript wird als Funktion definiert, um die zwei Unterfunktionen in derselben Datei unterzubringen:

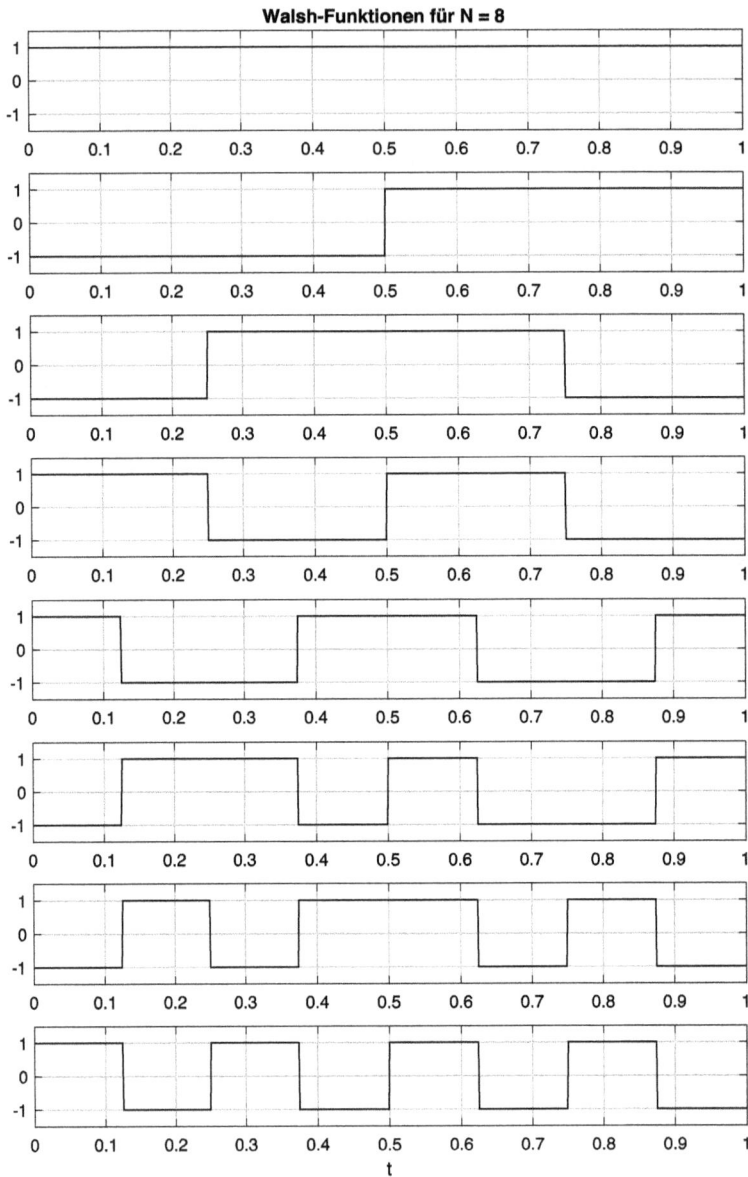

Abb. 4.41: Die Walsh-Funktionen für $N = 8$ (walsh_1.m).

```
function [w, t, N] = walsh_2;
    % Als Funktion mit Unterfunktionen
N = 8;
nt = 1024;   dt = 1/nt;
t = 0:dt:1.0-dt;
```

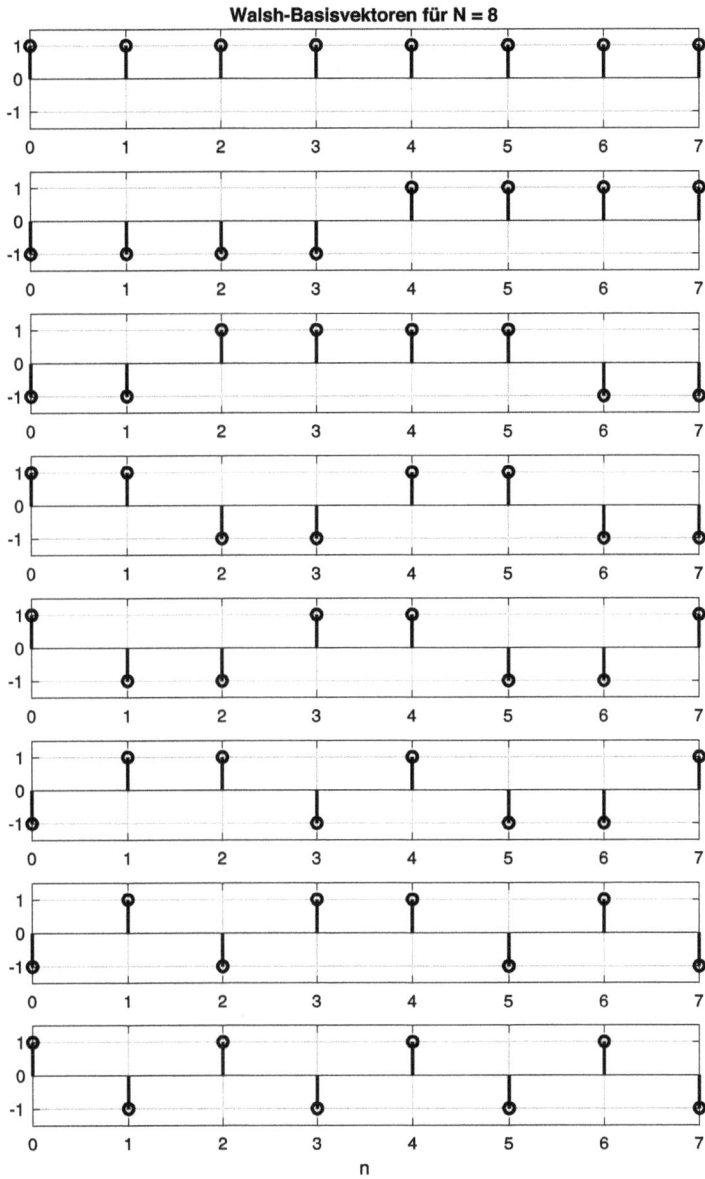

Abb. 4.42: Die orthogonalen Walsh-Vektoren für $N = 8$ (walsh_1.m).

```
w = zeros(N,nt);    % Die Walsh-Basisfunktionen
for i = 1:N
 w(i,:) = walshv(i-1,t);
end;
figure(1);   clf;
```

```
for i = 1:N
 subplot(N, 1, i);
 plot(t, w(i,:),'-k','Linewidth',1);
 axis([0, 1.0, -1.5, 1.5]);  grid on;
 if i == 1
     title(['Walsh-Funktionen für N = ',num2str(N)]);
 else
     xlabel('t');
 end;
end;
% ------- Diskretisierung durch Abtasten
wdiskret = zeros(N,N);
Dt = 1024/N;     % Schrittweite für die Diskretisierung
for i = 1:N
  wdiskret(i,:) = w(i,1:Dt:end);
end;
figure(2);
for i = 1:N
 subplot(N, 1, i);
 stem(0:N-1, wdiskret(i,:),'-k','Linewidth',2);
 axis([0, 7, -1.5, 1.5]);  grid on;
 if i == 1
     title(['Walsh-Basisvektoren für N = ',num2str(N)]);
 else
     xlabel('n');
 end;
end;
% ------- Überprüfung der Orthogonalität
wdiskret*wdiskret'/8,

%#################
function y = walsh(r, tw)
% r = Index der Walsh-Funktion (Skalar 0 bis N)
% tw = Argument der Walsh-Funktion (Skalar 0 bis 1.0-dt)
if r == 0
 if tw < 1 & tw >= 0
  y = 1;
 else
  y = 0;   % Für alle t >= 1
 end;

else
```

```
  j = fix(r / 2);
  q = mod(r, 2);
  y = ((-1)^(floor(j / 2) + q))
      * (walsh(j, 2 * tw) + ((-1)^(j + q)...
          ) * walsh(j, 2 * tw - 1));
end;
%##################
function y = walshv(r, ts)
y = ones(1, length(ts));
for i = 1:length(ts)
  y(i) = walsh(r, ts(i));
end
```

Der Algorithmus aus (4.87) beinhaltet rekursive Funktionen, die numerisch nicht so einfach zu programmieren sind, besonders weil hier eine Skalierung der Zeitvariablen vorkommt.

Die zeitkontinuierliche Walsh-Funktionen aus Abb. 4.41 sind orthonormal. Das Integral zur Überprüfung der Orthogonalität angenähert durch eine Summe, wie z. B. in

`(sum(w(3,:).*w(3,:)))/1024`

mit $dt \cong 1/1024$ führt zu eins. Dieselbe Summe mit verschiedenen Basisfunktionen ergibt einen Wert null.

Die Walsch-Basisvektoren aus Abb. 4.42, die im Skript in der Matrix wdiskret enthalten sind, muss man mit $1/sqrt(N)$ normieren, um orthonormale Vektoren zu erhalten.

Diese Matrix kann in MATLAB mit der Funktion hadamard(8) erhalten werden. Sie liefert die Basisvektoren in einer anderen Reihenfolge:

```
>> hadamard(8)
    1    1    1    1    1    1    1    1
    1   -1    1   -1    1   -1    1   -1
    1    1   -1   -1    1    1   -1   -1
    1   -1   -1    1    1   -1   -1    1
    1    1    1    1   -1   -1   -1   -1
    1   -1    1   -1   -1    1   -1    1
    1    1   -1   -1   -1   -1    1    1
    1   -1   -1    1   -1    1    1   -1
```

Die Hadamard–Walsh-Transformation kann, wie schon gesagt, verschiedenartig definiert werden, unter anderem rekursiv, wobei von einer 1×1 Matrix H_0 mit der Identität $H_0 = 1$ ausgegangen wird und H_m für $m > 0$ festgelegt wird zu:

$$H_m = \begin{pmatrix} H_{m-1} & H_{m-1} \\ H_{m-1} & -H_{m-1} \end{pmatrix}. \tag{4.89}$$

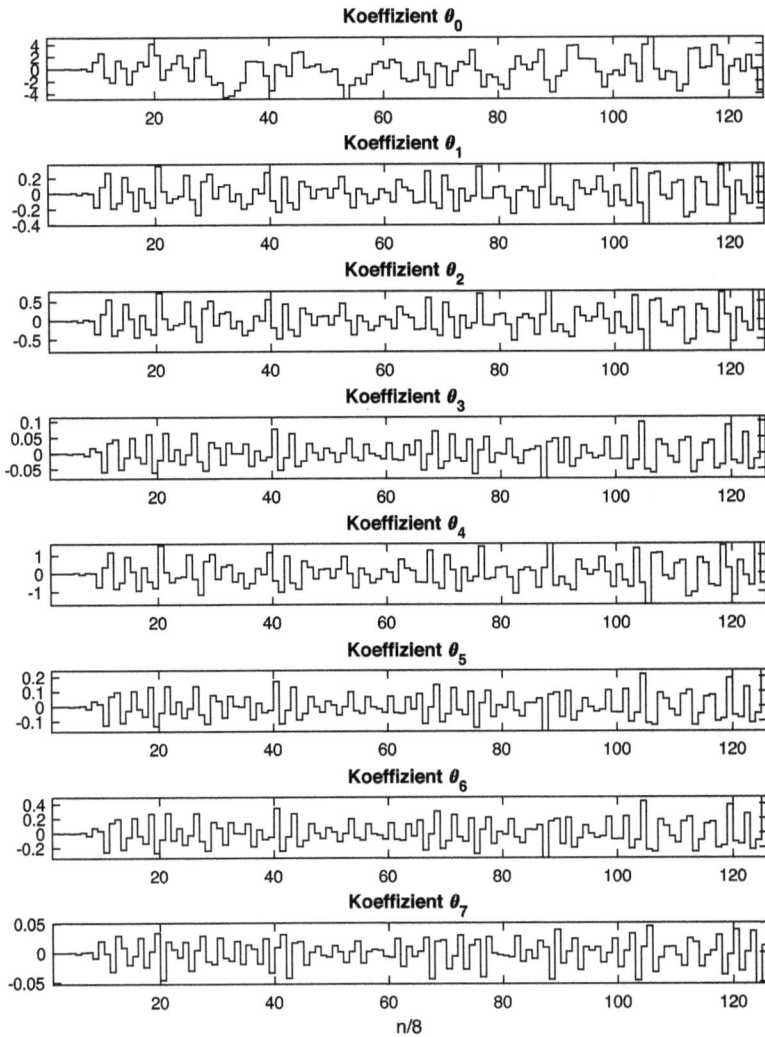

Abb. 4.43: Spektrale Koeffizienten der orthogonalen Walsh-Transformation für $N = 8$ und Zufallssequenz der relativen Bandbreite von 0,1 (walsh_alsfilter1.m, walsh_alsfilter_1.slx).

Mit einem Faktor $1/\sqrt{2}$ kann die Rekursion normiert werden, um orthonormale Basisvektoren zu erhalten. Mit folgenden Zeilen im Skript hadamard_1.m wird die Rekursion programmiert:

```
% ------- Parameter N
p = 3;
N = 2^p;      % Die Matrixgröße N x N
H = 1;
```

```
% Die Rekursion
for k = 2:p+1
   H = [H, H; H, -H];
end;
H,
```

Wie bei der diskreten Fourier-Transformation und bei der effizienten schnellen Fourier-Transformation existiert auch eine schnelle Hadamard-Transformation, welche die Anzahl n der Operationen auf $n \log_2(n)$ mit $n = 2^m$, $m \in \mathbb{Z}$ reduziert.

Mit den diskreten Walsh-Basisvektoren können ähnliche Experimente, wie die in den Kapiteln 4.2.2 bis 4.2.8 gezeigten, durchgeführt werden. Im Skript `walsh_alsfilter1.m` das zusammen mit dem Modell `walsh_alsfilter_1.slx` arbeitet wird eine Zerlegung und Rekonstruktion mit Walsh-Basisvektoren für $N = 8$ simuliert. In Abb. 4.43 sind die Koeffizienten der Zerlegung dargestellt, um die Bereiche der Werte zu vergleichen.

Es wurde eine Zufallssequenz der Bandbreite von 0,1 eingesetzt. Wie man sieht, sind einige Koeffizienten relativ klein und der Leser kann die Simulation erweitern mit einer Rekonstruktion in der nur die signifikanten Koeffizienten benutzt werden.

4.3.4 Experiment: Simulation des Prinzips der CDMA-Übertragung mit Walsh-Funktionen

Eine der Anwendungen der Walsh-Funktionen in der Kommunikationstechnik ist die direkte CDMA-Übertragung (*Code Division Multiple Access*) [25]. In diesem Experiment wird das Prinzip dieser Übertragung durch eine Simulation erläutert. Die Daten mehrerer Teilnehmer werden über einen Kanal der Trägerfrequenz f_0 übertragen. Dafür werden die Daten jedes Teilnehmers mit einer Walsh-Funktion multipliziert.

Ein Datenbit $d_i(t)$ der Dauer T_B wird mit einem Codewert der Walsh-Funktion $c_j(t)$ multipliziert, wobei für jeden Bit dieses Codewertes eine Dauer $T_c = T_B/N$ entspricht. Die Bandbreite des zu übertragenden Produkts wird N mal größer. Die Codewerte spreizen die nötige Bandbreite auf. Man spricht somit von Spreizcode. Das Signal beim Empfänger $s(t)$ besteht aus der Summe der gespreizten Daten der Teilnehmer:

$$s(t) = \sum_{i=1}^{N} d_i(t)c_i(t) + n(t). \tag{4.90}$$

Hier ist $n(t)$ ein Rauschsignal wegen des Übertragungkanals. Beim Empfänger durch Bildung des Skalarprodukts mit einem Spreizcode $c_j(t)$ des Teilnehmers j erhält man durch die Orthogonalität der Codes die Daten dieses Teilnehmers und ein Rauschanteil:

$$\langle s(t)|c_j t \rangle = \int_0^{T_B} s(t)c_j(t)dt = d_j(t) + n_e(t). \tag{4.91}$$

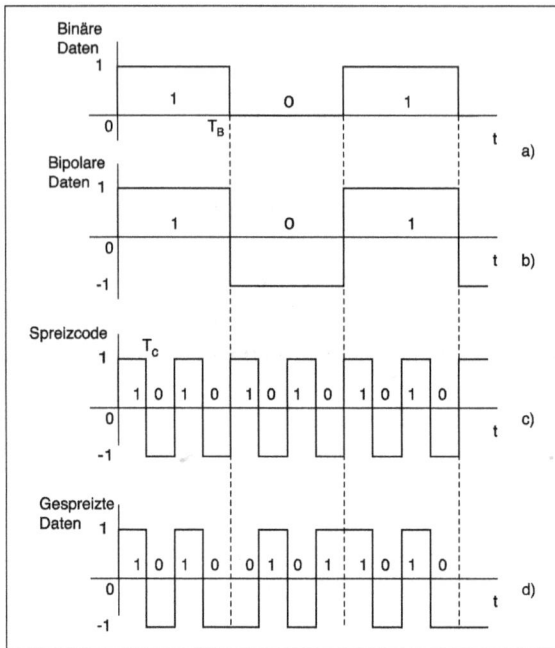

Abb. 4.44: Erzeugung der gespreizten Daten durch Multiplikation der bipolaren Signalen.

Mit $n_e(t)$ wird der Rauschanteil nach der Multiplikation mit $c_j(t)$ und Integration bezeichnet. In Abb. 4.44 sind die Signale einer Spreizung von Binärdaten dargestellt, die in bipolaren Daten umgewandelt sind, so dass man die Spreizcode auch bipolar annehmen kann, so wie sie als Walsh-Funktionen definiert sind. Ganz oben in Abb. 4.44(a) sind die normalen Bits der Daten gezeigt. Darunter sind die entsprechenden bipolaren Daten dargestellt. In Abb. 4.44(c) ist der Spreizcode als Walsh-Funktion hier als 1, −1, 1, −1 angenommen. Ganz unten sind die resultierenden gespreizten Daten, die übertragen werden, gezeigt.

Beim Sender stehen immer binäre Signale zur Verfügung, für die statt einer Multiplikation eine einfachere Lösung mit XOR-Verknüpfung existiert. Die Signale dieser Lösung sind für denselben Spreizcode in Abb. 4.45 dargestellt. Nach der XOR-Operation zwischen den Binärdaten und Binär-Spreizcode muss man nur eine Negierung hinzufügen, um dasselbe Ergebnis wie zuvor zu erhalten.

In Abb. 4.46 ist die prinzipielle Struktur einer CDMA-Übertragung dargestellt, in der Walsh-Funktionen eingesetzt werden [25]. Die Datenfolge eines Teilnehmers mit Bitdauer T_B werden mit einer jetzt binären Walsh-Basisfunktion über XOR verknüpft. Die Dauer der Codebits ist T_B/N. Dadurch wird die Bandbreite der Daten mit Faktor N gespreizt. Ähnlich werden alle Daten der Teilnehmer bearbeitet und dann addiert. Dieses Gemisch wird über ein Kanal der Trägerfrequenz f_0 übertragen.

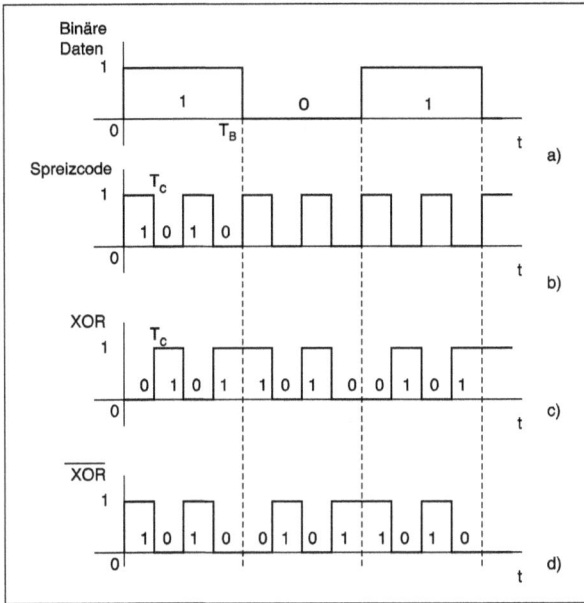

Abb. 4.45: Erzeugung der gespreizten Daten durch XOR der binären Signalen.

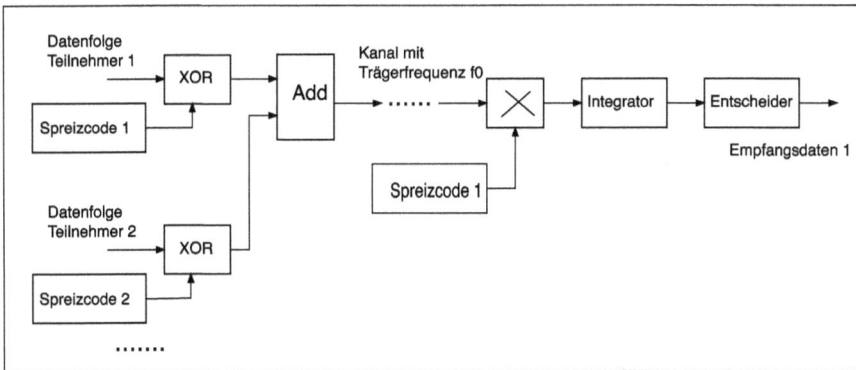

Abb. 4.46: Die prinzipielle Struktur einer CDMA-Übertragung.

Nach der Demodulation beim Empfänger wird das Gemisch synchron mit dem Spreizcode oder mit der Walsh-Basisfunktion des Teilnehmers multipliziert und über die Dauer eines Datenbits integriert. Durch Diskriminierung mit einer bestimmten Schwelle im Entscheider werden die Empfangsdaten erhalten. Weil die Spreizcode oder Walsh-Funktionen orthogonal sind, werden aus dem Gemisch die Signale, die je einem Teilnehmer entsprechen, extrahiert.

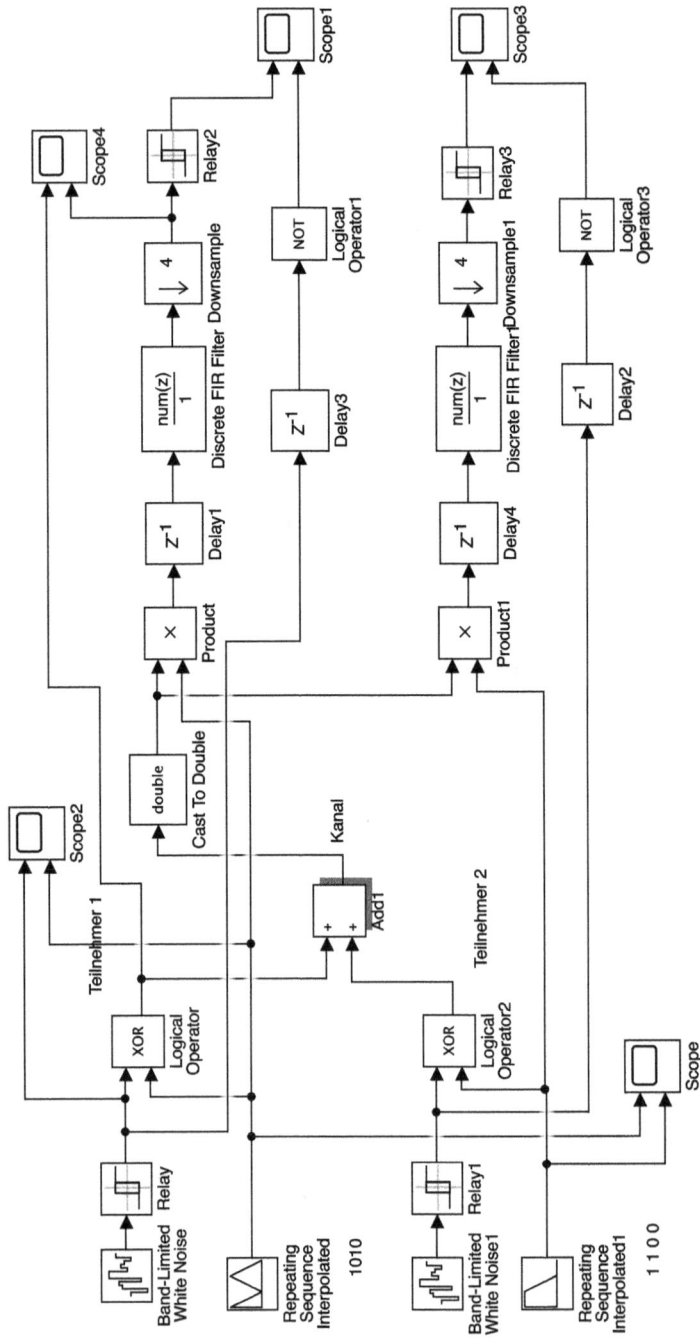

Abb. 4.47: Simulink-Modell einer direkten CDMA-Übertragung mit zwei Teilnehmern (CDMA_1.slx).

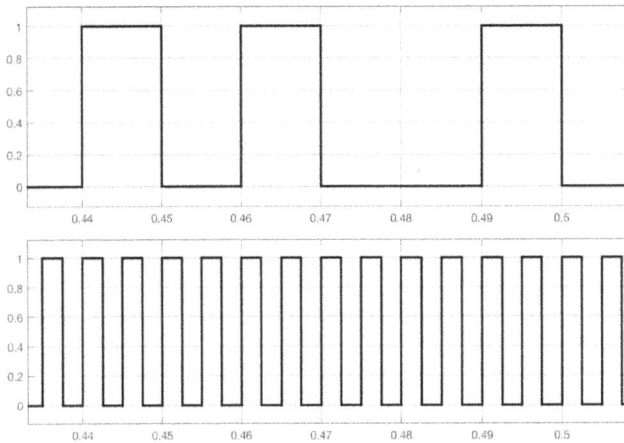

Abb. 4.48: Binäre Daten und der Spreizcode für Teilnehmer 1 (CDMA_1.slx).

Im Simulink-Modell CDMA_1.slx aus Abb. 4.47 wird so eine Übertragung mit zwei Teilnehmer und Code mit $N = 4$ simuliert. Das Modell ist direkt initialisiert und Änderungen müssen in den Blöcken eingebracht werden.

Die Spreizcode werden in den Blöcken *Repeating Sequence Interpolated* erzeugt und sind mit einer Abtastperiode 1/400 s initialisiert. Die binären Daten werden mit Hilfe der zwei Zufallsgeneratoren *Band-Limited White Noise* und der *Relay* Blöcken generiert und mit einer Abtastperiode von 1/100 s initialisiert. Nach der Verknüpfung über die XOR-Blöcken werden die Signale addiert und zum Empfänger übertragen. Hier wird das Gemisch dieser Signale mit dem Spreizcode der zwei Teilnehmer multipliziert. Weil das Gemisch nicht mehr ein logisches Signal mit zwei Zuständen ist, muss man hier die Spreizcodes multiplizieren.

Die Integration wird mit Hilfe der FIR-Filtern aus den Blöcken *Discrete FIR Filter*, die mit einer Einheitspulsantwort gleich [1111]/4 parametriert sind, realisiert. Das Integral über eine Bitdauer der Daten wird mit Hilfe der Dezimierung mit Faktor 4 extrahiert. Die Diskriminierung mit den *Relay*-Blöcken ergibt dann die Empfangsdaten. Die nötige Negierung wegen der Verknüpfung mit XOR ist in dem Pfad der Eingangsdaten platziert, so dass der Vergleich der gesendeten und empfangenen Daten in den Blöcken *Scope1* bzw. *Scope3* stattfinden kann.

Die Verspätungen mit den Blöcken *Delay* sind notwendig, um die Produkte mit dem Spreizcodes beim Empfänger zu synchronisieren. In einer technischen Realisierung, muss man aus den Empfangssignalen die Synchronisierung ableiten.

Der Leser kann die *Scope*-Blöcke an verschiedenen Stellen anschließen, um die entsprechenden Signale zu beobachten. So z. B. sind am *Scope2* die binären Daten des einen Teilnehmers zusammen mit dem Spreizcode, ebenfalls als Binärwerte, gezeigt (Abb. 4.48).

4.3.5 Untersuchung der Haar-Basisfunktionen

Die Haar-Basisfunktionen gehen von zwei Prototypfunktionen $\phi(t)$ und $\psi(t)$ aus, die in Abb. 4.49(a) dargestellt sind. Obwohl diese Funktionen ursprünglich im Jahre 1910 noch nicht als Wavelet-Funktionen bezeichnet wurden, werden hier die Bezeichnungen der Wavelet-Theorie von Anfang an benutzt. Der Begriff Wavelet wurde in den 1980er Jahren in der Geophysik für Funktionen geprägt, die in der Analyse von seismischen Signalen eingesetzt wurden. In diesem Sinne wird die Funktion $\phi(t)$ als Haar-Skalierungsfunktion und die Funktion $\psi(t)$ als Haar-Wavelet Funktion bezeichnet.

Sie sind für den Bereich 0 bis 1 definiert, weil man beliebige Intervalle sehr einfach für diesen Bereich normieren kann.

Durch Skalierung werden die Funktionen aus Abb. 4.49(a) gestaucht und verschoben. In Abb. 4.49(b) sind die Funktionen mit Skalierung 2 gestaucht und in Abb. 4.49(c) sind die Funktionen gestaucht und auch verschoben gezeigt.

Durch Betrachtung der Haar-Wavelet $\psi(t)$ als Bandpassfilter, ergibt die Stauchung die Möglichkeit verschiedene Frequenzen aus dem Signal zu erfassen. Durch die Verschiebung liefert die Wavelet auch Aufschluss, wann die jeweiligen Frequenzen auftreten. Die Fourier-Transformation der Wavelet $\psi(t)$ mit $\Psi(\omega)$ bezeichnet, wird folgenderma-

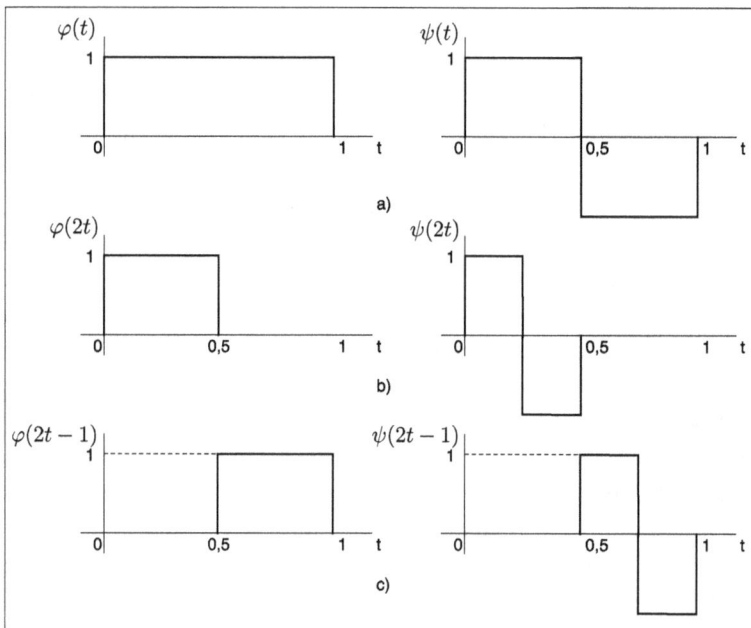

Abb. 4.49: Haar-Skalierungsfunktion $\varphi(t)$ und Haar-Wavelet $\psi(t)$.

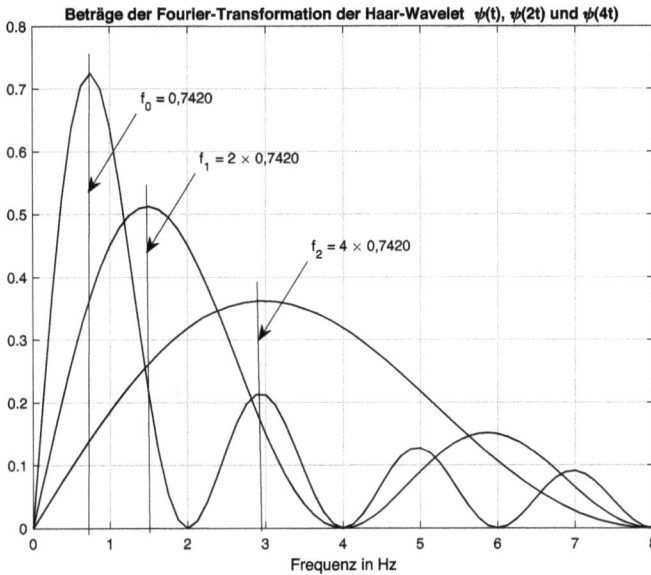

Abb. 4.50: Beträge der Fourier-Transformation von $\psi(t)$, $\psi(2t)$ und $\psi(4t)$ (haar_zerleg_1.m).

ßen berechnet:

$$\Psi(\omega) = \int_0^{1/2} e^{-j\omega t}dt - \int_{1/2}^1 e^{-j\omega t}dt = \frac{1}{-j\omega}\left(e^{-j\omega t}|_{t=0}^{1/2} - e^{-j\omega t}|_{t=1/2}^1\right)$$

$$= j\frac{\sin^2(\omega/4)}{\omega/4}e^{-j\omega/2}.$$

(4.92)

Die gerade Funktion $|\Psi(\omega)|$ erreicht ihr Maximum an Stelle $\omega_0 = 4{,}6622$ rad/s oder $4{,}6622/(2\pi) = 0{,}7420$ Hz.

In Abb. 4.50 sind die Beträge der Fourier-Transformationen der Haar-Wavelets $\psi(t)$, $\psi(2t)$ und $\psi(4t)$ dargestellt. Sie wurden mit Hilfe der FFT, im Skript das später beschrieben wird, ermittelt. Die Frequenz des Maximalwertes des Betrags für die Wavelet $\psi(2t)$ ist zweimal größer als die Frequenz des Maximalwertes des Betrags für die Wavelet $\psi(t)$. Für jede Potenz von zwei für den Skalierungsfaktor erhöht sich die entsprechende Frequenz des Maximalwertes des Betrags mit diesem Faktor. So z. B. ist diese Frequenz für die Wavelet $\psi(4t)$ viermal größer als die Frequenz des Maximalwertes für $\psi(t)$, also $4 \times 0{,}7420 = 2{,}968$ Hz.

Die Fourier-Transformation der verschobenen Haar-Wavelet $\psi(2t - k)$ unterscheidet sich von der Fourier-Transformation der nicht verschobenen $\psi(2t)$ nur durch den Verlauf des Winkels. Die Beträge der Fourier-Transformation sind gleich. Die Wavelet-Basisfunktionen als Filter verhalten sich wie Bandpassfilter.

Die Haar-Skalierungsfunktion $\varphi(t)$ aus Abb. 4.49(a) kann durch Stauchen und Verschiebung zur Darstellung von Funktionen, die stückweise konstant in N Intervallen im Bereich 0 bis 1 sind, eingesetzt werden. Diese Darstellung von Funktionen bringt aber nichts Neues.

Mathematisch sind die Basisfunktionen bestehend aus Skalierungs- und Wavelet-Funktionen durch

$$
\begin{aligned}
\varphi_{j,k}(t) &= 2^{j/2}\varphi(2^j t - k) \\
\varphi_{0,0}(t) &= \varphi(t) \\
\psi_{j,k}(t) &= 2^{j/2}\psi(2^j t - k) \\
\psi_{0,0}(t) &= \psi(t)
\end{aligned}
\tag{4.93}
$$

gegeben. Sie sind dyadisch gestaucht mit Faktoren 2^j, $j = 0, 1, 2, \ldots$, die ganze Potenzen von zwei sind und verschoben mit k, die ebenfalls eine ganze Zahl ist. Der Faktor $2^{j/2}$ führt dazu, dass diese Basisfunktionen orthonormal sind.

Die Haar-Basisfunktionen aus Abb. 4.51 bilden ein Basissystem, das für viele Anwendungen geeignet ist. Die ersten zwei Funktionen sind eigentlich die Haar-Prototypfunktionen. Die restlichen erhält man durch Stauchen (Skalieren) und durch Verschiebung. Für $N = 2^3$ ist der Parameter $j = 0, 1, 2$ und allgemein für $N = 2^p$ ist $j = 0, 2, 3, \ldots, p - 1$. Der Parameter der Verschiebung k nimmt Werte zwischen 0 und p an.

Die Darstellung aus Abb. 4.51 ist mit dem Skript `haar_funk_1.m` erzeugt. Durch Abtastung dieser zeitkontinuierlichen Basisfunktionen mit einer Periode gleich $1/N$ erhält man die Haar-Basisvektoren, die im Kapitel 4.2.8 besprochen wurden. In diesem Skript wird auch diese Abtastung dargestellt.

Die Zerlegung einer Funktion $f(t)$ mit $N = 2^p$ stückweise konstanten Intervallen kann mit diesen Basisfunktionen wie folgt geschrieben werden:

$$
f(t) = a_0\varphi_{0,0}(t) + \sum_{j=0}^{p-1} \sum_{k=0}^{2^j-1} d_{j,k}\psi_{j,k}(t)
$$

$$
a_0 = \int_0^1 f(t)\varphi_{0,0}(t)dt
\tag{4.94}
$$

$$
d_{j,k} = \int_0^1 f(t)\psi_{j,k}(t)dt .
$$

Im Skript `haar_zerleg_1.m` ist die Annäherung verschiedener zeitkontinuierlicher Funktionen mit Hilfe der Haar-Basisfunktionen programmiert. Die Zeit ist in kleinen Schritten initialisiert, so dass im Bereich 0 bis 1 eine ganze Potenz von zwei Schritten entstehen:

```
dt = 1/1024;
t = 0:dt:1-dt;    nt = length(t);
```

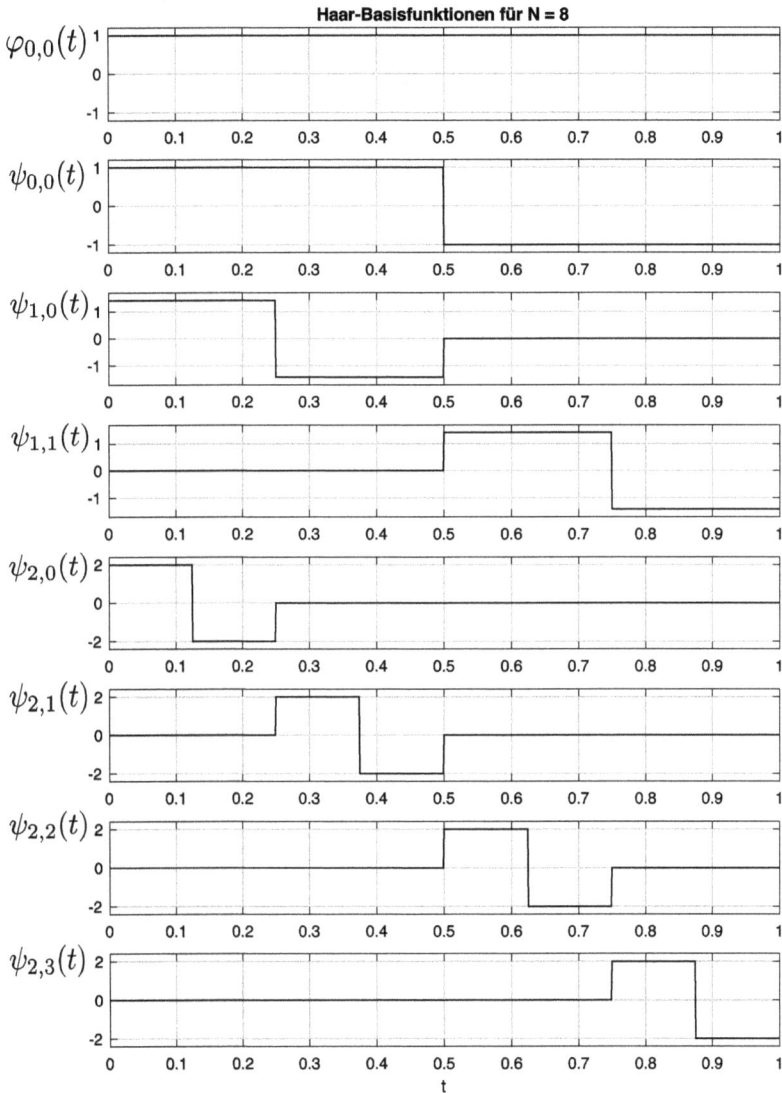

Abb. 4.51: Haar-Basisfunktionen für $N = 8$ (haar_funk_1.m).

Danach kann man verschiedene Signale wählen, wie z. B. :

```
x = 5*sin(2*pi*t/0.5).*(0.5*t);
```

Die Basisfunktionen werden mit Hilfe der Routine haar_funk_2.m ermittelt und in der Matrix psi hinterlegt:

```
% Haar-Funktionen
p = 3;
```

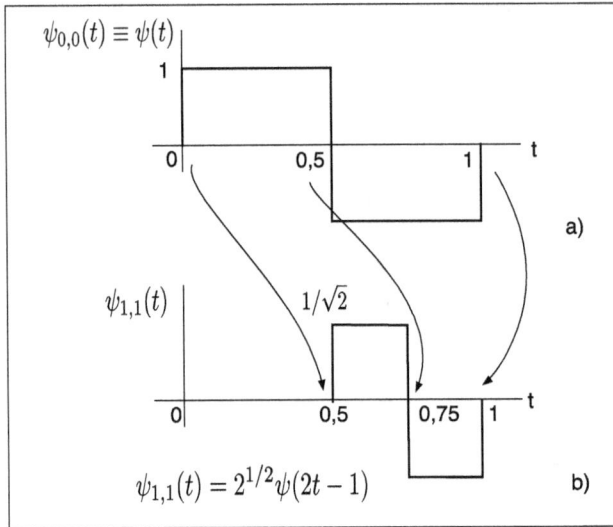

Abb. 4.52: Bildung der Haar-Funktion $\psi_{1,1}(t)$ aus der Funktion $\psi_{0,0}(t)$ (haar_funk_2.m).

```
N = 2^p;
psi = haar_funk_2(p,t);    % Haar-Funktionen
```

Die Routine basiert auf folgendem Sachverhalt, der z. B. mit der Bildung der Funktion $\psi_{1,1}(t) = \sqrt{2}\psi(2t - 1)$ aus $\psi_{0,0}(t) \equiv \psi(t)$ in Abb. 4.52 erläutert ist. Der Punkt $t = 1$ aus Abb. 4.52(a) wird durch die Änderung der Variable aus $2t - 1 = 1$ auf $t = 1$ übertragen (Abb. 4.52(b)). Ähnlich wird der Punkt 0,5 aus Abb. 4.52(a) mit $2t - 1 = 0,5$ zu $t = 0,75$ gehen (Abb. 4.52(b)). Und schließlich wird der Punkt 0 der Funktion $\psi(t)$ mit $2t - 1 = 0$ auf $t = 0,5$ versetzt. Allgemein z. B. geht der Punkt $t = 1$ der Funktion $\psi(t)$ mit $2^j t - k = 1$ zu $t = (1 + k)/2^j$ für die Funktion $\psi_{j,k}(t)$.

```
function [psi, psi_diskret]= haar_funk_2(p,t)
N = 2^p;
nt = length(t);
psi = zeros(N,nt);
psi(1,:) = ones(1,nt);
for j = 0:p-1
    for k = 0:2^j-1
        psi(2^j-1+k+2,:) = psiv(j,k,t);
    end;
end;
psi_diskret = zeros(N,N);
Dt = round(nt/N);     % Schrittweite für die Diskretisierung
for i = 1:N
```

```
  psi_diskret(i,:) = psi(i,1:Dt:end);
end;
psi_diskret = psi_diskret/sqrt(8);


%#########################
function y = psiv(j,k,t);
nt = length(t);
y = zeros(1, nt);
t1 = k/(2^j);      t2 = (k+1)/(2^j);
tm = (t1+t2)/2;
y = 1*(t>=t1 & t<tm) + (-1)*(t>=tm & t<t2);
y = y*2^(j/2);
```

Für die Diskretisierung der Basisfunktionen durch Abtastung mit einer Periode gleich nt/N ist es wichtig, dass die Zeit zwischen 0 und 1 mit einer Anzahl von Schritten gleich einer ganzen Potenz von zwei ist, weil auch $N = 2^p, p \in \mathbb{Z}$ ist.

In Abb. 4.53 ist die Annäherung einer zeitkontinuierlichen Funktion mit Hilfe der Haar-Basisfunktionen und $N = 16$ dargestellt. Diese Annäherung wurde im Skript haar_zerleg_1.m programmiert. Nachdem man die Basisfunktionen berechnet hat

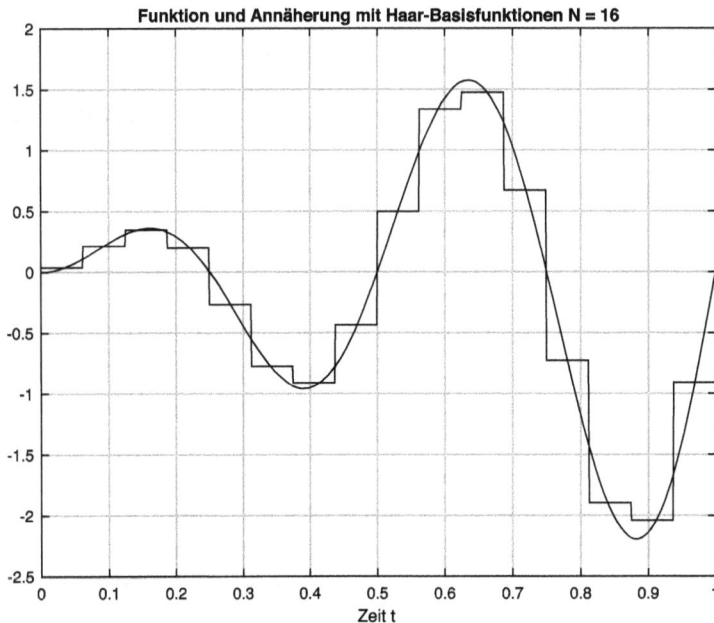

Abb. 4.53: Zeitkontinuierliche Funktion und ihre Annäherung mit Haar-Basisfunktion und $N = 16$ (haar_zerl_1.m).

```
% Haar-Funktionen
p = 4;
N = 2^p;
psi = haar_funk_2(p,t);    % Haar-Funktionen
```

und sie in der Matrix psi hinterlegt wurden, werden die Koeffizienten der Zerlegung a_0, $d_{0,0}$, $d_{0,1}$, $d_{1,1}$, ..., $d_{3,7}$ berechnet und im Vektor theta zwischengespeichert:

```
t_theta = zeros(1,N); % Zeitpunkt der Basisfunktion
theta = zeros(1,N);    % Spektrale Koeffizienten
x_r = zeros(N,nt);
for j = 1:N
    theta(j) = sum(psi(j,:).*x)/1024;
                    % Spektraler Koeffizient
    x_r(j,:) = theta(j)*psi(j,:);
                    % Anteil wegen des Koeffizienten
end;
x_rek = sum(x_r);    % Summe der Anteile
```

Hier werden auch die Anteile der Haar-Basisfunktionen für das gegebene Signal in der Matrix x_r ermittelt. Die Summe dieser Anteile ergibt die Annäherung in der Variable x_rek.

Die Integrale der Skalarprodukte werden durch Summen angenähert. Die Variable dt der Integrale ist hier durch die Zeitschrittweite $1/1024$ ersetzt.

Die Koeffizienten der Zerlegung oder die spektralen Koeffizienten sind in Abb. 4.54 dargestellt.

Die Frequenz-Zeit Auflösung der spektralen Koeffizienten für $N = 16$ ist in Abb. 4.55 gezeigt. Die Größe der Kästchen in denen die spektralen Koeffizienten eingetragen sind, widerspiegeln die Auflösung in Frequenz und Zeit der entsprechenden Haar-Basisfunktionen.

Bei niedrigen Frequenzen ist die Frequenzauflösung gut und die Zeitauflösung schlecht. Umgekehrt ist die Zeitauflösung gut bei hohen Frequenzen und die Frequenzauflösung schlechter. Diese Tatsache ist auch aus der Darstellung der Beträge der Fourier-Transformation aus Abb. 4.50 für die ersten drei Haar-Wavelets ersichtlich. Mit steigender Frequenz wird die Bandbreite des Bandpassverhaltens der Wavelet-Funktionen größer und somit die Frequenzauflösung kleiner. Dieses Verhalten der Haar-Wavelets ist bei allen anderen Wavelets, die später untersucht werden, ähnlich.

In der *Wavelet-Toolbox* von MATLAB wird für die Frequenz f_c ('*Central Frequency*'), die dem Skalierungsfaktor $2^j = 1$ entspricht, ein Wert von 1 Hz angegeben.Wenn man die Darstellung des Betrags der Fourier-Transformation aus Abb. 4.50 betrachtet, sieht man, dass der Maximalwert des Betrags für die Wavelet $\psi_{0,0}$ nicht gleich 1 Hz

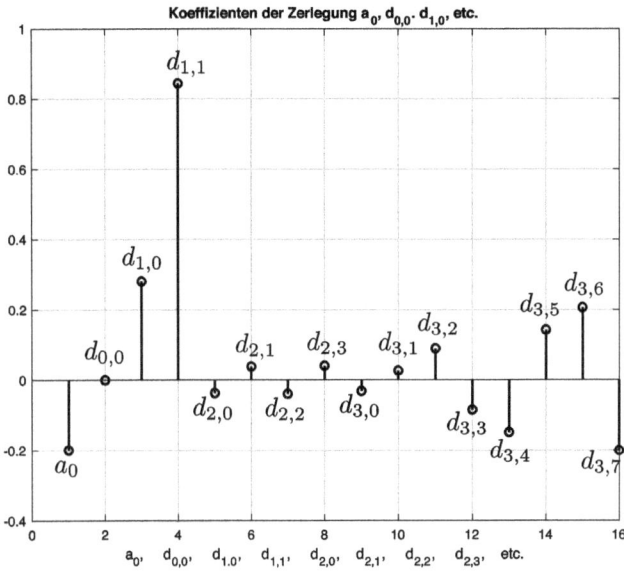

Abb. 4.54: Spektrale Koeffizienten der Annäherung mit Haar-Basisfunktion und $N = 16$ (haar_zerl_1.m).

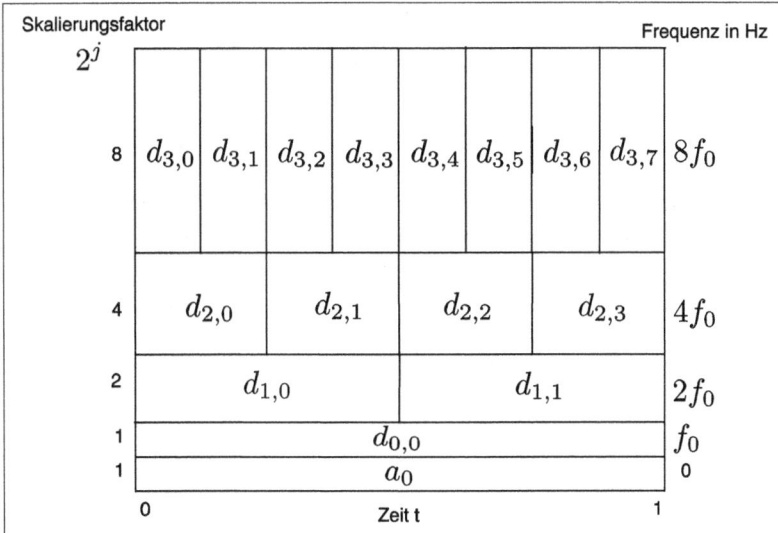

Abb. 4.55: Spektrale Koeffizienten für $N = 16$ in einer Frequenz-Zeit Positionierung.

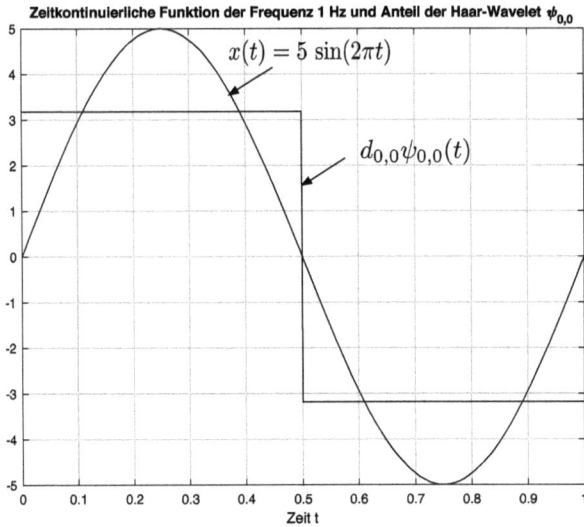

Abb. 4.56: Signal der Frequenz 1 Hz und die Annäherung mit der Haar-Wavelet $\psi_{0,0}(t)$.

ist, sondern 0,7420 Hz ist. Der Wert 1 Hz wird aus der Annäherung einer Funktion der Frequenz 1 Hz durch die Haar-Basisfunktion $\psi_{0,0}(t)$ begründet. Für

```
x = 5*sin(2*pi*t/1)
```

(1=2 im Skript) ist diese Annäherung in Abb. 4.56 dargestellt.

Man kann somit dem Skalierungsfaktor $2^j = 1$ die Frequenz $f_c = 1$ Hz assoziieren. Die Frequenzen für die restlichen Skalierungsfaktoren sind gleich $f_j = f_c \times 2^j$. In Abb. 4.57 ist ein Signal der Frequenz 8 Hz, das im Zeitintervall von 0,5 s bis 0,5 + 1/8 stattfindet, zusammen mit der Annäherung durch die Haar-Wavelet $\psi_{3,4}(t)$ dargestellt. Hier ist der Skalierungsfaktor $2^3 = 8$ und die Frequenz ist $8 \times f_c = 8$ Hz.

Die Berechnung der Beträge der Fourier-Transformation aus Abb. 4.50 werden mit Hilfe der FFT im Skript haar_zerleg_1.m durch

```
% ------ Fourier-Transformationen
Psi_0 = fft(psi(2,:), 4096*2)/(1024);
Psi_2 = fft(psi(3,:), 4096*2)/(1024);
Psi_4 = fft(psi(5,:), 4096*2)/(1024);
figure(4);   clf;
plot((0:4096*2-1)*1024/(4096*2),
     abs(Psi_0),'-k','Linewidth',1);
hold on;
plot((0:4096*2-1)*1024/(4096*2),
     abs(Psi_2),'-k','Linewidth',1);
plot((0:4096*2-1)*1024/(4096*2),
```

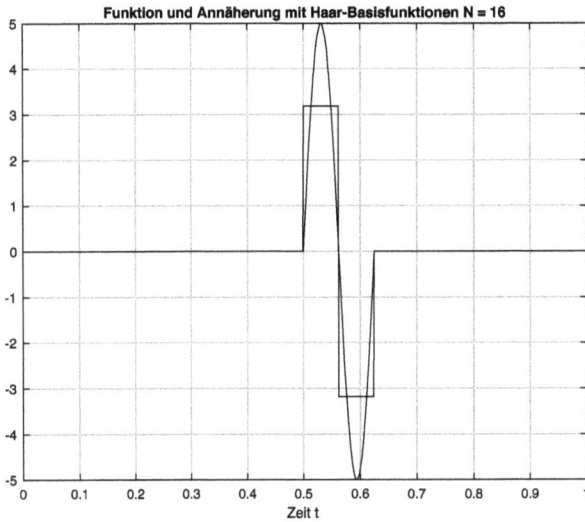

Abb. 4.57: Signal der Frequenz 8 Hz im Zeitintervall 0,5 + 1/8 und die Annäherung mit der Haar-Wavelet $\psi_{3,4}(t)$.

```
      abs(Psi_4),'-k','Linewidth',1);
La = axis;    axis([0, 8, La(3:4)]);
title(['Beträge der Fourier-Transformation der '...
      'Haar-Wavelet \psi(t), \psi(2t) und \psi(4t)']);
xlabel('Frequenz in Hz');    grid on;
```

realisiert und dargestellt. Die ersten Haar-Basisfunktionen aus der Matrix psi ($N = 8$) bestehen aus je 1024 Werten, die die Länge des Zeitvektors t ist. Für das Zeitintervall von 0 bis 1 s erhält so eine Abtastfrequenz von 1024 Hz. Die signifikanten Werte der Fourier-Transformation sind in diesem Fall bis zu Frequenzen von 8 Hz gezeigt. Das bedeutet, dass in diesem Frequenzbereich nur ca. 1024/8 = 128 Werte der FFT vorhanden sind, was zu wenig ist.

Durch Erweiterung des Signals mit vielen Nullwerten (2*4096) erhält man mehr interpolierte Werte der FFT, so dass die Annäherung der Fourier-Transformation durch die FFT kontinuierlich (wie in Abb. 4.50) erscheint. Die Abtastfrequenz bleibt weiterhin 1024 Hz. Der signifikante Bereich der FFT wird mit Hilfe der Funktion axis extrahiert.

Die Basisfunktionen sind im Intervall 0 bis 1 s definiert. Für beliebige Intervalle wie z. B. von 0 bis 0,1 s wird durch Normierung mit 0,1 das Intervall 0 bis 1 erhalten. Die Ergebnisse werden auf das nicht normierte Intervall zurückgeführt. Die Frequenzen z. B. müssen in diesem Fall mit Faktor 10 multipliziert werden.

Mit den prototyp Haar-Basisfunktionen kann man auch andere Systeme von Haar-Basisfunktionen bilden, wie z. B. das System von Basisfunktionen aus Abb. 4.58

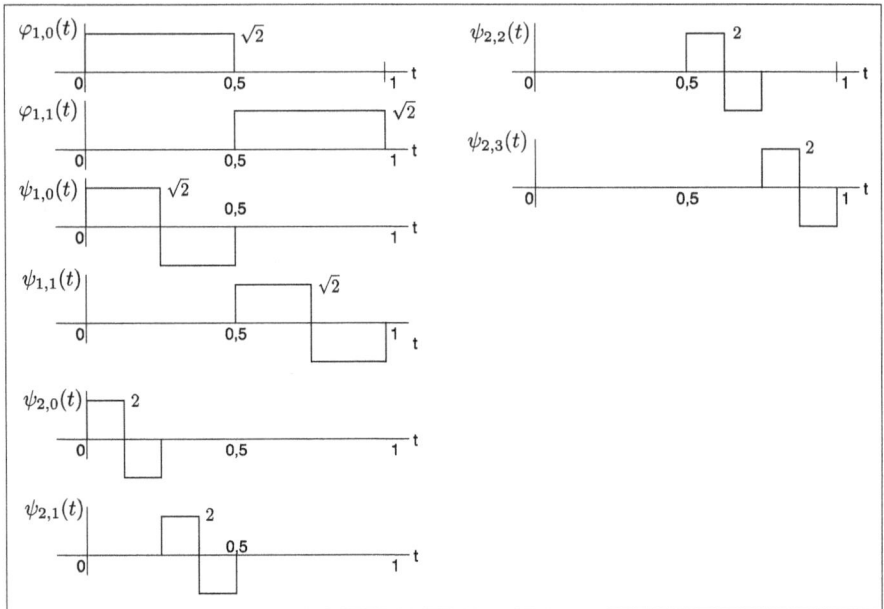

Abb. 4.58: Ein anderes System von Haar-Basisfunktionen.

mit $N = 8$. Hier werden die Mittelwerte in zwei Intervallen zwischen 0 und 0,5 bzw. 0,5 und 1 mit den Basisfunktionen $\varphi_{1,0}(t)$ und $\varphi_{1,1}(t)$ ermittelt. In bestimmten Anwendungen kann dieses System vorteilhaft sein. Eine Funktion $f(t)$ kann jetzt wie folgt angenähert werden:

$$f(t) = \sum_{k=0}^{k=1} a_{1,k}\varphi_{1,k}(t) + \sum_{j=1}^{p-1}\sum_{k=0}^{2^j-1} d_{j,k}\psi_{j,k}(t). \tag{4.95}$$

Die Funktion $f(t)$ besteht aus $N = 2^p$, $p \in \mathbb{Z}$ stückweise konstanten Intervallen.

Eine ähnliche Darstellung wird in der Wavelet-Transformation eine wichtige Rolle spielen und ist mit den Haar-Basisfunktionen leicht zu verstehen.

4.4 Die Wavelet-Transformation

In diesem Abschnitt wird die Wavelet-Transformation beschrieben. Es ist eine Zerlegung mit Basisfunktionen, die man nicht immer analytisch darstellen kann. Für kontinuierliche Funktionen kann man die kontinuierliche Wavelet-Transformation einsetzen [33]. Sie hat als Nachteil, dass sie sehr redundant und rechenintensiv ist. Für zeitdiskrete Signale wird die DWT (*Discrete Wavelet Transformation*) eingesetzt, für die praktische und effiziente Algorithmen vorhanden sind [29].

Im ersten Subkapitel werden die grundlegenden Ideen der Wavelet-Transformation dargestellt. Danach wird kurz die kontinuierliche Transformation CWT (*Continuous Wavelet Transformation*) beschrieben. Weiter wird die diskrete Wavelet-Transformation und die wichtigsten Aspekte dieser Transformation gezeigt. Die DWT ist in den meisten Anwendungen eingesetzt.

4.4.1 Grundsätzliche Betrachtungen

In diesem Kapitel wird die Idee der Wavelets und deren Eigenschaften eingeführt, um sie zu verstehen und ihr Potenzial für praktische Anwendungen zu erkennen. Wavelets spielen eine wichtige Rolle als ein analytisches Werkzeug in der Signalverarbeitung, in der numerischen Analysis und in der mathematischen Modellierung. Es wird versucht, die Wavelets mit Hilfe von MATLAB und Simulink-Modellen für Studenten, Ingenieure, Wissenschaftler und Anwendungsmathematiker verständlich zu erläutern und sie als Verfahren zur Lösung von Problemen vorzustellen.

Es gibt eine Menge Bücher und Veröffentlichungen, die einerseits sehr anspruchsvolle mathematische Abhandlungen enthalten [32, 34] und anderseits solche die versuchen die Thematik der Wavelets verständlich zu beschreiben [22, 29, 33]. Ein besonderer Titel „*The World According to Wavelets. The Story of a Mathematical Technique in the Making*" von Barbara Burke Hubbard muss auch erwähnt werden [35].

Eine Welle ist eine Schwingungsfunktion in Zeit oder Raum, wie z. B. eine Sinusfunktion. Die bekannte Fourier Analyse als Fourier-Reihe oder Fourier-Transformation [3, 7] ist eine Wellen-Analyse. Darin werden Signale oder Funktionen in Sinusterme über Verfahren zerlegt, die in der Mathematik, in der Wissenschaft und im Ingenieurwesen für die Analyse periodischer, zeitinvarianter oder stationärer Phänomene eine besondere Rolle einnehmen.

Eine Wavelet ist eine kleine Welle, die ihre Energie in einer kurzen Zeit konzentriert hat und so ein Werkzeug zur Analyse transienter, nichtstationärer und zeitvarianter Phänomene ergibt. Sie hat auch eine Welle als Form und kann mathematisch fundiert eine gleichzeitige Analyse in Zeit und Frequenz ergeben. In Abb. 4.59(a) ist eine Sinuswelle mit gleicher Amplitude über $-\infty \leq t \leq \infty$ dargestellt, die eine infinite Energie besitzt. Im Gegensatz dazu zeigt Abb. 4.59(b) eine Wavelet-Funktion, die ihre begrenzte Energie in einem kleinen Zeitbereich konzentriert hat.

Der größte Nachteil der Fourier Zerlegung besteht darin, dass sie nur eine Frequenzauflösung und nicht eine Zeitauflösung besitzt. Das bedeutet, dass man die Frequenzen eines Signals ermitteln kann, aber nicht erfahren kann wann die verschiedenen Frequenzen auftreten. In den letzten Jahrzehnten wurden verschiedene Methoden entwickelt, um dieses Problem zu lösen und ein Signal im Zeit- und Frequenzbereich gleichzeitig darzustellen.

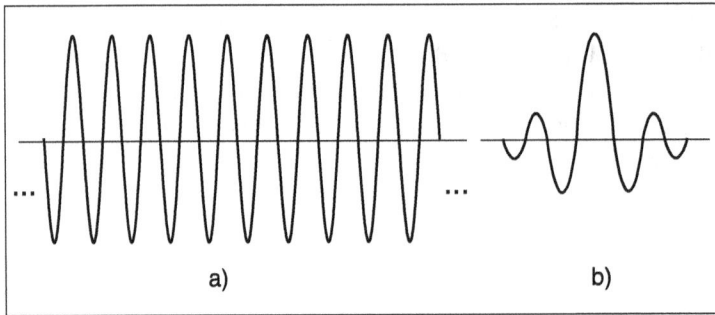

Abb. 4.59: (a) Sinussignal, (b) Wavelet.

Eine Idee war das Signal in Segmente zu zerlegen und diese Zeitsegmente dann separat im Frequenzbereich zu analysieren. Diese Art ergibt mehr Informationen, wo die verschiedenen Frequenzen auftreten. Es führt aber zu einen fundamentalen Problem: wie soll man das Signal zerlegen. Angenommen, man möchte exakt alle Frequenzen, die zu einem Zeitmoment auftreten, kennen. Dazu wird aus dem Signal mit einem sehr kleinem Fenster ein Segment extrahiert und im Frequenzbereich analysiert.

Das extrahierte Segment entspricht einer Multiplikation des Signals mit der Fensterfunktion. Weil die Multiplikation im Zeitbereich einer Faltung im Frequenzbereich entspricht [7] und weil die Fourier-Transformation einer kleinen Fenster-Funktion alle möglichen Frequenzen mit beinahe gleicher Stärke beinhaltet, werden die Frequenzkomponenten des Signals „verschmiert" über die ganze Frequenzachse ausgebreitet. Es kann gesagt werden, dass eine Zeitauflösung vorhanden ist aber keine Frequenzauflösung.

Diese Feststellung entspricht dem Heisenberg-Prinzip der Unbestimmtheit [32], das besagt, dass es unmöglich ist, die Frequenz und der Zeitmoment des Auftretens der Frequenz zu ermitteln sind. Ein Signal kann nicht als ein Punkt im Zeit-Frequenzbereich dargestellt werden (siehe auch Abb. 4.55).

Die Wavelet-Transformation oder -Analyse ist die neueste Lösung, mit der man die erwähnten Mängel der Fourier-Transformation umgehen kann. Hier wird eine modulierte Fensterfunktion zur Segmentierung des Signals eingesetzt. Das Fenster ist zeitverschoben und bei jeder Position wird der Frequenzinhalt (Spektrum) berechnet. Dieser Prozess wird für ein gestauchtes oder gedehntes Wavelet-Fenster vielmals wiederholt und dadurch eine Zeit-Frequenzdarstellung des Signals mit verschiedenen Auflösungen erhalten. Die verschiedenen Auflösungen ergeben sich aus den verschiedenen Wavelet-Fenstern und stellen eigentlich eine *Multiresolution*-Darstellung des Signals dar.

Bei der Wavelet-Transformation spricht man nicht von einer Zeit-Frequenz Darstellung sondern von einer Zeit-Skalierungsdarstellung, wobei die Skalierung mit einer Frequenz verbunden werden kann.

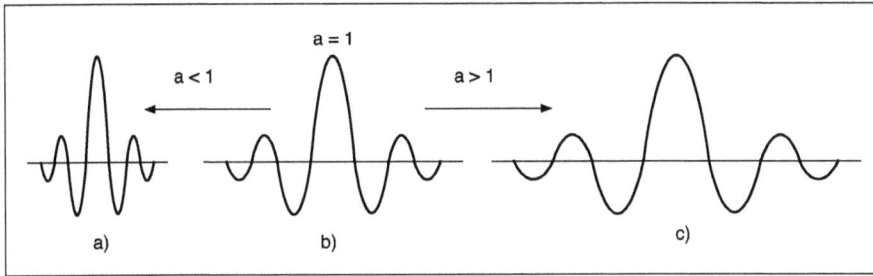

Abb. 4.60: Zwei Skalierungen einer Wavelet.

Die Wavelets $\psi_{a,b}(t)$ werden aus einer grundsätzlichen Wavelet $\psi(t)$, die als Mutter-Wavelet bezeichnet ist, durch eine Skalierung a und Zeitverschiebung b generiert:

$$\psi_{a,b}(t) = \frac{1}{\sqrt{a}}\psi\left(\frac{t-b}{a}\right). \tag{4.96}$$

Der Faktor $1/\sqrt{a}$ dient der Energienormalisierung bei verschiedenen Skalierungen. Abb. 4.60(b) zeigt eine Mutter-Wavelet $\psi(t)$ für $a = 1$, die mit zwei Skalierungsfaktoren in ihrer Ausdehnung verändert wird.

Die Wavelet-Transformation wird durch

$$W_T\{f(t), a, b\} = \int f(t)\psi_{a,b}^*(t)dt = \langle f(t)|\psi_{a,b}^*(t)\rangle \tag{4.97}$$

definiert, wobei $\{\}^*$ die konjugiert Komplexe für die eventuelle komplexe Wavelet ist. Diese Gleichung zeigt, wie ein Signal oder eine Funktion $f(t)$ mit Hilfe der Wavelet-Basisfunktionen $\psi_{a,b}(t)$ dargestellt wird. Für die kontinuierliche Wavelet-Transformation CWT sind der Skalierungsfaktor a und die Verschiebung b der Wavelets kontinuierliche Funktionen. Dadurch ist die CWT sehr redundant. In der Praxis wird sie diskretisiert, um den Aufwand der Ermittlung zu beschränken und effiziente Algorithmen für die Berechnung der Transformation oder der Bestimmung der spektralen Koeffizienten $W_T\{f(t), a, b\}$ zu ermöglichen.

Es gibt auch die inverse Transformation, die aber keine praktische Rolle spielt und nur zur Vollständigkeit gezeigt wird:

$$f(t) = \int\int W_T\{f(t), a, b\}\psi_{a,b}(t)da\,db. \tag{4.98}$$

Wenn man Gl. (4.96) in die Gl. (4.97) einsetzt, erhält man eine Form

$$W_T\{f(t), a, b\} = \frac{1}{\sqrt{a}}\int f(t)\psi\left(\frac{t-b}{a}\right)dt, \tag{4.99}$$

die suggeriert, dass die Operation gemäß Gl. (4.97) einer Faltung des Signals mit der Wavelet-Funktion $\psi_{a,b}(-t)$ entspricht.

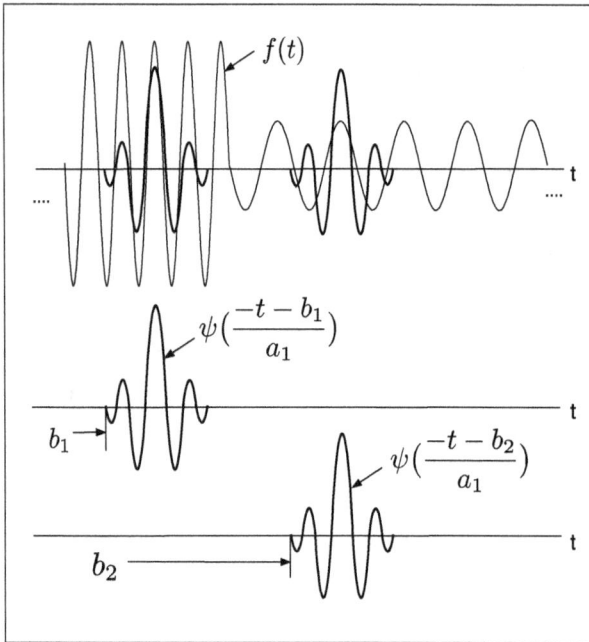

Abb. 4.61: Wavelet, die die höhere Frequenz des Signals $f(t)$ zum Zeitpunkt b_1 extrahiert.

Da die Faltung eine der Funktionen in Zeit spiegelt, muss man die Wavelet-Funktion in der Faltungsoperation spiegeln, um auf die Form gemäß Gl. (4.99) zu gelangen. Bei symmetrischen Wavelets ist die Spiegelung nicht notwendig.

Das Ergebnis dieser Faltung für jede Skalierung a und Verschiebung b ist ein Signal mit höheren Amplituden an Stellen wo die Wavelet und das Signal gleiche Frequenzen besitzen. In Abb. 4.61 ist die Wirkung der Operation gemäß Gl. (4.99) oder der Faltung erläutert. Ganz oben ist ein Signal bestehend aus zwei Segmenten mit unterschiedlichen Frequenzen dargestellt. Die Wavelet-Funktion mit der Zeitverschiebung b_1 und Skalierung a_1 besitzt die gleiche Welle wie das Signal im ersten Segment. Das führt dazu, dass man durch die Operation (4.99) an dieser Stelle einen höheren Wert für die Funktion $W_T\{f(t), a, b\}$ relativ zum Wert an Stelle b_2 erhält. Hier ist die Welle des Signals und die der Wavelet-Funktion verschieden.

Mit einer bestimmten Skalierung $a_2 > a_1$ wird eine Wavelet-Funktion erhalten, die dem zweiten Segment der Funktion $f(t)$ angepasst ist und in Abb. 4.62 dargestellt ist. Das führt dazu, dass im Bereich dieses Signalsegments höhere Amplituden der Faltung erhalten werden.

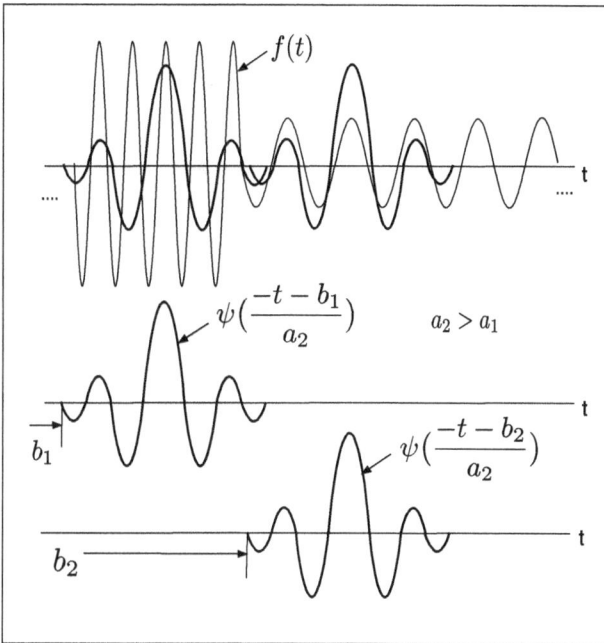

Abb. 4.62: Wavelet, die die niedrigere Frequenz des Signals $f(t)$ zum Zeitpunkt b_2 extrahiert.

4.4.2 Eigenschaften der Wavelets

Es werden nur einige grundlegende Eigenschaften der Wavelets präsentiert. Es gibt eine umfangreiche Literatur in der ausführlich die Wavelet-Theorie dargestellt ist [32, 34]. Mit Hilfe der *Wavelet Toolbox* von MATLAB oder ähnlicher Sammlungen von Wavelet-Routinen kann man die Erkenntnisse aus diesem Bereich der Signalverarbeitung verstehen und anwenden, auch ohne sich mit der Theorie und allen mathematischen Feinheiten auseinander zu setzen.

Die wichtigsten Eigenschaften der Wavelets sind die Zulässigkeits- und die Regelmäßigkeitsbedingung. Es kann gezeigt werden [33], dass mit den Funktionen $\psi(t)$, die die Zulässigkeitsbedingung erfüllen, die Analyse und Rekonstruktion eines Signals ohne Verluste möglich ist. Die Zulässigkeitsbedingung ist:

$$\int \frac{|\Psi(\omega)|^2}{|\omega|} d\omega < +\infty. \tag{4.100}$$

Sie impliziert, dass die Fourier-Transformation der Funktion $\psi(t)$ mit $\Psi(\omega)$ bezeichnet, null bei der Frequenz $\omega = 0$ sein muss:

$$|\Psi(\omega)|\big|_{\omega=0} = 0. \tag{4.101}$$

Sie muss oszillatorisch sein, oder anders ausgedrückt, $\psi(t)$ muss eine Welle sein. Ein Wert null bei Frequenz null bedeutet auch, dass der Mittelwert der Wavelet-Funktion im Zeitbereich null sein muss:

$$\int \psi(t)\, dt = 0 \,. \tag{4.102}$$

Die Regelmäßigkeitsbedingung verlangt, dass die Wavelet-Funktion einige Glättungs- und Konzentrationseigenschaften sowohl im Zeitbereich als auch im Frequenzbereich besitzt. Es wird versucht, diese Bedingung mit Hilfe der sogenannten Verschwindenden-Momenten zu erläutern.

Dazu wird die Wavelet-Transformation gemäß Gl. (4.97) in einer Taylor-Reihe für $t = 0$ und $b = 0$ bis zur Ordnung n entwickelt:

$$W_T\{f(t), a, 0\} = \frac{1}{\sqrt{a}}\left[\sum_{p=0}^{n} f^{(p)}(0) \int \frac{t^p}{p!}\psi\left(\frac{t}{a}\right) dt + O(n+1) \right] \tag{4.103}$$

hier ist $f^{(p)}$ die p–te Ableitung der Funktion $f(t)$ und $O(n+1)$ bedeutet der Rest der Taylor-Entwicklung. Es werden mit M_p die Momente der Wavelet-Funktion definiert:

$$M_p = \int t^p \psi(t)\, dt \,. \tag{4.104}$$

Die Taylor-Entwicklung kann jetzt in folgender Form geschrieben werden:

$$\begin{aligned} W_T\{f(t), a, 0\} = \frac{1}{\sqrt{a}}\bigg[& f(0)M_0\, a + \frac{f^{(1)}(0)}{1!}M_1\, a^2 + \frac{f^{(2)}(0)}{2!}M_2\, a^3 + \cdots \\ & + \frac{f^{(n)}(0)}{n!}M_n\, a^{n+1} + O(a^{n+2}) \bigg] \,. \end{aligned} \tag{4.105}$$

Von der Zulässigkeitsbedingung gemäß Gl. (4.102) geht hervor, dass das nullte Moment $M_0 = 0$ ist und somit der erste Term der Gl. (4.105) null ist. Wenn man die Wavelet-Funktion so gestaltet, dass n Momente ebenfalls null sind, dann werden die Wavelet-Koeffizienten $W_T\{f(t), a, b\}$ für glatte Funktionen $f(t)$ so rasch wie a^{n+2} abklingen. Wenn eine Wavelet-Funktion N Momente null hat, dann ist die Annäherungsordnung für die Funktion $f(t)$ gleich N. Die Momente müssen nicht exakt null sein, kleine Werte genügen in vielen Anwendungen.

Zu bemerken sei, dass in allen Gleichungen und in den vorherigen Abhandlungen keine explizite Wavelet-Funktion verwendet wurde. In der Fourier-Reihe und Fourier-Transformation sind immer die Basisfunktionen Sinus, Cosinus oder Exponentiale explizit eingesetzt.

4.4.3 Experiment: Untersuchung der Morlet-Wavelet

Es wird die reelle Morlet-Wavelet präsentiert und die Transformation eines Signals mit zwei unterschiedlichen Frequenzen in zwei Abschnitten untersucht. Die Mutter-Wavelet nach Morlet [36] wird durch

$$W_m(t) = e^{-t^2/2} \cos(5t) \tag{4.106}$$

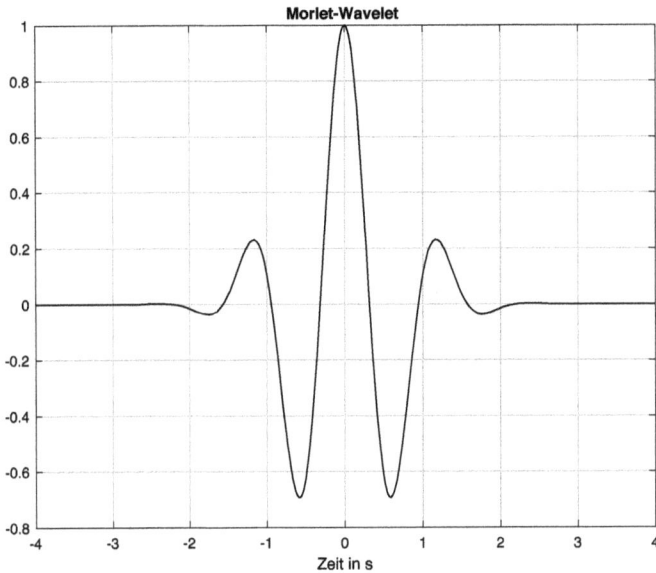

Abb. 4.63: Morlet-Wavelet mit Skalierung $a = 1$ (morlet_1.m).

definiert. Sie besteht aus einem cosinusförmigen Signal der Frequenz $f = 5/(2\pi) = 0{,}7958$ Hz gewichtet mit der Gauss-Glocke $e^{-t^2/2}$, so dass die Wavelet zu null geht, wenn $|t| \rightarrow \infty$ geht.

Zuerst wird die Untersuchung mit dem Skript morlet_1.m durchgeführt. Mit folgenden Zeilen im Skript wird die Wavelet erzeugt:

```
dt = 1/500;   tw=-4:dt:4-dt;   nt = length(tw);
psi = exp(-(tw).^2).*cos(5*tw);  % Morlet Wavelet
```

In Abb. 4.63 ist die Morlet-Wavelet dargestellt. Weiter wird im Skript die Annäherung der Fourier-Transformation mit Hilfe der FFT berechnet und dargestellt.

```
% ------- Fourier-Transformation der Morlet-Wavelet
nfft = 4*4096;
Wm = fft(psi, nfft)*dt;
        % Annäherung der FT mit Hilfe der FFT
fc = scal2frq(1,'morl'),    % 'Center-Frequency' (0,8125 Hz)

figure(2);   clf;
plot((-nfft/2:nfft/2-1)/(nfft*dt), fftshift(abs(Wm)),...
            '-k','Linewidth',1);
La = axis;   axis([-3, 3, La(3:4)]);
title('Betrag der Fourier-Transformation
        der Morlet-Wavelet');
```

```
xlabel('Hz');    grid on;
hold on;
La = axis;
plot([-fc,-fc], [La(3),La(4)],'-k','Linewidth',1);
plot([fc,fc], [La(3),La(4)],'-k','Linewidth',1);
```

Weil der Unterschied zwischen der Abtastfrequenz von 500 Hz und dem signifikanten Teil der FFT (von ca. ±3 Hz) sehr groß ist, muss man die FFT für die Wavelet, die mit vielen Nullwerten (4*4096) erweitert ist, berechnen. Mit der Funktion axis wird dann der gewünschte Bereich aus der FFT extrahiert. Hier wurde exemplarisch gezeigt, wie man die FFT in eine zweiseitige Funktion umwandelt, die dann, wie die theoretische Fourier-Transformation aussieht. Der Betrag der FFT ist in Abb. 4.64 dargestellt. Mit zwei vertikalen Linien sind die Frequenzen ± fc gekennzeichnet. Diese *Center Frequency*, die mit dem Befehl scal2frq ermittelt wird, dient der Umwandlung des Skalierungsfaktors a in Frequenzen:

$$f = \frac{f_c}{a} \, . \tag{4.107}$$

Für die Morlet-Wavelet erhält man eine Frequenz f_c = 0,8125 Hz, die sich geringfügig von der Frequenz des Maximalwertes des Betrags der FFT unterscheidet.

Weiter im Skript wird die Wavelet-Transformation eines Signals, bestehend aus zwei Abschnitten unterschiedlicher Frequenzen, untersucht. Das Signal wird mit

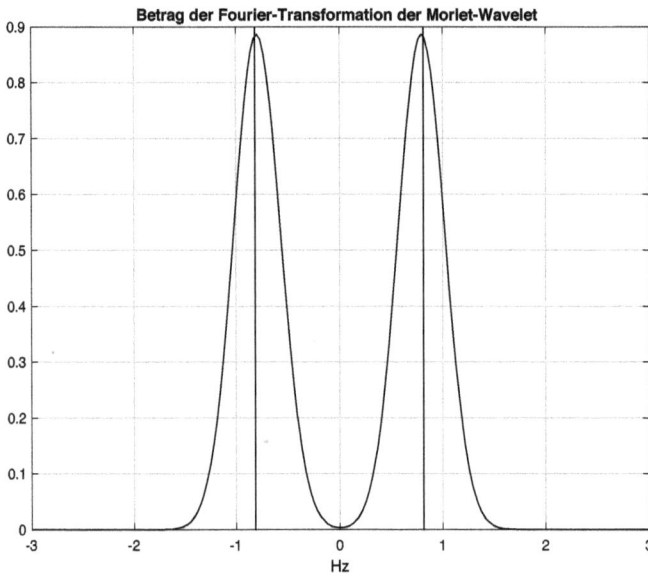

Abb. 4.64: Betrag der FFT der Morlet-Wavelet mit Skalierung a = 1 (morlet_1.m).

```
% ------- Parameter der Simulation
t = 0:dt:2.5-dt;    nt = length(t); % Simulations Zeit
f1 = 50;      f2 = 10;    % Frequenzen des Signals
x = sin(2*pi*f1*t).*(t>=0 & t<1)
    + 2*sin(2*pi*f2*t).*(t>=1 & t<2.5);
                         % Signal
```

generiert. Danach werden die Skalierungsfaktoren für die Wavelets, die an den zwei Frequenzen angepasst sind, ermittelt und diese Wavelets erzeugt:

```
% ------- Scale-Faktoren für die Morlet-Wavelet
a1 = fc/f1;    a2 = fc/f2;  % Angepasste Skalierungsfaktoren
% ------- Morlet-Wavelets
tw1 = (0:dt:a1*8) - 4*a1;
        % Zeit für Morlet-Wavelet mit Scale a1
tw2 = (0:dt:a2*8) - 4*a2;
        % Zeit für Morlet-Wavelet mit Scale a2
psi1 = (1/sqrt(a1))*exp(-(tw1/a1).^2).*cos(5*(tw1/a1));
                % Wavelet angepasst an f1
psi2 = (1/sqrt(a2))*exp(-(tw2/a2).^2).*cos(5*(tw2/a2));
                % Wavelet angepasst an f2
```

In Abb. 4.65 ist oben das Signal dargestellt und darunter sind die angepassten Wavelets für die zwei Frequenzen gezeigt.

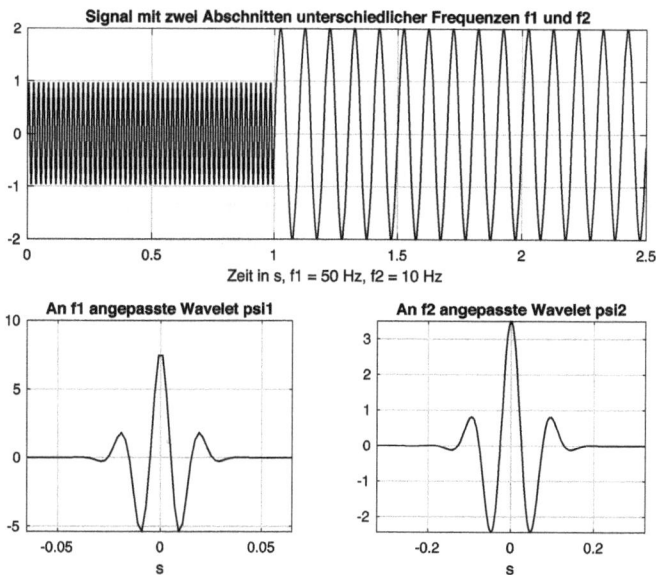

Abb. 4.65: Signal und die angepassten Wavelets (morlet_1.m).

Man erkennt, dass durch die Skalierung die Wavelets für höheren Frequenzen als f_c angepasst sind. Da die Wavelets symmetrisch sind, muss man sie für die Faltung nicht spiegeln $\psi(-t) = \psi(t)$. Die Wavelet Koeffizienten für die zwei Skalierungsfaktoren werden über die Faltung des Signals mit den Wavelets durch

```
% ------- Faltungen der Wavelets mit dem Signal
%w1 = filter(psi1,1,x);
    % Faltung des Signals mit psi1 über filter
%w2 = filter(psi2,1,x);
    % Faltung des Signals mit psi2 über filter
w1 = conv(x,psi1,'same');
    % Faltung des Signals mit psi1 über conv
w2 = conv(x,psi2,'same');
    % Faltung des Signals mit psi2 über conv
```

berechnet. Man kann die Faltung mit Hilfe der Funktion **filter**, so als wären die Wavelets die Einheitspulsantworten von FIR-Filtern, oder mit der Funktion **conv** realisieren. Die Filterfunktion ergibt am Anfang ein Einschwingen, das dazu führt, dass das Ergebnis verspätet mit einer Anzahl von Schritten gleich der halben Länge der entsprechenden Wavelet ist. Die Faltung von zwei Sequenzen der Länge N bzw. M mit **conv** ergibt eine Sequenz der Länge $M + N - 1$. Die Funktion **conv** mit der Option `'same'` führt zu einem Ergebnis das vom Ein- und Ausschwingen bereinigt ist und die Länge des Signals besitzt.

Der Leser kann das Skript mit der Faltung über **filter** oder über **conv** starten und die Unterschiede sichten. In Abb. 4.66 sind die Ergebnisse für die Faltungen, die mit **conv** berechnet werden, dargestellt.

Wie man sieht, sind die Koeffizienten der Wavelet-Transformation korrekt ausgerichtet und zeigen klar zu welchem Zeitpunkt die Frequenz des Signals sich geändert hat. Im Skript wird auch überprüft, ob der Energiegehalt durch die Normierung mit $1/\sqrt{a}$ für alle Wavelets gleich ist. Ebenfalls wird überprüft ob das Integral der Mutter-Wavelet null ist. Auch mit sehr kleiner Schrittweite bei der Darstellung dieser Wavelet erhält man für das Integral einen kleinen Wert 0,0034 verschieden von null.

Im Skript `morlet_2.m` werden die Faltungen mit Hilfe der FFT durchgeführt. Es ist bekannt, dass einer Faltung im Zeitbereich eine Multiplikation der Fourier-Transformationen im Frequenzbereich entspricht. Die Fourier-Transformationen werden mit Hilde der FFTs angenähert. Nach der Multiplikation werden die Zeitergebnisse über die inverse FFT erhalten.

Der Anfang des Skripts, in dem die angepassten Wavelets berechnet werden ist dem Skript `morlet_1.m` gleich. Danach folgt die Berechnung der FFTs und deren Inversen:

```
% ------- Faltungen im Frequenzbereich
nconv1 = length(x) + length(psi1)-1;
```

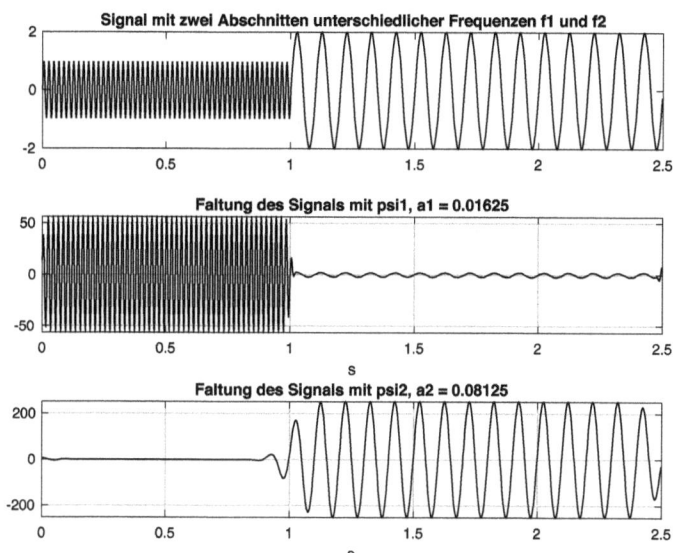

Abb. 4.66: Signal und die Wavelet-Transformationen für die zwei Skalierungsfaktoren (morlet_1.m).

```
nconv2 = length(x) + length(psi2)-1;
Psi1 = fft(psi1,nconv1);      Psi2 = fft(psi2,nconv2);
        % FFT der Wavelet
X1 = fft(x,nconv1);           X2 = fft(x,nconv2);
        % und des Signals
w1 = real(ifft(Psi1.*X1));    w2 = real(ifft(Psi2.*X2));
        % Koeffizienten
        % der Wavelet-Transformation
```

In Abb. 4.67 sind die Ergebnisse gezeigt. Hier sieht man die Ein- und Ausschwingungen und dadurch die nicht korrekte Ausrichtungen der Wavelet-Transformationen.

Mit folgenden Zeilen im Skript werden die Einschwingteile entfernt und die Sequenzen auf die nötige Länge begrenzt:

```
w1_n = w1(33:end);     nw1 = length(w1_n);
w2_n = w2(163:end);    nw2 = length(w2_n);
```

Die Werte 33 und 163 sind die halben Längen der entsprechenden angepassten Wavelets psi1, psi2.

Die Ergebnisse sind danach wie in Abb. 4.66 korrekt ausgerichtet und werden nicht mehr gezeigt.

In der *Wavelet Toolbox* gibt es die Funktion **cwt** mit der man die CWT-Koeffizienten ermitteln und darstellen kann. Im Skript morlet_2.m wird am Ende diese Funktion eingesetzt:

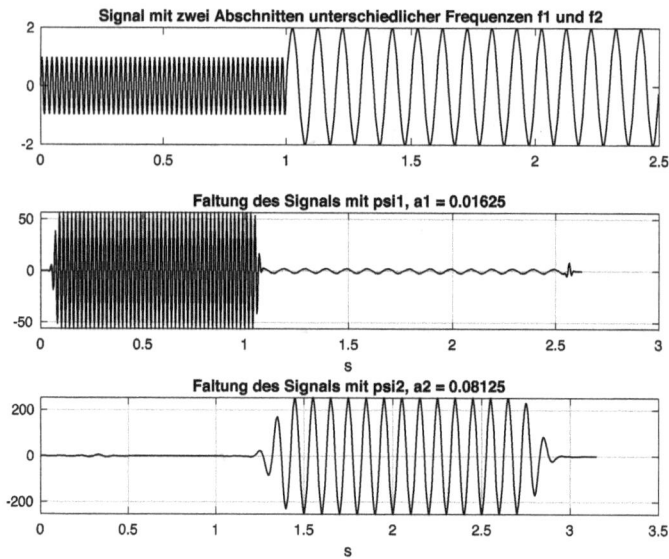

Abb. 4.67: Signal und die Wavelet-Transformationen für die Faltungen mit Hilfe der FFTs berechnet (morlet_2.m).

```
% ------- Koeffizienten mit der Funktion cwt aus
% der Wavelet-Toolbox
figure(4),    clf;
c = cwt(x, [a1,a2]*fs, 'morl', 'plot');
                    % MATLAB Skalierungsfaktoren sind
                    % ai*fs (fs = 500)
title('Absolutwerte der Wavelet Koeffizienten
      für a1*fs, a2*fs');
xlabel('n = t/Ts');    ylabel('Scale a*fs');
```

Als Argumente verlangt die Funktion das Signal, hier x, die Skalierungsfaktoren a1, a2, die Wavelet-Funktion und eine Option für eine Darstellung. In MATLAB muss man die Skalierungsfaktoren mit der Abtastfrequenz multiplizieren, um dieselben Frequenzen zu erreichen. In Abb. 4.68 ist das Ergebnis dargestellt. Es ist eine 3D Darstellung der Absolutwerte der Koeffizienten für die zwei Skalierungsfaktoren (oder zwei Frequenzen) abhängig von Zeit, die als normierte Werte t/T_s oder Indizes des Signals angegeben ist.

Das Ergebnis c ist eine Matrix mit zwei Zeilen und nt = 1250 Spalten. Mit

```
figure(5),    clf;
subplot(211), plot(t, c(1,:),'-k','Linewidth',1);
title('Koeffizienten der Morlet-Wavelet für a1*fs über',...
' cwt-Funktion ermittelt');
```

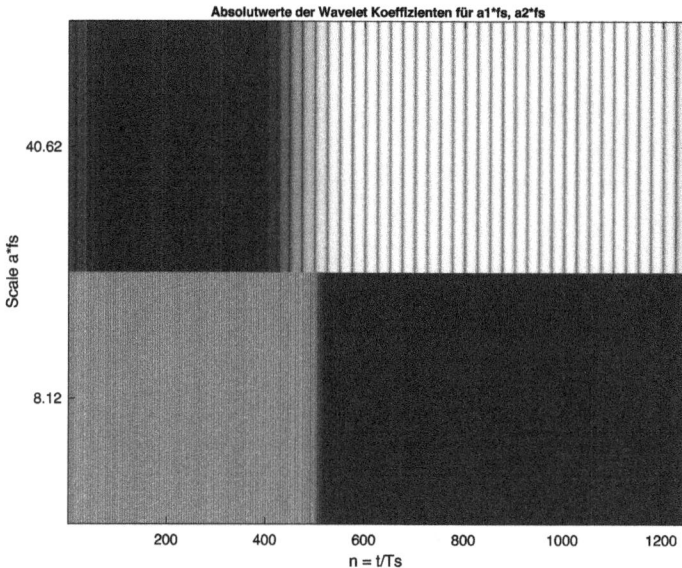

Abb. 4.68: Die CWT für das gleiche Signal aus Abb. 4.67 mit der cwt-Funktion erhalten (morlet_2.m).

```
xlabel('Zeit in s');     grid on;
subplot(212), plot(t, c(2,:),'-k','Linewidth',1);
title('Koeffizienten der Morlet-Wavelet für a2*fs über',...
 cwt-Funktion ermittelt');
xlabel('Zeit in s');     grid on;
```

erhält man die gleiche Darstellung wie in Abb. 4.66 korrekt ausgerichtet. In Abb. 4.69 sind die CWT Koeffizienten mit folgendem Aufruf der Funktion **cwt** erhalten:

```
figure(6),    clf;
a = logspace(-2,-1,20);
                % a mit 20 Werten zwischen 10^-2 und 10^-1
c = cwt(x, a*fs, 'morl', 'plot');
                % MATLAB Skalierungsfaktoren sind
                % ai*fs (fs = 500)
```

Der Vektor a enthält Skalierungsfaktoren mit logarithmischen Abständen welche die zwei Faktoren aus dem vorherigen Aufruf beinhalten. Die Selektivität der Wavelets kann in dieser Weise beurteilt werden

In der *Wavelet Toolbox* gibt es ein GUI (*Graphic User Interface*) mit dem man sehr einfach viele Eigenschaften und Experimente mit der Wavelet Transformation durchführen kann. In MATLAB wird dieses Werkzeug mit WaveletAnalyzer geöffnet. Im ersten Fenster kann die Art der Wavelet Transformation wie z. B. *Continuous Wavelet 1-D* gewählt werden. Weiter wird das eigene Signal geladen, oder aus einer Menge vorgegebenen Signale das gewünschte gewählt.

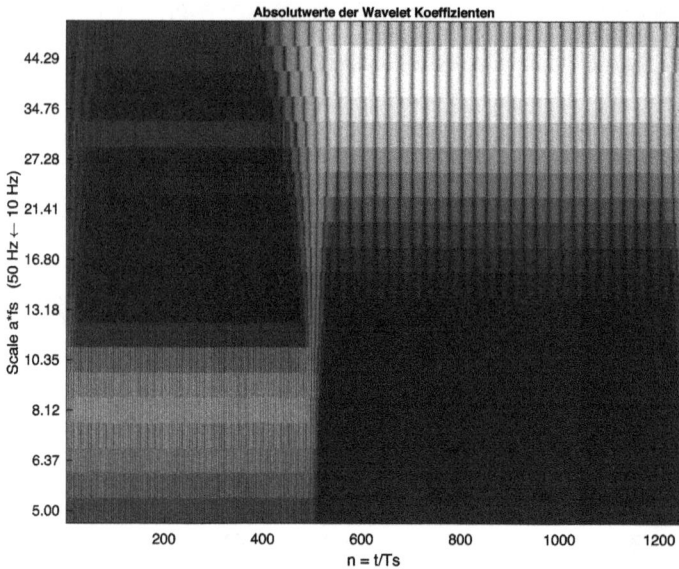

Abb. 4.69: Die CWT für das gleiche Signal aus Abb. 4.67 mit der cwt-Funktion für mehrere Skalierungsfaktoren erhalten (morlet_2.m).

Da die 3D Darstellung der Koeffizienten nicht so einfach zu interpretieren ist, sollte man mit einem einfachen Signal wie *noisy sine* beginnen. Es wird auch die Abtastperiode des Signals T_s verlangt. Weiter kann ein Bereich der Skalierungsfaktoren angegeben werden, für die die Wavelet-Transformation durchgeführt wird. Leider wird hier für den Skalierungsfaktor noch die Formel

$$a = \frac{f_c}{(f \times T_s)} \quad \text{statt} \quad a = \frac{f_c}{f} \tag{4.108}$$

verwendet. Die zweite Form ist in der Dokumentation korrekt, laut Theorie der CWT, angegeben.

4.4.4 Die diskrete Wavelet-Transformation

Die kontinuierliche Wavelet gemäß Gl. (4.96)

$$\psi_{a,b}(t) = \frac{1}{\sqrt{a}}\psi\left(\frac{t-b}{a}\right), \tag{4.109}$$

wird diskretisiert, so dass der Skalierungsfaktor a und die Verschiebung b nur dyadische Werte annehmen können:

$$a = 2^{-j}, \quad b = k\,2^{-j} \quad j, k \in \mathbb{Z}$$
$$\psi_{a,b}(t) = \psi_{j,k}(t) = 2^{j/2}\psi(2^j t - k). \tag{4.110}$$

Für die Haar-Basisfunktionen wurde diese Form im Kapitel 4.3.3 verwendet und kann als eine gute Einführung angesehen werden.

Die Wavelet Entwicklung einer Funktion $f(t)$ ist jetzt ein zwei Parameter System:

$$f(t) = \sum_k \sum_j a_{j,k} \psi_{j,k}(t). \tag{4.111}$$

Die Koeffizienten $a_{j,k}$ dieser Entwicklung bilden die so genannte diskrete Wavelet-Transformation, kurz DWT (*Discrete Wavelet Transform*) und Gl. (4.111) stellt die inverse Transformation dar.

Die Wavelet-Entwicklung ist nicht einzigartig. Es gibt viele verschiedene Wavelet-Systeme, die effektiv eingesetzt werden können und alle haben folgende allgemeine Eigenschaften [33]:

1. Ein Wavelet-System besteht aus einem Set von Strukturen zur Darstellung von Signalen oder Funktionen. Es ist ein zweidimensionales Entwicklungsset (gewöhnlich eine Basis) für eine bestimmte Klasse von Signalen, die eine oder mehrere Dimensionen haben. Wenn das Waveletset $\psi_{j,k}(t)$ für Indizes $j, k = 1, 2, 3, \ldots$ definiert ist, kann eine lineare Entwicklung gemäß Gl. (4.111) für ein Set von Koeffizienten $a_{j,k}$ stattfinden.

2. Die Wavelet-Entwicklung ergibt eine Zeit-Frequenz Lokalisierung des Signals. Das bedeutet, dass der größte Teil der Energie des Signals gut mit wenigen Koeffizienten $a_{j,k}$ dargestellt ist.

3. Die Berechnung der Koeffizienten $a_{j,k}$ aus dem Signal kann effizient realisiert werden. Die Anzahl der Multiplikationen und Additionen steigt linear mit der Länge des Signals. Die Berechnung der DWT benötigt dieselbe Anzahl von Operationen wie die effiziente FFT.

4. Die so genannten Wavelet-Systeme der ersten Generation werden aus einer einzigen Wavelet und Skalierungsfunktion (wie bei den Haar-Basisfunktionen) durch Skalierung und Verschiebung generiert. Die zweidimensionale Parametrierung geht z. B. von einer Wavelet-Mutter $\psi(t)$ aus:

$$\psi_{j,k}(t) = 2^{j/2}\psi(2^j t - k) \quad j, k \in \mathbb{Z}. \tag{4.112}$$

Der Faktor $2^{j/2}$ sichert denselben Energieinhalt (oder Norm) unabhängig von der Skalierung j. Die Parametrierung durch k bezüglich der Zeit und die Parametrierung der Frequenz durch den Skalierungsfaktor j zeigt sich außerordentlich effektiv.

Die Fourier-Reihe lokalisiert nur im Frequenzbereich, so dass ein großer Koeffizient der Fourier-Reihe bei einer bestimmten Frequenz eine Sinuskomponente dieser Frequenz signalisiert. Die Zeitlokalisierung erhält man nur durch die Zeitdarstellung. Die Wavelet-Darstellung ergibt eine Lokalisierung sowohl in Zeit als auch in Frequenz. Sie ist wie eine Musikpartitur, in der die Noten aussagen wann ein Ton vorkommt und mit welcher Frequenz er klingt.

5. Die meisten brauchbaren Wavelet-Systeme erfüllen auch die Bedingungen der Mehrfachauflösung (*Multiresolution*). Das bedeutet, dass mit einer Entwicklung mit Wavelet-Funktionen, die halb so ausgedehnt sind und Verschiebungen in Schritten die ebenfalls halb so groß sind, erhält man eine Entwicklung, die das Signal besser annähert. Die Koeffizienten der kleineren Auflösung kann man aus den Koeffizienten der höheren Auflösung durch eine Baumstruktur, in Form einer Filterbank, berechnen. Das erlaubt eine sehr effiziente Ermittlung der Koeffizienten der Entwicklung ohne die Wavelet-Funktionen zu benutzen oder explizit zu kennen. Die verschiedenen Wavelet-Systeme führen zu verschiedenen Filtern in der Filterbank mit denen gearbeitet wird. Dadurch entstehen Wavelet-Funktionen die nicht mehr analytisch sondern nur numerisch dargestellt werden können.

Da das Integral der Wavelet-Funktion $\psi_{j,k}(t)$ gleich null ist und ihre Fourier-Transformation $\hat{\Psi}_{j,k}(\omega) = 0$ für $\omega = 0$ ist, können mit der Entwicklung gemäß Gl. (4.111) mit begrenzter Summe über j keine Anteile im Signal der Frequenz null dargestellt werden. Wie bei den Haar-Basisfunktionen wird auch für die DWT zusätzlich zu der Wavelet-Funktion $\psi(t)$ eine Skalierungsfunktion $\varphi(t)$ mit der Eigenschaft:

$$\int\limits_{t=-\infty}^{\infty} \varphi(t)dt \neq 0 \quad \mathcal{F}(\varphi(t)) = \Phi(\omega)|_{\omega=0} \neq 0 \tag{4.113}$$

benötigt. Durch dyadisches Stauchen und Verschieben erhält man orthonormale Basisfunktionen:

$$\varphi_{j,k}(t) = 2^{j/2}\varphi(2^j t - k). \tag{4.114}$$

Die Entwicklung einer großen Klasse von Funktionen $f(t)$ mit Hilfe der Wavelet-Basisfunktionen ist dann durch

$$f(t) = \sum_{k=0}^{2^{J_0}-1} a_{J_0,k}\varphi_{J_0,k}(t) + \sum_{j=J_0}^{\infty} \sum_{k=0}^{2^j-1} d_{j,k}\psi_{j,k}(t) \tag{4.115}$$

gegeben. Die erste Summe aus (4.115) stellt die Approximation der Funktion $f(t)$ in 2^{J_0} Segmenten dar und die zweite Summe fügt die Details hinzu. Hier geht der Skalierungswert j von J_0 bis zu einem Wert, der mit der Abtastperiode des Signals noch die Bildung von $\psi_{j,k}(t)$ Funktionen ermöglicht. Vielmals wird $J_0 = 0$ genommen und die erste Summe enthält nur einen Term $a_{0,0}\varphi_{0,0}(t)$ oder ist $\sum_k a_{0,k}\varphi_{0,k}(t)$.

Zum besseren Verstehen der Zerlegung gemäß (4.115) sind in Abb. 4.70 die Haar-Wavelets für $J_0 = 2$ als Anfangswert bis $j = 3$ dargestellt. Es können weitere Wavelet-Funktionen $\psi_{j,k}(t)$ hinzugefügt werden, bis man mit zwei Abtastwerten die letzten

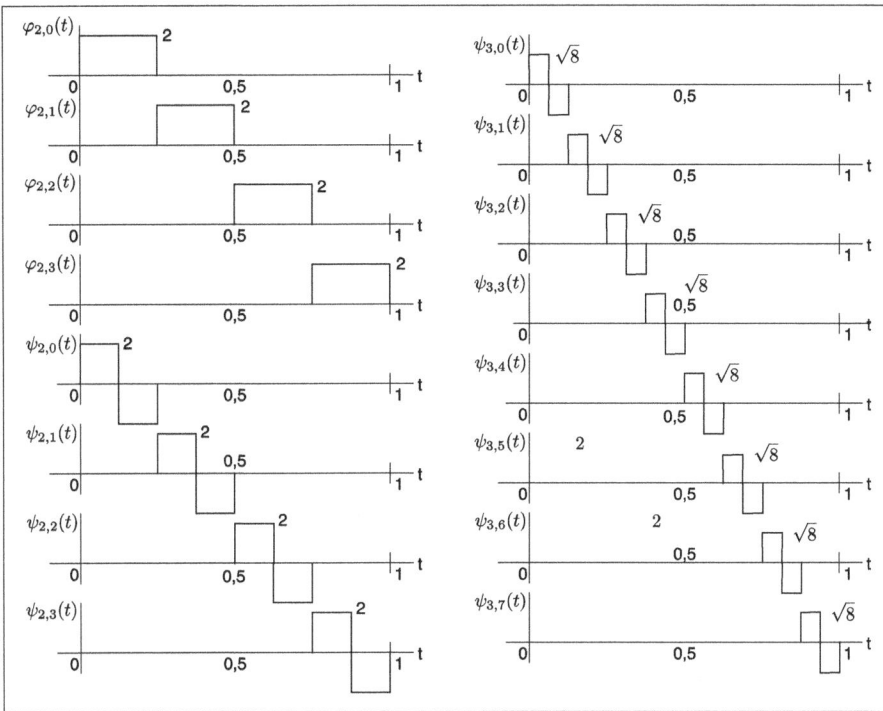

Abb. 4.70: Haar-Wavelets mit $J_0 = 2$ für $j = J_0$ bis $j = 3$ und $k = 0, \ldots, 2^j - 1$.

$\psi_{j,k}(t)$ Funktionen bilden kann. Als Beispiel eines Basissystems mit nur einer Skalar-funktion können die Basisfunktionen aus Abb. 4.51 dienen und in Abb. 4.58 sind Basisfunktionen mit zwei Skalarfunktionen dargestellt. Es wird angenommen, dass die Skalierungs- und Wavelet-Funktionen aus Gl. (4.115) orthonormal sind und dadurch werden die Koeffizienten über Skalarprodukte ermittelt:

$$a_{j,k} = \int f(t)\varphi_{j,k}^*(t)dt \quad d_{j,k} = \int f(t)\psi_{j,k}^*(t)dt. \tag{4.116}$$

Mit $\varphi_{j,k}^*(t)$ und $\psi_{j,k}^*(t)$ sind die eventuell konjugiert komplexe Funktionen bezeichnet.

Im weiteren Verlauf der Beschreibung der DWT wird gezeigt, dass für die Anwendungen der Wavelets keine aufwendigen Faltungen oder Operationen notwendig sind, sondern nur einfache Multiplikationen und Additionen von relativ wenigen Filterkoeffizienten benötigt werden. Explizit mit den Wavelet-Funktionen wird praktisch nicht gearbeitet, da viele auch keine analytische Form haben. Es werden nur die Koeffizienten der Zerlegungen mit den entsprechenden Filtern über die sogenannte Mehrfachanalyse (*Multiresolution*) ermittelt und manipuliert.

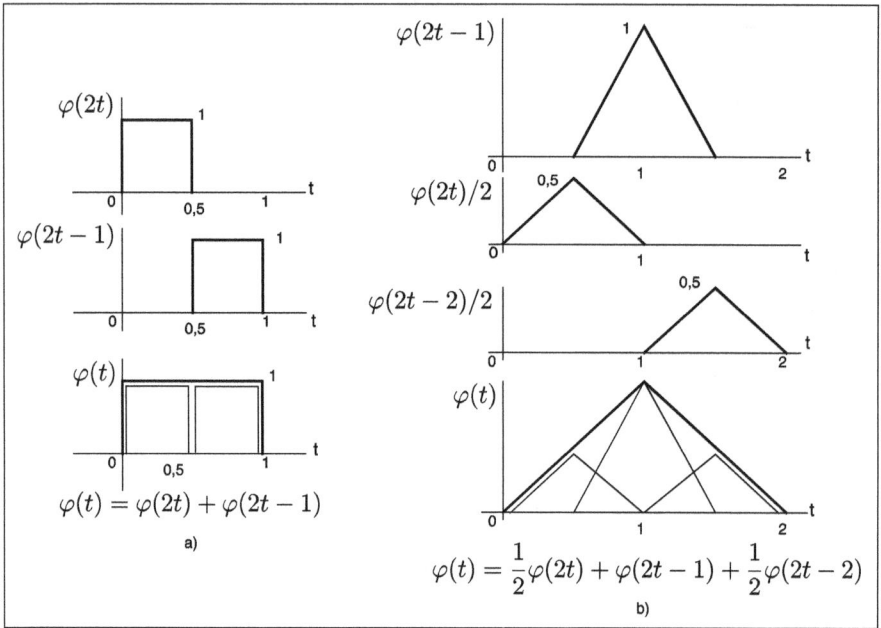

Abb. 4.71: Haar- und Dreieckskalierungsfunktion.

4.4.5 Die Mehrfachanalyse

Es wird vorausgesetzt, dass der Raum der die zerlegten Signale mit hoher Auflösung auch die Signale mit kleinerer Auflösung beinhaltet. Das bedeutet, dass für die Skalierungsfunktion $\varphi(t)$ eine Beziehung der Form

$$\varphi(t) = \sum_n h_0[n] \sqrt{2}\varphi(2t - n) \tag{4.117}$$

existiert [33]. Hier sind die Werte $h_0[n]$ Gewichtungskoeffizienten der Skalierungsfunktionen mit doppelter Auflösung. Die Haar Skalierungsfunktion kann als Beispiel dienen. In Abb. 4.71(a) ist gezeigt, dass $\varphi(t)$ durch

$$\varphi(t) = \varphi(2t) + \varphi(2t - 1) \tag{4.118}$$

gebildet werden kann. Das bedeutet, dass in Gl. (4.117) die Koeffizienten $h_0[0] = 1/\sqrt{2}$ und $h_0[1] = 1/\sqrt{2}$ sind. Der Faktor $\sqrt{2}$ in Gl. (4.117) ist hinzugefügt, so dass dieser Faktor in der rekursiven Berechnung der Wavelet-Koeffizienten im Rahmen der Mehrfachanalyse nicht erscheint.

In Abb. 4.71(b) ist ähnlich gezeigt, wie die Dreieckskalierungsfunktion $\varphi(t)$ in gewichteten Skalierungsfunktionen der doppelten Auflösung $\varphi(2t - k)$ zerlegt werden kann:

$$\varphi(t) = \frac{1}{2}\varphi(2t) + \varphi(2t - 1) + \frac{1}{2}\varphi(2t - 2). \tag{4.119}$$

Daraus ergeben sich für die Gewichtungskoeffizienten folgende Werte: $h_0[0] =$ $1/(2\sqrt{2})$, $h_0[1] = 1/\sqrt{2}$, $h_0[2] = 1/(2\sqrt{2})$.

Die Dreieckskalierungsfunktion $\varphi(t)$ bildet kein orthogonales Basissystem. Die verschobenen und skalierten Funktionen überschneiden sich. Es gibt aber hier ein duales Basissystem bestehend aus Delta-Funktionen $\delta(t-k)$, mit dem man die Koeffizienten einer Zerlegung

$$f(t) = \sum_k a_k \varphi(t-k) \quad \text{mit} \quad a_k = \int f(t)\delta(t-k)dt = f(t-k) \tag{4.120}$$

ermitteln kann.

Für die Wavelet-Funktionen kann eine ähnliche Beziehung, wie die aus Gl. (4.117), zwischen der Wavelet Funktion der Auflösung mit $j = 0$ und den Skalierungsfunktionen der höheren Auflösung mit $j = 1$, existieren:

$$\psi(t) = \sum_n h_1[n] \sqrt{2}\varphi(2t-n). \tag{4.121}$$

In Abb. 4.72 sind die Zerlegungen der Haar-Wavelet und der Dreieckwaveletfunktion skizziert. Daraus ergeben sich für die Gewichtungskoeffizienten $h_1[n]$ folgende Werte für die Haar-Wavelet, $h_1[0] = 1/\sqrt{2}$, $h_1[1] = -1/\sqrt{2}$. Für die Dreieckwaveletfunktion erhält man $h_1[0] = -1/(2\sqrt{2})$, $h_1[1] = 1/\sqrt{2}$, $h_1[2] = -1/(2\sqrt{2})$.

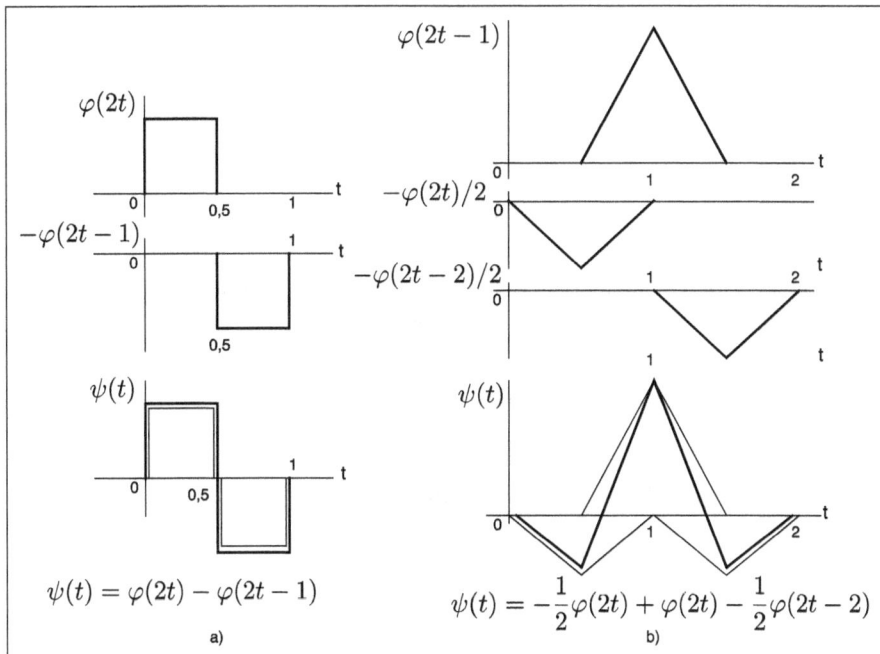

Abb. 4.72: Haar-Wavelet und Dreieckwaveletfunktion.

Die Beziehungen gemäß Gl. (4.117) und (4.121) sind essenziell für die Wavelet-Mehrfachanalyse mit Hilfe von digitalen Filtern. Ausgehend von Gl. (4.117)

$$\varphi(t) = \sum_n h_0[n]\sqrt{2}\varphi(2t - n)$$

wird die Zeit t mit Faktor 2^j skaliert und mit k verschoben:

$$\varphi(2^jt - k) = \sqrt{2}\sum_n h_0[n]\varphi(2(2^jt - k) - n)\,. \tag{4.122}$$

Durch die Änderung der Variable $n + 2k = m$ erhält man

$$\varphi(2^jt - k) = \sqrt{2}\sum_m h_0[m - 2k]\,\varphi(2^{j+1}t - m) \tag{4.123}$$

oder

$$\begin{aligned}\varphi_{j,k}(t) = 2^{j/2}\varphi(2^jt - k) &= \sum_m h_0[m - 2k]2^{(j+1)/2}\varphi(2^{j+1}t - m)\\ &= \sum_m h_0[m - 2k]\varphi_{j+1,k}(t)\,.\end{aligned} \tag{4.124}$$

Durch Einsetzen dieser Gleichung in dem Skalarprodukt zur Ermittlung der Skalarkoeffizienten laut Gl. (4.116)

$$a_{j,k} = \langle f(t)|\varphi_{j,k}(t)\rangle = \int f(t)\varphi_{j,k}^*dt \quad \text{mit} \quad (\varphi_{j,k}^*(t) = \varphi_{j,k}(t))$$

erhält man:

$$\begin{aligned}a_{j,k} &= \int f(t)\sum_m h_0[m - 2k]\varphi_{j+1,k}(t)dt\\ &= \sum_m h_0[m - 2k]\int f(t)\varphi_{j+1,k}(t)dt\,.\end{aligned} \tag{4.125}$$

Das Integral ergibt den Koeffizienten $a_{j+1,k}$ und somit wird die gesuchte Beziehung der Mehrfachanalyse für die Skalierungskoeffizienten durch

$$a_{j,k} = \sum_m h_0[m - 2k]a_{j+1,k} \tag{4.126}$$

gegeben.

Ähnlich ausgehend von Gl. (4.121) für $\psi(t)$ und zwar

$$\psi(t) = \sum_n h_1[n]\sqrt{2}\varphi(2t - n)$$

kann man folgende Beziehung für die Wavelet $\psi(t)$ erhalten:

$$\psi_{j,k}(t) = \sum_m h_1[m - 2k]\varphi_{j+1,k}\,. \tag{4.127}$$

Durch Einsetzen der zweiten Gleichung (4.116) wird, wie für die Skalierungskoeffizienten, für die Wavelet-Koeffizienten $d_{j,k}$ folgende Beziehung abgeleitet:

$$d_{j,k} = \sum_m h_1[m - 2k]a_{j+1,k} \, . \tag{4.128}$$

Aus Gl. (4.126) und (4.128) geht hervor, dass die Koeffizienten $a_{j+1,k}$ genügend Informationen zur Verfügung stellen, um die Koeffizienten $a_{j,k}$ und $d_{j,k}$ der kleineren Auflösung zu bestimmen.

Die Mehrfachanalyse kurz MRA (*Multi Resolution Analysis*) ist der Schlüssel für die effiziente Berechnung der DWT. Die Grundidee der MRA ist das Signal sukzessiv zu zerlegen in Approximations- und Wavelet-Koeffizienten, welche die Annäherungsanteile und die Detailsanteile mit verschiedenen Auflösungen gewichten.

Die Abtastwerte eines Signals $x[m]$ werden als die höchsten Skalar- oder Approximationskoeffizienten $a_{j+1,k}$ angenommen. Daraus werden sukzessiv die Wavelet- oder Detailskoeffizienten $d_{j,k}$ bzw. die Skalier- oder Approximationskoeffizienten $a_{j,k}$ der nächsten kleineren Auflösung berechnet:

$$a_{j,k} = \sum_m h_0[m - 2k]x[m]$$
$$d_{j,k} = \sum_m h_1[m - 2k]x[m] \, . \tag{4.129}$$

Diese Beziehungen stellen Filterungen mit FIR-Filter der Einheitspulsantworten gleich $h_0[-m]$ bzw. $h_1[-m]$ gefolgt von Dezimierungen mit Faktor zwei dar. Um besser zu verstehen, wie diese Operationen stattfinden ist in Abb. 4.73(a) oben ein zeitdiskretes $x[m]$ Signal gezeigt und darunter sind die Filterkoeffizienten $h_0[m]$ mit einer zeitkontinuierlichen Hülle dargestellt. In Abb. 4.73(c) sind die verschobenen Filterkoeffizienten $h_0[m-2k]$ gezeigt. Diese multipliziert mit den entsprechenden Werten des Signals und addiert ergeben einen Ausgangswert $a_{j,k}$. Die Prozedur wiederholt sich, um daraus die nächst kleinere Auflösung für die Skalarkoeffizienten zu erhalten:

$$a_{j-1,k} = \sum_m h_0[m - 2k]a_{j,k}$$

Die eckigen Klammer für die Zeitvariablen sollen zeitdiskrete Funktionen suggerieren. Für die Wavelet-Koeffizienten der Details wird ähnlich vorgegangen. Die Abtastwerte des Signals $x[m]$ werden als Koeffizienten der Skalarfunktionen der höchsten Auflösung angenommen. Gemäß zweiter Gleichung (4.129) werden daraus die Koeffizienten $d_{j,k}$ der höchsten Auflösung ermittelt und weiter die Koeffizienten der Wavelet der kleineren Auflösungen berechnet. Es wird später gezeigt, dass $h_0[-n]$ ein Tiefpassfilter und $h_1[-n]$ ein Hochpassfilter darstellen.

Wie man sieht, entspricht dieses Vorgehen einer Filterung gefolgt von einer Dezimierung mit Faktor zwei. Die Anzahl der Ergebnisse nach jeder solcher Stufe ist zweimal kleiner. Wenn das ursprüngliche Signal L Abtastwerte besitzt, dann ergibt

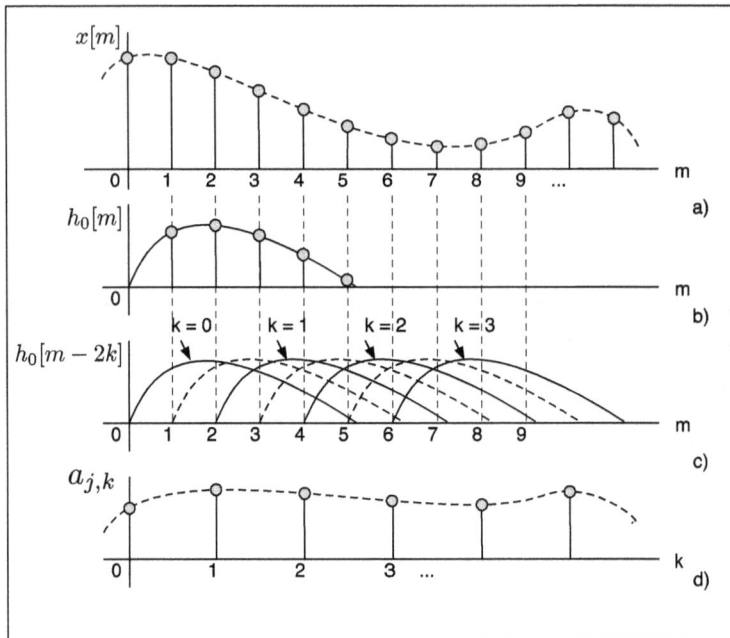

Abb. 4.73: Die Realisierung der Operation $a_{j,k} = \sum_m h_0[m - 2k]x[m]$.

die DWT Zerlegung $L/2 + L/4 + L/8 + \cdots + L/(2^j)$ Detailkoeffizienten und $L/(2^j)$ Approximationskoeffizienten. Weil der Maximalwert für j durch die Anzahl der Abtastwerte des Signals L begrenzt ist, erhält man für die gesamte Zahl der Koeffizienten (Approximations- und Detailskoeffizienten) den Wert L.

Der Prozess der Zerlegung des Signals $x[n]$ ist in Abb. 4.74 zu sehen und stellt den Analyseteil der Mehrfachanalyse (MRA) oder der DWT dar. Die Filter werden jetzt einfach ohne die negativen Indizes für die Zeitspiegelung dargestellt. Der inverse Weg oder inverse DWT ist mathematisch durch

$$a_{j+1,k} = \sum_m g_0(k - 2m)a_{j,m} + \sum_m g_1(k - 2m)d_{j,m} \qquad (4.130)$$

gegeben [29, 33], und in Abb. 4.75 dargestellt.

Diese Beziehung führt zu einem iterativen Verfahren für die Rekonstruktion des ursprünglichen Signals aus den Koeffizienten der DWT. Bei der Rekonstruktion werden in jeder Stufe die Koeffizienten der Approximationen (oder Skalierungsfunktionen) und die der Details (oder Wavelet-Funktionen) aufwärtsgetastet mit Faktor zwei und dann mit Tiefpassfilter $g_0[n]$ und Hochpassfilter $g_1[n]$ gefiltert und addiert.

In der *Wavelet Toolbox* gibt es für die DWT sehr viele Funktionen. Mit **wfilters** kann man für verschiedene Wavelets die vier Filter erhalten. So z. B. mit

```
[h0,h1,g0,g1]=wfilters('db4');
```

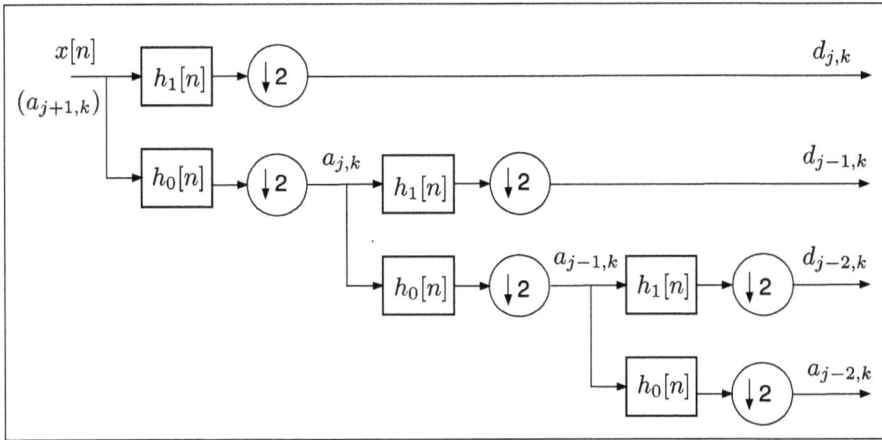

Abb. 4.74: Drei Stufen in der DWT-Zerlegung oder in der MRA.

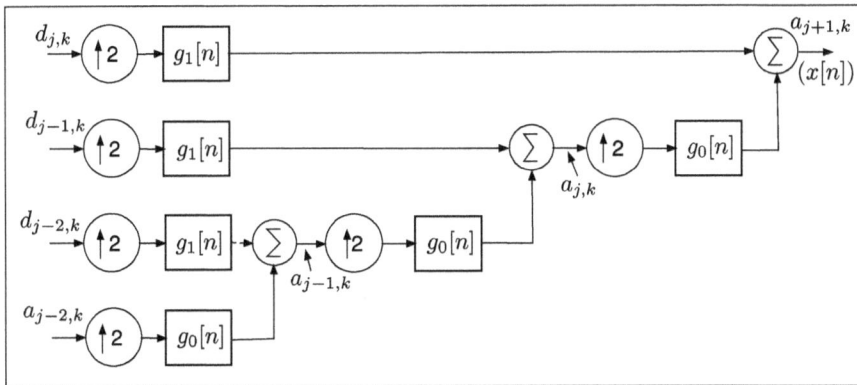

Abb. 4.75: Drei Stufen der inversen DWT oder des Syntheseteils der MRA.

erhält man die vier Filter der Daubechies-Wavelet 'db4' [29]. Im Skript `filter_wav_1.m` werden diese Filter gezeigt und analysiert.

In Abb. 4.76 sind die Einheitspulsantworten dieser Filter dargestellt. Zu beachten sei, dass z. B. das Filter mit der Einheitspulsantwort `h0` schon die gespiegelten Koeffizienten der Gl. (4.117) darstellen und durch Faltung die Rekursion gemäß Gl. (4.126) bilden. Später wird gezeigt, dass alle vier Filter von den Werten der Einheitspulsantwort `h0` abzuleiten sind. Im Skript werden die Amplitudengänge der vier Filter über die FFT ermittelt und dargestellt, wie in Abb. 4.77 gezeigt.

Wie man sieht sind die Amplitudengänge der Tiefpassfilter `h0` und `g0` bzw. der Hochpassfilter `h1` und `g1` identisch. Sie unterscheiden sich nur durch die Phasengänge. Mit

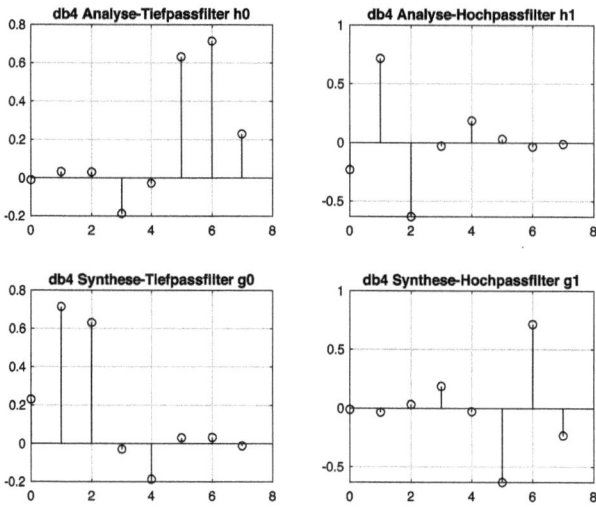

Abb. 4.76: Einheitspulsantworten der Filter für die 'db4' Wavelets (filter_wav_1.m).

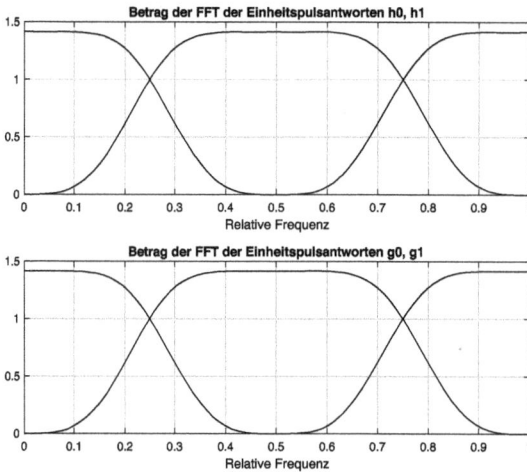

Abb. 4.77: Amplitudengänge der Filter für die 'db4' Wavelets (filter_wav_1.m).

```
[h0,h1,g0,g1]=wfilters('db4');
....
hfilter = [h0',h1',g0',g1'];
nfft = 256;
H = fft(hfilter,nfft);   % FFT der Spalten der Matrix hfilter
....
% ------- Summe der Beträge hoch zwei
Hsum = abs(H(:,1)).^2 + abs(H(:,2)).^2;
```

werden auch die Quadratwerte der Amplitudengänge der Filter h0 und h1 summiert. Das Ergebnis Hsum ist eine Konstante gleich zwei. Das bedeutet, dass das Tiefpassfilter h0 und das Hochpassfilter h1 QMF-Leistungskomplimentär sind (siehe Kapitel 3.6.1) [29].

Mit

```
H0 = abs(H(:,1));    H1 = abs(H(:,2));
H0(65-10),
H1(65+10),
```

kann festgestellt werden, dass die Amplitudengänge des Tiefpassfilters h0 und des Hochpassfilters h1 symmetrisch zur relativen Frequenz 0,25 ($f_s/4$) sind und die Bezeichnung QMF begründet ist.

4.4.6 Die benötigten Eigenschaften der Wavelets

Es werden einige Eigenschaften der Wavelets, die für die DWT wichtig sind beschrieben [33]. Die Orthogonalität ist eine gewünschte Eigenschaft für die Basisfunktionen, um eine einzigartige nicht redundante Darstellung und eine perfekte Rekonstruktion des Signals aus seinen DWT-Koeffizienten zu gewährleisten. Die Mehrfachanalyse (MRA) setzt Basisfunktionen mit mehreren Skalierungsfaktoren sowohl für die Skalierungsfunktion als auch für die Wavelet-Funktion voraus, die folgende Bedingungen der Orthogonalität erfüllen müssen:

1. Orthogonalität der Skalierungsfunktionen für jeden Skalierungswert j

$$\langle \varphi_{j,k}(t)|\varphi_{j,m}(t)\rangle = \delta_{k,m} \quad \text{mit} \quad \delta_{k,m}|_{k=m} = 1, \quad \delta_{k,m}|_{k \neq m} = 0. \tag{4.131}$$

2. Orthogonalität der Wavelets für jeden Skalierungswert j und über diese Werte hinaus

$$\langle \psi_{j,k}(t)|\psi_{l,m}(t)\rangle = \delta_{j,l}. \tag{4.132}$$

3. Gegenseitige Orthogonalität der Wavelets und Skalierungsfunktionen für jeden Skalierungswert j und über diese Werte hinaus

$$\langle \varphi_{j,k}(t)|\psi_{l,m}(t)\rangle = 0. \tag{4.133}$$

Im Weiteren werden die Filter mit $h_0[n]$, $h_1[n]$, $g_0[n]$, $g_1[n]$ statt mit den gespiegelten Koeffizienten $h_0[-n]$, $h_1[-n]$, $g_0[-n]$, $g_1[-n]$ aus Gl. (4.117), (4.121) bzw. (4.130) bezeichnet. Man kann zeigen [29, 33], dass die erste Bedingung zu folgenden Beziehungen für die Einheitspulsantworten $h_0[n]$ der Analysetiefpassfilter führt:

$$\sum_k h_0[k]h_0[k-2m] = \delta_m. \tag{4.134}$$

Daraus ergibt sich:

$$\sum_k h_0^2[k] = 1. \tag{4.135}$$

Für das Filter $h_0[n]$ aus Skript `filter_wav_1.m` das dem 'db4' Wavelet entspricht, kann man diese Bedingungen leicht überprüfen:

```
>> sum([h0,0,0].*[0,0,h0]),    % m = 1
ans =  -1.1519e-14
>> sum(h0.^2)
ans = 1.0000
```

Die zweite Bedingung führt auf:

$$\sum_k h_1^2[k] = 1$$
$$\sum_k h_0[k]h_1[k] = 0. \tag{4.136}$$

Diese kann ebenfalls leicht für das 'db4' Filtersystem überprüft werden:

```
>> sum(h1.^2)
ans = 1.0000
>> sum(h0.*h1)
ans = -1.3010e-18
```

Zusätzlich ist in [29] gezeigt, dass

$$\sum_k h_0[k] = \sqrt{2} \quad \text{und} \quad \sum_k h_1[k] = 0 \tag{4.137}$$

ist, was ebenfalls sehr einfach für die Filter der 'db4' Wavelets zu überprüfen ist.

Im Frequenzbereich sind die Frequenzgänge der leistungskomplimentären Filter $H_0(\Omega)$, $H_1(\Omega)$ durch

$$|H_0(\Omega)|^2 + |H_0(\Omega + \pi)|^2 = 2$$
$$|H_1(\Omega)|^2 + |H_1(\Omega + \pi)|^2 = 2 \tag{4.138}$$
$$H_0(\Omega)H_1^*(\Omega) + H_0(\Omega + \pi)H_1^*(\Omega + \pi) = 0$$

verbunden. Hier ist mit * die konjugiert Komplexe bezeichnet und $\Omega = \omega/f_s$ ist die mit f_s normierte Frequenz. Die Schreibweise $H_0(\Omega)$, $H_1(\Omega)$ ist die vereinfachte Schreibweise für $H_0(e^{j\Omega})$, $H_1(e^{j\Omega})$. Aus der Darstellung aus Abb. 4.77 oben geht hervor, dass $|H_0(\Omega + \pi)| = |H_1(\Omega)|$ und $|H_1(\Omega + \pi)| = |H_0(\Omega)|$ und die ersten zwei Beziehungen sind leicht nachvollziehbar.

Etwas schwieriger ist die Überprüfung der letzten Beziehung. Gemäß einer Eigenschaft der FourieTransformation ist

$$X(\Omega + \Omega_0) = \mathcal{F}\{x[n]e^{-j\Omega_0 n}\} \tag{4.139}$$

und somit ist

$$H_0(\Omega + \pi) = \mathcal{F}\{h_0[n]e^{-j\pi n}\} = \mathcal{F}\{h_0[n](-1)^n\}$$
$$n = 0, 1, 2, \ldots, L - 1. \tag{4.140}$$

Wobei L die Länge der Sequenz $h_0[n]$ ist. Mit folgenden Zeilen des Skripts ist die Überprüfung der letzten Beziehung aus Gl. (4.138) realisiert:

```
L = 8;    L1 = L-1;                % L = Länge der Filter ho, h1
%H00 = fft(h0.*exp(-j*pi*(0:L-1)),nfft).';   % H0(Omega+pi)
%H11 = fft(h1.*exp(-j*pi*(0:L-1)),nfft).';   % H1(Omega+pi)
H00 = fft(h0.*(-1).^(0:L-1),nfft).';   % H0(Omega+pi)
H11 = fft(h1.*(-1).^(0:L-1),nfft).';   % H0(Omega+pi)
Hsum = H0.*conj(H1) + H00.*conj(H11);
```

In Abb. 4.78 sind die Beträge der Frequenzgänge $H_0(\Omega + \pi)$ und $H_1(\Omega + \pi)$ und die Summe gemäß der letzten Gl. (4.138) dargestellt. Die Verschiebung im Frequenzbereich mit π führt von einem Tiefpassfilter zu einem Hochpassfilter und umgekehrt.

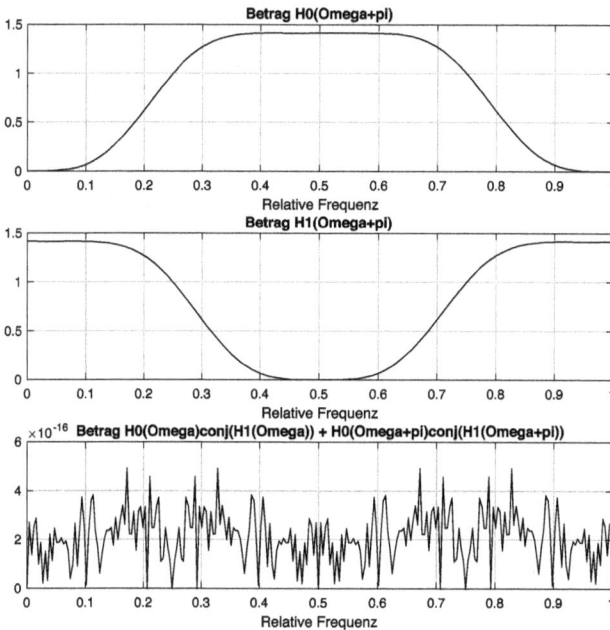

Abb. 4.78: Frequenzgänge H00, H11 und Hsum (filter_wav_1.m).

4.4.7 Regelmäßigkeitsbedingung

Eine wichtige Eigenschaft ist die sogenannte *p-regular* Bedingung [29], die besagt, dass das Skalierungsfilter $H_0(z)$ p Nullstellen bei $z = e^{j\pi} = -1$ (also bei $\Omega = \pi$) haben muss. Das bedeutet, dass $H_0(z)$ folgende Form besitzen muss:

$$H_0(z) = \frac{(1 + z^{-1})^p}{2} Q(z).\tag{4.141}$$

Das Polynom $Q(z)$ besitzt keine Nullstellen bei $z = -1$. Mit dem FIR Filter $h_0(z)$ der Länge N wird $H_0(z)$ mit einem Polynom des Grades $N - 1$ dargestellt. Weil $z = -1$ eine Nullstelle der Ordnung p ist, muss $Q(z)$ ein Polynom des Grades $(N - 1 - p)$ sein.

Der Grad der Regelmäßigkeit p ist für die Bedingung $1 \le p \le N/2$ begrenzt, weil $N/2$ Bedingungen notwendig sind, um die Orthogonalitätsbedingungen (4.134), (4.135) zu erfüllen. Daubechies [29, 34] hat diese Freiheitsgrade benutzt, um eine maximale Regelmäßigkeit p für eine gegebene Zahl N zu erhalten oder einen minimalen Wert N für einen gegebenen Wert p zu bestimmen.

Die Fourier-Transformation der Gl. (4.117)

$$\varphi(t) = \sum_n h_0[n]\,\sqrt{2}\varphi(2t - n)$$

ist [29]:

$$\Phi(\Omega) = \frac{1}{\sqrt{2}}H_0\left(\frac{\Omega}{2}\right)\Phi\left(\frac{\Omega}{2}\right).\tag{4.142}$$

Sie zeigt, dass die Fourier-Transformation der Skalierungsfunktion $\varphi(t)$ mit dem Frequenzgang des Filters $H_0(z)$ verbunden ist. Wenn $H_0(z)$ eine Nullstelle höherer Ordnung bei $z = -1$ oder $\Omega = \pi$ besitzt, dann wird die Fourier-Transformation von $\varphi(t)$ rasch fallend und glatt sein. Für das Hochpassfilter $H_1(z)$ der Einheitspulsantwort $h_1[n]$, gemäß Gl. (3.71) mit

$$H_1(z) = z^{-(N-1)}H_0(-z^{-1}),$$

das aus $H_0(z)$ abgeleitet wird, bedeutet dies Nullstellen bei $z = 1$ oder $\Omega = 0$. Die Amplitudengänge der Frequenzgänge $H_0(z)$ bzw. $H_1(z)$ des 'db4' Wavelet-Systems aus Abb. 4.77 oben suggerieren die Glattheit (*Smoothness*) bei $\Omega = 0$ (relative Frequenz $f/f_s = 0$) für das Tiefpassfilter $H_0(z)$ bzw. bei $\Omega = \pi$ (relative Frequenz $f/f_s = 0{,}5$) für das Hochpassfilter. In MATLAB wird die Einheitspulsantwort $h_1[n]$ gemäß Gl. (3.71) für die perfekte Rekonstruktion durch

```
n = 0:(N-1);
h1 = fliplr((-1)^(n).*h0);
```

ermittelt. Hier ist N die Länge des Filters (Anzahl der Koeffizienten).

Die Nullstellen für $h_0[n]$ und $h_1[n]$ für das 'db4' Wavelet-System sind einfach zu überprüfen:

```
h0 =
  Columns 1 through 6
  -1.0597e-02 3.2883e-02 3.0841e-02 -1.8703e-01
      -2.7984e-02 6.3088e-01
  Columns 7 through 8
   7.1485e-01   2.3038e-01
 h1 = fliplr((-1).^(0:7).*h0),
h1 =
  Columns 1 through 6
  -2.3038e-01 7.1485e-01 -6.3088e-01 -2.7984e-02
      1.8703e-01 3.0841e-02
  Columns 7 through 8
  -3.2883e-02 -1.0597e-02
>> roots(h0)
ans =
    3.0407e+00 + 0.0000e+00i
    2.0311e+00 + 1.7390e+00i
    2.0311e+00 - 1.7390e+00i
   -1.0001e+00 + 7.0046e-05i
   -1.0001e+00 - 7.0046e-05i
   -9.9990e-01 + 1.2047e-04i
   -9.9990e-01 - 1.2047e-04i
>> roots(h1)
ans =
    1.0001e+00 + 0.0000e+00i
    1.0000e+00 + 1.1991e-04i
    1.0000e+00 - 1.1991e-04i
    9.9986e-01 + 0.0000e+00i
   -2.8410e-01 + 2.4323e-01i
   -2.8410e-01 - 2.4323e-01i
   -3.2888e-01 + 0.0000e+00i
```

Die letzten vier Nullstellen von $H_0(z) = h_0(z)$ sind wegen numerischen Fehler nur annähernd −1. Die ersten vier Nullstellen für $H_1(z) = h_1(z)$ sind ebenfalls annähernd 1. Die q Momente von $\varphi(t)$ und $\psi(t)$ werden durch

$$m_0(q) = \int t^q \varphi(t) dt \quad \text{und} \quad m_1(q) = \int t^q \psi(t) dt \tag{4.143}$$

definiert. Das Skalierungsfilter $H_0(z)$ ist p-regelmäßig, wenn alle Momente der Wavelet-Funktion null sind:

$$m_1(q) = 0, \quad \text{für} \quad q = 0, 1, 2, \dots, p - 1. \tag{4.144}$$

Daraus wird in [29] folgende Beziehung abgeleitet:

$$\sum_k h_0[k](-1)^k k^m = 0 \quad \text{für} \quad m = 0, 1, 2, \dots, p - 1. \tag{4.145}$$

Sie stellt die p regelmäßige Bedienung für $H_0(z)$, so dass p Momente der Wavelet-Funktion null sind. Für $m = 0$ wird daraus:

$$\sum_k (-1)^k h_0[k] = 0 \quad \text{mit} \quad k = 0, 1, 2, \dots, N - 1. \tag{4.146}$$

Wenn $\sum_k h_0[k] = \sqrt{2}$ ist, dann folgt aus Gl. (4.145) auch:

$$\sum_k h_0[2k] = \sum_k h_0[2k + 1] = \frac{1}{\sqrt{2}}. \tag{4.147}$$

Diese Bedingungen können für das Filter $h_0[k]$ des 'db4' Wavelet-Systems leicht überprüft werden:

```
>> sum((-1).^(0:7).*h0),
ans =  -2.7756e-17
>> sum(h0(1:2:end))
ans =   7.0711e-01
>> sum(h0(2:2:end))
ans =   7.0711e-01
```

Wie man zu den vier orthogonalen oder biorthogonalen Filtern $H_0(z)$, $H_1(z)$, $G_0(z)$, $G_1(z)$ bzw. $h_0[k]$, $h_1[k]$, $g_0[k]$, $g_1[k]$ einer Zweikanal Filterbank mit perfekter Rekonstruktion gelangt, ist ausführlich in der Literatur der Wavelet-Theorie beschrieben [21, 29]. Mit Hilfe der *Wavelet Toolbox* können die Ergebnisse der Theorie eingesetzt und für praktische Anwendungen angepasst werden, ohne dass man diese Ergebnisse neu erfindet.

Es gibt auch andere Wavelet Toolboxen von renommierten Universitäten, die man aus dem Internet beziehen kann, wie z. B. die Rice Wavelet Toolbox (RWT).

4.4.8 Experiment: Simulation einer Mehrfachanalyse mit drei Stufen

Im Skript MRA_1.m und Modell MRA1.slx ist eine Mehrfachanalyse mit drei Stufen, nach der Struktur aus Abb. 4.75, untersucht. Das Modell ist in Abb. 4.79 dargestellt.

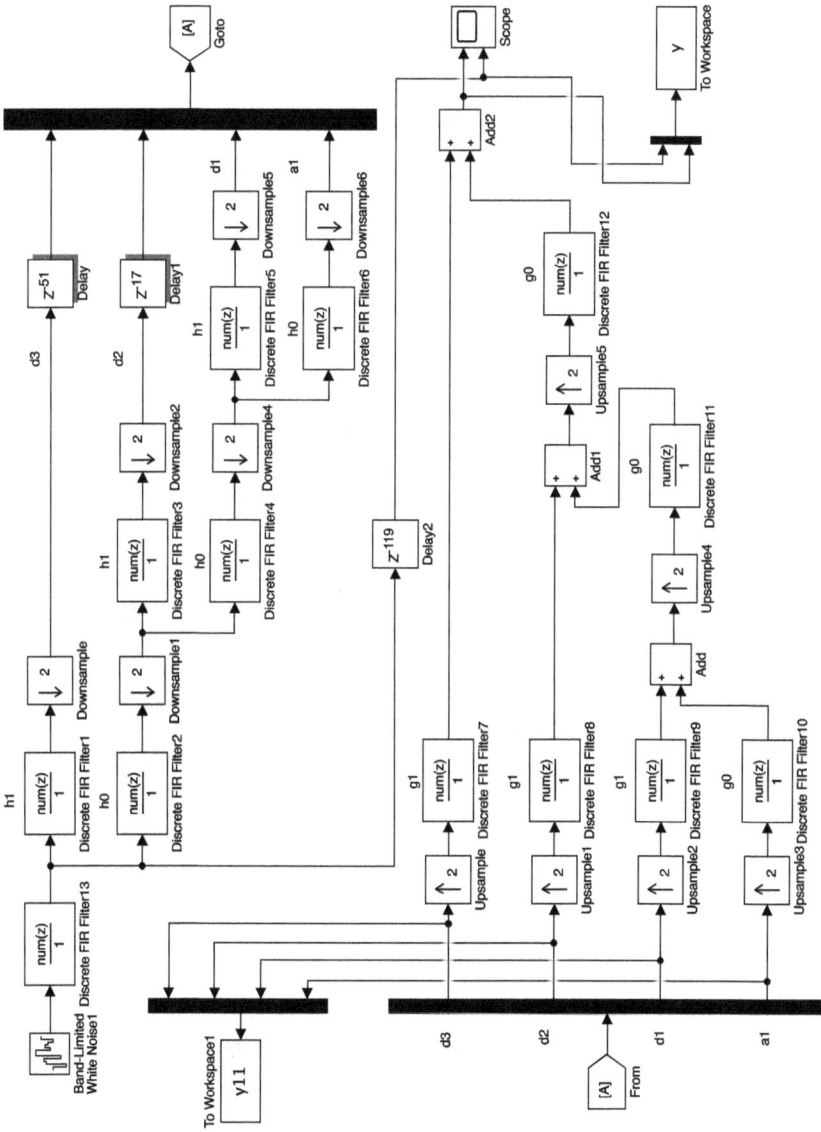

Abb. 4.79: Mehrfachzerlegung (MRA) mit drei Stufen (MRA_1.m, MRA1.slx).

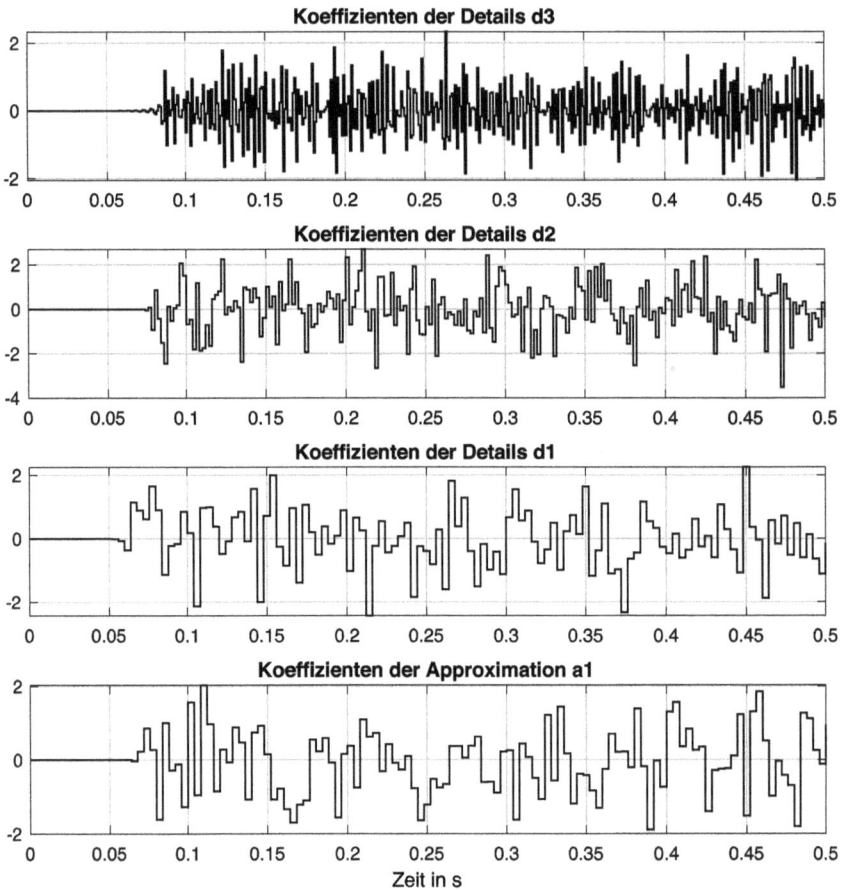

Abb. 4.80: Koeffizienten der Zerlegung mit 'coif3' Wavelet (MAR_1.m, MAR1.slx).

Als Eingangssignal ist mit den Blöcken *Band-Limited White Noise1, Discrete FIR Filter1* ein Zufallssignal mit Anteilen bis fsig generiert. Danach wird die Struktur aus Abb. 4.75 nachgebildet. Auf dem *Scope*-Block können das verzögerte Eingangssignal zusammen mit dem rekonstruierten Signal beobachtet werden.

Die Koeffizienten der Zerlegung sind in der Senke *To Workspace1* zwischengespeichert, um sie danach darzustellen. In der Senke *To Workspace* sind das Eingangssignal und das rekonstruierte Signal ebenfalls zwischengespeichert. Wie erwartet sind sie für alle Filter, die im Skript wählbar sind, gleich. In Abb. 4.80 sind die vier Sequenzen der Koeffizienten der Zerlegung gezeigt.

Ganz oben sind die Koeffizienten der Details d3 ($d_{3,k}$) dargestellt. Wegen der Abwärtstastung (Dezimierung mit Faktor 2 im Block *Downsample*) ist die Abtastperiode für diesen Koeffizienten gleich $2T_s$, wobei T_s die Abtastperiode des Eingangssignals ist. Die Anzahl dieser Koeffizienten ist halb so groß wie die der Eingangssequenz.

Danach in Abb. 4.80 sind die Koeffizienten der Details d2 ($d_{2,k}$) dargestellt, die wegen der Abwärtstastung mit Block *Downsample1, Downsample2* eine Abtastperiode von $4T_s$ besitzen. Somit ist die Anzahl dieser Koeffizienten viermal kleiner als die des Eingangssignals.

Schließlich sind im subplot(413) und subplot(414) die Koeffizienten der Details d1 ($d_{1,k}$) und die der Approximation a1 ($a_{1,k}$) dargestellt. Wegen der weiteren Abwärtstastung ist die Abtastperiode dieser Koeffizienten gleich $8T_s$ bzw. ist die Anzahl dieser Koeffizienten achtmal kleiner als die der Eingangssequenz.

Die Filter der Mehrfachzerlegung (MRA) führen am Anfang durch ihr Einschwingen zu Fehlern. Um diese zu entfernen kann man z. B. die Eingangssequenz mit Nullwerten am Anfang erweitern und den Einschwingteil später entfernen.

Die Koeffizienten der drei Stufen werden wegen der Filter mit verschiedenen Verzögerungen erhalten. Um die Signale korrekt bei der Rekonstruktion auszurichten müssen mit den Blöcken *Delay* und *Delay1* in den ersten zwei Stufen Verzögerungen hinzugefügt werden.

In Abb. 4.81 und 4.82 ist der Pfad, der die größte Verzögerung ergibt, hervorgehoben. Die Filter als FIR-Filter, allgemein mit gerader Anzahl von Koeffizienten (aus einer Bedingung der Orthogonalität) sind nicht symmetrisch und somit kann nicht voraus gesagt werden wie groß die Verzögerung ist. Man kann aber je zwei Filter, die mit der gleichen Abtastperiode arbeiten falten, um ein symmetrisches Filter in Form eines Halbbandfilters (ebenfalls aus einer Bedingung der Orthogonalität) zu erhalten. Wenn die Filter alle die gleiche Länge L besitzen, erhält man nach der Faltung ein Filter der Länge ($2L - 1$). Die Verzögerung dieses Filters ist die Ordnung ($2L - 2$) des Filters geteilt durch zwei, also $L - 1$.

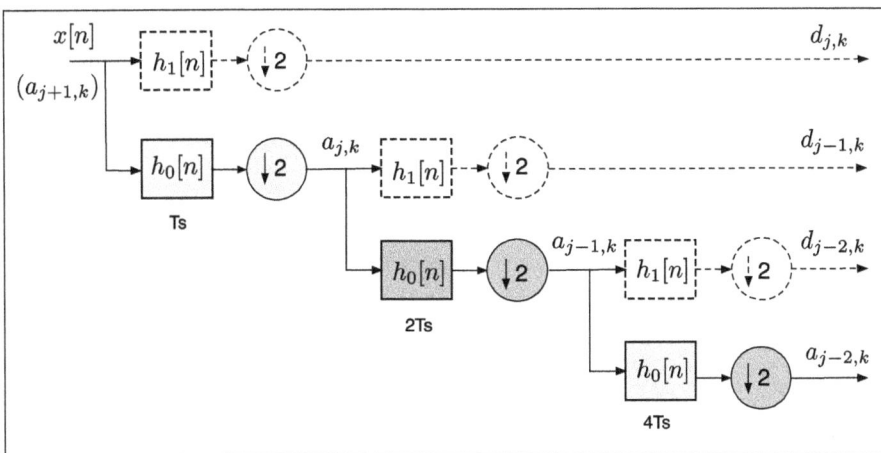

Abb. 4.81: Koeffizienten des Analyseteils mit höchster Verzögerung (MAR_1.m, MAR1.slx).

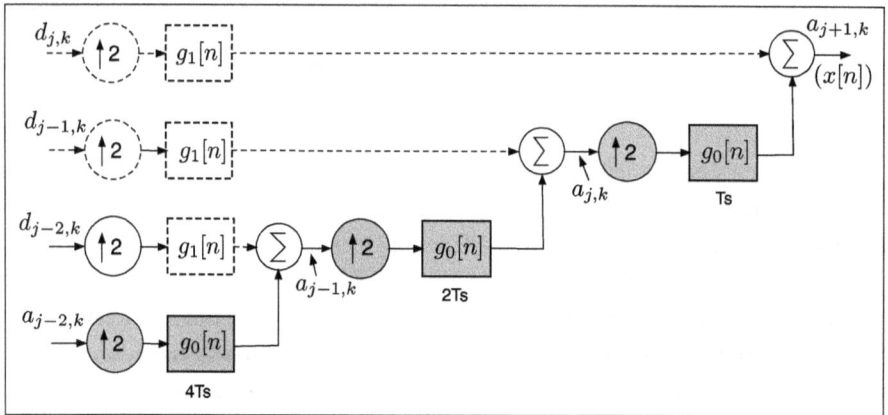

Abb. 4.82: Koeffizienten des Syntheseteils mit höchster Verzögerung (MAR_1.m, MAR1.slx).

Die Verzögerung der zwei Filter mit der Abtastperiode gleich $4T_s$ ist dann $(L-1)4T_s$. Das nächste Paar von Filtern, einer aus dem Analyseteil und einer aus dem Syntheseteil, die mit der Abtastperiode $2T_s$ arbeiten ist $(L-1)2T_s$. Das letzte Paar, das mit der Abtastperiode T_s arbeitet ergibt eine Verzögerung von $(L-1)T_s$. Zusammen bringen sie eine Verzögerung von:

$$\text{Delay} = (L-1)(4T_s + 2T_s + T_s) = (L-1)7T_s. \tag{4.148}$$

Für die Filter 'coif3' mit $L = 18$, die in Abb. 4.79 eingesetzt sind, erhält man eine Verzögerung von $17 \times 7 = 119$, Wert der in der Variable `delay_eing` im Skript enthalten ist und den Block *Delay2* im Modell parametriert. Mit diesem Wert wird das Eingangssignal verzögert, um den Vergleich mit dem rekonstruierten Signal zu ermöglichen.

Die Verzögerung der zweiten Stufe wird ähnlich ermittelt. Hier sind nur zwei Filterpaare, die man berücksichtigen muss. Sie ergeben eine Verzögerung $(L-1)2T_s + (L-1)T_s = (L-1)3T_s$. Um in diesem Pfad dieselbe Gesamtverzögerung zu erhalten, muss man eine zusätzliche Verzögerung bei $4T_s$ von

$$((L-1)7T_s - (L-1)3T_s)/(4T_s) = (L-1) \tag{4.149}$$

hinzufügen. Diese ist für dieselben Filter gleich 17 und ist im Block *Delay1* enthalten.

Der erste Pfad der ersten Stufe ergibt eine Verzögerung wegen eines einzigen Paares, das bei T_s arbeitet, der Größe $(L-1)T_s$. Die nötige zusätzliche Verzögerung bei einer Abtastperiode $2T_s$ ist dann

$$((L-1)7T_s - (L-1)T_s)/T_s = (L-1)6T_s/(2T_s) = (L-1)3. \tag{4.150}$$

Für dieselben Filter mit $L-1 = 17$ bedeutet dies ein Wert von 51, der im Block *Delay* initialisiert ist.

Mit

```
>> [h0,h1,g0,g1] = wfilters('db4');
>> conv(h0,g0),
ans =
  Columns 1 through 8
   -0.0024   0.0000   0.0239   0.0000  -0.1196  -0.0000
        0.5981   1.0000
  Columns 9 through 15
    0.5981  -0.0000  -0.1196   0.0000   0.0239   0.0000  -0.0024
```

wird exemplarisch die Faltung der zwei Filter $h_0[k]$ und $g_0[k]$ für die 'db4' Wavelet-Filter, die etwas weniger Filterkoeffizienten besitzen, erzeugt. Wie man sieht, erhält man ein symmetrisches Halbband FIR-Filter, für den die Verzögerung gleich die Ordnung 15–1 geteilt durch zwei ist.

Die Koeffizienten des Analyseteils sind in der Senke *To Workspace1* zwischengespeichert nachdem sie mit einem Mux-Block zusammengefasst werden. Die Koeffizienten haben verschiedene Abtastperioden, die man auch mit Farben über das Menü *Display, Sample Time, Colors* sichten kann. Der *Mux*-Block kann die verschiedenen Abtastperioden direkt nicht zusammenfassen. Er benutzt aber die kleinste Abtastperiode eines Signals und stellt die anderen Signale mit dieser Abtastperiode auch dar. Das kann einfach gesichtet werden, wenn man in der Darstellung der Koeffizienten die Funktion **stem**, wie in Abb. 4.83 gezeigt ist, einsetzt.

Ganz oben im subplot(411) ist die Abtastperiode T_s. Darunter sind die Koeffizienten mit Abtastperiode $2T_s$ durch zwei wiederholte Werte dargestellt. Im dritten subplot ist die Abtastperiode gleich $4T_s$ dargestellt durch vier wiederholte Werte.

Man erhält die Signale mit verschiedenen korrekten Abtastperioden, wenn für jedes Signal eine eigene *To Workspace* Senke benutzt wird.

In Abb. 4.84 ist eine andere Realisierung desselben Modells einer MRA-Zerlegung mit drei Stufen gezeigt, in der die Blöcke *Dyadic Analysis Filter Bank* für den Analyseteil und *Dyadic Synthesis Filter Bank* für den Syntheseteil eingesetzt werden (MRA_3.m und MRA3.slx). Sie befinden sich in der *DSP System Toolbox* unter *Filtering* und *Multirate Filters*. Die Blöcke arbeiten mit *Frame*-Daten [11], oder anders ausgedrückt mit Datenblöcken wie Matrizen oder Vektoren.

Die Eingangsdaten werden mit dem Block *Buffer* in Vektoren (*Frames*) zusammengefasst. Die Größe des *Buffers* muss ein Vielfaches von 2^n sein, wobei n die Anzahl der Stufen ist (hier drei).

Als Eingangssignal kann man zwischen einem sinusförmigen Signal und einem bandbegrenzten Rauschsignal, die im Skript (MAR_3.m) initialisiert werden, wählen. Wichtig ist, dass die Blöcke für die Verzögerungen *Delay, Delay1* auch als Typ *Frame* parametriert sind. Die Verzögerung des Eingangssignals im Block *Delay2* bleibt weiter von Typ *Sample*. Um die Frame-Ergebnisse als Signale zu erhalten müssen diese wieder in Sequenzen mit *Unbuffer*-Blöcken umgewandelt werden. Die Koeffizienten des

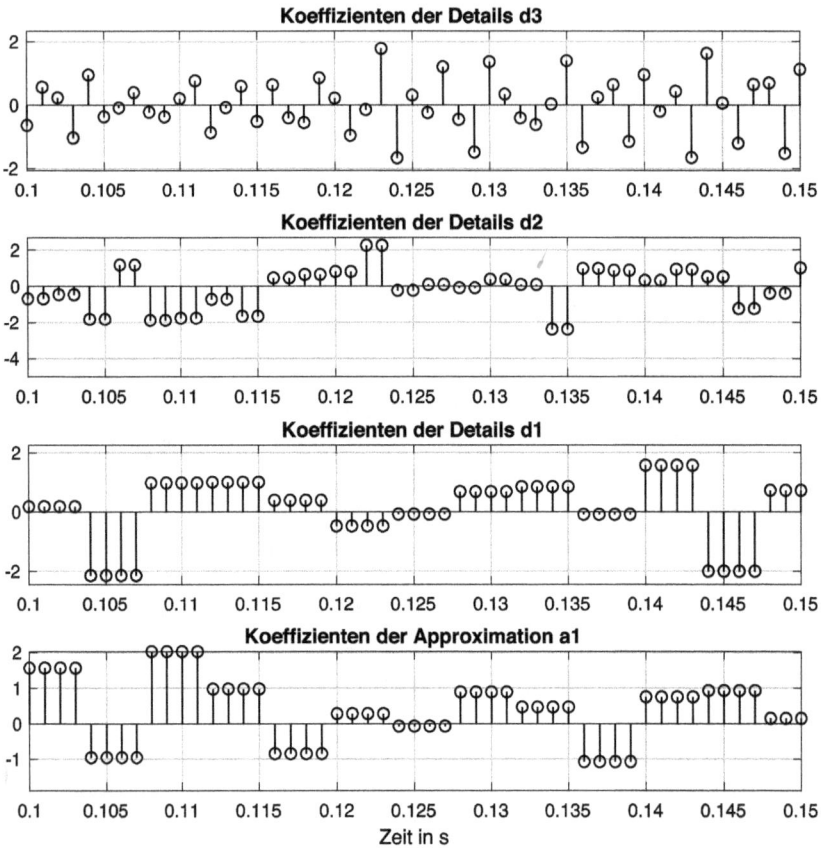

Abb. 4.83: Koeffizienten des Analyseteils aus der Senke *To Workspace1* (MAR_1.m,MAR1.slx).

Analyseteils werden mit je einem *Buffer*-Block in je einer Senke *To Workspace* zwischengespeichert. Die benötigten vier *Unbuffer*-Blöcke sind in einem Untersystem zusammengefasst.

Auf den Verbindungslinien sind im Modell die Datengrößen angegeben. Aus einem Frame der Größe 256 nach dem *Buffer*-Block werden wegen des Abwärtstasters 128 Koeffizienten der Details d_3 erhalten. Ähnlich werden wegen der zwei Abwärtstaster 64 Koeffizienten der Details d_2 ermittelt und weiter je 32 Koeffizienten für die Details d_1 bzw. Koeffizienten der Approximation a_1 erhalten.

Aus diesen Koeffizienten werden dann bei der Rekonstruktion die Koeffizienten der Approximation mit der höchsten Auflösung a_3 gebildet, die auch die Abtastwerte des Eingangssignals sind. Am *Scope*-Block kann man sich überzeugen, dass das Eingangs- und das rekonstruierte Signal gleich sind. Diese zwei Signale werden auch in der Senke *To Workspace* zwischengespeichert und im Skript dargestellt.

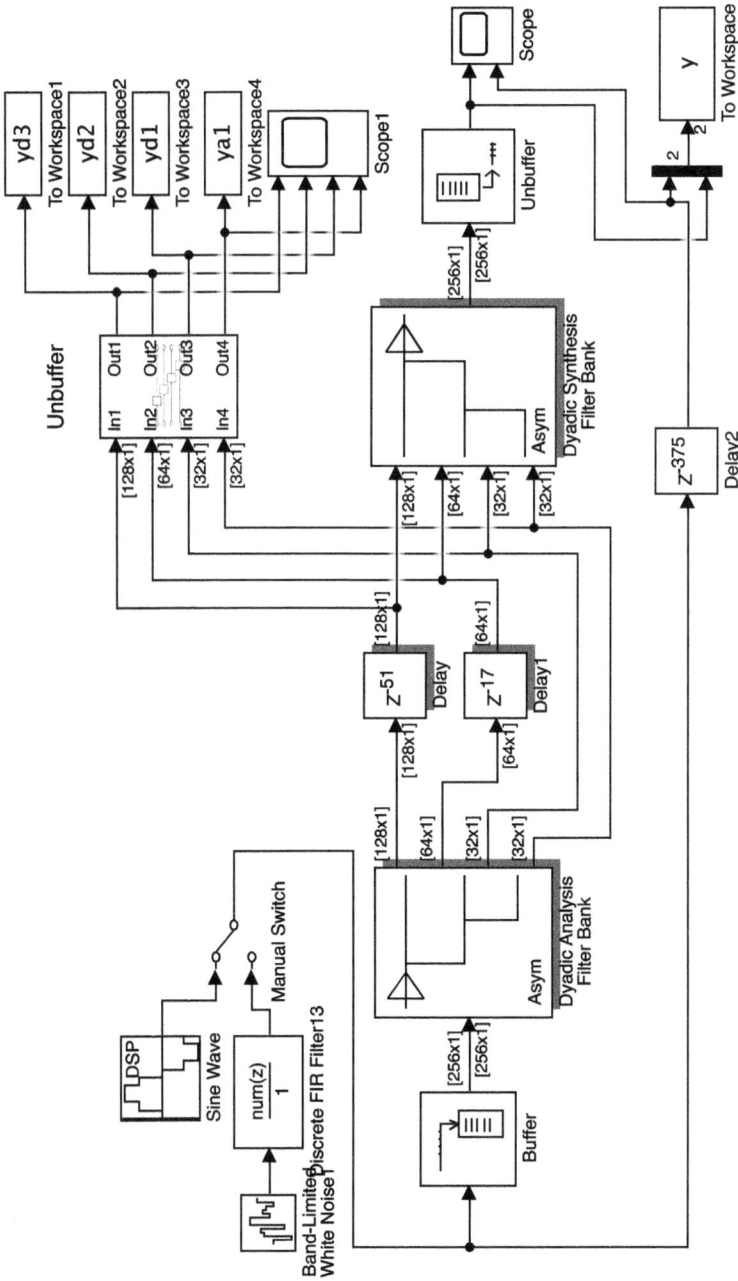

Abb. 4.84: MRA in drei Stufen mit *Dyadic Analysis Filter Bank* und *Dyadic Synthesis Filter Bank* (MRA_3.m,MRA3.slx).

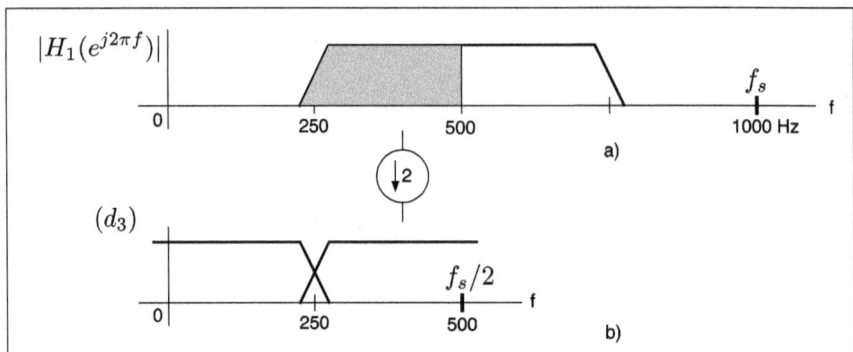

Abb. 4.85: Amplitudengänge der ersten Stufe, die die Koeffizienten der Details der höchsten Auflösung d_3 ergeben (MAR_3.m, MAR3.slx).

4.4.9 Experiment: Untersuchung einer MRA im Frequenzbereich

Die MRA ist mit einer Filterbank realisiert und somit ist es interessant die MRA-Zerlegung auch im Frequenzbereich zu untersuchen. Dafür wird das Skript MRA_3.m und das Modell MRA3.slx aus dem vorherigen Experiment eingesetzt.

Zuerst werden die Amplitudengänge die resultieren erläutert. In Abb. 4.85(a) ist der Amplitudengang des Filters, das die Koeffizienten der Details der höchsten Auflösung d_3 nach der Abwärtstastung ergibt.

Die Eingangsdaten sind mit einer Abtastfrequenz von 1000 Hz abgetastet und das Hochpassfilter $H_1(z)$ (siehe Abb. 4.77) führt zum Amplitudengang aus der Abb. 4.85(a), mit dem ersten Nyquist-Intervall für reelle Koeffizienten zwischen 250 Hz und 500 Hz. Die darauffolgende Abwärtstastung ergibt den Amplitudengang aus Abb. 4.85(b). Die Koeffizienten aus dem Durchlassbereich des Filters, z. B. der Frequenz 400 Hz, werden durch die Abwärtstastung zur Frequenz von 100 Hz verschoben. Mit der Zoom-Funktion der Abb. 4.86 kann die Frequenz der Koeffizienten aus dem ersten **subplot** ermittelt werden, um festzustellen sie ist 100 Hz. Die **subplot**, welche die anderen Koeffizienten enthalten, haben einen viel kleineren Wertebereich und zeigen somit, dass das Signal der Frequenz 400 Hz im geschwärzten Bereich aus Abb. 4.85 liegt.

In Abb. 4.87 sind die Amplitudengänge der zweiten Stufe, die zu den Koeffizienten der Details d_2 führen. Aus dem Amplitudengang des Tiefpassfilters $H_0(z)$, dem Abwärtstaster, dem Hochpassfilter $H_1(z)$ und schließlich dem zweiten Abwärtstaster erhält man ein Durchlassbereich zwischen 125 Hz bis 250 Hz. Die Koeffizienten eines Signals in diesem Bereich werden durch den zweiten Abwärtstaster im Bereich 0 Hz bis 125 Hz verschoben. So z. B. sind die Koeffizienten eines Signals von 200 Hz verschoben zur Frequenz von $250 - 200 = 50$ Hz.

In Abb. 4.88 sind die Koeffizienten für ein derartiges Signal dargestellt. Der größte Wertebereich ist für die Koeffizienten der Details d_2 im **subplot**(412). Die Frequenz mit der Zoom-Funktion ermittelt, ist wie erwartet 50 Hz.

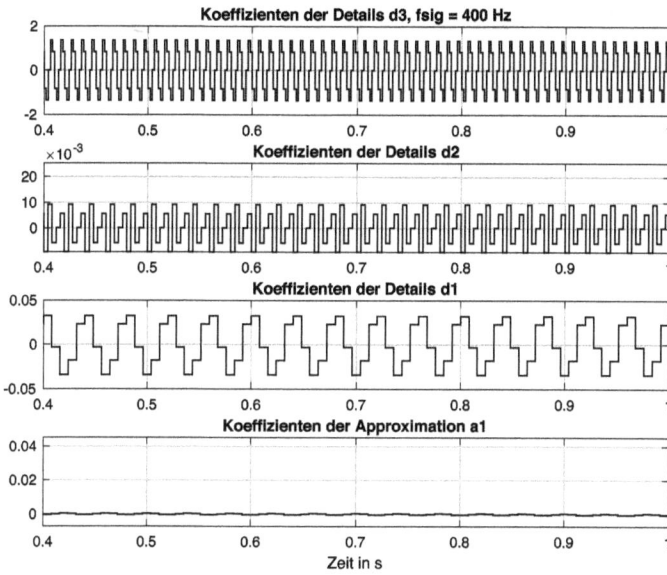

Abb. 4.86: Koeffizienten des Analyseteils für ein Sinussignal von 400 Hz (MAR_3.m, MAR3.slx).

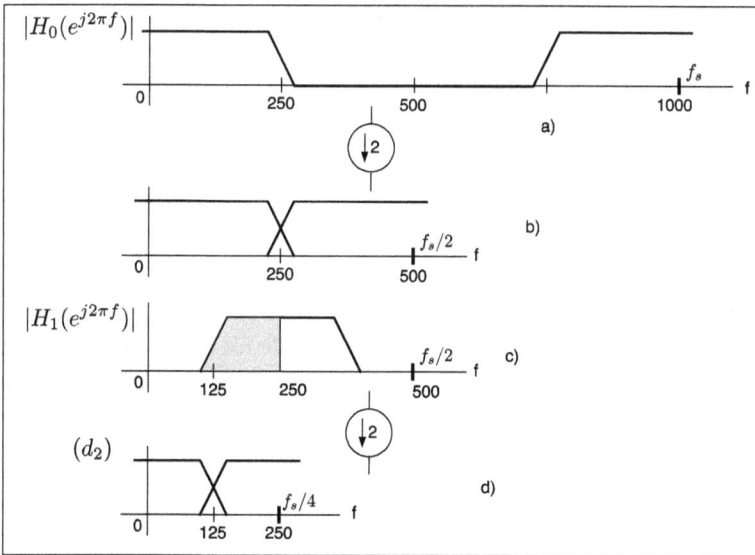

Abb. 4.87: Amplitudengänge der zweiten Stufe, die die Koeffizienten der Details d_2 ergeben (MAR_3.m, MAR3.slx).

Abb. 4.89 zeigt die Amplitudengänge der dritten Stufe für die Koeffizienten der Details d_1. Der geschwärzte Bereich zeigt den Durchlassbereich für die Koeffizienten dieser Details nach den zwei Tiefpassfiltern $H_0(z)$, den zwei Abwärtstastern und Hoch-

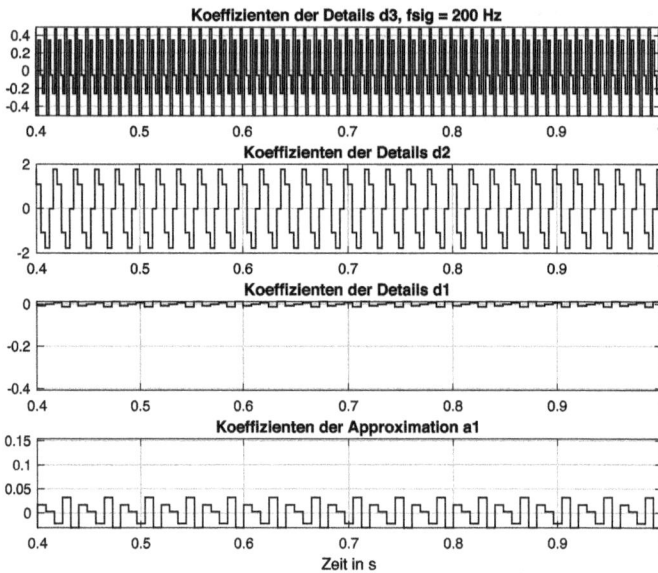

Abb. 4.88: Koeffizienten des Analyseteils für ein Sinussignal von 200 Hz (MAR_3.m, MAR3.slx).

passfilter $H_1(z)$. Es ist ein Durchlassbereich zwischen 62,5 Hz bis 125 Hz. Wenn ein Signal, z. B. mit einer Frequenz von 100 Hz, Koeffizienten in diesem Frequenzbereich ergibt, dann werden wegen des Abwärtstasters die Koeffizienten zu einer Frequenz von 125 − 100 = 25 Hz verschoben.

In Abb. 4.90 sind die Koeffizienten der MRA-Zerlegung für ein Signal von 100 Hz dargestellt. Der höchste Wertebereich ist für das **subplot**(413) der Details d_1. Mit der Zoom-Funktion kann man feststellen, dass die Frequenz dieser Koeffizienten gleich 125 − 100 = 25 Hz ist.

In Abb. 4.91 sind die Amplitudengänge der dritten Stufe für die Koeffizienten der Approximation a_1 dargestellt. Der geschwärzte Teil zeigt den Durchlassbereich für die Koeffizienten der Approximation nach den drei Tiefpassfiltern $H_0(z)$ und den entsprechenden drei Abwärtstaster. Es ist ein Durchlassbereich zwischen 0 Hz bis 62,5 Hz. Eine Eingangssequenz mit einer Frequenz in diesem Bereich, wie z. B. 30 Hz, wird Koeffizienten der Approximation mit dieser Frequenz ergeben und in der Darstellung aus Abb. 4.92 werden die Werte im letzten **subplot** die größten sein. Wegen des letzten Abwärtstasters findet hier keine Verschiebung (Aliasing) statt. Aus der Darstellung kann man mit der Zoom-Funktion auch hier diese Frequenz schätzen.

In Abb. 4.93 sind nochmals die Frequenzbereiche, die den Koeffizienten der Details d_3, d_2, d_1 und der Approximation a_1 entsprechen, dargestellt.

Die Trennung der Frequenzbänder ist in der MRA mit Wavelets-Filter nicht sehr gut. Die Filter wurden für die perfekte Rekonstruktion mit Kompensation der Feh-

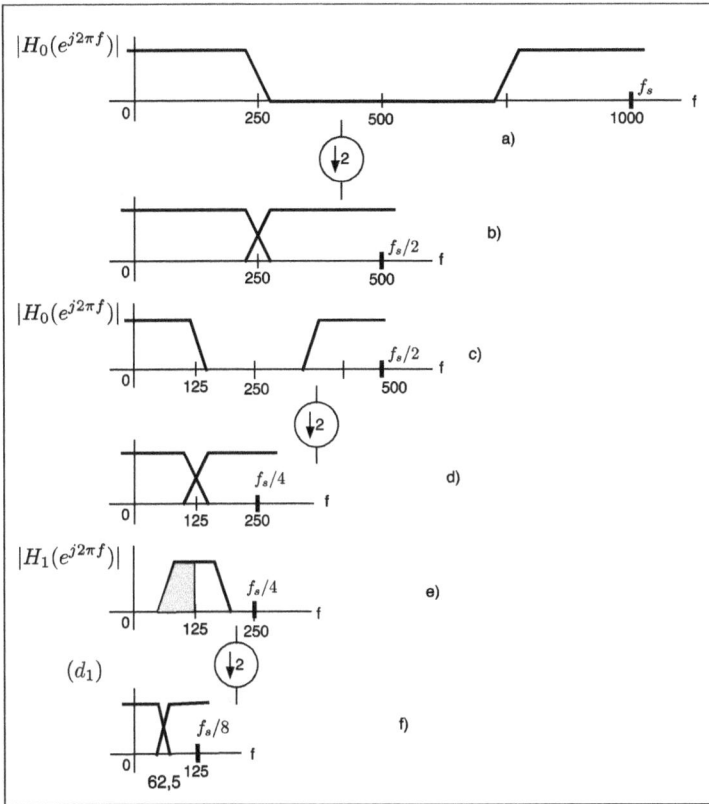

Abb. 4.89: Amplitudengänge der dritten Stufe, die die Koeffizienten der Details d_1 ergeben (MAR_3.m, MAR3.slx).

ler wegen der Verschiebungen (Aliasing) entwickelt. Für Anwendungen in denen die Trennung der Filterbänder wichtig ist, müssen andere Filterbänke benutzt werden.

4.4.10 Experiment: Untersuchung einer redundanten MRA

Wenn man die Abwärts- und Aufwärtstaster weglässt, erhält man die sogenannte redundante MRA. Sicher ist in diesem Fall der Aufwand größer weil in der ganzen Struktur die Sequenzen gleich lang bleiben. Die Entwicklung der Hardware und die Geschwindigkeit der gegenwärtigen Elektronik ermöglichen auch so eine Zerlegung mit denselben Filtern.

Im Skript MRA_4.m und Modell MRA4.slx wird eine redundante MRA mit drei Stufen untersucht. Das Modell MRA1.slx wird dafür geändert, wie in Abb. 4.94 dargestellt.

Die Verstärkungen der Filter sind für die normale MRA mit Aufwärtstaster ausgerichtet und so muss hier in jedem Pfad ein Dämpfungsfaktor gleich $1/2^n$, $n = 1, 2, 3, 3$

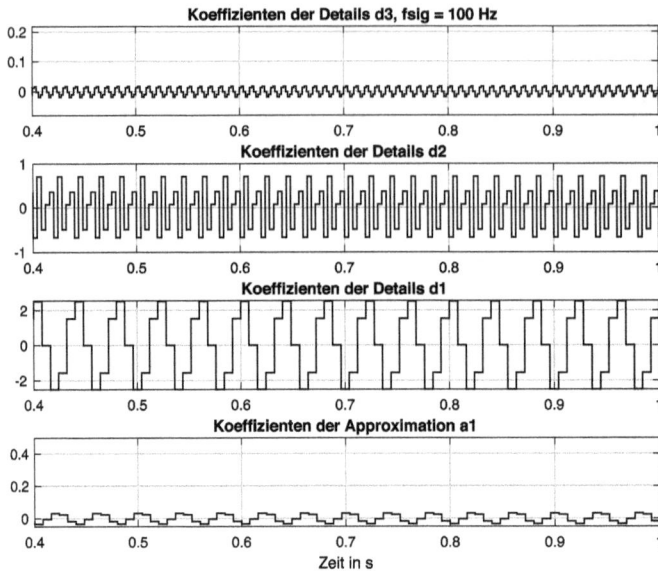

Abb. 4.90: Koeffizienten des Analyseteils für ein Sinussignal von 100 Hz (MAR_3.m, MAR3.slx).

mit Hilfe der Blöcke *Gain,Gain1,Gain2,Gain3* hinzugefügt werden. Wie erwartet, wird auch in diesem Fall eine perfekte Rekonstruktion erhalten, die am Block *Scope* festgestellt werden kann.

Die Frequenzbänder dieser Filterbank sind leichter zu bestimmen. Für den Analyseteil ist im ersten Pfad nur das Filter $H_1(z)$ für die Koeffizienten der Details d_3 vorhanden. Im nächsten Pfad für die Koeffizienten der Details d_2 sind $H_0(z)$ in Reihe mit $H_1(z)$ geschaltet. Für die Details d_1 sind im dritten Pfad die Filter $H_0(z)$, $H_0(z)$ und $H_1(z)$ ebenfalls in Reihe geschaltet. Schließlich sind im letzten Pfad für die Approximation a_1 drei Filter $H_0(z)$ in Reihe geschaltet. Durch Faltungen der entsprechenden Einheitspulsantworten der Filter ermittelt man die Einheitspulsantworten für jeden Pfad und danach die Amplitudengänge. Das ist im Skript mit folgenden Zeilen realisiert:

```
% -------- Frequenzgänge der Pfaden des Analyseteils
nfft = 256;
Hd3 = fft(h1,nfft);          % Frequenzgang für d3
hd2 = conv(h0,h1);
Hd2 = fft(hd2,nfft);         % Frequenzgang für d2
hd1 = conv(h1,conv(h0,h0));
Hd1 = fft(hd1,nfft);         % Frequenzgang für d1
ha1 = conv(h0,conv(h0,h0));
Ha1 = fft(ha1,nfft);         % Frequenzgang für a1
figure(5);    clf;
subplot(411), plot((0:nfft-1)/nfft,
```

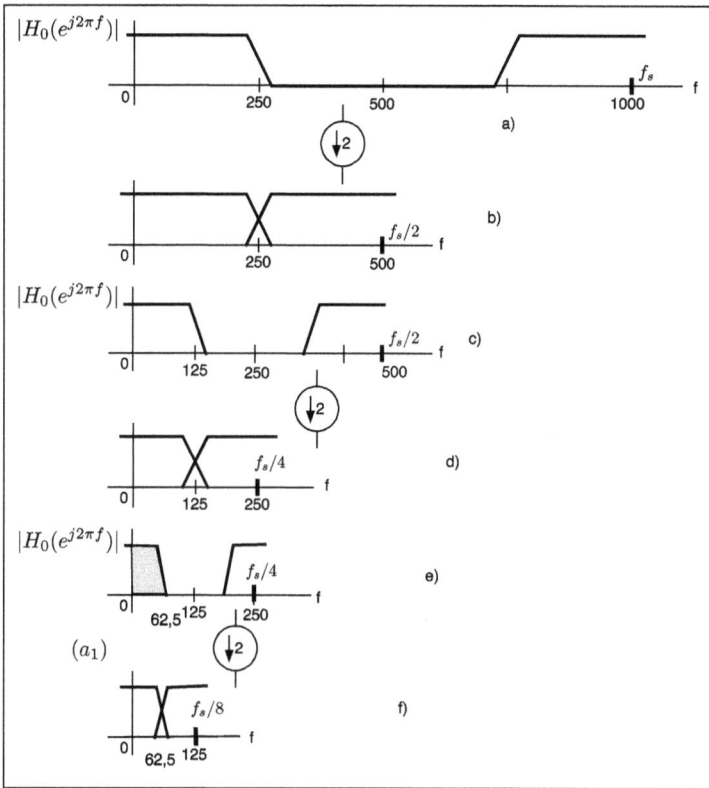

Abb. 4.91: Amplitudengänge der dritten Stufe, die die Koeffizienten der Approximation a_1 ergibt (MAR_3.m, MAR3.slx).

```
    abs(Hd3)/2,'-k','LineWidth',1);
title('Amplitudengänge des Analyseteils der MRA');
ylabel('|Hd3|');    xlabel('Relative Frequenz');        grid on;
subplot(412), plot((0:nfft-1)/nfft,
    abs(Hd2)/4,'-k','LineWidth',1);
ylabel('|Hd2|');    xlabel('Relative Frequenz');        grid on;
subplot(413), plot((0:nfft-1)/nfft,
    abs(Hd1)/8,'-k','LineWidth',1);
ylabel('|Hd1|');    xlabel('Relative Frequenz');        grid on;
subplot(414), plot((0:nfft-1)/nfft,
    abs(Ha1)/8,'-k','LineWidth',1);
ylabel('|Ha1|');    xlabel('Relative Frequenz');        grid on;
```

In Abb. 4.95 sind die erhaltenen Amplitudengänge dargestellt. Sie stellen das Verhalten im Frequenzbereich vom Eingang bis am Ausgang des Analyseteils dar, der den Koeffizienten der Zerlegung entspricht. Wie im vorherigen Experiment kann man mit

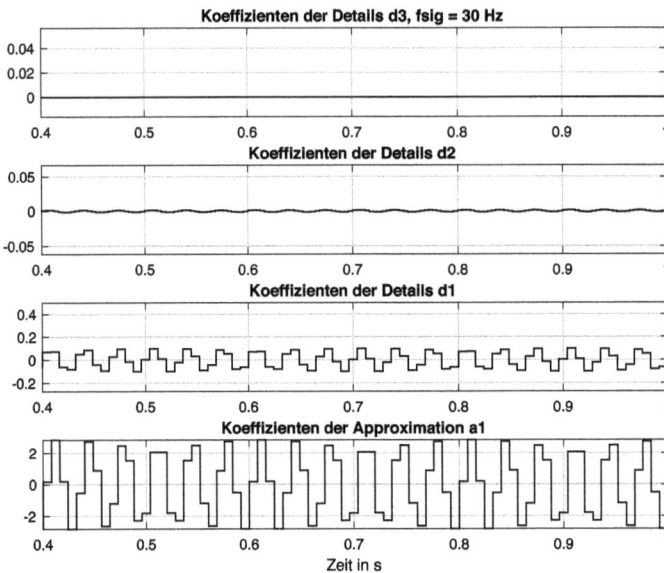

Abb. 4.92: Koeffizienten des Analyseteils für ein Sinussignal von 30 Hz (MAR_3.m, MAR3.slx).

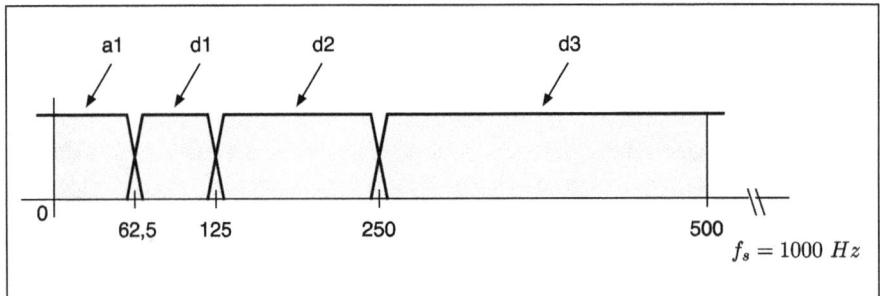

Abb. 4.93: Die Frequenzbereiche der MRA mit drei Stufen, die den Details d_3, d_2, d_1 und der Approximation a_1 entsprechen (MAR_3.m, MAR3.slx).

einem Sinussignal am Eingang diese Frequenzbereiche testen. Für ein Signal der Frequenz 50 Hz (relative Frequenz 0,05) müssten nur die Koeffizienten der Approximation reagieren, was in der Darstellung aus Abb. 4.96 zu sehen ist.

Dagegen müssen für ein Signal der Frequenz 450 Hz (relative Frequenz 0,45) nur die Koeffizienten der Details d_3 reagieren. In Abb. 4.97 sind die Koeffizienten für diese Frequenz gezeigt.

Die stationäre Wavelet-Transformation (SWT) [37] ist ein Wavelet-Transformationsalgorithmus, der die Verschiebungsvarianz der diskreten Wavelet-Transformation (DWT) beseitigen soll. Diese führt bei minimal verschobenen Signalen zu erheblich anderen Wavelet-Koeffizienten.

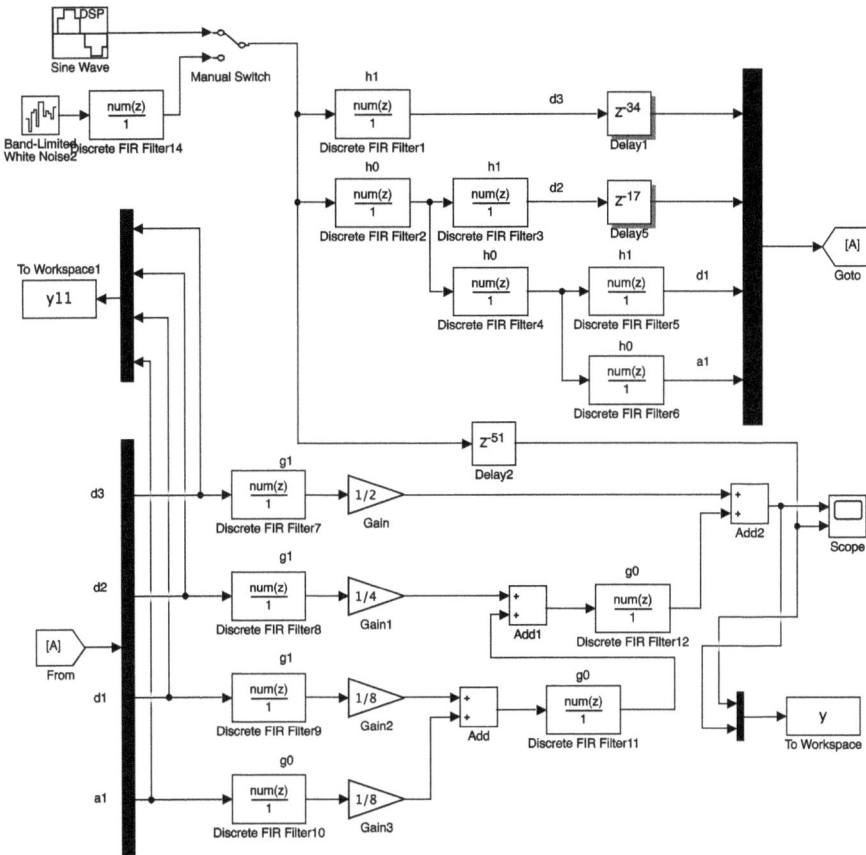

Abb. 4.94: Redundante MRA in drei Stufen (MRA_4.m, MRA4.slx).

Die stationäre Wavelet-Transformation stellt in der Signalanalyse bezüglich der Zeit- oder Ortsachse eine Alternative zur kontinuierlichen Wavelet-Transformation dar, ist aber skalendiskret. Beispielsweise wird sie zur Kantendetektion eingesetzt.

Die Verschiebungsinvarianz wird durch das Entfernen der Aufwärts- und Abwärtstaster der DWT und Hinzufügen von Aufwärtstastern der Filter-Koeffizienten mit einem Faktor von 2 erhalten. In Abb. 4.98(a) ist diese Operation für den Analyseteil und in Abb. 4.98(b) ist die umgekehrte Operation für die Filter des Syntheseteils skizziert. Mit einer Routine erweit_filt.m werden die Filter einer MRA in drei Stufen mit Nullwerten erweitert:

```
% -------- Mit Nullwerten erweiterte Filter
h01 = erweit_filt(h0,1);   % Erweiterung mit einen Nullwert
h11 = erweit_filt(h1,1);   % Erweiterung mit einen Nullwert
g01 = erweit_filt(g0,1);   % Erweiterung mit einen Nullwert
g11 = erweit_filt(g1,1);   % Erweiterung mit einen Nullwert
```

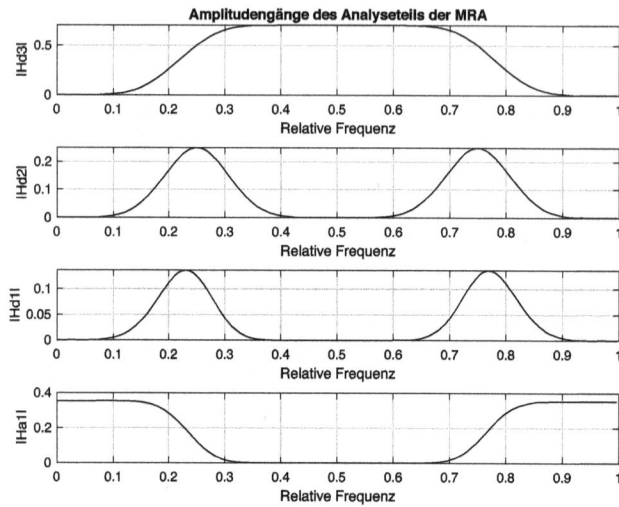

Abb. 4.95: Amplitudengänge der redundanten MRA in drei Stufen für den Analyseteil (MRA_4.m, MRA4.slx).

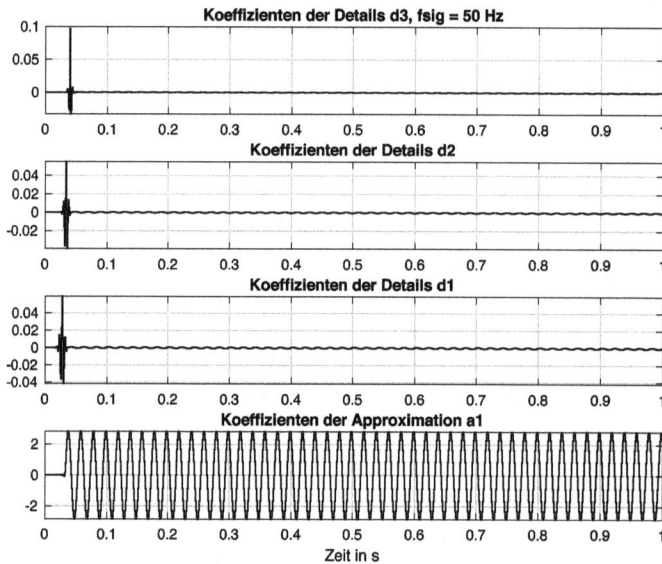

Abb. 4.96: Koeffizienten der redundanten MRA in drei Stufen für den Analyseteil mit einem Eingangssignal der Frequenz 50 Hz (MRA_4.m, MRA4.slx).

```
h02 = erweit_filt(h01,1);  % Erweiterung mit zwei Nullwerten
h12 = erweit_filt(h11,1);  % Erweiterung mit zwei Nullwerten
g02 = erweit_filt(g01,1);  % Erweiterung mit zwei Nullwerten
g12 = erweit_filt(g11,1);  % Erweiterung mit zwei Nullwerten
```

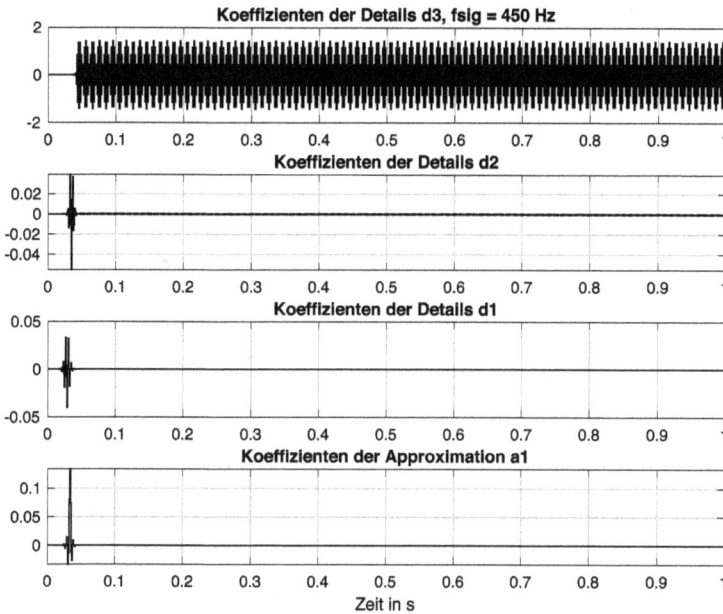

Abb. 4.97: Koeffizienten der redundanten MRA in drei Stufen für den Analyseteil mit einem Eingangssignal der Frequenz 450 Hz (MRA_4.m,MRA4.slx).

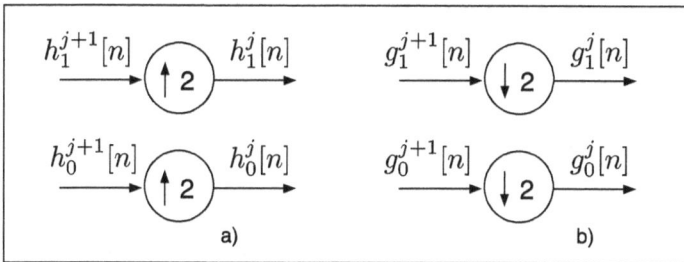

Abb. 4.98: (a) Mit Nullwerten erweiterte Filterkoeffizienten, (b) Entfernung der Nullwerten.

Für orthogonale Filter [h0,h1,g0,g1] bleiben die gezeigten Eigenschaften auch für die entsprechenden erweiterten Filter beibehalten. So z. B. ist die *Distorsion* Einheitspulsantwort auch in diesem Fall eine Verzögerung. Mit den Filtern der 'db2' Wavelets

```
>> h0
h0 =  -0.1294    0.2241    0.8365    0.4830
>> h01
h01 = -0.1294   0   0.2241   0   0.8365   0   0.4830   0

>> g0
```

```
g0 =  0.4830    0.8365    0.2241   -0.1294
>> g01
g01 = 0.4830    0    0.8365    0    0.2241    0
      -0.1294       0
```

kann man das überprüfen:

```
>> conv(h01,g01) + conv(h11,g11)
ans =  0  0  0.00  0  0  0  2.00  0  0  0  0.00
       0  0  0  0
```

Im Skript MRA_5.m und Modell MRA5.slx wird eine SWT in drei Stufen simuliert. Das Modell und Skript sind vom vorherigen Experiment (MRA_4.m und MRA4.slx) angepasst. Wie erwartet erhält man auch in diesem Fall perfekte Rekonstruktion.

In Abb. 4.99 sind die Koeffizienten der Zerlegung für pulsförmige Zufallssignale am Eingang dargestellt. Wie man sieht sind die Sprünge praktisch in allen Koeffizien-

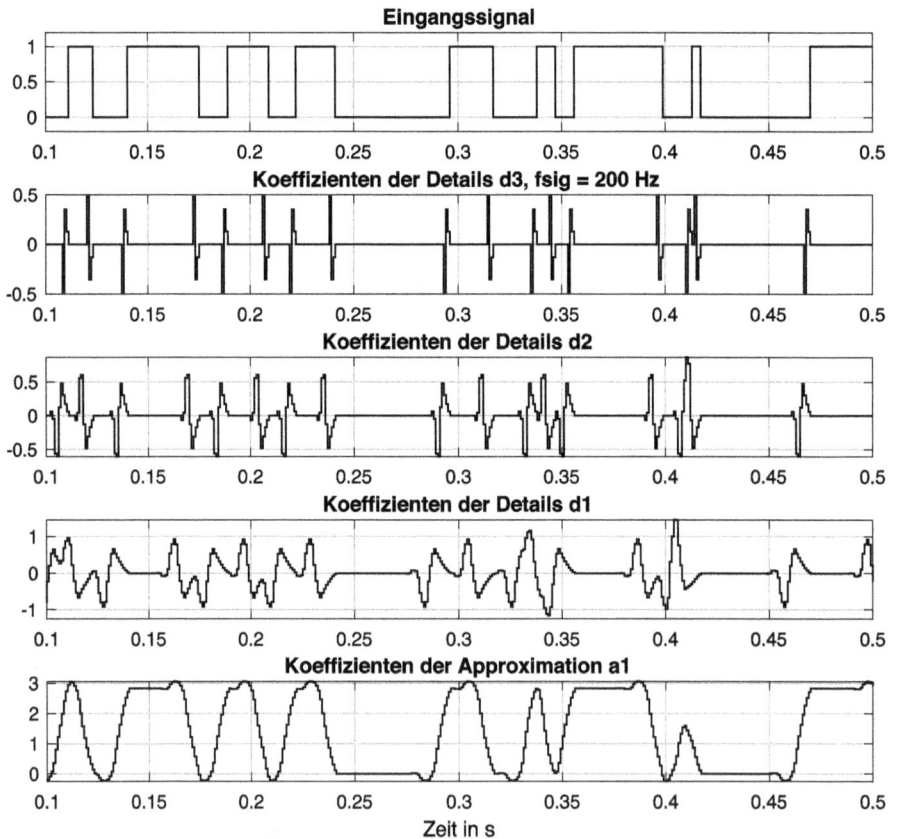

Abb. 4.99: Die Koeffizienten der Zerlegung mit SWT für ein pulsförmiges, zufällig auftretendes Eingangssignal (MRA_5.m, MRA5.slx).

ten der Details signalisiert. Die Koeffizienten der Approximation stellen sehr gut das Eingangssignal dar.

Für den Frequenzbereich können auch hier sehr einfach die Frequenzgänge der Pfade des Analyseteils bestimmt werden:

```
% -------- Frequenzgänge der Pfade des Analyseteils
nfft = 256;
    Hd3 = fft(h1,nfft);             % Frequenzgang für d3
hd2 = conv(h0,h11);
    Hd2 = fft(hd2,nfft);            % Frequenzgang für d2
hd1 = conv(h0,conv(h01,h12));
    Hd1 = fft(hd1,nfft);            % Frequenzgang für d1
ha1 = conv(h0,conv(h01,h02));
    Ha1 = fft(ha1,nfft);           % Frequenzgang für a1
figure(5);    clf;
subplot(411), plot((0:nfft-1)/nfft,
        abs(Hd3)/2,'-k','LineWidth',1);
title('Amplitudengänge des Analyseteils
        der MRA für die SWT');
ylabel('|Hd3|');   xlabel('Relative Frequenz');    grid on;
. . . . .
```

In Abb. 4.100 sind die Amplitudengänge der Pfade dargestellt für die 'db8' Wavelets. Im Vergleich zu den Amplitudengänge aus Abb. 4.95 sind hier die Bänder der Filter-

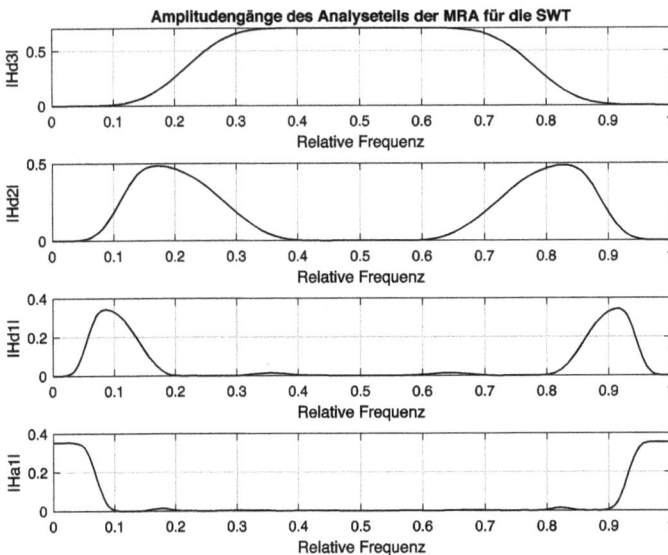

Abb. 4.100: Amplitudengänge der Pfade des Analyseteils der SWT (MRA_5.m,MRA5.slx).

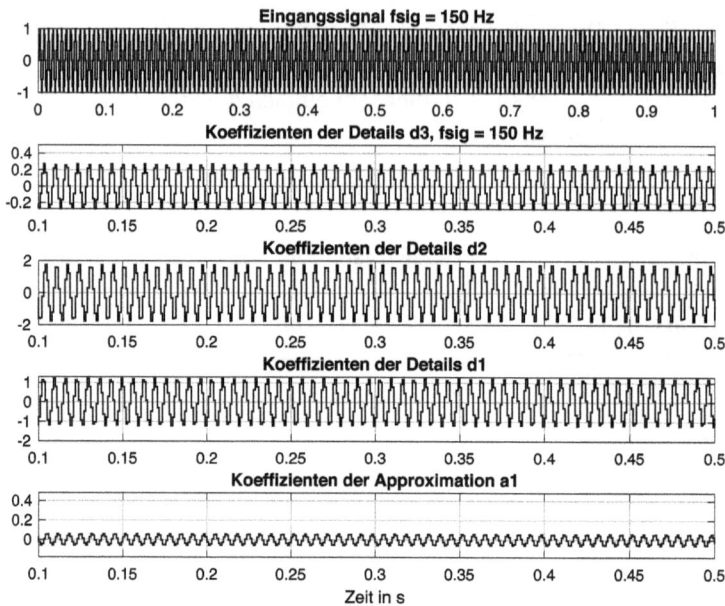

Abb. 4.101: Koeffizienten der SWT für eine MRA mit drei Stufen und Eingangssignal von 150 Hz (MRA_5.m,MRA5.slx).

bank des Analyseteils besser getrennt. Mit einem sinusförmigen Eingangssignal kann man diese Bänder testen. So z. B. mit einem Signal der Frequenz 150 Hz werden die Koeffizienten der Details d2 und teilweise der Details d1 angeregt, wie in Abb. 4.101 dargestellt.

Die SWT ist ein inhärent redundantes Schema, da die Ausgabe auf jeder Stufe der SWT die gleiche Anzahl an Abtastwerte wie die Eingabe enthält. Der SWT Algorithmus ist auch bekannt als 'algorithme a trous' (französisch trous: Löcher), was sich auf die eingefügten Nullen in den Filterkoeffizienten bezieht. Er wurde von Holschneider eingeführt [38].

4.4.11 Successive Approximation oder der Kaskade-Algorithmus

Wie sehen die Daubechies Skalierungs- und Wavelet-Funktionen aus? Man kennt bis hierher die Bezeichnungen $\varphi(t)$ bzw. $\psi(t)$ dieser Funktionen und die Einheitspulsantworten der entsprechenden Filter $h_0[n]$, $h_1[n]$, $g_0[n]$, $g_1[n]$ aber man kennt nicht eine analytische oder numerische Form dieser Funktionen. Eine iterative Routine bekannt als Kaskade-Algorithmus (*Cascade Algorithm*) wurde von Ingrid Daubechies und Jeffrey Lagarias [33] beschrieben, mit deren Hilfe aus den Filtern eine Darstellung der Skalierungs- und Wavelet-Funktionen numerisch erhältlich ist.

Für die Skalierungsfunktion wird wie bei anderen iterativen Methoden (wie Newton- oder Euler-Verfahren) von einer Startfunktion $\varphi_0(t)$ ausgegangen, um dann iterativ mit einer Gleichung eine bessere Annäherung $\varphi_n(t)$ zu erhalten. Wenn Convergenz vorhanden ist (was hier vorausgesetzt wird), kann man beliebig nahe der echten Funktion $\varphi(t)$ kommen.

Der Kaskade-Algorithmus setzt für die Skalierungsfunktion die Gl. (4.117) (*dilation equation*) für die Iterationen ein:

$$\varphi_{n+1}(t) = \sqrt{2} \sum_{k=0}^{M} h_0[k]\varphi_n(2t - k). \tag{4.151}$$

Es kann z. B. mit der Haar Skalierungsfunktion $\varphi_0(t) = B_0(t)$ gestartet werden und die successiven Annäherungen $\varphi_1(t), \varphi_2(t), \varphi_3(t), \dots, \varphi_n(t), \dots$ mit der obigen Gleichung berechnet werden.

Für die Wavelet-Funktion wird ein erster Schritt mit Hilfe der Gleichung (4.121) ausgehend ebenfalls von $\varphi_0(t) = B_0(t)$ ermittelt, um danach weiter mit Iterationen und Filter $h_0[k]$ die erste Iteration zu interpolieren:

$$\psi_1(t) = \sqrt{2} \sum_{k=0}^{M} h_1[k]\varphi_0(2t - k)$$

$$\psi_{n+1}(t) = \sqrt{2} \sum_{k=0}^{M} h_0[k]\psi_n(2t - k) \quad n = 1, 2, 3, \dots. \tag{4.152}$$

Diese Gleichungen sind den Faltungen oder Filterungen sehr ähnlich. Wenn man diese Operationen mit Filtern realisieren möchte, werden die Koeffizienten $h_0[k]$, $h_1[k]$ zeitlich gespiegelt und das entspricht eigentlich den Filtern $g_0[k]$, $g_1[k]$. Vor den Filtern muss eine Aufwärtstastung mit Faktor zwei gesetzt werden, was eine Erweiterung mit einem Nullwert zwischen den zeitdiskreten Werten bedeutet.

Im Skript cascade_1.m sind vier Iterationen für einige Wavelets programmiert und dargestellt. Es sind fünf Fälle enthalten, die der Leser mit beliebigen Filtern erweitern kann und die Skalierungsfunktion bzw. Wavelet-Funktion viermal iterieren kann:

```
% -------- Filter Koeffizienten
l = 5;
switch l;
    case 1
    g0 = [1, 1]/sqrt(2);    g1 = g0;
                            % Haar Skalierungsfunktion
    case 2
    g0 = [1,1]/sqrt(2);              % Haar Wavelet
    g1 = [1,-1]/sqrt(2);;
    case 3
    g0 = [1/4,1/2,1/4];             % Skalierungsfunktion
```

```
      g1 = g0;
    case 4
      g0 = [0.2304 0.7148 0.6309 -0.0280 -0.1870
            0.0308 0.0329 -0.0106];
                              % 'db4' Skalierungsfunktion
    otherwise
      g0 = [0.2304 0.7148 0.6309 -0.0280 -0.1870
            0.0308 0.0329 -0.0106];
      g1 = fliplr(g0).*(-1).^(0:7);   % 'db4' Wavelet-Funktion
end;
```

Der Wert $1 = 2$ und $1 = 5$ bedeuten Wavelet-Funktionen, bei denen die Iterationen gemäß Gl. (4.152) realisiert werden und die restlichen Fälle sind für Skalierungsfunktionen mit Iterationen gemäß Gl. (4.151):

```
if 1 == 2 || 1 == 5    % Wavelet-Funktionen
  phi_0 = [1, 0];
  psi_1 = sqrt(2)*erweit_filt(phi_0,g1);
  psi_2 = sqrt(2)*erweit_filt(psi_1,g0);
  psi_3 = sqrt(2)*erweit_filt(psi_2,g0);
  psi_4 = sqrt(2)*erweit_filt(psi_3,g0);
else              % Skalierungsfunktionen
  phi_0 = [1, 0];
  phi_1 = sqrt(2)*erweit_filt(phi_0,g0);
  phi_2 = sqrt(2)*erweit_filt(phi_1,g0);
  phi_3 = sqrt(2)*erweit_filt(phi_2,g0);
  phi_4 = sqrt(2)*erweit_filt(phi_3,g0);
end
```

Die Routine erweit_filt.m realisiert die Aufwärtstastung durch Einfügen von je einem Nullzwischenwert für das Ergebnis der vorherigen Iteration, gefolgt von einer Faltung mit dem entsprechenden Filter:

```
% Funktion zur Nullerweiterung und Filtern
function y = erweit_filt(x,h);
% x wird mit null Zwischenwerte erweitert
% und mit h gefiltert
nx = length(x);
y = [x;zeros(1,nx)];          y = reshape(y,1,2*nx);
y = conv(y,h);
```

In Abb. 4.102 sind die vier Iterationen für die Skalierungsfunktion der 'db4' Wavelet enthalten und in Abb. 4.103 sind die vier Iterationen für die Wavelet-Funktion gezeigt. Bei der Darstellung der Skalierungs- und Wavelet-Funktionen muss man für

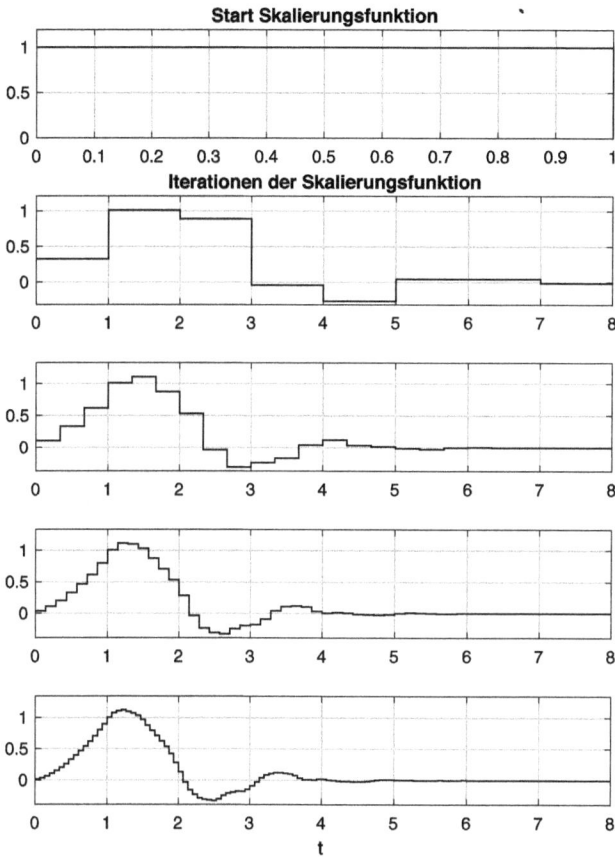

Abb. 4.102: Vier Iterationen für die Skalierungsfunktion 'db4' (cascade_1.m).

die Zeitachse durch Teilen mit 2^n die korrekte Ausdehnung der Funktion erhalten. Hier ist n der Index der Iteration. Exemplarisch wird für die vierte Iteration die Zeile für die Darstellung gezeigt:

```
...
subplot(515), stairs((0:length(psi_4)-1)/(2^4), ...
                     psi_4,'-k','LineWidth',1);
...
```

Mit der Funktion cascade_n.m kann man beliebige Anzahl von Iterationen einsetzen. So z. B. mit

```
cascade_n('db2',8);
```

werden 8 Iterationen für die Wavelet 'db2' benutzt, um die Skalierungs- und Wavelet-Funktion zu berechnen und darzustellen. In Abb. 4.104 sind diese Funktionen gezeigt.

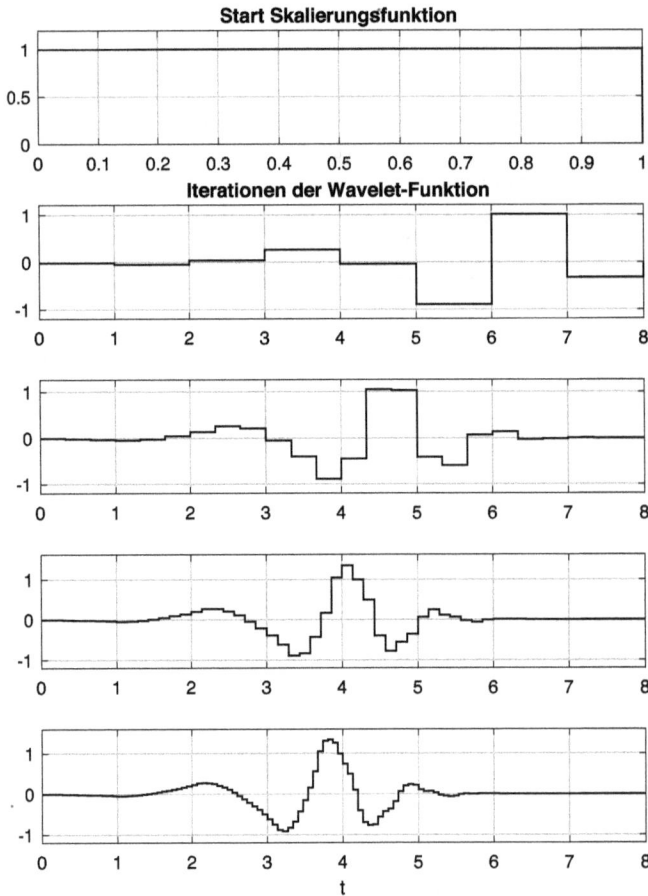

Abb. 4.103: Vier Iterationen für die Wavelet-Funktion 'db4' (cascade_1.m).

Im Skript casc_algorithm_1.m wird das Modell casc_algorithm1.slx (Abb. 4.105) aufgerufen, um 8 Iterationen für beliebige Wavelet zu erzeugen. Das erste Filter aus *Discrete FIR Filter1* wird für die Skalierungsfunktion mit Filter $g_0[n]$ initialisiert und für die Wavelet-Funktion wird das gleiche Filter mit $g_1[n]$ initialisiert. Die restlichen Filter sind alle mit Filter $g_0[n]$ parametriert. Die ganze Kette wird von einem Puls der Dauer einer Abtastperiode angeregt. In Abb. 4.106 sind die Skalierungs- und Wavelet-Funktion für 'db8', die mit diesem Modell ermittelt wurden, gezeigt.

In den Anwendungen der DWT werden die Skalierungs- und Wavelet-Funktionen direkt nicht benötigt. Es wird nur mit den Filtern und Koeffizienten der Zerlegungen gearbeitet. Für die Kompression von Sequenzen werden die Koeffizienten einer Zerlegung, die keine signifikanten Werte haben, weggelassen und die Sequenz aus den restlichen rekonstruiert. Für die Anwendung in der man das zusätzliche Rauschen entfernen will, werden die Koeffizienten der Details der höheren Auflösung, die gewöhn-

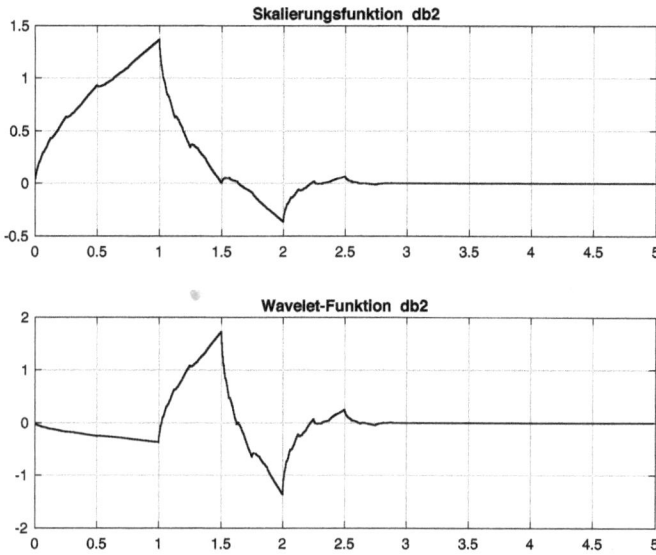

Abb. 4.104: Skalierungs- und Wavelet-Funktion für 'db2' und 8 Iterationen (cascade_n.m).

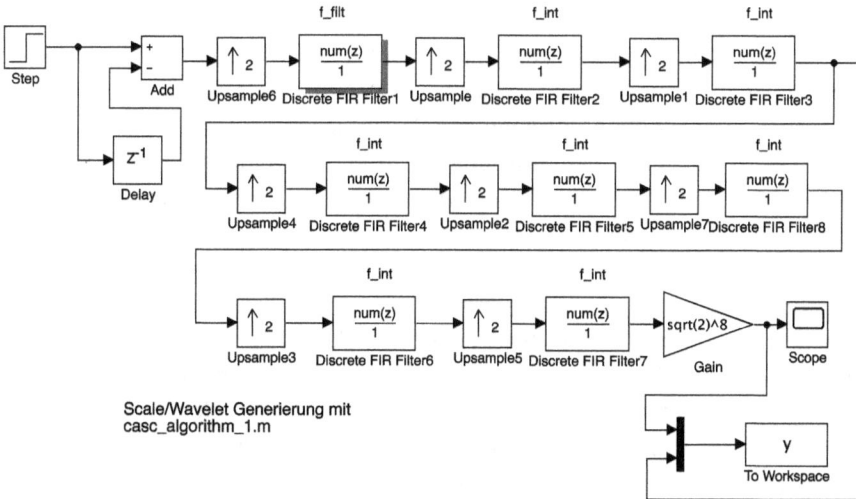

Abb. 4.105: Simulink-Modell für den Kaskade-Algorithmus mit 8 Iterationen (casc_algorithm_1.m, casc_algorithm1.slx).

lich durch dieses Rauschen entstehen, weglassen und die Rekonstruktion mit den restlichen Koeffizienten realisiert. In diesen Anwendungen sind die Koeffizienten der Approximation sehr wichtig.

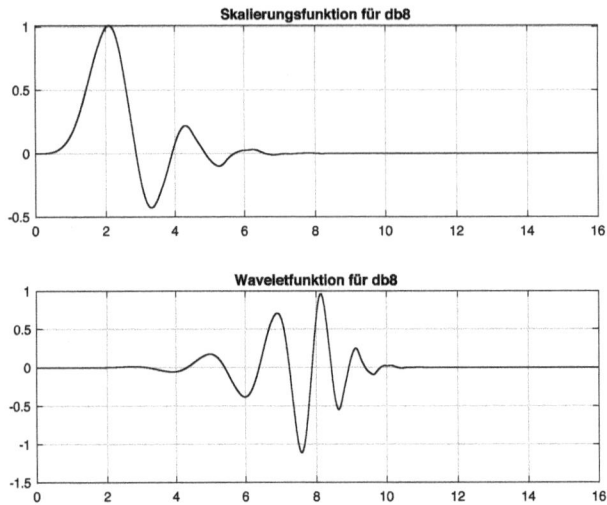

Abb. 4.106: Skalierungs- und Wavelet-Funktion für 'db8' über Modell casc_algorithm1.slx erhalten (casc_algorithm_1.m, casc_algorithm1.slx).

4.4.12 Experiment: MRA-Rekonstruktion mit Teilsignalen

Wie beim Kaskade-Algorithmus kann man die MRA-Rekonstruktion mit Teilsignalen für jede Zerlegungskomponente realisieren. Im Modell MRA2.slx aus Abb. 4.107 wird diese Rekonstruktion für eine MRA mit drei Stufen simuliert.

Aus den Koeffizienten der Zerlegung d_3, d_2, d_1, a_1 werden wie beim Kaskade-Algorithmus die Teilsignale ds_3, ds_2, ds_1, as_1 ermittelt. Die Summe dieser Teilsignale ist dann das rekonstruierte Signal, gleich mit dem Eingangssignal, das als Koeffizienten der Skalierungsfunktion der höchsten Auflösung a_3 angenommen wird.

Als Eingangssignal ist ein sinusförmiges Signal plus bandbegrenztes Rauschen vorgesehen. Der Leser kann beliebige andere Signale bilden und anschließen. Nach dem Analyseteil der MRA werden die Koeffizienten der Zerlegung in je eine Senke *To Workspace* zwischengespeichert. In dieser Art erhält man für die Koeffizienten die korrekte Abtastperiode und Anzahl der Abtastwerte. Wenn die Eingangssequenz, durch die Wahl der Simulationszeit z. B. 1000 Abtastwerte besitzt, dann haben die Koeffizienten d_3 durch die Abwärtstastung nur 500 Werte. Ähnlich besitzen die Koeffizienten d_2 250 Abtastwerte und die Koeffizienten d_1 und a_1 nur je 125 Werte.

Die Rekonstruktion entlang der Kettenblöcke, die mit Schatten hervorgehoben sind, erhöht die Abtastfrequenz durch die Aufwärtstaster, so dass alle Teilsignale dieselbe Abtastfrequenz wie das Eingangssignal haben. Die einzelnen Teilsignale werden in der Senke *To Workspace1* zwischengespeichert.

Die perfekte Rekonstruktion kann man am *Scope*-Block sichten. Das verzögerte Eingangssignal und rekonstruierte Signal werden in der Senke *To Worspace* ebenfalls

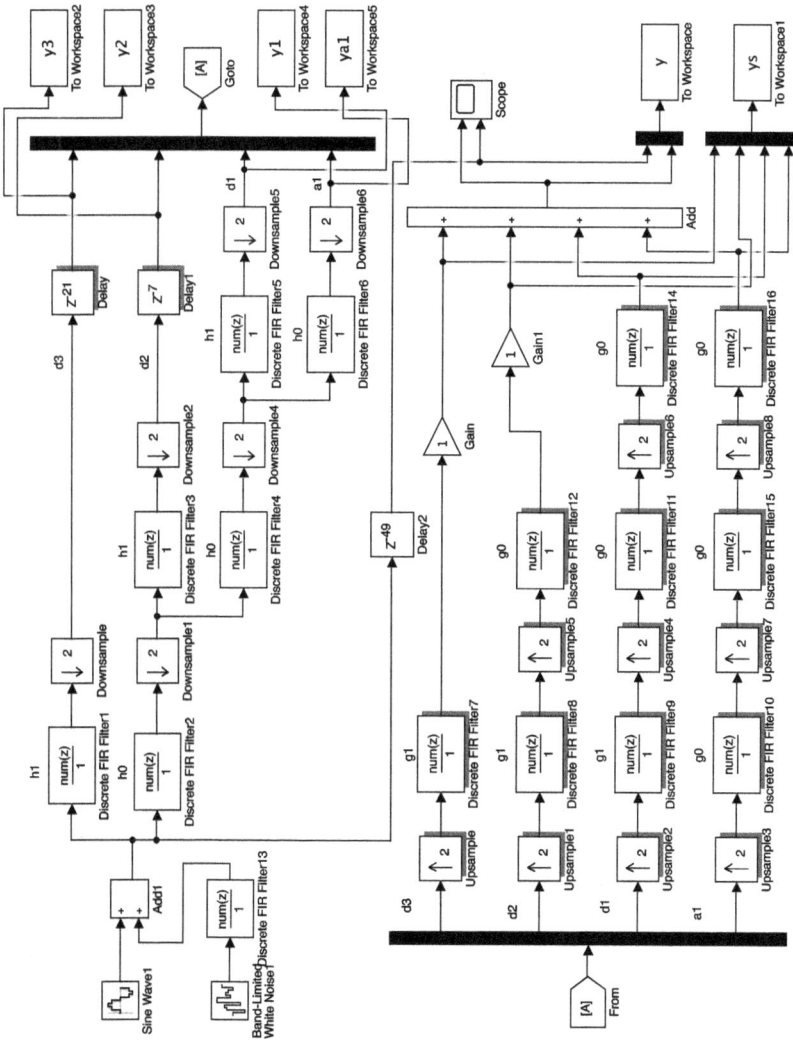

Abb. 4.107: Simulink-Modell der Rekonstruktion mit Teilsignalen (MRA_2.m,MRA2.slx).

zwischengespeichert. Das Format der Signale in allen Senken *To Workspace* ist *Time Series*.

Die Simulation wird im Skript MRA_2.m initialisiert und aufgerufen. Hier kann eine Wavelet gewählt werden und die entsprechenden Filter ermittelt:

```
% -------- Parameter der Untersuchung
fs = 1000;    Ts = 1/fs;   % Abtastperiode und Abtastfrequenz
fnoise = 0.45;
          % Relative Bandbreite des Rauscheingangsignals
nord = 128;       % Ordnung des Filters für das Rauschsignal
hf = fir1(nord, fnoise*2);  % FIR-Filter für das Ruschsignal
ampl = 4;         % Amplitude des Sinussignals
fsig = 10;        % Frequenz des Sinussignals
% -------- Die Analyse- und die Synthesefilter
l = 5
if l == 1
   [h0, h1, g0, g1] = wfilters('db1');
               % Die Filter für die Haar-Wavelet
......
```

Mit folgenden Zeilen im Skript wird die Simulation aufgerufen und die Daten danach extrahiert:

```
% -------- Aufruf der Simulation
sim('MRA2',[0, Tf]);
y1e = y.Data(:,1);      % Eingangssignal
y2a = y.Data(:,2);      % Ausgangssignal
t = y.time;

ds3 = ys.Data(:,1);     % Teilsignal der Details 3
ds2 = ys.Data(:,2);     % Teilsignal der Details 2
ds1 = ys.Data(:,3);     % Teilsignal der Details 1
as1 = ys.Data(:,4);     % Teilsignal der Approximation 1

d3 = y3.Data;           % Koeffizienten der Details 3
d2 = y2.Data;           % Koeffizienten der Details 2
d1 = y1.Data;           % Koeffizienten der Details 1
a1 = ya1.Data;          % Koeffizienten der Approximation 1
```

In Abb. 4.108 sind links die Koeffizienten der Zerlegung und rechts die Teilsignale dargestellt. Die Anfänge der Darstellungen zeigen die Einschwingvorgänge der Filter. Wenn Blöcke von Daten mit der MRA zerlegt werden, dann muss man die Blöcke am Anfang und am Ende erweitern und danach den Bereich ohne Einschwingen und Ausschwingen oder so genannte Randeffekte extrahieren.

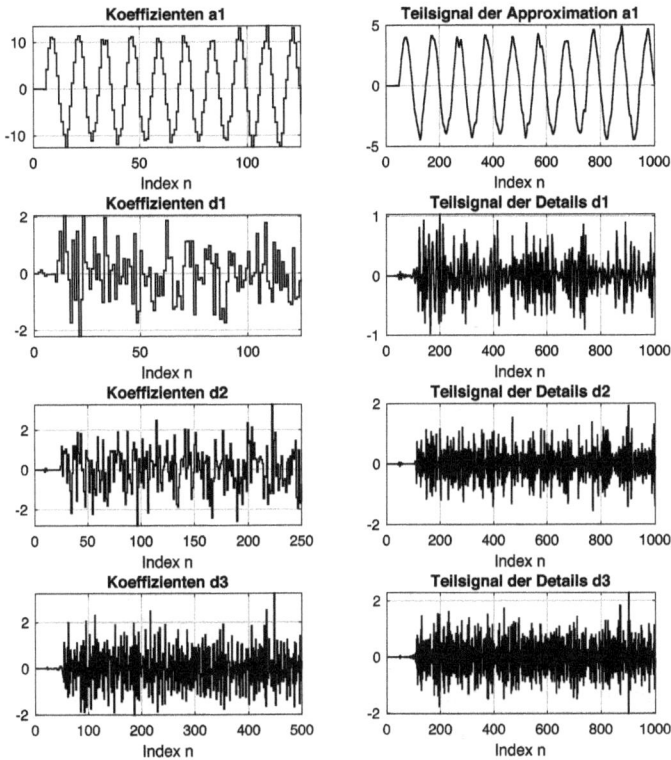

Abb. 4.108: Koeffizienten der Zerlegung und die Teilsignale der Rekonstruktion (MRA_2.m,MRA2.slx).

4.4.13 DWT mit MATLAB Funktionen

Die MATLAB-Funktionen aus der *Wavelet Toolbox* für die DWT arbeiten mit Datenblöcke, also begrenzte Datensequenzen. Die Randeffekte werden in verschiedenen Arten entfernt. Dafür gibt es die Funktion **dwtmode** mit der man die Erweiterung am Anfang und am Ende des Datenblocks spezifizieren kann.

Die Diskretisierung der Skalierungs- und Wavelet-Funktion ist in MATLAB ein bisschen anders und z. B. für die Wavelet-Funktion durch

$$\psi_{j,k}(t) = 2^{-j/2}\psi(2^{-j}t - k) \quad \text{mit} \quad j, k \in \mathbb{Z} \tag{4.153}$$

gegeben. Mit negativen Werten von $j < 0$ wird die Funktion gestaut. Die Koeffizienten der Zerlegung werden mit ca_j für die Skalierungsfunktion und cd_j für die Wavelet-Funktion bezeichnet. Durch Konvention wird die höchste Auflösung mit $j = 0$ angenommen und somit ist das Eingangssignal gleich ca_0.

Mit der Funktion **wavedec** wird ein Datenblock x in N Stufen mit einer Wavelet 'wname' zerlegt:

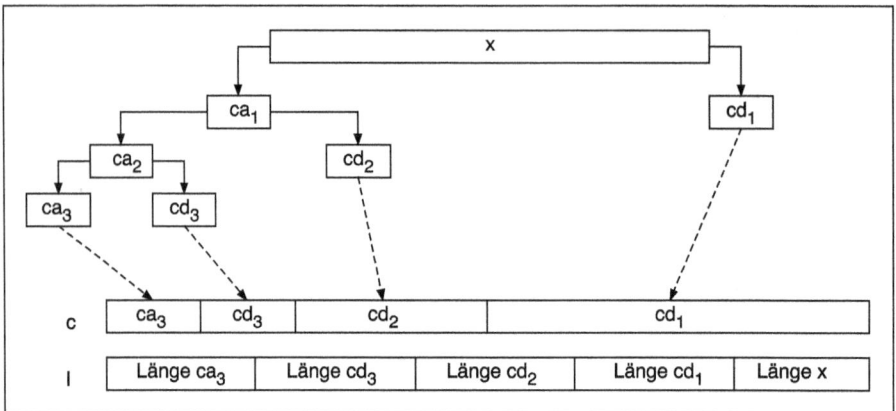

Abb. 4.109: MRA-Zerlegung mit der Funktion **wavedec**.

```
[c,l] = wavedec(x,N,wname);
```

Als Ergebnisse erhält man im Vektor c die Koeffizienten der Zerlegung und im Vektor l die Längen der entsprechenden Koeffizienten plus die Länge des Signalsblocks nach dem Schema aus Abb. 4.109. Der Vektor c mit den Koeffizienten ca3, cd3, cd2, cd1 hat ungefähr dieselbe Länge wie der Vektor x des Signals. Der Unterschied ergibt sich durch die Randeffekte wegen der Faltung mit den Filtern. Der Vektor l enthält die Längen der jeweiligen Koeffizienten.

Im Skript wavedec_1.m wird exemplarisch der Einsatz der Funktion **wavedec** für die MRA-Zerlegung und der Einsatz der Funktion **waverec** für die Rekonstruktion dargestellt. Das Skript beginnt mit dem Laden des Signals gefolgt von der Zerlegung mit drei Stufen:

```
% ------ Signal x (Dopplersignal mit Rauschen)
load noisdopp;
x = noisdopp;       nx = length(x);
% ------- MRA Zerlegung
N = 3;    wavelet = 'db4';
dwtmode('zpd');
        % Erweiterung mit Nullwerten am Anfang und Ende
        % wegen der Randeffekten
[c,l] = wavedec(x, N,wavelet);    % MRA Zerlegung
l,                      % Anzeigen des Vektors l
ca3 = c(1:l(1));        % Koeffizienten ca3 (a1)
cd3 = c(l(1)+1:l(1)+l(2));
                        % Koeffizienten cd3 (d1)
cd2 = c(l(1)+l(2)+1:l(1)+l(2)+l(3));
                        % Koeffizienten cd2 (d2)
```

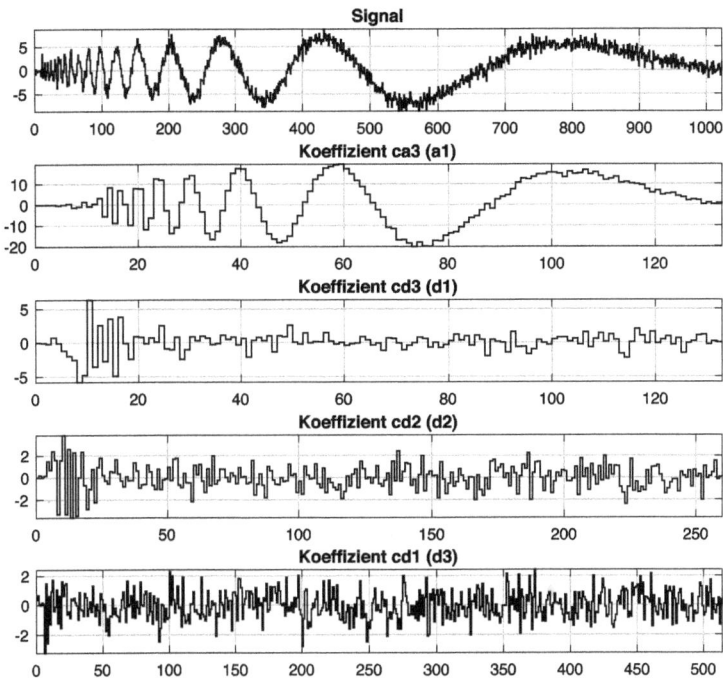

Abb. 4.110: MRA-Zerlegung mit der Funktion **wavedec** (wavedec_1.m).

```
cd1 = c(l(1)+l(2)+l(3)+1:sum(l(1:4)));
                    % Koeffizienten cd1 (d3)
```

Die Koeffizienten der Zerlegung werden mit Hilfe des Inhalts des Vektors l extrahiert und weiter zusammen mit dem Signalblock dargestellt, wie in Abb. 4.110 gezeigt. In Klammer sind die vorherige Bezeichnungen für die Koeffizienten angegeben. Der Vektor l für diesen Fall enthält folgende Werte:

```
l = 134        134        261        515        1024
```

Mit folgenden Zeilen im Skript werden diese Werte begründet:

```
[h0,h1,g0,g1] = wfilters(wavelet);
nh0 = length(h0);      % Länge des Filters h0
nx+nh0-1;              % Länge der Faltung von x mit h0
nd1 = fix((nx+nh0-1)/2),
                    % Länge nach der Faltung und Dezimierung
nd2 = fix((nd1+nh0-1))/2,
nd3 = fix((nd2+nh0-1))/2,
na3 = nd3,
```

Es ist bekannt, dass bei der Faltung zweier Sequenzen die Länge des Ergebnisses gleich der Summe der Längen der Sequenzen minus eins ist. So z. B. ist die Länge nach der Faltung des Signals x mit der Einheitspulsantwort des Tiefpassfilters h0 (oder g0) gleich nx+nh0-1. Nach der Dezimierung mit Faktor zwei erhält man die Länge fix((nx+nh0-1)/2)=fix(1024+8-1) = fix(515.5) = 515 des Koeffizienten cd1 (d3).

Die Rekonstruktion wird mit der Funktion **waverec** realisiert und die perfekte Rekonstruktion wird mit der Norm der Differenz des Signals und des rekonstruierten Signals überprüft:

```
% ------- Rekonstruktion
a0 = waverec(c,l,wavelet);
            % Approximation der höchsten Auflösung
            % mit Nullerweiterungen am Anfang und Ende für
            % die Eliminierung der Randeffekte
% ------- Überprüfung der perfekten Rekonstruktion
err = norm(x-a0),
```

Es ist leicht zu sehen, dass sich der Rauscheffekt hauptsächlich in den Koeffizienten der Details widerspiegelt. Eine Rekonstruktion ohne die Detailskoeffizienten cd1 (d3) ergibt ein Signal mit weniger Rauschanteile:

```
% ------- Rekonstruktion ohne cd1
c(sum(l(1:3)):sum(l(1:3)+l(4)))) = 0;  % cd1 = 0
ca3 = c(1:l(1));     % Koeffizienten ca3 (a1)
cd3 = c(l(1)+1:l(1)+l(2));  % Koeffizienten cd3 (d1)
cd2 = c(l(1)+l(2)+1:l(1)+l(2)+l(3));
                            % Koeffizienten cd2 (d2)
cd1 = c(l(1)+l(2)+l(3)+1:sum(l(1:4)));
                            % Koeffizienten cd1 (d3)
a0 = waverec(c,l,wavelet);
            % Approximation der höchsten Auflösung
```

Das rekonstruierte Signal und die Koeffizienten der Zerlegung mit cd1 = 0 sind in Abb. 4.111 dargestellt. Eine gute Übung für den Leser ist das Skript mit einer Rekonstruktion, in der die Koeffizienten der Details cd1 und cd2 null sind, zu erweitern.

Mit der Funktion **dwtmode** wird die Methode definiert, die einzusetzen ist, um die Randeffekte, die durch die Faltung mit den Filtern entstehen, zu beseitigen. Mit Hilfe des Skripts ein_ausschwingen_1.m werden kurz die Randeffekte, die durch das Ein- und Ausschwingen entstehen, erläutert. Die Faltung mit Filtern kann man mit der Funktion **filter** oder **conv** ermitteln. Das Einschwingen ist bei beiden gleich. Bis alle Koeffizienten eines FIR-Filters mit den entsprechenden Werten des Signals am Anfang multipliziert werden entsteht Einschwingen. Die Funktion **conv** führt am Ende auch zu Randeffekt (Ausschwingen) bis nur ein Koeffizient des FIR-Filters mit dem letzten

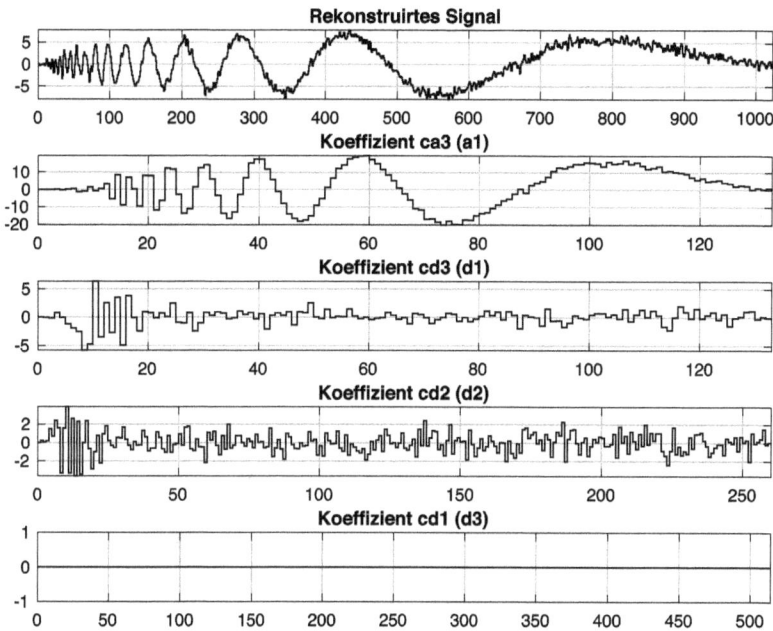

Abb. 4.111: Rekonstruktion mit der Funktion **waverec** und $cd_1 = 0$ (wavedec_1.m).

Wert des Signalblocks multipliziert ist und eine Länge der Faltung gleich der Summe der Länge des Signalblocks und der Einheitspulsantwort minus eins ergibt.

In Abb. 4.112 sind die Ergebnisse der Faltungsberechnung mit den zwei Funktionen für ein sinusförmiges Signal und ein symmetrisches FIR-Tiefpassfilter gezeigt. Ähnlich sind die Randeffekte für ein nicht symmetrisches Filter in Abb. 4.113 dargestellt. Die Verlängerung des Ergebnisses für die Funktion **conv**, die eigentlich in den Funktionen der *Wavelet Toolbox* eingesetzt wird, ist in beiden Fällen ersichtlich. Um die Randeffekte zu unterdrücken wird der Signalblock am Anfang und am Ende in verschiedenen Arten erweitert. Die konkrete Art wird mit der Funktion **dwtmode** gewählt. Die einfachste Art stellt die Erweiterung mit Nullwerten.

Im Skript extension_1.m werden die Schritte erläutert, die notwendig sind um die Randeffekte mit Erweiterungen am Anfang und am Ende zu unterdrücken. Es wird ein sinusförmiges Blocksignal mit Zufallssequenzen der Länge gleich mit der Filterlänge erweitert:

```
% -------- Signal und Wavelet-Filter
x = sin(2*pi*(0:599)/40+ pi/3);   % Ursprüngliches Signal
wavelet = 'db8';                  % Wavelet Art
[h0,h1,g0,g1] = wfilters(wavelet);  % Wavelet Filter
% -------- Erweiterung am Anfang und am Ende
nx = length(x);    nf = length(h0);
```

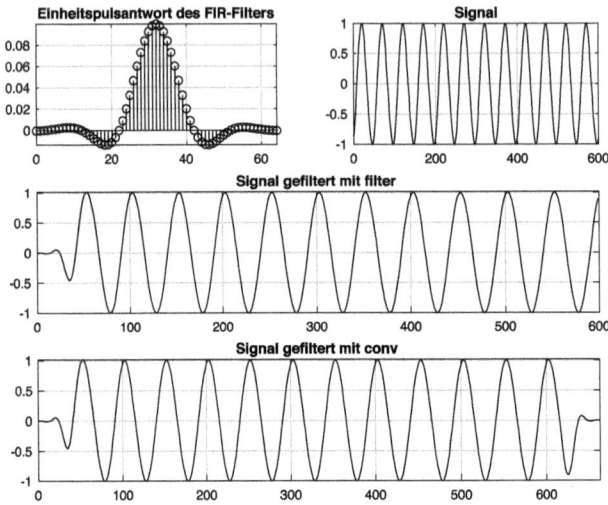

Abb. 4.112: Ein- und Ausschwingen bei der Berechnung der Faltung für symmetrisches FIR-Filter (ein_ausschwingen_1.m).

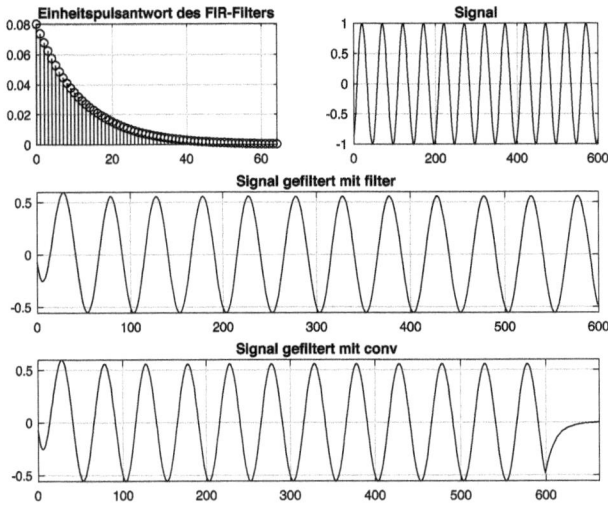

Abb. 4.113: Ein- und Ausschwingen bei der Berechnung der Faltung für nicht symmetrisches FIR-Filter (ein_ausschwingen_1.m).

```
                        % Länge Signal und Filter
rng('default');         % Startwert für die Zufallssequenz
ex = [randn(1,nf), x, randn(1,nf)];  % Erweitertes Signal
%ex = [zeros(1,nf), x, zeros(1,nf)];  % Erweitertes Signal
nex = length(ex);
```

Danach wird die Länge der Koeffizienten für eine Stufe der Zerlegung ermittelt:

```
% ------- Zerlegung
na = round((nx+nf-1)/2);
                     % Länge der Faltung geteilt durch zwei
a = abwaerts_filt(ex, h0);    % Approximationskoeffizienten
d = abwaerts_filt(ex, h1);    % Detail-Koeffizienten
ar = wkeep(a, na, 'c');    % Beibehalten des mittleren Teils
dr = wkeep(d, na, 'c');    % der Länge na
```

Die Länge der Faltung nx+nf-1 wird durch zwei wegen der Dezimierung geteilt. Es muss eine ganze Zahl sein und deswegen die Rundung. Mit der Funktion abwaerts_filt wird die Faltung und die Dezimierung durchgeführt. Die MATLAB-Funktion **wkeep** mit der Option 'c' behält aus den Koeffizientvektoren a,b den mittleren Teil der Länge na.

In Abb. 4.114 ganz oben ist der Signalblock dargestellt. Darunter ist der Signalblock, der mit Zufallssequenzen am Anfang und am Ende erweitert wurde, gezeigt. Ganz unten ist das aus den Koeffizienten der Approximation und Details ar, dr rekonstruierte Signal dargestellt. Die perfekte Rekonstruktion wird, wie schon gehabt, mit der Norm der Differenz zwischen dem Signal und rekonstruierten Signal überprüft.

Abb. 4.115 zeigt Ausschnitte vom Anfang und vom Ende der Approximation und Details der Koeffizientenvektoren. Die Darstellungen rechts zeigen die Koeffizienten ohne Randeffekte. Diese Koeffizienten sind für die korrekte Rekonstruktion der Unste-

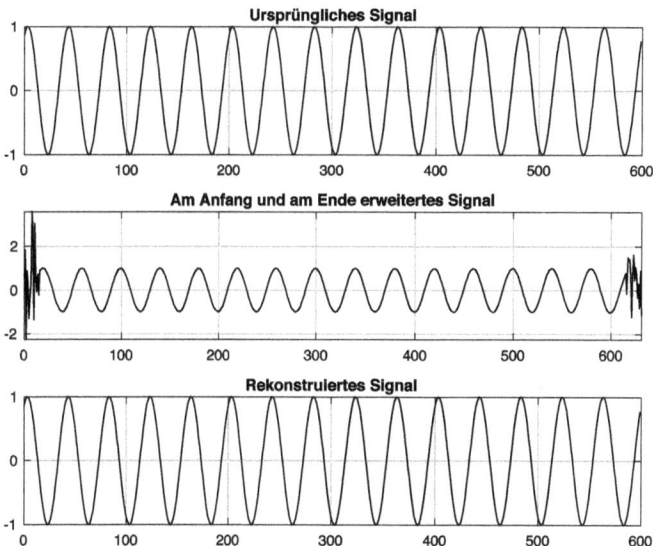

Abb. 4.114: Signalblock mit Erweiterung durch Zufallssequenzen am Anfang und am Ende (extension_1.m).

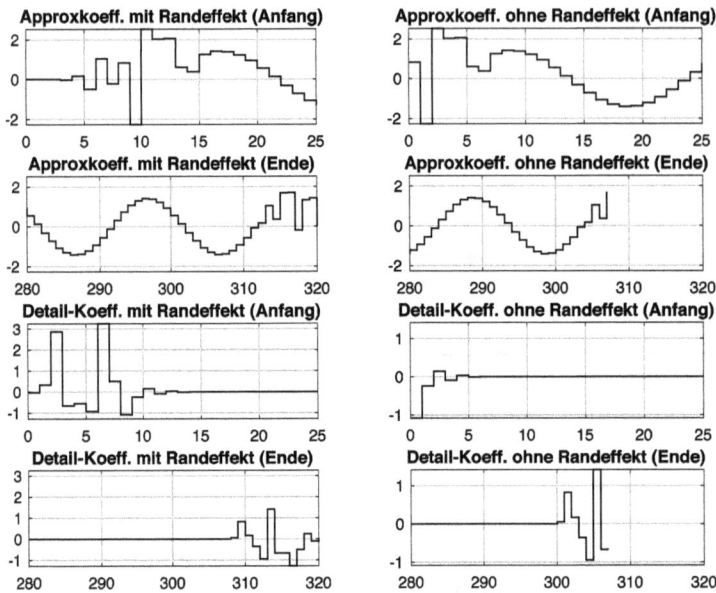

Abb. 4.115: Ausschnitte der Sequenzen am Anfang und am Ende (extension_1.m).

tigkeiten des Signalblocks am Anfang und am Ende zuständig. Durch den Vergleich der Darstellungen von links und rechts kann man feststellen welche Werte zu den Randeffekten, die entfernt wurden, gehören.

Mit der Funktion dwtmode können verschiedene Arten von Erweiterungen für die Unterdrückung der Randeffekte gewählt werden. Die einfachste Art ist die 'zero padding' mit Argument 'zpd' bei der man mit Nullwerten erweitert. Die Art 'spo' stellt eine Erweiterung nullter Ordnung und 'sp1' stellt eine Erweiterung erster Ordnung dar. Das sind nur einige der Möglichkeiten, die man mit der Funktion wählen kann.

Im Skript extrahieren_1.m werden die Funktionen **appcoef** und **detcoef** von MATLAB, um die Koeffizienten der Approximation und der Details aus einem Datenblock zu extrahieren, eingesetzt. Die Ergebnisse sind in Abb. 4.116 für eine Zerlegung mit vier Stufen dargestellt. Die Koeffizienten der Approximation mit der größten Auflösung ca0 bilden das Signal. Die restlichen Koeffizienten der Approximation sind links dargestellt und die Detailskoeffizienten sind rechts gezeigt.

Für die DWT in einer Stufe gibt es in MATLAB die Funktionen **dwt** bzw. **idwt**, die sehr einfach zu benutzen sind. Durch wiederholten Einsatz der Zerlegung der Koeffizienten der Approximation, wird auch eine Zerlegung in mehreren Stufen berechnet.

Mit der Funktion **wrcoef** werden die Koeffizienten einer Zerlegung durch Interpolation in Teilsignale umgewandelt. Die Teilsignale der Approximationskoeffizienten werden mit folgenden Zeilen erhalten:

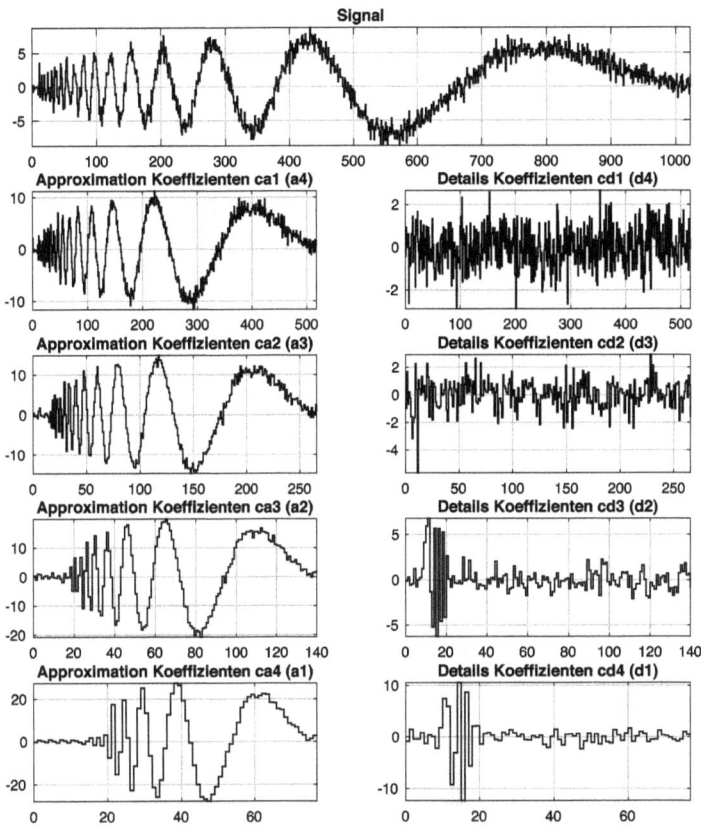

Abb. 4.116: Koeffizienten der Approximationen und der Details erhalten mit appcoef, detcoef
(extrahieren_1.m).

```
load noisdopp;     % Doppler Signal mit Rauschen
x = noisdopp;      nx = length(x);
% ------- MRA Zerlegung
N = 4;    wavelet = 'db8';
[c,l] = wavedec(x, N, wavelet);    % MRA Zerlegung
l,
% ------- Teilsignale der Approximationskoeffizienten
ca1_i = wrcoef('a',c,l,wavelet,1);    % Teilsignal für ca1
ca2_i = wrcoef('a',c,l,wavelet,2);    % Teilsignal für ca2
ca3_i = wrcoef('a',c,l,wavelet,3);    % Teilsignal für ca3
ca4_i = wrcoef('a',c,l,wavelet,4);    % Teilsignal für ca4
....
```

Der Parameter 'a' signalisiert die Approximationskoeffizienten. Ähnlich mit

```
% -------- Teilsignale der Detail-Koeffizienten
cd1_i = wrcoef('d',c,l,wavelet,1);    % Teilsignal für cd1
cd2_i = wrcoef('d',c,l,wavelet,2);    % Teilsignal für cd2
cd3_i = wrcoef('d',c,l,wavelet,3);    % Teilsignal für cd3
cd4_i = wrcoef('d',c,l,wavelet,4);    % Teilsignal für cd4
....
```

werden die Teilsignale der Detail-Koeffizienten ermittelt. In Abb. 4.117 sind links die Teilsignale der Approximationskoeffizienten und rechts die Teilsignale der Detailkoeffizienten dargestellt.

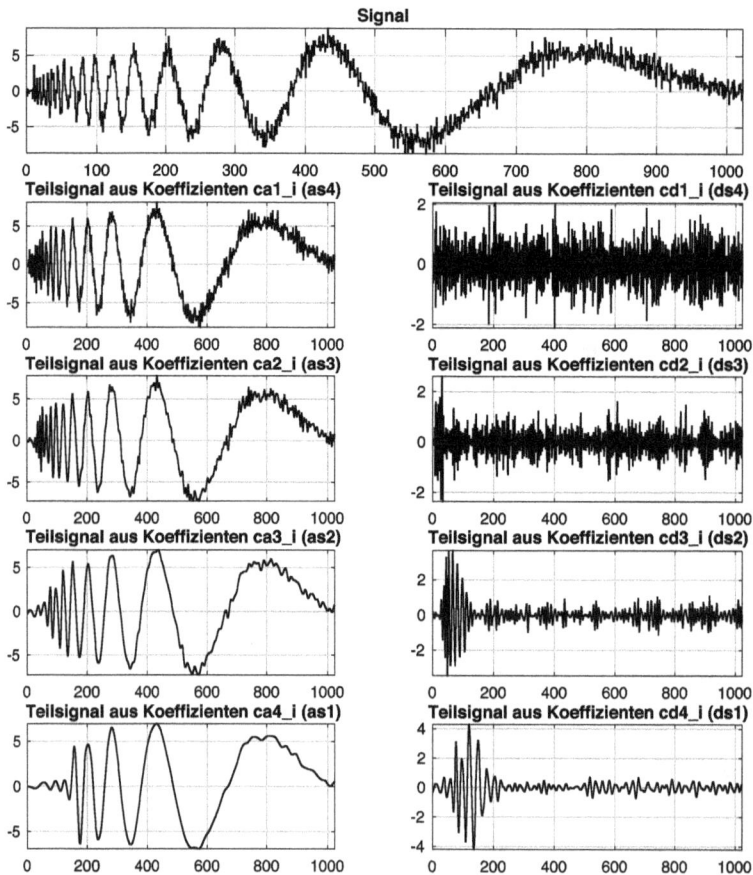

Abb. 4.117: Teilsignale der Koeffizienten der Approximationen und der Details erhalten mit wrcoef (reconstruct_1.m).

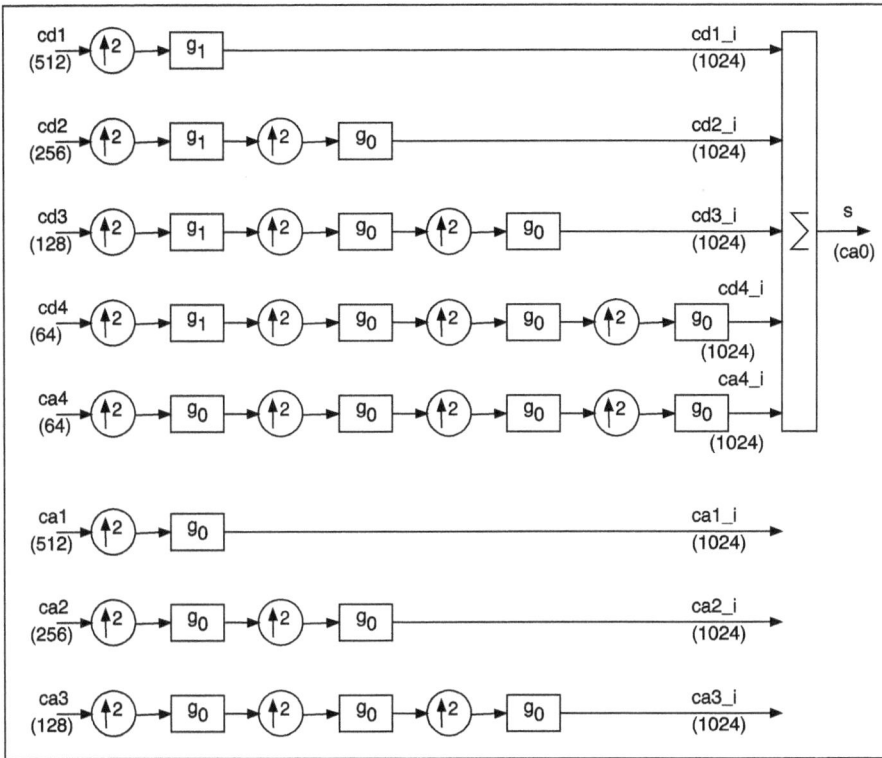

Abb. 4.118: Die Interpolation der Koeffizienten der Approximationen und der Details.

Wie erwartet ist die Summe der Teilsignale der Details cd1_i, cd2_i, cd3_i, cd4_i und des Teilsignals der Approximation ca4_i gleich mit dem Eingangssignal. Zu bemerken sei, dass die Teilsignale dieselbe Länge wie der Signalblock haben.

In Abb. 4.118 ist die Interpolation der Koeffizienten der Zerlegung, um die Teilsignale zu erhalten, dargestellt. Die Summe der gezeigten Teilsignale, die das Eingangssignal rekonstruieren ist im oberen Teil präsentiert. Die Teilsignale der Approximationskoeffizienten, die in der MRA-Zerlegung nicht zwischengespeichert werden, sind unten dargestellt. Die Anzahl der Abtastwerte der Sequenzen in Abb. 4.118 ist die ideale Anzahl, die wegen der Entfernung der Randeffekte abweichen kann, wie die Werte aus dem Vektor l zeigen:

$$l = \quad 78 \qquad 78 \qquad 141 \qquad 267 \qquad 519 \qquad 1024$$

Bei der Interpolation müssen die Randeffekte ebenfalls entfernt werden. In den Simulationen der vorherigen Kapiteln wurden stationäre Signale benutzt und die Randeffekte sind nur am Anfang entstanden. Die Teilsignale, wie die aus der Simulation in Abb. 4.107, mussten nur durch korrekte Verzögerungen der Koeffizienten ausgerichtet werden, um eine perfekte Rekonstruktion zu dokumentieren

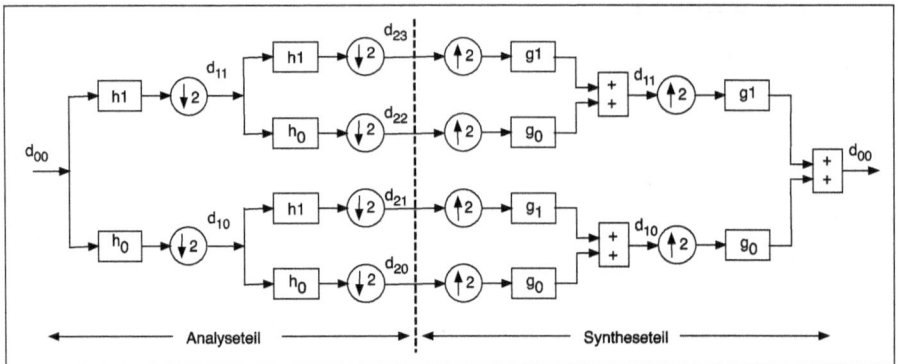

Abb. 4.119: Zerlegung und Rekonstruktion für ein Wavelet-Packet mit zwei Stufen.

4.4.14 Wavelet-Packet Zerlegung

In der Wavelet-Zerlegung werden die Koeffizienten der Approximationen immer weiter in Tiefpass- und Hochpassanteile zerlegt und die Koeffizienten der Details zwischengespeichert. Wenn man auch die Koeffizienten der Details immer wieder zerlegt, erhält man eine binäre Baumstruktur, wie die in Abb. 4.119 für eine Zerlegung mit zwei Stufen gezeigt ist.

Die Koeffizienten der Wavelet-Packet Zerlegung werden mit folgenden Beziehungen, die die rasche DWT verallgemeinert, berechnet [33]:

$$d_{j+1,2p}[k] = d_{j,p}[k] * h_0[2k]$$
$$d_{j+1,2p+1}[k] = d_{j,p}[k] * h_1[2k] .$$

(4.154)

Hier wird mit $*$ die Faltung bezeichnet. Bei der Rekonstruktion werden die Koeffizienten durch

$$d_{jp}[k] = d_{j+1,2p}[k] * g_0[k] + d_{j+1,2p+1}[k] * g_1[k]$$

(4.155)

ermittelt. Für die Zerlegung mit zwei Stufen ist im rechten Teil in Abb. 4.119 die Rekonstruktion skizziert.

Mit dem Skript `packet_3.m`, das mit dem Modell `packet3.slx` (Abb. 4.120) arbeitet, wird eine Zerlegung und Rekonstruktion für ein Wavelet-Packet mit drei Stufen untersucht. Die Blöcke der Rekonstruktion sind mit Schatten hervorgehoben. Im Skript werden zuerst die Einheitspulsantworten der Filter mit der Funktion **wfilters** ermittelt.

```
% -------- Wavelet Filter
wavelet = 'db4';
[h0,h1,g0,g1] = wfilters(wavelet);
nh = length(h0);
```

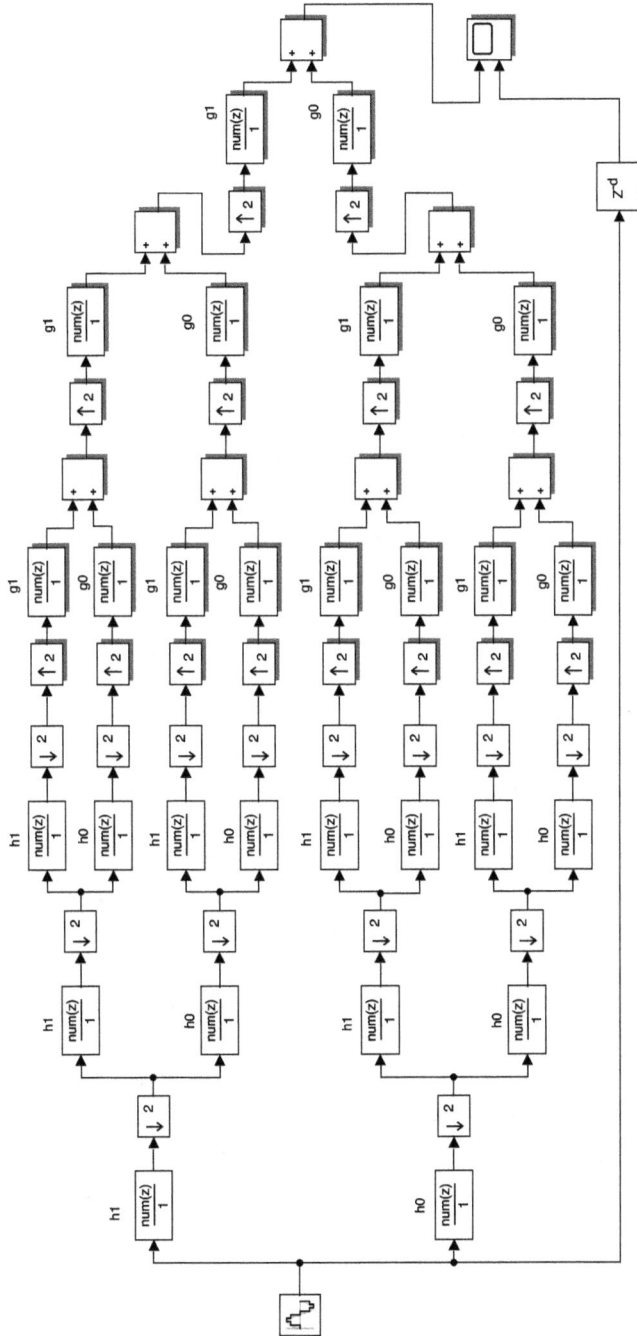

Abb. 4.120: Simulink-Modell der Packet-Zerlegung und Rekonstruktion in drei Stufen (packet_3.m, packet3.slx).

```
% -------- Anregung
fs = 1000;    Ts = 1/fs;
fsig = 50;    % Frequenz der Anregung
% -------- Aufruf der Simulation
Tsim = 0.5;
delay = (2*nh-2)*7/2,
sim('packet3',[0,Tsim]);
yeing = y.Data(:,1);
yrek  = y.Data(:,2);
t = y.Time;
```

Die Verspätung für die Ausrichtung des Ausgangssignals relativ zum Eingangssignal wird wie folgt berechnet. Hier gibt es in jedem Pfad drei Paare von Filtern, die mit verschiedenen Abtastperioden arbeiten. Als Beispiel wird der obere Pfad betrachtet. Das innere Filterpaar h1 und g1 arbeitet mit einer Abtastperiode $4T_s$. Das nächste Paar h1 und g1 arbeitet bei $2T_s$ und schließlich das ganz äußere Paar h1 und g1 bei T_s. Jedes Paar gefaltet führt zu einem symmetrischen FIR-Filter der Länge 2*nh-1 mit einer Verzögerung von (2*nh-2)/2. Zusammen ergeben alle Filter eine Verzögerung von (nh-1)*(Ts+2*Ts+4*Ts)=(nh-1)*7*Ts oder in Abtastwerte (nh-1)*7.

Wie erwartet ist das rekonstruierte und das verzögerte Eingangssignal gleich, was man am *Scope*-Block feststellen kann.

Im Skript packet_31.m und Modell packet31.slx (Abb. 4.121) wird dasselbe Wavelet-Packet simuliert, mit dem Unterschied, dass hier die Rekonstruktion mit einer Summe der Teilsignalen realisiert ist. Die Teilsignale werden entlang der Pfade gebildet, indem man die partiellen Summen weglässt und nur eine einzige Summe zuletzt bildet. Die Blöcke der Rekonstruktion werden auch hier mit Schatten hervorgehoben.

Für die nächsten Experimente mit diesem Wavelet-Packet in drei Stufen werden für den Analyseteil und Syntheseteil mit Teilsignalen Untersysteme gebildet, um das Modell einfacher darzustellen. Das entsprechende Modell packet311.slx ist in Abb. 4.122 dargestellt. Die Teilsignale, die alle mit gleicher Abtastrate sind, werden mit dem *Mux*-Block in der Variable y im Block *To Workspace* zwischengespeichert.

Durch Doppelklicken auf die Untersysteme werden diese in zusätzlichen Fenstern gezeigt. Um zurückzukehren auf das ursprüngliche Modell wird auf dem Pfeil nach links im Menü des Modells geklickt.

Es ist jetzt möglich die Wavelet-Funktionen, die bei der Rekonstruktion verwendet werden, zu ermitteln. Ein Koeffizient der Zerlegung für ein Teilsignal in Form eines Einheitspulses wird eine Antwort in Form der entsprechenden Wavelet-Funktion ergeben, die bei der Rekonstruktion dieses Teilsignals verwendet wird. Mit einer Fourier-Transformation der Antworten kann dann das Verhalten der Wavelet-Funktionen im Frequenzbereich ermittelt werden.

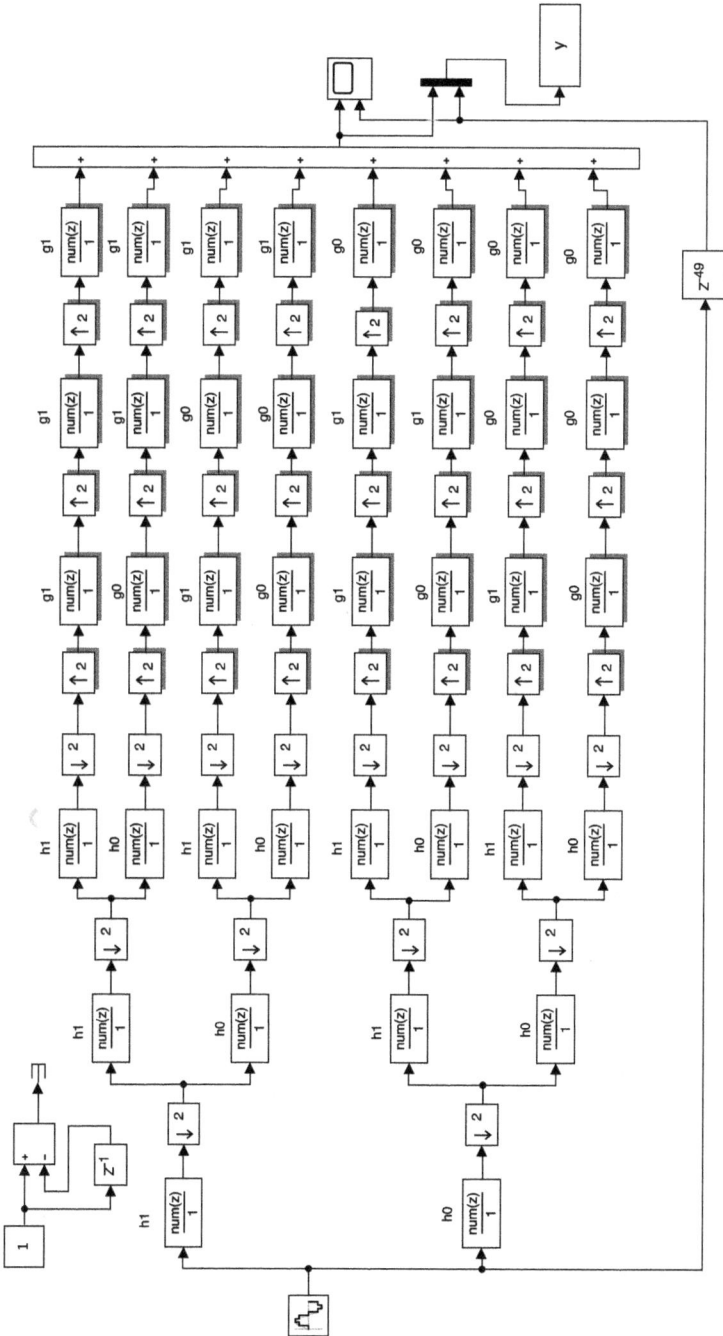

Abb. 4.121: Simulink-Modell der Packet-Zerlegung und Rekonstruktion aus Teilsignalen (packet_31.m, packet31.slx).

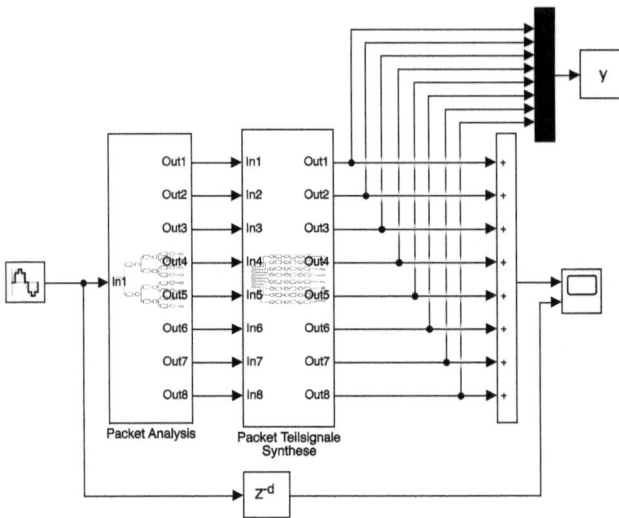

Abb. 4.122: Zerlegung und Rekonstruktion aus Teilsignalen für ein Wavelet-Packet mit drei Stufen (packet_311.m, packet311.slx).

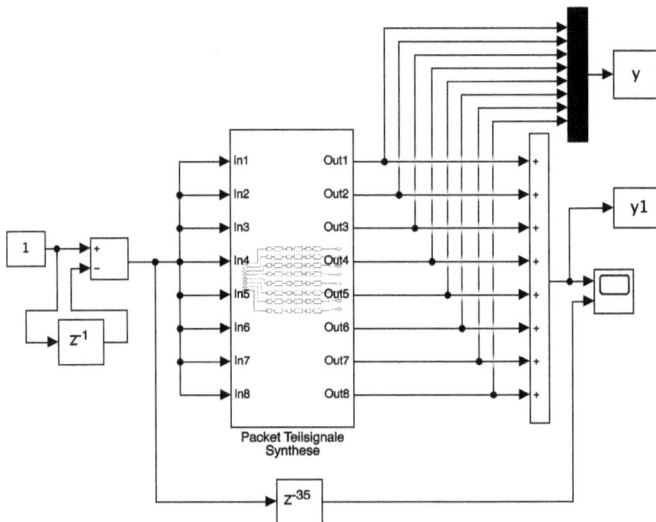

Abb. 4.123: Rekonstruktion aus Teilsignalen für ein Wavelet-Packet mit drei Stufen angeregt mit einem Einheitspuls (packet_312.m, packet312.slx).

Der Anregungspuls (Abb. 4.123) wird aus einer konstanten Anregung erzeugt, die über eine Verspätung mit einer Abtastperiode zurückgenommen wird. In Abb. 4.124 sind links die Wavelet-Funktionen dieses Packets für die Haar-Wavelet Filter ('db1') gezeigt. Rechts sind die Beträge der FFT dargestellt.

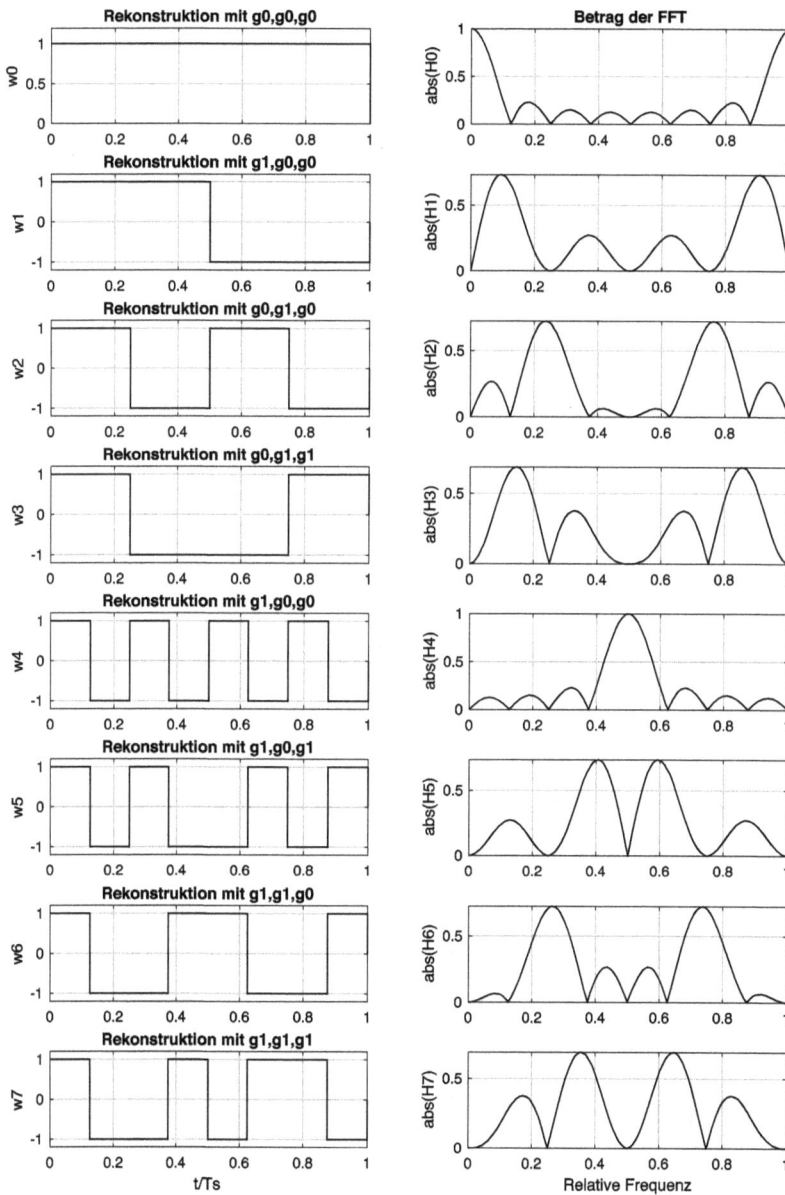

Abb. 4.124: Wavelet-Funktionen und ihre Beträge der FFT für die Rekonstruktion mit Haar-Filter ('db1') (packet_312.m, packet312.slx).

Dieselben Wavelet-Funktionen für 'db4' Wavelet-Filter sind in Abb. 4.125 dargestellt. Die ersten zwei Darstellungen links oben entsprechen der Skalierungsfunktion und der *Mother*-Wavelet für 'db4'-Wavelets. Mit zusätzlichen Interpolierungen (Iteratio-

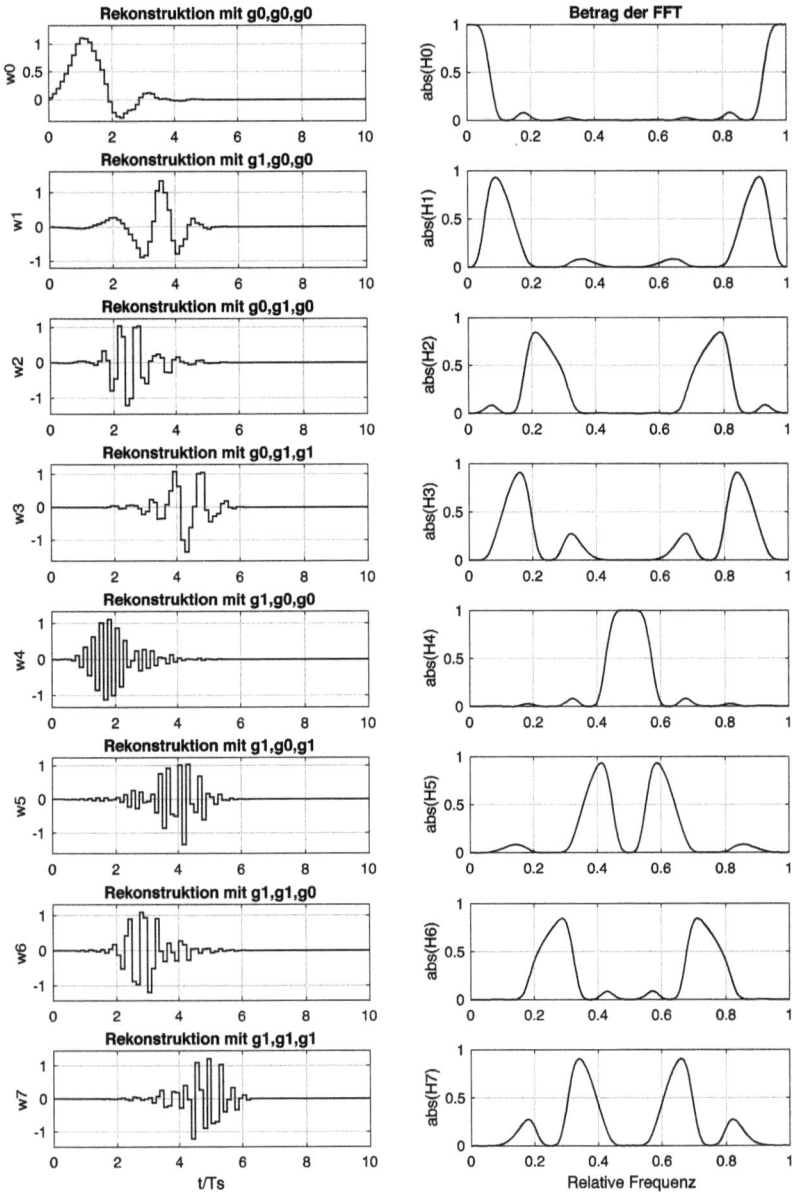

Abb. 4.125: Wavelet-Funktionen und ihre Beträge der FFT für die Rekonstruktion mit 'db4' Filter (packet_312.m, packet312.slx).

nen) kann man diese Wavelet-Funktionen mit besseren Auflösungen erhalten. Im Skript packet_313 und Modell packet313.slx werden zwei zusätzliche Interpolationen durch Aufwärtstastung und Filterung mit g0 verwendet.

In der *Wavelet Toolbox* gibt es die Funktion **wpfun,** die auch diese Wavelet-Funktionen für beliebige Packet-Bäume liefert. Im Skript packet_1.m wird exemplarisch diese Funktion eingesetzt.

Wenn man die Reihenfolge der Wavelets ändert, kann man im Frequenzbereich Frequenzbänder erhalten, die hintereinander folgen. Im Skript packet_2.m wird so eine Reihenfolge für 'db1'-Wavelets exemplarisch dargestellt. Es wurden die Nulldurchgänge der Wavelets als Kriterium für das Frequenzband benutzt, wie in Abb. 4.126 gezeigt.

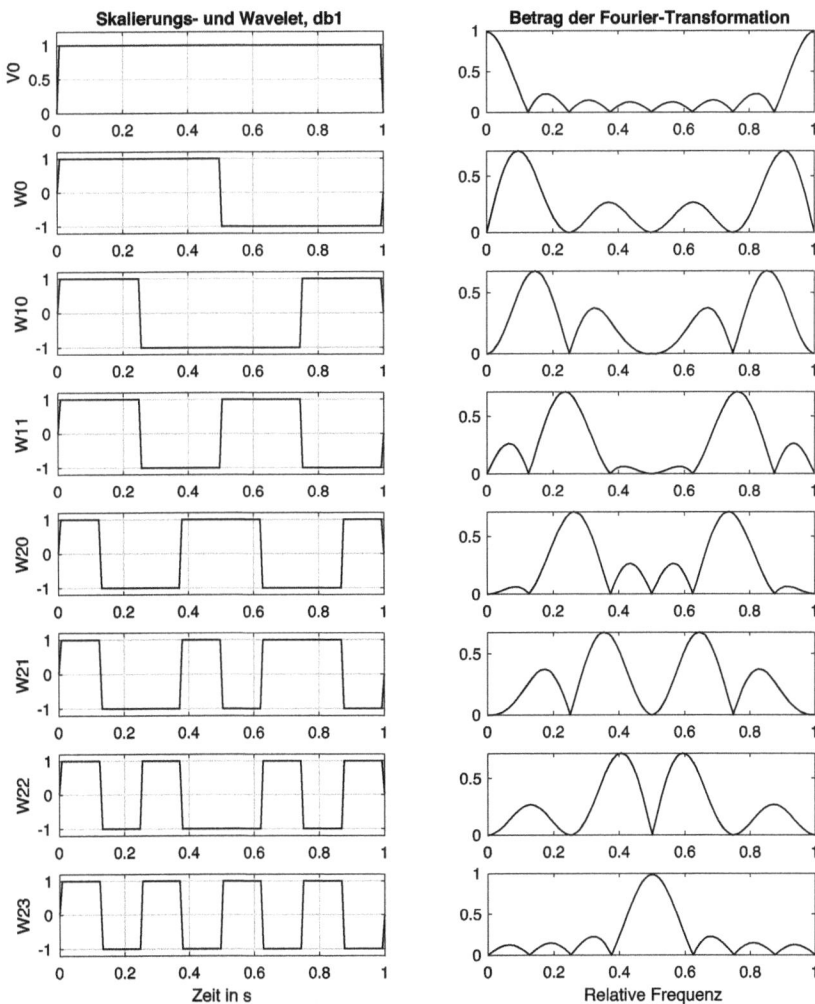

Abb. 4.126: Sortierte Wavelet-Funktionen und ihre Beträge der FFT für die Rekonstruktion mit 'db1' Filter (packet_2.m).

Die Teilsignale einer Packet-Zerlegung können mit der Funktion **wprcoef** ermittelt werden. Im Skript `packet_rekonstr_1.m` ist die Rekonstruktion aus Teilsignalen für die dritte Stufe einer Packet-Zerlegung programmiert. Die Knoten des Baums werden durchgehend von links nach rechts nummeriert beginnend mit null für den Stammknoten. So z. B. sind die Knoten der dritten Stufe mit $7, 8, \ldots, 14$ nummeriert.

Das Skript beginnt mit der Wahl eines Datenblocks als Signal:

```
load noisdopp;
x = noisdopp;       % Doppler Signal plus Rauschen
%x = randn(1,1024);
%x = [zeros(1,50),1,zeros(1,1024-51)];
nx = length(x);
...
```

Es kann zwischen einem Doppler-Signal mit Rauschen, einem Rauschsignal und einem Einheitspuls gewählt werden. Mit:

```
% ------- Der packet Baum mit 3 Stufen
wavelet = 'db4';
%wavelet = 'sym4';
dwtmode('per');
        % Erweiterung für die Enfernung der Randeffekte


% ------- Die Packet-Zerlegung
stufen = 3;       % muss 3 oder grö"ser sein
t = wpdec(x,stufen,wavelet,'shannon');
%plot(t);
....
```

wird die Packet-Zerlegung initialisiert und mit **wpdec** realisiert. Weiter werden die acht Teilsignale aus den Koeffizienten der Zerlegung der Knoten der dritten Stufe ermittelt:

```
% ------- Rekonstruktion aus Teilsignalen der Stufe 3
teil_sig = zeros(8, nx);
        % In den Zeilen sind die 8 Teilsignale
for k = 1:8
    teil_sig(k,:) = wprcoef(t, k+6);
end;
...
```

In Abb. 4.127 sind die Teilsignale der acht Knoten der dritten Stufe zusammen mit dem Eingangssignal dargestellt. Das rekonstruierte Signal wird durch die Summe der Teilsignale gebildet. In einer zweiten Abbildung (die hier nicht gezeigt wird) sind das Eingangssignal und das rekonstruierte Signal dargestellt, die wie erwartet gleich sind.

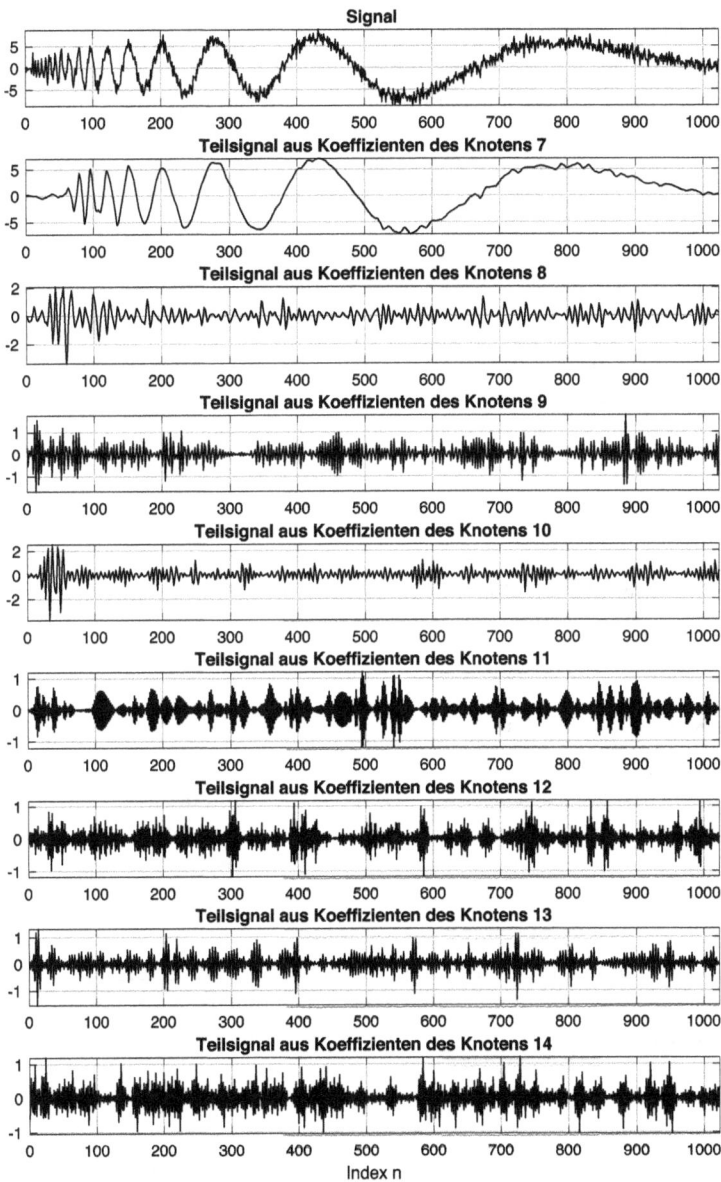

Abb. 4.127: Die aus den Koeffizienten der Knoten 7 bis 14 berechneten Teilsignale (packet_rekonstr_1.m).

Mit dem Einheitspuls als Eingangssignal werden Darstellungen der Wavelet-Funktionen, die bei der Rekonstruktion wirken, erhalten. Um die übliche Ausdehnung (*support*) zu erhalten, muss man die Indizes der Abszissen durch 2^3 für die drei Stufen teilen.

Wenn man als Eingangssignal das unabhängige Rauschsignal wählt, kann man mit der Funktion **pwelch** die spektrale Leistungsdichte der Teilsignale ermitteln und feststellen, dass diese Bandpasssignale sind, die den relativen Frequenzbereich zwischen 0 und 0,5 in 8 Bänder zerlegen. Mit

```
% ------- Spektrale Leistungsdichte der Teilsignale
Pxx = pwelch(teil_sig');
npxx = length(Pxx(:,1));
figure(3);
for p = 1:8
    subplot(8,1,p),  plot((0:npxx-1)*0.5/npxx,
        10*log10(Pxx(:,p)),'-k','LineWidth',1);
    axis tight;  grid on;   xlabel('Relative Frequenz');
    title(['Spektrale Leistungsdichte am Knoten ',...
        num2str(p+6)])
end;
```

werden die spektrale Leistungsdichten der Teilsignale der acht Knoten ermittelt und dargestellt.

4.4.15 Optimale Wavelet-Packet Zerlegung

Eine Packet-Zerlegung in n Stufen ergibt $2^{n+1} - 2$ Knoten eine Zahl, die rasch sehr groß werden kann. Es ist dadurch begründet von der Anzahl der verschiedenen Unterbäume, die hier möglich sind, einen optimalen Unterbaum zu finden. Die Findung basiert auf dem Vergleich der Entropie der jeweiligen Koeffizienten der zwei „Kinder" eines Knotens mit der Entropie der Koeffizienten des Knotens.

In der *Wavelet Toolbox* sind mehrere Formen für die Entropie definiert. In den folgenden Beziehungen ist s das Signal und s_i sind die Koeffizienten einer orthonormalen Basis in der s zerlegt wurde. Die Entropie $E(s)$ muss eine additive Kostenfunktion sein mit $E(0) = 0$ und

$$E(s) = \sum_i E(s_i).$$

(4.156)

Die nicht normierte Shannon-Entropie ist durch

$$E(s) = -\sum_i s_i^2 \log(s_i^2)$$

(4.157)

definiert. Die l^p Norm führt zu einer Definition der Form:

$$E(s) = \sum_i |s_i|^p.$$

(4.158)

Der Logarithmus der Energie-Entropie ist durch

$$E(s) = \sum_i \log(s_i^2) \tag{4.159}$$

mit der Konvention $\log(0) = 0$ definiert.

Eine letzte Entropie für die MATLAB-Funktionen ist die Schwellenwert-Entropie:

$$E(s_i) = 1 \quad \text{wenn} \quad |s_i| > \epsilon \quad \text{sonst} \quad 0. \tag{4.160}$$

Diese Entropie $E(s)$ ist somit der Anzahl der Überschreitungen des Schwellenwertes gleich.

In Abb. 4.128(a) ist ein kompletter Baum gezeigt, der optimiert werden soll. Im Skript optimal_tree_1.m werden die Entropien an allen Knoten berechnet und entschieden welche Pfade man weglassen kann. Wenn die Entropie der Summe der zwei Kindern eines Knotens kleiner als die Entropie des Knotens ist, wird die Zerlegung weiter geführt.

Im Skript wird zuerst ein Signal gebildet:

```
% -------- Signal
fs = 1000;    Ts = 1/fs;
t = 0:Ts:0.1-Ts;        nt = length(t);
x = sin(2*pi*t/(0.1/5)) + 0.02*randn(1,nt) + 1;
```

Danach wird die Entropie des Signals e00, das auch die Koeffizienten des Startknoten darstellt, ermittelt. Man kann zwei Arten der Entropie wählen:

```
% ------- Zerlegung
w00 = x;
entropy = 'shannon'; T = 0;
%entropy = 'norm';    T = 1.5;
```

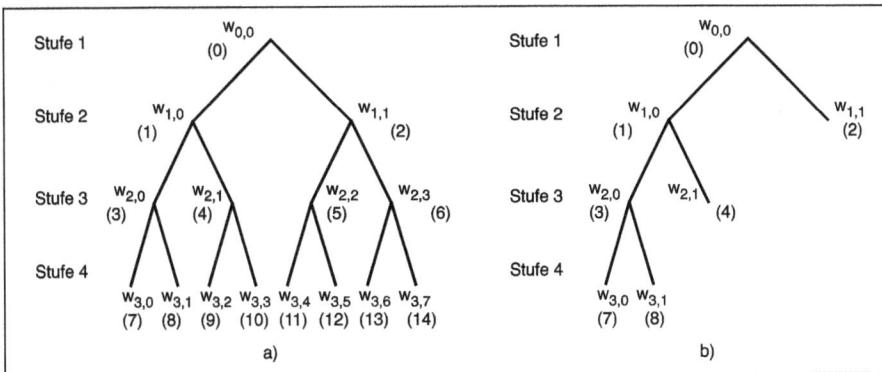

Abb. 4.128: (a) Kompletter Baum mit drei Stufen. (b) Optimaler Baum (optimal_tree_1.m).

```
% Entropie des Signals
e00 = wentropy(w00,entropy,T);


% Zerlegung von w00 mit 'db4'
[w10,w11] = dwt(w00,'db4');
% Entropie der Koeffizienten
e10 = wentropy(w10,entropy,T);
e11 = wentropy(w11,entropy,T);


% Zerlegung von w10 mit 'db4'
[w20,w21] = dwt(w10,'db4');
% Entropie der Koeffizienten
e20 = wentropy(w20,entropy,T);
e21 = wentropy(w21,entropy,T);
.....
```

Weiter werden die Koeffizienten der Kinder mit der Funktion **dwt** und die entsprechenden Entropien berechnet. Es wurden folgende Werte erhalten:

```
e00 =   -142.3097
e10 =   -271.4015
e11 =     0.1461
e10 + e11 =   -271.2554
```

Die Summe der Entropie der Kinder ist kleiner als die des Knoten und somit wird die Zerlegung weiter geführt. Als weiteres Beispiel wird der Knoten der Koeffizienten w11 ähnlich zerlegt. Man erhält:

```
e11 =   0.1461
e22 =   0.0786
e23 =   0.0911
e22+e23 = 0.1696
```

Die Summe der Entropie der Kinder e22+e23 = 0,1696 ist größer als die Entropie des Knoten e11 = 0,1461 und somit wird die Zerlegung hier nicht mehr weiter geführt. Ähnlich werden die weiteren Knoten untersucht und man erhält am Ende den optimalen Baum aus Abb. 4.128(b). Dieser entspricht der MRA-Zerlegung der DWT.

Im Skript optimal_tree_2.m werden die Funktionen **wpdec** und **besttree** eingesetzt, um den optimalen Baum für das gleiche Signal zu ermitteln. Mit

```
t = wpdec(x,3,'db4','shannon');   % Packet Zerlegung
f1=plot(t);
```

erhält man die Darstellung aus Abb. 4.129. Durch Klicken auf einem der Knoten des Baums erhält man rechts die Koeffizienten dieses Knotens dargestellt.

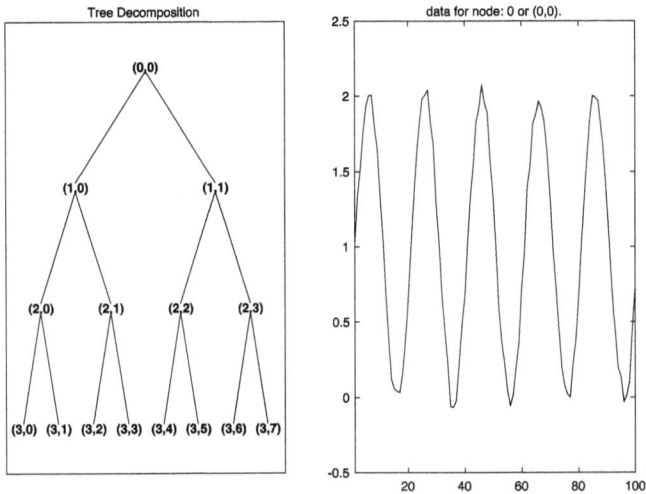

Abb. 4.129: Kompletter Baum mit drei Stufen und das Signal oder die Koeffizienten des Stamm-Knoten (optimal_tree_2.m).

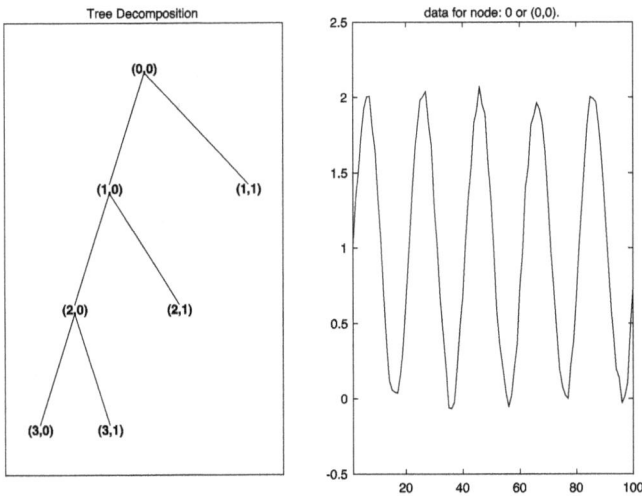

Abb. 4.130: Optimaler Baum und das Signal oder die Koeffizienten des Stamm-Knotens (optimal_tree_2.m).

Ähnlich mit:

```
bt = besttree(t);    % Der beste Baum
f2= plot(bt);
```

erhält man den optimalen Baum, der in Abb. 4.130 dargestellt ist.

In Abb. 4.128 ist in Klammern auch die andere Art Knotennummerierung, die in MATLAB benutzt wird, gezeigt. Vom Stamm-Knoten mit null werden die Knoten von links nach rechts in jeder Stufe durchgehend nummeriert.

4.5 Das Lifting-System der Wavelet-Transformation

Das Lifting-System wurde von Sweldens [39] eingeführt. Danach ist diese Technik von den etablierten Autoren der Wavelet-Theorie erweitert und mathematisch begründet. Bei dem Lifting-System spielen die Polyphasenfilter eine wichtige Rolle. Um die Bezeichnungen einzuführen und den Umgang mit den Polyphasenfiltern zu verstehen, wird anfänglich die Filterbank mit zwei Kanälen, die mit diesen Filtern realisiert ist, untersucht. Dem Leser wird empfohlen an dieser Stelle nochmals die Kenntnisse über die Dezimierung und Interpolierung mit Polyphasenfiltern aus dem Kapitel 2.4 zu erneuern.

4.5.1 Filterbank mit zwei Kanälen realisiert mit Polyphasenfiltern

In Abb. 4.131 ist die Filterbank mit zwei Kanälen oder mit einer Stufe der DWT, die im Kapitel 3.7 besprochen wurde, dargestellt. Es werden hier die Bezeichnungen der Filter aus den vorherigen Kapiteln weiter benutzt, obwohl in der Literatur diese Filter vielmals anders bezeichnet sind.

Die z-Transformierten der Einheitspulsantworten oder die Übertragungsfunktionen der Filter der Analyse sind mit $H_0(z)$, $H_1(z)$ für den Tiefpassfilter bzw. für den Hochpassfilter bezeichnet. Ähnlich sind für die Synthese das Tiefpassfilter und das Hochpassfilter mit $G_0(z)$, $G_1(z)$ bezeichnet. Es sind FIR-Filter, die für Mathermatiker Laurent-Polynome sind, die bestimmte Eigenschaften besitzen:

$$H_0(z) = h_{00} + h_{01}z^{-1} + h_{02}z^{-2} + h_{03}z^{-3} + \cdots$$
$$H_1(z) = h_{10} + h_{11}z^{-1} + h_{12}z^{-2} + h_{13}z^{-3} + \cdots$$

(4.161)

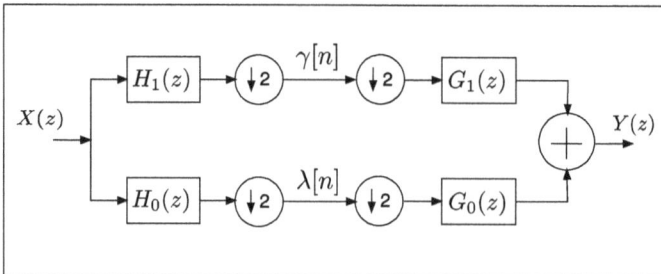

Abb. 4.131: Filterbank mit einer Stufe für Analyse und Synthese.

und

$$G_0(z) = g_{00} + g_{01}z^{-1} + g_{02}z^{-2} + g_{03}z^{-3} + \cdots$$
$$G_1(z) = g_{10} + g_{11}z^{-1} + g_{12}z^{-2} + g_{13}z^{-3} + \cdots .$$

(4.162)

Die Skalierungskoeffizienten werden hier mit $\lambda[n]$ und die Wavelet-Koeffizienten sind mit $y[n]$ bezeichnet. Für die Perfekte-Rekonstruktion müssen die Übertragungsfunktionen dieser Filter folgende Bedingungen erfüllen:

$$H_1(z)G_1(z) + H_0(z)G_0(z) = 2z^{-m}$$
$$H_1(-z)G_1(z) + H_0(-z)G_0(z) = 0 .$$

(4.163)

Diese Eigenschaften sind in den Kapiteln 3.7.1 und 3.7.2 begründet. Die Multiplikationen im Bildbereich der z-Transformation ergeben Faltungen im Zeitbereich. Mit einigen Zeilen eines MATLAB-Programms (beding_PR_1.m) kann man diese Bedingungen überprüfen:

```
%wavelet = 'bior5.5';
wavelet = 'bior3.1';
%wavelet = 'db4';
[H0, H1, G0, G1] = wfilters(wavelet);
N = length(H1);
% Erste Bedingung
erste = conv(H1,G1) + conv(H0,G0),
% Zweite Bedingung
zweite = conv(H1.*(-1).^(0:N-1),G1)
        +conv(H0.*(-1).^(0:N-1),G0),
```

Die Ergebnisse sind:

```
erste =    0      0      0    2.0000      0      0      0
zweite = 1.0e-16 *
           0      0      0    0.2776      0      0      0
```

In dem Analyseteil wird nach der Filterung mit $H_0(z)$, $H_1(z)$ und Dezimierung mit den Abwärtstastern jeder zweite der berechneten Werte der Koeffizienten $y(z)$, $\lambda(z)$ verworfen, ein nicht sehr effizienter Vorgang. Mit Hilfe der Zerlegung der Filter in Polyphasenfilter und Einsatz der *Noble-Identity* kann die Filterung und Dezimierung effizienter gestaltet werden, siehe auch Kapitel 2.4.

Im Kapitel 2.4.1 ist eine Dezimierung mit Faktor $M = 4$ ausführlich beschrieben. Zur Auffrischung der Sachverhalte ist im Skript polyphase_filter_1.m und Modell aus Abb. 4.132 (polyphase_filter1.slx) eine Dezimierung mit Faktor $M = 2$ simuliert. Im Skript wird das Tiefpassfilter für die Dezimierung mit der Einheitspulsantwort h mit der Funktion **firpolyphase** in zwei Teilfilter zerlegt. Das Filter h1 enthält die geraden Koeffizienten und das zweite Filter h2 beinhaltet die ungeraden Koeffizienten:

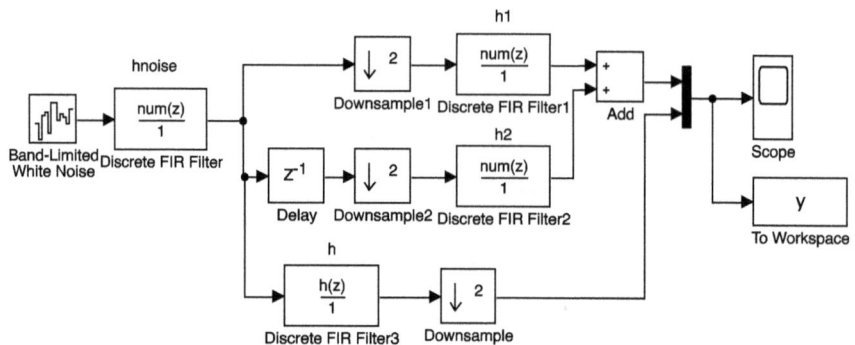

Abb. 4.132: Dezimierung mit Faktor $M = 2$ mit Polyphasenfiltern (polyphase_filter_1.m, polyphase_filter1.slx).

```
% FIR-Filter für Dezimierung mit Faktor 2
nord = 32;        fr = (1/2)*0.8;
h = fir1(nord, fr*2);
% Polyphasenfilter
hp = firpolyphase(h,2);
h1 = hp(1,:);
h2 = hp(2,:);
```

In Abb. 4.133 sind die Einheitspulsantworten der Filter dargestellt. Im Modell ist im oberen Teil die Dezimierung mit Polyphasenfiltern gebildet und im unteren Teil ist die klassische Dezimierung aufgebaut. Das Filter mit den geraden Koeffizienten h1 wird mit den geraden Abtastwerten des Eingangs (*even samples*) angeregt, während das Filter mit den ungeraden Koeffizienten h2 mit den ungeraden Abtastwerten des Eingangs (*odd samples*) angeregt wird. Diese Abtastwerte werden mit Hilfe des Abwärtstasters *Downsample1* bzw. Verspätung mit *Delay* und Abwärtstaster *Downsample2* erhalten.

Am *Scope*-Block kann man sich überzeugen, dass die Antworten gleich sind. Im Skript werden auch die Signale aus der Senke *To Workspace* dargestellt.

Im Modell polyphase_filter2.slx, das in Abb. 4.134 dargestellt ist und das aus dem Skript polyphase_filter_2.m initialisiert und aufgerufen wird, ist der Analyseteil der Filterbank mit zwei Kanälen mit Polyphasenfiltern realisiert. Man erkennt die Struktur aus Abb. 4.132, die zweimal für die zwei Filter des Analyseteils eingesetzt wird. Die zwei Filter h0e und h0o sind die Polyphasenfilter des Tiefpassfilters h0 der Filterbank und die zwei Filter h1e und h1o sind die Polyphasenfilter des Hochpassfilters h1 der Filterbank. Mit folgenden Zeilen im Skript werden die Filter initialisiert:

```
%wavelet = 'db4';
wavelet = 'bior6.8';
[h0,h1,g0,g1] = wfilters(wavelet);
```

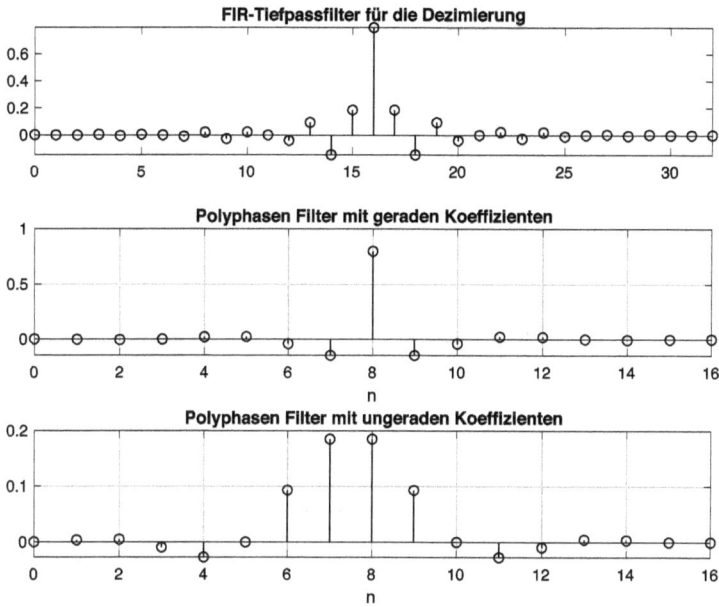

Abb. 4.133: Polyphasenfilter für die Dezimierung mit Faktor $M = 2$ (polyphase_filter_1.m, polyphase_filter1.slx).

```
nh0 = length(h0);
h0p = firpolyphase(h0,2);
h1p = firpolyphase(h1,2);
h0e = h0p(1,:);
        % TP Polyphasenfilter mit geraden Koeffizienten
h0o = h0p(2,:);
        % TP Polyphasenfilter mit ungeraden Koeffizienten
h1e = h0p(1,:);
        % HP Polyphasenfilter mit geraden Koeffizienten
h1o = h0p(2,:);
        % HP Polyphasenfilter mit ungeraden Koeffizienten
nh = length(h0p(1,:));
```

Die geraden Abtastwerte des Eingangssignals am Ausgang des *Downsample*-Blocks und die ungeraden Abtastwerte am Ausgang des *Downsample1*-Blocks aus Abb. 4.134 sind gleichzeitig mit einer Abtastperiode, die zweimal größer als die Abtastperiode des Eingangssignals ist, verfügbar.

Man bezeichnet die z-Transformation dieser Signale mit $X_{ne}(z)$, $X_{no}(z)$ nach der englischen Bezeichnung für die geraden (*even*) und ungeraden (*odd*) Abtastwerte. Mit n in den Indizes will man einen Unterschied zu den Signalen $x_e(z)$, $x_o(z)$ hervorheben.

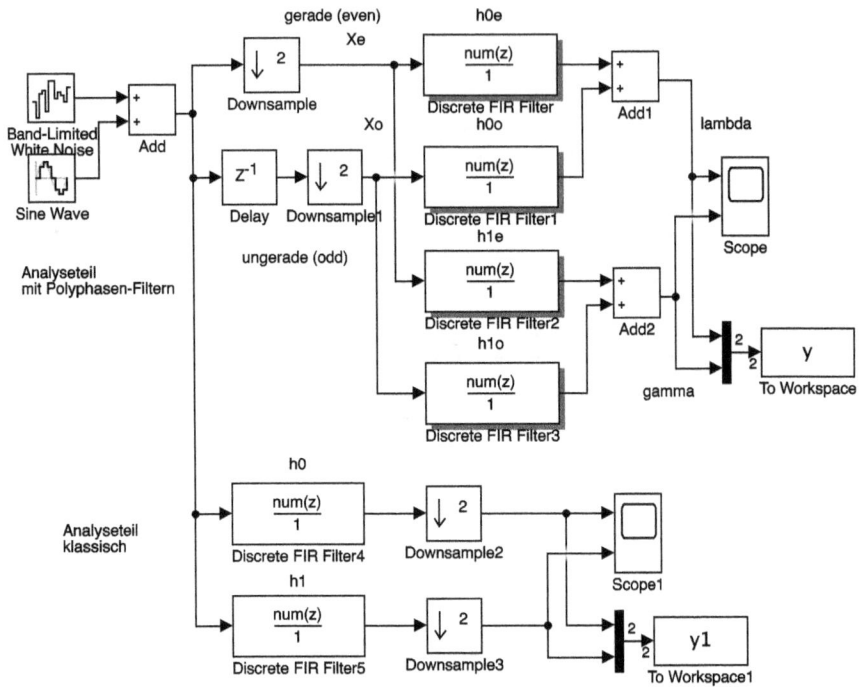

Abb. 4.134: Modell des Analyseteils einer Filterbank mit zwei Kanälen und mit Polyphasenfiltern realisiert (polyphase_filter_2.m, polyphase_filter2.slx).

Es gelten folgende Beziehungen:

$$X_{ne}(z) = x_e(z^2)$$
$$X_{no}(z) = z^{-1}x_o(z^2).$$

(4.164)

Hier sind $x_e(z^2)$ die z-Transformierten der geraden Eingangssequenz und $x_o(z^2)$ sind die z-Transformierten der ungeraden Eingangssequenz:

$$x_e(z^2) = \sum_k x[2k]z^{-k} = \frac{x(z) + x(-z)}{2} = x[0] + x[2]z^{-1} + x[4]z^{-2} + \cdots$$

$$x_o(z^2) = \sum_k x[2k+1]z^{-k} = \frac{x(z) - x(-z)}{2z^{-1}} = x[1] + x[3]z^{-1} + x[5]z^{-2} + \cdots.$$

(4.165)

Mit $x(z)$ ist die z-Transformierte der Eingangssequenz bezeichnet. In einer kompakten Form

$$\begin{bmatrix} X_{ne}(z) \\ X_{no}(z) \end{bmatrix} = \begin{bmatrix} 1 & 0 \\ 0 & z^{-1} \end{bmatrix} \cdot \begin{bmatrix} x_e(z^2) \\ x_o(z^2) \end{bmatrix}.$$

(4.166)

Die z-Transformierte der Skalierungskoeffizienten $\lambda(z)$ und der Wavelet-Koeffizienten $\gamma(z)$, in Abb. 4.134 als Ausgänge der Blöcke *Add1* bzw. *Add2*, sind jetzt:

$$\begin{bmatrix} \lambda(z) \\ \gamma(z) \end{bmatrix} = \begin{bmatrix} H_{0e}(z) & H_{0o}(z) \\ H_{1e}(z) & H_{1o}(z) \end{bmatrix} \cdot \begin{bmatrix} X_{ne}(z) \\ X_{no}(z) \end{bmatrix} . \tag{4.167}$$

Die Übertragungsfunktionen sind die z-Transformierten der Einheitspulsantworten der Filter und mit Hilfe von Gl. (4.166) erhält man schließlich:

$$\begin{bmatrix} \lambda(z) \\ \gamma(z) \end{bmatrix} = \begin{bmatrix} H_{0e}(z) & H_{0o}(z) \\ H_{1e}(z) & H_{1o}(z) \end{bmatrix} \cdot \begin{bmatrix} 1 & 0 \\ 0 & z^{-1} \end{bmatrix} \cdot \begin{bmatrix} x_e(z^2) \\ x_o(z^2) \end{bmatrix} = P(z) \begin{bmatrix} 1 & 0 \\ 0 & z^{-1} \end{bmatrix} \cdot \begin{bmatrix} x_e(z^2) \\ x_o(z^2) \end{bmatrix} . \tag{4.168}$$

Die Matrix $P(z)$, welche die z-Transformierten der Polyphasenfilter des Analyseteils enthält, wird für das Lifting-System in Faktoren von 2 x 2 Matrizen zerlegt. Weil diese Zerlegung nicht einzigartig ist, gibt es mehrere Lösungen für das Lifting-System. Die zweite Matrix $[1, 0; 0, z^{-1}]$ genannt *Lazy*-Wavelet, dient nur zur Bildung der geraden und ungeraden Abtastwerte des Eingangssignals. Im nächsten Kapitel wird von dieser Gleichung ausgegangen, um das Lifting-System für den Analyseteil der Wavelet-Transformation in einer Stufe zu besprechen.

Im unteren Teil des Modells `polyphase_filter2.slx` ist der Analyseteil klassisch realisiert und man kann zeigen, dass die zwei Realisierungsarten dieselben Signale ergeben. Im Modell `polyphase_filter3.slx` ist diese klassische Art mit einem FIR-Filter Block mit einem Eingang und zwei Ausgängen realisiert. Der Block wird für den Zähler mit einer Matrix, welche die zwei Filter h0, h1 als Zeilen enthält, initialisiert. Dieses Modell kann auch aus dem Skript `polyphase_filter_2.m` aufgerufen werden.

Als Eingangssignal ist ein sinusförmiges Signal mit relativ niedriger Frequenz plus ein unabhängiges Rauschsignal gewählt. Wie zu erwarten ist, enthalten die Skalierungskoeffizienten $\lambda[n]$ das Sinussignal und Anteile des Rauschsignals. Dagegen enthalten die Wavelet-Koeffizienten $\gamma[n]$ hauptsächlich Rauschanteile. In Abb. 4.135 sind diese Koeffizienten dargestellt.

Die ganze Filterbank, die mit Polyphasenfiltern realisiert ist, wird mit Hilfe des Skripts `polyphase_filter_4.m` und des Modells `polyphase_filter4.slx` untersucht. Das Modell ist in Abb. 4.136 dargestellt.

Es ist eine gute Übung für den Leser die Kenntnisse über die Interpolierung mit Polyphasenfiltern für den Syntheseteil anzuwenden und die Realisierung aus Abb. 4.136 zu begründen. Für den Syntheseteil werden die klassischen Filter g0, g1 in Polyphasenfilter zerlegt und wie in der Darstellung eingesetzt. Im Skript werden anfänglich die nötigen Polyphasenfilter erzeugt:

```
%wavelet = 'db4';
wavelet = 'bior6.8';
[h0,h1,g0,g1] = wfilters(wavelet);
nh0 = length(h0);
```

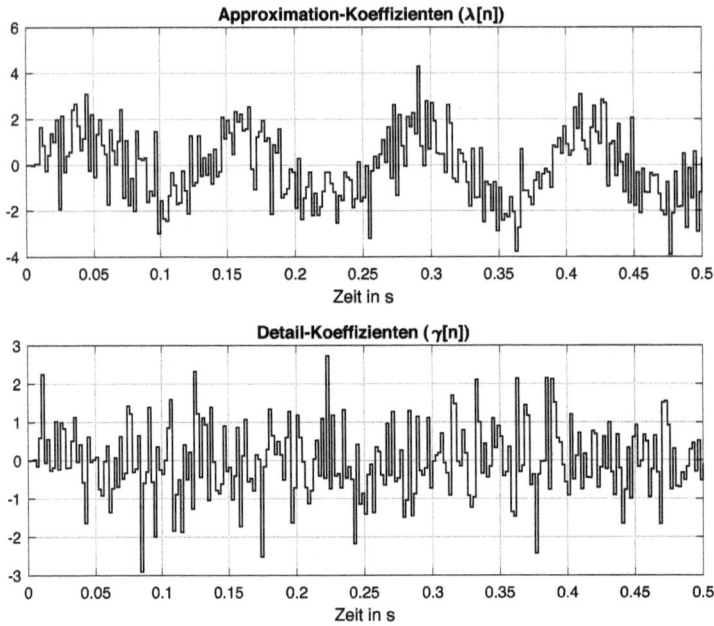

Abb. 4.135: Skalierungs- und Wavelet-Koeffizienten des Analyseteils der Filterbank mit zwei Kanälen (polyphase_filter_2.m, polyphase_filter2.slx).

```
h0p = firpolyphase(h0,2);
h1p = firpolyphase(h1,2);
g0p = firpolyphase(g0,2);
g1p = firpolyphase(g1,2);
nh = length(h0p(1,:));
```

Mit dem Block *Delay3* wird das Eingangssignal verzögert, so dass dieses Signal zu dem Ausgangssignal der Filterbank ausgerichtet erscheint und der Vergleich einfacher zu sichten ist. Der Wert der Verzögerung ist von der Länge der Filter der klassischen Filterbank Delay = nh0 abhängig.

4.5.2 Das Lifting-System

Es wird das Lifting-System für den Analyseteil einer Filterbank mit zwei Kanälen einfach und verständlich nach [40] eingeführt. Die ursprüngliche Motivation zur Lifting-Entwicklung war das Finden von Wavelets, die an Anwendungen angepasst sind und die man nicht durch Ausdehnung und Verschiebung erweitern kann. Diese bilden die zweite Generation von Wavelets. Die Wavelets der ersten Generation sind durch Verschiebung und Ausdehnung von einer kleinen Menge Basisformen entstanden. Die

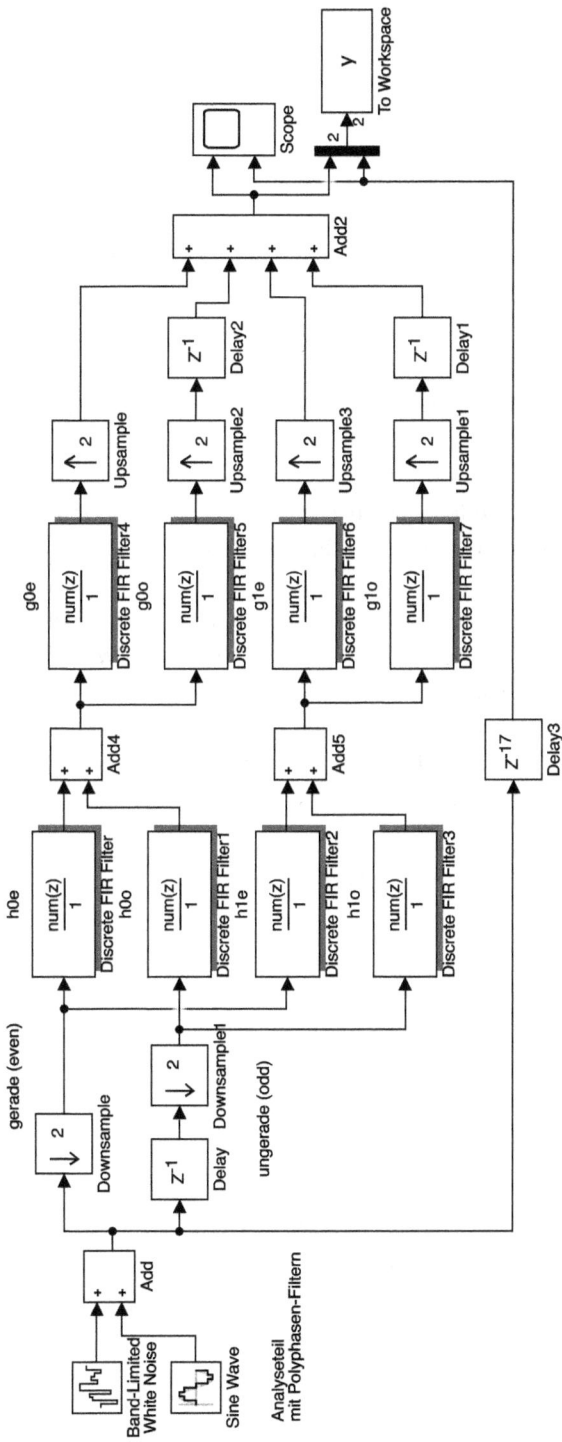

Abb. 4.136: Simulink-Modell der kompletten Filterbank mit zwei Kanälen (polyphase_filter_4.m, polyphase_filter4.slx).

Fourier-Transformation ist für diese Generation das Hauptwerkzeug zur Bildung der Wavelets.

Die Bildung oder Konstruktion mit Hilfe des Lifting-Systems ist gänzlich räumlich definiert und ist so für die Fälle in denen die Fourier-Technik nicht verfügbar ist, geeignet. Wenn das Lifting-System für die Wavelets der ersten Generation angewandt wird, erhält man eine *Ladder* oder Kreuzgliedstruktur.

Die grundlegende Idee der Wavelet-Transformation besteht darin die Korrelation, die in den Signalen vorkommt zu nutzen, um eine „spärliche" Approximation zu erhalten. Die Korrelation ist typisch lokal in Zeit und Frequenz; benachbarte Abtastwerte sind mehr korreliert als die welche weiter entfernt sind. Die traditionelle Bildung von Wavelets benutzt die Fourier-Transformation für die Zeit-Frequenz Lokalisierung. Das nachfolgende einfache Beispiel nach [40] zeigt, wie man diese Lokalisierung direkt in Zeit (oder Raum) erhalten kann.

Aus einem Signal $x[k]_{k \in \mathbf{Z}}$ werden zwei disjunkten polyphasen Komponenten gebildet: die geraden indizierten Abtastwerte $x_{ne}[k] = x[2k]_{k \in \mathbf{Z}}$, kurz „evens" Komponenten und die ungeraden indizierten Abtastwerte $x_{no}[k] = x[2k+1]_{k \in \mathbf{Z}}$, kurz „odds" Komponenten.

In Abb. 4.137 ist ein Simulink-Modell dargestellt, mit dem gezeigt wird, wie diese Komponenten gebildet werden. Für Signale aus der realen Welt sind diese Komponenten stark korreliert. Somit ist es natürlich, dass wenn ein Set gegeben ist, z. B. die *Odds*-Komponenten, dann kann man einen guten Voraussager (*Predictor*) P für den anderen Set ermitteln. Der *Predictor* muss nicht genau sein, weil man die Differenz oder die Details d zwischenspeichert:

$$d(z) = X_{no}(z) - P(X_{ne}(z)). \tag{4.169}$$

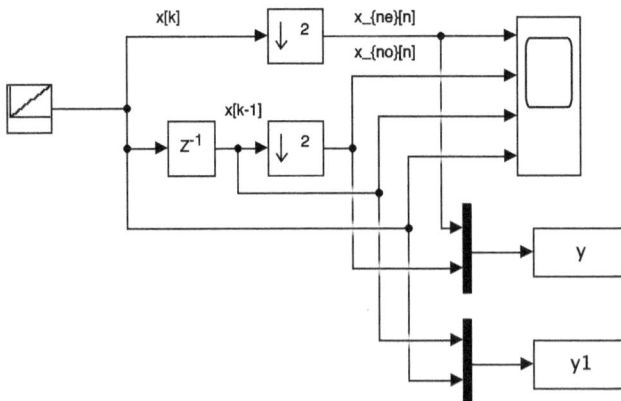

Abb. 4.137: Simulink-Modell zur Bildung der geraden und ungeraden Komponenten eines Signals (polyphase1.m, polyphase_1.slx).

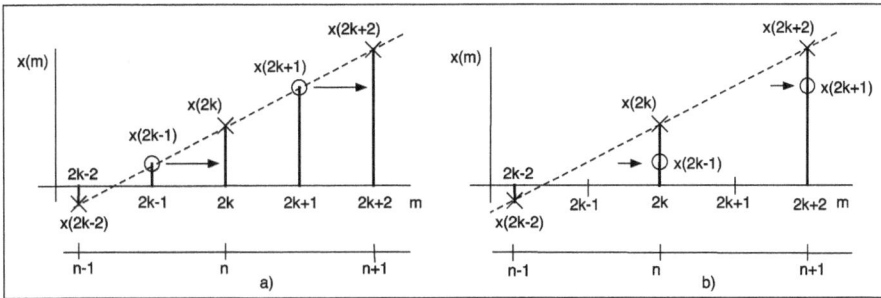

Abb. 4.138: (a) Bildung der geraden und ungeraden Komponenten eines Signals vor der Abwärtstastung und (b) nach der Abwärtstastung (polyphase1.m, polyphase_1.slx).

Wenn die Details $d(z)$ und die geraden Komponenten gegeben sind, können die ungeraden Komponenten rekonstruiert werden:

$$X_{no}(z) = P(X_{ne}(z)) + d(z).\tag{4.170}$$

Wenn $P(X_{ne}(z))$ ein guter *Predictor* ist, erwartet man, dass die Entropie für die Details $d(z)$ kleiner als die Entropie für $X_{no}(z)$ ist. Für ein einfaches Beispiel könnte der *Predictor* für $x[2k + 1]$ der Mittelwert der zwei geraden Nachbarn sein.

In Abb. 4.138 sind die Abtastwerte der Komponenten, die aus dem Modell gemäß Abb. 4.137 resultieren, dargestellt. Die Details sind jetzt durch

$$d[2k - 1] = x[2k - 1] - \frac{x[2k - 2] + x[2k]}{2}\tag{4.171}$$

gegeben. Ähnlich ist:

$$d[2k + 1] = x[2k + 1] - \frac{x[2k] + x[2k + 2]}{2}.\tag{4.172}$$

Nach der Abwärtstastung der geraden und ungeraden Abtastwerte des Eingangssignals sind die Signale $x_{ne}[k] = x[2k]$ und $x_{no}[k] = x[2k - 1]$ gleichzeitig vorhanden, wie aus Abb. 4.138(b) zu sehen ist und somit ist es einfacher die Prediktion mit diesen Signalen auszudrücken:

$$d[n] = x_{no}[n] - \frac{x_{ne}[n - 1] + x_{ne}[n]}{2}.\tag{4.173}$$

Der Index n entspricht jetzt der neuen Abtastperiode nach der Abwärtstastung. Wenn das Eingangssignal lokal linear ist, sind die Details gleich null. Die Operation zur Berechnung der Voraussage (*Prediction*) und Speicherung der Details ist als „Lifting-Schritt" bezeichnet.

Die Beziehung (4.173) führt im Bildbereich der z-Transformation auf:

$$d(z) = X_{no}(z) - \frac{1}{2}X_{ne}(z)(1 + z^{-1}).\tag{4.174}$$

In Abb. 4.138 wurde vereinfacht ein linearer Verlauf des Signals angenommen.

Mit dem Skript polyphase1.m und Modell polyphase_1.slx kann man diese Sachverhalte nachvollziehen. Das Modell ist in Abb. 4.137 dargestellt und stellt die Bildung der geraden und ungeraden Komponenten des Eingangssignals (die Polyphasen-Komponenten für $M = 2$) dar.

Die Idee die Details $d[n]$ statt $x_{no}[n]$ zu speichern ist bekannt und ist im DPCM-Verfahren (*Differential Pulse Code Modulation*) der Kommunikationstechnik angewandt [25]. Diese Idee ist sicherlich mit den Wavelets verbunden. Bis jetzt wurde eine Transformation von $(x_{ne}[n], x_{no}[n])_{n \in \mathbf{Z}}$ zu $(x_{ne}[n], d[n])_{n \in \mathbf{Z}}$ realisiert. Die Frequenztrennung ist hier im Vergleich zu den Wavelets schwach, weil $x_{ne}[n]$ durch eine einfache Dezimierung erhalten wird und so zu einen großen *Aliasing*-Anteil führt. Konkret, der gleitende Mittelwert $(x[2k] + x[2k + 2])/2$ ist nicht mit dem Eingangssignal $x[2k + 1]$ gleich [40].

Um das zu korrigieren wird ein zweiter Lifting-Schritt vorgeschlagen „*Update*", mit dem die gerade Sequenz $x_{ne}[n]$ durch eine geglättete Sequenz $s[n]$ mit Hilfe des Operators U ersetzt wird:

$$s(z) = X_{ne}(z) + U\big(d(z)\big). \tag{4.175}$$

Auch hier ist dieser Schritt invertierbar: aus $(s(z), d(z))$ kann man $X_{ne}(z)$ rekonstruieren:

$$X_{ne}(z) = s(z) - U\big(d(z)\big). \tag{4.176}$$

Danach wird die Sequenz $X_{no}(z)$, wie in Gl. (4.170) gezeigt, gebildet. Das ist eine der Eigenschaften des Lifting-Systems: unabhängig von der Wahl der Operatoren P, U, das Schema ist immer invertierbar. Für das einfache Beispiel kann man zeigen [40], dass die Wahl

$$s[n] = x_{ne}[n] + \big(d[n - 1] + d[n]\big)/4 \tag{4.177}$$

den gleitenden Mittelwert korrekt restauriert. Als z-Transformierte erhält man:

$$s(z) = X_{ne}(z) + \frac{1}{4}d(z)(z^{-1} + 1). \tag{4.178}$$

Das führt im Zeitbereich auf:

$$s[n] = x_{ne}[n] + \frac{1}{4}(d[n] + d[n - 1]). \tag{4.179}$$

Am Ende dieses Kapitels wird ein MATLAB-Skript gezeigt, mit dem dieses einfache Beispiel programmiert ist.

Das geglättete (*smooth*) Signal $s[n]$ entspricht den Approximationskoeffizienten $\lambda[n]$ und das Signal $d[n]$ entspricht den Wavelet-Koeffizienten $y[n]$ der Filterbank mit zwei Kanälen realisiert mit Polyphasenfiltern aus Kapitel 4.5.1.

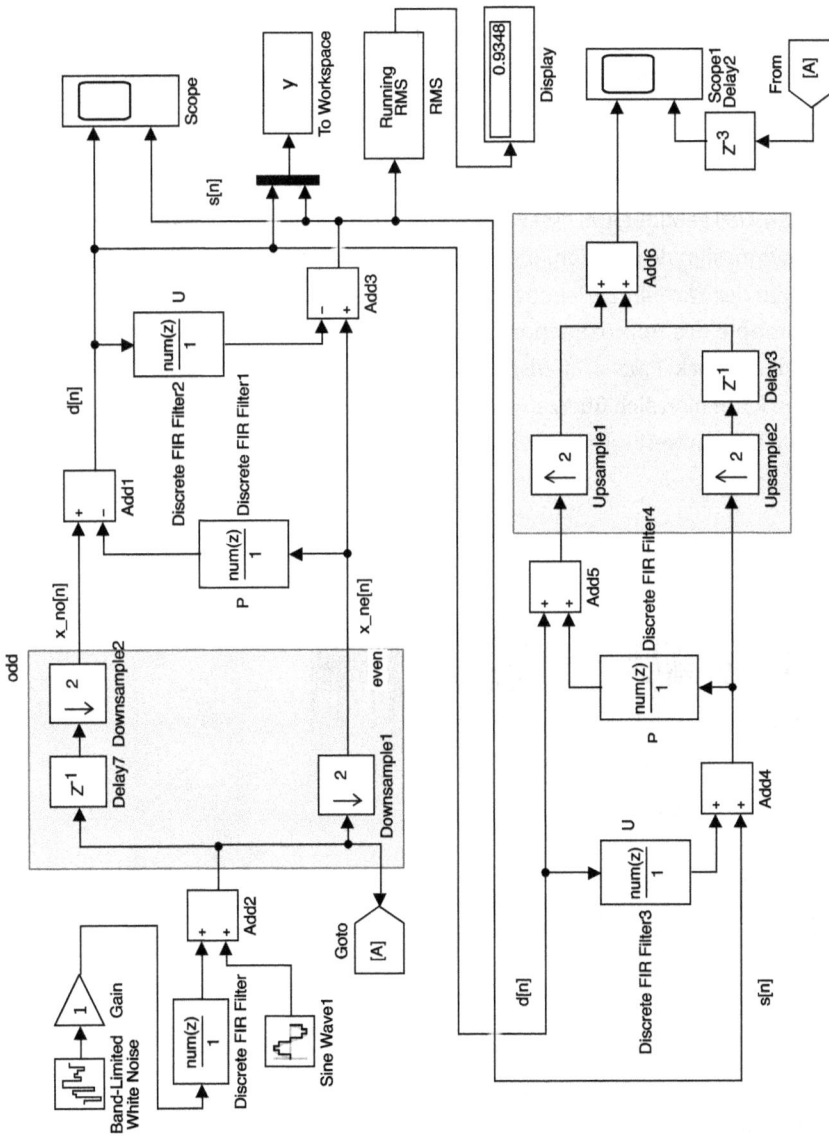

Abb. 4.139: Einfaches Beispiel für ein Lifting-System (lifting_einfach1.m, lifting_einfach_1.slx).

In Abb. 4.139 ist das Simulink-Modell (lifting_einfach_1.slx) dieses einfachen Lifting-Systems zusammen mit dem inversen System dargestellt. Es wird mit Hilfe des Skripts lifting_einfach1.m initialisiert und aufgerufen. Als Eingangssignal wird, wie schon gehabt, ein bandbegrenztes Rauschsignal und ein Sinussignal benutzt. Das Rauschsignal kann man mit dem Block *Gain* abschalten. Ein Sinussignal mit relativer kleiner Frequenz wird dann zu sehr kleinen Detailsignalen führen, weil die *Prediction* sehr gut ist.

Mit der Verzögerung im Block *Delay7* und Abwärtstaster aus Block *Downsample2* werden die ungeraden Teilsignale $x[2k-1]$ oder $x_{no}[n]$ erzeugt. Über den Abwärtstaster aus Block *Downsample1* sind die geraden Teilsignale $x[2k]$ oder $x_{ne}[n]$ gebildet. Es folgt die Erzeugung des Detailsignals gemäß Gl. (4.174). Die Voraussage (*Prediction*) mit der Übertragungsfunktion $0{,}5(1+z^{-1})$ wird mit dem FIR-Filter aus Block *Discrete FIR Filter1* realisiert.

Aus dem Ergebnis in Form des Detailsignals $d[n]$ wird dann der Update-Schritt gemäß Gl. (4.179) gebildet, um $s[n]$ zu erhalten. In dieser Form hat man die Detail- und Approximationssignale erhalten, die in Abb. 4.140 dargestellt sind. Es sind eigentlich Koeffizienten der Wavelet-Zerlegung mit Lifting-System.

Die Entropie des Approximationssignals, geschätzt mit Hilfe des Effektivwertes, wird mit dem Block *RMS* und *Display*-Block angezeigt. Mit verschiedene *Update*-Funktionen kann man sich überzeugen, dass mit der gezeigten Übertragungsfunktion der kleinste Effektivwert erhalten wird.

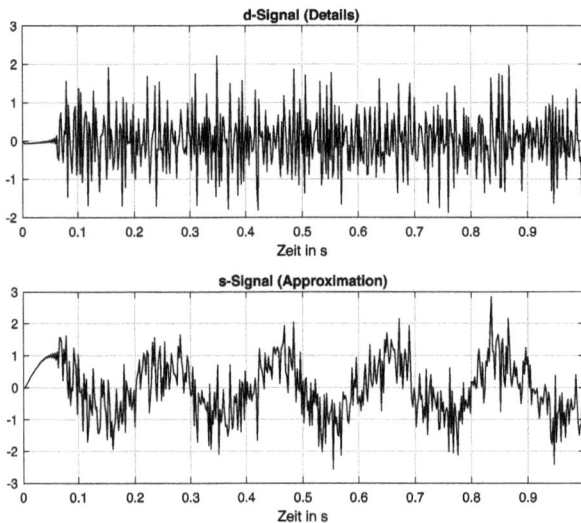

Abb. 4.140: Detail- und Approximationssignale des einfachen Lifting-Systems (lifting_einfach1.m, lifting_einfach_1.slx).

Im unteren Teil des Modells wird das Lifting-System invertiert. Auf dem *Scope1*-Block kann man sehen, dass die Invertierung korrekt ist und das Ausgangssignal der Implementierung mit Lifting ist gleich mit dem verzögerten Eingangssignal.

Die Zerlegung des Eingangssignals in gerade und ungerade Komponenten ist mit dem Viereck hervorgehoben. Sie wird in der Literatur mit *Split* bezeichnet. Die Rekonstruktion des Signals nach der Invertierung des Lifting-Systems ist ebenfalls hervorgehoben und ist mit *Merge* in der Literatur bezeichnet.

Im Skript `lifting_matlab_1.m` wird das Lifting-System für dieses Beispiel in einem MATLAB-Skript programmiert. Am Anfang wird das Eingangssignal aus einem Sinussignal und einem bandbegrenztem Rauschen erzeugt. Das Einschwingen wegen des Filters für das Rauschsignal wird entfernt. Danach werden aus dem Eingangssignal die geraden und ungeraden Komponenten ermittelt:

```
% ------- Zerlegung in gerade und ungerade Abtastwerten
xne = x(1:2:end);          % Gerade Abtastwerte
xno = x(2:2:end);          % Ungerade Abtastwerte
```

Danach wird das Lifting-System programmiert:

```
% ------- Lifting-System
nl = length(xne);        % Initialisierungen
dn = zeros(1,nl);        % Details
sn = zeros(1,nl);        % Approximation
for k = 2:nl
    dn(k) = xno(k) - 0.5*(xne(k)+xne(k-1));  % Details
end;
for k = 2:nl-1
    sn(k) = xno(k) + 0.25*(dn(k)+dn(k-1)); % Approximation
end;
```

Es sind sehr einfache arithmetische Operationen nötig. Die Details dn und die Approximation sn sind den Darstellungen aus Abb. 4.140 ähnlich und werden hier nicht mehr gezeigt. Die Invertierung des Lifting-Systems ist in folgenden Zeilen realisiert:

```
% -------- Invertierung des Lifting-Systems
for k = 2:nl-1
    xno(k) = sn(k) - 0.25*(dn(k)+dn(k-1));
            % Ungerade Abtastwerte
end;
for k = 2:nl
    xne(k) = 2*xno(k) - xne(k-1) - 2*dn(k);
            % Gerade Abtastwerte
end;
```

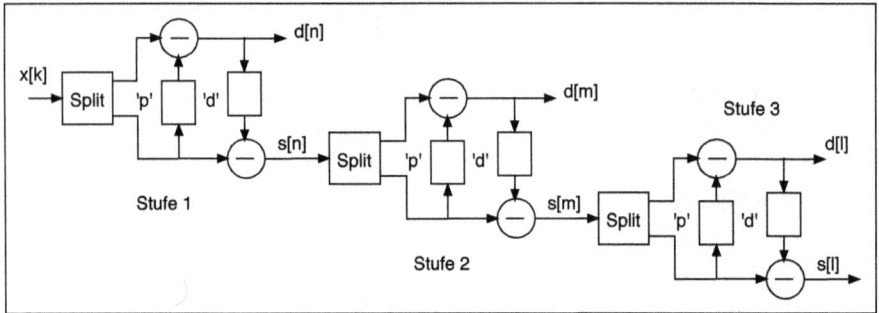

Abb. 4.141: Lifting-System mit drei Stufen.

Es folgt die Aufwärtstastung der geraden und ungeraden rekonstruierten Komponenten und die Zusammensetzung:

```
xne2 = [xne;zeros(1,nl)];          % Aufwärtstastung von xne
xne2 = reshape(xne2,1,2*nl);
xno2 = [xno;zeros(1,nl)];          % Aufwärtstastung von xno
xno2 = reshape(xno2,1,2*nl);
xrek = xne2 + [0, xno2(1:end-1)];  % Rekonstruiertes Signal
```

Das Eingangs- und rekonstruierte Signal sind identisch, wie eine Darstellung von Abschnitten dieser Signale zeigt.

In Abb. 4.141 ist ein Lifting-System mit drei Stufen dargestellt. Als Ergebnis erhält man, wie bei der Mehrfachauflösung der DWT die Details der jeweiligen Stufen und die Approximation mit der kleinsten Auflösung. In den Blöcken 'p' (*primal*-Lifting) und 'd' (*dual*-Lifting) sind die Prediktion und *Update* Funktionen implementiert. Abhängig von der Wavelet, die mit dem Lifting-System transformiert wird, können mehrere solche Blöcke vorkommen. Man kann sich jetzt leicht eine *Packet*-Transformation mit Lifting-System auch vorstellen.

Die Gl. (4.167) für die Bezeichnungen die beim Lifting-System eingeführt wurden, hier wiederholt

$$\begin{bmatrix} \lambda(z) \\ \gamma(z) \end{bmatrix} = \begin{bmatrix} s(z) \\ d(z) \end{bmatrix} = \begin{bmatrix} H_{0e}(z) & H_{0o}(z) \\ H_{1e}(z) & H_{1o}(z) \end{bmatrix} \cdot \begin{bmatrix} 1 & 0 \\ 0 & z^{-1} \end{bmatrix} \cdot \begin{bmatrix} x_e(z^2) \\ x_o(z^2) \end{bmatrix}$$
$$= P(z) \begin{bmatrix} 1 & 0 \\ 0 & z^{-1} \end{bmatrix} \cdot \begin{bmatrix} x_e(z^2) \\ x_o(z^2) \end{bmatrix} \tag{4.180}$$

bildet die Gleichung von der man die Theorie des Lifting-Systems ableitet. Die letzten zwei Matrizen stellen die Zerlegung des Eingangssignals in gerade und ungerade Komponenten und Abwärtstastung. Wenn man hier die Variablen $x_{ne}[n]$, bzw. $x_{no}[n]$ respektiv deren z-Transformierten $X_{ne}(z)$, $X_{no}(z)$, die nach der Abwärtstastung gebildet werden, einführt, erhält man:

$$\begin{bmatrix} s(z) \\ d(z) \end{bmatrix} = \begin{bmatrix} H_{0e}(z) & H_{0o}(z) \\ H_{1e}(z) & H_{1o}(z) \end{bmatrix} \cdot \begin{bmatrix} X_{ne}(z) \\ X_{no}(z) \end{bmatrix} = P(z) \cdot \begin{bmatrix} X_{ne}(z) \\ X_{no}(z) \end{bmatrix}. \tag{4.181}$$

Für das einfache Beispiel, das hier untersucht wurde, ist die Matrix $P(z)$ der Polyphasenfilter der Filterbank mit zwei Kanälen, in zwei Faktoren zerlegt:

$$\begin{align} \begin{bmatrix} s(z) \\ d(z) \end{bmatrix} &= \begin{bmatrix} 1 & -u(z) \\ 0 & 1 \end{bmatrix} \cdot \begin{bmatrix} 1 & 0) \\ -p(z) & 1 \end{bmatrix} \begin{bmatrix} X_{ne}(z) \\ X_{no}(z) \end{bmatrix} \\ &= \begin{bmatrix} 1 & -u(z) \\ 0 & 1 \end{bmatrix} \cdot \begin{bmatrix} X_{ne}(z) \\ X_{no}(z) - p(z)X_{ne}(z) \end{bmatrix}. \end{align} \tag{4.182}$$

Die Funktion $p(z)$ ist die Übertragungsfunktion des Voraussagers, für das einfache Beispiel $p(z) = 0{,}5(1 + z^{-1})$ und $u(z) = -0{,}25(z + 1)$ ist die Übertragungsfunktion des *Updates* Schrittes. Weil der Term $X_{no}(z) - p(z)X_{ne}(z) = d(z)$ ist, erhält man schließlich, wie erwartet:

$$\begin{bmatrix} s(z) \\ d(z) \end{bmatrix} = \begin{bmatrix} X_{ne}(z) - u(z)d(z) \\ X_{no}(z) - p(z)X_{ne}(z) \end{bmatrix}. \tag{4.183}$$

Die Zerlegung der Matrix $P(z)$ in Faktoren von $2{\times}2$ Matrizen, der Form wie in Gl. (4.182) gezeigt, ergibt das Lifting in einer Stufe und mit der wiederholten Anwendung, wie in Abb. 4.141 dargestellt, erhält man eine mehrfache Zerlegung, die der DWT äquivalent ist.

Es gibt mehrere Verfahren zur Zerlegung der Matrix $P(z)$ der Polyphasenfilter der Filterbank mit zwei Kanälen in diesen Faktoren [40]. Da die Zerlegung nicht einmalig ist, erhält man, abhängig vom Verfahren, unterschiedliche Lifting-Systeme.

4.5.3 Experiment: Lifting-System mit MATLAB-Funktionen

In der *Wavelet-Toolbox* gibt es viele Funktionen für die Entwicklung und Untersuchung von Lifting-Systemen. Als Beispiel kann man mit

```
LS_db4 = liftwave('db4');
displs(LS_db4);
```

die MATLAB-Zelle LS_db4 erhalten, die das Lifting-System für die 'db4' Wavelet darstellt. Der Inhalt der Zelle wird mit der Funktion **displs** angezeigt:

```
LS_db4 = {...
'd'        [ -0.32227589]                    [1]
'p'        [ -1.11712361  -0.30014226]       [0]
'd'        [ -0.01880835   0.11764809]       [2]
```

```
'p'                  [  2.13181671  0.63642827]            [0]
'd'                  [ -0.46908348  0.14003924 -0.02479124] [0]
[ 0.73412453]  [  1.36216672]                              []
};
```

Die erste Spalte der Zelle enthält die Koeffizienten der Polynome in z für die Voraussage (*Prediction*) 'p' und für die *Update* 'd' des Lifting-Systems. Die zweite Spalte (ganz rechts) zeigt die kleinste Potenz des Polynoms in z für den ersten Koeffizient der ersten Spalte an. Diese Potenzen werden mit Minusvorzeichen angenommen. Die nachfolgenden Koeffizienten erhalten dann höhere Potenzen. Das erste Polynom 'd' ist somit einfach $-0{,}32227589\,z^{-1}$. Das nächste Polynom 'p' ist ($-1{,}11712361z^0 - 0{,}30014226z^1$). Es folgt wieder ein 'd' Polynom mit höchster Potenz für z gleich -2: $-0{,}01880835\,z^{-2} + 0{,}11764809\,z^{-1}$. Die nächsten zwei Polynome werden ähnlich aus der Zelle extrahiert. Die letzte Zeile der Zelle enthält einfach die Faktoren K und $1/K$ für die Normierung der Ausgänge $d[n]$ und $s[n]$ des Lifting-Systems. In Abb. 4.142 ist das Lifting-System skizziert.

Mit Hilfe der Funktion **ls2pmf** werden die Faktoren der Zerlegung der Matrix $P(z)$ gezeigt. Über

```
LS_db4 = liftwave('db4');
PMF = ls2pmf(LS_db4);
```

erhält man eine Zelle PMF, die die Matrizenfaktoren enthält. Danach kann man die Matrizenfaktoren extrahieren:

```
>> PMF{1}
           | 1      - 0.3223*z^(-1)  |
   ans =   |                         |
           | 0            1          |
>> PMF{2}
```

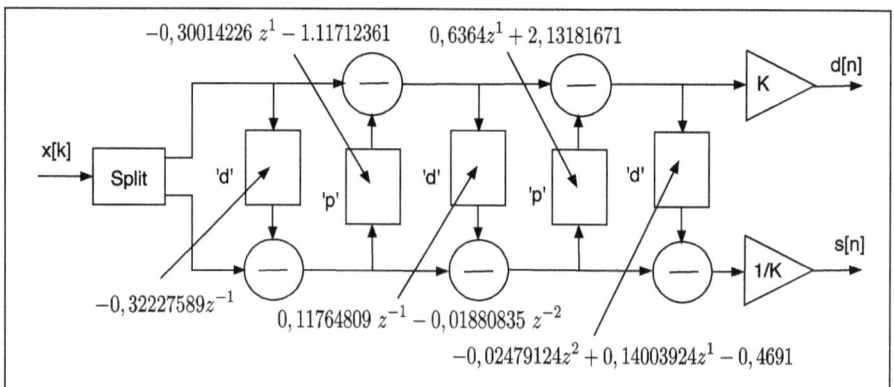

Abb. 4.142: Lifting-System aus der Zelle LS_db4.

```
          |              1                    0  |
  ans  =  |                                      |
          | - 0.3001*z^(+1) - 1.117        1  |
>> PMF{3}
          | 1      + 0.1176*z^(-1) - 0.01881*z^(-2)  |
  ans  =  |                                          |
          | 0                      1                 |
>> PMF{4}
          |              1                    0  |
  ans  =  |                                      |
          | + 0.6364*z^(+1) + 2.132        1  |
>> PMF{5}
          | 1      - 0.02479*z^(+2) + 0.14*z^(+1)  ...  |
          |        - 0.4691                            |
  ans  =  |                                            |
          | 0                      1                   |
```

Für eine Implementierung mit gespeichertem Eingangssignal sind die nichtkausalen Polynome, die positive Potenzen von z enthalten, kein Problem. Für eine Implementierung in Simulink müssen dann zusätzliche Verspätungen eingeführt werden, so dass alle Polynome kausal werden.

Mit der Funktion **filt2ls** wird ein Lifting-System berechnet, ausgehend von den Filtern der Wavelet:

```
[h0,h1,g0,g1] = wfilters('db4');
LS_db4_filt = filt2ls(h0,h1,g0,g1);
displs(LS_db4_filt);
```

Diese Funktion benutzt eine andere Methode der Berechnung des Lifting-Systems (eine andere Zerlegung der Matrix $P(z)$) und liefert somit ein anderes System:

```
LS_db4_filt = {...
'd'              [ -3.10293149]                [0]
'p'              [ -0.07630009  0.29195313]    [1]
'd'              [  5.19949157 -1.66252835]    [-1]
'p'              [ -0.00672237  0.03789275]    [3]
'd'              [  0.31410649]                [-3]
[  2.61311837]   [  0.38268454]                []
};
```

Die aus den zwei Lifting-Systemen berechnete Filter der Wavelet 'db4' mit Hilfe der Funktion **ls2filt** ergibt gleiche Filter:

```
[H1,G1,Hr1,Gr1] = ls2filt(LS_db4);
[H2,G2,Hr2,Gr2] = ls2filt(LS_db4_filt);
```

```
% zum Beispiel
max(abs(H1-H2))
```

Die Approximationen $s_1[n]$ und Details $d_1[n]$ eines Lifting-Systems sind nicht gleich mit den Approximationen $s_2[n]$ und Details $d_2[n]$ des anderen Systems. Sie sind mit der Funktion lwt, die die Lifting-Komponenten berechnet, ermittelt:

```
x = randn(20,1);
[s1,d1] = lwt(x,LS_db4);
[s2,d2] = lwt(x,LS_db4_filt);
```

Das inverse Lifting-System, das mit der Funktion ilwt berechnet wird, führt zu gleichen Ausgangssignalen:

```
xrec1 = ilwt(s1,d1,LS_db4);
xrec2 = ilwt(s2,d2,LS_db4_filt);
```

und diese sind gleich mit dem ursprünglichen Eingangssignal x.

In den nächsten Versionen der *Wavelet-Toolbox* werden die Funktionen mit einem zusätzlichen Argument ergänzt, das die Methode der Berechnung des Lifting-Systems wählt und dann gleiche Ergebnisse ergibt.

Im Skript lifting_matlab_2.m wird ein Signal mit Lifting-Funktionen einmal entsprechend der Mehrfachauflösung der DWT zerlegt und danach entsprechend der Packet-Transformation zerlegt. In Abb. 4.143 sind diese Zerlegungen skizziert um die Bezeichnungen der Signale zu bestimmen.

Das Skript beginnt mit der Bildung des Signals bestehend aus einem sinusförmigen und aus einem bandbegrenzten Rauschsignal. Alternativ kann auch ein verrauschtes Doppler-Signal geladen und eingesetzt werden. Danach werden die Signale der Mehrfachauflösung gemäß Abb. 4.143 berechnet:

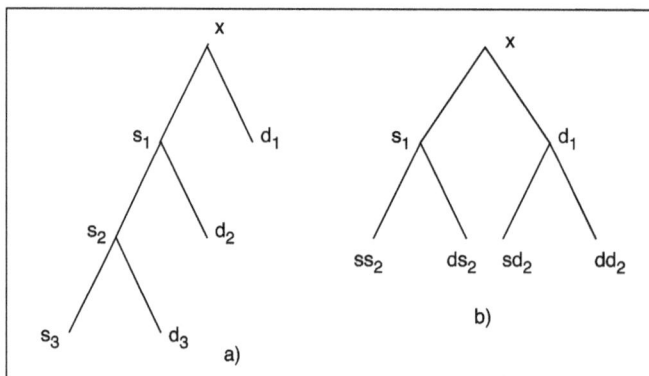

Abb. 4.143: Zerlegung mit Lifting-Systemen in Form der Mehrfachauflösung und der Packet-Zerlegung (lifting_matlab_2.m).

```
% -------- Lifting-System für Mehrfachanalyse
wavelet = 'cdf3.5';               % Die Wavelet
[s1,d1] = lwt(x,wavelet);
          % Approxim. und Details der ersten Stufe
[s2,d2] = lwt(s1,wavelet);
          % Approxim. und Details der zweiten Stufe
[s3,d3] = lwt(s2,wavelet);
          % Approxim. und Details der dritten Stufe
```

In Abb. 4.144 sind die Signale dieser Zerlegung dargestellt. Wie man sieht, ist die Anzahl der Abtastwerte bei jeder Stufe halbiert.

Aus diesen Signalen kann man beliebige Konfigurationen für die Rekonstruktion aufbauen. Exemplarisch ist im Skript die Rekonstruktion aus den Koeffizienten s_3 ohne Details programmiert:

```
% -------- Inverse Transformation (Rekonstruktion)
x1 = ilwt(s3, zeros(1,length(d3)),wavelet);
x2 = ilwt(x1, zeros(1,length(d2)),wavelet);
x3 = ilwt(x2, zeros(1,length(d1)),wavelet);
```

Die Koeffizienten x1 stellen die inverse Transformation der Koeffizienten der Approximation s3 ohne die Koeffizienten der Details d3 dar, die null gewählt sind. Die Koeffizienten x2 sind die inverse Transformation der Koeffizienten x1 ebenfalls ohne die Koeffizienten der Details d2 und schließlich sind die Koeffizienten x3 die inverse Transformation der Koeffizienten x2 ohne die Koeffizienten der Details d1.

In Abb. 4.145 sind das Eingangssignal und das ohne Details rekonstruierte Signal dargestellt. Dieses Signal stellt eine gute Approximation des Signals ohne Rauscheffekt dar.

Mit folgenden Zeilen im Skript wird weiter die Packet-Zerlegung gemäß Abb. 4.143(b) realisiert:

```
[s1,d1] = lwt(x,wavelet);
          % Approxim. und Details der ersten Stufe
[ss2,ds2] = lwt(s1,wavelet);
          % Approxim. und Details der zweiten
          % Stufe ausgehend von s1
[sd2,dd2] = lwt(d1,wavelet);
          % Approxim. und Details der zweiten
          % Stufe ausgehend von d1
```

Die Signale, die eigentlich die Koeffizienten der Wavelet-Transformation sind und die mit Lifting-System für die Packet-Zerlegung ermittelt wurden, sind in Abb. 4.146 dargestellt.

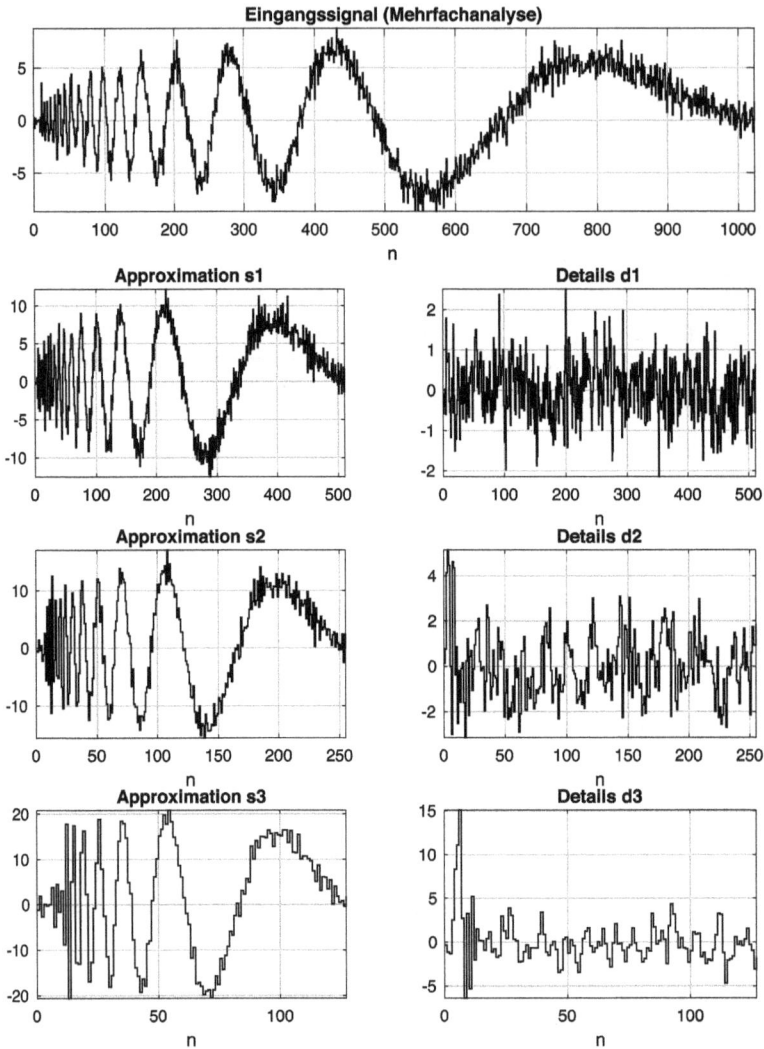

Abb. 4.144: Die Signale der Zerlegung gemäß Abb. 4.143(a) (lifting_matlab_2.m).

Es fällt auf, dass die Koeffizienten der Approximationen und der Wavelets als Signale Werte besitzen, die viel größer als der Tiefpass- und Rauschanteil des Eingangssignals sind.

Um die Skalierungs- und Wavelet-Funktionen, die in einem Lifting-System wirksam sind, zu sichten, kann man wie folgt vorgehen. Es werden die Biorthogonal Cohen–Daubechies–Feauveau kurz CDF-Wavelets benutzt. In den älteren Funktionen der *Wavelet Toolbox* sind diese noch nicht erfasst. Als Beispiel mit

```
[h0,h1,g0,g1] = wfilters('cdf3.1');
```

Eingangssignal

Aus s3 rekonstruiertes Signal

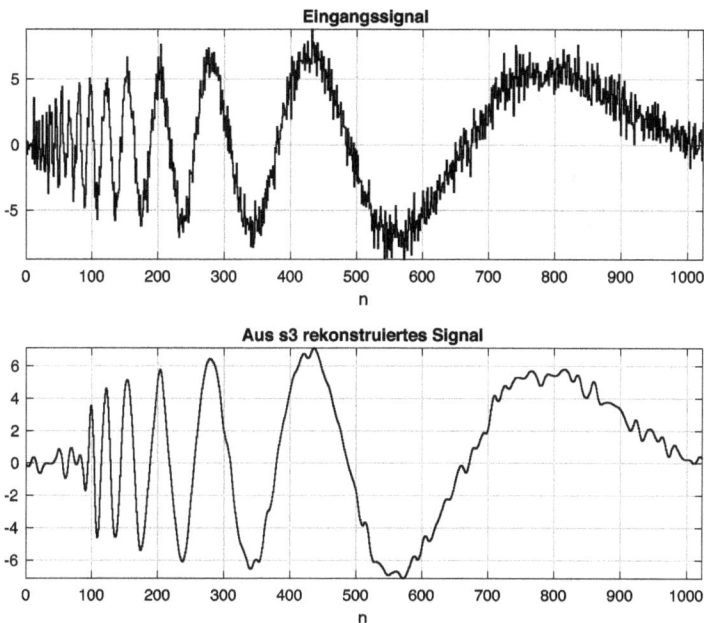

Abb. 4.145: Das Eingangssignal und das ohne Details rekonstruierte Signal (lifting_matlab_2.m).

erhält man die Warnung:

```
Invalid wavelet name: cdf3.1
```

Mit

```
LS = liftwave('cdf3.1');
[h0,h1,g0,g1] = ls2filt(LS);
```

erhält man die vier Filter dieser biorthogonalen Wavelets:

```
h0 = 1.7678e-01    5.3033e-01    5.3033e-01    1.7678e-01
h1 = 3.5355e-01    1.0607e+00   -1.0607e+00   -3.5355e-01
g0 = -3.5355e-01   1.0607e+00    1.0607e+00   -3.5355e-01
g1 = 1.7678e-01   -5.3033e-01    5.3033e-01   -1.7678e-01
```

Es sind symmetrische FIR-Filter mit den Koeffizienten, die das Schema aus Abb. 3.64 erfüllen. Um die Skalierungs- und Wavelet-Funktionen zu erhalten und darzustellen, wird die Funktion **bswfun** mit der Option 'plot' eingesetzt:

```
bswfun(h0,h1,g0,g1,'plot');
```

In Abb. 4.147 sind die Skalierungs- und Wavelet-Funktionen für die 'cdf3.1' Wavelet dargestellt. Die Funktionen für die Analyse (die zwei oberen) entsprechen der Erwartungen aber die Funktionen für die Synthese sind nur numerisch über die Filter definiert.

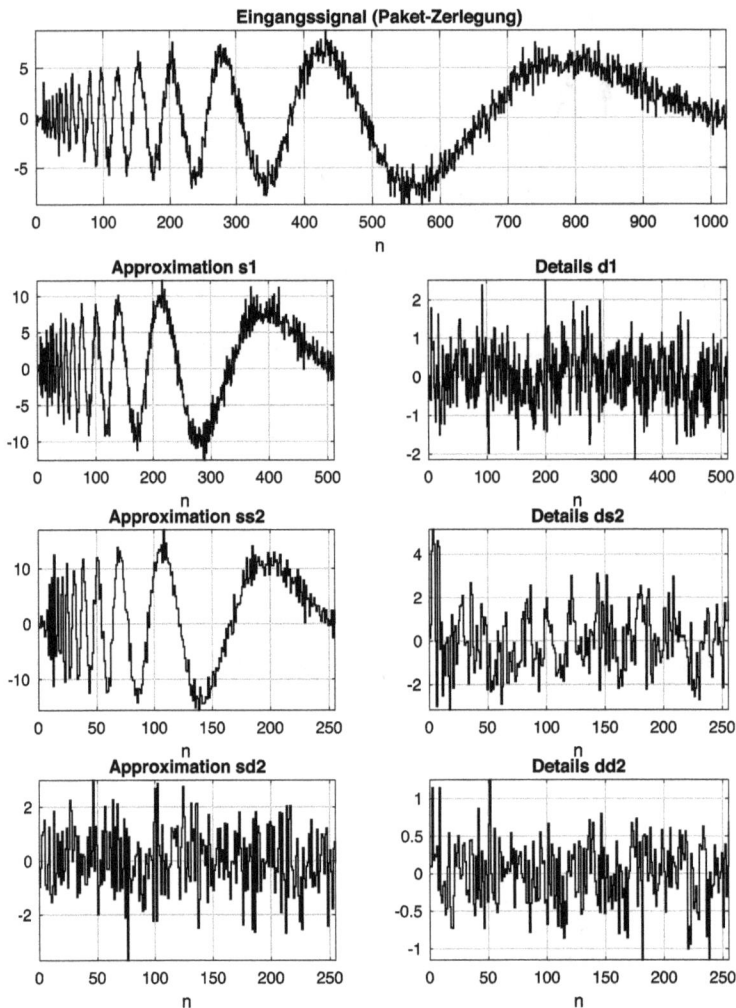

Abb. 4.146: Die Signale der Packet-Zerlegung gemäß Abb. 4.143(b) (lifting_matlab_2.m).

Mit >> help liftwave erhält man alle erlaubten Wavelet-Typen für die gezeigten Lifting-Funktionen:

```
The valid values for WNAME are:
    'lazy'
    'haar',
    'db1', 'db2', 'db3', 'db4', 'db5', 'db6', 'db7', 'db8'
    'sym2', 'sym3', 'sym4', 'sym5', 'sym6', 'sym7', 'sym8'
    Cohen-Daubechies-Feauveau wavelets:
    'cdf1.1','cdf1.3','cdf1.5' - 'cdf2.2','cdf2.4','cdf2.6'
```

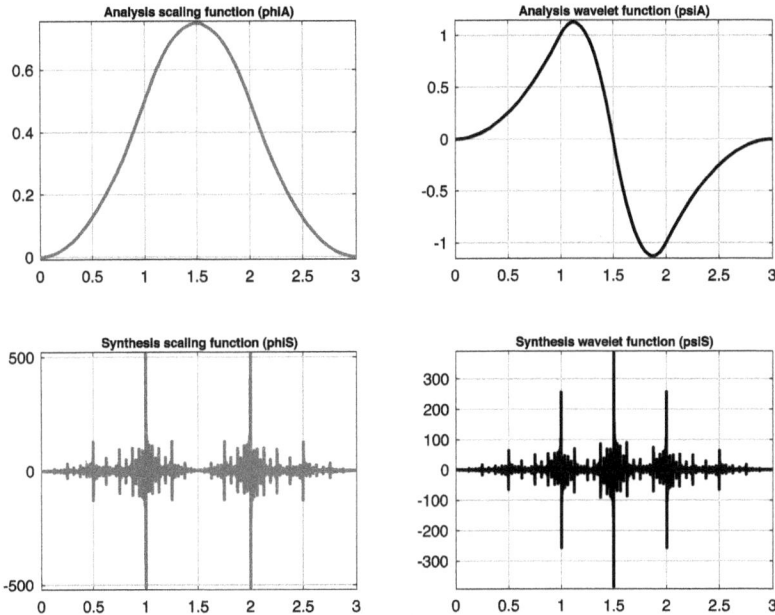

Abb. 4.147: Skalierungs- und Wavelet-Funktionen der 'cdf3.1' Wavelet.

```
'cdf3.1','cdf3.3','cdf3.5' - 'cdf4.2','cdf4.4','cdf4.6'
'cdf5.1','cdf5.3','cdf5.5' - 'cdf6.2','cdf6.4','cdf6.6'
 'biorX.Y' , see WAVEINFO
 'rbioX.Y' , see WAVEINFO
 'bs3'  : identical to 'cdf4.2'
 'rbs3' : reverse of 'bs3'
 '9.7'  : identical to 'bior4.4'
 'r9.7' : reverse of '9.7'
 Note:
 'cdfX.Y' == 'rbioX.Y' except for rbio4.4 and rbio5.5.
 'biorX.Y'  is the reverse of 'rbioX.Y'
 'haar' == 'db1' == 'bior1.1' == 'cdf1.1'
 'db2'  == 'sym2'  and  'db3' == 'sym3'
```

Die Funktion **bswfun** kann gemäß der oben aufgelisteten Wavelet-Typen auch für die klassischen Wavelets angewandt werden. Es wird ein Kaskade-Algorithmus benutzt um die Skalierungs- und Wavelet-Funktionen mit Hilfe der Filtern zu berechnen. Beschreibungen der verschiedenen Wavelets werden mit der Funktion **waveinfo** erhalten. So z. B. mit

```
>> waveinfo('db')
 Information on Daubechies wavelets.
```

```
    Daubechies Wavelets
General characteristics: Compactly supported
    wavelets with extremal phase and highest
    number of vanishing moments for a given
    support width. Associated scaling filters are
    minimum-phase filters.
    Family                    Daubechies
        Short name               db
        Order N                  N a positive integer from 1 to 45.
        Examples                 db1 or haar, db4, db15
    Orthogonal              yes
    Biorthogonal            yes
        Compact support         yes
        DWT                     possible
        CWT                     possible
    Support width           2N-1
    Filters length          2N
        Regularity              about 0.2 N for large N
        Symmetry                far from
    Number of vanishing
        moments for psi        N
    Reference: I. Daubechies,
        Ten lectures on wavelets,
        CBMS, SIAM, 61, 1994, 194-202.
```

erhält man die Informationen über die Daubechies Wavelets. N ergibt die Anzahl der null Wavelet-Momente (*Vanishing moments*):

$$\int_{-\infty}^{\infty} \tilde{\psi}(t)dt = 0, \int_{-\infty}^{\infty} t\tilde{\psi}(t)dt = 0,\dots, \int_{-\infty}^{\infty} t^{N-1}\tilde{\psi}(t)dt = 0. \tag{4.184}$$

Hier ist $\tilde{\psi}(t)$ die Wavelet-Funktion für die Synthese. Im Frequenzbereich bedeutet dies, dass die Übertragungsfunktion $H_0(z)$ N Nullwerte bei $\Omega = \pi$ hat. Für die Wavelets mit zwei Zahlen wie z. B. 'cdf2.4' sind es die Nullmomente für die Analyse und Synthese Übertragungsfunktionen $H_0(z)$, $G_0(z)$ der biorthogonalen Wavelets.

Als Beispiel erhält man die Koeffizienten der Filter für 'cdf2.4' mit:

```
>> LS = liftwave('cdf2.4');
>> [h0,h1,g0,g1] = ls2filt(LS),
h0 = 3.5355e-01    7.0711e-01    3.5355e-01
h1 = -3.3146e-02   -6.6291e-02    1.7678e-01
    4.1984e-01    -9.9437e-01
    4.1984e-01  1.7678e-01   -6.6291e-02   -3.3146e-02
```

```
g0 =  3.3146e-02  -6.6291e-02  -1.7678e-01
      4.1984e-01   9.9437e-01
      4.1984e-01-1.7678e-01  -6.6291e-02   3.3146e-02
g1 = 3.5355e-01  -7.0711e-01   3.5355e-01
```

Die Nullstellen der entsprechenden Übertragungsfunktionen $H_0(z)$, $G_0(z)$ sind:

```
>> roots(h0)
ans =
    -1
    -1
>> roots(g0)
ans =
    2.7127e+00 + 1.4439e+00i
    2.7127e+00 - 1.4439e+00i
   -1.0001e+00 + 7.3441e-05i    *
   -1.0001e+00 - 7.3441e-05i    *
   -9.9993e-01 + 7.3422e-05i    *
   -9.9993e-01 - 7.3422e-05i    *
    2.8725e-01 + 1.5289e-01i
    2.8725e-01 - 1.5289e-01i
```

Das Analyse-Filter $H_0(z)$ besitzt zwei Nullstellen bei $\Omega = \pi$ und das Synthese-Filter $G_0(z)$ besitzt vier Nullstellen bei derselben Frequenz (der dritte bis zum sechsten Wert). Die relativ kleinen Imaginärteile dieser Nullstellen sind wegen numerische Fehler nicht ganz null.

In Abb. 4.148 sind die Nullstellen in der komplexen Ebene auf dem Einheitskreis der Variablen $z = e^{j\Omega} = e^{j2\pi f/f_s}$ dargestellt, einmal (a) für die Analyse-Übertragungsfunktion $H_0(z)$ und (b) für die Synthese-Übertragungsfunktion $G_0(z)$.

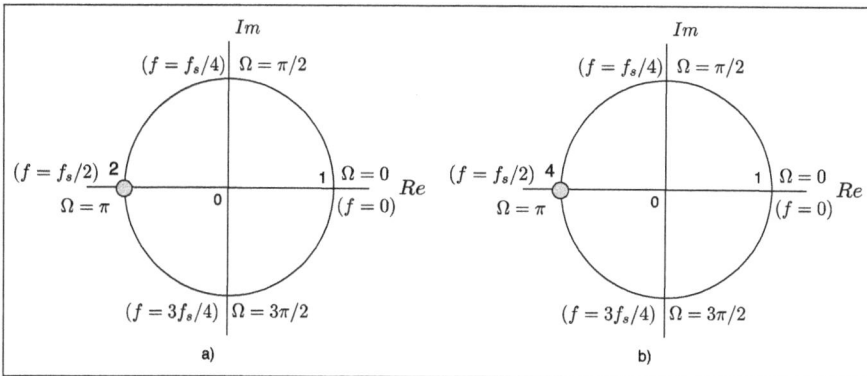

Abb. 4.148: Nullstellen der Tiefpassfilter der Wavelet 'cdf2.4'.

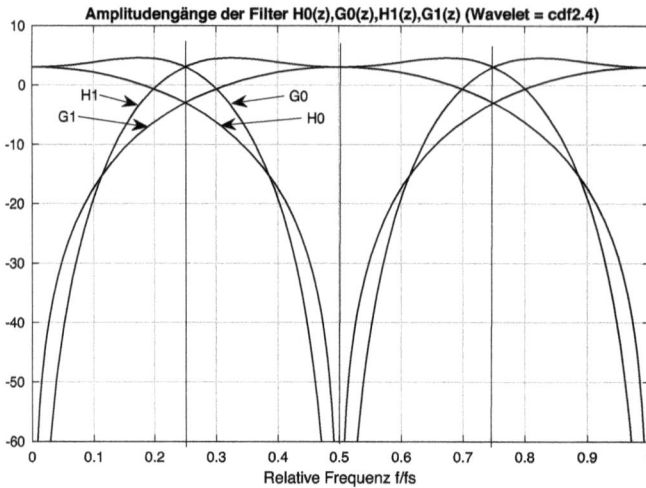

Abb. 4.149: Amplitudengänge der Filter $H_0(z)$, $H_1(z)$, $G_0(z)$, $G_1(z)$ (freq_wfilter_1.m).

Abb. 4.149 zeigt die Amplitudengänge für die zwei Tiefpassfilter $H_0(z)$, $G_0(z)$ und für die zwei Hochpassfilter $H_1(z)$, $G_1(z)$. Die vier Nullstellen für $\Omega = \pi$ von $G_0(z)$ führen dazu, dass dessen Amplitudengang steiler vom Durchgangs- in den Sperrbereich verläuft und ähnlich ist der Amplitudengang des Hochpassfilters $H_1(z)$ beim Übergang vom Sperrbereich in den Durchlassbereich steiler.

Die Hochpassfilter $H_1(z)$ und $G_1(z)$ besitzen Nullstellen bei $\Omega = 0$, einmal vier und einmal zwei:

```
>> roots(h1)
ans =
  -2.7127 + 1.4439i
  -2.7127 - 1.4439i
   1.0001 + 0.0001i    *
   1.0001 - 0.0001i    *
   0.9999 + 0.0001i    *
   0.9999 - 0.0001i    *
  -0.2873 + 0.1529i
  -0.2873 - 0.1529i
>> roots(g1)
ans =
   1
   1
```

Diese FIR-Filter sind alle symmetrisch und besitzen lineare Phasengänge, die zu keine Verzerrungen wegen der Phase im stationären Zustand führen.

Der Leser soll das Skript auch mit anderen Arten von Wavelets starten und die Unterschiede beobachten und interpretieren. Als Beispiel für die 'db4' Wavelets haben alle Filter je vier Nullstellen für die Tiefpassfilter bei $\Omega = \pi$ und vier Nullstellen für die Hochpassfilter bei $\Omega = 0$.

4.5.4 Lifting-System mit ganzen Zahlen

In vielen Anwendungen (z. B. Bild-Kompression und Signalverarbeitung) sind die Eingangsdaten ganze Zahlen (*Integer*-Werte) in Festkomma-Format kodiert. Alle dargestellten Transformationen gehen von der Annahme aus, dass die Daten reelle Werte in Gleitkomma-Format kodiert sind. Die Wavelet-Koeffizienten die resultieren sind somit in Gleitkomma-Format, auch wenn die Daten ganze Zahlen sind. Das Runden der Ergebnisse auf ganze Zahlen hilft nicht, weil man dadurch die Eigenschaft der perfekten Rekonstruktion verliert.

Das Lifting-System kann relativ einfach verändert werden, so dass man eine *Integer* zu *Integer* Transformation erhält und die inverse Transformation die perfekte Rekonstruktion erfüllt [39]. Es wird eine Rundung eingeführt, die eine nicht lineare Transformation bedeutet, die aber durch die ähnliche inverse Transformation die perfekte Rekonstruktion beibehaltet. Das ist eine der besonderen Eigenschaften des Lifting-Systems.

Ein Lifting-Schritt, z. B. für die Approximation $s[n]$ kann wie folgt beschrieben werden:

$$s[n]^{\text{neu}} \leftarrow s[n] - \frac{1}{a} \sum_j b_j d[n-j] \,. \tag{4.185}$$

Der neue Wert $s[n]^{\text{neu}}$ ergibt sich aus dem alten Wert minus eine Kombination der Details. Hier wird angenommen, dass $a, b_j \in \mathbb{Z}$ ganze Zahlen sind. Das ist für viele Wavelet-Transformationen, speziell für die Cohen–Daubechies–Feauveau biorthogonalen Wavelets der Fall. Mit

```
ls = liftwave('cdf4.2'),
displs(ls)
ls = {...
'p'            [ -0.25000000 -0.25000000]   [0]
'd'            [ -1.00000000 -1.00000000]   [1]
'p'            [  0.18750000  0.18750000]   [0]
[  2.82842712] [  0.35355339]               []
};
```

erhält man die Koeffizienten der Lifting-Schritte 'p' und 'd', und es sind rationale Zahlen. Die letzte Zeile enthält nur Verstärkungen K bzw. $1/K$ für die Approximation und

Details, die bei der inversen-Transformation keine Rolle spielen. Der Wert 0,1875 z. B. ist gleich 3/16 und somit entspricht er einem Wert $b = 3$ und $a = 16$.

Mit Rundung wird die Gl. (4.185) durch

$$\tilde{s}[n]^{\text{neu}} \leftarrow s[n] - \left\{ \frac{1}{a} \sum_j b_j d[n-j] \right\} \tag{4.186}$$

ausgedrückt. Mit {} wird das Runden bezeichnet.

Ohne Rundung wird das Teilen mit a durch

$$a\, s[n]^{\text{neu}} \leftarrow a\, s[n] - \sum_j b_j d[n-j] \tag{4.187}$$

umgangen. Das führt zu einem größeren dynamischen Bereich für die Koeffizienten der Wavelet und muss bei den nächsten Schritten berücksichtigt werden. Zu bemerken sei, dass in dieser Form eigentlich das Gleitkomma-Format exakt implementiert wird.

Man kann sich auch eine Mix-Lösung vorstellen:

$$a_1\, s[n]^{\text{neu}} \leftarrow a_1\, s[n] - \left\{ \frac{\sum_j b_j d[n-j]}{a_2} \right\}. \tag{4.188}$$

Hier sind $a_1, a_2 \in \mathbb{Z}$ und $a_1 a_2 = a$. Diese Variante wird benutzt, wenn eine erweiterte Kontrolle über den dynamischen Bereich von $s[n]^{\text{neu}}$ gewünscht ist.

Im Skript `lifting_int_1.m` wird ein Experiment mit einem Lifting-System programmiert, in dem das Eingangssignal und die Ergebnisse in Form des Approximation- und des Detailsignals ganze Werte (*Integer*) sind. Es werden ganze Werte mit 8 Bits angenommen. Am Anfang wird ein Signal bestehend aus einem Sinussignal plus bandbegrenztes Rauschen gebildet und so skaliert, dass es den Bereich der ganzen Zahlen in Festkomma Darstellung von −128 bis 127 belegt:

```
% ------- Parameter des Eingangssignals
fs = 1000;       % Abtastfrequenz
Ts = 1/fs;       % Abtastperiode
nord = 128;      % Ordnung des Filters für das Rauschen
frel = 0.5;      % Relative Bandbreite des Rauschens
hnoise = fir1(nord, frel);   % Einheitspulsantwort
fsig = 5;        % Frequenz des Sinussignals
t = 0:Ts:0.5-Ts;   nt = length(t);
rng('default');
x = 2*sin(2*pi*fsig*t) + filter(hnoise,1,randn(1,nt));
%load noisdopp;              % Alternatives Signal
%x = noisdopp;      nt = length(x);
xmax = max(x);   xmin = min(x);
xm = (xmax+xmin)/2;
```

```
nbit = 8;
xi = ((x-xm)/(xmax-xm))*2^(nbit-1);
xi = int8(xi);       % Integer Werte im Bereich -128 bis 127
xi = double(xi);     % Integer Werte als Double dargestellt
```

Zuletzt werden die ganzen Zahlen im MATLAB-Format *Double* dargestellt. Es kann auch ein alternatives Signal in Form eines Doppler-Signals plus Rauschen eingesetzt werden.

Weiter werden zwei Lifting-Systeme ermittelt. Eins mit der Option int2int für das Lifting-System mit ganzen Werten und eins mit normalen reellen Werten:

```
% ------- Lifting-System
wavelet = 'cdf6.2';
LS = liftwave(wavelet, 'int2int');
     % Lifting mit Integer Signale
LS1 = liftwave(wavelet);
     % Lifting ohne Integer Signale
displs(LS);
displs(LS1);
% ------- Die Lifting-Wavelet-Transformation
[s,d] = lwt(xi, LS); % Approximation und Details als Integer
                     % und Double dargestellt
[s1,d1] = lwt(xi, LS1);
s(1:10), d(1:10),    % Es müssen ganze Zahlen sein
s1(1:10), d1(1:10),  % Es sind reelle Zahlen
```

Am Ende dieses Abschnittes werden einige der Approximations- und Detailswerte für beide Systeme gelistet:

```
ans =  -7   -1    0    1    2    2    4    4    5    7
ans =   5   -2    0    0    1    2    2    3    2    2
ans =  -31.2011 -2.2097 -1.4142 4.2426 10.4519 14.0096  ...
ans =  0.9723 -0.0000 -0.0000 0.0000 0.1105 0.1105    ...
```

In Abb. 4.150 sind die Approximations- und Detailswerte des Lifting-Systems mit ganzen Zahlen zusammen mit dem Eingangssignal dargestellt.

Mit der Zoom-Funktion kann man sich überzeugen, dass die Werte ganze Zahlen in dem erwähnten Bereich sind. Wie erwartet ergibt die inverse Lifting-Transformation ein Ausgangssignal gleich dem Eingangssignal. Obwohl die Umwandlung in *Integer*-Werte eine nichtlineare Transformation ist, erhält man durch die inverse Transformation eine perfekte Rekonstruktion. Das ist einer der Vorteile des Lifting-Systems.

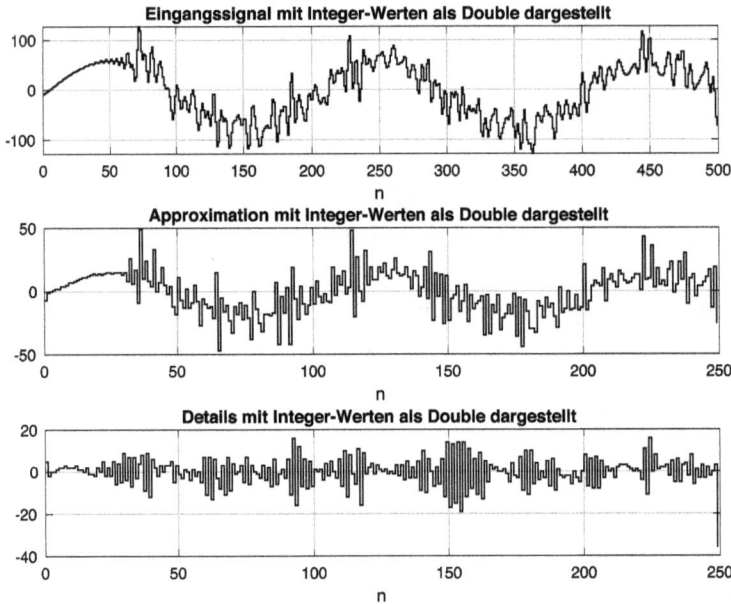

Abb. 4.150: Eingangssignal und die Approximations- und Detailswerte des Lifting-Systems mit ganzen Zahlen (lifting_int_1.m).

4.5.5 Lifting-System mit *Multiscale Kernel Smoothing*

Es wird nach [41] ein Lifting-System präsentiert, in dem ein Verfahren aus der statistischen Schätzung eingesetzt wird. Mit Hilfe einer Kernel-Funktion [42] wird der Schritt der Voraussage (*Prediction*) mit Glättung realisiert. Die Kernel-Schätzung ist eine bekannte Technik in der nichtparametrischen Statistik für die Regression von geglätteten Funktionen.

Das Rauschen kann additiv normal, multiplikativ oder Poisson verteilt sein. Das System kann auch mit nicht regulären Abtastmomenten arbeiten. Hier werden nur regelmäßige Abtastmomente in der Simulation verwendet.

Zuerst wird eine Simulation des Kernel-Verfahrens gezeigt, um die Sachverhalte für das Lifting-System leichter zu verstehen. Es werden die Bezeichnungen aus [42] verwendet, so dass der Leser bei Bedarf die Abhandlungen, die hier nicht besprochen werden, verfolgen kann.

Für n Beobachtungen (x_i, y_i), wobei x_i die Abszissen und y_i die entsprechenden Werte der Funktion sind, wird ein Kernel-Schätzer für einen beliebigen Punkt x durch

$$\hat{f}(x) = \frac{\sum_{i=1}^{n} K(\frac{x-x_i}{h}) y_i}{\sum_{i=1}^{n} K(\frac{x-x_i}{h})} \tag{4.189}$$

definiert. Hier ist $K(u)$ die Kernel-Funktion, eine Funktion die gewöhnlich eine begrenzte Ausdehnung besitzt und für die $\int_{-\infty}^{\infty} K(x)dx = 1$ gilt. Der Faktor h ist die

„Bandbreite". Eine optimale Wahl dieses Parameters ergibt die kleinsten Fehler für die Schätzung $\hat{f}(x)$ und ist eine wichtige Operation in der Kernel-Glättung.

In dem Skript `kernel_1.m` wird als Kernel-Funktion die Gauß-Glocke verwendet, die die Wahrscheinlichkeitsdichte normal verteilter Zufallszahlen darstellt:

$$K(x) = \frac{1}{\sqrt{2\pi h}}e^{-0,5x^2/h}. \tag{4.190}$$

Mit folgenden Zeilen

```
% ------- Kernel-Funktion
delt = 0.1;
h = 1.8;                    % Bandbreite der Kernel-Funktion
xk = -4*h:delt:4*h-delt;         nxk = length(xk);
K = (1/(h*sqrt(2*pi)))*exp(-0.5*(xk/h).^2);
```

wird diese Kernel-Funktion berechnet und dargestellt. Danach wird ein Signal bestehend aus einer Sinusfunktion und Rauschen definiert, das weiter abgetastet wird, um die Beobachtungen `xi,yi` zu erhalten. Weiter wird gemäß Gl. (4.189) die Glättung und Interpolation programmiert:

```
% ------- Glättung und Interpolation
int = zeros(nyi, nx);
sumK = zeros(nyi, nx);
for l = 1:nyi
    int(l,:) = yi(l)*(1/(h*sqrt(2*pi)))
                *exp(-0.5*((x-xi(l))/h).^2);
    sumK(l,:) = (1/(h*sqrt(2*pi)))
                *exp(-0.5*((x-xi(l))/h).^2);
end;
sumKt = sum(sumK);
yint = sum(int)./sumKt;
```

In Abb. 4.151 ist oben das Eingangssignal und die Stützstellen als Abtastwerte dargestellt. Darunter sind nochmals die Stützstellen und das geglättete bzw. interpolierte Signal für eine Bandbreite $h = 1,8$ gezeigt. In Abb. 4.152 ist dasselbe Signal geglättet und interpoliert mit einer Kernel-Funktion der Bandbreite $h = 0,5$ dargestellt.

Für das Lifting-System wird die Schätzung gemäß Gl. (4.189) als voraussage Operator eingesetzt:

$$P(x; x_{j+1,e}, s_{j+1,e}) = \frac{\sum_{i=1}^{2j} K(\frac{x-x_{j+1,2k}}{h_{j+1}})s_{j+1,2k}}{\sum_{i=1}^{2j} K(\frac{x-x_{j+1,2k}}{h_{j+1}})}. \tag{4.191}$$

Hier ist $j + 1$ die höchste Auflösung von der man anfängt und e bedeutet die gerade Sequenz. Somit ist $x_{j+1,2k}$ die gerade Abszisse für die gerade Approximationssequenz

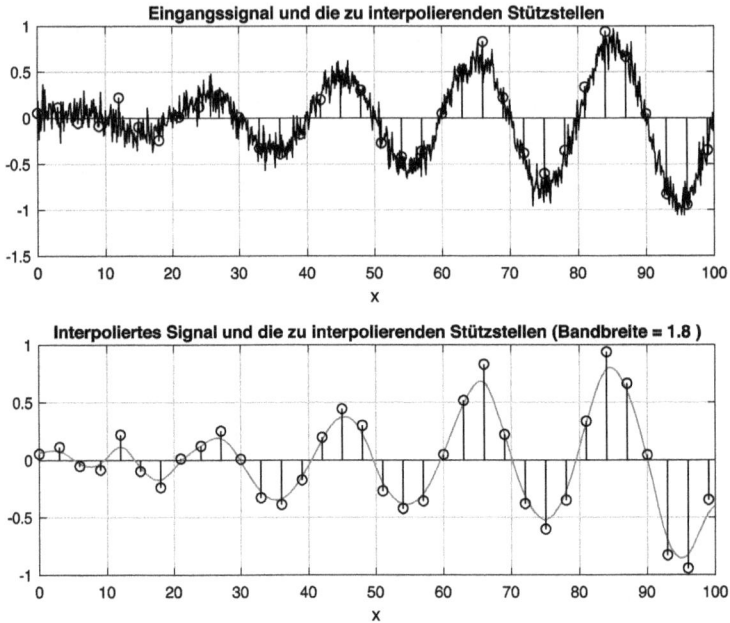

Abb. **4.151:** Eingangssignal und das geglättete und interpolierte Signal für $h = 1{,}8$ (kernel_1.m).

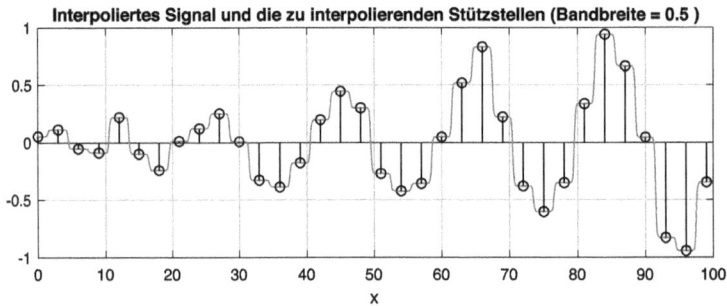

Abb. **4.152:** Das geglättete und interpolierte Signal für $h = 0{,}5$ (kernel_1.m).

$s_{j+1,2k}$. Die Approximationssequenz $s_{j+1,k}$ der höchsten Auflösung ist das Eingangssignal. Die Bandbreite h_j kann auch adaptiv angepasst werden. Vereinfacht wird in der Simulation mit einer konstanten Bandbreite gearbeitet.

Mit der Funktion multiscale_kernel_1.m wird das Lifting-System mit der Glättung und Voraussage über den Operator gemäß Gl. (4.191) programmiert. In Abb. 4.153(a) ist das Lifting-System dargestellt. Es wird eine Voraussage sowohl für die ungeraden (Operator P_o) als auch für die geraden Sequenzen (Operator P_e) verwendet. Man erhält eine *Scaling*-Sequenz als Approximation und zwei Detailsequenzen. Die Detailsequenzen können zusammengefasst werden (*Merge*), um eine Detailsequenz der Auflösung $j + 1$ zu erhalten. Da man diese bei dem inversen Lifting-System,

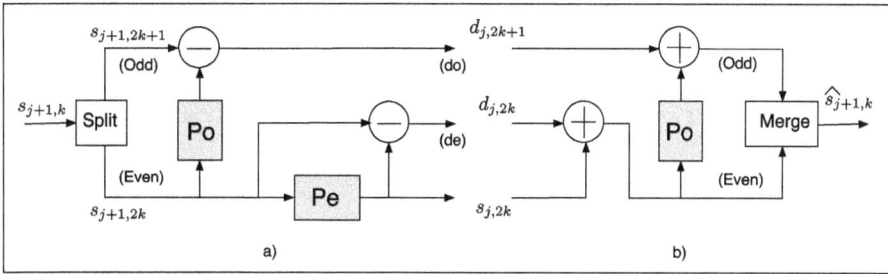

Abb. 4.153: Das Lifting-System und dessen inversen System (multiscale_kernel_1.m).

das in Abb. 4.153(b) dargestellt ist, verwendet, werden in der Simulation die zwei Detailsequenzen als Ergebnis beibehalten.

In der Simulation, die als Funktion programmiert ist, um andere Funktionen anhängen zu können, werden die Variablen nach folgendem Schema bezeichnet. Als Beispiel sei die Variable $s_{j+1,2k+1}$ angenommen. Die entsprechende MATLAB-Variable wird mit sjp12kp1 bezeichnet. Der Buchstabe p stellt den Operator + dar. Somit ist dann $x_{j+1,k}$ in MATLAB durch xjp1k dargestellt. Die Funktion beginnt mit Initialisierungen:

```
% ------- Initialisierungen
xjp1k = 0:2^8-1;   % Stützpunkte für die Auflösung j+1 (jp1)
nxjp1 = length(xjp1k);
xjp12k = xjp1k(1:2:end); % Gerade Stützpunkte
xjp12kp1 = xjp1k(2:2:end); % Ungerade Stützpunkte
nxj = length(xjp12k);
```

Es werden die geraden und ungeraden Stützpunkte für das Eingangssignal definiert. Weiter wird ein Eingangssignal aus einer Sinusfunktion mit steigender Amplitude plus bandbegrenztes Rauschen definiert. Es bildet auch die Approximation $s_{j+1,k}$ der höchsten Auflösung $j + 1$:

```
rng('default');
hn = fir1(128,0.85);
noise = filter(hn,1,randn(1,nxjp1+128));
noise = noise(129:end);   % Ohne Einschwingen
sjp1k = 0.01*(0:nxjp1-1).*sin(2*pi*xjp1k/50) + 0.25*noise;
        % Eingangssignal
% (Approximation der höchsten Auflösung)
```

Daraus werden die geraden und ungeraden Sequenzen $s_{j+1,2k}$ bzw. $s_{j+1,2k+1}$ ermittelt:

```
% ------- Spliting in geraden- und ungeraden Sequenzen
sjp12k = sjp1k(1:2:end);     % Gerade (Even)
sjp12kp1 = sjp1k(2:2:end);   % Ungerade (Odd)
```

```
nevenodd = length(sjp12k);
```

Mit der Funktion K wird die Kernel-Funktion gemäß Gl. (4.190) berechnet und mit der Funktion Px werden die Werte der Glättung mit Voraussage gemäß Gl. (4.191) berechnet:

```
%####################
function [K] = K(x, xi, h);     % Kernel-Funktion
K = (1/(h*sqrt(2*pi)))*exp(-0.5*(((x-xi)/h).^2));
%####################
function [Pm] = Px(x, x2k, s2k, h);    % Voraussage Vektor
n2k = length(x2k);

Pm = 0;
sumK = 0;
for l = 1:n2k
    Pm = Pm + K(x,x2k(l),h)*s2k(l);
    sumK = sumK + K(x,x2k(l),h);
end;
Pm = Pm/sumK;
```

In zwei **for**-Schleifen wird das Lifting-System programmiert:

```
for l = 1:nevenodd
    do(l) = sjp12kp1(l) - Px(xjp12k(l), xjp12k, sjp12k, h);
end;                                    % Ungerade Details
for l = 1:nevenodd
    de(l) = sjp12k(l) - Px(xjp12k(l), xjp12k, sjp12k, h);
    sc(l) = Px(xjp12k(l), xjp12k, sjp12k, h);
                                        % Approx. (Scale)
end;
```

Als Ergebnisse erhält man die geraden und ungeraden Details $d_{j,2k}$ und $d_{j,2k+1}$ (de, do) und die Approximation $s_{j,2k}$ (gemäß Abb. 4.153(a)), die in Abb. 4.154 dargestellt sind.

Die inverse Transformation ist gemäß der Darstellung aus Abb. 4.153(b) programmiert und wird nicht mehr kommentiert. Wie erwartet sind das Eingangssignal $s_{j+1,k}$ und das rekonstruierte Signal $\hat{s}_{j+1,k}$ gleich.

In [43] ist eine Lifting-Lösung mit einem ähnlichen Operator P_j programmiert, in dem zusätzlich zu der Kernel-Funktion auch ein Polynom für die Glättung und Interpolation verwendet werden. Die Bandbreite der Kernel-Funktion beschränkt den Bereich in dem das Polynom wirkt. Diese Form ist auch aus der statistischen Regression inspiriert [44, 45].

Es wird hier ein vereinfachtes Modell dieses Systems mit gleichmäßigen Abtastintervallen benutzt. In Abb. 4.155 ist die Zerlegung des Eingangssignals als Skalierungsfunktion der höchsten Auflösung $s_{j+1,k}$ zusammen mit der inversen Transformation

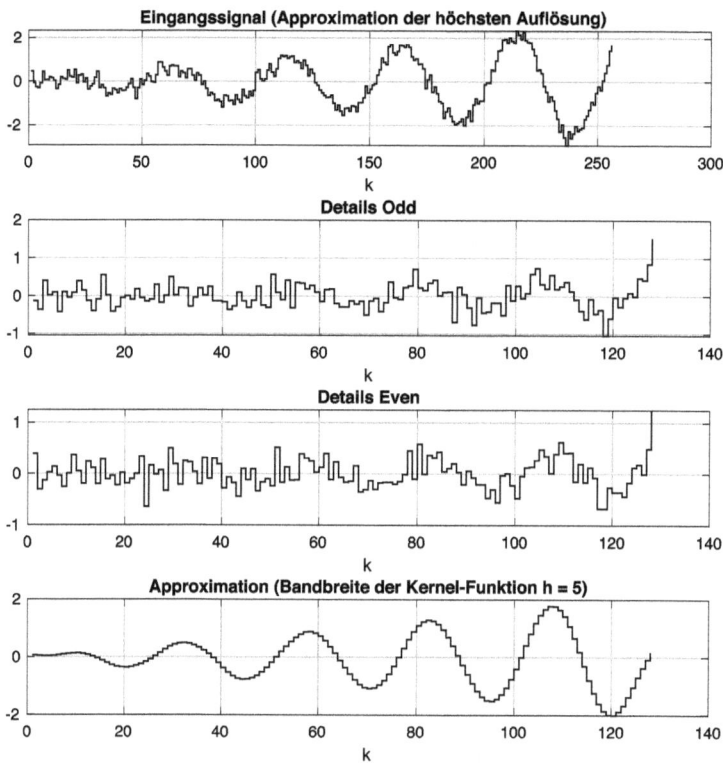

Abb. 4.154: Eingangssignal, Details und Approximation (multiscale_kernel_1.m).

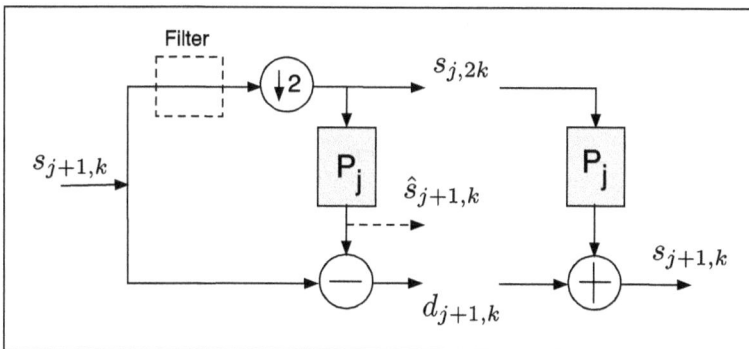

Abb. 4.155: Die direkte und inverse Transformation.

dargestellt. Ausgehend vom Eingangssignal $s_{j+1,k}$ erhält man nach der ersten Stufe die Skalierungs- oder Approximationswerte $s_{j,2k}$ und die Details $d_{j+1,k}$. Die Güte der Voraussage mit Glättung kann mit Hilfe des Signals $\hat{s}_{j+1,k}$ beurteilt werden.

Der Operator P_j ergibt sich aus der Minimierung eines quadratischen Fehlers und hat folgende Form [43]:

$$P_j(x; \mathbf{x}_j) = \mathbf{X}^{(p)}(x)\left(\mathbf{X}_j^{(p)^T}\mathbf{W}_j(x)\mathbf{X}_j^{(p)}\right)^{-1}\left(\mathbf{X}_j^{(p)^T}\mathbf{W}_j(x)\right). \tag{4.192}$$

Die lokale polynomial Glättungsmatrix $P_j(x; \mathbf{x}_j)$, ist ein Vektor der Länge n_j mit Elementen abhängig von x. In dieser Gleichung ist $\mathbf{X}^{(p)}(x) = [1, x, \ldots, x^{p-1}]$ ein Zeilenvektor und p ist die Ordnung der Voraussage (eine ganze Zahl). Die Länge n_j ist die Länge der Stützstellen $\mathbf{x}_j$. Die $n_j \times p$ Matrix $\mathbf{X}_j^{(p)}$ besitzt als kr Element den Wert:

$$\left(\mathbf{X}_j^{(p)}\right)_{kr} = x_{j,k}^{r-1}. \tag{4.193}$$

Die diagonale Matrix $\mathbf{W}_j(x)$ ist eine Gewichtungsmatrix mit folgenden Elementen:

$$\left(\mathbf{W}_j\right)_{kk}(x) = K\left(\frac{x - x_{j,k}}{h_j}\right). \tag{4.194}$$

Die Bandbreite h_j für die Auflösung j steuert die Ausdehnung der Kernel-Funktion K und dadurch auch den Bereich des Regressionspolynoms des Grades $p - 1$. In der Simulation wird $h_j = h$ als eine Konstante angenommen. In Abb. 4.156 ist die Transformation mit zwei Stufen dargestellt. Ausgehend vom Eingangssignal $s_{j+1,k}$ erhält man nach der ersten Stufe die Skalierungs- oder Approximationswerte $s_{j,2k}$ und die Details $d_{j+1,k}$. Die Güte der Voraussage mit Glättung wird mit Hilfe des Signals $\hat{s}_{j+1,k}$ beurteilt.

Die Approximation $s_{j,2k}$ ist in den oben gezeigten Abbildungen einfach durch Abwärtastastung mit Faktor zwei erhalten. Hier kann man auch andere Bearbeitungen einsetzen, wie z. B. eine typische Tiefpassfilterung und man erhält weiter eine perfekte Rekonstruktion. Die inverse Transformation ergibt sich einfach aus der direkten

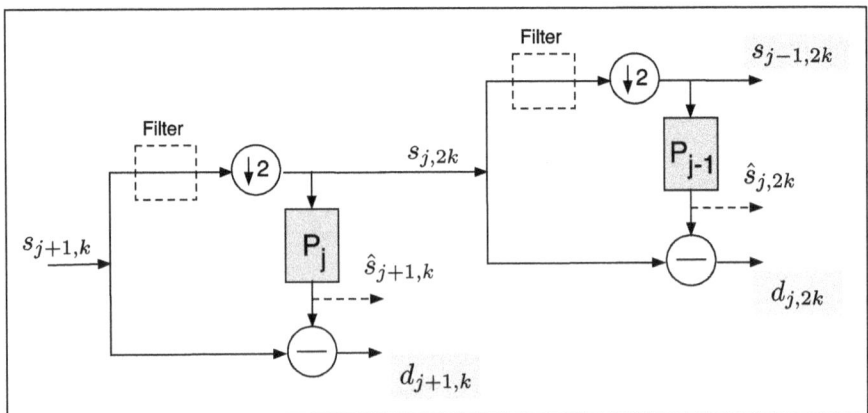

Abb. 4.156: Die *Multiscale*-Transformation mit zwei Stufen.

Transformation:

$$d_{j+1,k} = s_{j+1,k} - P_j(s_{j,2k}, \mathbf{x}_j)s_{j,2k} \quad \text{direkte Transformation}$$
$$s_{j+1,k} = d_{j+1,k} + P_j(s_{j,2k}, \mathbf{x}_j)s_{j,2k} \quad \text{inverse Transformation}.$$

(4.195)

Nach der Transformation mit zwei Stufen erhält man die $s_{j-1,2k}$ und die Details $d_{j+1,k}$ bzw. $d_{j,2k}$, die in Abb. 4.156 gezeigt sind.

Die inverse Transformation wird von Stufe zu Stufe berechnet. Aus $s_{j-1,2k}$ und $d_{j,2k}$ wird die Sequenz $s_{j,2k}$ ermittelt und dann ähnlich aus $s_{j,2k}$ und $d_{j+1,k}$ wird die Eingangssequenz $s_{j+1,k}$ berechnet.

Im Skript `multi_poly_1.m` wird die Zerlegung und die inverse Transformation für eine gleichmäßig abgetastete Sequenz programmiert. Am Anfang werden die gleichmäßigen Stützstellen für die Eingangssequenz und für die abwärtsgetastete Sequenz bestimmt und eine Eingangssequenz definiert. Sie besteht (wie gehabt) aus einer Sinussequenz mit steigender Amplitude plus bandbegrenztes Rauschen:

```
% ------- Initialisierungen
xjp1 = 0:2^8-1;      % Stützpunkte für die Auflösung j+1 (jp1)
nxjp1 = length(xjp1);
xj = xjp1(1:2:end);    % Stützpunkte für die Auflösung j
nxj = length(xj);
% Eingangssignal (sj+1,k)
rng('default');
hn = fir1(128,0.5);
noise = filter(hn,1,randn(1,nxjp1+128));
noise = noise(129:end);
sjp1 = 0.01*(0:nxjp1-1).*sin(2*pi*xjp1/50) + 0.5*noise;
```

Weiter wird die Sequenz $s_{j,2k}$, im Skript durch `sj` bezeichnet, berechnet. Man kann eine aus drei Möglichkeiten wählen. In der ersten Art werden je zwei Abtastwerte gemittelt. Die zweite Art besteht aus einer Tiefpassfilterung und Dezimierung mit Faktor zwei. Für die korrekte Ausrichtung wird die Verspätung durch das Filter kompensiert.

```
% ------- Schätzung von sj
k = 1;                   % Durch Mittelung von zwei Werten
for l = 1:nxj
   sj(l) = (sjp1(k)+sjp1(k+1))/2;
   k = k + 2;
end;
% Mit TP-Filter und Kompensation der Verspätung
hl = fir1(16,0.25);
sj = filter(hl,1,sjp1);
sj = [sj(9:2:end), zeros(1,4)];
           % Abwärtstastung und Kompensation
```

```
                                    % der Verspätung
% Alternative durch 'Subsampel'
% sj = sjp1(1:2:end);
disp(['std(sj) = ',num2str(std(sj))]);        % std(sj),
```

Die letzte Art besteht einfach nur aus einer Dezimierung mit Faktor zwei. Um eine dieser Arten zu wählen, muss man die anderen als Kommentare deaktivieren.

Die Detailsequenz wird mit Hilfe der Matrix Pjm berechnet, die in den Zeilen die voraussagen Vektoren Pj enthält:

```
% ------- Detail-Sequenz
Pjm = zeros(nxjp1,nxj);
p = 3;        % p-1 = Grad des Regressionspolynoms
h = 15;       % Bandbreite der Kernel-Funktion
for l = 1:nxjp1
    Pjm(l,:) = Pj(xjp1(l), xj, p, h);
end;
djp1 = sjp1' - Pjm*sj';
disp(['std(djp1) = ',num2str(std(djp1))]);     % std(djp1),
.....
```

Diese Vektoren werden mit der Routine Pj berechnet:

```
function VPj = Pj(x, xj, p, h);
% x = beliebige Abszisse
% xj = Stützpunkte der Auflösung j
% p = Order of prediction
% h = Bandbreite der Kernel-Funktion
nj = length(xj);
Xx = vxp(x,p);
Xj = zeros(nj,p);
for l = 1:nj;
    Xj(l,:) = vxp(xj(l),p);
end;
Wj = zeros(nj,nj);
for l = 1:nj;
    Wj(l,l)= ker(x,xj(l),h);
end;
VPj = Xx*inv(Xj'*Wj*Xj)*(Xj'*Wj);
% ------- Funktion zur Bildung von Vektoren 1, x, x^2, ...
function xp = vxp(x,p);
xp = zeros(1,p);
xp(1) = 1;
for l = 2:p;
```

```
    xp(1) = xp(1-1) + x^(1-1);
end;
% ------- Kernel-Funktion
function xker = ker(x,xj,h);
xker = (1/(sqrt(2*pi)*h))*exp(-((x-xj)/h)^2);
```

Die inverse Transformation oder Rekonstruktion wird mit

```
% ------- Inverse Transformation
sjp1r = djp1 + Pjm*sj';
```

erhalten.

In Abb. 4.157 sind die Ergebnisse für $p = 3$ und $h = 15$ dargestellt. Ganz oben ist das Eingangssignal oder die Skalierungsfunktion $s_{j+1,k}$ der höchsten Auflösung $j + 1$ gezeigt. Darunter ist die Skalierungsfunktion oder Approximation $s_{j,2k}$ der Auflösung j und Unterabtastung mit Faktor zwei dargestellt. Im dritten **subplot** ist die geglättete

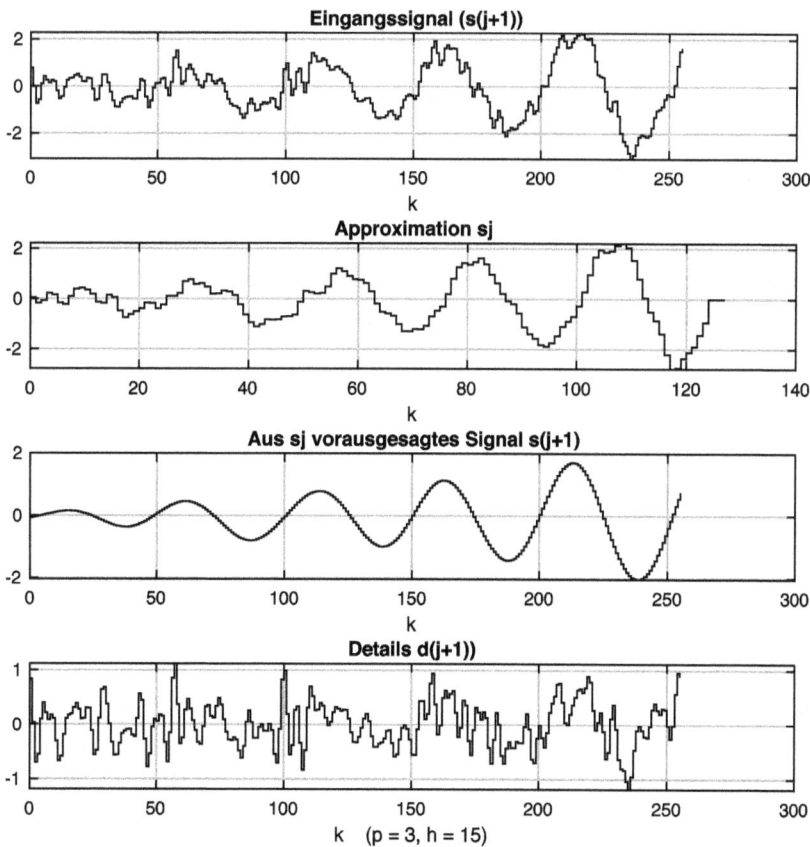

Abb. 4.157: Ergebnisse der Simulation (multi_poly_1.m).

Voraussage $\hat{s}_{j+1,k}$ mit deren Hilfe die Details gemäß Gl. (4.195) berechnet werden. Diese Details sind im letzten **subplot** dargestellt. Wie erwartet, führt die Rekonstruktion zu einer Sequenz die gleich dem Eingangssignal ist.

Die Berechnung des Voraussagevektors gemäß Gl. (4.192) enthält die Inverse einer Matrix. Mit einigen Kombinationen der Parameter p und h kann es vorkommen, das die Matrix nahe an einer singulären Matrix ist und die Inverse ist nicht korrekt. Die hier gezeigte Simulation entspricht einem einfachen Fall mit gleichmäßigen Intervallen und ohne die theoretische, begründete Wahl der Parameter p, h, die ausführlich in der Literatur dargestellt ist [42, 45, 46]. Diese Parameter wurden hier durch Versuche gewählt. Bei der Zerlegung in mehreren Stufen kann für jede Stufe eine andere Bandbreite für die Kernel-Funktion benutzt werden und so den Einflussbereich der Regressionspolynome beeinflussen.

4.6 Wavelet-Transformation von Bildern

Bis jetzt wurden eindimensionale Daten transformiert. Die Bilder sind zweidimensional und man kann zweidimensionale Wavelets einsetzen oder sogenannte separable Wavelet-Transformationen verwenden. Dadurch wird die zweidimensionale Transformation mit zwei sukzessiven eindimensionalen Transformationen ersetzt [32]. Diese Art ist nicht so aufwendig wie die zweidimensionale Wavelet-Transformation.

Ein Bild wird als ein zweidimensionales Pixelfeld der Größe $M \times N$ betrachtet. In einem Farbbild ist jedes Pixel mit verschiedenen Farbkomponenten dargestellt. In dem RGB Farbraum sind es je drei Farbkomponenten: Rot, Grün und Blau. Im Farbraum YUV mit Y als Luminanz und U bzw. V als Chrominanz, die zusammen mit Y die Farbe ergeben, sind es auch drei Anteile. Basierend auf den Eigenschaften des menschlichen Auges sind hier im Format 4 : 2 : 2 und 4 : 1 : 1 von Anfang an für die Chrominanz-Anteile kleinere Felder notwendig. So z. B. für das Format 4 : 1 : 1 ist das Bild mit drei Felder der Größe $M \times N$ für die Luminanz und zwei Felder der Größe $M/4 \times N/4$ für die Chrominanz-Anteile dargestellt.

Im Weiteren wird jede Farbkomponente von Farbbildern als ein separates Intensitätsbild (mit Grauwerten) derselben Größe betrachtet und hier wird nur die Transformation eines zweidimensionalen Intensitätsbildes besprochen. Die Wavelet-Transformation entlang der Zeilen und Spalten mit begrenzter Länge führen ohne zusätzliche Maßnahmen zu Randeffekte. Deshalb werden, wie bei der eindimensionalen Transformation, auch hier Erweiterungen der Zeilen oder Spalten benutzt. Die meist verwendeten sind: die Nullerweiterung, die periodische und die symmetrische Erweiterung. In der *Wavelet Toolbox* wird diese Erweiterung mit Hilfe der Funktion **dwtmode** gewählt.

Die separable Transformation der zweidimensionalen Scalierungsfunktion $\phi_{j,n,m}(x,y)$ wird in ein Produkt von zwei eindimensionalen Skalierungsfunktionen zerlegt:

$$\phi_{j,m,n}(x,y) = \phi_{j,m}(x)\phi_{j,n}(y) = 2^j\phi(2^jx - m), \phi(2^jy - n)$$
$$j,m,n \in \mathbb{Z}^3 .$$

(4.196)

Für die Transformation eines Bildes werden aus zwei orthonormalen Funktionen ϕ und ψ drei Wavelets definiert:

$$\psi^1(x,y) = \phi(x)\psi(y), \quad \psi^2(x,y) = \psi(x)\phi(y), \quad \psi^3(x,y) = \psi(x)\psi(y)$$
$$\text{mit} \quad \psi^k_{j,m,n} = 2^j\psi^k(2^jx - m, 2^jy - n) \quad 1 \le k \le 3 .$$

(4.197)

Folgende Skalarprodukte ergeben jetzt die Koeffizienten der Wavelet-Transformation:

$$a_j[m,n] = \langle f, \phi_j[j,m,n] \rangle \quad \text{und} \quad d^k_j[m,n] = \langle f, \psi^k_j[j,m,n] \rangle$$
$$1 \le k \le 3 .$$

(4.198)

Hier ist f das zweidimensionale Bild, das gleich mit den Koeffizienten der Approximation (Skalierungsfunktion) der höchsten Auflösung $a_{j+1}[m,n]$ ist. Der Algorithmus der schnellen Wavelet-Transformation führt dann auf folgende Faltungen:

$$a_j[2m,2n] = ((a_{j+1}[m,n] * h_0[m]) \downarrow 2 * h_0[n]) \downarrow 2$$
$$d^1_j[2m,2n] = ((a_{j+1}[m,n] * h_0[m]) \downarrow 2 * h_1[n]) \downarrow 2$$
$$d^2_j[2m,2n] = ((a_{j+1}[m,n] * h_1[m]) \downarrow 2 * h_0[n]) \downarrow 2$$
$$d^3_j[2m,2n] = ((a_{j+1}[m,n] * h_1[m]) \downarrow 2 * h_1[n]) \downarrow 2 .$$

(4.199)

Hier sind h_0, h_1 die Tiefpass- bzw. Hochpassfilter, die mit der Wavelet ψ verbunden sind und zur Analyse dienen. Mit $\downarrow 2$ wird die Abwärtastung mit Faktor 2 (Dezimierung mit Faktor 2) bezeichnet. Für die inverse Wavelet-Transformation oder die Rekonstruktion gilt dann:

$$a_{j+1}[m,n] = (a_j[2m,2n] \uparrow 2 * g_0[n]) \uparrow 2 * g_0[m]$$
$$+ (d^1_j[2m,2n] \uparrow 2 * g_1[n]) \uparrow 2 * g_0[m]$$
$$+ (d^2_j[2m,2n] \uparrow 2 * g_0[n]) \uparrow 2 * g_1[m]$$
$$+ (d^3_j[2m,2n] \uparrow 2 * g_1[n]) \uparrow 2 * g_1[m] .$$

(4.200)

Hier sind g_0, g_1 die Tiefpass- bzw. Hochpassfilter, die gespiegelt zu den Filtern h_0, h_1 sind und zur Synthese dienen. Es wird mit $\uparrow 2$ die Aufwärtastung mit Faktor 2 bezeichnet.

In Abb. 4.158(a) ist die zweidimensionale schnelle Wavelet-Transformation dargestellt und in Abb. 4.158(b) ist die inverse Transformation gezeigt, die sich aus den oben gezeigten Beziehungen ergibt.

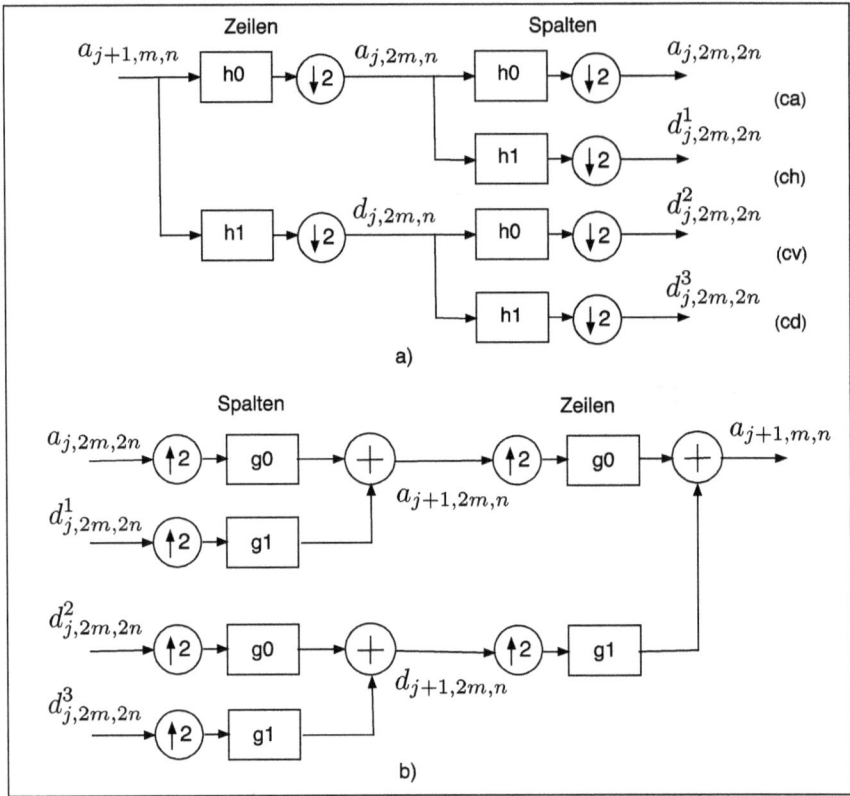

Abb. 4.158: (a) Zerlegung eines 2D Bildes, mit sechs eindimensionalen Faltungen und Dezimierungen entlang der Zeilen und Spalten. (b) Die Rekonstruktion durch Aufwärtstastung und Filterung ebenfalls entlang der Spalten und Zeilen.

Aus einem Bild der Größe $M \times N$ erhält man die Koeffizienten der Analyse als vier Felder der Größe $M/2 \times N/2$. Die Koeffizienten der Approximation $a_j[2m, 2n]$ werden in der nächsten Stufe weiter in vier Teilfelder von Koeffizienten der Größe $M/4 \times N/4$ zerlegt.

In Abb. 4.159 ist die Analysetransformation in drei Stufen skizziert. Wegen der Tiefpass- und Hochpassfilter werden die Teilfelder der Koeffizienten der Zerlegung auch mit LL, LH, HL und HH bezeichnet. In der Simulation sind diese Felder mit den typischen Bezeichnungen von MATLAB ca, ch, cv und cd notiert.

Abb. 4.159(a) zeigt die erste Zerlegung. Die Approximationskoeffizienten LL werden dann weiter, wie in Abb. 4.159(b) dargestellt, zerlegt. Ähnlich werden die Approximationskoeffizienten LL dieser Stufe weiter zerlegt, wie in Abb. 4.159(c) gezeigt. Als Ergebnis erhält man die Felder der Detailkoeffizienten jeder Stufe, neun Felder insgesamt und das Feld der Approximationskoeffizienten der letzten Stufe. Die Größe der

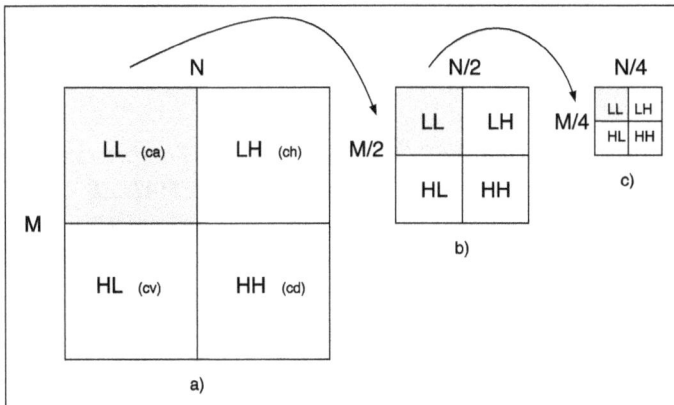

Abb. 4.159: Zerlegung eines 2D Bildes in drei Stufen.

Koeffizientenfelder ist leicht aus der Abb. 4.159 zu entnehmen. Die inverse Transformation wird sukzessiv von der letzten Stufe zur vorherigen berechnet.

4.6.1 Experiment: Zerlegung eines S/W-Bildes

Im Skript wavelet_bild_1.m wird die Zerlegung und Rekonstruktion eines S/W Bildes mit MATLAB-Funktionen aus der *Wavelet Toolbox* programmiert. Am Anfang kann man verschiedene Wavelet-Filter wählen:

```
% -------- Wavelet-Filter
wavelet = 'cdf9/7';   % 'cdf9/7'; 'db4'; 'bior4.4'
switch wavelet
  case{'cdf9/7'}
% ------- Nach
% https://de.mathworks.com/matlabcentral/fileexchange/
% 11846-cdf-9-7-wavelet-transform
    h0 = [.026748757411 -.016864118443
          -.078223266529 .266864118443];
    h0 = [h0 .602949018236 fliplr(h0)];
    h1 = [.045635881557 -.028771763114 -.295635881557];
    h1 = [h1 .557543526229 fliplr(h1)];
    g0 = h1 .* [-1 1 -1 1 -1 1 -1] * 2;
    g1 = h0 .* [1 -1 1 -1 1 -1 1 -1 1] * 2;
    h1 = [0,h1,0];  % Alle Filter der CDF 9/7 Wavelet werden
    g0 = [0,g0,0];  % mit derselben Länge erzeugt
  case{'db4'}
    [h0,h1,g0,g1] = wfilters(wavelet);
```

```
case{'bior4.4'}
   [h0,h1,g0,g1] = wfilters(wavelet);
end;
```

Die erste Wavelet 'CDF 9/7' ist im JPEG-2000 Verfahren zur Kompression von Bildern verwendet. Die Filter sind aus einem Beitrag im Forum *MATLAB Central* (URL: https://de.mathworks.com/matlabcentral/fileexchange/11846-cdf-9-7-wavelet-transform) übernommen. Für die nächsten zwei Wavelet sind die Koeffizienten der Filter mit der Funktion **wfilters** ermittelt. Weiter kann man eines der vorgeschlagenen Bilder wählen:

```
% -------- Bild Laden
%bild = imread('cameraman.tif');
bild = imread('hs_karlsruhe.tif');
%bild = imread('trees.tif');
%bild = imread('Lenna_sw.tif'); % bild = bild(:,:,1);
```

Sehr bekannt ist das Bild 'Lenna', das in den Anfängen der Entwicklung von Kompressionsalgorithmen zum Vergleich der vorgeschlagenen Algorithmen diente. Hier wird das Bild, das von der Webseite der Hochschule Karlsruhe Technik und Wirtschaft extrahiert wurde, eingesetzt. Es enthält sowohl viele Details als auch Flächen mit wenig oder gar keine Details.

Mit folgenden Zeile wird die Wavelet-Transformation berechnet:

```
[ca,ch,cv,cd] = dwt2(bild,h0,h1,'mode','zpd');
```

Die vier Felder der Koeffizienten der Zerlegung ca, ch, cv, cd entsprechen den Teilfeldern aus Abb. 4.159(a), die auch mit LL, LH, HL, HH bezeichnet und in Abb. 4.160 dargestellt sind.

Um die Koeffizientenfelder als Bilder mit der Funktion **imagesc** darzustellen muss man den Wertebereich dieser Koeffizienten kennen. Das Teilfeld der Koeffizienten ca (LL) beinhaltet nur positive Werte. Die restlichen Koeffizienten beinhalten auch negative Werte und somit muss man für jedes Bild die Funktion neu parametrieren, damit die Bilder der Koeffizienten aussagekräftig in den Darstellungen sind. Für das gewählte Bild zeigen die Teilbilder der Koeffizienten der Details signifikante Werte für die Konturen und dunkle Flächen für die Partien ohne Details.

Einen besseren Einblick erhält man durch die Darstellung der Koeffizienten der Zerlegung z. B. entlang einer Zeile (zeile = 141), wie in Abb. 4.161 gezeigt. Die Kompression von Signalen und entsprechend auch von Bildern basiert auf der Rekonstruktion mit den Koeffizienten der Approximation und nur mit signifikanten Werten der Koeffizienten der Details. In Abb. 4.162 ist das Originalbild zusammen mit dem nur aus den Koeffizienten ca (LL) rekonstruierten Bild dargestellt.

Es gibt verschiedene Methoden die signifikanten Werte der Details zu bestimmen [36]. Das gilt auch für das Entfernen des Rauschens in Signalen. Man kann annehmen,

Abb. 4.160: Die vier Teilbilder der Wavelet-Transformation (wavelet_bild_1.m).

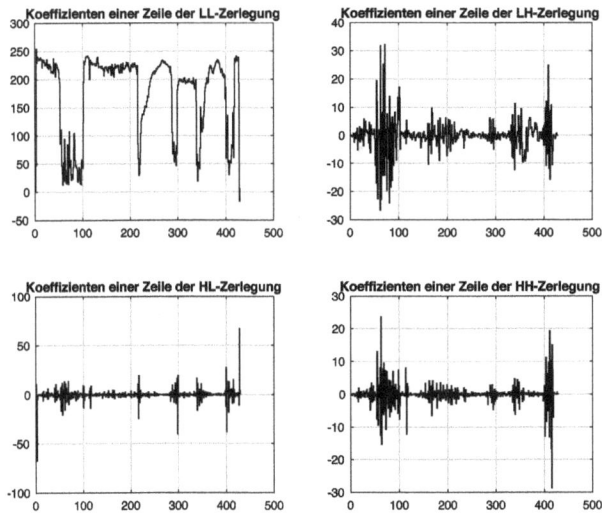

Abb. 4.161: Die Koeffizienten der Wavelet-Transformation entlang einer Zeile (wavelet_bild_1.m).

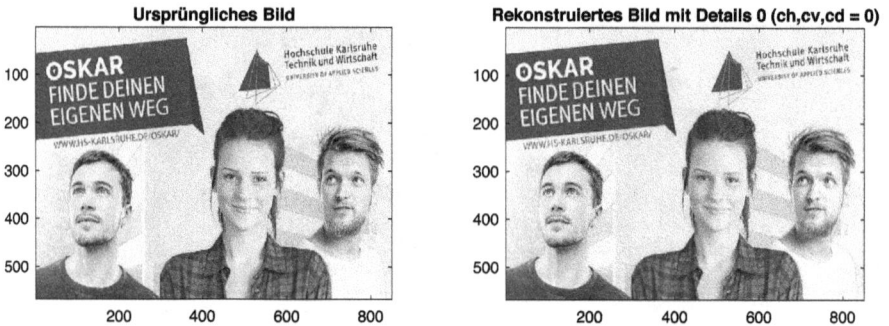

Abb. 4.162: Ursprüngliches Bild und das nur aus ca-Koeffizienten (LL) rekonstruierte Bild (wavelet_bild_1.m).

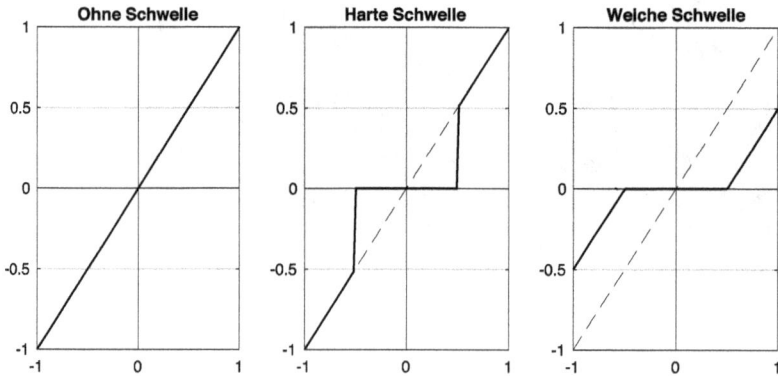

Abb. 4.163: Die harte und weiche Funktion zur Selektion der Detail-Koeffizienten (harte_weiche_schwelle.m).

dass das Rauschen für die relativ kleinen Werte der Koeffizienten der Details verantwortlich ist. Dann wird die Rekonstruktion mit den Detail-Koeffizienten die eine bestimmte Schwelle überschreiten berechnet. Diese Diskriminierung kann auch sanft von null aufwärts stattfinden.

In Abb. 4.163 sind die Funktionen zur Diskriminierung oder Selektion der Detail-Koeffizienten dargestellt. Diese Darstellungen wurden mit dem Skript harte_weiche_schwelle.m erzeugt.

Die erste Funktion ist nur zum Vergleich gezeigt, sie bewirkt keine Änderung der Eingangswerte. Die restlichen zwei Funktionen sind für eine Schwelle gleich 0,5 dargestellt. Die zweite Funktion zeigt, dass die Eingangswerte welche die Schwelle über- oder unterschreiten als Ausgangswerte erscheinen. In der dritten Funktion werden die Eingangswerte, die die Schwelle über- oder unterschreiten als Ausgangswerte werden auch noch geändert. Die Wahl der Schwellenfunktion kann mit der Funktion **wthresh** aus der *Wavelet Toolbox* realisiert werden.

4.6.2 Experiment: 1D Wavelet-Transformation und Rekonstruktion mit Selektion der Detail-Koeffizienten

Im Skript `threshold_1.m` ist das Experiment programmiert. Am Anfang wird ein Signal mit Rauschen generiert. Danach wird eine Wavelet gewählt (hier 'db5') und es werden die entsprechenden Einheitspulsantworten der Filter ermittelt:

```
[h0,h1,g0,g1] = wfilters('db5');    % db4 Wavelet gewählt
[ca,cd] = dwt(ynoise,h0,h1,'mode','sym');
            % Koeffizienten der Wavelet-Transformation
```

Mit Hilfe der Funktion **dwt** und der Analysefilter `h0,h1` werden die Koeffizienten der Wavelet Transformation berechnet; `ca` für die Koeffizienten der Approximation und `cd` für die Koeffizienten der Details. Um eine Schwelle zur Selektion der signifikanten Werte der Detail-Koeffizienten zu erhalten wird weiter die Häufigkeitsverteilung dieser Koeffizienten ermittelt:

```
n_int = 40;                 % Anzahl der Intervalle
[Hcd, interv] = hist(cd,n_int);  % Histogram
```

Mit `n_int` ist die Anzahl der Intervalle bezeichnet, in denen die Häufigkeiten berechnet werden. In Abb. 4.164 sind die Ergebnisse der Wavelet-Transformation und Rekonstruktion mit einer Stufe dargestellt.

Ganz oben ist das Eingangssignal mit Rauschen dargestellt. Darunter sind die Koeffizienten der Approximation und der Details gezeigt. Nach der DWT, die zu diesen Koeffizienten geführt hat, ist die Anzahl der Koeffizienten halb so groß.

Die Häufigkeitsverteilung der Detail-Koeffizienten ist in dem **subplot**(425) dargestellt. In der Annahme, dass die kleineren Werte der Details vom Rauschen hervorgehen wählt man eine harte Schwelle gleich 10. Die zwei vertikalen Linien umfassen den Bereich der Details, der dem Rauschen zugewiesen ist. Die noch bleibenden Details nach dieser Selektion

```
schwelle = 10;              % Gewählte Harte-Schwelle
cdthr = wthresh(cd,'h',schwelle);
                % Hart selektierte Detail-Koeffizienten
```

sind im **subplot**(426) dargestellt. Nur die Detail-Koeffizienten welche die Schwelle über- oder unterschreiten werden für die Rekonstruktion (oder inverse Wavelet-Transformation) beibehalten.

Die inverse Transformation mit

```
yrek = idwt(ca,cdthr,g0,g1);
        % Inverse Wavelet Transformation
```

ergibt das rekonstruierte Signal `yrek`, das in Abb. 4.164 ganz unten zusammen mit dem Eingangssignal ohne Rauschen dargestellt ist. Der Leser kann mit einer Schwelle

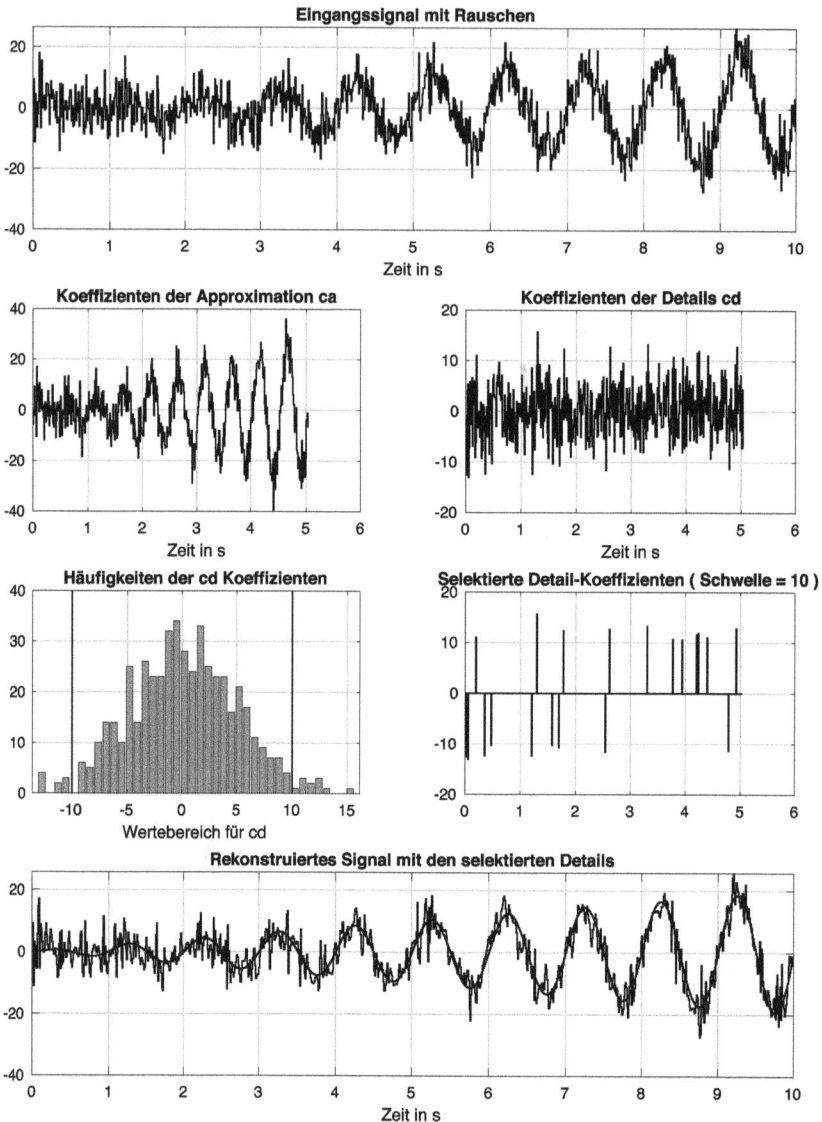

Abb. 4.164: Ergebnisse der Wavelet-Transformation und Rekonstruktion mit einer Stufe und mit harter Schwelle gleich 10 (threshold_1.m).

gleich 20 eine Rekonstruktion nur aus den Koeffizienten der Approximation ca ohne Detail erhalten.

Im Skript wird weiter eine zweite Stufe der Wavelet-Transformation ausgehend von den Koeffizienten ca der Approximation der ersten Stufe berechnet:

```
[ca1,cd1] = dwt(ca,h0,h1,'mode','sym');
```

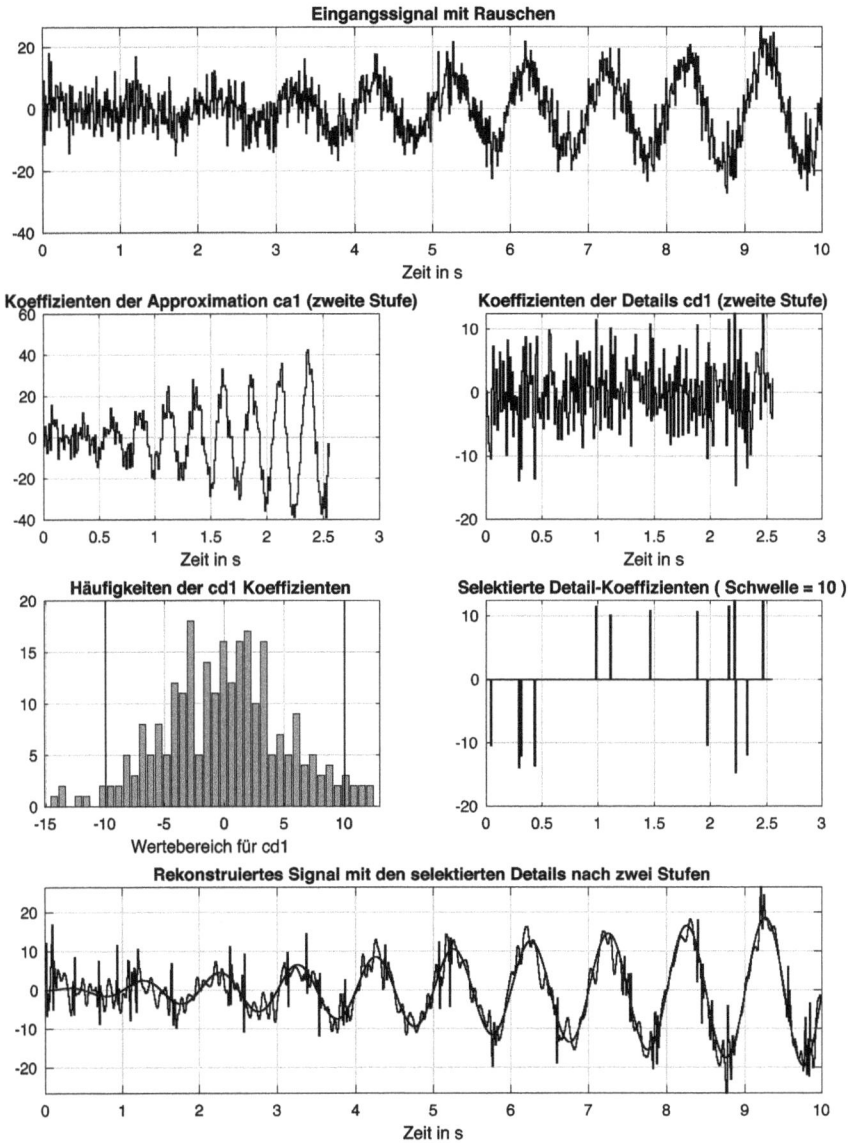

Abb. 4.165: Ergebnisse der Wavelet-Transformation und Rekonstruktion mit zwei Stufen und harter Schwelle gleich 10 (threshold_1.m).

Anschließend werden ähnliche Etappen benutzt, um eine Schwelle zur Selektion der Detail-Koeffizienten dieser Stufe zu bestimmen. Mit den selektierten Koeffizienten cdthr1 wird mit zwei inversen Transformationen das rekonstruierte Eingangssignal ermittelt:

```
ca2 = idwt(ca1,cdthr1,g0,g1);
% Inverse Wavelet Transformation
yrek1 = idwt(ca2,cdthr,g0,g1);
```

Die erste Inverse ermittelt die Koeffizienten der Approximation ca2 mit Hilfe der selektierten Details cdth1 der zweiten Stufe. Weiter werden die Koeffizienten ca2 und die selektierten Koeffizienten der Details cdthr der ersten Stufe benutzt, um das rekonstruierte Signal nach einer Zerlegung mit zwei Stufen zu berechnen.

In Abb. 4.165 ist zu sehen, dass die dargestellten Koeffizienten der Approximation und Details einer Zerlegung mit zwei Stufen entsprechen, weil deren Anzahl ein Viertel der Anzahl der Abtastwerte des Signals sind. Der Leser kann das Experiment auch mit weichen Schwellen durchführen. Es werden die Zeilen für die Selektion der Koeffizienten der Details mit der Option 's' (*soft*) aktiviert und die Zeilen mit der Option 'h' (*hard*) als Kommentar gekennzeichnet.

Eine gute Übung für den Leser ist die weitere Zerlegung mit noch einer Stufe um danach die Rekonstruktion zu ermitteln. Die Unterdrückung des Rauschens kann durch die Standardabweichung der Differenz zwischen dem Eingangs- und dem rekonstruierten Signal bewertet werden.

4.6.3 Experiment: 2D Wavelet-Transformation und Rekonstruktion mit Selektion der signifikanten Werte der Detail-Koeffizienten

In diesem Experiment wird ein S/W-Bild zerlegt und bei der Rekonstruktion werden die signifikanten Werte der Details mit einer harten Schwellenfunktion selektiert. Im Skript wavelet_bild_2.m ist das Experiment programmiert. Das Skript ist als Funktion definiert, so dass man auch zwei Routinen integrieren kann. Eine Routine dient der Selektion der Detail-Koeffizienten mit einer harten Schwelle und die zweite Routine dient der Berechnung der Häufigkeiten der Koeffizienten der Zerlegung.

Das Skript beginnt, wie im ähnlichen Skript wavelet_bild_1.m, mit der Wahl der Wavelet und mit der Ermittlung der entsprechenden Filter. Weiter wird ein S/W-Bild gewählt und Rauschen hinzugefügt. In Abb. 4.166 ist das Bild ohne und mit Rauschen zusammen mit einer Zeile dieser Bilder dargestellt.

Das Bild wird mit der Funktion **2dwt** zerlegt:

```
[ca1,ch1,cv1,cd1] = dwt2(bild_noise,h0,h1,'mode','zpd');
```

In Abb. 4.167 sind die Koeffizienten der Zerlegung entlang einer Zeile dargestellt und in Abb. 4.168 sind die Häufigkeiten der Koeffizienten gezeigt. Aus den Häufigkeiten der Details (LH, HL, HH) kann man eine Schwelle für die Selektion der signifikanten Koeffizienten der Details schätzen (hier 40). Die Selektion der Detail-Koeffizienten für die Rekonstruktion wird mit der eigenen Routine harte_Schwelle durchgeführt und die Rekonstruktion wird mit der Funktion **idwt2** realisiert:

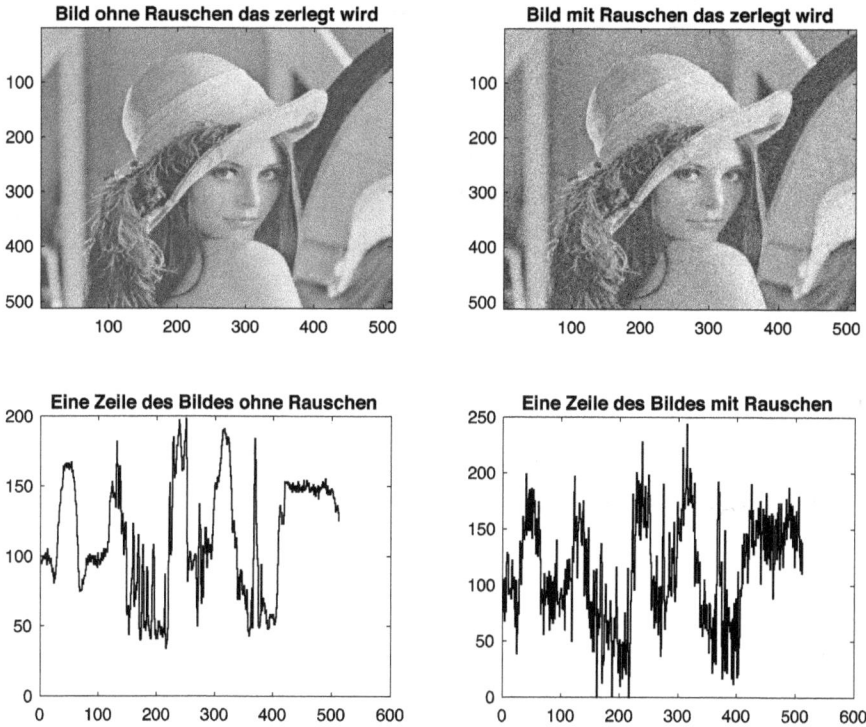

Abb. 4.166: Lenna-Bild ohne und mit Rauschen zusammen mit den Werten entlang einer Zeile aus diesen Bildern (wavelet_bild_2.m).

```
bildr1 = idwt2(ca1,ch1,cv1,cd1,g0,g1);
```

Man erhält das rekonstruierte Bild `bildr1`, das in Abb. 4.169 dargestellt ist.

Es folgt weiter eine zweite Zerlegung der Approximationskoeffizienten `ca1` mit gleichen Etappen. Aus den Häufigkeiten der Detail-Koeffizienten wird eine neue harte Schwelle geschätzt (diesmal 60) und die signifikanten Detail-Koeffizienten selektiert. Mit

```
ca1r = idwt2(ca2,ch2,cv2,cd2,g0,g1);
```

werden die rekonstruierten Koeffizienten der Approximation der ersten Stufe berechnet und mit

```
bildr2 = idwt2(ca1r,ch1,cv1,cd1,g0,g1);
```

wird ein rekonstruiertes Bild nach einer Zerlegung in zwei Stufen ermittelt. In Abb. 4.170 ist das ursprüngliche Bild mit Rauschen, das rekonstruierte Bild und die Werte entlang einer Zeile in diesen Bildern gezeigt.

Koeffizienten einer Zeile der LL-Zerlegung

Koeffizienten einer Zeile der LH-Zerlegung

Koeffizienten einer Zeile der HL-Zerlegung

Koeffizienten einer Zeile der HH-Zerlegung

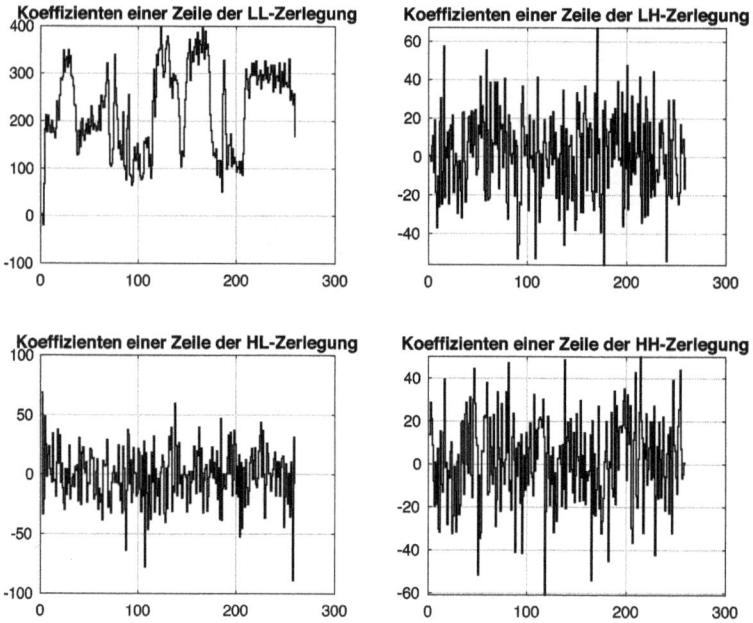

Abb. 4.167: Koeffizienten der Zerlegung entlang einer Zeile (wavelet_bild_2.m).

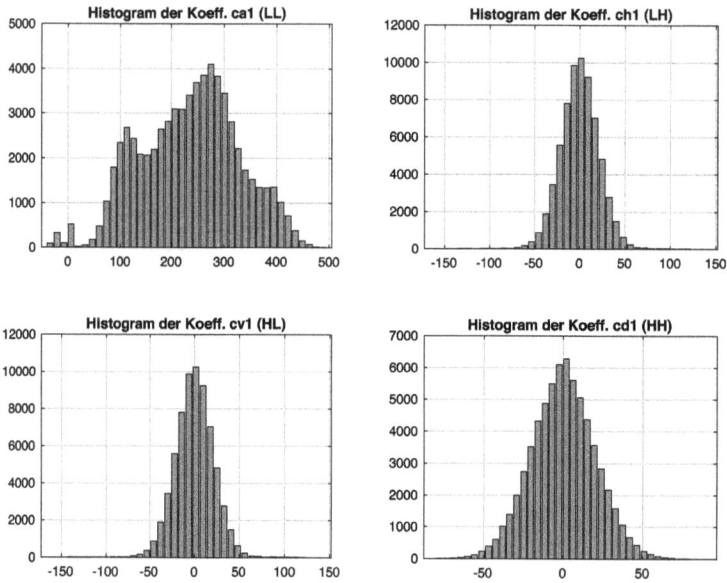

Histogram der Koeff. ca1 (LL)

Histogram der Koeff. ch1 (LH)

Histogram der Koeff. cv1 (HL)

Histogram der Koeff. cd1 (HH)

Abb. 4.168: Die Häufigkeiten der Koeffizienten (wavelet_bild_2.m).

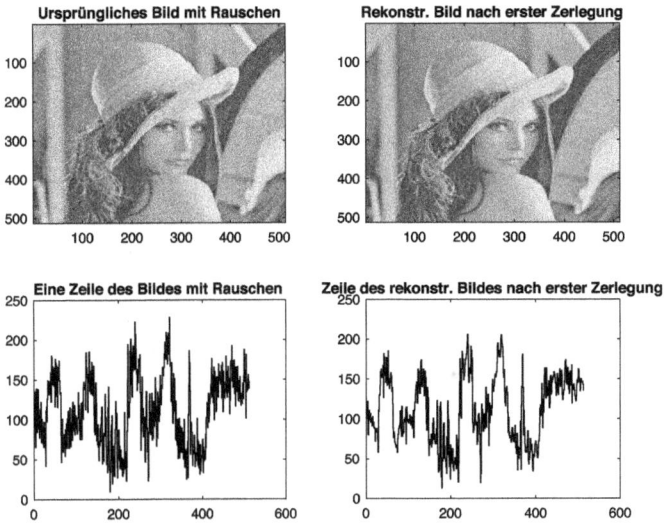

Abb. 4.169: Ursprüngliches und rekonstruiertes Bild nach erster Zerlegung und die Werte entlang einer Zeile aus diesen Bildern (wavelet_bild_2.m).

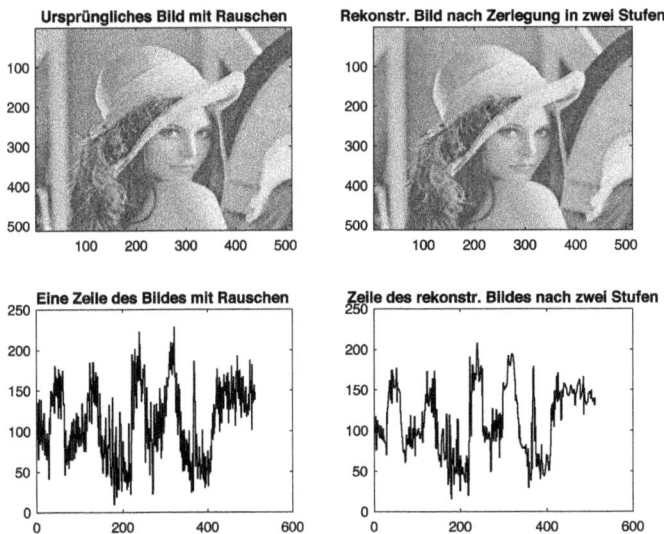

Abb. 4.170: Ursprüngliches und rekonstruiertes Bild nach zwei Zerlegungen mit den Werten entlang einer Zeile aus diesen Bildern (wavelet_bild_2.m).

4.6.4 MATLAB-Funktionen zur Rauschunterdrückung und Kompression

In der *Wavelet Toolbox* gibt es einige Funktionen zur Rauschunterdrückung und Kompression, die im Weiteren beschrieben werden. Für die Funktionen zur Rauschunterdrückung wird mit einer Schwelle versucht die signifikanten Details von den Details, die vom Rauschen hervorgehen, zu trennen. Bei der Rekonstruktion werden dann nur die signifikanten Details einbezogen. Bei der Kompression z. B. von Bildern werden die Details, die wahrnehmbar sind, ebenfalls mit Hilfe einer passenden Schwelle, extrahiert und bei der Rekonstruktion benutzt. Es gibt eine große Ähnlichkeit zur Rauschunterdrückung.

Mit der Funktion **thselect** kann eine Schwelle erhalten werden, basierend auf verschiedenen Verfahren [47–49]. Mit der Option 'rigrsure' wird eine weiche Schwelle durch Minimierung einer geschätzten Risikofunktion ermittelt. Die Option 'sqtwolog' führt zu einer harten Schwelle, die eine Minimax-Performanze ergibt. Eine Kombination der oberen zwei Optionen ist mit 'heursure' erhalten. Schließlich führt die Option 'minimaxi' zu einer harten Schwelle basierend auf einer Minimax-Performanze für den mittleren Quadratfehler bezogen auf die ideale Prozedur.

Um zu sehen welche Schwellen diese Optionen ermitteln, wird eine unabhängige gaussverteilte Zufallssequenz mit Mittelwert null und Standardabweichung eins als Detailsequenz angenommen:

```
y = randn(1,1000);
```

Mit

```
schwelle_1 = thselect(y,'rigrsure')
schwelle_1 = 1.6394
schwelle_2 = thselect(y,'sqtwolog')
schwelle_2 =  3.7169
schwelle_3 = thselect(y,'heursure')
schwelle_3 =  3.7169
schwelle_4 = thselect(y,'minimaxi')
schwelle_4 = 2.2163
```

werden die vier Arten von Schwellen ermittelt. Es ist bekannt, dass für eine Gauss-Sequenz $x[n]$ mit Mittelwert $m = 0$, Standardabweichung $\sigma = 1$ und der Wahrscheinlichkeitsdichte

$$p(x) = \frac{1}{\sqrt{2\pi}\sigma} e^{-0,5(x/\sigma)^2} \qquad (4.201)$$

die Wahrscheinlichkeit, dass der Betrag eines Wertes größer als $n\sigma$ wird, gleich mit $1/(n)^2$ ist. Für $n = 3$ ist diese Wahrscheinlichkeit gleich $1/9 \cong 0,1$. In Abb. 4.171 ist oben eine Gauss-Sequenz mit $m = 0$, $\sigma = 1$ dargestellt. Darunter ist mit der Funktion **hist** die geschätzte Wahrscheinlichkeitsdichte zusammen mit den Grenzen für den Bereich -3σ bis 3σ dargestellt. Es werden jetzt die berechneten Schwellen in Relation z. B. mit dem Bereich -3 bis 3 gesetzt. Bei der ersten und letzten Schwelle werden noch sehr viele Anteile des Rauschens als signifikante Details angesehen. Die anderen zwei

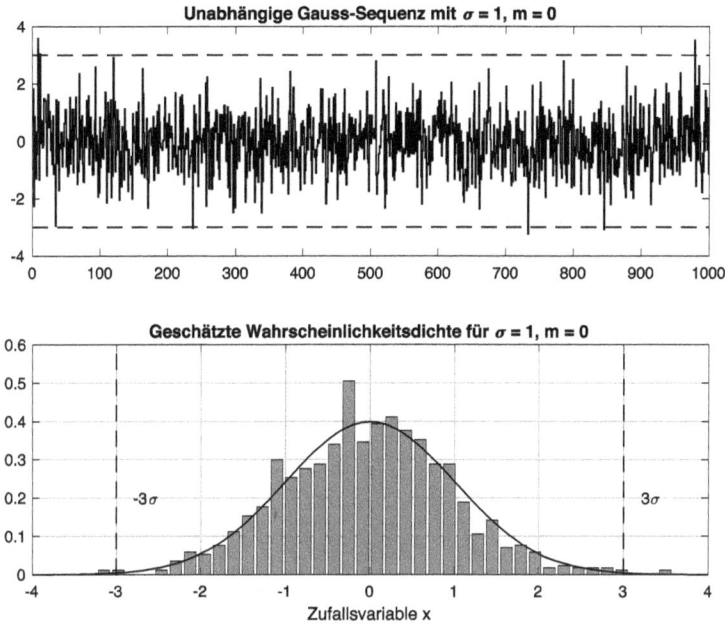

Abb. 4.171: Gauss-Sequenz mit $m = 0, \sigma = 1$ und die geschätzte Wahrscheinlichkeitsdichte (gauss_rauschen_1.m).

Werte ergeben praktisch alle Werte in ihrem Bereich als Rauschen. Abb. 4.171 ist in dem kurzen Skript threshold_2.m erzeugt, das weiter nicht kommentiert wird.

Mit der Funktion **wden** wird das Rauschen von 1D Signalen reduziert. Mit Hilfe des Skripts threshold_2.m wird exemplarisch gezeigt, wie man diese Funktion einsetzt. Mit

```
% ---- Reduzieren des Rauschens mit wden und harter Schwelle
stufen = 3;    wavelet = 'db4';
yr1 = wden(ynoise,'rigrsure','h','sln',stufen,wavelet);
```

wird im Signal ynoise mit einer harten Schwelle (Option 'h'), basierend auf dem Verfahren 'rigrsure' und auf der Schätzung des Rauschens über die Details der ersten Stufe (Option 'sln'), das Rauschen über eine Wavelet-Zerlegung in drei Stufen reduziert.

Ähnlich wird mit

```
% --- Reduzieren des Rauschens mit wden und weicher Schwelle
yr2 = wden(ynoise,'rigrsure','s','sln',stufen,wavelet);
```

eine weiche Schwelle (Option 's') eingesetzt, um mit drei Stufen das Rauschen zu reduzieren. In Abb. 4.172 sind die Ergebnisse dargestellt.

Das Signal wurde mit einer unabhängigen Gauss-Sequenz mit Mittelwert null und Standardabweichung gleich $\sigma = 5$ überlagert. Um zu zeigen ob man dieses Rauschen

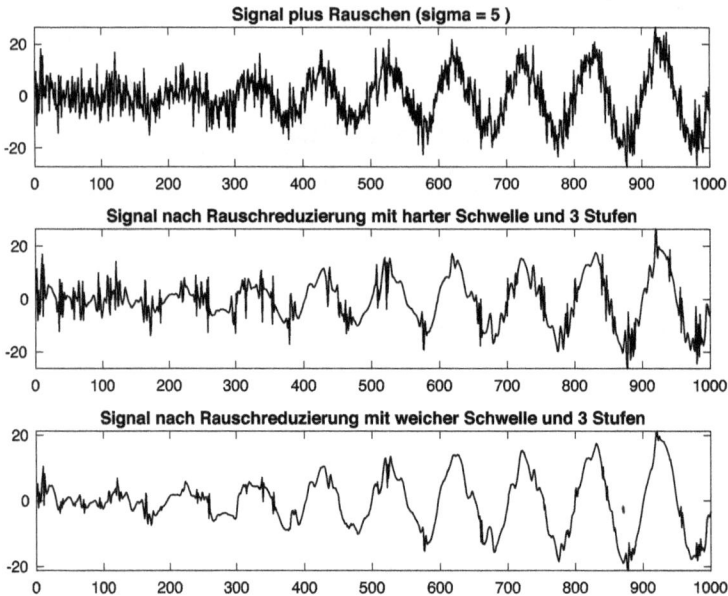

Abb. 4.172: Rauschreduzierung mit der Funktion **wden** mit harter und weicher Schwelle über drei Stufen (threshold_2.m).

aus den Details der ersten Stufe schätzen kann, wird auch eine Zerlegung mit einer Stufe über die Funktion **dwt** ermittelt. Aus den Details dieser Zerlegung wird dann die Standardabweichung berechnet:

```
[ca,cd] = dwt(ynoise, wavelet);   % DWT mit einer Stufe
std(cd),   % Geschätzte std aus den Details
ans = 4.8918
```

Wie man sieht ist die Schätzung mit 4,8918 sehr nahe an dem eingesetzten Wert von 5. Der Leser soll mit verschiedenen Optionen der Funktion **wden** experimentieren und für ein gegebenes verrauschtes Signal die optimalen Optionen ermitteln. Interessant ist auch mit bandbegrenztem Rauschen zu experimentieren.

Mit Hilfe der Wavelet-Zerlegung und Rekonstruktion können auch Funktionen, wie z. B. Wahrscheinlichkeitsdichten, die aus einer Probe mit begrenzter Anzahl von Werten ermittelt wurden, geschätzt werden. Im Skript estimate_1.m wird eine derartige Schätzung dargestellt. Aus einer Probe mit nur 500 Werten, werden mit der Funktion **hist** die Häufigkeiten der Werte einer unabhängigen Gauss-Zufallssequenz in einer bestimmten Zahl von Intervallen (hier 40) ermittelt:

```
% -------- Gauss-Sequenz
N = 500;
rng('default');
x = randn(1,N);   % Sequenz mit sigma = 1
```

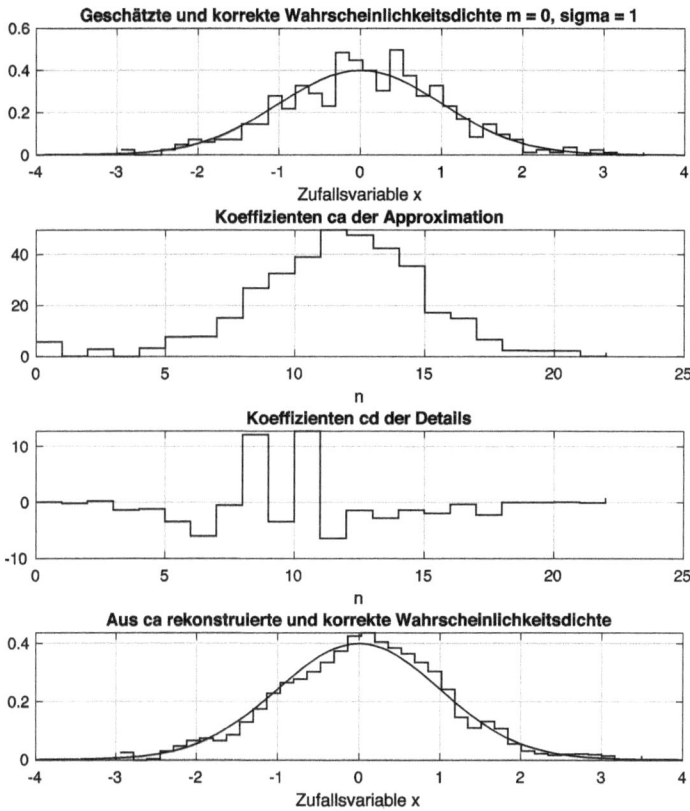

Abb. 4.173: Schätzung der Wahrscheinlichkeitsdichte aus den Koeffizienten der Approximation (estimate_1.m).

```
% ------ Häufigkeiten der Werte
n_interv = 40;
[H, interv] = hist(x,n_interv);
```

In Abb. 4.173 ganz oben ist die ermittelte Häufigkeit H und die korrekte Wahrscheinlichkeitsdichte dargestellt. Die erste ist auch eine Zufallsfunktion mit einer relativ großen Streuung. Mit

```
% ------ Wavelet-Zerlegung in einer Stufe
wavelet = 'db4';
[ca, cd] = dwt(H, wavelet);   % Koeffizienten ca und cd
```

wird die Funktion H mit einer Wavelet-Zerlegung in den Koeffizienten der Approximation ca und den Koeffizienten der Details cd zerlegt. Über die inverse Transformation, in der nur die Koeffizienten ca benutzt werden, erhält man die rekonstruierte Funktion Hg.

In Abb. 4.173 sind in der Mitte die Koeffizienten der Zerlegung gezeigt und ganz unten ist die rekonstruierte Funktion Hg und die korrekte Wahrscheinlichkeitsdichte dargestellt. Die rekonstruierte Funktion als Schätzung zeigt eine viel kleinere Streuung.

Aus dem vorherigen Beispiel geht hervor, dass mit Hilfe der Wavelet-Zerlegung eigentlich eine Regression erreicht werden kann. Regressionsverfahren sind weiterhin ein aktives Forschungsgebiet. In den letzten Jahrzehnten wurden in verschiedensten Bereichen Schätzmethoden entwickelt, etwa zur robusten Regression, zur nichtparametrischen Regression im Bereich der Bayesschen Statistik, bei fehlenden Daten und bei fehlerbehafteten unabhängigen Variablen. Alle diese Methoden können auch mit Hilfe der Wavelets implementiert werden [50–53]. Sie basieren auf der Wahl der Schwellen für die Detail mit denen man die Rauschanteile entfernen möchte [47, 51, 54, 55].

Mit den Funktionen der MATLAB-Software kann man die Ergebnisse der Theorie dieser Methoden relativ einfach nachvollziehen, was ein enormer Vorteil für die Praxis bedeutet.

Literaturverzeichnis

[1]   IFEACHOR, EMMANUEL C., JERVIS, BARRIE W.: *Digital Signal Processing. A Practical Approach.* Addison–Wesley, 2001.

[2]   INGLE, VINAY K., JOHN G. PROAKIS: *Digital Signal Processing Using MATLAB.* Thomson Learning, 2006.

[3]   KAMEN, EDWARD W., HECK, BONNIE S.: *Fundamentals of Signals and Systems Using the Web and MATLAB.* Prentice–Hall, 2006.

[4]   KAMMEYER, KARL DIRK, KROSCHEL, KRISTIAN: *Digitale Signalverarbeitung. Filterung und Spektralanalyse mit MATLAB-Übungen.* Teubner, 2006.

[5]   LYONS, RICHARD G.: *Understanding Digital Signal Processing.* Prentice–Hall, 2004.

[6]   MITRA, SANJIT K.: *Digital Signal Processing. A Computer-Based Approach.* McGraw–Hill Publishing Company, 2005.

[7]   PROAKIS, JOHN G., MANOLAKIS, DIMITRIS G.: *Digital Signal Processing. Principles, Algorithms and Applications.* Prentice–Hall, 2006.

[8]   STEARNS, SAMUEL D., DON R. HUSH: *Digitale Verarbeitung analoger Signale.* Oldenbourg, 1999.

[9]   HOFFMANN, JOSEF, QUINT, FRANZ: *Einführung in Signale und Systeme. Lineare zeitinvariante Systeme mit anwendungsorientierten Simulationen in MATLAB/Simulink.* Oldenbourg Verlag, 2013.

[10] OTTMAR BEUCHER: *Signale und Systeme: Theorie, Simulation, Anwendung. Eine beispielorientierte Einführung mit MATLAB.* Springer, 2011.

[11] HOFFMANN, JOSEF, QUINT, FRANZ: *Signalverarbeitung mit MATLAB und Simulink. Anwendungsorientierte Simulationen.* Oldenbourg Verlag, 2. Auflage, 2012.

[12] CLAUDE ELWOOD SHANNON: *Communication in the Presence of Noise.* Nachdruck in Proc. IEEE, Vol. 86(No. 2), 1998.

[13] WALT KESTER: *The Data Conversion Handbook.* Analog Devices Inc., 2004.

[14] STEARNS, SAMUEL D., DAVID, RUTH A.: *Signal Processing Algorithms in MATLAB.* Prentice–Hall, 1996.

[15] HOFFMANN, JOSEF: *MATLAB und Simulink in Signalverarbeitung und Kommunikationstechnik.* Addison–Wesley, 1999.

[16] BRIGHAM, ELBERT O.: *FFT Anwendungen.* Oldenbourg, 1997.

[17] LOSADA, R. A.: *Digital Filters with MATLAB.* The MathWorks, Inc., 2008.

[18] MITRA, SANJIT K., JAMES F. KAISER (Herausgeber): *Handbook for Digital Signal Processing.* John Wiley & Sons, 1993.

[19] MEYER, MARTIN: *Signalverarbeitung: analoge und digitale Signale, Systeme und Filter.* Vieweg, 2003.

[20] SCHAUMANN, ROLF, VAN VALKENBURG, MAC E.: *Design of Analog Filters.* Oxford University Press, 2001.

[21] AKANSU, ALI N., RICHARD A. HADDAD: *Multiresolution Signal Decomposition. Transforms, Subbands, and Wavelets.* Academic Press, Inc., 2000.

[22] FLIEGE, NORBERT: *Multiraten-Signalverarbeitung: Theorie und Anwendungen.* Teubner, 1993.

[23] JOSEF HOFFMANN: *Spektrale Analyse mit MATLAB und Simulink. Anwendungsorientierte Computer-Experimente.* Oldenbourg Verlag, 2011.

[24] JOSEF HOFFMANN, FRANZ QUINT: *Signalverarbeitung in Beispielen verständlich erläutert mit MATLAB und Simulink.* De Gruyter, Oldenbourg, 2016.

[25] PROAKIS, JOHN G., MASOUD SALEHI: *Communication Systems Engineering.* Prentice–Hall, 2001.

[26] DOBLINGER, GERHARD: *MATLAB-Programmierung in der digitalen Signalverarbeitung.* Schlembach, Weil der Stadt, 2001.

[27] VAIDYANATHAN, P. P.: *Multirate Systems and Filter Banks.* Prentice–Hall, 1993.

https://doi.org/10.1515/9783110678871-005

[28] HEINRICH WILHELM LÖLLMANN: *Allpass-Based Analysis-Synthesis Filter-Banks: Design and Application*. Doktorarbeit, Fakultät für Elektrotechnik und Informationstechnik Technische Hochschule Aachen, 2011.

[29] GILBERT STRANG, TRUONG NGUYEN: *Wavelets and Filter Banks*. Wellesley-Cambridge Press, 1996.

[30] INTERNATIONAL TELECOMMUNICATION UNION: *ITU-T Recommendation G.722: 7 kHz Audio-Coding within 64 kbit/s*. 1993.

[31] MARTIN VETTERLI, JELENA KOVACEVIC: *Wavelets and Subband Coding*. Prentice–Hall, 1995 (Reissured 2007).

[32] STEPHANE MALLAT: *A Wavelet Tour of Signal Processing*. Academic Press, 1998.

[33] BURRUS, C. SIDNEY, GOPINATH, RAMESH A., GUO, HAITAO: *Introduction to Wavelets and Wavelet Transforms. A Primer*. Prentice–Hall, 1998.

[34] INGRID DAUBECHIES: *Ten Lectures of Wavelets*. Springer-Verlag, 1992.

[35] BARBARA BURKE HUBBARD: *THE WORLD ACCORDING TO WAVELETS. The Story of a Mathematical Technique in the Making*. A K Peters, Wellesley, Massachusetts, 1996.

[36] MICHEL MISITI, YVES MISITI, GEORGES OPPENHEIM, JEAN-MICHEL POGGI: *Wavelet Toolbox. User's Guide*. MathWorks, 2018.

[37] A. N. AKANSU, Y. LIU: *On signal decomposition*. Opt. Eng., July:912–920, 1991.

[38] M. HOLSCHNEIDER, R. KRONLAND-MARTINET, J. MORLET, P. TCHAMITCHIAN: *A real-time algorithm for signal analysis with the help of the wavelet transform*. In: *Wavelets, Time-Frequency Methods and Phase Space*, Seiten 289–297. Springer-Verlag, 1989.

[39] WIM SWELDENS: *The lifting scheme: a custom-design construction of biorthogonal wavelets*. Appl. Comput. Harmon. Anal., 3(0015):186–200, 1996.

[40] INGRID DAUBECHIES, WIM SWELDENS: *Factoring Wavelet Transforms into Lifting Steps*.

[41] MAARTEN JANSEN, CHRISTOPHE DAMERVAL: *Multiscale Kernel Smoothing Using a Lifting Scheme*.

[42] CHAN S. C, ZHANG Z. G.: *Local Polynomial Modeling and Bandwidth Selection for Time-Varying Linear Models*.

[43] MAARTEN JANSEN, MOHAMED AMGHAR: *Multiscale Local Polynomial Decompositions using bandwidths as scales*.

[44] J. FAN, I. GIJBELS: *Local Polynomial Modeling and Its Applications*. Chapman and Hall, 1996.

[45] J. FAN, I. GIJBELS, T. C. HU, L. S. HUANG: *A study of variable bandwidth selection for polynomial regression*. Statist. Sinica, 6(1):113–127, January 1996.

[46] WENYANG ZHANG, SIK-YUM LEE: *Variable bandwidth selection in varying coefficient models*. J. Multivariate Anal., 74:116–134, 2000.

[47] D. L. DONOHO: *De-noising by soft threshold*. IEEE Trans. Inf. Theory, 43:933–936, 1993.

[48] FEI XIAOA, YUNGANG ZHANGA: *A comparative study on thresholding methods in waveletbased image denoising*. Proc. Eng., 15:3998–4003, 2011.

[49] S. GRACE CHANG, BIN YU, M. VATTERELI: *Adaptive wavelet threshold for image denoising and compression*. IEEE Trans. Image Process., 9:1631–1635, Sept. 2000.

[50] A. ANTONIADIS, D. T. PHAM: *Wavelet regression for random or irregular design*. Comput. Statist. Data Anal., 28:353–369, 1998.

[51] D. L. DONOHO, I. M. JOHNSTONE: *Minimax estimation via wavelet shrinkage*. Ann. Statist., 26:879–921, 1998.

[52] F. ABRAMOVICH, T. C. BAILEY, T. SAPATINAS: *Wavelet analysis and its statistical applications*. Statistician, 49:1–29, 2000.

[53] U. AMATO, D. T. VUZA: *Wavelet approximation of a function from samples affected by noise*. Rev. Roum. Math. Pures. Appl., 42:481–493, 1997.

[54] D. L. DONOHO, I. M. JOHNSTONE: *Ideal spatial adaptation by wavelet shrinkage*. Biometrika, 81:425–455, 1994.

[55] F. ABRAMOVICH, Y. BENJAMINI: *Thresholding of wavelet coefficients as multiple hypotheses testing procedure*. Lecture Notes in Statistics, 103:5–14, 1995.

Index